普通高等教育农业农村部“十三五”规划教材
全 国 高 等 农 林 院 校 “ 十 三 五 ” 规 划 教 材

# 线性代数教程

## 第 二 版

罗桂生　胡桂华　主编



中国农业出版社
北　京

## 内容简介

全书共分十章，内容包括：矩阵、行列式、$n$维向量、线性方程组、向量空间、矩阵的特征值与特征向量、二次型、线性方程组的数值解法、线性空间与线性变换、层次分析法．每章均附有习题，书末附有综合练习题，习题及综合练习题的计算题部分均给出答案或提示，供读者查核参考．此外，本教材还有三个附录：附录一为线性代数的MATLAB常用指令与实例；附录二为研究生入学考试线性代数试题及答案(2010—2014)；附录三为研究生入学考试线性代数试题及答案(2015—2020)．在本教材的最后附有线性代数术语索引(汉英对照)，方便读者查阅．

本教材注重线性代数有关理论、方法的应用，这些应用涉及几何、工程计算、密码编译、图像处理、经济规划、生物与环境保护数学模型以及决策问题等多个方面．

本教材可作为高等院校非数学类专业本科生线性代数课程的教材或教学参考书，并适合考研学生复习使用，也可供自学者和科技工作者阅读参考．

# 第二版编写人员


主　编　罗桂生　胡桂华

副主编　尤添革　杨曼丽

参　编　谢明芳　刘　静　魏艳辉

　　　　帅昌浩　黄加增

# 第二版前言

本教材是普通高等教育农业农村部“十三五”规划教材，全国高等农林院校“十三五”规划教材．本教材第一版于2014年出版，在7年的教学实践中，一线教师在使用本教材的过程中，结合学校人才培养方案，进一步优化教材结构，更新教材内容，从而对本教材进行修订．

本次修订延续了第一版的编写大纲和知识结构，对第一版内容进行了全面认真的梳理与勘误，修正了其中个别的小错误．为了简要地介绍线性代数的发展脉络，这次增加了一个导言．此外，还适当地补充了一些应用方面的内容．通过这次修订，使本教材的阐述更加准确，释义更加明白，增强了可读性，提升了应用性，也使得本教材更加适用于应用型本科人才的培养．

限于编者的学识水平，教材中的缺点和疏漏之处仍在所难免，在此热忱欢迎读者和教师同仁不吝赐教，并深致谢忱．

编　者

2021年5月

# 第一版前言

目前，线性代数的同类教材很多，但主要的可分为两类：一类是按照传统方式编写的，很少涉及应用；另一类是近些年出版的，比较注重实际应用．本书的编写倾向于后者．

按照现行的工科和农林类的线性代数课程的大纲规定，一般的教学学时为32～48，多数为32学时．因此教师只能讲授一些基本概念、基本原理和基本方法，根本无暇顾及应用方面的教学，使得学生感到线性代数的内容抽象和不易理解，并且存在学习线性代数有什么用的困惑．本书的编写顾及这一现象，为了便于教师组织教学，各章前几节的内容只涉及线性代数的基本概念、基本原理和基本方法，而将一些实际应用的例子或模型单独作为一节放在相应各章的最后．由于学时的限制，考虑到教师不可能花费太多时间去讲授这些应用实例或应用模型，编写的内容都不太深奥，主要供学生自学或泛读，开阔视野，体验线性代数的实际应用魅力．同时还可以改变灌输式的教学模式，变被动学习为主动学习．

本书的内容遵循学生认知从易到难的规律进行编排，将一些难点适当分散后移．先从矩阵的概念讲起，再讲述行列式、$n$维向量、线性方程组、向量空间、矩阵的特征值与特征向量、二次型、线性方程组的数值解法、线性空间与线性变换等．为了尝试介绍线性代数在数学建模方面的应用，使得学生在线性代数课程内得到数学建模方面的初步训练，本书增设了一章“层次分析法”供选学．层次分析法的内容与线性代数的理论以及数学建模的方法结合比较紧密，相信这样的安排可以激发学生学习线性代数的兴趣，也更有利于调动他们学习线性代数的积极性和自主性．

本书的叙述力求深入浅出、前后呼应、推理详尽、说理明白．为此，一些概念的引入尽量从浅显的例子开始或从几何背景出发，通过提出问题，讲清来源，进而引出理论问题．对于一些较复杂的求解方法则给出了明确的解题步骤．

全书除安排一定数量的例题外，各章配有必要的习题，可以作为课外练习．最后还安排有综合练习题，以便复习时练习．各章习题及综合练习题的计算题部分均给出答案或提示，以供教师选用，也便于读者自学时参考查核．建议读者书中的习题(包括综合练习题)应尽量多做，以便能够把线性代数的知识融会贯通．我国著名数学家华罗庚在介绍 **И. М.** 维诺格拉陀夫的《数论基础》时就曾说："如果读这本书而不看不做书后的习题，就好像入宝山而空返，把这书的最重要的部分忽略了！"同样，要学好线性代数也必须练习大量的习题．

此外，书末还有两个附录：附录一为线性代数的 MATLAB 常用指令与实例；附录二为研究生入学考试线性代数试题及答案(2010—2014)．前者是为了配合数学实验和数学建模的教学，而后者则是为了帮助读者了解考研方面的知识．

使用本书作教材时，按照现行的工科和农林类的《线性代数》课程教学大纲，只需讲授前七章的内容．除带"*"号部分外，前七章讲授约需 34 学时，大体可按 6、6、7、4、3、4、4 学时的顺序进行分配．若要讲完全书的内容，约需 64 学时．

本书由福建农林大学金山学院和浙江农林大学天目学院联合编写，由福建农林大学罗桂生副教授和浙江农林大学胡桂华副教授担任主编．

各章的编写分工如下：

第一、十章及附录一——罗桂生；第二章及综合练习题——尤添革；第三章——刘静；第四章——魏艳辉；第五章——杨曼丽(其中应用实例的解答由罗桂生给出)；第六章——胡桂华；第七章——帅昌浩；第八章及附录二——黄加增；第九章——谢明芳．各章习题答案由分工的编者各自给出．杨曼丽审阅了第三至七章的初稿，尤添革审阅了其余各章及附录的初稿，全书由罗桂生、胡桂华统筹定稿．

编者感谢福建农林大学金山学院和浙江农林大学天目学院的大力支持，感谢数学教研室全体同仁的热情帮助，使本书得以顺利出版．

限于编者的水平与学识，编写中难免有不妥之处，热情欢迎专家和读者批评指正．

编　者

2014年5月

# 目 录

MULU

# 导　言

线性代数是代数学的一个分支，它研究的主要内容是有限维空间的代数结构以及有限维空间的线性映射．线性代数其实是初等代数基本内容很自然的扩展．初等代数的中心问题是解方程，从一个未知量的一元一次方程出发，向着两个方向发展．

一方面，发展为研究只含一个未知量但有任意次数的单独一个方程的学科，称为多项式代数．它的发展起源于一元二次方程的求根公式，早在公元前2000年，古巴比伦人就已经知道了这样的求根公式．之后，到了16世纪找到了三次和四次方程的求根公式，但直到19世纪初期才由挪威的数学家阿贝尔(Niels Henrik Abel，1802—1829)证明了五次及五次以上的方程是没有求根公式的．多项式代数最基本的问题是根的存在问题．大家知道，在实数范围内并不是每一个代数方程都有根．但在复数域内，每一个 $n$ 次代数方程都至少有一个根，从而有 $n$ 个根(重根应重复计算)．这便是著名的代数学基本定理．高斯(C. F. Gauss，德国数学家，1777—1855)第一个对这个定理给出严格的证明，并把它选择为自己博士论文的论题，那时他才20岁．高斯一生对基本定理一共给出四个严格的证明，最后一个证明是在他73岁高龄时完成的．

虽然一般的高次方程没有求根公式，但这并不妨碍具体方程求得具有一定准确度的近似解．多项式代数的一个重要任务就是研究方程的近似解法．早在公元7世纪初，我国唐朝的王孝通(约630年)就提出了三次方程的近似解法，用于解决工程中出现的问题，他是世界上最早提出三次方程代数解法的人．而我国著名数学家秦九韶(1202—1261)提出的解高次方程的“增乘开方法”，被西方称为霍纳(W. G. Horner，英国数学家，1786—1837)法(晚我国五六百年)．随着计算机的发展，这方面的任务通常已经不是什么难题了．

另一方面，与多项式代数平衡发展的是线性代数基础，它是从研究任意一次方程组即线性方程组这一问题发展起来的．公元1世纪，我国《九章算术》里已有线性方程组的解法实例．1764年，法国的贝祖(E. Bezout，1730—1783)用行列式建立了线性方程组的一般理论．在西方，行列式被认为是1693年德国数学家莱布尼茨(G. W. Leibniz，1646—1716)发明的．实际上，“行列式”这个词和行列式两边的竖线都是法国数学家柯西(A. L. Cauchy，1789—1857)给出的．克拉默(G. Cramer，瑞士数学家，1704—1752)和拉普拉斯(P. S. Laplace，法国数学家，1749—1827)则发展了行列式理论．为了研究未知量的个数和方程的个数是任意的情形，克拉默、西尔维斯特(J. J. Sylvester，英国数学家，1814—1897)、凯莱(A. Cayley，英国数学家，1821—1895)等人建立了矩阵论．同时，为了研究线性方程组，还引进多维向量空间的概念．线性代数基本上是讨论矩阵理论以及和矩阵有关的向量空间线性变换的一个大的学科，而且其应用范围远不仅限于线性方程组的理论，直到现在，线性代数仍在各种代数分支中占有首要的地位．本书所述的线性代数仅是它的初等部分，它和多项式代数一起构成高等代数的主要内容．

说起线性代数的应用，初学者应该明白两点：

其一，线性代数主要处理线性关系或线性函数问题．线性关系是指数学对象之间的关系是以一次形式来表达的．例如，在解析几何中，平面上的直线方程是二元一次方程；空间的平面方程是三元一次方程；而空间的直线可视为两个平面的交线，由两个三元一次方程所组成的方程组来表示．凡含有 $n$ 个未知量的一次方程皆称为线性方程．而函数关系中关于变量是一次的函数

$$f(x_1, x_2, \cdots, x_n)=a_0+a_1x_1+a_2x_2+\cdots+a_nx_n,$$

则称为线性函数．但要注意的是，线性方程和线性函数是最简单的线性关系．

其二，数学中要处理的数学对象之间的关系大多呈非线性关系，但可以将整体非线性关系化为局部线性关系(本书第二章第七节例 2.22 是这方面的一个简单例子)．科学研究中亦有所谓线性模型和非线性模型之分，非线性模型通常也可以被近似化为线性模型，这样一来就可以应用线性代数的理论对其进行研究．因此，线性代数是一门基本的和重要的学科．

代数的英文是 Algebra，源于阿拉伯语，其本意是“结合在一起”．这意味着代数的功能是把许多看似不相关的事物“结合在一起”，即进行抽象．将数学的两大因素——抽象和应用结合在一起，是线性代数的一大特点．以往线性代数在数学、力学、物理学、化学和技术科学等领域有着多种重要作用，特别是在计算数学中，一切方法都无一例外地以线性代数为基础．现在，随着经济、科技以及计算机技术的飞速发展，线性代数在各种工程领域，乃至生态学、经济学和社会科学等领域都有广泛的应用，已成为越来越多的科技工作者必不可少的数学工具．

# 第一章　矩　　阵

矩阵是从线性函数组中抽象出来的一个数学概念，是线性代数的重要工具，它在数学、工程技术、经济学等方面有着广泛的应用．本章介绍矩阵及其相关的基本概念，以及矩阵的运算、矩阵的分块、可逆矩阵与矩阵的初等变换等内容．

## 第一节　矩阵的概念

线性代数首先研究的对象是**线性函数**和它们的集合的理论．而矩阵则是从线性函数组中抽象出来的一个数学概念，它主要与线性函数集合的结构有关．

含 $n$ 个自变量 $m$ 个函数的线性函数组为

$$\begin{cases} y_1=a_{11}x_1+a_{12}x_2+\cdots+a_{1n}x_n+b_1, \\ y_2=a_{21}x_2+a_{22}x_2+\cdots+a_{2n}x_n+b_2, \\ \cdots\cdots\cdots\cdots\cdots\cdots\cdots\cdots\cdots\cdots \\ y_m=a_{m1}x_1+a_{m2}x_2+\cdots+a_{mn}x_n+b_m, \end{cases}$$

其中**自由项**或**常数项** $b_1$，$b_2$，…，$b_m$ 都为 0 的线性函数称为**线性齐次函数**，或称为从变量 $x_1$，$x_2$，…，$x_n$ 到变量 $y_1$，$y_2$，…，$y_m$ 的**线性变换**，简称为**线性型**．一组已知的线性型

$$\begin{cases} y_1=a_{11}x_1+a_{12}x_2+\cdots+a_{1n}x_n, \\ y_2=a_{21}x_2+a_{22}x_2+\cdots+a_{2n}x_n, \\ \cdots\cdots\cdots\cdots\cdots\cdots\cdots\cdots\cdots\cdots \\ y_m=a_{m1}x_1+a_{m2}x_2+\cdots+a_{mn}x_n \end{cases} \tag{1-1}$$

完全由自变量的系数所决定，而未知量的符号或字母没有实质意义．

很自然，与线性型对应，可以把线性型的系数的全体排成一个矩形阵列的表

$$\begin{pmatrix} a_{11} & a_{12} & \cdots & a_{1n} \\ a_{21} & a_{22} & \cdots & a_{2n} \\ \vdots & \vdots & & \vdots \\ a_{m1} & a_{m2} & \cdots & a_{mn} \end{pmatrix}, \tag{1-2}$$

这里之所以给它加上方括号(或圆括号)，是因为数表本身是一个整体．

事实上，线性方程组中自变量的系数，以及实际问题中许多像财务会计报表、火车运行时刻表等表格化的数据都可以表示成这种矩形阵列的形式．

**定义 1.1** 形如式(1-2)，由 $m\times n$ 个数 $a_{ij}$ ($i=1$，2，…，$m$；$j=1$，2，…，$n$)组成的 $m$ 行 $n$ 列的矩形数表称为 $m\times n$ 矩阵，记作 $\boldsymbol{A}_{m\times n}$或$\boldsymbol{A}$，其中 $a_{ij}$ 称为矩阵的第 $i$ 行第 $j$ 列的**元素**．

元素是实数的矩阵称为**实矩阵**，元素是复数的矩阵称为**复矩阵**．以后除特别说明外，均指实矩阵．矩阵 $\boldsymbol{A}$ 也简记作

$$\boldsymbol{A}=(a_{ij})_{m\times n}\text{或}\boldsymbol{A}=(a_{ij}).$$

矩阵重要而特殊的情形有：只有一行的矩阵，即 $1\times n$ 矩阵

$$\boldsymbol{A}=(a_1,\ a_2,\ \cdots,\ a_n),$$

称为**行矩阵**．为避免混淆，行矩阵的元素之间要用逗号隔开．只有一列的矩阵，即 $m\times 1$ 矩阵

$$\boldsymbol{B}=\begin{pmatrix} b_1 \\ b_2 \\ \vdots \\ b_m \end{pmatrix},$$

称为**列矩阵**．约定只有一个数 $a$ 组成的 $1\times 1$ 矩阵$(a)$就看作是这个数，即有$(a)=a$.

如果矩阵的所有元素都是零，则称此矩阵为**零矩阵**，记作 $\boldsymbol{O}_{m\times n}$或$\boldsymbol{O}$.

行数等于列数的矩阵称为**方阵**，方阵的行数(或列数)称为它的**阶数**．例如，矩阵

$$\begin{pmatrix} 4 & 3 & 0 \\ 2 & 0 & -1 \\ -3 & 6 & 1 \end{pmatrix}$$

为三阶矩阵或三阶方阵．

在 $n$ 阶方阵中，从左上角到右下角的对角线称为**主对角线**，从右上角到左下角的对角线称为**次对角线**，如果一个方阵的主对角线下(上)方的元素全为零，则称此方阵为**上(下)三角矩阵**．上三角矩阵和下三角矩阵统称为**三角矩阵**．

例如，矩阵

$$\boldsymbol{A}=\begin{pmatrix} 2 & 3 & 1 \\ 0 & -1 & 0 \\ 0 & 0 & 5 \end{pmatrix},\ \boldsymbol{B}=\begin{pmatrix} 1 & 0 & 0 \\ 3 & 0 & 0 \\ 0 & -2 & -3 \end{pmatrix}$$

分别是三阶上三角矩阵和三阶下三角矩阵．

除了主对角线元素外，其余元素全为零的方阵称为**对角矩阵**，简称**对角阵**. 显然，对角阵既是上三角矩阵，也是下三角矩阵．一般 $n$ 阶对角阵简记作 $\mathrm{diag}(a_{11}, a_{22}, \cdots, a_{nn})$. 例如，

$$\mathrm{diag}(3, -1, 2)=\begin{pmatrix}3 & & \\ & -1 & \\ & & 2\end{pmatrix}=\begin{pmatrix}3 & 0 & 0\\ 0 & -1 & 0\\ 0 & 0 & 2\end{pmatrix}.$$

主对角线上的元素全都相同的对角阵称为**数量矩阵**．例如，下面三个对角阵

$$\begin{pmatrix}2 & 0 & 0\\ 0 & 0 & 0\\ 0 & 0 & -5\end{pmatrix},\quad \begin{pmatrix}3 & 0 & 0\\ 0 & 3 & 0\\ 0 & 0 & 3\end{pmatrix},\quad \begin{pmatrix}k & 0 & \cdots & 0\\ 0 & k & \cdots & 0\\ \vdots & \vdots & & \vdots\\ 0 & 0 & \cdots & k\end{pmatrix}$$

中，后面两个就是数量矩阵．

特别地，主对角线上的元素都是 1 的对角阵称为**单位矩阵**，简称**单位阵**，记作 $\boldsymbol{E}$，即

$$\boldsymbol{E}=\begin{pmatrix}1 & 0 & \cdots & 0\\ 0 & 1 & \cdots & 0\\ \vdots & \vdots & & \vdots\\ 0 & 0 & \cdots & 1\end{pmatrix}=\mathrm{diag}(1, 1, \cdots, 1),$$

有时为强调单位阵 $\boldsymbol{E}$ 的阶数是 $n$，则记作 $\boldsymbol{E}_n$.

如果 $\boldsymbol{A}$ 与 $\boldsymbol{B}$ 都是 $m\times n$ 矩阵，则称它们是**同型**的．

**定义 1.2**　如果 $\boldsymbol{A}=(a_{ij})$ 与 $\boldsymbol{B}=(b_{ij})$ 都是 $m\times n$ 矩阵，且对应的元素都相等，即

$$a_{ij}=b_{ij}\ (i=1, 2, \cdots, m;\ j=1, 2, \cdots, n),$$

则称矩阵 $\boldsymbol{A}$ 与矩阵 $\boldsymbol{B}$ 相等，记作 $\boldsymbol{A}=\boldsymbol{B}$.

显然，**两个矩阵相等的必要条件是：它们是同型的**．

矩阵可以说是一个“复合”的对象，在它里面有很多元素出现，而这些元素都是通常的数．它们在实际问题的计算中所反映出来的整体性质和规律，用矩阵记号来表示具有简明性和概括性．

# 第二节　矩阵的运算

给定了线性型或线性变换(1-1)，它的系数所构成的矩阵(称为**系数矩阵**)也就确定了．反之，如果给定一个矩阵作为线性型的系数矩阵，则线性型也就

确定了．换句话说，线性型和矩阵之间存在着一一对应的关系．矩阵的运算就源自于线性型组之间的运算．

矩阵的运算有矩阵的加法、矩阵的数乘、矩阵的乘法、矩阵的转置等．应用矩阵运算可以使复杂的关系式变得简单、明了，使冗长的推导变得简短、快捷．

## 一、矩阵的加法与数乘

**定义 1.3** 设 $\boldsymbol{A}=(a_{ij})$ 与 $\boldsymbol{B}=(b_{ij})$ 都是 $m\times n$ 矩阵，$\lambda$ 是数，称矩阵

$$\begin{pmatrix} a_{11}+b_{11} & a_{12}+b_{12} & \cdots & a_{1n}+b_{1n} \\ a_{21}+b_{21} & a_{22}+b_{22} & \cdots & a_{2n}+b_{2n} \\ \vdots & \vdots & & \vdots \\ a_{m1}+b_{m1} & a_{m2}+b_{m2} & \cdots & a_{mn}+b_{mn} \end{pmatrix}=(a_{ij}+b_{ij})$$

为**矩阵 $\boldsymbol{A}$ 与 $\boldsymbol{B}$ 的和**，记作 $\boldsymbol{A}+\boldsymbol{B}$；称矩阵

$$\begin{pmatrix} \lambda a_{11} & \lambda a_{12} & \cdots & \lambda a_{1n} \\ \lambda a_{21} & \lambda a_{22} & \cdots & \lambda a_{2n} \\ \vdots & \vdots & & \vdots \\ \lambda a_{m1} & \lambda a_{m2} & \cdots & \lambda a_{mn} \end{pmatrix}=(\lambda a_{ij})$$

为**数 $\lambda$ 与矩阵 $\boldsymbol{A}$ 的乘积**，简称为**矩阵的数乘**，记作 $\lambda\boldsymbol{A}$ 或 $\boldsymbol{A}\lambda$.

由上述定义可知，两个同型矩阵相加等于它们的对应元素相加；数乘矩阵等于数乘矩阵的每一个元素．

**注意**：只有 $\boldsymbol{A}$ 与 $\boldsymbol{B}$ 是同型矩阵时，$\boldsymbol{A}+\boldsymbol{B}$ 才有意义．

如果两个同型矩阵 $\boldsymbol{A}$ 与 $\boldsymbol{B}$ 的和是零矩阵，即

$$\boldsymbol{A}+\boldsymbol{B}=\boldsymbol{O},$$

则称 $\boldsymbol{B}$ 是 $\boldsymbol{A}$ 的**负矩阵**，记作 $-\boldsymbol{A}$. 于是，若 $\boldsymbol{A}=(a_{ij})$，则

$$-\boldsymbol{A}=(-a_{ij}).$$

由矩阵加法及负矩阵，可以定义矩阵的减法：

$$\boldsymbol{A}-\boldsymbol{B}=\boldsymbol{A}+(-\boldsymbol{B}),$$

即如果 $\boldsymbol{A}=(a_{ij})_{m\times n}$，$\boldsymbol{B}=(b_{ij})_{m\times n}$，则

$$\boldsymbol{A}-\boldsymbol{B}=(a_{ij}-b_{ij})_{m\times n},$$

称 $\boldsymbol{A}-\boldsymbol{B}$ 为矩阵 $\boldsymbol{A}$ 与 $\boldsymbol{B}$ 的差．

矩阵的加法和数乘运算称为**线性运算**，由数的四则运算规律容易验证矩阵的线性运算满足下列运算规律(设 $\boldsymbol{A}$、$\boldsymbol{B}$、$\boldsymbol{C}$ 都是 $m\times n$ 矩阵，$\lambda$、$\mu$ 是数)：

① 加法交换律：$\boldsymbol{A}+\boldsymbol{B}=\boldsymbol{B}+\boldsymbol{A}$；

② 加法结合律：$(\boldsymbol{A}+\boldsymbol{B})+\boldsymbol{C}=\boldsymbol{A}+(\boldsymbol{B}+\boldsymbol{C})$；

③ 零矩阵满足：$\boldsymbol{A}+\boldsymbol{O}=\boldsymbol{O}+\boldsymbol{A}=\boldsymbol{A}$；

④ 负矩阵满足：$\boldsymbol{A}+(-\boldsymbol{A})=(-\boldsymbol{A})+\boldsymbol{A}=\boldsymbol{O}$；

⑤ 数 1 与矩阵满足：$1\boldsymbol{A}=\boldsymbol{A}$；

⑥ 数与矩阵的结合律：$\lambda(\mu\boldsymbol{A})=(\lambda\mu)\boldsymbol{A}$；

⑦ 数对矩阵的分配律：$\lambda(\boldsymbol{A}+\boldsymbol{B})=\lambda\boldsymbol{A}+\lambda\boldsymbol{B}$；

⑧ 矩阵对数的分配律：$(\lambda+\mu)\boldsymbol{A}=\lambda\boldsymbol{A}+\mu\boldsymbol{A}$.

## 二、矩阵的乘法

矩阵的乘法与线性型之间的代换有关．考察线性型(1－1)及另一线性型

$$\begin{cases}x_1=b_{11}t_1+b_{12}t_2+\cdots+b_{1k}t_k,\\ x_2=b_{21}t_1+b_{22}t_2+\cdots+b_{2k}t_k,\\ \cdots\cdots\cdots\cdots\cdots\cdots\\ x_n=b_{n1}t_1+b_{n2}t_2+\cdots+b_{nk}t_k,\end{cases}\tag{1-3}$$

它们的系数矩阵分别为

$$\boldsymbol{A}=\begin{pmatrix}a_{11}&a_{12}&\cdots&a_{1n}\\a_{21}&a_{22}&\cdots&a_{2n}\\\vdots&\vdots&&\vdots\\a_{m1}&a_{m2}&\cdots&a_{mn}\end{pmatrix},\ \boldsymbol{B}=\begin{pmatrix}b_{11}&b_{12}&\cdots&b_{1k}\\b_{21}&b_{22}&\cdots&b_{2k}\\\vdots&\vdots&&\vdots\\b_{n1}&b_{n2}&\cdots&b_{nk}\end{pmatrix}.$$

将 $x_1$，$x_2$，…，$x_n$ 通过 $t_1$，$t_2$，…，$t_k$ 的表达式代入式(1－1)，得到 $y_1$，$y_2$，…，$y_m$ 通过 $t_1$，$t_2$，…，$t_k$ 表示的线性型

$$\begin{cases}y_1=c_{11}t_1+c_{12}t_2+\cdots+c_{1k}t_k,\\ y_2=c_{21}t_1+c_{22}t_2+\cdots+c_{2k}t_k,\\ \cdots\cdots\cdots\cdots\cdots\cdots\\ y_m=c_{m1}t_1+c_{m2}t_2+\cdots+c_{mk}t_k,\end{cases}\tag{1-4}$$

这组线性型的系数矩阵为

$$\boldsymbol{C}=\begin{pmatrix}c_{11}&c_{12}&\cdots&c_{1k}\\c_{21}&c_{22}&\cdots&c_{2k}\\\vdots&\vdots&&\vdots\\c_{m1}&c_{m2}&\cdots&c_{mk}\end{pmatrix}.$$

利用矩阵 $\boldsymbol{A}$、$\boldsymbol{B}$ 不难算出矩阵 $\boldsymbol{C}$ 的元素 $c_{ij}$．事实上，考虑变量 $y_i$ 与 $t_j$ 的关系，一方面由式(1－4)有

$$y_i=\cdots+c_{ij}t_j+\cdots;\tag{1-5}$$

另一方面，由式(1－1)有

$$y_i=a_{i1}x_1+a_{i2}x_2+\cdots+a_{in}x_n,$$

而
$$\begin{cases} x_1 = \cdots + b_{1j}t_j + \cdots, \\ x_2 = \cdots + b_{2j}t_j + \cdots, \\ \cdots\cdots\cdots\cdots \\ x_n = \cdots + b_{nj}t_j + \cdots, \end{cases}$$

因此又有
$$y_i = \cdots + (a_{i1}b_{1j} + a_{i2}b_{2j} + \cdots + a_{in}b_{nj})t_j + \cdots. \qquad (1-6)$$

比较式(1-5)和式(1-6)，即得
$$c_{ij} = a_{i1}b_{1j} + a_{i2}b_{2j} + \cdots + a_{in}b_{nj},$$

为此定义矩阵 $\boldsymbol{C}$ 为矩阵 $\boldsymbol{A}$、$\boldsymbol{B}$ 的乘积．一般有：

**定义 1.4** 设 $\boldsymbol{A}=(a_{ij})$ 是 $m\times s$ 矩阵，$\boldsymbol{B}=(b_{ij})$ 是 $s\times n$ 矩阵，规定**矩阵 $\boldsymbol{A}$ 与矩阵 $\boldsymbol{B}$ 的乘积**是一个 $m\times n$ 矩阵 $\boldsymbol{C}=(c_{ij})$，其中

$$c_{ij} = a_{i1}b_{1j} + a_{i2}b_{2j} + \cdots + a_{is}b_{sj} = \sum_{k=1}^{s} a_{ik}b_{kj} \ (i=1, 2, \cdots, m;\ j=1, 2, \cdots, n),$$

矩阵 $\boldsymbol{A}$ 与 $\boldsymbol{B}$ 的乘积记作 $\boldsymbol{AB}$，即
$$\boldsymbol{C}=\boldsymbol{AB}.$$

这里要注意两点：

(1) **可乘条件**：根据定义，两个矩阵能够相乘的充分必要条件是：第一个矩阵 $\boldsymbol{A}$(位于左边)的列数等于第二个矩阵 $\boldsymbol{B}$(位于右边)的行数．

(2) **乘法规则**：乘积矩阵 $\boldsymbol{C}=\boldsymbol{AB}$ 的第 $i$ 行第 $j$ 列的元素 $c_{ij}$ 等于第一个矩阵 $\boldsymbol{A}$ 的第 $i$ 行与第二个矩阵 $\boldsymbol{B}$ 的第 $j$ 列对应元素的乘积之和．

**例 1.1** 设
$$\boldsymbol{A}=\begin{pmatrix} 2 & -1 \\ 0 & 2 \\ 1 & 3 \end{pmatrix}, \boldsymbol{B}=\begin{pmatrix} 3 & 1 & 0 \\ 2 & -1 & 2 \\ 0 & 7 & -3 \end{pmatrix},$$

计算 $\boldsymbol{AB}$ 及 $\boldsymbol{BA}$.

**解** 因为矩阵 $\boldsymbol{A}$ 的列数与矩阵 $\boldsymbol{B}$ 的行数不一致，所以矩阵 $\boldsymbol{A}$ 与 $\boldsymbol{B}$ 不可以相乘，即 $\boldsymbol{AB}$ 无意义．而矩阵 $\boldsymbol{B}$ 的列数与矩阵 $\boldsymbol{A}$ 的行数都是 3，故矩阵 $\boldsymbol{B}$ 与 $\boldsymbol{A}$ 可以相乘，且乘积矩阵 $\boldsymbol{BA}$ 是一个 $3\times 2$ 矩阵，有

$$\begin{aligned} \boldsymbol{BA} &= \begin{pmatrix} 3 & 1 & 0 \\ 2 & -1 & 2 \\ 0 & 7 & -3 \end{pmatrix}\begin{pmatrix} 2 & -1 \\ 0 & 2 \\ 1 & 3 \end{pmatrix} \\ &= \begin{pmatrix} 3\times2+1\times0+0\times1 & 3\times(-1)+1\times2+0\times3 \\ 2\times2-1\times0+2\times1 & 2\times(-1)-1\times2+2\times3 \\ 0\times2+7\times0-3\times1 & 0\times(-1)+7\times2-3\times3 \end{pmatrix} = \begin{pmatrix} 6 & -1 \\ 6 & 2 \\ -3 & 5 \end{pmatrix}. \end{aligned}$$

**例 1.2** 设

$$\boldsymbol{A}=\begin{pmatrix}4\\1\\-3\end{pmatrix},\ \boldsymbol{B}=(2\quad -1\quad 1),$$

计算 $\boldsymbol{AB}$ 及 $\boldsymbol{BA}$.

**解** $\boldsymbol{AB}$ 是一个 $3\times3$ 矩阵，而 $\boldsymbol{BA}$ 是一个 $1\times1$ 矩阵即一个数，有

$$\boldsymbol{AB}=\begin{pmatrix}4\\1\\-3\end{pmatrix}(2\quad -1\quad 1)=\begin{pmatrix}8&-4&4\\2&-1&1\\-6&3&-3\end{pmatrix},$$

$$\boldsymbol{BA}=(2\quad -1\quad 1)\begin{pmatrix}4\\1\\-3\end{pmatrix}=(4)=4.$$

矩阵的乘法与数乘满足下列运算规律：

①**乘法结合律**：$(\boldsymbol{AB})\boldsymbol{C}=\boldsymbol{A}(\boldsymbol{BC})$；

②**左乘分配律**：$\boldsymbol{A}(\boldsymbol{B}+\boldsymbol{C})=\boldsymbol{AB}+\boldsymbol{AC}$，

**右乘分配律**：$(\boldsymbol{B}+\boldsymbol{C})\boldsymbol{A}=\boldsymbol{BA}+\boldsymbol{CA}$；

③**数乘结合律**：$\lambda(\boldsymbol{AB})=(\lambda\boldsymbol{A})\boldsymbol{B}=\boldsymbol{A}(\lambda\boldsymbol{B})$（$\lambda$ 是数）.

**证** ①设 $\boldsymbol{A}=(a_{ij})_{m\times k}$，$\boldsymbol{B}=(b_{ij})_{k\times s}$，$\boldsymbol{C}=(c_{ij})_{s\times n}$，则 $\boldsymbol{AB}$ 是 $m\times s$ 矩阵，$\boldsymbol{BC}$ 是 $k\times n$ 矩阵，而 $(\boldsymbol{AB})\boldsymbol{C}$ 与 $\boldsymbol{A}(\boldsymbol{BC})$ 都是 $m\times n$ 矩阵．为方便证明，以 $(i,\ j)_{\boldsymbol{AB}}$ 表示矩阵 $\boldsymbol{AB}$ 第 $i$ 行第 $j$ 列的元素，其余类推：如 $(i,\ j)_{\boldsymbol{A}}=a_{ij}$，$(i,\ j)_{\boldsymbol{B}}=b_{ij}$ 等．

因为

$$\begin{aligned}(i,\ j)_{(\boldsymbol{AB})\boldsymbol{C}}&=\sum_{p=1}^{s}(i,\ p)_{\boldsymbol{AB}}(p,\ j)_{\boldsymbol{C}}\\&=\sum_{p=1}^{s}\Big[\sum_{q=1}^{k}(i,\ q)_{\boldsymbol{A}}(q,\ p)_{\boldsymbol{B}}\Big](p,\ j)_{\boldsymbol{C}}\\&=\sum_{p=1}^{s}\Big(\sum_{q=1}^{k}a_{iq}b_{qp}\Big)c_{pj}=\sum_{q=1}^{k}a_{iq}\Big(\sum_{p=1}^{s}b_{qp}c_{pj}\Big)\\&=\sum_{q=1}^{k}(i,\ q)_{\boldsymbol{A}}(q,\ j)_{\boldsymbol{BC}}=(i,\ j)_{\boldsymbol{A}(\boldsymbol{BC})}\\&\quad(i=1,\ 2,\ \cdots,\ m;\ j=1,\ 2,\ \cdots,\ n),\end{aligned}$$

即矩阵 $(\boldsymbol{AB})\boldsymbol{C}$ 与矩阵 $\boldsymbol{A}(\boldsymbol{BC})$ 的第 $i$ 行第 $j$ 列的元素都相等，所以

$$(\boldsymbol{AB})\boldsymbol{C}=\boldsymbol{A}(\boldsymbol{BC}).$$

②、③的证明请读者自己补上．

此外，如果 $\boldsymbol{E}$ 为 $n$ 阶单位阵，$\boldsymbol{K}$ 为对角线上元素是 $k$ 的 $n$ 阶数量矩阵，则

对任意的$m\times n$矩阵$\boldsymbol{A}$和$n\times s$矩阵$\boldsymbol{B}$，都有

$$\boldsymbol{AE}=\boldsymbol{A},\ \boldsymbol{EB}=\boldsymbol{B},$$

并且

$$\boldsymbol{AK}=\boldsymbol{A}(k\boldsymbol{E})=k(\boldsymbol{AE})=k\boldsymbol{A},\ \boldsymbol{KB}=(k\boldsymbol{E})\boldsymbol{B}=k(\boldsymbol{EB})=k\boldsymbol{B},$$

这表明在矩阵乘法里，单位阵起着单位元的作用，而数量矩阵起着数的作用．

对于线性型(即式(1-1))：

$$\begin{cases} y_1=a_{11}x_1+a_{12}x_2+\cdots+a_{1n}x_n, \\ y_2=a_{21}x_1+a_{22}x_2+\cdots+a_{2n}x_n, \\ \cdots\cdots\cdots\cdots\cdots\cdots\cdots\cdots \\ y_m=a_{m1}x_1+a_{m2}x_2+\cdots+a_{mn}x_n, \end{cases}$$

如果设

$$\boldsymbol{A}=(a_{ij})_{m\times n},\ \boldsymbol{X}=\begin{pmatrix} x_1 \\ x_2 \\ \vdots \\ x_n \end{pmatrix},\ \boldsymbol{Y}=\begin{pmatrix} y_1 \\ y_2 \\ \vdots \\ y_m \end{pmatrix},$$

应用矩阵的乘法规则，该线性型可以简单地表示为

$$\boldsymbol{Y}=\boldsymbol{AX}.$$

**例 1.3** 设有线性变换(即线性型)

$$\begin{cases} y_1=3x_1+x_2, \\ y_2=x_1-x_2, \\ y_3=4x_1+6x_2 \end{cases} \quad 及 \quad \begin{cases} x_1=t_1+2t_2-t_3+3t_4, \\ x_2=4t_1-t_2+t_3-2t_4, \end{cases}$$

求从变量$t_1$，$t_2$，$t_3$，$t_4$到变量$y_1$，$y_2$，$y_3$的线性变换．

**解** 用矩阵表示线性变换，有

$$\boldsymbol{Y}=\boldsymbol{AX},\ \boldsymbol{X}=\boldsymbol{BT},$$

其中 $\boldsymbol{Y}=\begin{pmatrix} y_1 \\ y_2 \\ y_3 \end{pmatrix}$，$\boldsymbol{X}=\begin{pmatrix} x_1 \\ x_2 \end{pmatrix}$，$\boldsymbol{T}=\begin{pmatrix} t_1 \\ t_2 \\ t_3 \\ t_4 \end{pmatrix}$，$\boldsymbol{A}=\begin{pmatrix} 3 & 1 \\ 1 & -1 \\ 4 & 6 \end{pmatrix}$，$\boldsymbol{B}=\begin{pmatrix} 1 & 2 & -1 & 3 \\ 4 & -1 & 1 & -2 \end{pmatrix}$，

于是利用矩阵乘法的结合律，有

$$\boldsymbol{Y}=\boldsymbol{AX}=\boldsymbol{A}(\boldsymbol{BT})=(\boldsymbol{AB})\boldsymbol{T}=\boldsymbol{CT},$$

而系数矩阵

$$\boldsymbol{C}=\boldsymbol{AB}=\begin{pmatrix} 3 & 1 \\ 1 & -1 \\ 4 & 6 \end{pmatrix}\begin{pmatrix} 1 & 2 & -1 & 3 \\ 4 & -1 & 1 & -2 \end{pmatrix}=\begin{pmatrix} 7 & 5 & -2 & 7 \\ -3 & 3 & -2 & 5 \\ 28 & 2 & 2 & 0 \end{pmatrix},$$

故所求线性变换为

$$\begin{cases}y_1=7t_1+5t_2-2t_3+7t_4,\\ y_2=-3t_1+3t_2-2t_3+5t_4,\\ y_3=28t_1+2t_2+2t_3.\end{cases}$$

对于矩阵的乘法，必须注意：

(1) **交换律不成立**：如例 1.1，$\boldsymbol{AB}$ 没有意义，但 $\boldsymbol{BA}$ 有意义；例 1.2 中，$\boldsymbol{AB}$ 与 $\boldsymbol{BA}$ 是不同型的矩阵；此外，即使 $\boldsymbol{AB}$ 与 $\boldsymbol{BA}$ 都有意义且是同型的，它们也不一定相等，如设

$$\boldsymbol{A}=\begin{pmatrix}2&1\\6&3\end{pmatrix},\ \boldsymbol{B}=\begin{pmatrix}-1&-2\\2&4\end{pmatrix},$$

则

$$\boldsymbol{AB}=\begin{pmatrix}2&1\\6&3\end{pmatrix}\begin{pmatrix}-1&-2\\2&4\end{pmatrix}=\begin{pmatrix}0&0\\0&0\end{pmatrix},$$

但

$$\boldsymbol{BA}=\begin{pmatrix}-1&-2\\2&4\end{pmatrix}\begin{pmatrix}2&1\\6&3\end{pmatrix}=\begin{pmatrix}-14&-7\\28&14\end{pmatrix}.$$

对于矩阵 $\boldsymbol{A}$、$\boldsymbol{B}$，如果 $\boldsymbol{AB}=\boldsymbol{BA}$，则称 $\boldsymbol{A}$、$\boldsymbol{B}$ 是**可交换**的．

(2) **存在零因子**：由刚才(1)中所举的例子看到，两个非零矩阵 $\boldsymbol{A}$、$\boldsymbol{B}$ 的乘积矩阵 $\boldsymbol{AB}$ 有可能是零矩阵，这时称 $\boldsymbol{A}$ 为**左零因子**，$\boldsymbol{B}$ 为**右零因子**，统称为**零因子**．这一点与数的乘法是很不相同的：对于数 $a$、$b$，如果 $ab=0$，则必有 $a=0$ 或 $b=0$.

(3) **消去律不成立**：对于数 $a$、$b$、$c$，如果 $ab=ac$，且 $a\neq0$，则有 $b=c$（即消去律成立）. 但对于矩阵，当 $\boldsymbol{AB}=\boldsymbol{AC}$，且 $\boldsymbol{A}\neq\boldsymbol{O}$ 时，未必有 $\boldsymbol{B}=\boldsymbol{C}$. 例如，

$$\begin{pmatrix}2&3&0\\1&2&0\end{pmatrix}\begin{pmatrix}1&0\\0&2\\3&0\end{pmatrix}=\begin{pmatrix}2&6\\1&4\end{pmatrix}=\begin{pmatrix}2&3&0\\1&2&0\end{pmatrix}\begin{pmatrix}1&0\\0&2\\5&6\end{pmatrix},$$

显然，上式左右两边的矩阵$\begin{pmatrix}2&3&0\\1&2&0\end{pmatrix}$不能消去，否则会造成矛盾．

对于矩阵乘法，由于结合律成立，可以定义 $n$ 阶方阵的幂．考虑三个方阵 $\boldsymbol{A}$ 的连乘积，按乘积顺序，有$(\boldsymbol{AA})\boldsymbol{A}$ 或 $\boldsymbol{A}(\boldsymbol{AA})$. 因为结合律成立，两种结果是一样的，因此可以写成 $\boldsymbol{AAA}$，即其中的括号可以去掉．于是当 $k$ 是正整数时，$k$ 个方阵 $\boldsymbol{A}$ 的乘积无论按怎样的顺序进行，其结果都一样，故 $k$ 个 $\boldsymbol{A}$ 的连乘积$\underbrace{\boldsymbol{AA}\cdots\boldsymbol{A}}_{k个}$是有意义的，记作 $\boldsymbol{A}^k$，即

$$\boldsymbol{A}^k=\underbrace{\boldsymbol{AA}\cdots\boldsymbol{A}}_{k个},$$

称之为**方阵 $\boldsymbol{A}$ 的 $k$ 次幂**.

**注意**：若 $\boldsymbol{A}$ 是矩阵而不是方阵，则 $\boldsymbol{A}$ 与自身不能相乘，故只有方阵的幂才有意义.

方阵的幂满足指数运算规律：

$$\boldsymbol{A}^k\boldsymbol{A}^l=\boldsymbol{A}^{k+l}, \quad (\boldsymbol{A}^k)^l=\boldsymbol{A}^{kl},$$

其中 $k$、$l$ 是正整数. 但一般 $(\boldsymbol{AB})^k\neq\boldsymbol{A}^k\boldsymbol{B}^k$，除非方阵 $\boldsymbol{A}$、$\boldsymbol{B}$ 是可交换的.

## 三、矩阵的转置

**定义 1.5** 将矩阵 $\boldsymbol{A}$ 的行换成同序数的列(或将矩阵 $\boldsymbol{A}$ 的列换成同序数的行)，这样得到的矩阵称为矩阵 $\boldsymbol{A}$ 的**转置矩阵**，记作 $\boldsymbol{A}^{\mathrm{T}}$ 或简记作 $\boldsymbol{A}'$.

如果矩阵 $\boldsymbol{A}=(a_{ij})$ 是 $m\times n$ 矩阵，则 $\boldsymbol{A}$ 的转置矩阵 $\boldsymbol{A}^{\mathrm{T}}=(b_{ij})$ 是 $n\times m$ 矩阵，并且

$$b_{ij}=a_{ji}\ (i=1, 2, \cdots, n;\ j=1, 2, \cdots, m).$$

例如，设

$$\boldsymbol{A}=(a_1, a_2, \cdots, a_n), \quad \boldsymbol{B}=\begin{pmatrix} 1 & 0 & 2 \\ -2 & 1 & 3 \end{pmatrix},$$

则

$$\boldsymbol{A}^{\mathrm{T}}=\begin{pmatrix} a_1 \\ a_2 \\ \vdots \\ a_n \end{pmatrix}, \quad \boldsymbol{B}^{\mathrm{T}}=\begin{pmatrix} 1 & -2 \\ 0 & 1 \\ 2 & 3 \end{pmatrix}.$$

转置矩阵具有下列性质：

①$(\boldsymbol{A}^{\mathrm{T}})^{\mathrm{T}}=\boldsymbol{A}$;

②$(\boldsymbol{A}+\boldsymbol{B})^{\mathrm{T}}=\boldsymbol{A}^{\mathrm{T}}+\boldsymbol{B}^{\mathrm{T}}$;

③$(\lambda\boldsymbol{A})^{\mathrm{T}}=\lambda\boldsymbol{A}^{\mathrm{T}}$;

④$(\boldsymbol{AB})^{\mathrm{T}}=\boldsymbol{B}^{\mathrm{T}}\boldsymbol{A}^{\mathrm{T}}$.

性质①、②、③可由定义直接得到，下面仅给出性质④的证明.

**证** 设 $\boldsymbol{A}=(a_{ij})$ 是 $m\times s$ 矩阵，$\boldsymbol{B}=(b_{ij})$ 是 $s\times n$ 矩阵，则 $\boldsymbol{AB}$ 是 $m\times n$ 矩阵，而 $(\boldsymbol{AB})^{\mathrm{T}}$ 和 $\boldsymbol{B}^{\mathrm{T}}\boldsymbol{A}^{\mathrm{T}}$ 都是 $n\times m$ 矩阵. 利用前面乘法结合律证明中所约定的记号，有

$$\begin{aligned}(i, j)_{(\boldsymbol{AB})^{\mathrm{T}}}&=(j, i)_{\boldsymbol{AB}}=\sum_{k=1}^{s}(j, k)_{\boldsymbol{A}}(k, i)_{\boldsymbol{B}}\\&=\sum_{k=1}^{s}(k, j)_{\boldsymbol{A}^{\mathrm{T}}}(i, k)_{\boldsymbol{B}^{\mathrm{T}}}=\sum_{k=1}^{s}(i, k)_{\boldsymbol{B}^{\mathrm{T}}}(k, j)_{\boldsymbol{A}^{\mathrm{T}}}\\&=(i, j)_{\boldsymbol{B}^{\mathrm{T}}\boldsymbol{A}^{\mathrm{T}}}\ (i=1, 2, \cdots, n;\ j=1, 2, \cdots, m),\end{aligned}$$

即

$$(\boldsymbol{AB})^{\mathrm{T}}=\boldsymbol{B}^{\mathrm{T}}\boldsymbol{A}^{\mathrm{T}}.$$

**例 1.4** 设

$$\boldsymbol{A}=\begin{pmatrix}1 & 0 & 2\\ 1 & -1 & -7\end{pmatrix},\ \boldsymbol{B}=\begin{pmatrix}3 & 1\\ 0 & 4\\ 1 & -1\end{pmatrix},$$

求$(\boldsymbol{AB})^{\mathrm{T}}$.

**解** 因为

$$\boldsymbol{AB}=\begin{pmatrix}1 & 0 & 2\\ 1 & -1 & -7\end{pmatrix}\begin{pmatrix}3 & 1\\ 0 & 4\\ 1 & -1\end{pmatrix}=\begin{pmatrix}5 & -1\\ -4 & 4\end{pmatrix},$$

所以

$$(\boldsymbol{AB})^{\mathrm{T}}=\begin{pmatrix}5 & -4\\ -1 & 4\end{pmatrix}.$$

也可以利用性质④进行计算：

$$(\boldsymbol{AB})^{\mathrm{T}}=\boldsymbol{B}^{\mathrm{T}}\boldsymbol{A}^{\mathrm{T}}=\begin{pmatrix}3 & 0 & 1\\ 1 & 4 & -1\end{pmatrix}\begin{pmatrix}1 & 1\\ 0 & -1\\ 2 & -7\end{pmatrix}=\begin{pmatrix}5 & -4\\ -1 & 4\end{pmatrix}.$$

设$\boldsymbol{A}=(a_{ij})$是$n$阶方矩，若$\boldsymbol{A}$满足$\boldsymbol{A}^{\mathrm{T}}=\boldsymbol{A}$，即$a_{ij}=a_{ji}(i, j=1, 2, \cdots, n)$，则称$\boldsymbol{A}$为**对称阵**；若$\boldsymbol{A}$满足$\boldsymbol{A}^{\mathrm{T}}=-\boldsymbol{A}$，即$a_{ij}=-a_{ji}(i, j=1, 2, \cdots, n)$，则称$\boldsymbol{A}$为**反对称阵**.

对称阵的特点是：关于主对角线对称的元素相等；反对称阵的特点是：关于主对角线对称的元素互为相反数，并且因为$a_{ij}=-a_{ji}$，有$a_{ii}=0(i=1, 2, \cdots, n)$，因此反对称阵的主对角线上的元素均为零．例如，矩阵

$$\begin{pmatrix}0 & 1 & -5\\ 1 & 3 & 0\\ -5 & 0 & -2\end{pmatrix},\ \begin{pmatrix}0 & 1 & -2\\ -1 & 0 & 3\\ 2 & -3 & 0\end{pmatrix}$$

分别为对称阵和反对称阵．

## 四、共轭矩阵

**定义 1.6** 设$\boldsymbol{A}=(a_{ij})$为复矩阵，以$\bar{a}_{ij}$表示$a_{ij}$的共轭复数，则称矩阵$\overline{\boldsymbol{A}}=(\bar{a}_{ij})$为$\boldsymbol{A}$的**共轭矩阵**．

由复数的性质易知，共轭矩阵有下列性质：

① $\overline{\boldsymbol{A}+\boldsymbol{B}}=\overline{\boldsymbol{A}}+\overline{\boldsymbol{B}}$；

② $\overline{\lambda\boldsymbol{A}}=\bar{\lambda}\overline{\boldsymbol{A}}$；

③ $\overline{\boldsymbol{AB}}=\overline{\boldsymbol{A}}\overline{\boldsymbol{B}}$，

其中$\boldsymbol{A}$、$\boldsymbol{B}$均为复矩阵，$\lambda$为复数．

# 第三节　分块矩阵及其运算

## 一、分块矩阵的概念

在许多实际问题和理论研究中，常会遇到阶数很高或结构特殊的矩阵．例如，矩阵

$$A=\left(\begin{array}{cc:ccc}1&0&0&0&0\\0&1&0&0&0\\ \hdashline 2&3&3&0&0\\-3&0&0&3&0\\1&-2&0&0&3\end{array}\right),$$

这是个**稀疏矩阵**（即零元素特别多的矩阵）．若将 $A$ 的前两行与后三行，前两列与后三列分开成四个部分，则它的左上角可以看成是一个二阶单位阵，右上角是一个零矩阵，右下角是一个数量矩阵．如果记

$$A_{11}=E_2,\ A_{12}=O_{2\times3},\ A_{21}=A_1=\begin{pmatrix}2&3\\-3&0\\1&-2\end{pmatrix},\ A_{22}=3E_3,$$

把 $A$ 表示为

$$A=\begin{pmatrix}A_{11}&A_{12}\\A_{21}&A_{22}\end{pmatrix}=\begin{pmatrix}E_2&O_{2\times3}\\A_1&3E_3\end{pmatrix},$$

则 $A$ 的结构十分清晰．

一般地，根据所研究问题的实际背景或矩阵本身的特点，可以将一个矩阵 $A$ 用横线和竖线分成若干个子矩阵，每个子矩阵称为 $A$ 的一个**子块**．以子块为元素的形式上的矩阵称为**分块矩阵**．

根据需要，一个矩阵可以作不同的分块．例如，矩阵

$$A=\begin{pmatrix}1&0&0&0\\2&1&0&0\\-3&0&1&0\end{pmatrix}$$

既可以分块为

$$A=\left(\begin{array}{c:cc:c}1&0&0&0\\ \hdashline 2&1&0&0\\-3&0&1&0\end{array}\right)=\begin{pmatrix}A_{11}&A_{12}&A_{13}\\A_{21}&A_{22}&A_{23}\end{pmatrix},$$

其中子块

$$A_{11}=(1),\ A_{12}=(0,\ 0),\ A_{13}=(0),$$

$$A_{21}=\begin{pmatrix}2\\-3\end{pmatrix},\ A_{22}=\begin{pmatrix}1&0\\0&1\end{pmatrix},\ A_{23}=\begin{pmatrix}0\\0\end{pmatrix};$$

也可以分块为

$$A=\left(\begin{array}{r:c:c:c}1&0&0&0\\2&1&0&0\\-3&0&1&0\end{array}\right)=(A_1,\ A_2,\ A_3,\ A_4),$$

或

$$A=\left(\begin{array}{rccc}1&0&0&0\\ \hdashline 2&1&0&0\\ \hdashline -3&0&1&0\end{array}\right)=\begin{pmatrix}A_1\\A_2\\A_3\end{pmatrix}.$$

后两个分块，前者为**分块行矩阵**，后者为**分块列矩阵**，读者不难自己写出它们的子块．

设 $m\times n$ 矩阵 $A$ 的分块矩阵为

$$A=\begin{pmatrix}A_{11}&A_{12}&\cdots&A_{1s}\\A_{21}&A_{22}&\cdots&A_{2s}\\\vdots&\vdots&&\vdots\\A_{r1}&A_{r2}&\cdots&A_{rs}\end{pmatrix},\tag{1-7}$$

简记作 $A=(A_{ij})_{r\times s}$，称为 $r\times s$ 分块矩阵．

## 二、分块矩阵的运算

矩阵的分块除了能够使矩阵的结构变得清晰之外，更重要的是使矩阵的运算简便．因为当把子块看成分块矩阵形式上的元素时，分块矩阵的运算规则与普通矩阵的运算规则是相似的，即有

**1. 分块矩阵的加法**

若 $A$、$B$ 是同型矩阵，用同样的方法把 $A$、$B$ 分块为 $A=(A_{ij})_{r\times s}$，$B=(B_{ij})_{r\times s}$，则

$$A+B=(A_{ij}+B_{ij})_{r\times s}.$$

**2. 分块矩阵的数乘**

若 $A=(A_{ij})_{r\times s}$，$\lambda$ 是数，则

$$\lambda A=(\lambda A_{ij})_{r\times s}.$$

**3. 分块矩阵的乘法**

若 $A$ 是 $m\times p$ 矩阵，$B$ 是 $p\times n$ 矩阵，$A$、$B$ 经分块为 $A=(A_{ij})_{r\times t}$，$B=(B_{ij})_{t\times s}$，则乘积 $C=AB$ 为分块矩阵 $C=(C_{ij})_{r\times s}$，其中

$$C_{ij}=\sum_{k=1}^{t}A_{ik}B_{kj}\,(i=1,\ 2,\ \cdots,\ r;\ j=1,\ 2,\ \cdots,\ s),$$

当然，在分块时必须注意：$A_{ik}$ 与 $B_{kj}$ 是可乘的．

**例 1.5** 设矩阵

$$\boldsymbol{A}=\begin{pmatrix}1&0&0&0&0\\0&1&0&0&0\\2&3&3&0&0\\-3&0&0&3&0\\1&-2&0&0&3\end{pmatrix},\quad \boldsymbol{B}=\begin{pmatrix}1&2&0\\0&-5&3\\-2&0&0\\0&-2&0\\0&0&-2\end{pmatrix},$$

应用分块矩阵求 $\boldsymbol{AB}$.

**解** 矩阵 $\boldsymbol{A}$ 是本节开始举例时所用的矩阵，根据其特点已作分块

$$\boldsymbol{A}=\begin{pmatrix}\boldsymbol{E}_2&\boldsymbol{O}_{2\times3}\\\boldsymbol{A}_1&3\boldsymbol{E}_3\end{pmatrix}，\text{其中：}\boldsymbol{A}_1=\begin{pmatrix}2&3\\-3&0\\1&-2\end{pmatrix}.$$

考虑到可乘性，$\boldsymbol{B}$ 分块时，行必须分为两组，且分法是唯一的．列的分法则有多种，最简单、最方便的是列不作划分，即把 $\boldsymbol{B}$ 分块为

$$\boldsymbol{B}=\left(\begin{array}{ccc}1&2&0\\0&-5&3\\\hdashline-2&0&0\\0&-2&0\\0&0&-2\end{array}\right)=\begin{pmatrix}\boldsymbol{B}_1\\-2\boldsymbol{E}_3\end{pmatrix}，\text{其中：}\boldsymbol{B}_1=\begin{pmatrix}1&2&0\\0&-5&3\end{pmatrix},$$

于是
$$\boldsymbol{AB}=\begin{pmatrix}\boldsymbol{E}_2&\boldsymbol{O}_{2\times3}\\\boldsymbol{A}_1&3\boldsymbol{E}_3\end{pmatrix}\begin{pmatrix}\boldsymbol{B}_1\\-2\boldsymbol{E}_3\end{pmatrix}=\begin{pmatrix}\boldsymbol{B}_1\\\boldsymbol{A}_1\boldsymbol{B}_1-6\boldsymbol{E}_3\end{pmatrix}.$$

因为
$$\boldsymbol{A}_1\boldsymbol{B}_1-6\boldsymbol{E}_3=\begin{pmatrix}2&3\\-3&0\\1&-2\end{pmatrix}\begin{pmatrix}1&2&0\\0&-5&3\end{pmatrix}-\begin{pmatrix}6&0&0\\0&6&0\\0&0&6\end{pmatrix}=\begin{pmatrix}-4&-11&9\\-3&-12&0\\1&12&-12\end{pmatrix},$$

故有
$$\boldsymbol{AB}=\begin{pmatrix}1&2&0\\0&-5&3\\-4&-11&9\\-3&-12&0\\1&12&-12\end{pmatrix}.$$

**4. 分块矩阵的转置矩阵**

分块矩阵式(1-7)的转置矩阵为

$$\boldsymbol{A}^{\mathrm{T}}=\begin{pmatrix}\boldsymbol{A}_{11}^{\mathrm{T}}&\boldsymbol{A}_{21}^{\mathrm{T}}&\cdots&\boldsymbol{A}_{r1}^{\mathrm{T}}\\\boldsymbol{A}_{12}^{\mathrm{T}}&\boldsymbol{A}_{22}^{\mathrm{T}}&\cdots&\boldsymbol{A}_{r2}^{\mathrm{T}}\\\vdots&\vdots&&\vdots\\\boldsymbol{A}_{1s}^{\mathrm{T}}&\boldsymbol{A}_{2s}^{\mathrm{T}}&\cdots&\boldsymbol{A}_{rs}^{\mathrm{T}}\end{pmatrix},$$

或 $\boldsymbol{A}^{\mathrm{T}}=(\boldsymbol{B}_{ij})_{s\times r}$，其中：$\boldsymbol{B}_{ij}=\boldsymbol{A}_{ji}^{\mathrm{T}}$.

例如，分块列矩阵 $\boldsymbol{A}=\begin{pmatrix}\boldsymbol{A}_1\\\boldsymbol{A}_2\\\vdots\\\boldsymbol{A}_r\end{pmatrix}$ 的转置矩阵为分块行矩阵 $\boldsymbol{A}^{\mathrm{T}}=(\boldsymbol{A}_1^{\mathrm{T}},\ \boldsymbol{A}_2^{\mathrm{T}},\ \cdots,\ \boldsymbol{A}_r^{\mathrm{T}})$.

分块矩阵的一种特殊形式是分块对角矩阵：设 $\boldsymbol{A}$ 为 $n$ 阶方阵，若 $\boldsymbol{A}$ 的分块矩阵中除主对角线上的子块外，其余子块均为零矩阵，即

$$\boldsymbol{A}=\begin{pmatrix}\boldsymbol{A}_1 & \boldsymbol{O} & \cdots & \boldsymbol{O}\\ \boldsymbol{O} & \boldsymbol{A}_2 & \cdots & \boldsymbol{O}\\ \vdots & \vdots & & \vdots\\ \boldsymbol{O} & \boldsymbol{O} & \cdots & \boldsymbol{A}_m\end{pmatrix},$$

其中 $\boldsymbol{A}_i(i=1,\ 2,\ \cdots,\ m)$ 均为方阵，则称 $\boldsymbol{A}$ 为**分块对角阵**或**准对角阵**，并简记作

$$\boldsymbol{A}=\begin{pmatrix}\boldsymbol{A}_1 & & & \\ & \boldsymbol{A}_2 & & \\ & & \ddots & \\ & & & \boldsymbol{A}_m\end{pmatrix}.$$

# 第四节 可逆矩阵

## 一、可逆矩阵的概念

对于未知量个数与方程的个数都等于 $n$ 的线性方程组

$$\begin{cases}a_{11}x_1+a_{12}x_2+\cdots+a_{1n}x_n=b_1,\\ a_{21}x_2+a_{22}x_2+\cdots+a_{2n}x_n=b_2,\\ \cdots\cdots\cdots\cdots\cdots\cdots\cdots\cdots\\ a_{n1}x_1+a_{n2}x_2+\cdots+a_{nn}x_n=b_n,\end{cases} \tag{1-8}$$

可用矩阵表示为

$$\boldsymbol{AX}=\boldsymbol{B}, \tag{1-9}$$

其中 $\boldsymbol{A}=(a_{ij})_{n\times n}$，$\boldsymbol{X}=(x_1,\ x_2,\ \cdots,\ x_n)^{\mathrm{T}}$，$\boldsymbol{B}=(b_1,\ b_2,\ \cdots,\ b_n)^{\mathrm{T}}$.

如果存在 $n$ 阶方阵 $\boldsymbol{T}$，使

$$\boldsymbol{TA}=\boldsymbol{E},$$

其中 $\boldsymbol{E}$ 为 $n$ 阶单位阵. 用矩阵 $\boldsymbol{T}$ 左乘式(1-9)的两边，因为

$$\boldsymbol{T}(\boldsymbol{AX})=(\boldsymbol{TA})\boldsymbol{X}=\boldsymbol{EX}=\boldsymbol{X},$$

则有
$$\boldsymbol{X}=\boldsymbol{TB}.$$
其右端矩阵乘积为一列矩阵，就是线性方程组(1-8)的解．因此，对于方程组(1-8)，如果能找到这样的矩阵 $\boldsymbol{T}$，则它的解很容易求得．一般地，有

**定义 1.7** 对于矩阵 $\boldsymbol{A}$，如果存在矩阵 $\boldsymbol{B}$，使
$$\boldsymbol{AB}=\boldsymbol{BA}=\boldsymbol{E}, \tag{1-10}$$
则称矩阵 $\boldsymbol{A}$ 是**可逆矩阵**，或称 $\boldsymbol{A}$ 为**可逆的**，并称矩阵 $\boldsymbol{B}$ 为 $\boldsymbol{A}$ 的**逆(矩)阵**．$\boldsymbol{A}$ 的逆阵又记作 $\boldsymbol{A}^{-1}$，即若 $\boldsymbol{B}$ 适合式(1-10)，则有 $\boldsymbol{A}^{-1}=\boldsymbol{B}$.

**注意**：(1) 根据定义 1.7，矩阵 $\boldsymbol{A}$ 与其逆阵 $\boldsymbol{B}$ 可交换，因此可逆矩阵 $\boldsymbol{A}$ 一定是方阵．也就是说，只有方阵才有逆阵，而且 $\boldsymbol{A}$ 的逆阵与 $\boldsymbol{A}$ 是同阶方阵，但并非每个方阵都是可逆的．

例如，设 $\boldsymbol{A}=\begin{pmatrix}1&2\\2&4\end{pmatrix}$．假如 $\boldsymbol{A}$ 可逆，可设 $\boldsymbol{B}=\begin{pmatrix}x_1&x_2\\x_3&x_4\end{pmatrix}$ 是 $\boldsymbol{A}$ 的逆阵，则
$$\boldsymbol{AB}=\boldsymbol{E}，即 \begin{pmatrix}x_1+2x_3&x_2+2x_4\\2x_1+4x_3&2x_2+4x_4\end{pmatrix}=\begin{pmatrix}1&0\\0&1\end{pmatrix},$$
于是 $x_1$、$x_3$ 适合
$$\begin{cases}x_1+2x_3=1,\\2x_1+4x_3=0,\end{cases}$$
这是个矛盾方程组，无解，故 $\boldsymbol{A}$ 的逆阵不存在，即 $\boldsymbol{A}$ 不可逆．

(2) 如果方阵 $\boldsymbol{A}$ 可逆，则它的逆阵是唯一的．这是因为，如果方阵 $\boldsymbol{B}$、$\boldsymbol{C}$ 都是方阵 $\boldsymbol{A}$ 的逆阵，那么有
$$\boldsymbol{B}=\boldsymbol{EB}=(\boldsymbol{CA})\boldsymbol{B}=\boldsymbol{C}(\boldsymbol{AB})=\boldsymbol{CE}=\boldsymbol{C}.$$

(3) 本章第二节定义了方阵的正指数幂，有了逆阵的概念就可以定义可逆方阵的零指数幂和负指数幂：当 $\boldsymbol{A}$ 可逆时，定义
$$\boldsymbol{A}^0=\boldsymbol{E}，\boldsymbol{A}^{-k}=(\boldsymbol{A}^{-1})^k,$$
其中 $k$ 为正整数，于是，当 $\boldsymbol{A}$ 可逆时，若 $k$，$l$ 为任意整数，则有
$$\boldsymbol{A}^k\boldsymbol{A}^l=\boldsymbol{A}^{k+l}，(\boldsymbol{A}^k)^l=\boldsymbol{A}^{kl}.$$

**例 1.6** 已知方阵 $\boldsymbol{A}=\begin{pmatrix}1&1\\1&-1\end{pmatrix}$，求 $\boldsymbol{A}$ 的逆阵 $\boldsymbol{A}^{-1}$ 及 $\boldsymbol{A}^{-n}(n\geqslant1)$.

**解** 设 $\boldsymbol{B}=\begin{pmatrix}x_1&x_2\\x_3&x_4\end{pmatrix}$ 是 $\boldsymbol{A}$ 的逆阵，则有
$$\boldsymbol{AB}=\boldsymbol{E}，即 \begin{pmatrix}x_1+x_3&x_2+x_4\\x_1-x_3&x_2-x_4\end{pmatrix}=\begin{pmatrix}1&0\\0&1\end{pmatrix},$$

由矩阵相等，可得方程组

$$\begin{cases}x_1+x_3=1,\\x_1-x_3=0\end{cases}\text{及}\begin{cases}x_2+x_4=0,\\x_2-x_4=1,\end{cases}$$

解之，得

$$x_1=\frac{1}{2},\ x_2=\frac{1}{2},\ x_3=\frac{1}{2},\ x_4=-\frac{1}{2},$$

于是

$$\boldsymbol{B}=\frac{1}{2}\begin{pmatrix}1&1\\1&-1\end{pmatrix},$$

并且 $\boldsymbol{B}$ 满足 $\boldsymbol{AB}=\boldsymbol{BA}=\boldsymbol{E}$(**注意：按逆阵的定义，这一步的验证不能少**)，所以

$$\boldsymbol{A}^{-1}=\boldsymbol{B}=\frac{1}{2}\begin{pmatrix}1&1\\1&-1\end{pmatrix}=\frac{1}{2}\boldsymbol{A}.$$

因为

$$\boldsymbol{A}^{-2}=(\boldsymbol{A}^{-1})^2=\frac{1}{2}\begin{pmatrix}1&1\\1&-1\end{pmatrix}\cdot\frac{1}{2}\begin{pmatrix}1&1\\1&-1\end{pmatrix}=\frac{1}{2}\boldsymbol{E},$$

于是有

$$\boldsymbol{A}^{-2k}=(\boldsymbol{A}^{-2})^k=\left(\frac{1}{2}\boldsymbol{E}\right)^k=\frac{1}{2^k}\boldsymbol{E},$$

$$\boldsymbol{A}^{-(2k+1)}=\boldsymbol{A}^{-2k}\boldsymbol{A}^{-1}=\frac{1}{2^k}\boldsymbol{E}\cdot\frac{1}{2}\boldsymbol{A}=\frac{1}{2^{k+1}}\boldsymbol{A},$$

故

$$\boldsymbol{A}^{-n}=\begin{cases}\dfrac{1}{2^k}\boldsymbol{E}, & n=2k,\\[2mm]\dfrac{1}{2^{k+1}}\boldsymbol{A}, & n=2k+1.\end{cases}$$

此例表明，按定义求逆矩阵的方法是非常笨拙的．今后将对可逆矩阵进行深入的讨论，寻求一些比较方便实用的求逆矩阵的方法．

## 二、逆阵的运算规律

方阵的逆阵适合下列运算规律：

① **若 $\boldsymbol{A}$ 可逆，则 $\boldsymbol{A}^{-1}$ 亦可逆，且 $(\boldsymbol{A}^{-1})^{-1}=\boldsymbol{A}$.**

② **若 $\boldsymbol{A}$ 可逆，数 $k\neq 0$，则 $k\boldsymbol{A}$ 可逆，且 $(k\boldsymbol{A})^{-1}=k^{-1}\boldsymbol{A}^{-1}$.**

③ **若 $\boldsymbol{A}$、$\boldsymbol{B}$ 是同阶可逆方阵，则 $\boldsymbol{AB}$ 亦可逆，且 $(\boldsymbol{AB})^{-1}=\boldsymbol{B}^{-1}\boldsymbol{A}^{-1}$.**

④ **若 $\boldsymbol{A}$ 可逆，则 $\boldsymbol{A}^{\mathrm{T}}$ 亦可逆，且 $(\boldsymbol{A}^{\mathrm{T}})^{-1}=(\boldsymbol{A}^{-1})^{\mathrm{T}}$.**

**证** ① 因为 $\boldsymbol{A}^{-1}$ 是 $\boldsymbol{A}$ 的逆阵，所以有

$$\boldsymbol{AA}^{-1}=\boldsymbol{A}^{-1}\boldsymbol{A}=\boldsymbol{E},$$

于是按照定义，$\boldsymbol{A}$ 就是 $\boldsymbol{A}^{-1}$ 的逆阵，故有 $(\boldsymbol{A}^{-1})^{-1}=\boldsymbol{A}$.

② 因为

$$(k\boldsymbol{A})(k^{-1}\boldsymbol{A}^{-1})=(kk^{-1})(\boldsymbol{AA}^{-1})=\boldsymbol{E},$$

同样

$$(k^{-1}\boldsymbol{A}^{-1})(k\boldsymbol{A})=(k^{-1}k)(\boldsymbol{A}^{-1}\boldsymbol{A})=\boldsymbol{E},$$

于是，$k^{-1}\boldsymbol{A}^{-1}$就是 $k\boldsymbol{A}$ 的逆阵，所以有

$$(k\boldsymbol{A})^{-1}=k^{-1}\boldsymbol{A}^{-1}.$$

③ 因为 $(\boldsymbol{AB})(\boldsymbol{B}^{-1}\boldsymbol{A}^{-1})=\boldsymbol{A}(\boldsymbol{BB}^{-1})\boldsymbol{A}^{-1}=\boldsymbol{AEA}^{-1}=\boldsymbol{AA}^{-1}=\boldsymbol{E}$,

同样 $$(\boldsymbol{B}^{-1}\boldsymbol{A}^{-1})(\boldsymbol{AB})=\boldsymbol{B}^{-1}(\boldsymbol{A}^{-1}\boldsymbol{A})\boldsymbol{B}=\boldsymbol{B}^{-1}\boldsymbol{EB}=\boldsymbol{B}^{-1}\boldsymbol{B}=\boldsymbol{E},$$

于是，$\boldsymbol{B}^{-1}\boldsymbol{A}^{-1}$就是 $\boldsymbol{AB}$ 的逆阵，所以有

$$(\boldsymbol{AB})^{-1}=\boldsymbol{B}^{-1}\boldsymbol{A}^{-1}.$$

④ 因为 $$\boldsymbol{A}^{\mathrm{T}}(\boldsymbol{A}^{-1})^{\mathrm{T}}=(\boldsymbol{A}^{-1}\boldsymbol{A})^{\mathrm{T}}=\boldsymbol{E}^{\mathrm{T}}=\boldsymbol{E},$$

同样 $$(\boldsymbol{A}^{-1})^{\mathrm{T}}\boldsymbol{A}^{\mathrm{T}}=(\boldsymbol{AA}^{-1})^{\mathrm{T}}=\boldsymbol{E}^{\mathrm{T}}=\boldsymbol{E},$$

于是，$(\boldsymbol{A}^{-1})^{\mathrm{T}}$ 就是 $\boldsymbol{A}^{\mathrm{T}}$ 的逆阵，所以有

$$(\boldsymbol{A}^{\mathrm{T}})^{-1}=(\boldsymbol{A}^{-1})^{\mathrm{T}}.$$

**例 1.7** 设 $\boldsymbol{A}_1$、$\boldsymbol{A}_2$ 分别是 $m$ 阶和 $n$ 阶可逆方阵，求分块矩阵

$$\boldsymbol{A}=\begin{pmatrix}\boldsymbol{A}_1 & \boldsymbol{O}\\ \boldsymbol{O} & \boldsymbol{A}_2\end{pmatrix}$$

的逆矩阵，其中 $\boldsymbol{A}$ 的右上角是 $m\times n$ 零矩阵，而它的左下角是 $n\times m$ 零矩阵．

**解** 可设

$$\begin{pmatrix}\boldsymbol{A}_1 & \boldsymbol{O}\\ \boldsymbol{O} & \boldsymbol{A}_2\end{pmatrix}^{-1}=\begin{pmatrix}\boldsymbol{X}_{11} & \boldsymbol{X}_{12}\\ \boldsymbol{X}_{21} & \boldsymbol{X}_{22}\end{pmatrix},$$

则有 $$\begin{pmatrix}\boldsymbol{A}_1 & \boldsymbol{O}\\ \boldsymbol{O} & \boldsymbol{A}_2\end{pmatrix}\begin{pmatrix}\boldsymbol{X}_{11} & \boldsymbol{X}_{12}\\ \boldsymbol{X}_{21} & \boldsymbol{X}_{22}\end{pmatrix}=\boldsymbol{E}\text{ 及 }\begin{pmatrix}\boldsymbol{X}_{11} & \boldsymbol{X}_{12}\\ \boldsymbol{X}_{21} & \boldsymbol{X}_{22}\end{pmatrix}\begin{pmatrix}\boldsymbol{A}_1 & \boldsymbol{O}\\ \boldsymbol{O} & \boldsymbol{A}_2\end{pmatrix}=\boldsymbol{E},$$

于是由矩阵的乘法的可乘性可以分析出：$\boldsymbol{X}_{11}$是 $m$ 阶方阵，$\boldsymbol{X}_{22}$是 $n$ 阶方阵，而 $\boldsymbol{X}_{12}$，$\boldsymbol{X}_{21}$分别是 $m\times n$ 矩阵和 $n\times m$ 矩阵，因此又有

$$\begin{pmatrix}\boldsymbol{A}_1 & \boldsymbol{O}\\ \boldsymbol{O} & \boldsymbol{A}_2\end{pmatrix}\begin{pmatrix}\boldsymbol{X}_{11} & \boldsymbol{X}_{12}\\ \boldsymbol{X}_{21} & \boldsymbol{X}_{22}\end{pmatrix}=\begin{pmatrix}\boldsymbol{E}_m & \boldsymbol{O}\\ \boldsymbol{O} & \boldsymbol{E}_n\end{pmatrix},$$

即有 $$\begin{pmatrix}\boldsymbol{A}_1\boldsymbol{X}_{11} & \boldsymbol{A}_1\boldsymbol{X}_{12}\\ \boldsymbol{A}_2\boldsymbol{X}_{21} & \boldsymbol{A}_2\boldsymbol{X}_{22}\end{pmatrix}=\begin{pmatrix}\boldsymbol{E}_m & \boldsymbol{O}\\ \boldsymbol{O} & \boldsymbol{E}_n\end{pmatrix},$$

则依次可求出

$$\boldsymbol{X}_{11}=\boldsymbol{A}_1^{-1}\boldsymbol{E}_m=\boldsymbol{A}_1^{-1},\ \boldsymbol{X}_{12}=\boldsymbol{A}_1^{-1}\boldsymbol{O}=\boldsymbol{O},$$
$$\boldsymbol{X}_{21}=\boldsymbol{A}_2^{-1}\boldsymbol{O}=\boldsymbol{O},\ \boldsymbol{X}_{22}=\boldsymbol{A}_2^{-1}\boldsymbol{E}_n=\boldsymbol{A}_2^{-1},$$

故 $$\begin{pmatrix}\boldsymbol{A}_1 & \boldsymbol{O}\\ \boldsymbol{O} & \boldsymbol{A}_2\end{pmatrix}^{-1}=\begin{pmatrix}\boldsymbol{A}_1^{-1} & \boldsymbol{O}\\ \boldsymbol{O} & \boldsymbol{A}_2^{-1}\end{pmatrix}.$$

可将这一结果推广到更一般的情形：若分块对角方阵

$$A=\begin{pmatrix} A_1 & & & \\ & A_2 & & \\ & & \ddots & \\ & & & A_m \end{pmatrix}$$

中，方阵 $A_i(i=1, 2, \cdots, m)$ 均可逆，则 $A$ 亦可逆，且

$$A^{-1}=\begin{pmatrix} A_1^{-1} & & & \\ & A_2^{-1} & & \\ & & \ddots & \\ & & & A_m^{-1} \end{pmatrix}.$$

由分块矩阵的乘法，读者不难直接验证这一结论．特别地，当 $A$ 为 $n$ 阶对角阵时，即

$$A=\mathrm{diag}(\lambda_1, \lambda_2, \cdots, \lambda_n),$$

若 $\lambda_i\neq 0(i=1, 2, \cdots, n)$，则有

$$A^{-1}=\mathrm{diag}(\lambda_1^{-1}, \lambda_2^{-1}, \cdots, \lambda_n^{-1}).$$

**例 1.8** 求方阵 $A=\begin{pmatrix} 3 & 0 & 0 \\ 0 & 1 & 1 \\ 0 & 1 & -1 \end{pmatrix}$ 的逆阵．

**解** 将 $A$ 表示为分块矩阵

$$A=\begin{pmatrix} A_1 & \\ & A_2 \end{pmatrix}，其中：A_1=(3)，A_2=\begin{pmatrix} 1 & 1 \\ 1 & -1 \end{pmatrix},$$

则 $A_1^{-1}=\left(\frac{1}{3}\right)$，且由例 1.6 知 $A_2^{-1}=\begin{pmatrix} \frac{1}{2} & \frac{1}{2} \\ \frac{1}{2} & -\frac{1}{2} \end{pmatrix}$，故

$$A^{-1}=\begin{pmatrix} A_1^{-1} & \\ & A_2^{-1} \end{pmatrix}=\begin{pmatrix} \frac{1}{3} & 0 & 0 \\ 0 & \frac{1}{2} & \frac{1}{2} \\ 0 & \frac{1}{2} & -\frac{1}{2} \end{pmatrix}.$$

## 第五节 矩阵的初等变换

上节介绍了方阵的逆阵，但是直接根据定义求方阵的逆阵，要像例 1.6 那样通过解线性方程组来进行，并且一般求 $n$ 阶方阵的逆阵需要解 $n^2$ 元线性方

程组．如果这样，上节开始所希望的应用逆阵来解线性方程组会更方便，就适得其反．本节介绍的初等变换，可以有效地用来求方阵的逆阵，并且在其他方面也有很重要的应用．

## 一、矩阵的初等变换与标准形

**定义 1.8** 设有矩阵 $\boldsymbol{A}$，下列三种变换称为矩阵 $\boldsymbol{A}$ 的**初等行变换**：

（1）对调 $\boldsymbol{A}$ 的两行（对调第 $i$、$j$ 两行，记作 $r_i \leftrightarrow r_j$）．

（2）用一个非零的数乘 $\boldsymbol{A}$ 的某一行的所有元素（用数 $k$ 乘第 $i$ 行，记作 $r_i \times k$ 或 $kr_i$）．

（3）把 $\boldsymbol{A}$ 的某一行的所有元素的 $k$ 倍加到另一行的对应元素上去（第 $j$ 行的 $k$ 倍加到第 $i$ 行上，记作 $r_i + kr_j$）．

将定义中的“行”改为“列”，则得矩阵的**初等列变换**（相应的记号由 $r$ 改为 $c$，如第 $i$、$j$ 列对调，记作 $c_i \leftrightarrow c_j$，其余类推）．

矩阵的初等行变换与初等列变换统称为矩阵的**初等变换**．初等变换都是可逆的，而且它们的**逆变换**是同一类型的初等变换．如对于初等行变换：变换 $r_i \leftrightarrow r_j$ 的逆变换就是其本身；变换 $r_i \times k$ 的逆变换就是 $r_i \times \frac{1}{k}$（或记作 $r_i \div k$）；变换 $r_i + kr_j$ 的逆变换就是变换 $r_i + (-k)r_j$（或记作 $r_i - kr_j$）．

**定义 1.9** 如果矩阵 $\boldsymbol{A}$ 经过有限次的初等变换变为矩阵 $\boldsymbol{B}$，则称矩阵 $\boldsymbol{A}$ 与矩阵 $\boldsymbol{B}$ 等价，记作 $\boldsymbol{A} \cong \boldsymbol{B}$.

例如，$\begin{pmatrix} 2 & 5 \\ -3 & 1 \end{pmatrix} \cong \begin{pmatrix} -1 & 3 \\ 12 & 15 \end{pmatrix}$，这是因为

$$\begin{pmatrix} 2 & 5 \\ -3 & 1 \end{pmatrix} \xrightarrow{r_1 \leftrightarrow r_2} \begin{pmatrix} -3 & 1 \\ 2 & 5 \end{pmatrix} \xrightarrow{c_1 + 2c_2} \begin{pmatrix} -1 & 1 \\ 12 & 5 \end{pmatrix} \xrightarrow{c_2 \times 3} \begin{pmatrix} -1 & 3 \\ 12 & 15 \end{pmatrix},$$

这里用附有初等变换记号的箭号代替等价符号“$\cong$”，以示明初等变换的过程.

由初等变换的定义可知，矩阵的等价关系具有下列性质：

① **反身性**：$\boldsymbol{A} \cong \boldsymbol{A}$.

② **对称性**：若 $\boldsymbol{A} \cong \boldsymbol{B}$，则 $\boldsymbol{B} \cong \boldsymbol{A}$.

③ **传递性**：若 $\boldsymbol{A} \cong \boldsymbol{B}$，且 $\boldsymbol{B} \cong \boldsymbol{C}$，则 $\boldsymbol{A} \cong \boldsymbol{C}$.

**定理 1.1** **任何 $m \times n$ 矩阵 $\boldsymbol{A} = (a_{ij})$，都可用有限次初等变换化为如下形式的矩阵**

$$\boldsymbol{J} = \begin{pmatrix} \boldsymbol{E}_r & \boldsymbol{O} \\ \boldsymbol{O} & \boldsymbol{O} \end{pmatrix},$$

**$J$ 称为矩阵 $A$ 的标准形，它的左上角是一个 $r(r\leqslant\min\{m, n\})$ 阶单位阵，其余元素都是零.**

**证** 如果 $A$ 的所有元素都是零，那么 $A$ 已经是标准形 $J$ 的形式，这时 $r=0$. 否则，$A$ 至少有一个元素不为零，用第一种初等变换可将该元素调到左上角的位置，故不妨设 $a_{11}\neq0$，于是，先把矩阵的第一行乘以 $-\frac{a_{i1}}{a_{11}}$ 后加到第 $i$ 行上 $(i=2, 3, \cdots, m)$，再把矩阵的第一列乘以 $-\frac{a_{1j}}{a_{11}}$ 后加到第 $j$ 列上 $(j=2, 3, \cdots, n)$，最后用 $\frac{1}{a_{11}}$ 乘矩阵的第一行，可得

$$A\cong\begin{pmatrix}1 & 0 & \cdots & 0\\ 0 & b_{22} & \cdots & b_{2n}\\ \vdots & \vdots & & \vdots\\ 0 & b_{m2} & \cdots & b_{mn}\end{pmatrix}=\begin{pmatrix}1 & O\\ O & B\end{pmatrix}.$$

若 $B=O$，则定理得证. 若 $B\neq O$，继续应用上述方法对 $B$ 施行初等变换，如此反复，最终可以得到矩阵 $A$ 的标准形.

**例 1.9** 应用初等变换求矩阵的标准形：

$$A=\begin{pmatrix}1 & 1 & -1 & -1\\ 1 & -1 & -1 & 3\\ 1 & -2 & -1 & 5\end{pmatrix}.$$

**解** 对矩阵 $A$ 施行初等变换：

$$A=\begin{pmatrix}1 & 1 & -1 & -1\\ 1 & -1 & -1 & 3\\ 1 & -2 & -1 & 5\end{pmatrix}\xrightarrow[r_3-r_1]{r_2-r_1}\begin{pmatrix}1 & 1 & -1 & -1\\ 0 & -2 & 0 & 4\\ 0 & -3 & 0 & 6\end{pmatrix}$$

$$\xrightarrow{r_2\times\left(-\frac{1}{2}\right)}\begin{pmatrix}1 & 1 & -1 & -1\\ 0 & 1 & 0 & -2\\ 0 & -3 & 0 & 6\end{pmatrix}\xrightarrow[r_3+3r_2]{r_1-r_2}\begin{pmatrix}1 & 0 & -1 & 1\\ 0 & 1 & 0 & -2\\ 0 & 0 & 0 & 0\end{pmatrix}$$

$$\xrightarrow[c_4-c_1]{c_3+c_1}\begin{pmatrix}1 & 0 & 0 & 0\\ 0 & 1 & 0 & -2\\ 0 & 0 & 0 & 0\end{pmatrix}\xrightarrow{c_4+2c_2}\begin{pmatrix}1 & 0 & 0 & 0\\ 0 & 1 & 0 & 0\\ 0 & 0 & 0 & 0\end{pmatrix},$$

故矩阵 $A$ 的标准形为

$$\begin{pmatrix}1 & 0 & 0 & 0\\ 0 & 1 & 0 & 0\\ 0 & 0 & 0 & 0\end{pmatrix}=\begin{pmatrix}E_2 & O\\ O & O\end{pmatrix}.$$

## 二、初等方阵及其性质

与初等变换对应的是初等方阵．

**定义 1.10** 单位矩阵 $\boldsymbol{E}$ 经过一次初等变换后得到的方阵称为**初等方阵**．

例如，对于三阶单位阵

$$\boldsymbol{E}_3=\begin{pmatrix}1&0&0\\0&1&0\\0&0&1\end{pmatrix}$$

分别作初等变换：(1) 交换 $\boldsymbol{E}_3$ 的第一、三行(或列)；(2) 将 $\boldsymbol{E}_3$ 的第二行(或列)乘以$-3$；(3) 将 $\boldsymbol{E}_3$ 的第二行的$(-2)$倍加到第三行上(或将 $\boldsymbol{E}_3$ 的第三列的$(-2)$倍加到第二列上)．可分别得到如下的三个初等方阵：

$$\begin{pmatrix}0&0&1\\0&1&0\\1&0&0\end{pmatrix},\quad\begin{pmatrix}1&0&0\\0&-3&0\\0&0&1\end{pmatrix},\quad\begin{pmatrix}1&0&0\\0&1&0\\0&-2&1\end{pmatrix}.$$

因为初等变换有三种，且对单位矩阵施行一次行变换与施行一次相应的列变换是等效的，所以一般初等方阵也有三种：

(1) 对单位矩阵 $\boldsymbol{E}$ 施行第一种行变换 $r_i\leftrightarrow r_j$ 得到的方阵，记作 $\boldsymbol{E}(i,j)$，即

$$\boldsymbol{E}(i,j)=\begin{pmatrix}1&&&&&&\\&\ddots&&&&&\\&&0&\cdots&\cdots&\cdots&1&&\\&&\vdots&1&&&\vdots&&\\&&\vdots&&\ddots&&\vdots&&\\&&\vdots&&&1&\vdots&&\\&&1&\cdots&\cdots&\cdots&0&&\\&&&&&&&\ddots&\\&&&&&&&&1\end{pmatrix}\begin{matrix}\\\\\leftarrow\text{第 } i \text{ 行}\\\\\\\\\leftarrow\text{第 } j \text{ 行}\\\\\\\end{matrix}.$$

(2) 对单位矩阵 $\boldsymbol{E}$ 施行第二种行变换 $kr_i$ 得到的方阵，记作 $\boldsymbol{E}(i(k))$，即

$$\boldsymbol{E}(i(k))=\begin{pmatrix}1&&&&&\\&\ddots&&&&\\&&1&&&\\&&&k&&\\&&&&1&&\\&&&&&\ddots&\\&&&&&&1\end{pmatrix}\begin{matrix}\\\\\\\leftarrow\text{第 } i \text{ 行}\\\\\\\\\end{matrix}.$$

(3) 对单位矩阵 $\boldsymbol{E}$ 施行第三种行变换 $r_i+kr_j$ 得到的方阵，记作 $\boldsymbol{E}(i,j(k))$，即

$$\boldsymbol{E}(i,j(k))=\begin{pmatrix}1 & & & & & & \\ & \ddots & & & & & \\ & & 1 & \cdots & k & & \\ & & & \ddots & \vdots & & \\ & & & & 1 & & \\ & & & & & \ddots & \\ & & & & & & 1\end{pmatrix}\begin{matrix} \\ \\ \leftarrow 第\,i\,行 \\ \\ \leftarrow 第\,j\,行 \\ \\ \\ \end{matrix}.$$

以上三种初等方阵对应的初等列变换分别为 $c_i\leftrightarrow c_j$，$kc_i$ 和 $c_j+kc_i$.

**特别注意**：最后一种初等方阵对应的列变换与行变换的记号是不一致的，这是因为初等方阵 $\boldsymbol{E}(i,j(k))$ 既可以由同阶单位阵的第 $j$ 行的 $k$ 倍加到第 $i$ 行得到，也可以由单位阵的第 $i$ 列的 $k$ 倍加到第 $j$ 列得到，因此有

$$\boldsymbol{E}\xrightarrow{r_i+kr_j}\boldsymbol{E}(i,j(k)) \text{ 或 } \boldsymbol{E}\xrightarrow{c_j+kc_i}\boldsymbol{E}(i,j(k)).$$

此外，初等方阵都是可逆的，它们的逆阵也是初等方阵，且

$$(\boldsymbol{E}(i,j))^{-1}=\boldsymbol{E}(j,i),\ (\boldsymbol{E}(i(k)))^{-1}=\boldsymbol{E}\left(i\left(\frac{1}{k}\right)\right),\ (\boldsymbol{E}(i,j(k)))^{-1}=\boldsymbol{E}(i,j(-k)).$$

对矩阵 $\boldsymbol{A}$ 施行初等变换相当于用初等方阵去乘矩阵 $\boldsymbol{A}$，一般有

**定理 1.2 设 $\boldsymbol{A}$ 为 $m\times n$ 矩阵，则**

**(1) 对矩阵 $\boldsymbol{A}$ 施行一次初等行变换得到的矩阵等于用一个 $m$ 阶初等方阵左乘 $\boldsymbol{A}$；**

**(2) 对矩阵 $\boldsymbol{A}$ 施行一次初等列变换得到的矩阵等于用一个 $n$ 阶初等方阵右乘 $\boldsymbol{A}$.**

下面仅给出关于初等列变换情形的证明：

**证** 将 $\boldsymbol{A}$、$\boldsymbol{E}_n$ 分别分块如下：

$$\boldsymbol{A}=(\boldsymbol{A}_1,\boldsymbol{A}_2,\cdots,\boldsymbol{A}_i,\cdots,\boldsymbol{A}_j,\cdots,\boldsymbol{A}_n),$$
$$\boldsymbol{E}_n=(\boldsymbol{\varepsilon}_1,\boldsymbol{\varepsilon}_2,\cdots,\boldsymbol{\varepsilon}_i,\cdots,\boldsymbol{\varepsilon}_j,\cdots,\boldsymbol{\varepsilon}_n),$$

其中 $\boldsymbol{A}_i$ 为 $\boldsymbol{A}$ 的第 $i$ 列，而

$$\boldsymbol{\varepsilon}_1=\begin{pmatrix}1\\0\\\vdots\\0\end{pmatrix},\ \boldsymbol{\varepsilon}_2=\begin{pmatrix}0\\1\\\vdots\\0\end{pmatrix},\ \cdots,\ \boldsymbol{\varepsilon}_n=\begin{pmatrix}0\\0\\\vdots\\1\end{pmatrix},$$

于是
$$\boldsymbol{E}_n(i,j)=(\boldsymbol{\varepsilon}_1,\boldsymbol{\varepsilon}_2,\cdots,\boldsymbol{\varepsilon}_j,\cdots,\boldsymbol{\varepsilon}_i,\cdots,\boldsymbol{\varepsilon}_n),$$
$$\boldsymbol{E}_n(i(k))=(\boldsymbol{\varepsilon}_1,\boldsymbol{\varepsilon}_2,\cdots,k\boldsymbol{\varepsilon}_i,\cdots,\boldsymbol{\varepsilon}_n),$$

$$E_n(j, i(k))=(\boldsymbol{\varepsilon}_1, \boldsymbol{\varepsilon}_2, \cdots, \boldsymbol{\varepsilon}_i+k\boldsymbol{\varepsilon}_j, \cdots, \boldsymbol{\varepsilon}_j, \cdots, \boldsymbol{\varepsilon}_n).$$

由于
$$\boldsymbol{A\varepsilon}_i=\boldsymbol{A}_i(i=1, 2, \cdots, n),$$

所以
$$\begin{aligned}\boldsymbol{AE}_n(i, j)&=(\boldsymbol{A\varepsilon}_1, \boldsymbol{A\varepsilon}_2, \cdots, \boldsymbol{A\varepsilon}_j, \cdots, \boldsymbol{A\varepsilon}_i, \cdots, \boldsymbol{A\varepsilon}_n)\\&=(\boldsymbol{A}_1, \boldsymbol{A}_2, \cdots, \boldsymbol{A}_j, \cdots, \boldsymbol{A}_i, \cdots, \boldsymbol{A}_n),\end{aligned}$$

这表明用初等方阵 $\boldsymbol{E}_n(i, j)$ 右乘 $\boldsymbol{A}$，等于交换 $\boldsymbol{A}$ 的第 $i$ 列与第 $j$ 列．

$$\boldsymbol{AE}_n(i(k))=(\boldsymbol{A\varepsilon}_1, \boldsymbol{A\varepsilon}_2, \cdots, k\boldsymbol{A\varepsilon}_i, \cdots, \boldsymbol{A\varepsilon}_n)=(\boldsymbol{A}_1, \boldsymbol{A}_2, \cdots, k\boldsymbol{A}_i, \cdots, \boldsymbol{A}_n),$$

这表明用初等方阵 $\boldsymbol{E}_n(i(k))$ 右乘 $\boldsymbol{A}$，等于 $\boldsymbol{A}$ 的第 $i$ 列乘以常数 $k$．

$$\begin{aligned}\boldsymbol{AE}_n(j, i(k))&=(\boldsymbol{A\varepsilon}_1, \boldsymbol{A\varepsilon}_2, \cdots, \boldsymbol{A\varepsilon}_i+k\boldsymbol{A\varepsilon}_j, \cdots, \boldsymbol{A\varepsilon}_j, \cdots, \boldsymbol{A\varepsilon}_n)\\&=(\boldsymbol{A}_1, \boldsymbol{A}_2, \cdots, \boldsymbol{A}_i+k\boldsymbol{A}_j, \cdots, \boldsymbol{A}_j, \cdots, \boldsymbol{A}_n),\end{aligned}$$

这表明用初等方阵 $\boldsymbol{E}_n(j, i(k))$ 右乘 $\boldsymbol{A}$，等于将 $\boldsymbol{A}$ 的第 $j$ 列的 $k$ 倍加到第 $i$ 列上．

由此定理及矩阵等价的定义可得以下推论．

**推论　设 $\boldsymbol{A}$、$\boldsymbol{B}$ 均为 $m\times n$ 矩阵，则 $\boldsymbol{A}$ 与 $\boldsymbol{B}$ 等价的充分必要条件是，存在有限个 $m$ 阶初等方阵 $\boldsymbol{P}_1$，$\boldsymbol{P}_2$，…，$\boldsymbol{P}_r$ 及有限个 $n$ 阶初等方阵 $\boldsymbol{Q}_1$，$\boldsymbol{Q}_2$，…，$\boldsymbol{Q}_s$，使得**

$$\boldsymbol{A}=\boldsymbol{P}_1\boldsymbol{P}_2\cdots\boldsymbol{P}_r\boldsymbol{B}\boldsymbol{Q}_1\boldsymbol{Q}_2\cdots\boldsymbol{Q}_s.$$

根据这一推论有：**如果方阵 $\boldsymbol{A}$ 与单位阵 $\boldsymbol{E}$ 等价，则 $\boldsymbol{A}$ 是可逆的．**

事实上，因 $\boldsymbol{A}\cong\boldsymbol{E}$，由推论知，存在有限个初等方阵 $\boldsymbol{P}_1$，$\boldsymbol{P}_2$，…，$\boldsymbol{P}_r$，$\boldsymbol{P}_{r+1}$，…，$\boldsymbol{P}_m$，使得

$$\boldsymbol{A}=\boldsymbol{P}_1\boldsymbol{P}_2\cdots\boldsymbol{P}_r\boldsymbol{E}\boldsymbol{P}_{r+1}\boldsymbol{P}_{r+2}\cdots\boldsymbol{P}_m,$$

即
$$\boldsymbol{A}=\boldsymbol{P}_1\boldsymbol{P}_2\cdots\boldsymbol{P}_m,$$

既然 $\boldsymbol{P}_1$，$\boldsymbol{P}_2$，…，$\boldsymbol{P}_m$ 是初等方阵，那么它们都可逆．再由逆矩阵的运算规律即知，$\boldsymbol{A}$ 可逆，且

$$\boldsymbol{A}^{-1}=(\boldsymbol{P}_1\boldsymbol{P}_2\cdots\boldsymbol{P}_m)^{-1}=\boldsymbol{P}_m^{-1}\cdots\boldsymbol{P}_2^{-1}\boldsymbol{P}_1^{-1}.$$

实际上，这个条件也是必要的，即有

**定理 1.3　$n$ 阶方阵 $\boldsymbol{A}$ 可逆的充分必要条件是，$\boldsymbol{A}$ 与 $n$ 阶单位阵 $\boldsymbol{E}$ 等价．**

至于必要性的证明见第二章第五节定理 2.6 证明之后的第(3)点注意．

**推论 1　$n$ 阶方阵 $\boldsymbol{A}$ 可逆的充分必要条件是，存在有限个 $n$ 阶初等方阵 $\boldsymbol{P}_1$，$\boldsymbol{P}_2$，…，$\boldsymbol{P}_m$，使得**

$$\boldsymbol{A}=\boldsymbol{P}_1\boldsymbol{P}_2\cdots\boldsymbol{P}_m.$$

**推论 2　设 $\boldsymbol{A}$、$\boldsymbol{B}$ 均为 $m\times n$ 矩阵，则 $\boldsymbol{A}\cong\boldsymbol{B}$ 的充分必要条件是，存在 $m$ 阶可逆方阵 $\boldsymbol{P}$ 及 $n$ 阶可逆方阵 $\boldsymbol{Q}$，使得 $\boldsymbol{A}=\boldsymbol{PBQ}$．**

**证**　如果 $\boldsymbol{A}=\boldsymbol{PBQ}$，且 $\boldsymbol{P}$ 是 $m$ 阶可逆方阵，$\boldsymbol{Q}$ 是 $n$ 阶可逆方阵，则由推论 1 知，必存在有限个 $m$ 阶初等方阵 $\boldsymbol{P}_1$，$\boldsymbol{P}_2$，…，$\boldsymbol{P}_r$ 及有限个 $n$ 阶初等方阵 $\boldsymbol{Q}_1$，$\boldsymbol{Q}_2$，…，$\boldsymbol{Q}_s$，使得

$$P=P_1P_2\cdots P_r，\ Q=Q_1Q_2\cdots Q_s，$$

于是

$$A=P_1P_2\cdots P_rBQ_1Q_2\cdots Q_s，$$

故有 $A\cong B$.

反之，如果 $A\cong B$，则由定理 1.2 的推论知，存在有限个 $m$ 阶初等方阵 $P_1$，$P_2$，…，$P_r$ 及有限个 $n$ 阶初等方阵 $Q_1$，$Q_2$，…，$Q_s$，使得

$$A=P_1P_2\cdots P_rBQ_1Q_2\cdots Q_s.$$

令

$$P=P_1P_2\cdots P_r，\ Q=Q_1Q_2\cdots Q_s，$$

于是

$$A=PBQ，$$

并且由推论 1 知，$P$ 是 $m$ 阶可逆方阵，而 $Q$ 是 $n$ 阶可逆方阵．

## 三、应用初等变换解矩阵方程及求逆矩阵

设 $A$ 是 $n$ 阶可逆方阵，下面介绍如何应用初等变换来解矩阵方程 $AX=B$.

由定理 1.3 的推论 1 知，存在有限个 $n$ 阶初等方阵 $P_1$，$P_2$，…，$P_m$，使得 $A=P_1P_2\cdots P_m$，于是有

$$P_m^{-1}\cdots P_2^{-1}P_1^{-1}A=E，\tag{1-11}$$

且

$$P_m^{-1}\cdots P_2^{-1}P_1^{-1}B=A^{-1}B，\tag{1-12}$$

将 $A$、$B$ 组合成分块矩阵 $(A \mid B)$，利用式(1-11)和式(1-12)，由分块矩阵乘法得

$$P_m^{-1}\cdots P_2^{-1}P_1^{-1}(A \mid B)=(E \mid A^{-1}B).$$

在上式中，初等方阵 $P_1^{-1}$，$P_2^{-1}$，…，$P_m^{-1}$ 位于分块矩阵 $(A \mid B)$ 的左边，相当于对 $(A \mid B)$ 施行初等行变换，且化 $(A \mid B)$ 为 $(E \mid A^{-1}B)$. 这样，便可以得到**用初等行变换解矩阵方程 $AX=B$ 的方法**．

(1) **对分块矩阵 $(A \mid B)$ 作一系列初等行变换；**

(2) **具体的行变换由"将 $A$ 化为单位阵 $E$"的初等行变换施行；**

(3) **$(A \mid B)$ 经上述初等行变换后得到的矩阵，其左边是一个 $n$ 阶单位阵，而其右边就是矩阵方程 $AX=B$ 的解 $X=A^{-1}B$.**

上述过程可以简单地表示为

$$(A \mid B)\xrightarrow{\text{初等行变换}}(E \mid A^{-1}B).$$

特别地，如果 $A$ 是 $n$ 阶可逆方阵，而 $E$ 是与 $A$ 同阶的单位阵时，矩阵方程 $AX=E$ 的解就是方阵 $A$ 的逆矩阵 $X=A^{-1}$. 因此也可以应用上述方法求可逆方阵的逆矩阵，即有

$$(A \mid E)\xrightarrow{\text{初等行变换}}(E \mid A^{-1}).$$

**例 1.10** 应用初等行变换求下述方阵的逆矩阵：

$$A=\begin{pmatrix}1&2&3\\2&2&1\\3&4&3\end{pmatrix}.$$

**解** 将$\boldsymbol{A}$与同阶单位阵$\boldsymbol{E}$组合成分块矩阵$(\boldsymbol{A}\mid\boldsymbol{E})$，并对其施行初等行变换，化$(\boldsymbol{A}\mid\boldsymbol{E})$为$(\boldsymbol{E}\mid\boldsymbol{A}^{-1})$，有

$$(\boldsymbol{A}\mid\boldsymbol{E})=\left(\begin{array}{ccc|ccc}1&2&3&1&0&0\\2&2&1&0&1&0\\3&4&3&0&0&1\end{array}\right)\xrightarrow[r_3-3r_1]{r_2-2r_1}\left(\begin{array}{ccc|ccc}1&2&3&1&0&0\\0&-2&-5&-2&1&0\\0&-2&-6&-3&0&1\end{array}\right)$$

$$\xrightarrow[r_3-r_2]{r_1+r_2}\left(\begin{array}{ccc|ccc}1&0&-2&-1&1&0\\0&-2&-5&-2&1&0\\0&0&-1&-1&-1&1\end{array}\right)$$

$$\xrightarrow[r_3\times(-1)]{r_2\times\left(-\frac{1}{2}\right)}\left(\begin{array}{ccc|ccc}1&0&-2&-1&1&0\\0&1&\frac{5}{2}&1&-\frac{1}{2}&0\\0&0&1&1&1&-1\end{array}\right)$$

$$\xrightarrow[r_2-\frac{5}{2}r_3]{r_1+2r_3}\left(\begin{array}{ccc|ccc}1&0&0&1&3&-2\\0&1&0&-\frac{3}{2}&-3&\frac{5}{2}\\0&0&1&1&1&-1\end{array}\right)$$

$$=(\boldsymbol{E}\mid\boldsymbol{A}^{-1}),$$

于是求得方阵$\boldsymbol{A}$的逆阵

$$\boldsymbol{A}^{-1}=\begin{pmatrix}1&3&-2\\-\frac{3}{2}&-3&\frac{5}{2}\\1&1&-1\end{pmatrix}.$$

**例 1.11** 解下列矩阵方程：

(1) $\boldsymbol{AX}=\boldsymbol{B}$，其中$\boldsymbol{A}=\begin{pmatrix}3&1\\2&0\end{pmatrix}$，$\boldsymbol{B}=\begin{pmatrix}1&1&3\\-4&0&6\end{pmatrix}$；

(2) $\boldsymbol{XA}=\boldsymbol{B}$，其中$\boldsymbol{A}=\begin{pmatrix}1&2&3\\2&2&1\\3&4&3\end{pmatrix}$，$\boldsymbol{B}=\begin{pmatrix}-2&0&1\\3&2&-5\end{pmatrix}$.

**解** (1) 针对分块矩阵$(\boldsymbol{A}\mid\boldsymbol{B})$，施行将$\boldsymbol{A}$化为单位阵$\boldsymbol{E}$的初等行变换，即

$$(\boldsymbol{A} \mid \boldsymbol{B})=\begin{pmatrix}3 & 1 & 1 & 1 & 3\\2 & 0 & -4 & 0 & 6\end{pmatrix}\xrightarrow{r_1-r_2}\begin{pmatrix}1 & 1 & 5 & 1 & -3\\2 & 0 & -4 & 0 & 6\end{pmatrix}$$

$$\xrightarrow{r_2-2r_1}\begin{pmatrix}1 & 1 & 5 & 1 & -3\\0 & -2 & -14 & -2 & 12\end{pmatrix}\xrightarrow{r_2\div(-2)}\begin{pmatrix}1 & 1 & 5 & 1 & -3\\0 & 1 & 7 & 1 & -6\end{pmatrix}$$

$$\xrightarrow{r_1-r_2}\begin{pmatrix}1 & 0 & -2 & 0 & 3\\0 & 1 & 7 & 1 & -6\end{pmatrix}$$

$$=(\boldsymbol{E} \mid \boldsymbol{A}^{-1}\boldsymbol{B}),$$

故得解
$$\boldsymbol{X}=\boldsymbol{A}^{-1}\boldsymbol{B}=\begin{pmatrix}-2 & 0 & 3\\7 & 1 & -6\end{pmatrix}.$$

(2) 这时方程左边的系数矩阵在未知矩阵 $\boldsymbol{X}$ 的右边，不能直接用初等行变换求解，但可应用初等行变换先求得方阵 $\boldsymbol{A}$ 的逆阵，且矩阵 $\boldsymbol{A}$ 的逆阵在例 1.10 已求得，于是有

$$\boldsymbol{X}=\boldsymbol{B}\boldsymbol{A}^{-1}=\begin{pmatrix}-2 & 0 & 1\\3 & 2 & -5\end{pmatrix}\begin{pmatrix}1 & 3 & -2\\-\frac{3}{2} & -3 & \frac{5}{2}\\1 & 1 & -1\end{pmatrix}=\begin{pmatrix}-1 & -5 & 3\\-5 & -2 & 4\end{pmatrix}.$$

**例 1.12** 利用初等变换解线性方程组：

$$\begin{cases}2x_1+2x_2+3x_3=1,\\x_1-2x_2=2,\\-x_1+2x_2+x_3=3.\end{cases}$$

**解** 方程组的系数矩阵和常数列分别为

$$\boldsymbol{A}=\begin{pmatrix}2 & 2 & 3\\1 & -2 & 0\\-1 & 2 & 1\end{pmatrix},\ \boldsymbol{B}=\begin{pmatrix}1\\2\\3\end{pmatrix},$$

于是方程组可视为矩阵方程 $\boldsymbol{AX}=\boldsymbol{B}$. 针对分块矩阵 $(\boldsymbol{A} \mid \boldsymbol{B})$，施行将 $\boldsymbol{A}$ 化为单位阵 $\boldsymbol{E}$ 的初等行变换，即

$$(\boldsymbol{A} \mid \boldsymbol{B})=\begin{pmatrix}2 & 2 & 3 & 1\\1 & -2 & 0 & 2\\-1 & 2 & 1 & 3\end{pmatrix}\xrightarrow{r_1\leftrightarrow r_2}\begin{pmatrix}1 & -2 & 0 & 2\\2 & 2 & 3 & 1\\-1 & 2 & 1 & 3\end{pmatrix}$$

$$\xrightarrow[r_3+r_1]{r_2-2r_1}\begin{pmatrix}1 & -2 & 0 & 2\\0 & 6 & 3 & -3\\0 & 0 & 1 & 5\end{pmatrix}\xrightarrow{r_2\times\frac{1}{6}}\begin{pmatrix}1 & -2 & 0 & 2\\0 & 1 & \frac{1}{2} & -\frac{1}{2}\\0 & 0 & 1 & 5\end{pmatrix}$$

$$\xrightarrow{r_1+2r_2}\left(\begin{array}{ccc:c}1 & 0 & 1 & 1\\ 0 & 1 & \frac{1}{2} & -\frac{1}{2}\\ 0 & 0 & 1 & 5\end{array}\right)\xrightarrow[r_2-\frac{1}{2}r_3]{r_1-r_3}\left(\begin{array}{ccc:c}1 & 0 & 0 & -4\\ 0 & 1 & 0 & -3\\ 0 & 0 & 1 & 5\end{array}\right),$$

在结果的矩阵中与 $\boldsymbol{B}$ 对应的列即为方程组的解，故得解为

$$x_1=-4,\ x_2=-3,\ x_3=5.$$

此例也可以利用初等行变换先求出矩阵 $\boldsymbol{A}$ 的逆矩阵 $\boldsymbol{A}^{-1}$，然后再求解 $\boldsymbol{X}=\boldsymbol{A}^{-1}\boldsymbol{B}$，但不如上述解法简便.

**必须注意：**

(1) 在上述利用初等行变换求逆矩阵或解方程组的过程中，只能作行变换，而不能作列变换. 若只用行变换而不能将 $\boldsymbol{A}$ 化为单位阵时，则表明 $\boldsymbol{A}$ 不可逆.

(2) 如果将 $\boldsymbol{A}$、$\boldsymbol{E}$ 组合成分块矩阵 $\left(\begin{array}{c}\boldsymbol{A}\\ \hdashline \boldsymbol{E}\end{array}\right)$ 的形式，对它施行将 $\boldsymbol{A}$ 化为单位阵 $\boldsymbol{E}$ 的初等列变换，则 $\boldsymbol{E}$ 将化为 $\boldsymbol{A}^{-1}$.

由此，可以得到利用初等列变换求逆矩阵的方法，读者不妨一试.

# *第六节　矩阵应用模型举例

## 一、矩阵式二维码与灰度矩阵

**例 1.13（矩阵式二维码（2 - dimensional bar code））** 通常的二维码是用特定的几何图形按一定的规律在平面（二维方向）上分布的黑白相间的平面图形（图 1 - 1），是所有信息数据的一把钥匙. 矩阵式二维码则是在一个矩形空间通过黑、白像素在矩阵中的不同分布用“1”和“0”进行编码. 在矩阵元素位置上，出现方点、圆点或其他形状的点表示二进制“1”，不出现点则表示二进制“0”，点的排列组合确定了矩阵式二维码所代表的意义.

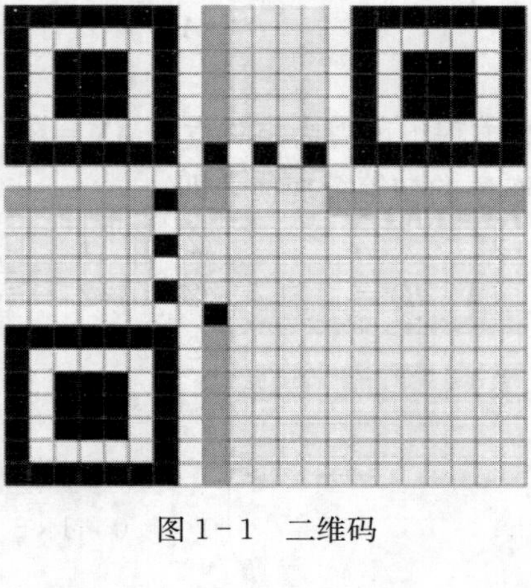

图 1 - 1　二维码

二维码起源于日本，原本是 Denso Wave 公司为了追踪汽车零部件而设计的一种代码. 在现代商业活动中，可实现的应用十分广泛，如：产品的

防伪与溯源、商品交易、广告推送、网站链接、数据下载、电子凭证、车辆管理、就诊预约、定位与导航等．现在二维码的应用已经渗透到人们生活的方方面面．

**例 1.14（数字图像——灰度矩阵）** 如图 1－2 所示，一幅图像，经扫描、采样、量化，以数字化矩阵的形式进行存储．在图像的每个像素位置上测得相应的灰度值 $f_{ij}$，则灰度矩阵为

$$\begin{pmatrix} f_{11} & f_{12} & \cdots & f_{1n} \\ f_{21} & f_{21} & \cdots & f_{2n} \\ \vdots & \vdots & & \vdots \\ f_{m1} & f_{m2} & \cdots & f_{mn} \end{pmatrix}.$$

对于位深度（即像素深度或颜色深度，用以度量图像中颜色信息的记数单位）为 8 的图像，灰度值 $f_{ij}$ 用 0～255 的整数表示，其中 0 是黑色，255 是白色，而 1 到 254 是介于中间的亮度色，即总共有 256 个层次的灰度值．

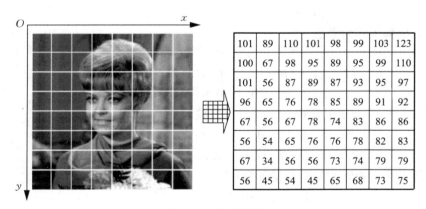

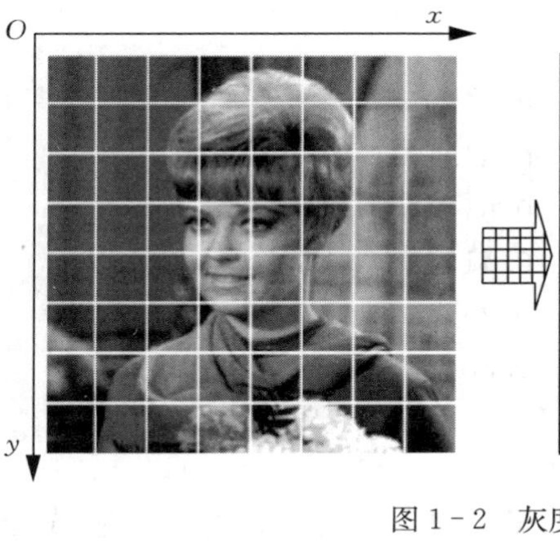


| | | | | | | | |
|---|---|---|---|---|---|---|---|
| 101 | 89 | 110 | 101 | 98 | 99 | 103 | 123 |
| 100 | 67 | 98 | 95 | 89 | 95 | 99 | 110 |
| 101 | 56 | 87 | 89 | 87 | 93 | 95 | 97 |
| 96 | 65 | 76 | 78 | 85 | 89 | 91 | 92 |
| 67 | 56 | 67 | 78 | 74 | 83 | 86 | 86 |
| 56 | 54 | 65 | 76 | 76 | 78 | 82 | 83 |
| 67 | 34 | 56 | 56 | 73 | 74 | 79 | 79 |
| 56 | 45 | 54 | 45 | 65 | 68 | 73 | 75 |

图 1－2　灰度矩阵

## 二、物资调运模型

**例 1.15（物资调运模型）** 设某种物资有三个产地 $A_1$、$A_2$、$A_3$ 和四个销地 $B_1$、$B_2$、$B_3$、$B_4$，调运时采用铁路或公路运输．铁路和公路担负各产地运量的百分比见表 1－1，而铁路和公路为各销地的运送量占各自运送该物资总量的百分比见表 1－2．试求每一个产地供应各个销地的数量占其产量的百分数；如果产地 $A_1$、$A_2$、$A_3$ 的产量分别为 $x_1=100\mathrm{t}$，$x_2=200\mathrm{t}$，$x_3=150\mathrm{t}$，试

求各个销地的销量．

表 1－1　铁路和公路运量的百分比（%）

| 运输部门 / 产地 | 铁路 | 公路 |
|---|---|---|
| $A_1$ | 30 | 70 |
| $A_2$ | 50 | 50 |
| $A_3$ | 40 | 60 |

表 1－2　各个销地运送量的百分比（%）

| 销地 / 运输部门 | $B_1$ | $B_2$ | $B_3$ | $B_4$ |
|---|---|---|---|---|
| 铁路 | 20 | 30 | 30 | 20 |
| 公路 | 10 | 0 | 40 | 50 |

**解**　用 $\boldsymbol{A}=(a_{ij})_{3\times 2}$，$\boldsymbol{B}=(b_{ij})_{2\times 4}$ 分别表示表 1－1、表 1－2 的百分比（化为小数），即

$$\boldsymbol{A}=(a_{ij})=\begin{pmatrix}0.3 & 0.7\\ 0.5 & 0.5\\ 0.4 & 0.6\end{pmatrix},\ \boldsymbol{B}=(b_{ij})=\begin{pmatrix}0.2 & 0.3 & 0.3 & 0.2\\ 0.1 & 0 & 0.4 & 0.5\end{pmatrix},$$

注意，$\boldsymbol{A}$、$\boldsymbol{B}$ 各行之和都等于 1，即 100%. 设产地 $A_i$ 供应销地 $B_j$ 的数量占产地 $A_i$ 产量的百分数为 $c_{ij}$，则

$$c_{ij}=a_{i1}b_{1j}+a_{i2}b_{2j}(i=1,\ 2,\ 3;\ j=1,\ 2,\ 3,\ 4),$$

于是，根据矩阵的乘法

$$\boldsymbol{C}=(c_{ij})_{3\times 4}=\boldsymbol{AB}=\begin{pmatrix}0.3 & 0.7\\ 0.5 & 0.5\\ 0.4 & 0.6\end{pmatrix}\begin{pmatrix}0.2 & 0.3 & 0.3 & 0.2\\ 0.1 & 0 & 0.4 & 0.5\end{pmatrix}$$

$$=\begin{pmatrix}0.13 & 0.09 & 0.37 & 0.41\\ 0.15 & 0.15 & 0.35 & 0.35\\ 0.14 & 0.12 & 0.36 & 0.38\end{pmatrix}.$$

由计算结果，矩阵 $\boldsymbol{C}$ 第一行的元素：

$$c_{11}=0.13,\ c_{12}=0.09,\ c_{13}=0.37,\ c_{14}=0.41,$$

从而可知产地 $A_1$ 供应销地 $B_1$、$B_2$、$B_3$、$B_4$ 的数量分别占产地 $A_1$ 产量的 13%、9%、37%和 41%，其余类推．

如果销地 $B_1$、$B_2$、$B_3$、$B_4$ 的销量分别为 $y_1$、$y_2$、$y_3$、$y_4$，则

$$y_j=x_1c_{1j}+x_2c_{2j}+x_3c_{3j}\quad (j=1,\ 2,\ 3,\ 4),$$

若记 $\boldsymbol{X}=(x_1,\ x_2,\ x_3)=(100,\ 200,\ 150)$，$\boldsymbol{Y}=(y_1,\ y_2,\ y_3,\ y_4)$，有

$$\boldsymbol{Y}=\boldsymbol{XC}=(100,\ 200,\ 150)\begin{pmatrix}0.13 & 0.09 & 0.37 & 0.41\\ 0.15 & 0.15 & 0.35 & 0.35\\ 0.14 & 0.12 & 0.36 & 0.38\end{pmatrix}$$

$$=(64,\ 57,\ 161,\ 168),$$

即四个销地的销量分别为

$$y_1=64\text{t},\ y_2=57\text{t},\ y_3=161\text{t},\ y_4=168\text{t}.$$

此例表明矩阵的乘法是有实际意义的.

## 三、人口迁移模型

**例 1.16(人口迁移模型)** 在某个国家，每年有比例为 $p$ 的农村居民移居城镇，又有比例为 $q$ 的城镇居民移居农村. 假设该国总人口不变，且上述人口流动的规律也不变. 若初始时刻即基年年初时，农村居民与城镇居民的人口分别为 $a_0$，$b_0$，且前后两者比例为 4∶1，而 $p=5\%$，$q=1\%$. 试预测 3 年后即第 3 年年初时该国农村居民与城镇居民的人口比例.

**解** 设第 $n$ 年年初时，农村居民与城镇居民的人口分别为 $a_n$，$b_n$. 因为总人口不变，据已知前提，一年以后农村和城镇居民人口分别为

$$a_1=(1-p)a_0+qb_0,\quad b_1=pa_0+(1-q)b_0,$$

用矩阵表示则为

$$\begin{pmatrix} a_1 \\ b_1 \end{pmatrix}=\begin{pmatrix} 1-p & q \\ p & 1-q \end{pmatrix}\begin{pmatrix} a_0 \\ b_0 \end{pmatrix}.$$

若记 $\boldsymbol{A}=\begin{pmatrix} 1-p & q \\ p & 1-q \end{pmatrix}$，则有

$$\begin{pmatrix} a_1 \\ b_1 \end{pmatrix}=\boldsymbol{A}\begin{pmatrix} a_0 \\ b_0 \end{pmatrix},\quad \begin{pmatrix} a_2 \\ b_2 \end{pmatrix}=\boldsymbol{A}\begin{pmatrix} a_1 \\ b_1 \end{pmatrix}=\boldsymbol{A}^2\begin{pmatrix} a_0 \\ b_0 \end{pmatrix},\ \cdots,\ \begin{pmatrix} a_k \\ b_k \end{pmatrix}=\boldsymbol{A}^k\begin{pmatrix} a_0 \\ b_0 \end{pmatrix}(k=1,\ 2,\ \cdots).$$

由 $p=0.05$，$q=0.01$，可求得

$$\boldsymbol{A}^2=\begin{pmatrix} 0.95 & 0.01 \\ 0.05 & 0.99 \end{pmatrix}\begin{pmatrix} 0.95 & 0.01 \\ 0.05 & 0.99 \end{pmatrix}=\begin{pmatrix} 0.903 & 0.0194 \\ 0.097 & 0.9806 \end{pmatrix},$$

$$\boldsymbol{A}^3=\boldsymbol{A}^2\boldsymbol{A}=\begin{pmatrix} 0.903 & 0.0194 \\ 0.097 & 0.9806 \end{pmatrix}\begin{pmatrix} 0.95 & 0.01 \\ 0.05 & 0.99 \end{pmatrix}=\begin{pmatrix} 0.8588 & 0.0282 \\ 0.1412 & 0.9718 \end{pmatrix},$$

于是

$$\begin{pmatrix} a_3 \\ b_3 \end{pmatrix}=\boldsymbol{A}^3\begin{pmatrix} a_0 \\ b_0 \end{pmatrix}=\begin{pmatrix} 0.8588 & 0.0282 \\ 0.1412 & 0.9718 \end{pmatrix}\begin{pmatrix} 4b_0 \\ b_0 \end{pmatrix}=\begin{pmatrix} 3.4634b_0 \\ 1.5366b_0 \end{pmatrix},$$

故所求为

$$a_3:b_3=3.4634:1.5366\approx 2.25:1.$$

照这样的速度，该国的城镇化进程是很快的.

下面对这一模型提出两点值得思考的问题：

(1) 当 $k$ 很大时，$\boldsymbol{A}^k$ 是否有比较简便的计算方法？

(2) 如果人口总量及人口流动的规律始终保持不变，即比例 $p$，$q$ 不变，

若干年后农村居民与城镇居民两者的人口比例能否达到一种动态平衡？

关于这两个问题，后续章节将会作深入细致的分析．

## 四、莱斯利种群模型

动物种群数量的增长与种群中有繁殖能力的雌性动物的数量有密切的关系，莱斯利(Leslie)模型研究了种群中雌性动物的年龄分布和数量增长的规律．

假设某种动物种群中，雌性动物的最大生存年龄为$L$(单位：年或其他时间单位)，把$[0, L]$等分为$n$个年龄组：

$$\left[0, \frac{L}{n}\right), \left[\frac{L}{n}, \frac{2L}{n}\right), \cdots, \left[\frac{(n-1)L}{n}, L\right].$$

设$a_i$表示第$i$年龄组雌性动物平均生育的雌性幼体个数，$b_i$表示第$i$年龄组中可存活到下一年龄组的雌性数与该年龄组总数的比值．$a_i$、$b_i$($i=1, 2, \cdots, n$)分别称为第$i$年龄组的生育率和存活率．在正常情况下，$a_i$、$b_i$均为常数，且

$$a_i \geqslant 0 (i=1, 2, \cdots, n), \ 0<b_i \leqslant 1 (i=1, 2, \cdots, n-1).$$

同时假定，至少有一个$a_i>0 (1 \leqslant i \leqslant n)$，即至少有一个年龄组的雌性动物具有生育能力．

以年龄组的间隔作为时间单位，记$t_1=\frac{L}{n}$，$t_2=\frac{2L}{n}$，…，$t_k=\frac{kL}{n}$，…．如果该种群在$t=t_k$时第$i$年龄组雌性动物的数量为$x_i^{(k)}$($i=1, 2, \cdots, n$)，则得$t=t_k$时的年龄分布向量

$$\boldsymbol{X}^{(k)}=(x_1^{(k)}, x_2^{(k)}, \cdots, x_n^{(k)})^{\mathrm{T}}, \ k=0, 1, 2, \cdots,$$

其中$\boldsymbol{X}^{(0)}=(x_1^{(0)}, x_2^{(0)}, \cdots, x_n^{(0)})^{\mathrm{T}}$为基年，即初始时刻$t_0=0$时，雌性动物的年龄分布向量．

由于出生、死亡以及年龄增长等缘故，随着时间的推移，种群中各年龄组雌性动物的数量都会发生变化，但这种变化具有一定的连续性．

考虑$t=t_k$时刻，首先，种群中第一年龄组的雌性数量是在时间段$[t_{k-1}, t_k)$出生的所有雌性幼体的总和，即

$$x_1^{(k)}=a_1x_1^{(k-1)}+a_2x_2^{(k-1)}+\cdots+a_nx_n^{(k-1)};$$

其次，种群中第$i+1$($i=1, 2, \cdots, n-1$)年龄组的雌性数量应等于$t=t_{k-1}$时第$i$年龄组的雌性数量乘以相应的存活率，即有

$$x_{i+1}^{(k)}=b_ix_i^{(k-1)}, \ i=1, 2, \cdots, n-1.$$

由上述分析即可得到$t=t_k$与$t=t_{k-1}$时各年龄组中雌性动物数量之间的关系：

$$\begin{cases} x_1^{(k)}=a_1x_1^{(k-1)}+a_2x_2^{(k-1)}+\cdots+a_nx_n^{(k-1)}, \\ x_2^{(k)}=b_1x_1^{(k-1)}, \\ x_3^{(k)}=\qquad b_2x_2^{(k-1)}, \\ \qquad\cdots\cdots \\ x_n^{(k)}=\qquad\qquad b_{n-1}x_{n-1}^{(k-1)}, \end{cases}$$

用矩阵表示则为

$$\boldsymbol{X}^{(k)}=\boldsymbol{L}\boldsymbol{X}^{(k-1)}, \ k=1, 2, \cdots, \tag{1-13}$$

其中

$$\boldsymbol{L}=\begin{pmatrix} a_1 & a_2 & \cdots & a_{n-1} & a_n \\ b_1 & 0 & \cdots & 0 & 0 \\ 0 & b_2 & \cdots & 0 & 0 \\ \vdots & \vdots & & \vdots & \vdots \\ 0 & 0 & \cdots & b_{n-1} & 0 \end{pmatrix}$$

称为莱斯利矩阵．

按照式(1－13)，如果已知种群雌性动物的年龄分布向量 $\boldsymbol{X}^{(0)}$，就可以推算任一时刻 $t=t_k$ 时的年龄分布向量 $\boldsymbol{X}^{(k)}$，一般有

$$\boldsymbol{X}^{(k)}=\boldsymbol{L}\boldsymbol{X}^{(k-1)}=\boldsymbol{L}^k\boldsymbol{X}^{(0)}, \ k=0, 1, 2, \cdots.$$

**例 1.17(莱斯利(Leslie)种群模型)** 某种动物雌性的最大生存年龄为 12 年，以 4 年为一间隔，把这一种群分为 3 个年龄组[0，4)，[4，8)，[8，12]．设第 $i$ 个年龄组的生育率为 $a_i$，存活率为 $b_i(i=1, 2, 3)$．根据以往的统计资料，已知

$$a_1=0, \ a_2=1, \ a_3=1, \ b_1=0.5, \ b_2=0.25.$$

若初始时刻 $t=0$ 时，3 个年龄组的雌性动物个数分别为 500，300，100，试预测 12 年后 3 个年龄组的雌性动物个数．

**解** 据已知，该种群雌性动物的初始年龄分布向量和莱斯利矩阵分别为

$$\boldsymbol{X}^{(0)}=(500, 300, 100)^{\mathrm{T}}, \ \boldsymbol{L}=\begin{pmatrix} 0 & 1 & 1 \\ 0.5 & 0 & 0 \\ 0 & 0.25 & 0 \end{pmatrix},$$

因为以 4 年为一间隔，12 年后 3 个年龄组的雌性动物个数就是 $t=t_3$ 时各年龄组的个数，因此只需求出 $\boldsymbol{X}^{(3)}$．由于

$$\boldsymbol{X}^{(1)}=\boldsymbol{L}\boldsymbol{X}^{(0)}=\begin{pmatrix} 0 & 1 & 1 \\ 0.5 & 0 & 0 \\ 0 & 0.25 & 0 \end{pmatrix}\begin{pmatrix} 500 \\ 300 \\ 100 \end{pmatrix}=\begin{pmatrix} 400 \\ 250 \\ 75 \end{pmatrix},$$

$$\boldsymbol{X}^{(2)}=\boldsymbol{L}\boldsymbol{X}^{(1)}=\begin{pmatrix}0 & 1 & 1\\ 0.5 & 0 & 0\\ 0 & 0.25 & 0\end{pmatrix}\begin{pmatrix}400\\250\\75\end{pmatrix}=\begin{pmatrix}325\\200\\62.5\end{pmatrix}\approx\begin{pmatrix}325\\200\\63\end{pmatrix},$$

$$\boldsymbol{X}^{(3)}=\boldsymbol{L}\boldsymbol{X}^{(2)}=\begin{pmatrix}0 & 1 & 1\\ 0.5 & 0 & 0\\ 0 & 0.25 & 0\end{pmatrix}\begin{pmatrix}325\\200\\63\end{pmatrix}=\begin{pmatrix}263\\162.5\\50\end{pmatrix}\approx\begin{pmatrix}263\\163\\50\end{pmatrix},$$

因此 12 年后 3 个年龄组的雌性动物个数分别为 263，163，50.

读者不难看出，该种群动物的雌性总量随着时间的推移急剧下降．其实，这是个濒临灭绝的动物种群．关于这方面的话题，后续章节将对莱斯利种群模型作进一步的分析讨论．

## 习 题 一

1. 设矩阵 $\boldsymbol{X}$ 满足 $\boldsymbol{X}+\boldsymbol{A}=2\boldsymbol{B}-\boldsymbol{X}$，求 $\boldsymbol{X}$，其中

$$\boldsymbol{A}=\begin{pmatrix}1 & 3 & 0\\ -4 & -2 & 2\end{pmatrix},\ \boldsymbol{B}=\begin{pmatrix}1 & 0 & 2\\ 3 & -1 & 2\end{pmatrix}.$$

2. 计算下列各题：

(1) $(1\ \ 2\ \ 3)\begin{pmatrix}3\\2\\1\end{pmatrix}$；(2) $\begin{pmatrix}3\\2\\1\end{pmatrix}(1\ \ 2\ \ 3)$；(3) $\begin{pmatrix}2 & 0 & 3\\ 1 & -5 & 4\\ -4 & 2 & 0\end{pmatrix}\begin{pmatrix}-2\\3\\5\end{pmatrix}$；

(4) $(2\ \ 0\ \ -1)\begin{pmatrix}2 & 4\\ -3 & 1\\ 0 & -2\end{pmatrix}$；(5) $\begin{pmatrix}0 & 2 & 4\\ 1 & -1 & 3\end{pmatrix}\begin{pmatrix}2 & -3\\ -1 & 0\\ 3 & 4\end{pmatrix}$.

3. 设矩阵

$$\boldsymbol{A}=\begin{pmatrix}-3 & 0 & 1 & 3\\ 2 & -1 & 5 & 4\\ 1 & 7 & 0 & 6\end{pmatrix},\ \boldsymbol{B}=\begin{pmatrix}4 & 3 & -2 & 1\\ 2 & 5 & 3 & 4\\ -1 & 0 & 4 & -2\end{pmatrix},$$

求：(1) $3\boldsymbol{A}\boldsymbol{B}^{\mathrm{T}}-2\boldsymbol{B}\boldsymbol{A}^{\mathrm{T}}$；(2) $(2\boldsymbol{A}\boldsymbol{B}^{\mathrm{T}})^{\mathrm{T}}$.

4. 已知两个线性变换：

$$\begin{cases}y_1=x_1+2x_2-x_3,\\ y_2=3x_1+4x_2-2x_3,\\ y_3=5x_1-4x_2+x_3,\end{cases}\quad\begin{cases}z_1=3y_1-y_2,\\ z_2=-2y_1+y_2+y_3,\\ z_3=2y_1-y_2+4y_3,\end{cases}$$

求从变量 $x_1$，$x_2$，$x_3$ 到变量 $z_1$，$z_2$，$z_3$ 的线性变换．

5. 设 $m$ 次多项式 $f(x)=a_0+a_1x+a_2x^2+\cdots+a_mx^m$，记

$$f(\boldsymbol{A})=a_0\boldsymbol{E}+a_1\boldsymbol{A}+a_2\boldsymbol{A}^2+\cdots+a_m\boldsymbol{A}^m,$$

称 $f(\boldsymbol{A})$ 为方阵 $\boldsymbol{A}$ 的 $m$ 次多项式．若已知

$$f(\lambda)=\lambda^3-2\lambda^2+3,\ \boldsymbol{A}=\begin{pmatrix}0&1&0\\0&0&1\\0&0&0\end{pmatrix},$$

求 $f(\boldsymbol{A})$.

6. 举例说明下列命题是错误的：

(1) 若 $\boldsymbol{A}^2=\boldsymbol{O}$，则 $\boldsymbol{A}=\boldsymbol{O}$;

(2) 若 $\boldsymbol{A}^2=\boldsymbol{A}$，则 $\boldsymbol{A}=\boldsymbol{O}$ 或 $\boldsymbol{A}=\boldsymbol{E}$;

(3) 若 $\boldsymbol{AB}=\boldsymbol{AC}$，且 $\boldsymbol{A}\neq\boldsymbol{O}$，则 $\boldsymbol{B}=\boldsymbol{C}$;

(4) $(\boldsymbol{A}+\boldsymbol{B})^2=\boldsymbol{A}^2+2\boldsymbol{AB}+\boldsymbol{B}^2$;

(5) $(\boldsymbol{A}+\boldsymbol{B})(\boldsymbol{A}-\boldsymbol{B})=\boldsymbol{A}^2-\boldsymbol{B}^2$.

7. 求与 $\boldsymbol{A}$ 可交换的所有矩阵：

(1) $\boldsymbol{A}=\begin{pmatrix}1&0\\1&1\end{pmatrix}$;　　(2) $\boldsymbol{A}=\begin{pmatrix}1&0&0\\1&1&0\\0&1&1\end{pmatrix}$.

8. 若 $n$ 阶对角阵 $\boldsymbol{A}$ 的主对角线元素互不相同，试证：与 $\boldsymbol{A}$ 可交换的矩阵必是对角阵．

9. 设 $\boldsymbol{A}$、$\boldsymbol{B}$ 都是 $n$ 阶对称阵，试证：$\boldsymbol{AB}$ 是对称阵的充分必要条件是 $\boldsymbol{AB}=\boldsymbol{BA}$.

10. 设 $\boldsymbol{A}$ 是 $n$ 阶方阵，试证：$\boldsymbol{A}+\boldsymbol{A}^{\mathrm{T}}$ 是对称阵，而 $\boldsymbol{A}-\boldsymbol{A}^{\mathrm{T}}$ 是反对称阵．

11. 利用分块矩阵计算：

$$\begin{pmatrix}1&0&0&0\\2&1&0&0\\1&0&-3&0\\0&1&1&2\end{pmatrix}\begin{pmatrix}0&-1&0&0\\2&3&0&0\\1&2&1&0\\-2&3&0&1\end{pmatrix}.$$

12. 设 $n$ 为正整数，求 $\boldsymbol{A}^n$，其中

(1) $\boldsymbol{A}=\begin{pmatrix}\cos\theta&\sin\theta\\-\sin\theta&\cos\theta\end{pmatrix}$；(2) $\boldsymbol{A}=\begin{pmatrix}\lambda&1&0\\0&\lambda&1\\0&0&\lambda\end{pmatrix}$；(3) $\boldsymbol{A}=\begin{pmatrix}0&1&0&0\\0&0&1&0\\0&0&0&1\\0&0&0&0\end{pmatrix}$.

13.(1) 设 $n$ 阶方阵 $\boldsymbol{A}\neq\boldsymbol{O}$，且存在正整数 $k\geqslant 2$，使 $\boldsymbol{A}^k=\boldsymbol{O}$，试证：

$$(\boldsymbol{E}-\boldsymbol{A})^{-1}=\boldsymbol{E}+\boldsymbol{A}+\boldsymbol{A}^2+\cdots+\boldsymbol{A}^{k-1}.$$

(2) 设方阵 $\boldsymbol{B}=\begin{pmatrix}1&1&0&0\\0&1&1&0\\0&0&1&1\\0&0&0&1\end{pmatrix}$，试利用(1)的结果求 $\boldsymbol{B}^{-1}$.

14. 利用行初等变换求下列矩阵的逆矩阵：

(1) $\begin{pmatrix}1&1&1\\1&2&3\\1&3&6\end{pmatrix}$；　　(2) $\begin{pmatrix}2&2&3\\1&-1&0\\-1&2&1\end{pmatrix}$；

(3) $\begin{pmatrix}0&0&0&1\\0&0&1&1\\0&1&1&1\\1&1&1&1\end{pmatrix}$；　　(4) $\begin{pmatrix}5&2&0&0\\2&1&0&0\\0&0&1&-2\\0&0&1&1\end{pmatrix}$；

(5) $\begin{pmatrix}0&a_1&0&\cdots&0\\0&0&a_2&\cdots&0\\\vdots&\vdots&\vdots&&\vdots\\0&0&0&\cdots&a_{n-1}\\a_n&0&0&\cdots&0\end{pmatrix}$（其中 $a_i\neq 0$，$i=1,2,\cdots,n$).

15. 设 $\boldsymbol{P}^{-1}\boldsymbol{AP}=\boldsymbol{\Lambda}$，其中 $\boldsymbol{P}=\begin{pmatrix}-1&-4\\1&1\end{pmatrix}$，$\boldsymbol{\Lambda}=\begin{pmatrix}-1&0\\0&2\end{pmatrix}$，求 $\boldsymbol{A}^{11}$.

16. 已知线性变换：

$$\begin{cases}y_1=x_1-x_2,\\y_2=2x_1+x_2+x_3,\\y_3=-x_1+2x_2+x_3,\end{cases}$$

求其逆变换(即从变量 $y_1$，$y_2$，$y_3$ 到变量 $x_1$，$x_2$，$x_3$ 的线性变换).

17. 解下列矩阵方程：

(1) $\begin{pmatrix}1&2\\3&5\end{pmatrix}\boldsymbol{X}=\begin{pmatrix}3&1\\-2&6\end{pmatrix}$；　　(2) $\boldsymbol{X}=\boldsymbol{X}\begin{pmatrix}0&1\\2&0\end{pmatrix}+\begin{pmatrix}0&2\\1&0\end{pmatrix}$；

(3) $\begin{pmatrix}1&4\\-1&2\end{pmatrix}\boldsymbol{X}\begin{pmatrix}2&0\\-1&1\end{pmatrix}=\begin{pmatrix}3&1\\0&-1\end{pmatrix}$；(4) $\begin{pmatrix}2&1&-1\\2&1&0\\1&-1&1\end{pmatrix}\boldsymbol{X}=\begin{pmatrix}6&3\\-1&3\\-3&-6\end{pmatrix}$.

18. 设 $\boldsymbol{A}=\begin{pmatrix}2&0&0\\0&3&0\\0&0&4\end{pmatrix}$，解矩阵方程 $\boldsymbol{A}^{-1}\boldsymbol{XA}=\boldsymbol{XA}-6\boldsymbol{A}$.

19. 利用初等变换解下列线性方程组：

(1) $\begin{cases}x_1+2x_2+3x_3=4,\\2x_1+2x_2+x_3=0,\\3x_1+4x_2+3x_3=2;\end{cases}$ (2) $\begin{cases}x_1+x_3=2,\\-x_1+x_2+x_3=0,\\2x_1-x_2+x_3=-3.\end{cases}$

20. 设 $\boldsymbol{A}$ 为 $m\times n$ 矩阵，而 $\boldsymbol{B}$、$\boldsymbol{C}$ 分别是 $m$ 阶和 $n$ 阶可逆方阵，$\boldsymbol{O}$ 为 $n\times m$ 零矩阵，

(1) 证明：$\begin{pmatrix}\boldsymbol{A}&\boldsymbol{B}\\\boldsymbol{C}&\boldsymbol{O}\end{pmatrix}^{-1}=\begin{pmatrix}\boldsymbol{O}&\boldsymbol{C}^{-1}\\\boldsymbol{B}^{-1}&-\boldsymbol{B}^{-1}\boldsymbol{AC}^{-1}\end{pmatrix}$；

(2) 如果 $\boldsymbol{A}=\begin{pmatrix}2&-1&-3\\-1&1&2\end{pmatrix}$，$\boldsymbol{B}=\begin{pmatrix}1&4\\-1&-3\end{pmatrix}$，$\boldsymbol{C}=\begin{pmatrix}1&1&-1\\-2&-1&0\\1&-1&2\end{pmatrix}$，试求 $\begin{pmatrix}\boldsymbol{A}&\boldsymbol{B}\\\boldsymbol{C}&\boldsymbol{O}\end{pmatrix}^{-1}$.

21. 求如下矩阵的逆矩阵：

$$\begin{pmatrix}0&0&\cdots&0&\lambda_1\\\lambda_2&0&\cdots&0&0\\0&\lambda_3&\cdots&0&0\\\vdots&\vdots&&\vdots&\vdots\\0&0&\cdots&\lambda_n&0\end{pmatrix}，其中 \lambda_i\neq0(i=1,2,\cdots,n).$$

*22.(**种群的相互依存生态模型**)假设有两个种群处于同一环境下相互依存而共生．种群乙为种群甲提供食物，种群乙的增长有助于甲的增长．而种群甲的过量增长将导致乙的减少，又反过来抑制甲的增长．

有人对同一栖息地的蛇和老鼠的数量提出以下的相互依存关系模型：

$$a_n=0.8a_{n-1}+0.01b_{n-1}，\ b_n=-6a_{n-1}+1.5b_{n-1}，\ n=1,2,\cdots,$$

其中 $a_n$、$b_n$ 分别表示第 $n$ 年年初时蛇和老鼠的数量，$a_0$、$b_0$ 则分别表示基年($n=0$)时蛇和老鼠的数量．

(1) 用矩阵形式表示蛇和老鼠数量的相互依存关系模型；

(2) 如果 $a_0=100$，$b_0=2000$，试预测 3 年后，即第 3 年年初时该栖息地蛇和老鼠的数量．

# 第二章 行 列 式

历史上行列式的概念是在研究线性方程组的解的过程中产生的，它的引入使线性方程组的解有了简明的表示．同时行列式是研究矩阵性质的手段之一，并且它在数值计算等方面发挥着有效的作用．可以说，行列式是数学中的一个有力工具．本章主要讨论行列式的基本性质及其计算方法．

## 第一节 线性方程组与行列式

首先讨论用消元法解二元线性方程组

$$\begin{cases}a_{11}x_1+a_{12}x_2=b_1,\\ a_{21}x_1+a_{22}x_2=b_2,\end{cases}\tag{2-1}$$

先将第一个方程乘以 $a_{22}$，再将第二个方程乘以 $a_{12}$，然后相减消去 $x_2$，得

$$(a_{11}a_{22}-a_{12}a_{21})x_1=b_1a_{22}-a_{12}b_2.$$

同样，消去 $x_1$，得

$$(a_{11}a_{22}-a_{12}a_{21})x_2=a_{11}b_2-a_{21}b_1,$$

因此，当 $a_{11}a_{22}-a_{12}a_{21}\neq 0$ 时，方程组有唯一解

$$x_1=\frac{b_1a_{22}-a_{12}b_2}{a_{11}a_{22}-a_{12}a_{21}},\ x_2=\frac{a_{11}b_2-a_{21}b_1}{a_{11}a_{22}-a_{12}a_{21}}.$$

结果发现这两个等式中右端分式的分母都是 $a_{11}a_{22}-a_{12}a_{21}$，从矩阵的角度看，它来自方程组的系数构成的矩阵

$$\boldsymbol{A}=\begin{pmatrix}a_{11}&a_{12}\\ a_{21}&a_{22}\end{pmatrix},$$

一般称式子 $a_{11}a_{22}-a_{12}a_{21}$ 为矩阵 $\boldsymbol{A}=\begin{pmatrix}a_{11}&a_{12}\\ a_{21}&a_{22}\end{pmatrix}$ 的行列式，记作

$$|\boldsymbol{A}|=a_{11}a_{22}-a_{12}a_{21}，即|\boldsymbol{A}|=\begin{vmatrix}a_{11}&a_{12}\\ a_{21}&a_{22}\end{vmatrix}=a_{11}a_{22}-a_{12}a_{21}.$$

由于这是由二阶矩阵确定的行列式，因此又叫作**二阶行列式**，它含有两行、两列，共有 $2^2=4$ 个元素．二阶行列式是这样的两个项的代数和：一个是在从左上角到右下角的**对角线(主对角线)**上两个元素的乘积，取正号；另一个

是从右上角到左下角的**对角线**(**次对角线**)上两个元素的乘积，取负号．譬如

$$\begin{vmatrix} 2 & -3 \\ 1 & 5 \end{vmatrix}=2\times5-(-3)\times1=13.$$

**注意**：这里行列式的元素，以及主对角线和次对角线的叫法与 $n$ 阶矩阵中定义的名称相同．

根据以上记法

$$b_1a_{22}-a_{12}b_2=\begin{vmatrix} b_1 & a_{12} \\ b_2 & a_{22} \end{vmatrix}，a_{11}b_2-b_1a_{21}=\begin{vmatrix} a_{11} & b_1 \\ a_{21} & b_2 \end{vmatrix},$$

如果记

$$D=\begin{vmatrix} a_{11} & a_{12} \\ a_{21} & a_{22} \end{vmatrix}，D_1=\begin{vmatrix} b_1 & a_{12} \\ b_2 & a_{22} \end{vmatrix}，D_2=\begin{vmatrix} a_{11} & b_1 \\ a_{21} & b_2 \end{vmatrix},$$

则方程组(2－1)的解就可以写成

$$x_1=\frac{\begin{vmatrix} b_1 & a_{12} \\ b_2 & a_{22} \end{vmatrix}}{\begin{vmatrix} a_{11} & a_{12} \\ a_{21} & a_{22} \end{vmatrix}}=\frac{D_1}{D}，x_2=\frac{\begin{vmatrix} a_{11} & b_1 \\ a_{21} & b_2 \end{vmatrix}}{\begin{vmatrix} a_{11} & a_{12} \\ a_{21} & a_{22} \end{vmatrix}}=\frac{D_2}{D},$$

像这样用行列式来表示解，形式简便，容易记忆．

**例 2.1** 解线性方程组

$$\begin{cases} 2x+y=7, \\ x-3y=-2. \end{cases}$$

**解** 这时

$$D=\begin{vmatrix} 2 & 1 \\ 1 & -3 \end{vmatrix}=-7\neq0，D_1=\begin{vmatrix} 7 & 1 \\ -2 & -3 \end{vmatrix}=-19，D_2=\begin{vmatrix} 2 & 7 \\ 1 & -2 \end{vmatrix}=-11,$$

因此，所给方程组的唯一解是

$$x=\frac{D_1}{D}=\frac{-19}{-7}=\frac{19}{7}，y=\frac{D_2}{D}=\frac{-11}{-7}=\frac{11}{7}.$$

相仿地，讨论三元线性方程组的解

$$\begin{cases} a_{11}x_1+a_{12}x_2+a_{13}x_3=b_1, \\ a_{21}x_1+a_{22}x_2+a_{23}x_3=b_2, \\ a_{31}x_1+a_{32}x_2+a_{33}x_3=b_3, \end{cases} \tag{2-2}$$

同前面一样，用消元法，先从式(2－2)的前两式消去 $x_3$，后两式消去 $x_3$，得到只含 $x_1$，$x_2$ 的二元线性方程组，然后再消去 $x_2$，就得到

$$(a_{11}a_{22}a_{33}+a_{12}a_{23}a_{31}+a_{13}a_{21}a_{32}-a_{11}a_{23}a_{32}-a_{12}a_{21}a_{33}-a_{13}a_{22}a_{31})x_1$$
$$=b_1a_{22}a_{33}+a_{12}a_{23}b_3+a_{13}b_2a_{32}-b_1a_{23}a_{32}-a_{12}b_2a_{33}-a_{13}a_{22}b_3,$$

当 $x_1$ 的系数不为零，即

$$D=a_{11}a_{22}a_{33}+a_{12}a_{23}a_{31}+a_{13}a_{21}a_{32}-a_{11}a_{23}a_{32}-a_{12}a_{21}a_{33}-a_{13}a_{22}a_{31}\neq 0$$

时，得

$$x_1=\frac{1}{D}(b_1a_{22}a_{33}+a_{12}a_{23}b_3+a_{13}b_2a_{32}-b_1a_{23}a_{32}-a_{12}b_2a_{33}-a_{13}a_{22}b_3).$$

同理，可得

$$x_2=\frac{1}{D}(a_{11}b_2a_{33}+b_1a_{23}a_{31}+a_{13}a_{21}b_3-a_{11}a_{23}b_3-b_1a_{21}a_{33}-a_{13}b_2a_{31}),$$

$$x_3=\frac{1}{D}(a_{11}a_{22}b_3+a_{12}b_2a_{31}+b_1a_{21}a_{32}-a_{11}b_2a_{32}-a_{12}a_{21}b_3-b_1a_{22}a_{31}).$$

如果引进三阶行列式

$$D=\begin{vmatrix} a_{11} & a_{12} & a_{13} \\ a_{21} & a_{22} & a_{23} \\ a_{31} & a_{32} & a_{33} \end{vmatrix}$$

$$=a_{11}a_{22}a_{33}+a_{12}a_{23}a_{31}+a_{13}a_{21}a_{32}-a_{11}a_{23}a_{32}-a_{12}a_{21}a_{33}-a_{13}a_{22}a_{31},\tag{2-3}$$

则当 $D\neq 0$ 时，三元线性方程组(2-2)有唯一解，并且可简单地表示成

$$x_1=\frac{D_1}{D},\ x_2=\frac{D_2}{D},\ x_3=\frac{D_3}{D},$$

其中

$$D=\begin{vmatrix} a_{11} & a_{12} & a_{13} \\ a_{21} & a_{22} & a_{23} \\ a_{31} & a_{32} & a_{33} \end{vmatrix},\ D_1=\begin{vmatrix} b_1 & a_{12} & a_{13} \\ b_2 & a_{22} & a_{23} \\ b_3 & a_{32} & a_{33} \end{vmatrix},$$

$$D_2=\begin{vmatrix} a_{11} & b_1 & a_{13} \\ a_{21} & b_2 & a_{23} \\ a_{31} & b_3 & a_{33} \end{vmatrix},\ D_3=\begin{vmatrix} a_{11} & a_{12} & b_1 \\ a_{21} & a_{22} & b_2 \\ a_{31} & a_{32} & b_3 \end{vmatrix}.$$

三阶行列式含有三行、三列，共有 $3^2=9$ 个元素．而三阶行列式的值则为六个项的代数和，并且每项由不同行不同列的元素之积构成．下面图示的方法是所谓的对角线法则，它可以帮助记忆三阶行列式的计算：

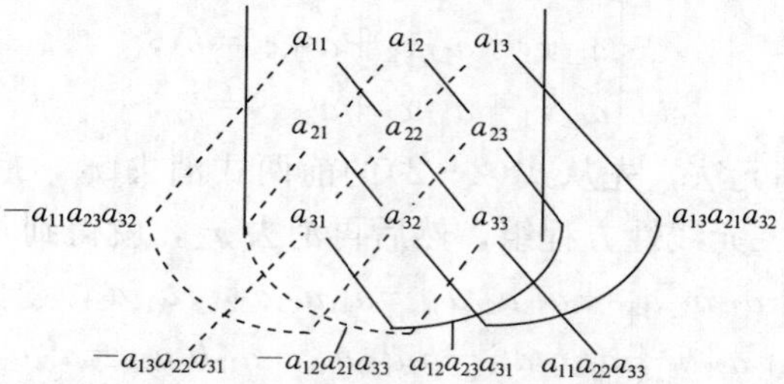


实线上三个元素的乘积构成的三项取正号，虚线上三个元素的乘积构成的三项

都取负号．

从以上的讨论可知，如果二、三元线性方程组的系数矩阵的行列式不为零，它们就有唯一解，并且每一个未知量的分母都是系数矩阵的行列式，而分子则是用常数项取代系数矩阵中要求的未知量的系数后得到的矩阵的行列式．

**例 2.2** 解线性方程组

$$\begin{cases}2x-y+z=0,\\3x+2y-5z=1,\\x+3y-2z=4.\end{cases}$$

**解** 因为

$$\begin{aligned}D&=\begin{vmatrix}2&-1&1\\3&2&-5\\1&3&-2\end{vmatrix}\\&=2\times2\times(-2)+(-1)\times(-5)\times1+1\times3\times3-\\&\quad 1\times2\times1-(-5)\times3\times2-(-2)\times3\times(-1)\\&=28,\end{aligned}$$

$$D_1=\begin{vmatrix}0&-1&1\\1&2&-5\\4&3&-2\end{vmatrix}=13,\ D_2=\begin{vmatrix}2&0&1\\3&1&-5\\1&4&-2\end{vmatrix}=47,\ D_3=\begin{vmatrix}2&-1&0\\3&2&1\\1&3&4\end{vmatrix}=21,$$

所以 $$x=\frac{D_1}{D}=\frac{13}{28},\ y=\frac{D_2}{D}=\frac{47}{28},\ z=\frac{D_3}{D}=\frac{21}{28}=\frac{3}{4}.$$

为了研究四阶乃至一般 $n$ 阶行列式，使之能表示 $n$ 元线性方程组的解，应分析二阶、三阶行列式的构成规则．从前面二阶、三阶行列式的记法中可以看出：

① **行列式是一个数，它们都是一些乘积的代数和；**

② **每一项乘积都是由行列式中位于不同行和不同列的元素构成（二阶行列式每一个乘积项有 2 个因子，三阶行列式每一个乘积项有 3 个因子）；**

③ **行列式的展开式恰恰就是由所有这种可能的乘积组成的（二阶行列式有 2！项乘积，三阶行列式有 3！项乘积）；**

④ **每一项乘积都带有相应的符号．**

这里符号的确定是一个关键，它需要用到排列的逆序数的概念．下面先讨论全排列的有关概念，然后给出 $n$ 阶行列式的定义．

## 第二节 $n$ 阶行列式的定义

学过排列的读者知道，由 1，2，…，$n$ 这 $n$ 个数组成的一个有序数组称为

一个 $n$ 级(阶)排列(也称全排列)，并且这样的 $n$ 个数共可以组成 $P_n^n=n!$ 个不同的排列.

在数学中把考察的对象，例如上面的 1，2，…，$n$ 叫作元素. 对于 $n$ 个不同的元素，规定各元素之间有一个标准次序(例如 $n$ 个不同的自然数，可规定由小到大为标准次序).

**定义 2.1** 在一个 $n$ 阶排列中，如果一个较大的数排在一个较小的数的前面，则称这两个数构成一个**逆序**. 一个排列中所有逆序的总和叫作这个排列的**逆序数**.

设排列 $a_1$，$a_2$，…，$a_n$ 是 1，2，…，$n$ 这 $n$ 个数的任意一个排列，它的逆序数记为 $\tau(a_1a_2\cdots a_n)$或简记为 $\tau$.

逆序数为奇数的排列叫作**奇排列**，逆序数为偶数的排列叫作**偶排列**.

例如，由数字 1，2，3，4，5 共可以组成 $P_5^5=5!=120$ 种不同的排列，45321 和 23514 是其中的两个排列. 在排列 45321 中的逆序有，43，42，41，53，52，51，32，31，21，逆序数为 9，即 $\tau(45321)=9$，该排列为奇排列；排列 23514 的逆序为 21，31，51，54，有 $\tau(23514)=4$，为偶排列. 显然，此时 12345 也为其中的一个排列，称为**自然排列**(一般也称作**标准排列**)，其逆序数为 0，因此为偶排列.

把一个排列中某两个数的位置交换，而其余的数不动，就得到另一个排列，这样的一个变换称为一个**对换**. 将相邻两个元素对换，叫作**相邻对换**. 例如，经过 1，2 对换，排列 2431 就变成了 1432，排列 2134 就变成了 1234. 显然，如果连续施行两次相同的对换，排列就还原了.

**定理 2.1 对换改变排列的奇偶性.**

这就是说，经过一次对换，奇排列变成偶排列，偶排列变成奇排列.

**证** (Ⅰ) 先看一个特殊的情形，即相邻对换. 排列$\cdots a\ b\cdots$经过 $a$，$b$ 对换变成$\cdots b\ a\cdots$，这里“…”表示那些不动的数，显然，这些数中的任一个与其他的数(包括 $a$，$b$)是否构成逆序，经过 $a$，$b$ 对换后并不改变，也就不影响对换前后排列的逆序数. 至于 $a$，$b$ 两个数本身，如果 $a<b$，经对换后排列的逆序数增加 1；如果 $a>b$ 时，经对换后排列的逆序数减少 1. 所以不论增加 1 还是减少 1，对换前后排列的逆序数的奇偶数都改变，于是定理得证.

(Ⅱ) 再看一般情形. 设排列为

$$\cdots ai_1i_2\cdots i_sb\cdots, \tag{2-4}$$

经 $a$，$b$ 对换后，排列(2-4)变为

$$\cdots bi_1i_2\cdots i_sa\cdots. \tag{2-5}$$

不难看出，这样一个对换可以经过一系列的相邻对换来实现：从排列(2-4)出

发，把 $b$ 与 $i_s$ 对换，接着与 $i_{s-1}$ 对换，…，即把 $b$ 经 $s+1$ 次相邻位置的对换，排列(2-4)变为

$$\cdots b a i_1 \cdots i_s \cdots, \tag{2-6}$$

再把排列(2-6)中的 $a$ 一位一位向右作 $s$ 次相邻对换，即得排列(2-5)．这样，从(2-4)变到(2-5)共经过了 $2s+1$ 次相邻对换，$2s+1$ 为奇数，故这样的对换的最终结果是改变了排列的奇偶性．

**推论 1　奇排列调成标准排列的对换次数为奇数，偶排列调成标准排列的对换次数为偶数．**

**证**　由定理 2.1 知，对换的次数就是排列奇偶性的变化次数，而标准排列为偶排列(逆序数为 0)，因此知推论成立．

**推论 2　由 1，2，…，$n$ 这 $n$ 个数构成的所有排列中(共 $n!$ 个)，奇偶排列各占一半，即各为 $\frac{n!}{2}$ 个．**

证明留作练习，请读者自证．

利用逆序数与奇偶排列等概念，可以归纳出二、三阶行列式中乘积项的符号规律，将其推广，就得到一般 $n$ 阶行列式的定义：

**定义 2.2**　设 $n$ 阶方阵 $\boldsymbol{A}=(a_{ij})_{n\times n}$，和数

$$\sum_{j_1 j_2 \cdots j_n} (-1)^{\tau(j_1 j_2 \cdots j_n)} a_{1j_1} a_{2j_2} \cdots a_{nj_n}$$

称为方阵 $\boldsymbol{A}$ 的 $n$ **阶行列式**，其中和号 $\sum\limits_{j_1 j_2 \cdots j_n}$ 表示对 1，2，…，$n$ 这 $n$ 个自然数的所有排列 $j_1 j_2 \cdots j_n$ 求和，而 $\tau(j_1 j_2 \cdots j_n)$ 为排列 $j_1 j_2 \cdots j_n$ 的逆序数．方阵 $\boldsymbol{A}$ 的行列式记作

$$|\boldsymbol{A}|=\begin{vmatrix} a_{11} & a_{12} & \cdots & a_{1n} \\ a_{21} & a_{22} & \cdots & a_{2n} \\ \vdots & \vdots & & \vdots \\ a_{n1} & a_{n2} & \cdots & a_{nn} \end{vmatrix}=\sum_{j_1 j_2 \cdots j_n} (-1)^{\tau(j_1 j_2 \cdots j_n)} a_{1j_1} a_{2j_2} \cdots a_{nj_n},$$

数 $a_{ij}$ 称为行列式中的**元素**，或简称为元，并称 $(-1)^{\tau(j_1 j_2 \cdots j_n)} a_{1j_1} a_{2j_2} \cdots a_{nj_n}$ 为行列式的**一般项**．

当 $n=1$ 时，规定 $|a|=a$；当 $n=2$，3 时，此定义与前面用对角线法则确定的二、三阶行列式显然是一致的．

方阵 $\boldsymbol{A}=(a_{ij})_{n\times n}$ 的行列式一般简记为 $|\boldsymbol{A}|=\Delta(a_{ij})$，有时也以 $D=\det\boldsymbol{A}$ 表示 $|\boldsymbol{A}|$．

**注意**：(1) 行列式实质上是一种特殊定义的数．由定义可知，$n$ 阶行列式 $|\boldsymbol{A}|=\Delta(a_{ij})$ 是方阵 $\boldsymbol{A}$ 中所有取自不同行、不同列的 $n$ 个元素乘积 $a_{1j_1} a_{2j_2} \cdots a_{nj_n}$

的代数和，因此一共有 $n!$ 项．

（2）代数和各项的符号：当该项各元素的行标按自然顺序排列后，$\tau(j_1j_2\cdots j_n)$ 为列标排列 $j_1j_2\cdots j_n$ 的逆序数．若 $j_1j_2\cdots j_n$ 为偶排列，则 $(-1)^{\tau(j_1j_2\cdots j_n)}=1$，这意味着该项取正号；若 $j_1j_2\cdots j_n$ 为奇排列，则 $(-1)^{\tau(j_1j_2\cdots j_n)}=-1$，这意味着该项取负号．由定理 2.1 的推论 2 知，行列式的一般项中带有正负号的项(不考虑元素本身的符号)各占 $\frac{1}{2}n!$ 个．

**例 2.3** 计算行列式

$$\begin{vmatrix} 3 & 0 & -1 & 0 \\ 0 & 2 & 0 & -1 \\ 0 & 1 & 3 & 0 \\ -3 & 0 & 0 & 1 \end{vmatrix}.$$

**解** 这是一个四阶行列式，计算的结果应该为 $4!=24$ 项的代数和．但是这个行列式的零元素较多，所以不为零的项就不多了．考虑非零项，第一行能取 $a_{11}=3$ 和 $a_{13}=-1$. 若第一行取 $a_{11}=3$，则第二行仅能取 $a_{22}=2$，第三行必取 $a_{33}=3$，第四行也仅有一种取法 $a_{44}=1$. 类似地，再考虑第一行取 $a_{13}=-1$ 的情形．全面考虑，这个行列式仅有两个非零项：

$$a_{11}a_{22}a_{33}a_{44}=3\times2\times3\times1=18,$$

$$a_{13}a_{24}a_{32}a_{41}=(-1)\times(-1)\times1\times(-3)=-3.$$

第一项的列标排列为 1234，逆序数为 0，为偶排列，取正号；第二项的列标排列为 3421，逆序数为 5，为奇排列，取负号，所以行列式

$$\begin{vmatrix} 3 & 0 & -1 & 0 \\ 0 & 2 & 0 & -1 \\ 0 & 1 & 3 & 0 \\ -3 & 0 & 0 & 1 \end{vmatrix}=a_{11}a_{22}a_{33}a_{44}+(-1)^5a_{13}a_{24}a_{32}a_{41}=18-(-3)=21.$$

**例 2.4** 计算上三角行列式

$$\begin{vmatrix} a_{11} & a_{12} & \cdots & a_{1n} \\ 0 & a_{22} & \cdots & a_{2n} \\ \vdots & \vdots & & \vdots \\ 0 & 0 & \cdots & a_{nn} \end{vmatrix}.$$

**解** 在这个行列式中，第 $n$ 行仅有一个不为零的元素 $a_{nn}$，故这一行只能取 $a_{nn}$ 项；在第 $n-1$ 行中有两个不为零的元素 $a_{n-1,n-1}$ 和 $a_{n-1,n}$，由于已经取了第 $n$ 列的 $a_{nn}$，故此时就不能再取第 $n$ 列的元素 $a_{n-1,n}$ 了，而只能取 $a_{n-1,n-1}$，依此类推，第一行也仅有一种取法 $a_{11}$，故而这个行列式的结果

除了 $a_{11}a_{22}\cdots a_{nn}$ 项外，其余全为零，而这一项的列指标排列是偶排列，于是

$$\begin{vmatrix} a_{11} & a_{12} & \cdots & a_{1n} \\ 0 & a_{22} & \cdots & a_{2n} \\ \vdots & \vdots & & \vdots \\ 0 & 0 & \cdots & a_{nn} \end{vmatrix} = a_{11}a_{22}\cdots a_{nn}.$$

换句话说，这个行列式就等于主对角线上元素的乘积，同样可求**下三角形行列式**

$$\begin{vmatrix} a_{11} & 0 & \cdots & 0 \\ a_{21} & a_{22} & \cdots & 0 \\ \vdots & \vdots & & \vdots \\ a_{n1} & a_{n2} & \cdots & a_{nn} \end{vmatrix} = a_{11}a_{22}\cdots a_{nn}.$$

特别地，有

$$\begin{vmatrix} \lambda_1 & 0 & \cdots & 0 \\ 0 & \lambda_2 & \cdots & 0 \\ \vdots & \vdots & & \vdots \\ 0 & 0 & \cdots & \lambda_3 \end{vmatrix} = \lambda_1\lambda_2\cdots\lambda_n,\quad |\boldsymbol{E}| = \begin{vmatrix} 1 & & & \\ & 1 & & \\ & & \ddots & \\ & & & 1 \end{vmatrix} = 1.$$

这种除主对角线以外的元素全为零的行列式称为**对角形行列式**.

**例 2.5**　证明

$$\begin{vmatrix} a_{11} & a_{12} & \cdots & a_{1n} \\ a_{21} & a_{22} & \cdots & 0 \\ \vdots & \vdots & & \vdots \\ a_{n1} & 0 & \cdots & 0 \end{vmatrix} = (-1)^{\frac{n(n-1)}{2}} a_{1n}a_{2,n-1}\cdots a_{n1}.$$

**证**　同例 2.4 一样，此行列式非零项仅有 $a_{1n}a_{2,n-1}\cdots a_{n1}$ 这项，而它的符号由列指标的逆序数而定，其列指标排列为 $n(n-1)\cdots 21$，逆序数为 $\tau=1+2+\cdots+(n-1)=\dfrac{n(n-1)}{2}$，所以

$$\begin{vmatrix} a_{11} & a_{12} & \cdots & a_{1n} \\ a_{21} & a_{22} & \cdots & 0 \\ \vdots & \vdots & & \vdots \\ a_{n1} & 0 & \cdots & 0 \end{vmatrix} = (-1)^{\frac{n(n-1)}{2}} a_{1n}a_{2,n-1}\cdots a_{n1}.$$

需要指出的是，行列式的定义中一般项为 $(-1)^{\tau(j_1j_2\cdots j_n)}a_{1j_1}a_{2j_2}\cdots a_{nj_n}$，其中乘积 $a_{1j_1}a_{2j_2}\cdots a_{nj_n}$ 的行指标为标准排列．通过元素的交换可以变为列指标为标准排列的乘积 $a_{i_11}a_{i_22}\cdots a_{i_nn}$．如果原来的列指标的排列 $j_1j_2\cdots j_n$ 是奇(偶)排

列，它只要经过奇(偶)数次对换就可以变为标准排列 $12\cdots n$. 与此同时，行指标由标准排列 $12\cdots n$ 变为排列 $i_1 i_2\cdots i_n$ 也是经过相同的奇(偶)数次对换得到的. 既然排列 $i_1 i_2\cdots i_n$ 是由标准排列经过奇(偶)数次对换得到的，那么排列 $i_1 i_2\cdots i_n$ 也是奇(偶)排列，于是有 $(-1)^{\tau(i_1 i_2\cdots i_n)}=(-1)^{\tau(j_1 j_2\cdots j_n)}$. 故 $n$ 阶行列式的定义也等价于

$$\begin{vmatrix} a_{11} & a_{12} & \cdots & a_{1n} \\ a_{21} & a_{22} & \cdots & a_{2n} \\ \vdots & \vdots & & \vdots \\ a_{n1} & a_{n2} & \cdots & a_{nn} \end{vmatrix}=\sum_{i_1 i_2\cdots i_n}(-1)^{\tau(i_1 i_2\cdots i_n)}a_{i_1 1}a_{i_2 2}\cdots a_{i_n n},$$

基于类似的理由，$n$ 阶行列式的定义还等价于

$$\begin{vmatrix} a_{11} & a_{12} & \cdots & a_{1n} \\ a_{21} & a_{22} & \cdots & a_{2n} \\ \vdots & \vdots & & \vdots \\ a_{n1} & a_{n2} & \cdots & a_{nn} \end{vmatrix}=\sum(-1)^{\tau(i_1 i_2\cdots i_n)+\tau(j_1 j_2\cdots j_n)}a_{i_1 j_1}a_{i_2 j_2}\cdots a_{i_n j_n}.$$

## 第三节　行列式的基本性质

直接用行列式的定义计算行列式，在一般情况下是较繁的，下面推导一些行列式的性质，以便能够简化行列式的计算.

**定义 2.3**　方阵 $\boldsymbol{A}$ 的转置 $\boldsymbol{A}^{\mathrm{T}}$ 的行列式 $|\boldsymbol{A}^{\mathrm{T}}|$ 称为方阵 $\boldsymbol{A}$ 的行列式的**转置行列式**.

行列式有一个重要性质：转置不变性.

**性质 1　行列式与它的转置行列式的值相等.**

**证**　设 $\boldsymbol{A}=(a_{ij})_{n\times n}$，$\boldsymbol{A}^{\mathrm{T}}=(b_{ij})_{n\times n}$，则 $b_{ij}=a_{ji}$，于是由行列式的定义及其等价定义得

$$\begin{aligned} |\boldsymbol{A}^{\mathrm{T}}| &= \sum(-1)^{\tau(j_1 j_2\cdots j_n)}b_{1j_1}b_{2j_2}\cdots b_{nj_n} \\ &= \sum(-1)^{\tau(j_1 j_2\cdots j_n)}b_{j_1 1}b_{j_2 2}\cdots b_{j_n n} \\ &= \sum(-1)^{\tau(j_1 j_2\cdots j_n)}a_{1j_1}a_{2j_2}\cdots a_{nj_n} \\ &= |\boldsymbol{A}|. \end{aligned}$$

由此性质可知，行列式中行与列具有相同地位，行列式的性质凡是对行成立的，对列也成立，反之亦然.

**性质 2　互换行列式的两行(列)，行列式变号.**

**证**　设行列式

$$D_1=\begin{vmatrix} b_{11} & b_{12} & \cdots & b_{1n} \\ b_{21} & b_{22} & \cdots & b_{2n} \\ \vdots & \vdots & & \vdots \\ b_{n1} & b_{n2} & \cdots & b_{nn} \end{vmatrix}$$

是由行列式 $D=\Delta(a_{ij})$ 交换 $i$，$j$ 两行得到的，即当 $k\neq i$，$j$ 时，$b_{kp}=a_{kp}$；当 $k=i$，$j$ 时，$b_{jp}=a_{ip}$，$b_{ip}=a_{jp}$，于是

$$\begin{aligned} D_1 &= \sum_{p_1p_2\cdots p_n}(-1)^{\tau}b_{1p_1}\cdots b_{ip_i}\cdots b_{jp_j}\cdots b_{np_n} \\ &= \sum_{p_1\cdots p_i\cdots p_j\cdots p_n}(-1)^{\tau}a_{1p_1}\cdots a_{jp_i}\cdots a_{ip_j}\cdots a_{np_n}, \end{aligned}$$

其中行标排列为自然排列 $12\cdots i\cdots j\cdots n$，逆序数为 0，$\tau$ 为列标排列 $p_1\cdots p_i\cdots p_j\cdots p_n$ 的逆序数．设 $\tau_1$ 为排列 $p_1\cdots p_j\cdots p_i\cdots p_n$ 的逆序数，则 $(-1)^{\tau}=-(-1)^{\tau_1}$，故

$$D_1=-\sum_{p_1\cdots p_j\cdots p_i\cdots p_n}(-1)^{\tau_1}a_{1p_1}\cdots a_{ip_j}\cdots a_{jp_i}\cdots a_{np_n}=-D.$$

由性质 2 可得

**推论 1**　**如果行列式有两行(列)完全相同，则行列式为零．**

**证**　把 $D$ 中相同的两行互换，有 $D=-D$，故 $D=0$.

**性质 3**　**行列式的某一行(列)所有的元素都乘以同一个数 $k$，等于用数 $k$ 乘此行列式．**

**证**　设行列式 $D=\begin{vmatrix} a_{11} & a_{12} & \cdots & a_{1n} \\ \vdots & \vdots & & \vdots \\ a_{i1} & a_{i2} & \cdots & a_{in} \\ \vdots & \vdots & & \vdots \\ a_{n1} & a_{n2} & \cdots & a_{nn} \end{vmatrix}$ 的第 $i$ 行元素都乘以 $k$，得

$$D_1=\begin{vmatrix} a_{11} & a_{12} & \cdots & a_{1n} \\ \vdots & \vdots & & \vdots \\ ka_{i1} & ka_{i2} & \cdots & ka_{in} \\ \vdots & \vdots & & \vdots \\ a_{n1} & a_{n2} & \cdots & a_{nn} \end{vmatrix},$$

则

$$\begin{aligned} D_1 &= \sum(-1)^{\tau}a_{1p_1}\cdots ka_{ip_i}\cdots a_{np_n} \\ &= k\sum(-1)^{\tau}a_{1p_1}\cdots a_{ip_i}\cdots a_{np_n}=kD. \end{aligned}$$

**推论 2**　**行列式中的某一行(列)的所有元素的公因子可以提到行列式符号的外面．**

**推论 3**　**行列式中如果有两行(列)的元素成比例，则此行列式为零．**

由性质 3 可得

**推论 4　若行列式中有一行(列)元素为零，则此行列式为零.**

**性质 4　若行列式中某一行(或列)的元素都是两数之和，即**

$$D=\begin{vmatrix} a_{11} & a_{12} & \cdots & a_{1n} \\ \vdots & \vdots & & \vdots \\ a_{i1}+a'_{i1} & a_{i2}+a'_{i2} & \cdots & a_{in}+a'_{in} \\ \vdots & \vdots & & \vdots \\ a_{n1} & a_{n2} & \cdots & a_{nn} \end{vmatrix},$$

**则 $D$ 等于两个行列式之和，即**

$$D=\begin{vmatrix} a_{11} & a_{12} & \cdots & a_{1n} \\ \vdots & \vdots & & \vdots \\ a_{i1} & a_{i2} & \cdots & a_{in} \\ \vdots & \vdots & & \vdots \\ a_{n1} & a_{n2} & \cdots & a_{nn} \end{vmatrix}+\begin{vmatrix} a_{11} & a_{12} & \cdots & a_{1n} \\ \vdots & \vdots & & \vdots \\ a'_{i1} & a'_{i2} & \cdots & a'_{in} \\ \vdots & \vdots & & \vdots \\ a_{n1} & a_{n2} & \cdots & a_{nn} \end{vmatrix}.$$

**证**　由行列式的定义，可得

$$\begin{aligned} D &= \sum_{p_1p_2\cdots p_n}(-1)^{\tau}a_{1p_1}\cdots(a_{ip_i}+a'_{ip_i})\cdots a_{np_n} \\ &= \sum_{p_1p_2\cdots p_n}(-1)^{\tau}a_{1p_1}\cdots a_{ip_i}\cdots a_{np_n}+\sum_{p_1p_2\cdots p_n}(-1)^{\tau}a_{1p_1}\cdots a'_{ip_i}\cdots a_{np_n} \\ &= \begin{vmatrix} a_{11} & a_{12} & \cdots & a_{1n} \\ \vdots & \vdots & & \vdots \\ a_{i1} & a_{i2} & \cdots & a_{in} \\ \vdots & \vdots & & \vdots \\ a_{n1} & a_{n2} & \cdots & a_{nn} \end{vmatrix}+\begin{vmatrix} a_{11} & a_{12} & \cdots & a_{1n} \\ \vdots & \vdots & & \vdots \\ a'_{i1} & a'_{i2} & \cdots & a'_{in} \\ \vdots & \vdots & & \vdots \\ a_{n1} & a_{n2} & \cdots & a_{nn} \end{vmatrix}. \end{aligned}$$

**性质 5　把行列式的某一行(列)的各个元素乘以同一个数后加到另外一行(列)对应的元素上去，行列式的值不变.**

此性质的证明留给读者.

性质 2、3、5 合称为**初等变换**性质，读者可将它们与矩阵的初等变换概念作一比较，看二者有何异同. 利用以上行列式的性质，可以大大简化行列式的计算.

**例 2.6**　计算

$$D=\begin{vmatrix} 3 & 1 & -1 & 2 \\ -5 & 1 & 3 & -4 \\ 2 & 0 & 1 & -1 \\ 1 & -5 & 3 & -3 \end{vmatrix}.$$

**解** 利用行列式的性质，可将该行列式化为三角行列式后再计算：

$$D=\begin{vmatrix}3&1&-1&2\\-5&1&3&-4\\2&0&1&-1\\1&-5&3&-3\end{vmatrix}\xlongequal{c_1\leftrightarrow c_2}-\begin{vmatrix}1&3&-1&2\\1&-5&3&-4\\0&2&1&-1\\-5&1&3&-3\end{vmatrix}$$

$$\xlongequal[r_4+5r_1]{r_2-r_1}-\begin{vmatrix}1&3&-1&2\\0&-8&4&-6\\0&2&1&-1\\0&16&-2&7\end{vmatrix}\xlongequal{r_2\leftrightarrow r_3}\begin{vmatrix}1&3&-1&2\\0&2&1&-1\\0&-8&4&-6\\0&16&-2&7\end{vmatrix}$$

$$\xlongequal[r_4-8r_2]{r_3+4r_2}\begin{vmatrix}1&3&-1&2\\0&2&1&-1\\0&0&8&-10\\0&0&-10&15\end{vmatrix}\xlongequal{r_4+\frac{5}{4}r_3}\begin{vmatrix}1&3&-1&2\\0&2&1&-1\\0&0&8&-10\\0&0&0&\frac{5}{2}\end{vmatrix}$$

$$=1\times2\times8\times\frac{5}{2}=40.$$

这里等号上下方的初等变换记号的意义与矩阵中的相同.

**例 2.7** 计算

$$D=\begin{vmatrix}a&1&1&1\\1&a&1&1\\1&1&a&1\\1&1&1&a\end{vmatrix}\text{（其中 }a\neq1\text{）}.$$

**解** 这个行列式的特点是每行 4 个数之和都是 $a+3$. 先把第二、三、四列都同时加到第一列上去，利用推论 2，可提取公因子 $a+3$；然后再利用性质 5，将第二、三、四行分别加上第一行的 $-1$ 倍，便可化为上三角行列式：

$$D=\begin{vmatrix}a&1&1&1\\1&a&1&1\\1&1&a&1\\1&1&1&a\end{vmatrix}\xlongequal{c_1+(c_2+c_3+c_4)}\begin{vmatrix}a+3&1&1&1\\a+3&a&1&1\\a+3&1&a&1\\a+3&1&1&a\end{vmatrix}$$

$$=(a+3)\begin{vmatrix}1&1&1&1\\1&a&1&1\\1&1&a&1\\1&1&1&a\end{vmatrix}\xlongequal[r_4-r_1]{\substack{r_2-r_1\\r_3-r_1}}(a+3)\begin{vmatrix}1&1&1&1\\0&a-1&0&0\\0&0&a-1&0\\0&0&0&a-1\end{vmatrix}$$

$$=(a+3)(a-1)^3.$$

**例 2.8** 计算

$$D_n=\begin{vmatrix} 1+a_1 & 2+a_1 & 3+a_1 & \cdots & n+a_1 \\ 1+a_2 & 2+a_2 & 3+a_2 & \cdots & n+a_2 \\ \vdots & \vdots & \vdots & & \vdots \\ 1+a_n & 2+a_n & 3+a_n & \cdots & n+a_n \end{vmatrix},$$

其中 $i$，$j=1$，2，…，$n$，且当 $i\neq j$ 时，$a_i\neq a_j$.

**解** 当 $n=1$ 时，$D_1=1+a_1$；

当 $n=2$ 时，$D_2=\begin{vmatrix} 1+a_1 & 2+a_1 \\ 1+a_2 & 2+a_2 \end{vmatrix}\xlongequal{c_2-c_1}\begin{vmatrix} 1+a_1 & 1 \\ 1+a_2 & 1 \end{vmatrix}=a_1-a_2$；

当 $n\geqslant 3$ 时，$D_n\xlongequal[j=2,3,\cdots,n]{c_j-c_1}\begin{vmatrix} 1+a_1 & 1 & 2 & \cdots & n-1 \\ 1+a_2 & 1 & 2 & \cdots & n-1 \\ \vdots & \vdots & \vdots & & \vdots \\ 1+a_n & 1 & 2 & \cdots & n-1 \end{vmatrix}=0.$

**例 2.9** 计算 $n$ 阶行列式

$$D_n=\begin{vmatrix} x & a_2 & a_3 & \cdots & a_n \\ a_1 & x & a_3 & \cdots & a_n \\ a_1 & a_2 & x & \cdots & a_n \\ \vdots & \vdots & \vdots & & \vdots \\ a_1 & a_2 & a_3 & \cdots & x \end{vmatrix}，其中\ x\neq a_i(i=1,\ 2,\ \cdots,\ n).$$

**解** $D_n\xlongequal[i=2,3,\cdots,n]{r_i-r_1}\begin{vmatrix} x & a_2 & a_3 & \cdots & a_n \\ a_1-x & x-a_2 & 0 & \cdots & 0 \\ a_1-x & 0 & x-a_3 & \cdots & 0 \\ \vdots & \vdots & \vdots & & \vdots \\ a_1-x & 0 & 0 & \cdots & x-a_n \end{vmatrix}$

$$=(x-a_1)(x-a_2)\cdots(x-a_n)\begin{vmatrix} \frac{x}{x-a_1} & \frac{a_2}{x-a_2} & \frac{a_3}{x-a_3} & \cdots & \frac{a_n}{x-a_n} \\ -1 & 1 & 0 & \cdots & 0 \\ -1 & 0 & 1 & \cdots & 0 \\ \vdots & \vdots & \vdots & & \vdots \\ -1 & 0 & 0 & \cdots & 1 \end{vmatrix}.$$

由于 $\frac{x}{x-a_1}=1+\frac{a_1}{x-a_1}$，将第二列至第 $n$ 列都加到第一列上，得

$$D_n=\begin{vmatrix} 1+\sum\limits_{i=1}^{n}\dfrac{a_i}{x-a_i} & \dfrac{a_2}{x-a_2} & \dfrac{a_3}{x-a_3} & \cdots & \dfrac{a_n}{x-a_n} \\ 0 & 1 & 0 & \cdots & 0 \\ 0 & 0 & 1 & \cdots & 0 \\ \vdots & \vdots & \vdots & & \vdots \\ 0 & 0 & 0 & \cdots & 1 \end{vmatrix}\prod_{i=1}^{n}(x-a_i).$$

$$=\left(1+\sum_{i=1}^{n}\frac{a_i}{x-a_i}\right)\prod_{i=1}^{n}(x-a_i).$$

# 第四节　行列式的展开计算

## 一、行列式按行（列）展开定理

一般行列式的阶数越低越容易计算，如二阶行列式就比三阶行列式的计算容易得多．下面就来讨论如何通过“降阶”来计算行列式，为此，先定义余子式和代数余子式的概念．

**定义 2.4**　在 $n$ 阶行列式中，把元素 $a_{ij}$ 所在的第 $i$ 行和第 $j$ 列划去后，留下的元素保持原来的相对位置不变所形成的 $n-1$ 阶行列式叫作元素 $a_{ij}$ 的**余子式**，记作 $M_{ij}$；并记

$$A_{ij}=(-1)^{i+j}M_{ij},$$

称 $A_{ij}$ 为元素 $a_{ij}$ 的**代数余子式**．

**注意**：$A_{ij}=(-1)^{i+j}M_{ij}$ 中，$i+j$ 并不代表逆序数，而仅仅是元素 $a_{ij}$ 的下标之和．

例如，四阶行列式 $D=\begin{vmatrix} a_{11} & a_{12} & a_{13} & a_{14} \\ a_{21} & a_{22} & a_{23} & a_{24} \\ a_{31} & a_{32} & a_{33} & a_{34} \\ a_{41} & a_{42} & a_{43} & a_{44} \end{vmatrix}$ 中，$a_{11}$，$a_{23}$ 的余子式分别为

$$M_{11}=\begin{vmatrix} a_{22} & a_{23} & a_{24} \\ a_{32} & a_{33} & a_{34} \\ a_{42} & a_{43} & a_{44} \end{vmatrix} \text{ 和 } M_{23}=\begin{vmatrix} a_{11} & a_{12} & a_{14} \\ a_{31} & a_{32} & a_{34} \\ a_{41} & a_{42} & a_{44} \end{vmatrix},$$

它们相应的代数余子式分别为

$$A_{11}=(-1)^{1+1}M_{11}=M_{11}，A_{23}=(-1)^{2+3}M_{23}=-M_{23}.$$

**定理 2.2**　**如果 $n$ 阶行列式 $D$ 的第 $i$ 行除 $a_{ij}$ 外的所有元素都等于零（$i$，$j=1$，$2$，$\cdots$，$n$），则行列式 $D$ 等于这个元素 $a_{ij}$ 与它的代数余子式 $A_{ij}$ 的乘积，即 $D=a_{ij}A_{ij}$．**

**证** 先证 $a_{ij}$ 位于第一行第一列的情形．设

$$D=\begin{vmatrix} a_{11} & 0 & \cdots & 0 \\ a_{21} & a_{22} & \cdots & a_{2n} \\ \vdots & \vdots & & \vdots \\ a_{n1} & a_{n2} & \cdots & a_{nn} \end{vmatrix},$$

由行列式的定义可知，$D=\sum(-1)^{\tau}a_{1j_1}a_{2j_2}\cdots a_{nj_n}$，其中 $\tau$ 为 $j_1$，$j_2$，…，$j_n$ 的逆序数．因为元素 $a_{1j_1}$ 仅当 $j_1=1$ 时不等于零，对 $j_1\neq 1$，有 $a_{1j_1}a_{2j_2}\cdots a_{nj_n}=0$，从而

$$\begin{aligned} D &= \sum(-1)^{\tau(1j_2\cdots j_n)}a_{11}a_{2j_2}\cdots a_{nj_n}=a_{11}\sum(-1)^{\tau(j_2\cdots j_n)}a_{2j_2}\cdots a_{nj_n} \\ &=a_{11}M_{11}=a_{11}A_{11}, \end{aligned}$$

其中 $M_{11}$ 为 $a_{11}$ 的余子式，且

$$A_{11}=M_{11}=\begin{vmatrix} a_{22} & a_{23} & \cdots & a_{2n} \\ a_{32} & a_{33} & \cdots & a_{3n} \\ \vdots & \vdots & & \vdots \\ a_{n2} & a_{n3} & \cdots & a_{nn} \end{vmatrix}=\sum(-1)^{\tau(j_2\cdots j_n)}a_{2j_2}\cdots a_{nj_n}.$$

再证一般情形，设

$$D_1=\begin{vmatrix} a_{11} & \cdots & a_{1j} & \cdots & a_{1n} \\ \vdots & & \vdots & & \vdots \\ 0 & \cdots & a_{ij} & \cdots & 0 \\ \vdots & & \vdots & & \vdots \\ a_{n1} & \cdots & a_{nj} & \cdots & a_{nn} \end{vmatrix},$$

将行列式 $D_1$ 的第 $i$ 行依次与第 $i-1$，$i-2$，…，1 行对换，这样 $a_{ij}$ 就调到了 $a_{1j}$ 的位置，共调换了 $i-1$ 次；再将调换后的行列式的第 $j$ 列依次与第 $j-1$，$j-2$，…，1 列对调，共对换了 $j-1$ 次．这时，元素 $a_{ij}$ 就调到了第一行第一列的位置，得到与 $D$ 的形式相同的行列式 $D_1'$，而且总共调换了 $i+j-2$ 次，因此有

$$D_1=(-1)^{i+j-2}D_1'=(-1)^{i+j}D_1'.$$

因为已经证得 $D_1'=a_{ij}M_{ij}$，故

$$D_1=(-1)^{i+j}a_{ij}M_{ij}=a_{ij}A_{ij},$$

于是定理得证．

将此定理一般化，得

**定理 2.3** $n$ **阶行列式** $|\boldsymbol{A}|$ **等于它的任一行（列）的各元素与其对应的代数余子式的乘积之和，即**

$$|\boldsymbol{A}|=a_{i1}A_{i1}+a_{i2}A_{i2}+\cdots+a_{in}A_{in}\ (i=1,\ 2,\ \cdots,\ n),$$

或 $$|\boldsymbol{A}|=a_{1j}A_{1j}+a_{2j}A_{2j}+\cdots+a_{nj}A_{nj}\ (j=1,\ 2,\ \cdots,\ n).$$

**证** 设$|\boldsymbol{A}|=\Delta(a_{ij})$，则

$$|\boldsymbol{A}|=\begin{vmatrix} a_{11} & a_{12} & \cdots & a_{1n} \\ \vdots & \vdots & & \vdots \\ a_{i1}+\underbrace{0+\cdots+0}_{n-1\text{个}} & 0+a_{i2}+0+\cdots+0 & \cdots & 0+0+\cdots+0+a_{in} \\ \vdots & \vdots & & \vdots \\ a_{n1} & a_{n2} & \cdots & a_{nn} \end{vmatrix}$$

$$=\begin{vmatrix} a_{11} & a_{12} & \cdots & a_{1n} \\ \vdots & \vdots & & \vdots \\ a_{i1} & 0 & \cdots & 0 \\ \vdots & \vdots & & \vdots \\ a_{n1} & a_{n2} & \cdots & a_{nn} \end{vmatrix}+\begin{vmatrix} a_{11} & a_{12} & \cdots & a_{1n} \\ \vdots & \vdots & & \vdots \\ 0 & a_{i2} & \cdots & 0 \\ \vdots & \vdots & & \vdots \\ a_{n1} & a_{n2} & \cdots & a_{nn} \end{vmatrix}+\cdots+\begin{vmatrix} a_{11} & a_{12} & \cdots & a_{1n} \\ \vdots & \vdots & & \vdots \\ 0 & 0 & \cdots & a_{in} \\ \vdots & \vdots & & \vdots \\ a_{n1} & a_{n2} & \cdots & a_{nn} \end{vmatrix}.$$

由定理 2.2，即得

$$|\boldsymbol{A}|=a_{i1}A_{i1}+a_{i2}A_{i2}+\cdots+a_{in}A_{in}\quad (i=1,\ 2,\ \cdots,\ n).$$

同理可得

$$|\boldsymbol{A}|=a_{1j}A_{1j}+a_{2j}A_{2j}+\cdots+a_{nj}A_{nj}\quad (j=1,\ 2,\ \cdots,\ n).$$

证毕.

此定理叫作行列式按一行(列)展开法则，它还有如下的推论：

**推论 行列式任一行(列)的元素与另一行(列)的对应元素的代数余子式乘积之和等于零，即**

$$a_{i1}A_{j1}+a_{i2}A_{j2}+\cdots+a_{in}A_{jn}=0\ (i\neq j),$$

或 $$a_{1i}A_{1j}+a_{2i}A_{2j}+\cdots+a_{ni}A_{nj}=0\ (i\neq j).$$

**证** 设$|\boldsymbol{A}|=\Delta(a_{ij})$，且

$$D_0=\begin{vmatrix} a_{11} & a_{12} & \cdots & a_{1n} \\ \vdots & \vdots & & \vdots \\ a_{i1} & a_{i2} & \cdots & a_{in} \\ \vdots & \vdots & & \vdots \\ a_{i1} & a_{i2} & \cdots & a_{in} \\ \vdots & \vdots & & \vdots \\ a_{n1} & a_{n2} & \cdots & a_{nn} \end{vmatrix}\begin{matrix} \\ \\ i\text{ 行} \\ \\ j\text{ 行} \\ \\ \\ \end{matrix},$$

显然 $D_0$ 与 $|\mathbf{A}|$ 仅第 $j$ 行元素不同，且 $D_0=0$，将 $D_0$ 按第 $j$ 行展开，即得

$$D_0=a_{i1}A_{j1}+a_{i2}A_{j2}+\cdots+a_{in}A_{jn}=0,$$

式中 $A_{j1}$，$A_{j2}$，…，$A_{jn}$ 也正是行列式 $|\mathbf{A}|$ 中第 $j$ 行各元素对应的代数余子式，所以推论所述结论正确．

可以将定理 2.3 及其推论结合在一起记作

$$a_{i1}A_{j1}+a_{i2}A_{j2}+\cdots+a_{in}A_{jn}=\begin{cases}|\mathbf{A}|, & i=j,\\ 0, & i\neq j\end{cases}\quad (i,\ j=1,\ 2,\ \cdots,\ n),$$

或
$$a_{1i}A_{1j}+a_{2i}A_{2j}+\cdots+a_{ni}A_{nj}=\begin{cases}|\mathbf{A}|, & i=j,\\ 0, & i\neq j\end{cases}\quad (i,\ j=1,\ 2,\ \cdots,\ n).$$

利用行列式按行(列)展开的定理 2.3，并结合行列式的基本性质，可以将 $n$ 阶行列式的阶数逐次降低(俗称**降阶法**)，达到简化计算的目的．

**例 2.10** 计算四阶行列式

$$D=\begin{vmatrix}3 & 1 & -1 & 2\\ -5 & 1 & 3 & -4\\ 2 & 0 & 1 & -1\\ 1 & -5 & 3 & -3\end{vmatrix}.$$

**解** $$D\xlongequal[r_4+5r_1]{r_2-r_1}\begin{vmatrix}3 & 1 & -1 & 2\\ -8 & 0 & 4 & -6\\ 2 & 0 & 1 & -1\\ 16 & 0 & -2 & 7\end{vmatrix},$$

然后按第二列展开，有

$$D=1\times(-1)^{1+2}\times\begin{vmatrix}-8 & 4 & -6\\ 2 & 1 & -1\\ 16 & -2 & 7\end{vmatrix}$$

$$=-\begin{vmatrix}-8 & 4 & -6\\ 2 & 1 & -1\\ 16 & -2 & 7\end{vmatrix}\xlongequal[c_3+c_2]{c_1-2c_2}-\begin{vmatrix}-16 & 4 & -2\\ 0 & 1 & 0\\ 20 & -2 & 5\end{vmatrix},$$

再按第二行展开，得

$$D=-(-1)^{2+2}\times\begin{vmatrix}-16 & -2\\ 20 & 5\end{vmatrix}=40.$$

此例与例 2.6 相同，显然这里的计算方法要比例 2.6 的方法简便得多．

**例 2.11** 计算 $n$ 阶行列式

$$D_n=\begin{vmatrix} a_1 & -1 & 0 & \cdots & 0 & 0 \\ a_2 & x & -1 & \cdots & 0 & 0 \\ a_3 & 0 & x & \cdots & 0 & 0 \\ \vdots & \vdots & \vdots & & \vdots & \vdots \\ a_{n-1} & 0 & 0 & \cdots & x & -1 \\ a_n & 0 & 0 & \cdots & 0 & x \end{vmatrix}.$$

**解** 将 $D_n$ 按第 $n$ 行展开，有

$$D_n=(-1)^{n+1}a_n\begin{vmatrix} -1 & 0 & 0 & \cdots & 0 & 0 \\ x & -1 & 0 & \cdots & 0 & 0 \\ 0 & x & -1 & \cdots & 0 & 0 \\ \vdots & \vdots & \vdots & & \vdots & \vdots \\ 0 & 0 & 0 & \cdots & -1 & 0 \\ 0 & 0 & 0 & \cdots & x & -1 \end{vmatrix}+(-1)^{n+n}xD_{n-1}$$

$$=(-1)^{n+1}a_n(-1)^{n-1}+xD_{n-1}=a_n+xD_{n-1},$$

因此
$$D_n=a_n+xD_{n-1}.$$
对于任何正数 $n(n\geqslant 2)$ 都成立，称之为该**行列式的递推公式**，利用此递推公式，可以得到

$$\begin{aligned} D_n &=a_n+x(a_{n-1}+xD_{n-2}) \\ &=a_n+a_{n-1}x+\cdots+x^{n-2}(a_2+xD_1) \\ &=a_n+a_{n-1}x+\cdots+a_2x^{n-2}+a_1x^{n-1}. \end{aligned}$$

**例 2.12** 证明 $n$ 阶**范德蒙德**(Vandermonde)**行列式**

$$D_n=\begin{vmatrix} 1 & 1 & 1 & \cdots & 1 \\ x_1 & x_2 & x_3 & \cdots & x_n \\ x_1^2 & x_2^2 & x_3^2 & \cdots & x_n^2 \\ \vdots & \vdots & \vdots & & \vdots \\ x_1^{n-1} & x_2^{n-1} & x_3^{n-1} & \cdots & x_n^{n-1} \end{vmatrix}=\prod_{1\leqslant j<i\leqslant n}(x_i-x_j).$$

**证** 用数学归纳法证明：

（Ⅰ）当 $n=2$ 时，$D_2=\begin{vmatrix} 1 & 1 \\ x_1 & x_2 \end{vmatrix}=x_2-x_1=\prod\limits_{1\leqslant j<i\leqslant 2}(x_i-x_j)$，

即当 $n=2$ 时结论成立.

（Ⅱ）假设对于 $n-1$ 阶范德蒙德行列式结论成立，即

$$D_{n-1}=\begin{vmatrix} 1 & 1 & 1 & \cdots & 1 \\ x_1 & x_2 & x_3 & \cdots & x_{n-1} \\ x_1^2 & x_2^2 & x_3^2 & \cdots & x_{n-1}^2 \\ \vdots & \vdots & \vdots & & \vdots \\ x_1^{n-2} & x_2^{n-2} & x_3^{n-2} & \cdots & x_{n-1}^{n-2} \end{vmatrix}=\prod_{1\leqslant j<i\leqslant n-1}(x_i-x_j),$$

下面证对于 $n$ 阶行列式，范德蒙德行列式也成立．

在 $D_n$ 中，从最后一行开始，每一行加上它的前一行的 $-x_n$ 倍，再按第 $n$ 列展开，即有

$$D_n=\begin{vmatrix} 1 & 1 & 1 & \cdots & 1 & 1 \\ x_1-x_n & x_2-x_n & x_3-x_n & \cdots & x_{n-1}-x_n & 0 \\ x_1(x_1-x_n) & x_2(x_2-x_n) & x_3(x_3-x_n) & \cdots & x_{n-1}(x_{n-1}-x_n) & 0 \\ \vdots & \vdots & \vdots & & \vdots & \vdots \\ x_1^{n-3}(x_1-x_n) & x_2^{n-3}(x_2-x_n) & x_3^{n-3}(x_3-x_n) & \cdots & x_{n-1}^{n-3}(x_{n-1}-x_n) & 0 \\ x_1^{n-2}(x_1-x_n) & x_2^{n-2}(x_2-x_n) & x_3^{n-2}(x_3-x_n) & \cdots & x_{n-1}^{n-2}(x_{n-1}-x_n) & 0 \end{vmatrix}$$

$$=(-1)^{1+n}\begin{vmatrix} x_1-x_n & x_2-x_n & x_3-x_n & \cdots & x_{n-1}-x_n \\ x_1(x_1-x_n) & x_2(x_2-x_n) & x_3(x_3-x_n) & \cdots & x_{n-1}(x_{n-1}-x_n) \\ \vdots & \vdots & \vdots & & \vdots \\ x_1^{n-2}(x_1-x_n) & x_2^{n-2}(x_2-x_n) & x_3^{n-2}(x_3-x_n) & \cdots & x_{n-1}^{n-2}(x_{n-1}-x_n) \end{vmatrix}$$

$$=(-1)^{1+n}(x_1-x_n)(x_2-x_n)\cdots(x_{n-1}-x_n)\begin{vmatrix} 1 & 1 & 1 & \cdots & 1 \\ x_1 & x_2 & x_3 & \cdots & x_{n-1} \\ x_1^2 & x_2^2 & x_3^2 & \cdots & x_{n-1}^2 \\ \vdots & \vdots & \vdots & & \vdots \\ x_1^{n-2} & x_2^{n-2} & x_3^{n-2} & \cdots & x_{n-1}^{n-2} \end{vmatrix}$$

$$=(-1)^{1+n}(x_1-x_n)(x_2-x_n)\cdots(x_{n-1}-x_n)D_{n-1}$$

$$=(-1)^{1+n}(-1)^{n-1}(x_n-x_1)(x_n-x_2)\cdots(x_n-x_{n-1})\prod_{1\leqslant j<i\leqslant n-1}(x_i-x_j)$$

$$=\prod_{1\leqslant j<i\leqslant n}(x_i-x_j).$$

由数学归纳法原理即知，对 $n$ 阶范德蒙德行列式，结论成立．

## 二、拉普拉斯定理

行列式按行(列)展开的定理可作进一步的推广，即行列式可以按任意多个行(列)来展开．为了这一目的需引入行列式子式的概念．

**定义 2.5**　在一个 $n$ 阶行列式 $D$ 中，任意选定 $k$ 行 $k$ 列($k\leqslant n-1$)，位于

这些行和列的交点上的 $k^2$ 个元素，按照原来的相对位置组成的一个 $k$ 阶行列式 $Q$ 称为**行列式 $D$ 的一个 $k$ 阶子式**. $D$ 中划去这 $k$ 行 $k$ 列后余下的元素，按照原来的位置组成的 $n-k$ 阶行列式 $M$ 称为 **$k$ 阶子式 $Q$ 的余子式**.

从这一定义可以看出，$M$ 也为 $Q$ 的余子式，所以 $M$ 和 $Q$ 可以称为 $D$ 的一对**互余的子式**.

如在五阶行列式

$$D=\begin{vmatrix} a_{11} & a_{12} & a_{13} & a_{14} & a_{15} \\ a_{21} & a_{22} & a_{23} & a_{24} & a_{25} \\ a_{31} & a_{32} & a_{33} & a_{34} & a_{35} \\ a_{41} & a_{42} & a_{43} & a_{44} & a_{45} \\ a_{51} & a_{52} & a_{53} & a_{54} & a_{55} \end{vmatrix}$$

中，选取第一、二、三行和第二、三、四列，它们交点上的 $3^2$ 个元素按照原来的相对位置组成的三阶行列式 $Q$，而 $D$ 中划去这 3 行 3 列后余下的元素组成的二阶行列式 $M$：

$$Q=\begin{vmatrix} a_{12} & a_{13} & a_{14} \\ a_{22} & a_{23} & a_{24} \\ a_{32} & a_{33} & a_{34} \end{vmatrix} \text{与 } M=\begin{vmatrix} a_{41} & a_{45} \\ a_{51} & a_{55} \end{vmatrix}$$

就是一对互余的子式.

若 $D$ 的 $k$ 阶子式 $Q$ 在 $D$ 中所在的行、列指标分别为 $i_1$，…，$i_k$ 和 $j_1$，…，$j_k$，则 $Q$ 的余子式 $M$ 前面加上符号 $(-1)^{(i_1+i_2+\cdots+i_k)+(j_1+j_2+\cdots+j_k)}$ 后，称作 $Q$ 的**代数余子式**，记为 $A$，即

$$A=(-1)^{(i_1+i_2+\cdots+i_k)+(j_1+j_2+\cdots+j_k)}M.$$

**注意**：$i_1+i_2+\cdots+i_k$ 与 $j_1+j_2+\cdots+j_k$ 为元素下标之和，而不是逆序数.

**定理 2.4**(**拉普拉斯**(Laplace)**定理**) **设在 $n$ 阶行列式 $D$ 中任意取定了 $k(1\leqslant k\leqslant n-1)$ 行，则行列式 $D$ 等于由这 $k$ 行元素所组成的一切 $k$ 阶子式与它们对应的代数余子式的乘积之和，即**

$$D=Q_1A_1+Q_2A_2+\cdots+Q_tA_t,$$

**其中 $Q_i$ 为 $D$ 中的 $k$ 阶子式，$A_i$ 为 $Q_i$ 的代数余子式**($i=1, 2, \cdots, t$)，**且**

$$t=C_n^k=\frac{n!}{k!(n-k)!}.$$

定理证明(略).

此定理可以看作行列式按一行(列)展开定理 2.3 的推广，或行列式展开定理为拉普拉斯定理当 $k=1$ 时的特殊情况.

**例 2.13** 利用拉普拉斯定理计算四阶行列式

$$D=\begin{vmatrix}1&2&3&4\\1&0&1&2\\3&1&-1&0\\1&2&0&-5\end{vmatrix}.$$

**解** 此行列式中取定第一、二行共可组成 $C_4^2=6$ 个二阶子式：

$$Q_1=\begin{vmatrix}1&2\\1&0\end{vmatrix}=-2，Q_2=\begin{vmatrix}1&3\\1&1\end{vmatrix}=-2，Q_3=\begin{vmatrix}1&4\\1&2\end{vmatrix}=-2，$$

$$Q_4=\begin{vmatrix}2&3\\0&1\end{vmatrix}=2，Q_5=\begin{vmatrix}2&4\\0&2\end{vmatrix}=4，Q_6=\begin{vmatrix}3&4\\1&2\end{vmatrix}=2，$$

它们对应的代数余子式分别为

$$A_1=(-1)^{(1+2)+(1+2)}\begin{vmatrix}-1&0\\0&-5\end{vmatrix}=5，A_2=(-1)^{(1+2)+(1+3)}\begin{vmatrix}1&0\\2&-5\end{vmatrix}=5，$$

$$A_3=(-1)^{(1+2)+(1+4)}\begin{vmatrix}1&-1\\2&0\end{vmatrix}=2，A_4=(-1)^{(1+2)+(2+3)}\begin{vmatrix}3&0\\1&-5\end{vmatrix}=-15，$$

$$A_5=(-1)^{(1+2)+(2+4)}\begin{vmatrix}3&-1\\1&0\end{vmatrix}=-1，A_6=(-1)^{(1+2)+(3+4)}\begin{vmatrix}3&1\\1&2\end{vmatrix}=5，$$

由拉普拉斯定理得

$$\begin{aligned}D&=Q_1A_1+Q_2A_2+Q_3A_3+Q_4A_4+Q_5A_5+Q_6A_6\\&=(-2)\times5+(-2)\times5+(-2)\times2+2\times(-15)+4\times(-1)+2\times5=-48.\end{aligned}$$

**例 2.14** 计算行列式

$$D=\begin{vmatrix}5&6&0&0&0\\1&5&6&0&0\\0&1&5&6&0\\0&0&1&5&6\\0&0&0&1&5\end{vmatrix}.$$

**解** 取定第一、二行，不为零的二阶子式共有 3 个.

$$Q_1=\begin{vmatrix}5&6\\1&5\end{vmatrix}=19，Q_2=\begin{vmatrix}5&0\\1&6\end{vmatrix}=30，Q_3=\begin{vmatrix}6&0\\5&6\end{vmatrix}=36，$$

相应的代数余子式分别为

$$A_1=(-1)^{(1+2)+(1+2)}\begin{vmatrix}5&6&0\\1&5&6\\0&1&5\end{vmatrix}=65，$$

$$A_2=(-1)^{(1+2)+(1+3)}\begin{vmatrix}1&6&0\\0&5&6\\0&1&5\end{vmatrix}=-19，$$

$$A_3 = (-1)^{(1+2)+(2+3)} \begin{vmatrix} 0 & 6 & 0 \\ 0 & 5 & 6 \\ 0 & 1 & 5 \end{vmatrix} = 0,$$

由拉普拉斯定理得

$$D = \sum_{i=1}^{3} Q_i A_i = 19 \times 65 + 30 \times (-19) + 36 \times 0 = 665.$$

**例 2.15**　计算

$$D_{2n} = \left. \begin{vmatrix} a & & & & & & b \\ & a & & & & b & \\ & & \ddots & & \reflectbox{$\ddots$} & & \\ & & & a & b & & \\ & & & c & d & & \\ & & \reflectbox{$\ddots$} & & \ddots & & \\ & c & & & & d & \\ c & & & & & & d \end{vmatrix} \right\} \begin{matrix} n\text{行} \\ \\ n\text{行} \end{matrix} .$$

$$\underbrace{\qquad\qquad}_{n\text{列}} \underbrace{\qquad\qquad}_{n\text{列}}$$

**解**　根据拉普拉斯定理，取第 1 行和第 $2n$ 行构造二阶子式，此时非零项只有一项，因此

$$D_{2n} = \begin{vmatrix} a & b \\ c & d \end{vmatrix} (-1)^{1+1+2n+2n} \left. \begin{vmatrix} a & & & & & & b \\ & a & & & & b & \\ & & \ddots & & \reflectbox{$\ddots$} & & \\ & & & a & b & & \\ & & & c & d & & \\ & & \reflectbox{$\ddots$} & & \ddots & & \\ & c & & & & d & \\ c & & & & & & d \end{vmatrix} \right\} \begin{matrix} n-1\text{行} \\ \\ n-1\text{行} \end{matrix}$$

$$\underbrace{\qquad\qquad}_{n-1\text{列}} \underbrace{\qquad\qquad}_{n-1\text{列}}$$

$$= (ad-bc)D_{2(n-1)} = \cdots = (ad-bc)^{n-1} \begin{vmatrix} a & b \\ c & d \end{vmatrix} = (ad-bc)^n.$$

下面利用行列式的性质讨论一下行列式与矩阵运算的关系．

对于方阵的数乘和方阵与方阵的乘积运算，方阵的行列式满足如下的运算规律：

① 若 $\lambda$ 是数，$\boldsymbol{A}$ 是 $n$ 阶方阵，则 $|\lambda \boldsymbol{A}| = \lambda^n |\boldsymbol{A}|$；

② 若 $\boldsymbol{A}$、$\boldsymbol{B}$ 都是 $n$ 阶方阵，则 $|\boldsymbol{AB}| = |\boldsymbol{A}||\boldsymbol{B}|$．

算律①是前节性质 3 的推论，②的证明如下：

**证** 设 $\boldsymbol{A}=(x_{ij})$，$\boldsymbol{B}=(b_{ij})$，作 $2n$ 阶行列式

$$D=\begin{vmatrix} a_{11} & \cdots & a_{1n} & & & \\ \vdots & & \vdots & & \boldsymbol{O} & \\ a_{n1} & \cdots & a_{nn} & & & \\ 1 & & & b_{11} & \cdots & b_{1n} \\ & \ddots & & \vdots & & \vdots \\ & & 1 & b_{n1} & \cdots & b_{nn} \end{vmatrix}=\begin{vmatrix} \boldsymbol{A} & \boldsymbol{O} \\ \boldsymbol{E} & \boldsymbol{B} \end{vmatrix},$$

应用拉普拉斯定理，按前 $n$ 行展开，有

$$D=\begin{vmatrix} \boldsymbol{A} & \boldsymbol{O} \\ \boldsymbol{E} & \boldsymbol{B} \end{vmatrix}=(-1)^{2(1+2+\cdots+n)}|\boldsymbol{A}||\boldsymbol{B}|=|\boldsymbol{A}||\boldsymbol{B}|.$$

另一方面，对 $D$ 依次施行行变换：将第 $n+1$ 行的 $-a_{i1}$ 倍，第 $n+2$ 行的 $-a_{i2}$ 倍，…，第 $2n$ 行的 $-a_{in}$ 倍都加到第 $i$ 行上($i=1$，2，…，$n$)，消去分块 $\boldsymbol{A}$，即

$$D=\begin{vmatrix} \boldsymbol{A} & \boldsymbol{O} \\ \boldsymbol{E} & \boldsymbol{B} \end{vmatrix}\xrightarrow[(i=1,2,\cdots,n)]{r_i-\sum\limits_{k=1}^{n}a_{ik}r_{n+k}}\begin{vmatrix} \boldsymbol{O} & \boldsymbol{C} \\ \boldsymbol{E} & \boldsymbol{B} \end{vmatrix},$$

其中 $\boldsymbol{C}=(c_{ij})$，$c_{ij}=-(a_{i1}b_{1j}+a_{i2}b_{2j}+\cdots+a_{in}b_{nj})$，有 $\boldsymbol{C}=-\boldsymbol{AB}$.

再对 $D$ 按前 $n$ 行展开，则又有

$$D=\begin{vmatrix} \boldsymbol{O} & -\boldsymbol{AB} \\ \boldsymbol{E} & \boldsymbol{B} \end{vmatrix}=(-1)^{(1+2+\cdots+n)+[(n+1)+(n+2)+\cdots+(n+n)]}|-\boldsymbol{AB}||\boldsymbol{E}|$$

$$=(-1)^{n(1+2n)}(-1)^{n}|\boldsymbol{AB}|=|\boldsymbol{AB}|,$$

从而

$$|\boldsymbol{AB}|=|\boldsymbol{A}||\boldsymbol{B}|.$$

证毕.

**注意**：对于 $n$ 阶方阵 $\boldsymbol{A}$、$\boldsymbol{B}$，虽然一般 $\boldsymbol{AB}\neq\boldsymbol{BA}$，但由上可知，却总有 $|\boldsymbol{AB}|=|\boldsymbol{BA}|$.

## 第五节　行列式与可逆矩阵

第一章里给出了逆阵的定义，但对于给定的方阵是否存在逆阵，除定义外，到目前为止并没有一个有效的判定方法．本节将以行列式为工具揭示方阵与其逆阵之间的内在联系，同时给出判定方阵的逆阵是否存在的有效方法．

**定义 2.6** 行列式 $|\boldsymbol{A}|$ 的各个元素的代数余子式 $A_{ij}$ 所构成的矩阵

$$A^* = \begin{pmatrix} A_{11} & A_{21} & \cdots & A_{n1} \\ A_{12} & A_{22} & \cdots & A_{n2} \\ \vdots & \vdots & & \vdots \\ A_{1n} & A_{2n} & \cdots & A_{nn} \end{pmatrix}$$

称为**矩阵 $A$ 的伴随矩阵**.

**例 2.16**　设矩阵 $A=\begin{pmatrix} 1 & 0 & 1 \\ 2 & 1 & 0 \\ -3 & 2 & -5 \end{pmatrix}$，求矩阵 $A$ 的伴随矩阵 $A^*$.

**解**　按定义，因为

$$A_{11}=\begin{vmatrix} 1 & 0 \\ 2 & -5 \end{vmatrix}=-5,\ A_{12}=-\begin{vmatrix} 2 & 0 \\ -3 & -5 \end{vmatrix}=10,\ A_{13}=\begin{vmatrix} 2 & 1 \\ -3 & 2 \end{vmatrix}=7,$$

$$A_{21}=-\begin{vmatrix} 0 & 1 \\ 2 & -5 \end{vmatrix}=2,\ A_{22}=\begin{vmatrix} 1 & 1 \\ -3 & -5 \end{vmatrix}=-2,\ A_{23}=-\begin{vmatrix} 1 & 0 \\ -3 & 2 \end{vmatrix}=-2,$$

$$A_{31}=\begin{vmatrix} 0 & 1 \\ 1 & 0 \end{vmatrix}=-1,\ A_{32}=-\begin{vmatrix} 1 & 1 \\ 2 & 0 \end{vmatrix}=2,\ A_{33}=\begin{vmatrix} 1 & 0 \\ 2 & 1 \end{vmatrix}=1,$$

所以

$$A^*=\begin{pmatrix} A_{11} & A_{21} & A_{31} \\ A_{12} & A_{22} & A_{32} \\ A_{13} & A_{23} & A_{33} \end{pmatrix}=\begin{pmatrix} -5 & 2 & -1 \\ 10 & -2 & 2 \\ 7 & -2 & 1 \end{pmatrix}.$$

**定理 2.5**　**设 $A$ 是任一 $n$ 阶方阵，则有**

$$AA^*=A^*A=|A|E.$$

**证**　若记 $\delta_{ij}=\begin{cases} 1, & i=j, \\ 0, & i\neq j, \end{cases}$ 则 $E=(\delta_{ij})$ 为单位阵．设 $A=(a_{ij})$，并记 $AA^*=(b_{ij})$，则由定理 2.3 及其推论知

$$b_{ij}=a_{i1}A_{j1}+a_{i2}A_{j2}+\cdots+a_{in}A_{jn}=|A|\delta_{ij},$$

故

$$AA^*=(b_{ij})=(|A|\delta_{ij})=|A|(\delta_{ij})=|A|E.$$

同理可证

$$A^*A=|A|E.$$

**推论**　**设 $A$ 是 $n$ 阶方阵，若 $|A|\neq0$，则方阵 $A$ 可逆，且**

$$A^{-1}=\frac{1}{|A|}A^*.$$

**证**　由定理 2.5 知

$$AA^*=A^*A=|A|E,$$

因为 $|A|\neq0$，故有

$$A\frac{1}{|A|}A^*=\frac{1}{|A|}A^*A=E.$$

根据逆矩阵的定义，即有

$$A^{-1}=\frac{1}{|A|}A^*.$$

下面的定理给出了矩阵可逆的一个有效判别方法．

**定理 2.6　方阵 $A$ 可逆的充分必要条件是 $|A|\neq 0$.**

**证** 充分性由定理 2.5 推论的结论可得．下面证明必要性：

若 $A$ 可逆，则 $A^{-1}$ 存在，使得 $AA^{-1}=E$，于是 $|A||A^{-1}|=|E|=1$，所以 $|A|\neq 0$.

**注意**：(1) 当 $|A|=0$ 时，$A$ 称为奇异方阵．而 $|A|\neq 0$ 时，$A$ 称为非奇异方阵，即可逆矩阵就是非奇异方阵．

(2) 设 $A$、$B$ 都是 $n$ 阶方阵，若 $AB=E$，则可断言 $A$ 可逆，且 $B=A^{-1}$，而不必再验证 $BA=E$，这是因为这时已有 $|A||B|=|E|=1$，那么 $|A|\neq 0$，故 $A$ 可逆，再由逆阵的唯一性，即得 $B=A^{-1}$.

(3) 当 $A$ 为 $n$ 阶可逆方阵时，设 $A$ 的标准形为 $J=\begin{pmatrix}E_r & O\\ O & O\end{pmatrix}$，据定理 1.2 的推论知，存在初等方阵 $P_1$，$P_2$，…，$P_r$ 及 $Q_1$，$Q_2$，…，$Q_s$，使得

$$A=P_1P_2\cdots P_rJQ_1Q_2\cdots Q_s.$$

由于 $|A|\neq 0$，故有 $|J|\neq 0$，于是 $J=E$，即 $A$ 的标准形为 $n$ 阶单位阵 $E$（这也就给出了定理 1.3 必要性的证明）.

**例 2.17**　求例 2.16 中矩阵 $A$ 的逆矩阵 $A^{-1}$.

**解**　因为 $|A|=\begin{vmatrix}1 & 0 & 1\\ 2 & 1 & 0\\ -3 & 2 & -5\end{vmatrix}=2\neq 0$，故矩阵 $A$ 可逆．由例 2.16 的结果，有

$$A^*=\begin{pmatrix}-5 & 2 & -1\\ 10 & -2 & 2\\ 7 & -2 & 1\end{pmatrix},$$

于是

$$A^{-1}=\frac{1}{|A|}A^*=\frac{1}{2}\begin{pmatrix}-5 & 2 & -1\\ 10 & -2 & 2\\ 7 & -2 & 1\end{pmatrix}.$$

**例 2.18**　求二阶方阵 $A=\begin{pmatrix}a & b\\ c & d\end{pmatrix}$ 在 $ad-bc\neq 0$ 下的逆矩阵 $A^{-1}$.

**解**　因为 $A_{11}=d$，$A_{12}=-c$，$A_{21}=-b$，$A_{22}=a$，所以

$$A^* = \begin{pmatrix} A_{11} & A_{21} \\ A_{12} & A_{22} \end{pmatrix} = \begin{pmatrix} d & -b \\ -c & a \end{pmatrix},$$

而$|A| = ad - bc \neq 0$，故$A$可逆，且有

$$A^{-1} = \frac{1}{|A|} A^* = \frac{1}{ad-bc} \begin{pmatrix} d & -b \\ -c & a \end{pmatrix}.$$

**注意**：二阶方阵的伴随矩阵可由原矩阵**"主对角线元素对换，副对角线元素变号"**得到．

**例 2.19** 求如下分块对角矩阵的逆阵：

$$A = \begin{pmatrix} 2 & 1 & & \\ 5 & 3 & & \\ & & -2 & 3 \\ & & 0 & 1 \end{pmatrix}$$

**解** 令$A_1 = \begin{pmatrix} 2 & 1 \\ 5 & 3 \end{pmatrix}$，$A_2 = \begin{pmatrix} -2 & 3 \\ 0 & 1 \end{pmatrix}$，则$|A_1| = 1$，$|A_2| = -2$，于是由例 2.18 的结论，有

$$A_1^{-1} = \begin{pmatrix} 3 & -1 \\ -5 & 2 \end{pmatrix}，A_2^{-1} = \begin{pmatrix} -\frac{1}{2} & \frac{3}{2} \\ 0 & 1 \end{pmatrix},$$

所以
$$A^{-1} = \begin{pmatrix} A_1^{-1} & \\ & A_2^{-1} \end{pmatrix} = \begin{pmatrix} 3 & -1 & & \\ -5 & 2 & & \\ & & -\frac{1}{2} & \frac{3}{2} \\ & & 0 & 1 \end{pmatrix}.$$

最后，给出伴随矩阵的几条简单性质：

(1) **若$A$可逆，则$A^*$也可逆，且**$(A^*)^{-1} = \frac{A}{|A|} = (A^{-1})^*$；

(2) $(A^{\mathrm{T}})^* = (A^*)^{\mathrm{T}}$；

(3) **若**$|A| \neq 0$，**则**$(kA)^* = k^{n-1}A^*$，**这里**$k \neq 0$；

(4) **若**$|A| = 0$，**则**$|A^*| = 0$；

(5) $|A^*| = |A|^{n-1}$；

(6) $(A^*)^* = |A|^{n-2}A\ (|A| \neq 0)$；

(7) $(AB)^* = B^*A^*\ (|A| \neq 0,\ |B| \neq 0)$.

它们的证明不难(大多只要用到定理 2.5 及其推论)，请读者自证．

# 第六节　克拉默法则

本节介绍解线性方程组的克拉默(Cramer)法则，它导出一个与解二元和三元线性方程组相仿的公式．该法则适用于方程的个数与未知量的个数一致的情形，至于更一般的情形留到以后再讨论．

含有 $n$ 个未知数 $n$ 个方程的线性方程组

$$\begin{cases} a_{11}x_1+a_{12}x_2+\cdots+a_{1n}x_n=b_1, \\ a_{21}x_1+a_{22}x_2+\cdots+a_{2n}x_n=b_2, \\ \cdots\cdots\cdots\cdots\cdots\cdots \\ a_{n1}x_1+a_{n2}x_2+\cdots+a_{nn}x_n=b_n \end{cases} \tag{2-7}$$

的解可以用 $n$ 阶行列式表示，即有

**定理 2.7(克拉默法则)　如果线性方程组(2-7)的系数行列式不等于零，即**

$$D=\begin{vmatrix} a_{11} & a_{12} & \cdots & a_{1n} \\ a_{21} & a_{22} & \cdots & a_{2n} \\ \vdots & \vdots & & \vdots \\ a_{n1} & a_{n2} & \cdots & a_{nn} \end{vmatrix} \neq 0,$$

**那么方程组(2-7)有唯一解**

$$x_1=\frac{D_1}{D},\ x_2=\frac{D_2}{D},\ \cdots,\ x_n=\frac{D_n}{D}, \tag{2-8}$$

**其中** $$D_j=\begin{vmatrix} a_{11} & \cdots & a_{1,j-1} & b_1 & a_{1,j+1} & \cdots & a_{1n} \\ a_{21} & \cdots & a_{2,j-1} & b_2 & a_{2,j+1} & \cdots & a_{2n} \\ \vdots & & \vdots & \vdots & \vdots & & \vdots \\ a_{n1} & \cdots & a_{n,j-1} & b_n & a_{n,j+1} & \cdots & a_{nn} \end{vmatrix} \quad (j=1,\ 2,\ \cdots,\ n)$$

**是把系数行列式 $D$ 中第 $j$ 列的元素用方程组(2-7)右边的常数项代替所得的 $n$ 阶行列式．**

**证**　线性方程组(2-7)的矩阵形式为

$$\boldsymbol{AX}=\boldsymbol{b},$$

其中 $$\boldsymbol{A}=\begin{pmatrix} a_{11} & a_{12} & \cdots & a_{1n} \\ a_{21} & a_{22} & \cdots & a_{2n} \\ \vdots & \vdots & & \vdots \\ a_{n1} & a_{n2} & \cdots & a_{nn} \end{pmatrix},\ \boldsymbol{X}=\begin{pmatrix} x_1 \\ x_2 \\ \vdots \\ x_n \end{pmatrix},\ \boldsymbol{b}=\begin{pmatrix} b_1 \\ b_2 \\ \vdots \\ b_n \end{pmatrix}.$$

因为 $|\boldsymbol{A}|=D\neq 0$，所以矩阵 $\boldsymbol{A}$ 的逆阵 $\boldsymbol{A}^{-1}$ 存在，于是有

$$X=A^{-1}b=\frac{1}{|A|}A^*b=\frac{1}{D}A^*b.$$

由于 $A^*b=\begin{pmatrix}A_{11}&A_{21}&\cdots&A_{n1}\\A_{12}&A_{22}&\cdots&A_{n2}\\\vdots&\vdots&&\vdots\\A_{1n}&A_{2n}&\cdots&A_{nn}\end{pmatrix}\begin{pmatrix}b_1\\b_2\\\vdots\\b_n\end{pmatrix}=\begin{pmatrix}b_1A_{11}+b_2A_{21}+\cdots+b_nA_{n1}\\b_1A_{12}+b_2A_{22}+\cdots+b_nA_{n2}\\\vdots\\b_1A_{1n}+b_2A_{2n}+\cdots+b_nA_{nn}\end{pmatrix}=\begin{pmatrix}D_1\\D_2\\\vdots\\D_n\end{pmatrix}$，

即得
$$x_1=\frac{D_1}{D},\ x_2=\frac{D_2}{D},\ \cdots,\ x_n=\frac{D_n}{D},$$
而由逆阵的唯一性即知，此解是线性方程组(2-7)的唯一解 .

**例 2.20**　解线性方程组

$$\begin{cases}2x_1+x_2-5x_3+x_4=8,\\x_1-3x_2-6x_4=9,\\2x_2-x_3+2x_4=-5,\\x_1+4x_2-7x_3+6x_4=0.\end{cases}$$

**解**　因为系数行列式

$$D=\begin{vmatrix}2&1&-5&1\\1&-3&0&-6\\0&2&-1&2\\1&4&-7&6\end{vmatrix}=27\neq0,$$

且 $D_1=\begin{vmatrix}8&1&-5&1\\9&-3&0&-6\\-5&2&-1&2\\0&4&-7&6\end{vmatrix}=81$，$D_2=\begin{vmatrix}2&8&-5&1\\1&9&0&-6\\0&-5&-1&2\\1&0&-7&6\end{vmatrix}=-108$，

$$D_3=\begin{vmatrix}2&1&8&1\\1&-3&9&-6\\0&2&-5&2\\1&4&0&6\end{vmatrix}=-27,\ D_4=\begin{vmatrix}2&1&-5&8\\1&-3&0&9\\0&2&-1&-5\\1&4&-7&0\end{vmatrix}=27,$$

所以方程组有唯一解

$$x_1=\frac{D_1}{D}=3,\ x_2=\frac{D_2}{D}=-4,\ x_3=\frac{D_3}{D}=-1,\ x_4=\frac{D_4}{D}=1.$$

若线性方程组(2-7)中的常数项 $b_i=0\ (i=1,\ 2,\ \cdots,\ n)$，则方程组成为

$$\begin{cases}a_{11}x_1+a_{12}x_2+\cdots+a_{1n}x_n=0,\\a_{21}x_1+a_{22}x_2+\cdots+a_{2n}x_n=0,\\\cdots\cdots\cdots\cdots\cdots\cdots\\a_{n1}x_1+a_{n2}x_2+\cdots+a_{nn}x_n=0,\end{cases}\qquad(2-9)$$

称方程组(2-9)为方程组(2-7)对应的**齐次线性方程组**. 显然它总有解，因为 $x_i=0(i=1, 2, \cdots, n)$就是它的一个解，称其为(2-9)的**零解**. 如果一组不全为零的数是方程组(2-9)的解，则它叫齐次线性方程组的**非零解**. 齐次方程组一定有零解，但不一定有非零解.

**定理 2.8　含 $n$ 个未知数 $n$ 个方程的齐次线性方程组(2-9)有非零解(无穷多解)的充分必要条件是其系数行列式 $D=0$.**

此定理的必要性是克拉默法则即定理 2.7 的推论，至于充分性可应用数学归纳法加以证明，请读者自证.

**推论　含 $n$ 个未知数 $n$ 个方程的齐次线性方程组(2-9)只有零解的充分必要条件是其系数行列式 $D\neq0$.**

**例 2.21**　当 $k$ 为何值时，齐次线性方程组

$$\begin{cases} kx+z=0, \\ 2x+ky+z=0, \\ kx-2y+z=0 \end{cases}$$

(1) 只有零解；(2) 有无穷多解.

**解**　齐次线性方程组的系数行列式

$$D=\begin{vmatrix} k & 0 & 1 \\ 2 & k & 1 \\ k & -2 & 1 \end{vmatrix} \xlongequal[r_3-r_1]{r_2-r_1} \begin{vmatrix} k & 0 & 1 \\ 2-k & k & 0 \\ 0 & -2 & 0 \end{vmatrix} =2(k-2).$$

当 $D\neq0$，即 $k\neq2$ 时，齐次方程组只有零解；

当 $D=0$，即 $k=2$ 时，齐次方程组有无穷多解.

利用克拉默法则解线性方程组，不仅应用方便，而且在线性方程组的理论研究上，克拉默法则也有其重要作用. 这点在第四章对一般线性方程组的讨论中可以感受到. 但是，运用克拉默法则解线性方程组必须满足：

(1) 方程个数与未知量个数相同；

(2) 方程组的系数行列式 $D\neq0$.

如果方程组不满足以上两个条件，应如何求解，这是第四章要解决的问题.

# *第七节　行列式的简单应用

## 一、多元函数的近似计算问题

从微分学知道，多元可微函数 $w=f(x_1, x_2, \cdots, x_n)$的增量

$$\Delta w=f(x_1+\Delta x_1, x_2+\Delta x_2, \cdots, x_n+\Delta x_n)-f(x_1, x_2, \cdots, x_n),$$

除了相差一个高阶无穷小之外，等于全微分 $\mathrm{d}w$，即有近似等式

$$\Delta w \approx dw = \frac{\partial f}{\partial x_1}dx_1 + \frac{\partial f}{\partial x_2}dx_2 + \cdots + \frac{\partial f}{\partial x_n}dx_n.$$

因为自变量的增量 $\Delta x_i$ 与自变量的微分 $dx_i$ 相等，因此上式也可以写成

$$\begin{aligned}&f(x_1+\Delta x_1,\ x_2+\Delta x_2,\ \cdots,\ x_n+\Delta x_n)\\ \approx &f(x_1,\ x_2,\ \cdots,\ x_n)+f_{x_1}(x_1,\ x_2,\ \cdots,\ x_n)\Delta x_1+\\ &f_{x_2}(x_1,\ x_2,\ \cdots,\ x_n)\Delta x_2+\cdots+f_{x_n}(x_1,\ x_2,\ \cdots,\ x_n)\Delta x_n.\end{aligned}$$

若固定 $(x_1,\ x_2,\ \cdots,\ x_n)$，则其右端是自变量的增量 $\Delta x_1,\ \Delta x_2,\ \cdots,\ \Delta x_n$ 的线性函数．这样一来，利用此式作近似计算是非常方便的．特别地，当 $x_1=x_2=\cdots=x_n=0$ 时，有

$$\begin{aligned}&f(\Delta x_1,\ \Delta x_2,\ \cdots,\ \Delta x_n)\\ \approx &f(0,\ 0,\ \cdots,\ 0)+f_{x_1}(0,\ 0,\ \cdots,\ 0)\Delta x_1+\\ &f_{x_2}(0,\ 0,\ \cdots,\ 0)\Delta x_2+\cdots+f_{x_n}(0,\ 0,\ \cdots,\ 0)\Delta x_n.\end{aligned}$$

**例 2.22**　设有三元函数组

$$\begin{cases} w_1=\sin(x+y+z),\\ w_2=e^{x-y+z},\\ w_2=\ln(1-x-y+z),\end{cases}$$

在原点(0，0，0)附近求一点 $(x_0,\ y_0,\ z_0)$ 使

$$\begin{cases} w_1=\sin(x_0+y_0+z_0)=-0.1,\\ w_2=e^{x_0-y_0+z_0}=1.1,\\ w_2=\ln(1-x_0-y_0+z_0)=0.2.\end{cases}$$

**解**　函数的微分

$$\begin{cases} dw_1=\dfrac{\partial w_1}{\partial x}dx+\dfrac{\partial w_1}{\partial y}dy+\dfrac{\partial w_1}{\partial z}dz=\cos(x+y+z)(dx+dy+dz),\\ dw_2=\dfrac{\partial w_2}{\partial x}dx+\dfrac{\partial w_2}{\partial y}dy+\dfrac{\partial w_2}{\partial z}dz=e^{x-y+z}(dx-dy+dz),\\ dw_3=\dfrac{\partial w_3}{\partial x}dx+\dfrac{\partial w_3}{\partial y}dy+\dfrac{\partial w_3}{\partial z}dz=\dfrac{1}{1-x-y+z}(-dx-dy+dz),\end{cases}$$

因为要求 $(x_0,\ y_0,\ z_0)$ 在原点(0，0，0)附近，故令 $x=y=z=0$，于是有

$$dx=\Delta x=x_0-x=x_0,\ dy=\Delta y=y_0-y=y_0,\ dz=\Delta z=z_0-z=z_0,$$

则对应的微分为

$$\begin{cases} dw_1=x_0+y_0+z_0,\\ dw_2=x_0-y_0+z_0,\\ dw_3=-x_0-y_0+z_0.\end{cases}$$

而相应的函数增量则为

$$\begin{cases} \Delta w_1=w_1(x_0,\ y_0,\ z_0)-w_1(0,\ 0,\ 0)=-0.1-0=-0.1,\\ \Delta w_2=w_2(x_0,\ y_0,\ z_0)-w_2(0,\ 0,\ 0)=1.1-1=0.1,\\ \Delta w_3=w_3(x_0,\ y_0,\ z_0)-w_3(0,\ 0,\ 0)=0.2-0=0.2,\end{cases}$$

由 $\Delta w_1 \approx \mathrm{d}w_1$，$\Delta w_2 \approx \mathrm{d}w_2$，$\Delta w_3 \approx \mathrm{d}w_3$，即得

$$\begin{cases} x_0 + y_0 + z_0 \approx -0.1, \\ x_0 - y_0 + z_0 \approx 0.1, \\ -x_0 - y_0 + z_0 \approx 0.2. \end{cases}$$

这是关于 $x_0$，$y_0$，$z_0$ 的三元一次方程组，其系数行列式为

$$D = \begin{vmatrix} 1 & 1 & 1 \\ 1 & -1 & 1 \\ -1 & -1 & 1 \end{vmatrix} = -4 \neq 0,$$

而
$$D_x = \begin{vmatrix} -0.1 & 1 & 1 \\ 0.1 & -1 & 1 \\ 0.2 & -1 & 1 \end{vmatrix} = 0.2, \quad D_y = \begin{vmatrix} 1 & -0.1 & 1 \\ 1 & 0.1 & 1 \\ -1 & 0.2 & 1 \end{vmatrix} = 0.4,$$

$$D_z = \begin{vmatrix} 1 & 1 & -0.1 \\ 1 & -1 & 0.1 \\ -1 & -1 & 0.2 \end{vmatrix} = -0.2,$$

于是所求为

$$x_0 = \frac{D_x}{D} = -0.05, \quad y_0 = \frac{D_y}{D} = -0.1, \quad z_0 = \frac{D_z}{D} = 0.05.$$

要注意的是，这个结果是近似的，它的意义在于启示大家如何将某些非线性问题转化为线性问题求解．但可以此解为基础作进一步计算，一步步逼近精确解，因限于篇幅这里不再详细展开．下面顺便从另一个角度探讨一下这个问题的精确解．

事实上，由已知，$(x_0, y_0, z_0)$所满足的式子可化为

$$\begin{cases} x_0 + y_0 + z_0 = -\arcsin 0.1, \\ x_0 - y_0 + z_0 = \ln 1.1, \\ x_0 + y_0 - z_0 = 1 - \mathrm{e}^{0.2}. \end{cases}$$

应用数学用表，可查得

$$\arcsin 0.1 = 0.10017, \quad \ln 1.1 = 0.09531, \quad \mathrm{e}^{0.2} = 1.22140,$$

于是有

$$\begin{cases} x_0 + y_0 + z_0 = -0.10017, \\ x_0 - y_0 + z_0 = 0.09531, \\ x_0 + y_0 - z_0 = -0.22140, \end{cases}$$

这也是三元一次方程组，其解为

$$x_0 = -0.06305, \quad y_0 = -0.09774, \quad z_0 = 0.06062.$$

这是一个较为精确的解．

## 二、利用可逆矩阵进行密码编译

通讯模型中采用的代数编码，是希尔(Lester S. Hill)于 1929 年提出的，它的基本方法是：给每个字母指派一个数字，譬如

| 字母 | a | b | c | d | e | f | g | h | i | j | k | l | m | n | o |
|---|---|---|---|---|---|---|---|---|---|---|---|---|---|---|---|
| 数字 | 1 | 2 | 3 | 4 | 5 | 6 | 7 | 8 | 9 | 10 | 11 | 12 | 13 | 14 | 15 |
| 字母 | p | q | r | s | t | u | v | w | x | y | z | 空格 | | | |
| 数字 | 16 | 17 | 18 | 19 | 20 | 21 | 22 | 23 | 24 | 25 | 26 | 0 | | | |

这样一来，就可将字符转换为数字，然后按照分组的形式表示为方阵．

例如，要传输信息"nanjing jianmian"，将对应的数字按列写成 3×3 矩阵

$$\boldsymbol{A}_1=\begin{pmatrix}14&10&7\\1&9&0\\14&14&0\end{pmatrix},\ \boldsymbol{A}_2=\begin{pmatrix}10&14&1\\9&13&14\\1&9&0\end{pmatrix},$$

称为"明文矩阵"，如果将其直接发送，容易被破译．这时可选定一个所有元素均为整数的同阶的可逆矩阵 $\boldsymbol{B}$ 与之相乘，得到矩阵 $\boldsymbol{C}$. 矩阵 $\boldsymbol{B}$ 称为"加密矩阵"，矩阵 $\boldsymbol{C}$ 则称为"密文矩阵"，而这一过程就是所谓的加密．如取加密矩阵

$$\boldsymbol{B}=\begin{pmatrix}1&2&2\\1&1&0\\0&1&1\end{pmatrix},$$

可得

$$\boldsymbol{B}^{-1}=\begin{pmatrix}1&0&-2\\-1&1&2\\1&-1&-1\end{pmatrix},$$

而密文矩阵

$$\boldsymbol{C}_1=\boldsymbol{A}_1\boldsymbol{B}=\begin{pmatrix}24&45&35\\10&11&2\\28&42&28\end{pmatrix},\ \boldsymbol{C}_2=\boldsymbol{A}_2\boldsymbol{B}=\begin{pmatrix}24&35&21\\22&45&32\\10&11&2\end{pmatrix}.$$

以此密文矩阵作为信息发送，即达保密目的．解密时，只须用加密矩阵的逆矩阵 $\boldsymbol{B}^{-1}$ 与密文矩阵相乘，就可得到原来的明文矩阵，即

$$\boldsymbol{A}_1=\boldsymbol{C}_1\boldsymbol{B}^{-1},\ \boldsymbol{A}_2=\boldsymbol{C}_2\boldsymbol{B}^{-1}.$$

**注意**：加密矩阵宜取行列式等于±1 的整数矩阵(即所有元素均为整数的矩阵)，这样其逆矩阵也必定是整数矩阵．

事实上，如果 $\boldsymbol{A}$ 是一个行列式等于±1 的整数矩阵，则 $\boldsymbol{A}$ 是可逆矩阵，于

是存在有限个同阶初等方阵 $\boldsymbol{P}_1$，$\boldsymbol{P}_2$，…，$\boldsymbol{P}_m$，使得

$$\boldsymbol{A}=\boldsymbol{P}_1\boldsymbol{P}_2\cdots\boldsymbol{P}_m,$$

从而 $\boldsymbol{A}$ 的逆矩阵为

$$\boldsymbol{A}^{-1}=\boldsymbol{P}_m^{-1}\cdots\boldsymbol{P}_2^{-1}\boldsymbol{P}_1^{-1}.$$

因为 $\boldsymbol{P}_1$，$\boldsymbol{P}_2$，…，$\boldsymbol{P}_m$ 及其逆矩阵 $\boldsymbol{P}_1^{-1}$，$\boldsymbol{P}_2^{-1}$，…，$\boldsymbol{P}_m^{-1}$ 都是整数矩阵，故 $\boldsymbol{A}^{-1}$ 也是整数矩阵．

希尔密码的最大优点在于它能够隐藏明文中字符的频率信息．例如，上述明文中代表字母 $n$ 的五个数字 14 分别变成了 24、28、42、35 和 32. 这样一来，使得传统的依靠字符频率破译密码的方法失效．

## 习 题 二

1. 利用对角线法则计算下列二阶、三阶行列式：

(1) $\begin{vmatrix}1 & 2\\ 3 & 4\end{vmatrix}$；　　(2) $\begin{vmatrix}\cos\theta & \sin\theta\\ -\sin\theta & \cos\theta\end{vmatrix}$；

(3) $\begin{vmatrix}1+\sqrt{2} & 2-\sqrt{3}\\ 2+\sqrt{3} & 1-\sqrt{2}\end{vmatrix}$；　　(4) $\begin{vmatrix}2 & 0 & 1\\ 1 & -4 & -1\\ -1 & 8 & 3\end{vmatrix}$；

(5) $\begin{vmatrix}a & b & c\\ b & c & a\\ c & a & b\end{vmatrix}$；　　(6) $\begin{vmatrix}x & y & x+y\\ y & x+y & x\\ x+y & x & y\end{vmatrix}$.

2. 按照顺序从小到大为标准顺序，求下列各排列的逆序数，并指出它们是奇排列，还是偶排列．

(1) 4，1，3，2，5；

(2) 2，4，5，3，1，8，7，6；

(3) $n$，$n-1$，$n-2$，…，3，2，1；

(4) $n-1$，$n-2$，…，3，2，1，$n$；

(5) 1，3，…，$2n-1$，2，4，…，$2n$；

(6) 1，3，…，$2n-1$，$2n$，$2n-2$，…，2.

3. 证明：由 1，2，…，$n$ 这 $n$ 个数构成的 $n!$ 个排列中，奇偶排列各半，即各为 $\frac{n!}{2}$ 个．

4. 假设 $n$ 个数的排列 $i_1$，$i_2$，…，$i_n$ 的逆序数为 $k$，求排列 $i_n$，$i_{n-1}$，…，$i_2$，$i_1$ 的逆序数．

5. 写出四阶行列式 $\Delta(a_{ij})$ 中带负号且包含因子 $a_{12}a_{21}$ 的项.

6. 按行列式的定义计算下列行列式:

(1) $\begin{vmatrix} 1 & -2 & 0 & 2 \\ 0 & -2 & -1 & 3 \\ 2 & 1 & 3 & 4 \\ 3 & 0 & 4 & 1 \end{vmatrix}$;　　(2) $\begin{vmatrix} a & 1 & 0 & 0 \\ -1 & b & 1 & 0 \\ 0 & -1 & c & 1 \\ 0 & 0 & -1 & d \end{vmatrix}$;

(3) $\begin{vmatrix} 0 & \cdots & 0 & 1 & 0 \\ 0 & \cdots & 2 & 0 & 0 \\ \vdots & & \vdots & \vdots & \vdots \\ n-1 & \cdots & 0 & 0 & 0 \\ 0 & \cdots & 0 & 0 & n \end{vmatrix}$;　　(4) $\begin{vmatrix} a_{11} & a_{12} & a_{13} & a_{14} \\ a_{21} & a_{22} & a_{23} & a_{24} \\ 0 & 0 & 0 & a_{34} \\ 0 & 0 & 0 & a_{44} \end{vmatrix}$.

7. 求多项式 $f(x)=\begin{vmatrix} 5x & 1 & 2 & 3 \\ x & x & 1 & 2 \\ 1 & 2 & x & 3 \\ x & 1 & 2 & 2x \end{vmatrix}$ 中含 $x^3$ 和 $x^4$ 两项的系数.

8. 化下列行列式为三角形行列式，并计算它们的值:

(1) $\begin{vmatrix} 2 & -1 & 3 & 4 \\ 0 & 2 & -1 & 3 \\ 1 & 2 & 0 & 2 \\ 3 & 0 & 4 & 1 \end{vmatrix}$;　　(2) $\begin{vmatrix} a & b & c & d \\ a & a+b & a+b+c & a+b+c+d \\ a & 2a+b & 3a+2b+c & 4a+3b+2c+d \\ a & 3a+b & 6a+3b+c & 10a+6b+3c+d \end{vmatrix}$;

(3) $A_n=\begin{vmatrix} x & a & a & \cdots & a \\ a & x & a & \cdots & a \\ a & a & x & \cdots & a \\ \vdots & \vdots & \vdots & & \vdots \\ a & a & a & \cdots & x \end{vmatrix}$;　(4) $\begin{vmatrix} 1 & 2 & 3 & \cdots & n-1 & n \\ 1 & 0 & 3 & \cdots & n-1 & n \\ 1 & 2 & 0 & \cdots & n-1 & n \\ \vdots & \vdots & \vdots & & \vdots & \vdots \\ 1 & 2 & 3 & \cdots & 0 & n \\ 1 & 2 & 3 & \cdots & n-1 & 0 \end{vmatrix}$;

(5) $\begin{vmatrix} a_1 & b_1 & b_2 & \cdots & b_{n-2} & b_{n-1} \\ c_1 & a_2 & 0 & \cdots & 0 & 0 \\ c_2 & 0 & a_3 & \cdots & 0 & 0 \\ \vdots & \vdots & \vdots & & \vdots & \vdots \\ c_{n-2} & 0 & 0 & \cdots & a_{n-1} & 0 \\ c_{n-1} & 0 & 0 & \cdots & 0 & a_n \end{vmatrix}$，其中 $a_i\neq0(i=2, 3, \cdots, n)$.

9. 求行列式 $\begin{vmatrix} -3 & 0 & 4 \\ 5 & 0 & 3 \\ 2 & -2 & 1 \end{vmatrix}$ 中元素 2 和 −2 的代数余子式．

10. 已知 $A_{ij}$ $(i,\ j=1,\ 2,\ 3,\ 4)$ 是下述行列式的元素 $a_{ij}$ 对应的代数余子式：

$$\begin{vmatrix} 1 & 0 & 2 & 0 \\ -1 & 4 & 3 & 6 \\ 0 & -2 & 5 & -3 \\ \frac{1}{2} & 1 & \frac{1}{3} & 2 \end{vmatrix},$$

试求 $3A_{41}+A_{42}+A_{43}$ 的值．

11. 解下列方程：

(1) $\begin{vmatrix} 1 & -1 & 1 & x-1 \\ 1 & -1 & x+1 & -1 \\ 1 & x-1 & 1 & -1 \\ x+1 & -1 & 1 & -1 \end{vmatrix}=0$；(2) $\begin{vmatrix} x & a_2 & \cdots & a_{n-1} & 1 \\ a_1 & x & \cdots & a_{n-1} & 1 \\ \vdots & \vdots & & \vdots & \vdots \\ a_1 & a_2 & \cdots & x & 1 \\ a_1 & a_2 & \cdots & a_{n-1} & 1 \end{vmatrix}=0.$

12. 利用按行(列)展开定理或拉普拉斯定理计算下列行列式：

(1) $\begin{vmatrix} 1 & 0 & a & 1 \\ 0 & -1 & b & -1 \\ -1 & -1 & c & -1 \\ -1 & 1 & d & 0 \end{vmatrix}$；　(2) $\begin{vmatrix} a & 0 & \cdots & 0 & 1 \\ 0 & a & \cdots & 0 & 0 \\ \vdots & \vdots & & \vdots & \vdots \\ 0 & 0 & \cdots & a & 0 \\ 1 & 0 & \cdots & 0 & a \end{vmatrix}$；

(3) $\begin{vmatrix} 5 & 3 & -1 & 2 & 0 \\ 1 & 7 & 2 & 5 & 2 \\ 0 & -2 & 3 & 1 & 0 \\ 0 & -4 & -1 & 4 & 0 \\ 0 & 2 & 3 & 5 & 0 \end{vmatrix}$；　(4) $\begin{vmatrix} 0 & 0 & 1 & -1 & 2 \\ 0 & 0 & 3 & 0 & 2 \\ 0 & 0 & 2 & 4 & 0 \\ 1 & 2 & 0 & 0 & 0 \\ 3 & 1 & 0 & 0 & 0 \end{vmatrix}$.

13. 计算下列行列式的值：

(1) $\begin{vmatrix} 1 & 2 & 3 & 4 \\ 2 & 3 & 4 & 1 \\ 3 & 4 & 1 & 2 \\ 4 & 1 & 2 & 3 \end{vmatrix}$；　(2) $\begin{vmatrix} 1 & 2 & 2 & \cdots & 2 \\ 2 & 2 & 2 & \cdots & 2 \\ 2 & 2 & 3 & \cdots & 2 \\ \vdots & \vdots & \vdots & & \vdots \\ 2 & 2 & 2 & \cdots & n \end{vmatrix}$；

(3) $\begin{vmatrix} a^n & (a-1)^n & \cdots & (a-n)^n \\ a^{n-1} & (a-1)^{n-1} & \cdots & (a-n)^{n-1} \\ \vdots & \vdots & & \vdots \\ a & a-1 & \cdots & a-n \\ 1 & 1 & \cdots & 1 \end{vmatrix}$；

(4) $\begin{vmatrix} a_1+\lambda_1 & a_2 & \cdots & a_n \\ a_1 & a_2+\lambda_2 & \cdots & a_n \\ a_1 & a_2 & \cdots & a_n \\ \vdots & \vdots & & \vdots \\ a_1 & a_2 & \cdots & a_n+\lambda_n \end{vmatrix}$ $(\lambda_i \neq 0,\ i=1,\ 2,\ \cdots,\ n)$.

14. 证明：

(1) $\begin{vmatrix} a_1+b_1 & b_1+c_1 & c_1+a_1 \\ a_2+b_2 & b_2+c_2 & c_2+a_2 \\ a_3+b_3 & b_3+c_3 & c_3+a_3 \end{vmatrix} = 2\begin{vmatrix} a_1 & b_1 & c_1 \\ a_2 & b_2 & c_2 \\ a_3 & b_3 & c_3 \end{vmatrix}$；

(2) $\begin{vmatrix} 1 & 1 & 1 & 1 \\ a & b & c & d \\ a^2 & b^2 & c^2 & d^2 \\ a^4 & b^4 & c^4 & d^4 \end{vmatrix} = (a-b)(a-c)(a-d)(b-c)(b-d)(c-d)(a+b+c+d)$；

(3) $\begin{vmatrix} a+b & a & 0 & \cdots & 0 & 0 \\ b & a+b & a & \cdots & 0 & 0 \\ 0 & b & a+b & \cdots & 0 & 0 \\ \vdots & \vdots & \vdots & & \vdots & \vdots \\ 0 & 0 & 0 & \cdots & a+b & a \\ 0 & 0 & 0 & \cdots & b & a+b \end{vmatrix} = \begin{cases} \dfrac{b^{n+1}-a^{n+1}}{b-a}, & b \neq a, \\ (n+1)a^n, & b=a; \end{cases}$

(4) $\begin{vmatrix} x & -1 & \cdots & 0 & 0 \\ 0 & x & \cdots & 0 & 0 \\ \vdots & \vdots & & \vdots & \vdots \\ 0 & 0 & \cdots & x & -1 \\ a_n & a_{n-1} & \cdots & a_2 & x+a_1 \end{vmatrix} = x^n + a_1 x^{n-1} + \cdots + a_{n-1}x + a_n$.

15. 设 $\mathbf{A}$ 为 10×10 行列式，且

$$\mathbf{A} = \begin{vmatrix} 0 & 1 & 1 & \cdots & 0 & 0 \\ 0 & 0 & 1 & \cdots & 0 & 0 \\ \vdots & \vdots & \vdots & & \vdots & \vdots \\ 0 & 0 & 0 & \cdots & 0 & 1 \\ 10^{10} & 0 & 0 & \cdots & 0 & 0 \end{vmatrix},$$

计算行列式$|\boldsymbol{A}-\lambda\boldsymbol{E}|$，其中$\boldsymbol{E}$为10阶单位阵，$\lambda$为常数.

16. 证明伴随矩阵的下述性质：

(1) 若$\boldsymbol{A}$可逆，则$\boldsymbol{A}^*$也可逆，且$(\boldsymbol{A}^*)^{-1}=\dfrac{\boldsymbol{A}}{|\boldsymbol{A}|}=(\boldsymbol{A}^{-1})^*$；

(2) $(\boldsymbol{A}^{\mathrm{T}})^*=(\boldsymbol{A}^*)^{\mathrm{T}}$；

(3) 若$|\boldsymbol{A}|\neq0$，则$(k\boldsymbol{A})^*=k^{n-1}\boldsymbol{A}^*$，这里$k\neq0$；

(4) 若$|\boldsymbol{A}|=0$，则$|\boldsymbol{A}^*|=0$；

(5) $|\boldsymbol{A}^*|=|\boldsymbol{A}|^{n-1}$；

(6) $(\boldsymbol{A}^*)^*=|\boldsymbol{A}|^{n-2}\boldsymbol{A}(|\boldsymbol{A}|\neq0)$；

(7) $(\boldsymbol{AB})^*=\boldsymbol{B}^*\boldsymbol{A}^*(|\boldsymbol{A}|\neq0,\ |\boldsymbol{B}|\neq0)$.

17. 利用伴随矩阵求下列方阵的逆阵：

(1) $\begin{pmatrix}1&2\\2&5\end{pmatrix}$；　(2) $\begin{pmatrix}\cos\theta&-\sin\theta\\\sin\theta&\cos\theta\end{pmatrix}$；　(3) $\begin{pmatrix}1&2&-1\\3&4&-2\\5&-4&1\end{pmatrix}$.

18. 若$\boldsymbol{A}^*$为三阶矩阵$\boldsymbol{A}$的伴随矩阵，且已知$|\boldsymbol{A}|=\dfrac{1}{2}$，求$|(3\boldsymbol{A})^{-1}-2\boldsymbol{A}^*|$.

19. 设$\boldsymbol{A}=\dfrac{1}{2}\begin{pmatrix}2&0&0\\0&1&3\\0&2&5\end{pmatrix}$，$\boldsymbol{A}^*$是$\boldsymbol{A}$的伴随矩阵，求$[(\boldsymbol{A}^*)^{\mathrm{T}}]^{-1}$.

20. 已知矩阵$\boldsymbol{A}$的伴随矩阵$\boldsymbol{A}^*=\begin{pmatrix}1&0&0&0\\0&1&0&0\\1&0&1&0\\0&-3&0&8\end{pmatrix}$，且$\boldsymbol{ABA}^{-1}=\boldsymbol{BA}^{-1}+3\boldsymbol{E}$，求$\boldsymbol{B}$.

21. 用克拉默法则解下列方程组：

(1) $\begin{cases}x_1-x_2-3x_3=0,\\2x_1+3x_2+x_3=1,\\3x_1-2x_2-x_3=-1;\end{cases}$　(2) $\begin{cases}5x_1+4x_2+2x_4=3,\\x_1-x_2+2x_3+x_4=1,\\4x_1+x_2+2x_3=1,\\x_1+x_2+x_3+x_4=0;\end{cases}$

(3) $\begin{cases}5x_1+6x_2=1,\\x_1+5x_2+6x_3=0,\\x_2+5x_3+6x_4=0,\\x_3+5x_4+6x_5=0,\\x_4+5x_5=1.\end{cases}$

22. 若方程组$\begin{cases}ax_1-2x_2=0,\\x_1+(a-3)x_2=0\end{cases}$只有零解，问$a$应满足什么条件？

23. 问$\lambda$为何值时，下列齐次线性方程组

(1) $\begin{cases}\lambda x_1+x_2+x_3=0,\\x_1+\lambda x_2+x_3=0,\\x_1+x_2+\lambda x_3=0;\end{cases}$　　(2) $\begin{cases}(1-\lambda)x_1-2x_2+4x_3=0,\\2x_1+(3-\lambda)x_2+x_3=0,\\x_1+x_2+(1-\lambda)x_3=0\end{cases}$

有非零解？

24. 设方阵$\boldsymbol{A}$满足$\boldsymbol{A}\boldsymbol{A}^{\mathrm{T}}=\boldsymbol{E}$，且$|\boldsymbol{A}|<1$，求$|\boldsymbol{A}+\boldsymbol{E}|$.

25. 已知$\boldsymbol{A}=\begin{pmatrix}5&2&0&0\\2&1&0&0\\0&0&1&3\\0&0&1&1\end{pmatrix}$，求$\boldsymbol{A}^{-1}$，$|\boldsymbol{A}^{-1}|$和$|\boldsymbol{A}^{11}|$.

26. 设方阵$\boldsymbol{A}$满足$\boldsymbol{A}^2-\boldsymbol{A}-2\boldsymbol{E}=\boldsymbol{O}$，证明$\boldsymbol{A}$及$\boldsymbol{A}+2\boldsymbol{E}$都可逆，并求$\boldsymbol{A}^{-1}$及$(\boldsymbol{A}+2\boldsymbol{E})^{-1}$.

27. 设$\boldsymbol{A}$、$\boldsymbol{B}$为三阶方阵，$\boldsymbol{E}$为单位矩阵，并且有$\boldsymbol{A}^2+2\boldsymbol{A}\boldsymbol{B}+2\boldsymbol{B}-\boldsymbol{E}=\boldsymbol{O}$，若已知$\boldsymbol{A}=\begin{pmatrix}2&0&1\\0&2&0\\1&0&3\end{pmatrix}$，求方阵$\boldsymbol{B}$.

28. 试证：含有$n$个未知数$n$个方程的齐次线性方程组(2-9)，若其系数行列式$D=0$，则必有非零解.

# 第三章　$n$ 维向量

向量是从力和速度等一类物理量中抽象出来的一个很重要的数学概念，是线性代数研究的基本对象．它的理论与方法已经渗透到自然科学、工程技术、经济管理等各个领域．

本章首先引进 $n$ 维向量的概念和线性运算，然后讨论向量的线性相关性、向量组的极大无关组、向量组的秩以及矩阵的秩．

## 第一节　$n$ 维向量及其线性运算

### 一、向量的概念

有些几何和物理的量可以仅用一个数来表示．例如，线段的长短可以用正实数表示，物体的温度可以用实数表示，物体的重量可以用正实数表示．但另一方面，有许多事物的特性是不能只用一个数来刻画的．例如，在平面直角坐标系中的向量，要用 2 个数组成的有序数组 $(a_1, a_2)$ 表示；在空间直角坐标系中的向量要用 3 个数组成的有序数组 $(a_1, a_2, a_3)$ 表示．再如天体（或人造地球卫星）在太空的瞬时运行状态，需用 7 个数来表示，这时除了天体重心的空间坐标 $x$，$y$，$z$ 三个数外，还得有天体的运行速度在三个坐标轴上的投影 $v_x$，$v_y$，$v_z$ 以及时刻 $t$. 即使在日常生活中也是这样，例如，可以用 6 个数组成的有序数组（2010，2，26，17，58，30）表示一个人的出生时间为 2010 年 2 月 26 日 17 点 58 分 30 秒，因此很有必要专门讨论这种有序数组．

**定义 3.1**　$n$ 个有次序的数 $a_1$，$a_2$，…，$a_n$ 所组成的数组 $\begin{pmatrix} a_1 \\ a_2 \\ \vdots \\ a_n \end{pmatrix}$ 称为 $n$ **维列向量**，而 $(a_1, a_2, \cdots, a_n)$ 称为 $n$ **维行向量**，其中第 $i$ 个数 $a_i$ 称为第 $i$ 个分量或第 $i$ 个坐标．

分量全为实数的向量称为**实向量**，分量全为复数的向量称为**复向量**．本书中除特别指明外，一般只讨论实向量．分量全为零的向量称为**零向量**，记为 $\mathbf{0}$，即

$$\mathbf{0}=\begin{pmatrix}0\\0\\\vdots\\0\end{pmatrix}\text{或 }\mathbf{0}=(0,\ 0,\ \cdots,\ 0).$$

本书中，列向量用黑体小写字母 $\boldsymbol{a}$，$\boldsymbol{b}$，…，$\boldsymbol{\alpha}$，$\boldsymbol{\beta}$，…表示，其分量用带有下标的小写的英文字母 $a_i$，$b_i$，$c_i$，…表示．例如，可以记 $\boldsymbol{\alpha}=\begin{pmatrix}a_1\\a_2\\\vdots\\a_n\end{pmatrix}$，$\boldsymbol{\beta}=\begin{pmatrix}b_1\\b_2\\\vdots\\b_n\end{pmatrix}$ 等．

按照第一章中的规定，$n$ 维列向量(行向量)就是列矩阵(行矩阵)，反之亦然．因此，将矩阵转置的记号用于向量，则行向量用 $\boldsymbol{a}^{\mathrm{T}}$，$\boldsymbol{b}^{\mathrm{T}}$，…，$\boldsymbol{\alpha}^{\mathrm{T}}$，$\boldsymbol{\beta}^{\mathrm{T}}$，…表示．所讨论的向量在没有指明是行向量还是列向量时，都当作列向量．为省篇幅，列向量可记为

$$\boldsymbol{\alpha}=(a_1,\ a_2,\ \cdots,\ a_n)^{\mathrm{T}}.$$

若干个同维数的列向量(或行向量)所组成的集合称为**向量组**，往往用大写字母 $A$，$B$，$C$ 表示．

**例 3.1**　(1) 下列 5 个四维向量组成了一个向量组 $A$：

$$\boldsymbol{\alpha}_1=\begin{pmatrix}1\\0\\0\\0\end{pmatrix},\ \boldsymbol{\alpha}_2=\begin{pmatrix}1\\2\\0\\0\end{pmatrix},\ \boldsymbol{\alpha}_3=\begin{pmatrix}1\\2\\3\\0\end{pmatrix},\ \boldsymbol{\alpha}_4=\begin{pmatrix}1\\2\\3\\4\end{pmatrix},\ \boldsymbol{\alpha}_5=\begin{pmatrix}4\\6\\6\\4\end{pmatrix}.$$

(2) 一个 $m\times n$ 矩阵 $\boldsymbol{A}=\begin{pmatrix}a_{11}&a_{12}&\cdots&a_{1n}\\a_{21}&a_{22}&\cdots&a_{2n}\\\vdots&\vdots&&\vdots\\a_{m1}&a_{m2}&\cdots&a_{mn}\end{pmatrix}$ 的每一列

$$\boldsymbol{\alpha}_j=(a_{1j},\ a_{2j},\ \cdots,\ a_{mj})^{\mathrm{T}}\quad(j=1,\ 2,\ \cdots,\ n)$$

组成的向量组 $\boldsymbol{\alpha}_1$，$\boldsymbol{\alpha}_2$，…，$\boldsymbol{\alpha}_n$ 称为矩阵 $\boldsymbol{A}$ 的**列向量组**，而由矩阵 $\boldsymbol{A}$ 的每一行

$$\boldsymbol{\beta}_i^{\mathrm{T}}=(a_{i1},\ a_{i2},\ \cdots,\ a_{in})\quad(i=1,\ 2,\ \cdots,\ m)$$

组成的向量组 $\boldsymbol{\beta}_1^{\mathrm{T}}$，$\boldsymbol{\beta}_2^{\mathrm{T}}$，…，$\boldsymbol{\beta}_m^{\mathrm{T}}$ 称为矩阵 $\boldsymbol{A}$ 的**行向量组**．

根据上述讨论，矩阵 $\boldsymbol{A}$ 可记为

$$\boldsymbol{A}=(\boldsymbol{\alpha}_1,\ \boldsymbol{\alpha}_2,\ \cdots,\ \boldsymbol{\alpha}_n)\text{或 }\boldsymbol{A}=\begin{pmatrix}\boldsymbol{\beta}_1^{\mathrm{T}}\\\boldsymbol{\beta}_2^{\mathrm{T}}\\\vdots\\\boldsymbol{\beta}_m^{\mathrm{T}}\end{pmatrix}.$$

反过来，$n$ 个 $m$ 维列向量的向量组 $A$：$\boldsymbol{\alpha}_1$，$\boldsymbol{\alpha}_2$，…，$\boldsymbol{\alpha}_n$ 可构成一个 $m\times n$ 的矩阵

$$\boldsymbol{A}=(\boldsymbol{\alpha}_1, \boldsymbol{\alpha}_2, \cdots, \boldsymbol{\alpha}_n).$$

$m$ 个 $n$ 维行向量的向量组 $B$：$\boldsymbol{\beta}_1^{\mathrm{T}}$，$\boldsymbol{\beta}_2^{\mathrm{T}}$，…，$\boldsymbol{\beta}_m^{\mathrm{T}}$ 可构成一个 $m\times n$ 的矩阵

$$\boldsymbol{A}=\begin{pmatrix}\boldsymbol{\beta}_1^{\mathrm{T}}\\ \boldsymbol{\beta}_2^{\mathrm{T}}\\ \vdots\\ \boldsymbol{\beta}_m^{\mathrm{T}}\end{pmatrix}.$$

总之，含有有限个向量的有序向量组可以与矩阵一一对应．

## 二、向量的线性运算

$n$ 维实向量的全体记作 $\mathbf{R}^n$，在 $\mathbf{R}^n$ 中规定：两个 $n$ 维向量 $\boldsymbol{\alpha}=(a_1, a_2, \cdots, a_n)^{\mathrm{T}}$ 和 $\boldsymbol{\beta}=(b_1, b_2, \cdots, b_n)^{\mathrm{T}}$ **相等**，当且仅当它们对应的各个分量都相等，即 $a_i=b_i(i=1, 2, \cdots, n)$；向量 $\boldsymbol{\alpha}$ 和 $\boldsymbol{\beta}$ 相等，记作 $\boldsymbol{\alpha}=\boldsymbol{\beta}$. 按照这个规定，维数不同的零向量是不相同的．

将 $n$ 维向量视为列(行)矩阵，则矩阵的加法和数乘运算一样可以在 $n$ 维向量之间进行，即在 $\mathbf{R}^n$ 中有(设 $k$ 是数)：

$$\boldsymbol{\alpha}+\boldsymbol{\beta}=(a_1+b_1, a_2+b_2, \cdots, a_n+b_n)^{\mathrm{T}},$$
$$k\boldsymbol{\alpha}=(ka_1, ka_2, \cdots, ka_n)^{\mathrm{T}}.$$

向量的加法和数乘运算统称为向量的**线性运算**．向量的线性运算与列(行)矩阵的运算规律相同，从而也满足第一章第二节所阐明的线性运算八条运算规律(其中 $\boldsymbol{\alpha}$，$\boldsymbol{\beta}$，$\boldsymbol{\gamma}$ 是 $n$ 维向量，$k$，$l$ 是数)：

① 加法交换律：$\boldsymbol{\alpha}+\boldsymbol{\beta}=\boldsymbol{\beta}+\boldsymbol{\alpha}$；

② 加法结合律：$(\boldsymbol{\alpha}+\boldsymbol{\beta})+\boldsymbol{\gamma}=\boldsymbol{\alpha}+(\boldsymbol{\beta}+\boldsymbol{\gamma})$；

③ 零向量满足：$\boldsymbol{\alpha}+\boldsymbol{0}=\boldsymbol{\alpha}$；

④ 负向量满足：$\boldsymbol{\alpha}+(-\boldsymbol{\alpha})=\boldsymbol{0}$；

⑤ 数 1 与向量满足：$1\boldsymbol{\alpha}=\boldsymbol{\alpha}$；

⑥ 数对向量的结合律：$k(l\boldsymbol{\alpha})=(kl)\boldsymbol{\alpha}$；

⑦ 数对向量的分配律：$k(\boldsymbol{\alpha}+\boldsymbol{\beta})=k\boldsymbol{\alpha}+k\boldsymbol{\beta}$；

⑧ 向量对数的分配律：$(k+l)\boldsymbol{\alpha}=k\boldsymbol{\alpha}+l\boldsymbol{\alpha}$，

其中 $-\boldsymbol{\alpha}$ 是向量 $\boldsymbol{\alpha}=(a_1, a_2, \cdots, a_n)^{\mathrm{T}}$ 的**负向量**，且

$$-\boldsymbol{\alpha}=(-a_1, -a_2, \cdots, -a_n)^{\mathrm{T}}.$$

由向量的加法和负向量的定义，还可以定义**向量的减法**，记为 $\boldsymbol{\alpha}-\boldsymbol{\beta}$，即

$$\boldsymbol{\alpha}-\boldsymbol{\beta}=\boldsymbol{\alpha}+(-\boldsymbol{\beta})=(a_1-b_1, a_2-b_2, \cdots, a_n-b_n)^{\mathrm{T}}.$$

**例 3.2**　某工厂生产甲、乙、丙、丁四种不同型号的产品，今年年产量和明年计划年产量(单位：台)分别按产品型号顺序用向量表示为

$$\boldsymbol{\alpha}=(1000,\ 1020,\ 856,\ 2880)^{\mathrm{T}},\ \boldsymbol{\beta}=(1120,\ 1176,\ 940,\ 3252)^{\mathrm{T}},$$

试问明年计划比今年平均每月多生产甲、乙、丙、丁四种产品各多少?

**解**　$$\frac{1}{12}(\boldsymbol{\beta}-\boldsymbol{\alpha})=\frac{1}{12}(1120-1000,\ 1176-1020,\ 940-856,\ 3252-2880)^{\mathrm{T}}$$

$$=\frac{1}{12}(120,\ 156,\ 84,\ 372)^{\mathrm{T}}=(10,\ 13,\ 7,\ 31)^{\mathrm{T}},$$

因此，明年计划比今年平均每月多生产甲产品 10 台、乙产品 13 台、丙产品 7 台、丁产品 31 台．

# 第二节　向量的线性相关性

这一节进一步研究向量之间的关系．两个向量之间最简单的关系是成比例．所谓向量 $\boldsymbol{\alpha}$ 与 $\boldsymbol{\beta}$ 成比例就是说存在一个数 $k$ 使 $\boldsymbol{\beta}=k\boldsymbol{\alpha}$. 在多个向量之间，成比例的关系表现为线性组合．

## 一、向量组的线性组合

**定义 3.2**　给定 $n$ 维向量组 $\boldsymbol{\alpha}_1$，$\boldsymbol{\alpha}_2$，…，$\boldsymbol{\alpha}_m$ 和向量 $\boldsymbol{\beta}$，如果存在一组数 $k_1$，$k_2$，…，$k_m$，使得

$$\boldsymbol{\beta}=k_1\boldsymbol{\alpha}_1+k_2\boldsymbol{\alpha}_2+\cdots+k_m\boldsymbol{\alpha}_m,$$

则称向量 $\boldsymbol{\beta}$ 是向量组 $\boldsymbol{\alpha}_1$，$\boldsymbol{\alpha}_2$，…，$\boldsymbol{\alpha}_m$ 的**线性组合**，也称向量 $\boldsymbol{\beta}$ 可由向量组 $\boldsymbol{\alpha}_1$，$\boldsymbol{\alpha}_2$，…，$\boldsymbol{\alpha}_m$ **线性表示**，其中 $k_1$，$k_2$，…，$k_m$ 称为这个线性组合的**组合系数**．

例如，设向量

$$\boldsymbol{e}_1=(1,\ 0,\ 0)^{\mathrm{T}},\ \boldsymbol{e}_2=(0,\ 1,\ 0)^{\mathrm{T}},\ \boldsymbol{e}_3=(0,\ 0,\ 1)^{\mathrm{T}},\ \boldsymbol{\alpha}=(2,\ 3,\ 7)^{\mathrm{T}},$$

显然 $\boldsymbol{\alpha}=2\boldsymbol{e}_1+3\boldsymbol{e}_2+7\boldsymbol{e}_3$，可知 $\boldsymbol{\alpha}$ 是向量组 $\boldsymbol{e}_1$，$\boldsymbol{e}_2$，$\boldsymbol{e}_3$ 的线性组合，其中 2，3，7 为线性组合的组合系数．

一般地，对于任意的 $n$ 维向量 $\boldsymbol{\alpha}$，必有

$$\boldsymbol{\alpha}=\begin{pmatrix}a_1\\a_2\\\vdots\\a_n\end{pmatrix}=a_1\begin{pmatrix}1\\0\\\vdots\\0\end{pmatrix}+a_2\begin{pmatrix}0\\1\\\vdots\\0\end{pmatrix}+\cdots+a_n\begin{pmatrix}0\\0\\\vdots\\1\end{pmatrix},$$

其中向量组 $\boldsymbol{e}_1=(1,\ 0,\ \cdots,\ 0)^{\mathrm{T}}$，$\boldsymbol{e}_2=(0,\ 1,\ \cdots,\ 0)^{\mathrm{T}}$，…，$\boldsymbol{e}_n=(0,\ 0,\ \cdots,\ 1)^{\mathrm{T}}$ 称为 $n$ **维单位坐标向量组**．

又如，设有向量 $\boldsymbol{\alpha}_1=(2, 1, 4)^{\mathrm{T}}$，$\boldsymbol{\alpha}_2=(-1, 1, -6)^{\mathrm{T}}$，$\boldsymbol{\beta}=(-1, -2, 2)^{\mathrm{T}}$，易知 $\boldsymbol{\beta}=-\boldsymbol{\alpha}_1-\boldsymbol{\alpha}_2$，可知 $\boldsymbol{\beta}$ 是向量组 $\boldsymbol{\alpha}_1$，$\boldsymbol{\alpha}_2$ 的线性组合.

**注意**：由定义可以立即看出，零向量是任一向量组的线性组合(只要取组合系数全为0就可以了).

**例 3.3** 设向量 $\boldsymbol{\alpha}_1=(1, -1, 2)^{\mathrm{T}}$，$\boldsymbol{\alpha}_2=(0, 1, 3)^{\mathrm{T}}$，$\boldsymbol{\alpha}_3=(2, -2, 2)^{\mathrm{T}}$，$\boldsymbol{\beta}=(-1, 1, 0)^{\mathrm{T}}$，证明向量 $\boldsymbol{\beta}$ 能由向量组 $\boldsymbol{\alpha}_1$，$\boldsymbol{\alpha}_2$，$\boldsymbol{\alpha}_3$ 线性表示，并写出线性表达式.

**证** 设有数 $k_1$，$k_2$，$k_3$ 使得 $\boldsymbol{\beta}=k_1\boldsymbol{\alpha}_1+k_2\boldsymbol{\alpha}_2+k_3\boldsymbol{\alpha}_3$，即

$$k_1\begin{pmatrix}1\\-1\\2\end{pmatrix}+k_2\begin{pmatrix}0\\1\\3\end{pmatrix}+k_3\begin{pmatrix}2\\-2\\2\end{pmatrix}=\begin{pmatrix}-1\\1\\0\end{pmatrix},$$

则有线性方程组

$$\begin{cases}k_1\qquad\;\;+2k_3=-1,\\-k_1+\;k_2-2k_3=1,\\2k_1+3k_2+2k_3=0,\end{cases}$$

解此方程组得唯一解 $k_1=1$，$k_2=0$，$k_3=-1$，则 $\boldsymbol{\beta}$ 能由向量组 $\boldsymbol{\alpha}_1$，$\boldsymbol{\alpha}_2$，$\boldsymbol{\alpha}_3$ 线性表示，且表达式为 $\boldsymbol{\beta}=\boldsymbol{\alpha}_1+0\cdot\boldsymbol{\alpha}_2-\boldsymbol{\alpha}_3$.

## 二、向量组的线性相关与线性无关

**定义 3.3** 如果向量组 $\boldsymbol{\alpha}_1$，$\boldsymbol{\alpha}_2$，…，$\boldsymbol{\alpha}_m$ $(m\geqslant 2)$ 中有一个向量可以由其余向量线性表出(也称线性表示)，那么向量组 $\boldsymbol{\alpha}_1$，$\boldsymbol{\alpha}_2$，…，$\boldsymbol{\alpha}_m$ 称为**线性相关**的.否则(即向量组中任何一个向量都不能由其余向量线性表出)，称向量组 $\boldsymbol{\alpha}_1$，$\boldsymbol{\alpha}_2$，…，$\boldsymbol{\alpha}_m$ **线性无关**.

例如，向量组 $\boldsymbol{\alpha}_1=(1, 1, 1)^{\mathrm{T}}$，$\boldsymbol{\alpha}_2=(0, 2, 5)^{\mathrm{T}}$，$\boldsymbol{\alpha}_3=(2, 4, 7)^{\mathrm{T}}$ 是线性相关的，这是因为 $\boldsymbol{\alpha}_3=2\boldsymbol{\alpha}_1+\boldsymbol{\alpha}_2$.

**注意**：(1) 从定义可知，任意一个包含零向量的向量组一定是线性相关的.

(2) 含有两个向量 $\boldsymbol{\alpha}_1$，$\boldsymbol{\alpha}_2$ 的向量组，线性相关的充分必要条件是 $\boldsymbol{\alpha}_1$，$\boldsymbol{\alpha}_2$ 的对应分量成比例，其几何意义是两向量共线.

向量组的线性相关的定义还可以换一种说法：

**定义 3.3′** 给定向量组 $\boldsymbol{\alpha}_1$，$\boldsymbol{\alpha}_2$，…，$\boldsymbol{\alpha}_m$ $(m\geqslant 1)$，如果存在不全为零的数 $k_1$，$k_2$，…，$k_m$，使得

$$k_1\boldsymbol{\alpha}_1+k_2\boldsymbol{\alpha}_2+\cdots+k_m\boldsymbol{\alpha}_m=\mathbf{0},$$

则称向量组 $\boldsymbol{\alpha}_1$，$\boldsymbol{\alpha}_2$，…，$\boldsymbol{\alpha}_m$ **线性相关**.否则，称向量组 $\boldsymbol{\alpha}_1$，$\boldsymbol{\alpha}_2$，…，$\boldsymbol{\alpha}_m$ **线性**

**无关**．也就是说，当且仅当 $k_1=k_2=\cdots=k_m=0$ 时，$k_1\boldsymbol{\alpha}_1+k_2\boldsymbol{\alpha}_2+\cdots+k_m\boldsymbol{\alpha}_m=\mathbf{0}$ 才成立，则 $\boldsymbol{\alpha}_1$，$\boldsymbol{\alpha}_2$，…，$\boldsymbol{\alpha}_m$ 线性无关．

现在来证明这两个定义在 $m\geqslant 2$ 的时候是一致的．

事实上，如果向量组 $\boldsymbol{\alpha}_1$，$\boldsymbol{\alpha}_2$，…，$\boldsymbol{\alpha}_m$ 按定义 3.3 是线性相关的，那么其中有一个向量由其余的向量线性表示．不失一般性，假设第 $m$ 个向量被其余 $m-1$ 个向量线性表示，则存在一组数 $k_1$，$k_2$，…，$k_{m-1}$，使得

$$\boldsymbol{\alpha}_m=k_1\boldsymbol{\alpha}_1+k_2\boldsymbol{\alpha}_2+\cdots+k_{m-1}\boldsymbol{\alpha}_{m-1},$$

把它改写一下，就有

$$k_1\boldsymbol{\alpha}_1+k_2\boldsymbol{\alpha}_2+\cdots+k_{m-1}\boldsymbol{\alpha}_{m-1}+(-1)\boldsymbol{\alpha}_m=\mathbf{0}.$$

显然系数 $k_1$，$k_2$，…，$k_{m-1}$，$-1$ 不全为 0(至少 $-1\neq 0$)，于是按照定义 3.3′ 也是线性相关的．

反过来，如果向量组 $\boldsymbol{\alpha}_1$，$\boldsymbol{\alpha}_2$，…，$\boldsymbol{\alpha}_m$ 按定义 3.3′线性相关，即有不全为零的数 $k_1$，$k_2$，…，$k_m$，使得 $k_1\boldsymbol{\alpha}_1+k_2\boldsymbol{\alpha}_2+\cdots+k_m\boldsymbol{\alpha}_m=\mathbf{0}$，因为 $k_1$，$k_2$，…，$k_m$ 不全为零，不妨设 $k_m\neq 0$，于是上式可以改写为

$$\boldsymbol{\alpha}_m=-\frac{1}{k_m}(k_1\boldsymbol{\alpha}_1+k_2\boldsymbol{\alpha}_2+\cdots+k_{m-1}\boldsymbol{\alpha}_{m-1}),$$

即向量 $\boldsymbol{\alpha}_m$ 可以被其余的 $m-1$ 个向量线性表出，因此按照定义 3.3 也是线性相关的．

**注意**：(1) 只含一个向量 $\boldsymbol{\alpha}$ 的向量组线性相关的充要条件是 $\boldsymbol{\alpha}=\mathbf{0}$. 线性无关的充要条件是 $\boldsymbol{\alpha}\neq\mathbf{0}$.

因为按定义 3.3′，向量组 $\boldsymbol{\alpha}$ 线性相关就表示有 $k\neq 0$(因为只有一个数，所以不全为零就是它不等于零)使 $k\boldsymbol{\alpha}=\mathbf{0}$. 由向量相等的定义及数乘的性质推知 $\boldsymbol{\alpha}=\mathbf{0}$.

(2) 不难证明，由 $n$ 维单位坐标向量 $\boldsymbol{e}_1$，$\boldsymbol{e}_2$，…，$\boldsymbol{e}_n$ 组成的向量组是线性无关的．

(3) 若向量组 $\boldsymbol{\alpha}_1$，$\boldsymbol{\alpha}_2$，…，$\boldsymbol{\alpha}_m$ 线性相关(线性无关)，且 $\boldsymbol{\beta}_i$ 是由 $\boldsymbol{\alpha}_i$($i=1$，2，…，$m$)的第 $l$ 与第 $s$ 个分量对调而得的，则向量组 $\boldsymbol{\beta}_1$，$\boldsymbol{\beta}_2$，…，$\boldsymbol{\beta}_m$ 也线性相关(线性无关).

事实上，设

$$\boldsymbol{\alpha}_i=(a_{i1},\ \cdots,\ a_{il},\ \cdots,\ a_{is},\ \cdots,\ a_{ir})^{\mathrm{T}},$$

$$\boldsymbol{\beta}_i=(a_{i1},\ \cdots,\ a_{is},\ \cdots,\ a_{il},\ \cdots,\ a_{ir})^{\mathrm{T}}(i=1,\ 2,\ \cdots,\ m),$$

如果 $\boldsymbol{\alpha}_1$，$\boldsymbol{\alpha}_2$，…，$\boldsymbol{\alpha}_m$ 线性相关，即有不全为零的数 $k_1$，$k_2$，…，$k_m$ 使得

$$k_1\boldsymbol{\alpha}_1+k_2\boldsymbol{\alpha}_2+\cdots+k_m\boldsymbol{\alpha}_m=\mathbf{0},$$

即 $$\begin{cases} k_1a_{11}+k_2a_{21}+\cdots+k_ma_{m1}=0, \\ \cdots\cdots\cdots\cdots\cdots\cdots\cdots\cdots \\ k_1a_{1l}+k_2a_{2l}+\cdots+k_ma_{ml}=0, \\ \cdots\cdots\cdots\cdots\cdots\cdots\cdots\cdots \\ k_1a_{1s}+k_2a_{2s}+\cdots+k_ma_{ms}=0, \\ \cdots\cdots\cdots\cdots\cdots\cdots\cdots\cdots \\ k_1a_{1r}+k_2a_{2r}+\cdots+k_ma_{mr}=0, \end{cases}$$

将这一等式组中的第 $l$ 与第 $s$ 个等式对换后所表示的等式组就是

$$k_1\boldsymbol{\beta}_1+k_2\boldsymbol{\beta}_2+\cdots+k_m\boldsymbol{\beta}_m=\mathbf{0},$$

故 $\boldsymbol{\beta}_1$，$\boldsymbol{\beta}_2$，…，$\boldsymbol{\beta}_m$ 也线性相关．

反之，如果 $\boldsymbol{\alpha}_1$，$\boldsymbol{\alpha}_2$，…，$\boldsymbol{\alpha}_m$ 线性无关，必有 $\boldsymbol{\beta}_1$，$\boldsymbol{\beta}_2$，…，$\boldsymbol{\beta}_m$ 线性无关．否则，$\boldsymbol{\beta}_1$，$\boldsymbol{\beta}_2$，…，$\boldsymbol{\beta}_m$ 线性相关，则根据前面的证明，$\boldsymbol{\alpha}_1$，$\boldsymbol{\alpha}_2$，…，$\boldsymbol{\alpha}_m$ 也线性相关，导致矛盾．

**例 3.4** 判断下列向量组是否线性相关：

(1) $\boldsymbol{\alpha}_1=\begin{pmatrix}1\\2\\-1\\1\end{pmatrix}$，$\boldsymbol{\alpha}_2=\begin{pmatrix}0\\2\\-1\\3\end{pmatrix}$，$\boldsymbol{\alpha}_3=\begin{pmatrix}0\\0\\3\\-1\end{pmatrix}$，$\boldsymbol{\alpha}_4=\begin{pmatrix}0\\0\\0\\4\end{pmatrix}$；

(2) $\boldsymbol{\alpha}_1=\begin{pmatrix}1\\1\\3\\1\end{pmatrix}$，$\boldsymbol{\alpha}_2=\begin{pmatrix}0\\2\\-1\\4\end{pmatrix}$，$\boldsymbol{\alpha}_3=\begin{pmatrix}0\\0\\0\\5\end{pmatrix}$，$\boldsymbol{\alpha}_4=\begin{pmatrix}1\\-1\\4\\7\end{pmatrix}$；

(3) $\boldsymbol{\alpha}_1=\begin{pmatrix}3\\1\\1\\1\end{pmatrix}$，$\boldsymbol{\alpha}_2=\begin{pmatrix}-1\\2\\0\\4\end{pmatrix}$，$\boldsymbol{\alpha}_3=\begin{pmatrix}0\\0\\0\\5\end{pmatrix}$，$\boldsymbol{\alpha}_4=\begin{pmatrix}4\\-1\\1\\7\end{pmatrix}$．

**解** (1) 假设存在一组数 $k_1$，$k_2$，$k_3$，$k_4$，使得 $k_1\boldsymbol{\alpha}_1+k_2\boldsymbol{\alpha}_2+k_3\boldsymbol{\alpha}_3+k_4\boldsymbol{\alpha}_4=\mathbf{0}$，即

$$k_1\begin{pmatrix}1\\2\\-1\\1\end{pmatrix}+k_2\begin{pmatrix}0\\2\\-1\\3\end{pmatrix}+k_3\begin{pmatrix}0\\0\\3\\-1\end{pmatrix}+k_4\begin{pmatrix}0\\0\\0\\4\end{pmatrix}=\begin{pmatrix}0\\0\\0\\0\end{pmatrix},$$

则得齐次线性方程组

$$\begin{cases} k_1 & & & =0, \\ 2k_1+2k_2 & & & =0, \\ -k_1-\ k_2+3k_3 & & & =0, \\ k_1+3k_2-\ k_3+4k_4=0, \end{cases}$$

其系数行列式

$$\begin{vmatrix} 1 & 0 & 0 & 0 \\ 2 & 2 & 0 & 0 \\ -1 & -1 & 3 & 0 \\ 1 & 3 & -1 & 4 \end{vmatrix}=24\neq 0,$$

方程组只有零解：$k_1=k_2=k_3=k_4=0$，从而向量组线性无关．

（2）假设存在一组数 $k_1$，$k_2$，$k_3$，$k_4$，使得 $k_1\boldsymbol{\alpha}_1+k_2\boldsymbol{\alpha}_2+k_3\boldsymbol{\alpha}_3+k_4\boldsymbol{\alpha}_4=\mathbf{0}$，

即
$$k_1\begin{pmatrix}1\\1\\3\\1\end{pmatrix}+k_2\begin{pmatrix}0\\2\\-1\\4\end{pmatrix}+k_3\begin{pmatrix}0\\0\\0\\5\end{pmatrix}+k_4\begin{pmatrix}1\\-1\\4\\7\end{pmatrix}=\begin{pmatrix}0\\0\\0\\0\end{pmatrix},$$

则得齐次线性方程组

$$\begin{cases} k_1 & & +\ k_4=0, \\ k_1+2k_2 & & -\ k_4=0, \\ 3k_1-\ k_2 & & +4k_4=0, \\ k_1+4k_2+5k_3+7k_4=0, \end{cases}$$

其系数行列式

$$\begin{vmatrix} 1 & 0 & 0 & 1 \\ 1 & 2 & 0 & -1 \\ 3 & -1 & 0 & 4 \\ 1 & 4 & 5 & 7 \end{vmatrix}=0,$$

因此方程组有非零解，即存在不全为 0 的数 $k_1$，$k_2$，$k_3$，$k_4$，使得

$$k_1\boldsymbol{\alpha}_1+k_2\boldsymbol{\alpha}_2+k_3\boldsymbol{\alpha}_3+k_4\boldsymbol{\alpha}_4=\mathbf{0},$$

所以向量组 $\boldsymbol{\alpha}_1$，$\boldsymbol{\alpha}_2$，$\boldsymbol{\alpha}_3$，$\boldsymbol{\alpha}_4$ 线性相关．

（3）该向量组是由(2)中向量组的第 1 个与第 3 个分量对调而得，因此也是线性相关的．

**例 3.5**　设向量组 $\boldsymbol{\alpha}_1$，$\boldsymbol{\alpha}_2$，$\boldsymbol{\alpha}_3$ 线性无关，试证：向量组 $\boldsymbol{\alpha}_1+\boldsymbol{\alpha}_2$，$\boldsymbol{\alpha}_2+\boldsymbol{\alpha}_3$，$\boldsymbol{\alpha}_3+\boldsymbol{\alpha}_1$ 也线性无关．

**证**　设有一组数 $k_1$，$k_2$，$k_3$，使得

$$k_1(\boldsymbol{\alpha}_1+\boldsymbol{\alpha}_2)+k_2(\boldsymbol{\alpha}_2+\boldsymbol{\alpha}_3)+k_3(\boldsymbol{\alpha}_3+\boldsymbol{\alpha}_1)=\mathbf{0}$$

成立，整理得

$$(k_1+k_3)\boldsymbol{\alpha}_1+(k_1+k_2)\boldsymbol{\alpha}_2+(k_2+k_3)\boldsymbol{\alpha}_3=\mathbf{0}.$$

因为向量组 $\boldsymbol{\alpha}_1$，$\boldsymbol{\alpha}_2$，$\boldsymbol{\alpha}_3$ 线性无关，所以有

$$\begin{cases}k_1+k_3=0,\\ k_1+k_2=0,\\ k_2+k_3=0,\end{cases}$$

方程组有唯一解 $k_1=k_2=k_3=0$，于是，向量组 $\boldsymbol{\alpha}_1+\boldsymbol{\alpha}_2$，$\boldsymbol{\alpha}_2+\boldsymbol{\alpha}_3$，$\boldsymbol{\alpha}_3+\boldsymbol{\alpha}_1$ 线性无关.

## 三、向量组线性相关性的判定

首先考虑向量组中向量的个数与维数一致的情形.

**定理 3.1** **$n$ 个 $n$ 维向量**

$$\boldsymbol{\alpha}_1=\begin{pmatrix}a_{11}\\ a_{21}\\ \vdots\\ a_{n1}\end{pmatrix},\ \boldsymbol{\alpha}_2=\begin{pmatrix}a_{12}\\ a_{22}\\ \vdots\\ a_{n2}\end{pmatrix},\ \cdots,\ \boldsymbol{\alpha}_n=\begin{pmatrix}a_{1n}\\ a_{2n}\\ \vdots\\ a_{nn}\end{pmatrix}$$

**线性无关的充分必要条件是**

$$\begin{vmatrix}a_{11} & a_{12} & \cdots & a_{1n}\\ a_{21} & a_{22} & \cdots & a_{2n}\\ \vdots & \vdots & & \vdots\\ a_{n1} & a_{n2} & \cdots & a_{nn}\end{vmatrix}\neq 0.$$

**证** 设有数 $k_1$，$k_2$，…，$k_n$，使得

$$k_1\boldsymbol{\alpha}_1+k_2\boldsymbol{\alpha}_2+\cdots+k_n\boldsymbol{\alpha}_n=\mathbf{0},$$

上式用分量表示，即得 $k_1$，$k_2$，…，$k_n$ 的齐次线性方程组

$$\begin{cases}a_{11}k_1+a_{12}k_2+\cdots+a_{1n}k_n=0,\\ a_{21}k_1+a_{22}k_2+\cdots+a_{2n}k_n=0,\\ \cdots\cdots\cdots\cdots\cdots\cdots\cdots\cdots\\ a_{n1}k_1+a_{n2}k_2+\cdots+a_{nn}k_n=0,\end{cases}$$

由第二章的定理 2.8 的推论知，此线性方程组只有零解的充分必要条件是其系数行列式不等于零，即

$$\begin{vmatrix}a_{11} & a_{12} & \cdots & a_{1n}\\ a_{21} & a_{22} & \cdots & a_{2n}\\ \vdots & \vdots & & \vdots\\ a_{n1} & a_{n2} & \cdots & a_{nn}\end{vmatrix}\neq 0,$$

这恰好是所给向量组 $\boldsymbol{\alpha}_1$，$\boldsymbol{\alpha}_2$，…，$\boldsymbol{\alpha}_n$ 线性无关的充分必要条件.

**推论**　$n$ 个 $n$ 维向量

$$\boldsymbol{\alpha}_1=\begin{pmatrix}a_{11}\\a_{21}\\\vdots\\a_{n1}\end{pmatrix},\ \boldsymbol{\alpha}_2=\begin{pmatrix}a_{12}\\a_{22}\\\vdots\\a_{n2}\end{pmatrix},\ \cdots,\ \boldsymbol{\alpha}_n=\begin{pmatrix}a_{1n}\\a_{2n}\\\vdots\\a_{nn}\end{pmatrix}$$

**线性相关的充分必要条件是**

$$|\boldsymbol{A}|=\begin{vmatrix}a_{11}&a_{12}&\cdots&a_{1n}\\a_{21}&a_{22}&\cdots&a_{2n}\\\vdots&\vdots&&\vdots\\a_{n1}&a_{n2}&\cdots&a_{nn}\end{vmatrix}=0,$$

**其中，$\boldsymbol{A}=(\boldsymbol{\alpha}_1,\ \boldsymbol{\alpha}_2,\ \cdots,\ \boldsymbol{\alpha}_n)$.**

**注意**：用上述定理及其推论来判断类似于例 3.4 的线性相关性问题，会显得更简单.

向量组中一部分向量构成的向量组，称为**向量组的部分组**．向量组与其部分组之间反映了向量个数的变化．下面就从向量组中向量的个数和维数的变化两方面来讨论向量组的线性相关性．

**定理 3.2**　(1) **如果一个向量组的部分组线性相关，则整个向量组也线性相关．**

(2) **设 $\boldsymbol{\alpha}_1,\ \boldsymbol{\alpha}_2,\ \cdots,\ \boldsymbol{\alpha}_m$ 是 $r$ 维的线性无关的向量组，将向量组中的每一个向量都添加一个分量得 $r+1$ 维向量组 $\boldsymbol{\beta}_1,\ \boldsymbol{\beta}_2,\ \cdots,\ \boldsymbol{\beta}_m$，则向量组 $\boldsymbol{\beta}_1,\ \boldsymbol{\beta}_2,\ \cdots,\ \boldsymbol{\beta}_m$ 线性无关．**

**证**　(1) 不妨设向量组 $\boldsymbol{\alpha}_1,\ \boldsymbol{\alpha}_2,\ \cdots,\ \boldsymbol{\alpha}_r,\ \boldsymbol{\alpha}_{r+1},\ \cdots,\ \boldsymbol{\alpha}_m$ 中的部分向量组 $\boldsymbol{\alpha}_1,\ \boldsymbol{\alpha}_2,\ \cdots,\ \boldsymbol{\alpha}_r(r\leqslant m)$线性相关，则存在不全为零的数 $k_1,\ k_2,\ \cdots,\ k_r$ 使得

$$k_1\boldsymbol{\alpha}_1+k_2\boldsymbol{\alpha}_2+\cdots+k_r\boldsymbol{\alpha}_r=\boldsymbol{0}.$$

取 $k_{r+1}=\cdots=k_m=0$，则有

$$k_1\boldsymbol{\alpha}_1+k_2\boldsymbol{\alpha}_2+\cdots+k_r\boldsymbol{\alpha}_r+0\boldsymbol{\alpha}_{r+1}+\cdots+0\boldsymbol{\alpha}_m=\boldsymbol{0}.$$

由于 $k_1,\ k_2,\ \cdots,\ k_r$ 不全为零，则 $k_1,\ k_2,\ \cdots,\ k_m$ 也不全为零，所以向量组 $\boldsymbol{\alpha}_1,\ \boldsymbol{\alpha}_2,\ \cdots,\ \boldsymbol{\alpha}_r,\ \boldsymbol{\alpha}_{r+1},\ \cdots,\ \boldsymbol{\alpha}_m$ 线性相关，即整个向量组线性相关．

(2) 设

$$\boldsymbol{\alpha}_i=\begin{pmatrix}a_{1i}\\a_{2i}\\\vdots\\a_{ri}\end{pmatrix},\ \boldsymbol{\beta}_i=\begin{pmatrix}a_{1i}\\a_{2i}\\\vdots\\a_{ri}\\a_{r+1,i}\end{pmatrix}(i=1,\ 2,\ \cdots,\ m),$$

若有数 $k_1,\ k_2,\ \cdots,\ k_m$，使

$$k_1\boldsymbol{\beta}_1+k_2\boldsymbol{\beta}_2+\cdots+k_m\boldsymbol{\beta}_m=\boldsymbol{0},$$

即
$$\begin{cases} a_{11}k_1+a_{12}k_2+\cdots+a_{1m}k_m=0, \\ a_{21}k_1+a_{22}k_2+\cdots+a_{2m}k_m=0, \\ \cdots\cdots\cdots\cdots\cdots\cdots\cdots\cdots \\ a_{r1}k_1+a_{r2}k_2+\cdots+a_{rm}k_m=0, \\ a_{r+1,1}k_1+a_{r+1,2}k_2+\cdots+a_{r+1,m}k_m=0, \end{cases}$$

其中前 $r$ 个等式可写成

$$k_1\begin{pmatrix} a_{11} \\ a_{21} \\ \vdots \\ a_{r1} \end{pmatrix}+k_2\begin{pmatrix} a_{12} \\ a_{22} \\ \vdots \\ a_{r2} \end{pmatrix}+\cdots+k_m\begin{pmatrix} a_{1m} \\ a_{2m} \\ \vdots \\ a_{rm} \end{pmatrix}=\begin{pmatrix} 0 \\ 0 \\ \vdots \\ 0 \end{pmatrix},$$

即
$$k_1\boldsymbol{\alpha}_1+k_2\boldsymbol{\alpha}_2+\cdots+k_m\boldsymbol{\alpha}_m=\mathbf{0}.$$

由于 $\boldsymbol{\alpha}_1$，$\boldsymbol{\alpha}_2$，…，$\boldsymbol{\alpha}_m$ 线性无关，因此必有 $k_1=k_2=\cdots=k_m=0$，所以向量组 $\boldsymbol{\beta}_1$，$\boldsymbol{\beta}_2$，…，$\boldsymbol{\beta}_m$ 也线性无关.

**推论** （1）**若向量组线性无关，则其任意部分组必线性无关.**

（2）**若 $r+1$ 维向量组 $\boldsymbol{\beta}_1$，$\boldsymbol{\beta}_2$，…，$\boldsymbol{\beta}_m$ 线性相关，则在每个向量中都去掉第 $r+1$ 个分量后，所得到的 $r$ 维向量组 $\boldsymbol{\alpha}_1$，$\boldsymbol{\alpha}_2$，…，$\boldsymbol{\alpha}_m$ 也线性相关.**

**例 3.6** 判断下列向量组的线性相关性：

（1）$\boldsymbol{\alpha}_1=\begin{pmatrix} 1 \\ -1 \\ 2 \\ 1 \end{pmatrix}$，$\boldsymbol{\alpha}_2=\begin{pmatrix} 0 \\ 1 \\ 2 \\ 3 \end{pmatrix}$，$\boldsymbol{\alpha}_3=\begin{pmatrix} 2 \\ -2 \\ 4 \\ 2 \end{pmatrix}$，$\boldsymbol{\alpha}_4=\begin{pmatrix} 3 \\ 7 \\ 1 \\ 0 \end{pmatrix}$；

（2）$\boldsymbol{\alpha}_1=\begin{pmatrix} 1 \\ -1 \\ 2 \\ 0 \\ 0 \end{pmatrix}$，$\boldsymbol{\alpha}_2=\begin{pmatrix} 3 \\ 0 \\ 2 \\ 2 \\ 4 \end{pmatrix}$，$\boldsymbol{\alpha}_3=\begin{pmatrix} 4 \\ 0 \\ 0 \\ -2 \\ -5 \end{pmatrix}$.

**解** （1）显然 $\boldsymbol{\alpha}_3=2\boldsymbol{\alpha}_1$，即 $\boldsymbol{\alpha}_1$，$\boldsymbol{\alpha}_3$ 线性相关，所以由定理 3.2(1)知，向量组 $\boldsymbol{\alpha}_1$，$\boldsymbol{\alpha}_2$，$\boldsymbol{\alpha}_3$，$\boldsymbol{\alpha}_4$ 线性相关.

（2）考虑前三个分量构成的向量组 $B$：

$$\boldsymbol{\beta}_1=\begin{pmatrix} 1 \\ -1 \\ 2 \end{pmatrix}，\boldsymbol{\beta}_2=\begin{pmatrix} 3 \\ 0 \\ 2 \end{pmatrix}，\boldsymbol{\beta}_3=\begin{pmatrix} 4 \\ 0 \\ 0 \end{pmatrix},$$

由 $\boldsymbol{\beta}_1$，$\boldsymbol{\beta}_2$，$\boldsymbol{\beta}_3$ 构成的行列式

$$\begin{vmatrix} 1 & 3 & 4 \\ -1 & 0 & 0 \\ 2 & 2 & 0 \end{vmatrix} = -8 \neq 0,$$

所以由定理 3.1 知，向量组 $\boldsymbol{\beta}_1$，$\boldsymbol{\beta}_2$，$\boldsymbol{\beta}_3$ 线性无关．再根据定理 3.2(2)，$\boldsymbol{\alpha}_1$，$\boldsymbol{\alpha}_2$，$\boldsymbol{\alpha}_3$ 也线性无关．

如果某个向量 $\boldsymbol{\beta}$ 可由向量组 $\boldsymbol{\alpha}_1$，$\boldsymbol{\alpha}_2$，…，$\boldsymbol{\alpha}_m$ 线性表示，一般表达式并不唯一．例如，设

$$\boldsymbol{\alpha}_1=(1,\ -1,\ 2)^{\mathrm{T}},\ \boldsymbol{\alpha}_2=(-3,\ 1,\ 2)^{\mathrm{T}},$$
$$\boldsymbol{\alpha}_3=(-2,\ 2,\ -4)^{\mathrm{T}},\ \boldsymbol{\beta}=(2,\ 0,\ -4)^{\mathrm{T}},$$

则向量 $\boldsymbol{\beta}$ 既可表示成 $\boldsymbol{\beta}=\boldsymbol{\alpha}_1-\boldsymbol{\alpha}_2+\boldsymbol{\alpha}_3$，又可表示成 $\boldsymbol{\beta}=3\boldsymbol{\alpha}_1-\boldsymbol{\alpha}_2+2\boldsymbol{\alpha}_3$，即向量 $\boldsymbol{\beta}$ 由向量组 $\boldsymbol{\alpha}_1$，$\boldsymbol{\alpha}_2$，$\boldsymbol{\alpha}_3$ 表示的表达式不唯一．不过关于线性表示的唯一性有如下定理．

**定理 3.3　若向量组 $\boldsymbol{\alpha}_1$，$\boldsymbol{\alpha}_2$，…，$\boldsymbol{\alpha}_m$ 线性无关，而向量组 $\boldsymbol{\alpha}_1$，$\boldsymbol{\alpha}_2$，…，$\boldsymbol{\alpha}_m$，$\boldsymbol{\beta}$ 线性相关，则 $\boldsymbol{\beta}$ 可由向量组 $\boldsymbol{\alpha}_1$，$\boldsymbol{\alpha}_2$，…，$\boldsymbol{\alpha}_m$ 线性表示，且表达式唯一．**

**证**　因为 $\boldsymbol{\alpha}_1$，$\boldsymbol{\alpha}_2$，…，$\boldsymbol{\alpha}_m$，$\boldsymbol{\beta}$ 线性相关，所以存在一组不全为零的数 $k_1$，$k_2$，…，$k_m$，$k$，使得

$$k_1\boldsymbol{\alpha}_1+k_2\boldsymbol{\alpha}_2+\cdots+k_m\boldsymbol{\alpha}_m+k\boldsymbol{\beta}=\mathbf{0}.$$

首先证明 $k\neq 0$，采用反证法：假设 $k=0$，则有 $k_1\boldsymbol{\alpha}_1+k_2\boldsymbol{\alpha}_2+\cdots+k_m\boldsymbol{\alpha}_m=\mathbf{0}$. 由于向量组 $\boldsymbol{\alpha}_1$，$\boldsymbol{\alpha}_2$，…，$\boldsymbol{\alpha}_m$ 线性无关，便有 $k_1=k_2=\cdots=k_m=0$. 这样一来，$k_1$，$k_2$，…，$k_m$，$k$ 全为 0，从而向量组 $\boldsymbol{\alpha}_1$，$\boldsymbol{\alpha}_2$，…，$\boldsymbol{\alpha}_m$，$\boldsymbol{\beta}$ 线性无关，这与已知 $\boldsymbol{\alpha}_1$，$\boldsymbol{\alpha}_2$，…，$\boldsymbol{\alpha}_m$，$\boldsymbol{\beta}$ 线性相关相矛盾，因此假设不成立，故有 $k\neq 0$，于是

$$\boldsymbol{\beta}=-\frac{1}{k}(k_1\boldsymbol{\alpha}_1+k_2\boldsymbol{\alpha}_2+\cdots+k_m\boldsymbol{\alpha}_m),$$

即 $\boldsymbol{\beta}$ 可由向量组 $\boldsymbol{\alpha}_1$，$\boldsymbol{\alpha}_2$，…，$\boldsymbol{\alpha}_m$ 线性表示．

其次证明表达式唯一．设 $\boldsymbol{\beta}$ 的两种表达式

$$\boldsymbol{\beta}=k_1\boldsymbol{\alpha}_1+k_2\boldsymbol{\alpha}_2+\cdots+k_m\boldsymbol{\alpha}_m,\ \boldsymbol{\beta}=l_1\boldsymbol{\alpha}_1+l_2\boldsymbol{\alpha}_2+\cdots+l_m\boldsymbol{\alpha}_m,$$

则上面两式相减得

$$(k_1-l_1)\boldsymbol{\alpha}_1+(k_2-l_2)\boldsymbol{\alpha}_2+\cdots+(k_m-l_m)\boldsymbol{\alpha}_m=\mathbf{0}.$$

因为向量组 $\boldsymbol{\alpha}_1$，$\boldsymbol{\alpha}_2$，…，$\boldsymbol{\alpha}_m$ 线性无关，所以 $k_1-l_1=k_2-l_2=\cdots=k_m-l_m=0$，则 $k_1=l_1$，$k_2=l_2$，…，$k_m=l_m$，即 $\boldsymbol{\beta}$ 的表达式唯一．

**推论　若向量组 $\boldsymbol{\alpha}_1$，$\boldsymbol{\alpha}_2$，…，$\boldsymbol{\alpha}_m$，$\boldsymbol{\beta}$ 线性相关，则向量 $\boldsymbol{\beta}$ 可由向量组 $\boldsymbol{\alpha}_1$，$\boldsymbol{\alpha}_2$，…，$\boldsymbol{\alpha}_m$ 线性表示且表达式唯一的充分必要条件是向量组 $\boldsymbol{\alpha}_1$，$\boldsymbol{\alpha}_2$，…，$\boldsymbol{\alpha}_m$ 线性无关．**

**证**　充分性可由定理 3.3 直接得出，下证必要性．

设向量 $\boldsymbol{\beta}$ 由向量组 $\boldsymbol{\alpha}_1$，$\boldsymbol{\alpha}_2$，…，$\boldsymbol{\alpha}_m$ 线性表示为

$$\boldsymbol{\beta}=k_1^* \boldsymbol{\alpha}_1+k_2^* \boldsymbol{\alpha}_2+\cdots+k_m^* \boldsymbol{\alpha}_m.$$

如果有数 $k_1, k_2, \cdots, k_m$，使得

$$k_1\boldsymbol{\alpha}_1+k_2\boldsymbol{\alpha}_2+\cdots+k_m\boldsymbol{\alpha}_m=\mathbf{0},$$

两式相减即得

$$\boldsymbol{\beta}=(k_1^*-k_1)\boldsymbol{\alpha}_1+(k_2^*-k_2)\boldsymbol{\alpha}_2+\cdots+(k_m^*-k_m)\boldsymbol{\alpha}_m,$$

由于 $\boldsymbol{\beta}$ 由 $\boldsymbol{\alpha}_1, \boldsymbol{\alpha}_2, \cdots, \boldsymbol{\alpha}_m$ 的线性表示式是唯一的，因此有

$$k_1^*-k_1=k_1^*, \ k_2^*-k_2=k_2^*, \ \cdots, \ k_m^*-k_m=k_m^*,$$

即得 $k_1=k_2=\cdots=k_m=0$，于是必有 $\boldsymbol{\alpha}_1, \boldsymbol{\alpha}_2, \cdots, \boldsymbol{\alpha}_m$ 线性无关．

# 第三节　向量组的秩和极大线性无关组

## 一、向量组的等价

**定义 3.4**　设有两个 $n$ 维的向量组 $A$：$\boldsymbol{\alpha}_1, \boldsymbol{\alpha}_2, \cdots, \boldsymbol{\alpha}_r$ 和 $B$：$\boldsymbol{\beta}_1, \boldsymbol{\beta}_2, \cdots, \boldsymbol{\beta}_s$，

(1) 若向量组 $A$ 中的每个向量都可由向量组 $B$ 线性表示，则称**向量组 $A$ 可由向量组 $B$ 线性表示**；

(2) 若向量组 $A$ 与向量组 $B$ 可以互相线性表示，则称**向量组 $A$ 与向量组 $B$ 等价**，记为 $A\cong B$.

根据定义容易验证，向量组的等价关系与矩阵的等价关系一样满足以下性质：

① 反身性：$A\cong A$.

② 对称性：若 $A\cong B$，则 $B\cong A$.

③ 传递性：若 $A\cong B$，且 $B\cong C$，则 $A\cong C$.

**定理 3.4　设 $\boldsymbol{\alpha}_1, \boldsymbol{\alpha}_2, \cdots, \boldsymbol{\alpha}_s$ 与 $\boldsymbol{\beta}_1, \boldsymbol{\beta}_2, \cdots, \boldsymbol{\beta}_t$ 是两个向量组．如果**

**(1) 向量组 $\boldsymbol{\alpha}_1, \boldsymbol{\alpha}_2, \cdots, \boldsymbol{\alpha}_s$ 可由向量组 $\boldsymbol{\beta}_1, \boldsymbol{\beta}_2, \cdots, \boldsymbol{\beta}_t$ 线性表示；**

**(2) $s>t$，**

**那么向量组 $\boldsymbol{\alpha}_1, \boldsymbol{\alpha}_2, \cdots, \boldsymbol{\alpha}_s$ 线性相关．**

**证**　由(1)有　$\boldsymbol{\alpha}_i=\sum\limits_{j=1}^{t} c_{ji}\boldsymbol{\beta}_j, \ i=1, 2, \cdots, s.$

为了证明 $\boldsymbol{\alpha}_1, \boldsymbol{\alpha}_2, \cdots, \boldsymbol{\alpha}_s$ 线性相关，只要证明可以找到不全为零的数 $k_1, k_2, \cdots, k_s$，使得

$$k_1\boldsymbol{\alpha}_1+k_2\boldsymbol{\alpha}_2+\cdots+k_s\boldsymbol{\alpha}_s=\mathbf{0},$$

为此，作线性组合

$$\begin{aligned} x_1\boldsymbol{\alpha}_1+x_2\boldsymbol{\alpha}_2+\cdots+x_s\boldsymbol{\alpha}_s &= \sum_{i=1}^{s} x_i\boldsymbol{\alpha}_i = \sum_{i=1}^{s} x_i\Big(\sum_{j=1}^{t} c_{ji}\boldsymbol{\beta}_j\Big) \\ &= \sum_{i=1}^{s}\sum_{j=1}^{t} c_{ji}x_i\boldsymbol{\beta}_j = \sum_{j=1}^{t}\Big(\sum_{i=1}^{s} c_{ji}x_i\Big)\boldsymbol{\beta}_j, \end{aligned}$$

如果能找到不全为零的数 $x_1$，$x_2$，…，$x_s$ 使上式中 $\boldsymbol{\beta}_1$，$\boldsymbol{\beta}_2$，…，$\boldsymbol{\beta}_t$ 的系数全为零，即

$$\begin{cases} c_{11}x_1+c_{12}x_2+\cdots+c_{1s}x_s=0, \\ c_{21}x_1+c_{22}x_2+\cdots+c_{2s}x_s=0, \\ \cdots\cdots\cdots\cdots\cdots\cdots\cdots\cdots \\ c_{t1}x_1+c_{t2}x_2+\cdots+c_{ts}x_s=0, \end{cases}$$

则有 $x_1\boldsymbol{\alpha}_1+x_2\boldsymbol{\alpha}_2+\cdots+x_s\boldsymbol{\alpha}_s=\mathbf{0}$，也就证明了 $\boldsymbol{\alpha}_1$，$\boldsymbol{\alpha}_2$，…，$\boldsymbol{\alpha}_s$ 的线性相关性．事实上，因为已知 $s>t$，上述齐次线性方程组中未知量的个数多于方程的个数，因而存在非零解，也即不全为零的数 $x_1$，$x_2$，…，$x_s$ 是存在的．

上述定理的证明过程中应用了下述命题：

**命题　如果 $m<n$，则齐次线性方程组**

$$\begin{cases} a_{11}x_1+a_{12}x_2+\cdots+a_{1n}x_n=0, \\ a_{21}x_1+a_{22}x_2+\cdots+a_{2n}x_n=0, \\ \cdots\cdots\cdots\cdots\cdots\cdots\cdots\cdots \\ a_{m1}x_1+a_{m2}x_2+\cdots+a_{mn}x_n=0 \end{cases}$$

**必有非零解．**

此命题可以应用数学归纳法予以证明，请读者自证．

**推论 1　若向量组 $\boldsymbol{\alpha}_1$，$\boldsymbol{\alpha}_2$，…，$\boldsymbol{\alpha}_s$ 线性无关，且可由向量组 $\boldsymbol{\beta}_1$，$\boldsymbol{\beta}_2$，…，$\boldsymbol{\beta}_t$ 线性表示，则必有 $s\leqslant t$.**

**推论 2　当 $m>n$ 时，$m$ 个 $n$ 维向量必定线性相关．**

**证**　因为任意 $m$ 个 $n$ 维向量 $\boldsymbol{\alpha}_1$，$\boldsymbol{\alpha}_2$，…，$\boldsymbol{\alpha}_m$ 都可由 $n$ 维单位坐标向量组 $\boldsymbol{e}_1$，$\boldsymbol{e}_2$，…，$\boldsymbol{e}_n$ 线性表示，且已知 $m>n$，由定理 3.4 即知，向量组 $\boldsymbol{\alpha}_1$，$\boldsymbol{\alpha}_2$，…，$\boldsymbol{\alpha}_m$ 线性相关．

**推论 3　两个等价的线性无关的向量组含有相同个数的向量．**

## 二、向量组的极大线性无关组与向量组的秩

在分析和讨论有关向量组 $\boldsymbol{\alpha}_1$，$\boldsymbol{\alpha}_2$，…，$\boldsymbol{\alpha}_m$ 的线性相关性时，希望通过其中最少的部分去把握全体，而这最少的部分应该是线性无关的，为此引出如下的定义：

**定义 3.5**　设有向量组 $A$，如果

（1）向量组 $A$ 中存在 $r$ 个向量 $\boldsymbol{\alpha}_1$，$\boldsymbol{\alpha}_2$，…，$\boldsymbol{\alpha}_r$ 线性无关；

（2）向量组 $A$ 中的任何向量都可由 $\boldsymbol{\alpha}_1$，$\boldsymbol{\alpha}_2$，…，$\boldsymbol{\alpha}_r$ 线性表示，

则称 $\boldsymbol{\alpha}_1$，$\boldsymbol{\alpha}_2$，…，$\boldsymbol{\alpha}_r$ 是向量组 $A$ 的一个**极大线性无关组**，简称**极大无关组**，有时也称为**最大线性无关组**．

**例 3.7**　已知向量组 $A$：$\boldsymbol{\alpha}_1=(1，6，2，-5)^{\mathrm{T}}$，$\boldsymbol{\alpha}_2=(0，6，2，4)^{\mathrm{T}}$，

$\boldsymbol{\alpha}_3=(1, 3, 1, -7)^{\mathrm{T}}$，$\boldsymbol{\alpha}_4=(0, 0, 0, 0)^{\mathrm{T}}$，试求$A$的一个极大无关组．

**解** 容易看出，$\boldsymbol{\alpha}_1$，$\boldsymbol{\alpha}_2$ 是线性无关的，且 $\boldsymbol{\alpha}_1$，$\boldsymbol{\alpha}_2$ 和 $\boldsymbol{\alpha}_4$ 都能由 $\boldsymbol{\alpha}_1$，$\boldsymbol{\alpha}_2$ 线性表示，同时

$$\boldsymbol{\alpha}_3=\boldsymbol{\alpha}_1-\frac{1}{2}\boldsymbol{\alpha}_2,$$

所以 $\boldsymbol{\alpha}_1$，$\boldsymbol{\alpha}_2$ 是$A$的一个极大无关组．此外不难验证，$\boldsymbol{\alpha}_1$，$\boldsymbol{\alpha}_3$ 和 $\boldsymbol{\alpha}_2$，$\boldsymbol{\alpha}_3$ 都是$A$的极大无关组．

**注意**：（1）按照定义，一个线性无关向量组的极大无关组就是向量组本身；

（2）只含零向量的向量组没有极大无关组；

（3）一个向量组的极大无关组一般不唯一．

**定理 3.5 向量组与其任意一个极大无关组等价．**

**证** 向量组$A$的极大无关组是$A$的一个部分组，故它可由$A$线性表示；同时由定义知道，$A$中的任何一个向量都可由它的极大无关组线性表示．因此，一个向量组与它的极大无关组是等价的．

尽管向量组的极大无关组一般不唯一，但由例 3.7 发现 3 个极大无关组中所含向量的个数都是相同的．这并非偶然，而是因为**向量组的任意两个极大无关组都是等价的**．

事实上，如果设 $A_1$ 和 $A_2$ 都是$A$的极大无关组，则 $A_1$ 和 $A_2$ 都与$A$等价，于是 $A_1$ 与 $A_2$ 等价．由定理3.4的推论3可知，它们所含向量的个数一定相等．这样一来，尽管一个向量组可以有不同的极大无关组，但它的极大无关组所含向量的个数都一样．因此有如下的定义：

**定义 3.6** 向量组$A$：$\boldsymbol{\alpha}_1$，$\boldsymbol{\alpha}_2$，…，$\boldsymbol{\alpha}_m$ 的极大线性无关组中所含向量的个数称为**向量组的秩**，记为$R(A)$或$R(\boldsymbol{\alpha}_1, \boldsymbol{\alpha}_2, \cdots, \boldsymbol{\alpha}_m)$．规定只含零向量的向量组的秩为零．

由例 3.7，对于向量组 $\boldsymbol{\alpha}_1=(1, 6, 2, -5)^{\mathrm{T}}$，$\boldsymbol{\alpha}_2=(0, 6, 2, 4)^{\mathrm{T}}$，$\boldsymbol{\alpha}_3=(1, 3, 1, -7)^{\mathrm{T}}$，$\boldsymbol{\alpha}_4=(0, 0, 0, 0)^{\mathrm{T}}$，$\boldsymbol{\alpha}_1$，$\boldsymbol{\alpha}_2$ 是它的极大无关组，所以 $R(\boldsymbol{\alpha}_1, \boldsymbol{\alpha}_2, \boldsymbol{\alpha}_3, \boldsymbol{\alpha}_4)=2$.

**注意**：当一个向量组的秩为$r$时，则它的任意一个含$r$个向量的线性无关组都是它的极大无关组．

**推论 1 向量组 $\boldsymbol{\alpha}_1$，$\boldsymbol{\alpha}_2$，…，$\boldsymbol{\alpha}_m$ 线性无关的充分必要条件是 $R(\boldsymbol{\alpha}_1, \boldsymbol{\alpha}_2, \cdots, \boldsymbol{\alpha}_m)=m$（或者说，向量组 $\boldsymbol{\alpha}_1$，$\boldsymbol{\alpha}_2$，…，$\boldsymbol{\alpha}_m$ 线性相关的充分必要条件是 $R(\boldsymbol{\alpha}_1, \boldsymbol{\alpha}_2, \cdots, \boldsymbol{\alpha}_m)<m$）．**

**证** **必要性**：若 $\boldsymbol{\alpha}_1$，$\boldsymbol{\alpha}_2$，…，$\boldsymbol{\alpha}_m$ 线性无关，则其极大无关组就是它本身，故

$$R(\boldsymbol{\alpha}_1, \boldsymbol{\alpha}_2, \cdots, \boldsymbol{\alpha}_m)=m.$$

**充分性**：若 $R(\boldsymbol{\alpha}_1, \boldsymbol{\alpha}_2, \cdots, \boldsymbol{\alpha}_m)=m$，则该向量组的极大无关组含有 $m$ 个向量，即为向量组本身，所以该向量组线性无关．

**推论 2　若向量组 $A$：$\boldsymbol{\alpha}_1$，$\boldsymbol{\alpha}_2$，…，$\boldsymbol{\alpha}_s$ 可由向量组 $B$：$\boldsymbol{\beta}_1$，$\boldsymbol{\beta}_2$，…，$\boldsymbol{\beta}_t$ 线性表示，则有**

$$R(\boldsymbol{\alpha}_1, \boldsymbol{\alpha}_2, \cdots, \boldsymbol{\alpha}_s)\leqslant R(\boldsymbol{\beta}_1, \boldsymbol{\beta}_2, \cdots, \boldsymbol{\beta}_t).$$

**证**　设 $A_1$、$B_1$ 分别是 $A$、$B$ 的极大无关组，且

$$r_1=R(\boldsymbol{\alpha}_1, \boldsymbol{\alpha}_2, \cdots, \boldsymbol{\alpha}_s),\ r_2=R(\boldsymbol{\beta}_1, \boldsymbol{\beta}_2, \cdots, \boldsymbol{\beta}_t),$$

则 $A_1$、$B_1$ 所含向量的个数就分别是 $r_1$、$r_2$．由于 $A_1$ 可由 $A$ 线性表示，$A$ 可由 $B$ 线性表示，而 $B$ 又可由 $B_1$ 线性表示，所以 $A_1$ 可由 $B_1$ 线性表示．于是由定理 3.4 的推论 1 可知 $r_1\leqslant r_2$．

由此推论，读者不难得到．

**定理 3.6　等价的向量组有相同的秩．**

# 第四节　矩阵的秩

本节由向量组的秩引入矩阵的秩的概念，并且反过来借助矩阵的秩可以很方便地计算向量组的秩和极大无关组．此外，矩阵的秩在线性方程组解的讨论中也有着重要的作用．

## 一、矩阵的秩

### 1. 矩阵的行秩与列秩

如果将矩阵的每一行看成一个向量，则可以认为矩阵是由这些行向量组成的；而将矩阵的每一列看成是一个向量，则又可以认为矩阵是由列向量组成的．为此有如下的定义：

**定义 3.7**　矩阵 $\boldsymbol{A}$ 的行向量组的秩称为 $\boldsymbol{A}$ 的**行秩**，列向量组的秩称为 $\boldsymbol{A}$ 的**列秩**．

**例 3.8**　求矩阵 $\boldsymbol{A}=\begin{pmatrix}0&1&2&0&0\\0&0&0&1&0\\0&0&0&0&1\\0&0&0&0&0\end{pmatrix}$ 的行秩与列秩．

**解**　矩阵 $\boldsymbol{A}$ 的列向量组为

$$\boldsymbol{\alpha}_1=\begin{pmatrix}0\\0\\0\\0\end{pmatrix},\ \boldsymbol{\alpha}_2=\begin{pmatrix}1\\0\\0\\0\end{pmatrix},\ \boldsymbol{\alpha}_3=\begin{pmatrix}2\\0\\0\\0\end{pmatrix},\ \boldsymbol{\alpha}_4=\begin{pmatrix}0\\1\\0\\0\end{pmatrix},\ \boldsymbol{\alpha}_5=\begin{pmatrix}0\\0\\1\\0\end{pmatrix},$$

容易看出，$\boldsymbol{\alpha}_2$，$\boldsymbol{\alpha}_4$，$\boldsymbol{\alpha}_5$ 线性无关(只要考虑 $\boldsymbol{\alpha}_2$，$\boldsymbol{\alpha}_4$，$\boldsymbol{\alpha}_5$ 的前三个分量构成的向量组是线性无关的)，并且 $\boldsymbol{A}$ 的每一个列向量都可由 $\boldsymbol{\alpha}_2$，$\boldsymbol{\alpha}_4$，$\boldsymbol{\alpha}_5$ 线性表示，因此 $\boldsymbol{\alpha}_2$，$\boldsymbol{\alpha}_4$，$\boldsymbol{\alpha}_5$ 是列向量组的极大无关组，故 $\boldsymbol{A}$ 的列秩为 3.

矩阵 $\boldsymbol{A}$ 的行向量组为

$$\boldsymbol{\beta}_1^{\mathrm{T}}=(0,\ 1,\ 2,\ 0,\ 0),\ \boldsymbol{\beta}_2^{\mathrm{T}}=(0,\ 0,\ 0,\ 1,\ 0),$$
$$\boldsymbol{\beta}_3^{\mathrm{T}}=(0,\ 0,\ 0,\ 0,\ 1),\ \boldsymbol{\beta}_4^{\mathrm{T}}=(0,\ 0,\ 0,\ 0,\ 0).$$

考虑前三个非零的向量，如果

$$k_1\boldsymbol{\beta}_1^{\mathrm{T}}+k_2\boldsymbol{\beta}_2^{\mathrm{T}}+k_3\boldsymbol{\beta}_3^{\mathrm{T}}=(0,\ k_1,\ 2k_1,\ k_2,\ k_3)=(0,\ 0,\ 0,\ 0,\ 0),$$

则 $k_1=k_2=k_3=0$，因此 $\boldsymbol{\beta}_1^{\mathrm{T}}$，$\boldsymbol{\beta}_2^{\mathrm{T}}$，$\boldsymbol{\beta}_3^{\mathrm{T}}$ 线性无关，且为 $\boldsymbol{A}$ 的行向量组的极大无关组，故 $\boldsymbol{A}$ 的行秩也为 3.

矩阵 $\boldsymbol{A}$ 的行秩与列秩相等，这并不是偶然的，而是一个普遍规律，下面用矩阵的初等变换来阐明.

**引理 1　若矩阵 $\boldsymbol{A}$ 经过有限次初等行变换变成矩阵 $\boldsymbol{B}$，则**

**(1) $\boldsymbol{A}$ 与 $\boldsymbol{B}$ 有相同的行秩与列秩；**

**(2) $\boldsymbol{A}$ 的任意 $r$ 个列向量与 $\boldsymbol{B}$ 中对应的 $r$ 个列向量保持相同的线性关系.**

**证**　设矩阵 $\boldsymbol{A}=(a_{ij})_{m\times n}$，$\boldsymbol{B}=(b_{ij})_{m\times n}$.

(1) 因为 $\boldsymbol{B}$ 是由对 $\boldsymbol{A}$ 施行初等行变换得到的矩阵，这就表明 $\boldsymbol{B}$ 的行向量组可由 $\boldsymbol{A}$ 的行向量组线性表示. 又因为初等变换是可逆的，因此 $\boldsymbol{A}$ 的行向量组也可由 $\boldsymbol{B}$ 的行向量组线性表示. 于是 $\boldsymbol{A}$ 的行向量组与 $\boldsymbol{B}$ 的行向量组等价，由定理 3.6 即知，$\boldsymbol{A}$ 与 $\boldsymbol{B}$ 有相同的行秩.

(2) 将 $\boldsymbol{A}$、$\boldsymbol{B}$ 用列向量表示：

$$\boldsymbol{A}=(\boldsymbol{\alpha}_1,\ \boldsymbol{\alpha}_2,\ \cdots,\ \boldsymbol{\alpha}_n),\ \boldsymbol{B}=(\boldsymbol{\beta}_1,\ \boldsymbol{\beta}_2,\ \cdots,\ \boldsymbol{\beta}_n),$$

对 $\boldsymbol{A}$ 施行初等行变换得到矩阵 $\boldsymbol{B}$，相当于用某个可逆矩阵 $\boldsymbol{P}$ 左乘 $\boldsymbol{A}$，即 $\boldsymbol{B}=\boldsymbol{PA}$，于是有

$$(\boldsymbol{\beta}_1,\ \boldsymbol{\beta}_2,\ \cdots,\ \boldsymbol{\beta}_n)=\boldsymbol{P}(\boldsymbol{\alpha}_1,\ \boldsymbol{\alpha}_2,\ \cdots,\ \boldsymbol{\alpha}_n)=(\boldsymbol{P\alpha}_1,\ \boldsymbol{P\alpha}_2,\ \cdots,\ \boldsymbol{P\alpha}_n),$$

即有
$$\boldsymbol{\beta}_j=\boldsymbol{P\alpha}_j\quad(j=1,\ 2,\ \cdots,\ n).$$

下面证明 $\boldsymbol{A}$ 的任一部分列向量 $\boldsymbol{\alpha}_{j_1}$，$\boldsymbol{\alpha}_{j_2}$，$\cdots$，$\boldsymbol{\alpha}_{j_r}$ 与 $\boldsymbol{B}$ 中对应的列向量 $\boldsymbol{\beta}_{j_1}$，$\boldsymbol{\beta}_{j_2}$，$\cdots$，$\boldsymbol{\beta}_{j_r}$ 具有相同的线性关系.

当 $r=1$ 时，即 $\boldsymbol{A}$ 的列向量 $\boldsymbol{\alpha}_{j_1}$ 对应 $\boldsymbol{B}$ 中的列向量 $\boldsymbol{\beta}_{j_1}$，它们要么都是零向量，要么都是非零向量，因此 $\boldsymbol{\alpha}_{j_1}$ 与 $\boldsymbol{\beta}_{j_1}$ 具有相同的线性相关性.

当 $r\geqslant 2$ 时，若 $\boldsymbol{\alpha}_{j_1}$，$\boldsymbol{\alpha}_{j_2}$，$\cdots$，$\boldsymbol{\alpha}_{j_r}$ 线性相关，则根据定义 3.3 可知，向量组中至少有一向量可被其余的向量线性表示，不妨设 $\boldsymbol{\alpha}_{j_r}$ 可被线性表示，即存在一组数 $k_1$，$k_2$，$\cdots$，$k_{r-1}$，使得

$$\boldsymbol{\alpha}_{j_r}=k_1\boldsymbol{\alpha}_{j_1}+k_2\boldsymbol{\alpha}_{j_2}+\cdots+k_{r-1}\boldsymbol{\alpha}_{j_{r-1}},$$

从而
$$\begin{aligned}\boldsymbol{\beta}_{j_r}&=\boldsymbol{P}\boldsymbol{\alpha}_{j_r}=\boldsymbol{P}(k_1\boldsymbol{\alpha}_{j_1}+k_2\boldsymbol{\alpha}_{j_2}+\cdots+k_{r-1}\boldsymbol{\alpha}_{j_{r-1}})\\&=k_1\boldsymbol{P}\boldsymbol{\alpha}_{j_1}+k_2\boldsymbol{P}\boldsymbol{\alpha}_{j_2}+\cdots+k_{r-1}\boldsymbol{P}\boldsymbol{\alpha}_{j_{r-1}}\\&=k_1\boldsymbol{\beta}_{j_1}+k_2\boldsymbol{\beta}_{j_2}+\cdots+k_{r-1}\boldsymbol{\beta}_{j_{r-1}}.\end{aligned}$$
由定义 3.3 即知，$\boldsymbol{\beta}_{j_1}$，$\boldsymbol{\beta}_{j_2}$，…，$\boldsymbol{\beta}_{j_r}$ 线性相关．再比较 $\boldsymbol{\alpha}_{j_r}$ 由 $\boldsymbol{\alpha}_{j_1}$，$\boldsymbol{\alpha}_{j_2}$，…，$\boldsymbol{\alpha}_{j_{r-1}}$ 的线性表示与 $\boldsymbol{\beta}_{j_r}$ 由 $\boldsymbol{\beta}_{j_1}$，$\boldsymbol{\beta}_{j_2}$，…，$\boldsymbol{\beta}_{j_{r-1}}$ 的线性表示，发现两者是一致的．因此 $\boldsymbol{\beta}_{j_1}$，$\boldsymbol{\beta}_{j_2}$，…，$\boldsymbol{\beta}_{j_r}$ 之间的线性关系与 $\boldsymbol{\alpha}_{j_1}$，$\boldsymbol{\alpha}_{j_2}$，…，$\boldsymbol{\alpha}_{j_r}$ 之间的线性关系保持一致．

反之，由 $\boldsymbol{\beta}_j=\boldsymbol{P}\boldsymbol{\alpha}_j$，得 $\boldsymbol{\alpha}_j=\boldsymbol{P}^{-1}\boldsymbol{\beta}_j(j=j_1, j_2, \cdots, j_r)$．类似可证，当 $\boldsymbol{\beta}_{j_1}$，$\boldsymbol{\beta}_{j_2}$，…，$\boldsymbol{\beta}_{j_r}$ 线性相关时，$\boldsymbol{\alpha}_{j_1}$，$\boldsymbol{\alpha}_{j_2}$，…，$\boldsymbol{\alpha}_{j_r}$ 也线性相关．而且 $\boldsymbol{\alpha}_{j_1}$，$\boldsymbol{\alpha}_{j_2}$，…，$\boldsymbol{\alpha}_{j_r}$ 之间的线性关系与 $\boldsymbol{\beta}_{j_1}$，$\boldsymbol{\beta}_{j_2}$，…，$\boldsymbol{\beta}_{j_r}$ 之间的线性关系保持一致．

上述证明表明，矩阵的初等行变换不改变列向量组的线性相关性，因而矩阵 $\boldsymbol{A}$ 与 $\boldsymbol{B}$ 的列秩也相同．

对一个矩阵施行初等列变换相当于对其转置矩阵施行相应的初等行变换，而矩阵的列向量的线性相关性相当于其转置矩阵对应的行向量的线性相关性，并且等价的向量组秩相等，因此有

**引理 2　若矩阵 $\boldsymbol{A}$ 经过有限次初等列变换变成矩阵 $\boldsymbol{B}$，则**

**(1) $\boldsymbol{A}$ 与 $\boldsymbol{B}$ 有相同的列秩与行秩；**

**(2) $\boldsymbol{A}$ 的任意 $r$ 个行向量与 $\boldsymbol{B}$ 中对应的 $r$ 个行向量保持相同的线性关系．**

**定理 3.7　任何矩阵的行秩与列秩相等．**

**证**　由第一章定理 1.1 知，矩阵 $\boldsymbol{A}$ 经过有限次初等变换可化为标准形 $\boldsymbol{J}=\begin{pmatrix}\boldsymbol{E}_r & \boldsymbol{O}\\ \boldsymbol{O} & \boldsymbol{O}\end{pmatrix}$，显然标准形的行秩和列秩都等于 $r$，由引理 1、2 可知，矩阵 $\boldsymbol{A}$ 的行秩和列秩都等于 $r$．

**2. 矩阵的秩的概念**

**定义 3.8**　矩阵 $\boldsymbol{A}$ 的行秩与列秩统称为**矩阵 $\boldsymbol{A}$ 的秩**，记为 $R(\boldsymbol{A})$．

**推论 1　(1) 矩阵 $\boldsymbol{A}$ 的等价标准形为 $\begin{pmatrix}\boldsymbol{E}_r & \boldsymbol{O}\\ \boldsymbol{O} & \boldsymbol{O}\end{pmatrix}$ 的充分必要条件是 $R(\boldsymbol{A})=r$；**

**(2) $n$ 阶方阵 $\boldsymbol{A}$ 可逆的充分必要条件是 $R(\boldsymbol{A})=n$．**

由于可逆方阵的秩等于其阶数，故可逆方阵又称为**满秩方阵**，而奇异方阵又称为**降秩方阵**．

当矩阵 $\boldsymbol{A}$、$\boldsymbol{B}$ 的秩相等时，它们有相同的标准形，故而是等价的．反之，当矩阵 $\boldsymbol{A}$、$\boldsymbol{B}$ 等价时，由引理 1、2 可知，它们的秩相等，因此又有

**推论 2　两个同型矩阵 $\boldsymbol{A}$、$\boldsymbol{B}$ 等价的充分必要条件是 $R(\boldsymbol{A})=R(\boldsymbol{B})$．**

**推论 3　矩阵 $\boldsymbol{A}$ 与可逆矩阵乘积的秩等于 $\boldsymbol{A}$ 的秩.**

**证**　设 $\boldsymbol{A}$ 为 $m\times n$ 矩阵，$\boldsymbol{P}$ 为 $m$ 阶可逆矩阵，$\boldsymbol{Q}$ 为 $n$ 阶可逆矩阵，需证

$$R(\boldsymbol{PA})=R(\boldsymbol{AQ})=R(\boldsymbol{A}).$$

因为 $\boldsymbol{P}$ 和 $\boldsymbol{Q}$ 是可逆矩阵，由定理 1.3 的推论 1 可知，$\boldsymbol{P}$ 和 $\boldsymbol{Q}$ 等于有限个初等矩阵的乘积，则 $\boldsymbol{P}$ 左乘 $\boldsymbol{A}$ 相当于对 $\boldsymbol{A}$ 作了有限次的初等行变换，$\boldsymbol{Q}$ 右乘 $\boldsymbol{A}$ 相当于对 $\boldsymbol{A}$ 作了有限次的初等列变换，而初等变换不改变矩阵的秩，从而 $R(\boldsymbol{PA})=R(\boldsymbol{AQ})=R(\boldsymbol{A})$.

**3. 矩阵的秩的行列式判别法**

**定理 3.8　非零矩阵 $\boldsymbol{A}=(a_{ij})_{m\times n}$ 的秩等于 $r(r\geqslant 1)$ 的充分必要条件是矩阵 $\boldsymbol{A}$ 中有一个 $r$ 阶子式不等于零，而所有的 $r+1$ 阶子式(如果存在的话)都等于零.**

**证**　先证必要性：已知矩阵 $\boldsymbol{A}$ 的秩为 $r$. 任取 $\boldsymbol{A}$ 的 $r+1$ 阶子式 $|D|$，则 $\boldsymbol{A}$ 中 $|D|$ 所在的 $r+1$ 个行向量是线性相关的，于是其中某个行向量可由其余 $r$ 个行向量线性表示，从而子式 $|D|$ 中的某一行是其余 $r$ 行的线性组合，故有 $|D|=0$.

下面证明矩阵 $\boldsymbol{A}$ 有一个 $r$ 阶子式不为零.

因为 $\boldsymbol{A}$ 的秩为 $r$，所以 $\boldsymbol{A}$ 有 $r$ 个列向量线性无关. 不妨假设前面 $r$ 个列向量线性无关，则方阵

$$\boldsymbol{B}=\begin{pmatrix} a_{11} & a_{12} & \cdots & a_{1r} \\ a_{21} & a_{22} & \cdots & a_{2r} \\ \vdots & \vdots & & \vdots \\ a_{m1} & a_{m2} & \cdots & a_{mr} \end{pmatrix}$$

的秩为 $r$，因此 $\boldsymbol{B}$ 的行秩也为 $r$，所以 $\boldsymbol{B}$ 有 $r$ 个行向量线性无关. 不妨假设 $\boldsymbol{B}$ 的前 $r$ 个行向量线性无关，则方阵

$$\begin{pmatrix} a_{11} & a_{12} & \cdots & a_{1r} \\ a_{21} & a_{22} & \cdots & a_{2r} \\ \vdots & \vdots & & \vdots \\ a_{r1} & a_{r2} & \cdots & a_{rr} \end{pmatrix}$$

的秩为 $r$，是可逆矩阵，于是它的行列式不为零，即 $\boldsymbol{A}$ 有一个 $r$ 阶子式不为零.

再证充分性：已知矩阵 $\boldsymbol{A}$ 中有一个 $r$ 阶子式不等于零，而所有的 $r+1$ 阶子式都等于零.

设 $R(\boldsymbol{A})=t$，则必有 $t\leqslant r$，否则 $\boldsymbol{A}$ 有一个 $t(>r)$ 阶子式不为零，与 $\boldsymbol{A}$ 的所有阶数大于 $r$ 的子式全为零矛盾. 同时又有 $t\geqslant r$，否则由必要性知，$\boldsymbol{A}$ 的 $r(>t)$ 阶子式全为零，与 $\boldsymbol{A}$ 中有一个 $r$ 阶子式不为零矛盾. 于是得 $t=r$，即

$R(\boldsymbol{A})=r$.

**推论**　**若矩阵 $\boldsymbol{A}$ 的 $r$ 阶子式 $D\neq0$，则 $D$ 所在的 $r$ 个行向量与 $r$ 个列向量都线性无关；若 $\boldsymbol{A}$ 中所有 $r$ 阶子式都等于 0，则 $\boldsymbol{A}$ 的任意 $r$ 个行向量与任意 $r$ 个列向量都线性相关．**

**证**　当矩阵 $\boldsymbol{A}$ 的 $r$ 阶子式 $D\neq0$ 时，由定理 3.8 知，以 $D$ 所在的 $r$ 个行(列)向量构成的矩阵的秩为 $r$，故这 $r$ 个行(列)向量线性无关．

当 $\boldsymbol{A}$ 中所有 $r$ 阶子式都等于 0 时，对于任意的 $s\geqslant r$，$\boldsymbol{A}$ 中的 $s$ 阶子式必为 0，于是 $\boldsymbol{A}$ 的秩必小于 $r$(否则，$\boldsymbol{A}$ 的秩为 $s\geqslant r$，根据定理 3.8，$\boldsymbol{A}$ 至少有一个 $s$ 阶子式不等于 0，导致矛盾)，从而 $\boldsymbol{A}$ 的任意 $r$ 个行向量与任意 $r$ 个列向量都线性相关．

**例 3.9**　求矩阵 $\begin{pmatrix}1&1&-1&1&1\\0&3&-1&1&2\\0&0&0&2&3\\0&0&0&0&0\end{pmatrix}$ 的秩．

**解**　由于 $\boldsymbol{A}$ 有一个三阶子式

$$\begin{vmatrix}1&1&1\\0&3&1\\0&0&2\end{vmatrix}=6\neq0,$$

而 $\boldsymbol{A}$ 的所有四阶子式的最后一行元素均为零，因此 $\boldsymbol{A}$ 的所有四阶子式全等于零，故 $R(\boldsymbol{A})=3$.

**4. 矩阵的秩的初等变换求法**

对于所谓的**行阶梯形矩阵**可以很方便地求它的秩．例如，矩阵

$$\boldsymbol{A}=\begin{pmatrix}1&-2&1&0&0\\0&9&0&2&2\\0&0&0&1&1\\0&0&0&0&0\end{pmatrix}$$

就是一个**行阶梯形矩阵**，其特征是：

① 如果有元素全部为零的行，则它们全在矩阵的下方；

② 从第一行开始，由左至右，非零行(元素不全为零的行)首非零元下方的元素全为零．从上到下，逐行类推．

容易看出，上面所举例子中，$\boldsymbol{A}$ 有不等于 0 的三阶子式，都位于前 3 行，而所有的四阶子式全为 0，故 $R(\boldsymbol{A})=3$.

一般**行阶梯形矩阵的秩就等于其中非零行的个数** $r$.

下面给出矩阵 $\boldsymbol{A}$ 的秩及列向量组的极大无关组的一般求法步骤：

(1) 对 $\boldsymbol{A}$ 施行初等行变换将其化为**行阶梯形矩阵 $\boldsymbol{B}$**；

(2) 若 $\boldsymbol{B}$ 中非零行的个数为 $r$，则 $R(\boldsymbol{A})=r$；

(3) 从 $\boldsymbol{B}$ 中找出 $r$ 个线性无关的列向量，则 $\boldsymbol{A}$ 中与它们对应的列向量就是 $\boldsymbol{A}$ 的列向量组的一个极大无关组(根据本节引理 1).

**例 3.10** 求矩阵

$$\boldsymbol{A}=\begin{pmatrix} 1 & -2 & 1 & 0 & 0 \\ -2 & 4 & -2 & 6 & 6 \\ 3 & -6 & 3 & -9 & -9 \\ 3 & 3 & 3 & 2 & 2 \end{pmatrix}$$

的秩，并求其列向量组的极大无关组.

**解** 对矩阵 $\boldsymbol{A}$ 施行初等行变换：

$$\boldsymbol{A}\xrightarrow[r_4-3r_1]{\substack{r_2+2r_1\\ r_3-3r_1}}\begin{pmatrix} 1 & -2 & 1 & 0 & 0 \\ 0 & 0 & 0 & 6 & 6 \\ 0 & 0 & 0 & -9 & -9 \\ 0 & 9 & 0 & 2 & 2 \end{pmatrix}$$

$$\xrightarrow{r_2\leftrightarrow r_4}\begin{pmatrix} 1 & -2 & 1 & 0 & 0 \\ 0 & 9 & 0 & 2 & 2 \\ 0 & 0 & 0 & -9 & -9 \\ 0 & 0 & 0 & 6 & 6 \end{pmatrix}$$

$$\xrightarrow{r_4+\frac{2}{3}r_3}\begin{pmatrix} 1 & -2 & 1 & 0 & 0 \\ 0 & 9 & 0 & 2 & 2 \\ 0 & 0 & 0 & -9 & -9 \\ 0 & 0 & 0 & 0 & 0 \end{pmatrix}=\boldsymbol{B},$$

得到行阶梯形矩阵 $\boldsymbol{B}$，从而 $R(\boldsymbol{A})=R(\boldsymbol{B})=3$.

矩阵 $\boldsymbol{B}$ 中每行第一个非 0 元素所在的列，即第 1、2、4 列构成矩阵 $\boldsymbol{B}$ 的列向量组的一个极大无关组，因此 $\boldsymbol{A}$ 中第 1、2、4 列是 $\boldsymbol{A}$ 的列向量组的一个极大无关组．此外，将 $\boldsymbol{A}$ 与 $\boldsymbol{B}$ 对比还可知，$\boldsymbol{A}$ 中第 1、2、5 列，以及第 2、3、4 列或第 2、3、5 列都是 $\boldsymbol{A}$ 的列向量组的极大无关组.

**例 3.11** 求矩阵

$$\boldsymbol{A}=\begin{pmatrix} 1 & -2 & 1 & 0 & 0 \\ -2 & 4 & -2 & 6 & 6 \\ 3 & -6 & 3 & -9 & -9 \\ 3 & 3 & 3 & 2 & 2 \end{pmatrix}$$

的秩，并求行向量组的一个极大无关组.

**解**　如果直接对矩阵 $\boldsymbol{A}$ 施行初等行变换，求行向量组的一个极大无关组有困难．不过可以采取对 $\boldsymbol{A}$ 的转置矩阵 $\boldsymbol{A}^{\mathrm{T}}$ 施行初等行变换，即

$$\boldsymbol{A}^{\mathrm{T}}=\begin{pmatrix}1&-2&3&3\\-2&4&-6&3\\1&-2&3&3\\0&6&-9&2\\0&6&-9&2\end{pmatrix}\xrightarrow[r_5-r_4]{\substack{r_2+2r_1\\r_3-r_1}}\begin{pmatrix}1&-2&3&3\\0&0&0&9\\0&0&0&0\\0&6&-9&2\\0&0&0&0\end{pmatrix}$$

$$\xrightarrow{r_2\leftrightarrow r_4}\begin{pmatrix}1&-2&3&3\\0&6&-9&2\\0&0&0&0\\0&0&0&9\\0&0&0&0\end{pmatrix}\xrightarrow{r_3\leftrightarrow r_4}\begin{pmatrix}1&-2&3&3\\0&6&-9&2\\0&0&0&9\\0&0&0&0\\0&0&0&0\end{pmatrix}.$$

因为最后的阶梯形矩阵有 3 个非零行，所以 $R(\boldsymbol{A})=3$. 通过与阶梯形矩阵比较知道，$\boldsymbol{A}^{\mathrm{T}}$ 的第 1、2、4 列是 $\boldsymbol{A}^{\mathrm{T}}$ 的列向量组的一个极大无关组，因此 $\boldsymbol{A}$ 的第 1、2、4 行就是 $\boldsymbol{A}$ 的行向量组的一个极大无关组．

## 二、利用矩阵讨论向量组的线性相关性

因为向量组 $\boldsymbol{\alpha}_1$，$\boldsymbol{\alpha}_2$，…，$\boldsymbol{\alpha}_m$ 可作为列向量构成矩阵 $\boldsymbol{A}=(\boldsymbol{\alpha}_1, \boldsymbol{\alpha}_2, \cdots, \boldsymbol{\alpha}_m)$，不难理解向量组的秩就是矩阵 $\boldsymbol{A}$ 的列秩，也就是矩阵 $\boldsymbol{A}$ 的秩．因此可以利用矩阵来讨论向量组的线性相关性问题．**向量组的线性相关性问题主要有两个：其一是向量组本身是否线性相关；其二是如何求出向量组的极大线性无关组，并将其余向量用极大无关组线性表示．**

应用定理 3.8 及其推论，容易对含 $m$ 个 $n$ 维向量的向量组 $A$：$\boldsymbol{\alpha}_1$，$\boldsymbol{\alpha}_2$，…，$\boldsymbol{\alpha}_m$ 的线性相关性及其秩 $r=R(A)$ 作出如下的判断：

（1）当 $m>n$ 时，向量组 $A$ 必定线性相关，且 $r\leqslant n$；

（2）当 $m=n$ 时，这时 $\boldsymbol{A}$ 为方阵．若行列式 $|\boldsymbol{A}|=0$，则 $r<m$，且向量组 $A$ 线性相关；若行列式 $|\boldsymbol{A}|\neq 0$，则 $r=m$，且向量组 $A$ 线性无关；

（3）当 $m<n$ 时，若 $\boldsymbol{A}$ 中所有 $m$ 阶子式全为 0，则 $r<m$，且向量组 $A$ 线性相关；若 $\boldsymbol{A}$ 中存在不为 0 的 $m$ 阶子式，则 $r=m$，且向量组 $A$ 线性无关．

**例 3.12**　判断下列向量组的线性相关性，并求出它们的秩：

（1）$\boldsymbol{\alpha}_1=(1, -2, 3, -4)^{\mathrm{T}}$，$\boldsymbol{\alpha}_2=(0, 1, -1, 1)^{\mathrm{T}}$，$\boldsymbol{\alpha}_3=(1, -1, 2, -3)^{\mathrm{T}}$，$\boldsymbol{\alpha}_4=(0, -7, 3, 1)^{\mathrm{T}}$；

（2）$\boldsymbol{\alpha}_1=(1, 3, -1)^{\mathrm{T}}$，$\boldsymbol{\alpha}_2=(0, 1, -1)^{\mathrm{T}}$，$\boldsymbol{\alpha}_3=(2, 1, 0)^{\mathrm{T}}$，$\boldsymbol{\alpha}_4=(2, 2, 3)^{\mathrm{T}}$；

(3) $\boldsymbol{\alpha}_1=(-1, 1, 0, 0, 0)^{\mathrm{T}}$，$\boldsymbol{\alpha}_2=(0, -1, 1, 0, 0)^{\mathrm{T}}$，$\boldsymbol{\alpha}_3=(2, 0, 1, 0, 0)^{\mathrm{T}}$，$\boldsymbol{\alpha}_4=(0, 0, 0, -1, 1)^{\mathrm{T}}$.

**解** (1) 可对由向量组构成的矩阵施行初等行变换化成行阶梯形矩阵，即

$$(\boldsymbol{\alpha}_1, \boldsymbol{\alpha}_2, \boldsymbol{\alpha}_3, \boldsymbol{\alpha}_4)=\begin{pmatrix}1&0&1&0\\-2&1&-1&-7\\3&-1&2&3\\-4&1&-3&1\end{pmatrix}\to\begin{pmatrix}1&0&1&0\\0&1&1&-7\\0&0&0&-4\\0&0&0&0\end{pmatrix},$$

得 $R(\boldsymbol{\alpha}_1, \boldsymbol{\alpha}_2, \boldsymbol{\alpha}_3, \boldsymbol{\alpha}_4)=3<4$. 因为向量组含有 4 个向量，故向量组线性相关.

**注意**：该向量组所含向量的个数与维数一致，如果只要判断线性相关性，可通过矩阵 $\boldsymbol{A}=(\boldsymbol{\alpha}_1, \boldsymbol{\alpha}_2, \boldsymbol{\alpha}_3, \boldsymbol{\alpha}_4)$ 的行列式进行判断.

(2) 向量组向量的个数大于维数，必定线性相关. 但要求秩，还是要作初等行变换，即

$$(\boldsymbol{\alpha}_1, \boldsymbol{\alpha}_2, \boldsymbol{\alpha}_3, \boldsymbol{\alpha}_4)=\begin{pmatrix}1&0&2&2\\3&1&1&2\\-1&-1&0&3\end{pmatrix}$$

$$\to\begin{pmatrix}1&0&2&2\\0&1&-5&-4\\0&0&-3&1\end{pmatrix}\text{（行阶梯形矩阵）},$$

于是得 $R(\boldsymbol{\alpha}_1, \boldsymbol{\alpha}_2, \boldsymbol{\alpha}_3, \boldsymbol{\alpha}_4)=3$.

(3) 因为

$$(\boldsymbol{\alpha}_1, \boldsymbol{\alpha}_2, \boldsymbol{\alpha}_3, \boldsymbol{\alpha}_4)=\begin{pmatrix}-1&0&2&0\\1&-1&0&0\\0&1&1&0\\0&0&0&-1\\0&0&0&1\end{pmatrix}$$

$$\to\begin{pmatrix}-1&0&2&0\\0&-1&2&0\\0&0&3&0\\0&0&0&-1\\0&0&0&0\end{pmatrix}\text{（行阶梯形矩阵）},$$

得 $R(\boldsymbol{\alpha}_1, \boldsymbol{\alpha}_2, \boldsymbol{\alpha}_3, \boldsymbol{\alpha}_4)=4$，由于向量组的秩等于向量的个数，故向量组线性无关.

下面给出求向量组的秩和极大无关组以及将其余向量用极大无关组线性表示的步骤：

(1) 将向量组 $\boldsymbol{\alpha}_1$，$\boldsymbol{\alpha}_2$，…，$\boldsymbol{\alpha}_m$ 作为矩阵的列向量构造矩阵 $\boldsymbol{A}=(\boldsymbol{\alpha}_1, \boldsymbol{\alpha}_2, \cdots, \boldsymbol{\alpha}_m)$.

(2) 对 $\boldsymbol{A}$ 施行初等行变换，化为行阶梯形矩阵 $\boldsymbol{B}$. 若 $\boldsymbol{B}$ 中非零行的个数为 $r$，则向量组的秩 $R(\boldsymbol{\alpha}_1, \boldsymbol{\alpha}_2, \cdots, \boldsymbol{\alpha}_m)=r$. 而 $\boldsymbol{B}$ 中非零行首非零元对应的原列向量构成一个极大无关组.

(3) 继续对矩阵 $\boldsymbol{B}$ 施行初等行变换，化为**行最简形矩阵**. 根据行最简形矩阵列向量组的线性关系，可得原列向量组的线性关系.

上述所谓的**行最简形矩阵**的特征是：

① 它是行阶梯形矩阵；

② 其中非零行的首非零元为 1，且这些非零元所在的列中的其他元素都为 0.

**例 3.13**　求向量组

$$\boldsymbol{\alpha}_1=(1, 2, 2, 3)^{\mathrm{T}}, \boldsymbol{\alpha}_2=(1, -1, -1, 6)^{\mathrm{T}}, \boldsymbol{\alpha}_3=(2, 1, 1, 9)^{\mathrm{T}},$$
$$\boldsymbol{\alpha}_4=(1, 1, 1, 7)^{\mathrm{T}}, \boldsymbol{\alpha}_5=(4, 2, 2, 9)^{\mathrm{T}}$$

的秩和一个极大无关组，并把不属于极大无关组的向量用极大无关组线性表示.

**解**　以 $\boldsymbol{\alpha}_1$，$\boldsymbol{\alpha}_2$，$\boldsymbol{\alpha}_3$，$\boldsymbol{\alpha}_4$，$\boldsymbol{\alpha}_5$ 为列向量构造矩阵 $\boldsymbol{A}$，对 $\boldsymbol{A}$ 施行初等行变换化成行阶梯形矩阵，进而化为行最简形矩阵，即

$$\boldsymbol{A}=(\boldsymbol{\alpha}_1, \boldsymbol{\alpha}_2, \boldsymbol{\alpha}_3, \boldsymbol{\alpha}_4, \boldsymbol{\alpha}_5)=\begin{pmatrix} 1 & 1 & 2 & 1 & 4 \\ 2 & -1 & 1 & 1 & 2 \\ 2 & -1 & 1 & 1 & 2 \\ 3 & 6 & 9 & 7 & 9 \end{pmatrix}$$

$$\to\begin{pmatrix} 1 & 1 & 2 & 1 & 4 \\ 0 & -3 & -3 & -1 & -6 \\ 0 & 0 & 0 & 1 & -3 \\ 0 & 0 & 0 & 0 & 0 \end{pmatrix}\to\begin{pmatrix} 1 & 0 & 1 & 0 & 4 \\ 0 & 1 & 1 & 0 & 3 \\ 0 & 0 & 0 & 1 & -3 \\ 0 & 0 & 0 & 0 & 0 \end{pmatrix}\text{(行最简形矩阵)},$$

则 $R(\boldsymbol{\alpha}_1, \boldsymbol{\alpha}_2, \boldsymbol{\alpha}_3, \boldsymbol{\alpha}_4, \boldsymbol{\alpha}_5)=3$；而 $\boldsymbol{\alpha}_1$，$\boldsymbol{\alpha}_2$，$\boldsymbol{\alpha}_4$ 为向量组 $\boldsymbol{\alpha}_1$，$\boldsymbol{\alpha}_2$，$\boldsymbol{\alpha}_3$，$\boldsymbol{\alpha}_4$，$\boldsymbol{\alpha}_5$ 的一个极大无关组，且有

$$\boldsymbol{\alpha}_3=\boldsymbol{\alpha}_1+\boldsymbol{\alpha}_2+0\cdot\boldsymbol{\alpha}_4, \boldsymbol{\alpha}_5=4\boldsymbol{\alpha}_1+3\boldsymbol{\alpha}_2-3\boldsymbol{\alpha}_4.$$

**说明**：行最简形矩阵的列向量为

$$\boldsymbol{\beta}_1=(1, 0, 0, 0)^{\mathrm{T}}, \boldsymbol{\beta}_2=(0, 1, 0, 0)^{\mathrm{T}}, \boldsymbol{\beta}_3=(1, 1, 0, 0)^{\mathrm{T}},$$
$$\boldsymbol{\beta}_4=(0, 0, 1, 0)^{\mathrm{T}}, \boldsymbol{\beta}_5=(4, 3, -3, 0)^{\mathrm{T}},$$

其中 $\boldsymbol{\beta}_1$，$\boldsymbol{\beta}_2$，$\boldsymbol{\beta}_4$ 为单位坐标向量，构成一个极大无关组，且易知

$$\boldsymbol{\beta}_3=\boldsymbol{\beta}_1+\boldsymbol{\beta}_2+0\cdot\boldsymbol{\beta}_4, \boldsymbol{\beta}_5=4\boldsymbol{\beta}_1+3\boldsymbol{\beta}_2-3\boldsymbol{\beta}_4,$$

根据本节引理 1，即得 $\boldsymbol{\alpha}_3$，$\boldsymbol{\alpha}_5$ 用 $\boldsymbol{\alpha}_1$，$\boldsymbol{\alpha}_2$，$\boldsymbol{\alpha}_4$ 的线性表示.

前面已经介绍了矩阵秩的一些性质，下面再介绍几个常用的性质：

(1) $R(\boldsymbol{A})=R(\boldsymbol{A}^{\mathrm{T}})$；

(2) $R(k\boldsymbol{A})=R(\boldsymbol{A})$，$k\neq0$；

(3) $R(\boldsymbol{A}+\boldsymbol{B})\leqslant R(\boldsymbol{A})+R(\boldsymbol{B})$；

(4) $R(\boldsymbol{AB})\leqslant\min\{R(\boldsymbol{A}),\ R(\boldsymbol{B})\}$；

(5) 设 $\boldsymbol{A}$ 为 $m\times n$ 矩阵，$\boldsymbol{B}$ 为 $n\times p$ 矩阵，则 $R(\boldsymbol{AB})\geqslant R(\boldsymbol{A})+R(\boldsymbol{B})-n$.

证明留作习题，请读者自证.

## 习 题 三

1. 设向量 $\boldsymbol{\alpha}_1=(1,\ 0,\ -1,\ 2)^{\mathrm{T}}$，$\boldsymbol{\alpha}_2=(2,\ 1,\ 3,\ -1)^{\mathrm{T}}$，$\boldsymbol{\alpha}_3=(1,\ -1,\ 2,\ 0)^{\mathrm{T}}$，

(1) 求 $2\boldsymbol{\alpha}_1+\boldsymbol{\alpha}_2-3\boldsymbol{\alpha}_3$；

(2) 若有 $\boldsymbol{x}$ 满足 $3\boldsymbol{\alpha}_1-\boldsymbol{\alpha}_2+5\boldsymbol{\alpha}_3+2\boldsymbol{x}=\boldsymbol{0}$，求 $\boldsymbol{x}$.

2. 设 $\boldsymbol{\alpha}_1$，$\boldsymbol{\alpha}_2$，$\boldsymbol{\alpha}_3$ 均为三维列向量，记矩阵

$$\boldsymbol{A}=(\boldsymbol{\alpha}_1,\ \boldsymbol{\alpha}_2,\ \boldsymbol{\alpha}_3),\ \boldsymbol{B}=(\boldsymbol{\alpha}_1+\boldsymbol{\alpha}_2+\boldsymbol{\alpha}_3,\ \boldsymbol{\alpha}_1+2\boldsymbol{\alpha}_2+4\boldsymbol{\alpha}_3,\ \boldsymbol{\alpha}_1+3\boldsymbol{\alpha}_2+9\boldsymbol{\alpha}_3),$$

如果 $|\boldsymbol{A}|=6$，求 $|\boldsymbol{B}|$.

3. 把向量 $\boldsymbol{\beta}$ 表示为其他向量的线性组合：

(1) $\boldsymbol{\beta}=(1,\ 2,\ 3,\ 4)^{\mathrm{T}}$，$\boldsymbol{e}_1=(1,\ 0,\ 0,\ 0)^{\mathrm{T}}$，$\boldsymbol{e}_2=(0,\ 1,\ 0,\ 0)^{\mathrm{T}}$，$\boldsymbol{e}_3=(0,\ 0,\ 1,\ 0)^{\mathrm{T}}$，$\boldsymbol{e}_4=(0,\ 0,\ 0,\ 1)^{\mathrm{T}}$；

(2) $\boldsymbol{\beta}=(0,\ 0,\ 0,\ 1)^{\mathrm{T}}$，$\boldsymbol{\alpha}_1=(1,\ 1,\ 0,\ 1)^{\mathrm{T}}$，$\boldsymbol{\alpha}_2=(2,\ 1,\ 3,\ 2)^{\mathrm{T}}$，$\boldsymbol{\alpha}_3=(1,\ 1,\ 0,\ 0)^{\mathrm{T}}$，$\boldsymbol{\alpha}_4=(0,\ 1,\ -1,\ -1)^{\mathrm{T}}$.

4. 判断向量 $\boldsymbol{\beta}$ 能否由向量组 $\boldsymbol{\alpha}_1$，$\boldsymbol{\alpha}_2$，$\boldsymbol{\alpha}_3$ 线性表示. 若能，写出它的一种表达方式：

(1) $\boldsymbol{\beta}=(2,\ -1,\ 3,\ 0)^{\mathrm{T}}$，$\boldsymbol{\alpha}_1=(1,\ 0,\ 0,\ 1)^{\mathrm{T}}$，$\boldsymbol{\alpha}_2=(0,\ 1,\ 0,\ -1)^{\mathrm{T}}$，$\boldsymbol{\alpha}_3=(0,\ 0,\ 1,\ -1)^{\mathrm{T}}$；

(2) $\boldsymbol{\beta}=(-1,\ 0,\ 3,\ 6)^{\mathrm{T}}$，$\boldsymbol{\alpha}_1=(1,\ -1,\ 0,\ 3)^{\mathrm{T}}$，$\boldsymbol{\alpha}_2=(2,\ 1,\ 1,\ -1)^{\mathrm{T}}$，$\boldsymbol{\alpha}_3=(0,\ 1,\ 2,\ 1)^{\mathrm{T}}$.

5. 判断下列向量组线性相关还是线性无关：

(1) $\boldsymbol{\alpha}_1=(1,\ 0,\ 0)^{\mathrm{T}}$，$\boldsymbol{\alpha}_2=(1,\ -1,\ 0)^{\mathrm{T}}$，$\boldsymbol{\alpha}_3=(1,\ -1,\ 2)^{\mathrm{T}}$；

(2) $\boldsymbol{\alpha}_1=(1,\ 1,\ 3,\ 1)^{\mathrm{T}}$，$\boldsymbol{\alpha}_2=(3,\ -1,\ 2,\ 4)^{\mathrm{T}}$，$\boldsymbol{\alpha}_3=(2,\ 2,\ 7,\ -1)^{\mathrm{T}}$；

(3) $\boldsymbol{\alpha}_1=(1,\ 0,\ -1)^{\mathrm{T}}$，$\boldsymbol{\alpha}_2=(0,\ 1,\ 0)^{\mathrm{T}}$，$\boldsymbol{\alpha}_3=(1,\ -1,\ 0)^{\mathrm{T}}$，$\boldsymbol{\alpha}_4=(-1,\ 1,\ 2)^{\mathrm{T}}$.

6. 设向量组 $\boldsymbol{\alpha}_1=(a,\ 1,\ 1)^{\mathrm{T}}$，$\boldsymbol{\alpha}_2=(1,\ a,\ 1)^{\mathrm{T}}$，$\boldsymbol{\alpha}_3=(1,\ 1,\ a)^{\mathrm{T}}$，

(1) 当 $a$ 为何值时，向量组 $\boldsymbol{\alpha}_1$，$\boldsymbol{\alpha}_2$，$\boldsymbol{\alpha}_3$ 线性无关？

(2) 当 $a$ 为何值时，向量组 $\boldsymbol{\alpha}_1$，$\boldsymbol{\alpha}_2$，$\boldsymbol{\alpha}_3$ 线性相关？

7. 证明：如果向量组 $\boldsymbol{\alpha}_1$，$\boldsymbol{\alpha}_2$，…，$\boldsymbol{\alpha}_r$ 线性无关，且 $\boldsymbol{\beta}_1=\boldsymbol{\alpha}_1$，$\boldsymbol{\beta}_2=\boldsymbol{\alpha}_1+\boldsymbol{\alpha}_2$，…，$\boldsymbol{\beta}_r=\boldsymbol{\alpha}_1+\boldsymbol{\alpha}_2+\cdots+\boldsymbol{\alpha}_r$，那么向量组 $\boldsymbol{\beta}_1$，$\boldsymbol{\beta}_2$，…，$\boldsymbol{\beta}_r$ 也线性无关．

8. 证明：向量组 $A$ 中的 $r$ 个向量 $\boldsymbol{\alpha}_1$，$\boldsymbol{\alpha}_2$，…，$\boldsymbol{\alpha}_r$ 是 $A$ 的一个极大无关组的充分必要条件是 $\boldsymbol{\alpha}_1$，$\boldsymbol{\alpha}_2$，…，$\boldsymbol{\alpha}_r$ 线性无关，且 $A$ 中任意 $r+1$ 个向量线性相关.

9. 已知向量组 $\boldsymbol{\alpha}_1$，$\boldsymbol{\alpha}_2$，$\boldsymbol{\alpha}_3$ 线性相关，向量组 $\boldsymbol{\alpha}_2$，$\boldsymbol{\alpha}_3$，$\boldsymbol{\alpha}_4$ 线性无关，证明：

(1) $\boldsymbol{\alpha}_1$ 能由 $\boldsymbol{\alpha}_2$，$\boldsymbol{\alpha}_3$ 线性表示；

(2) $\boldsymbol{\alpha}_4$ 不能由 $\boldsymbol{\alpha}_1$，$\boldsymbol{\alpha}_2$，$\boldsymbol{\alpha}_3$ 线性表示．

10. 求下列向量组的秩，并求一个极大无关组：

(1) $\boldsymbol{\alpha}_1=\begin{pmatrix}1\\-1\\0\end{pmatrix}$，$\boldsymbol{\alpha}_2=\begin{pmatrix}0\\1\\2\end{pmatrix}$，$\boldsymbol{\alpha}_3=\begin{pmatrix}1\\0\\1\end{pmatrix}$；

(2) $\boldsymbol{\alpha}_1=\begin{pmatrix}-4\\0\\0\end{pmatrix}$，$\boldsymbol{\alpha}_2=\begin{pmatrix}1\\1\\0\end{pmatrix}$，$\boldsymbol{\alpha}_3=\begin{pmatrix}0\\0\\1\end{pmatrix}$，$\boldsymbol{\alpha}_4=\begin{pmatrix}2\\1\\1\end{pmatrix}$，$\boldsymbol{\alpha}_5=\begin{pmatrix}2\\-1\\3\end{pmatrix}$.

11. 求下列矩阵的秩：

(1) $\boldsymbol{A}=\begin{pmatrix}1&2&1\\-1&-1&0\\0&1&1\\1&3&2\end{pmatrix}$；　　(2) $\boldsymbol{A}=\begin{pmatrix}1&1&1&1\\1&-2&-1&-2\\4&1&2&1\\2&5&4&-1\end{pmatrix}$；

(3) $\boldsymbol{A}=\begin{pmatrix}1&0&1&0&0\\1&1&0&0&0\\0&1&1&0&0\\0&0&1&1&0\\0&1&0&1&1\end{pmatrix}$；　　(4) $\boldsymbol{A}=\begin{pmatrix}1&0&0&1&4\\0&1&0&2&5\\0&0&1&3&6\\1&2&3&14&32\\4&5&6&32&77\end{pmatrix}$.

12. 设 $\boldsymbol{A}=\begin{pmatrix}1&2&-1&1\\3&2&a&-1\\5&6&3&b\end{pmatrix}$，已知 $R(\boldsymbol{A})=2$，求 $a$ 与 $b$ 的值．

13. 利用矩阵的初等行变换求下列向量组的秩和一个极大无关组，并将其余列向量用极大无关组线性表示：

(1) $\boldsymbol{\alpha}_1=\begin{pmatrix}1\\1\\1\end{pmatrix}$，$\boldsymbol{\alpha}_2=\begin{pmatrix}1\\1\\0\end{pmatrix}$，$\boldsymbol{\alpha}_3=\begin{pmatrix}1\\0\\0\end{pmatrix}$，$\boldsymbol{\alpha}_4=\begin{pmatrix}1\\2\\3\end{pmatrix}$；

(2) $\boldsymbol{\alpha}_1=\begin{pmatrix}1\\-1\\0\\4\end{pmatrix}$，$\boldsymbol{\alpha}_2=\begin{pmatrix}0\\-1\\-2\\1\end{pmatrix}$，$\boldsymbol{\alpha}_3=\begin{pmatrix}-1\\2\\5\\-7\end{pmatrix}$，$\boldsymbol{\alpha}_4=\begin{pmatrix}2\\4\\3\\8\end{pmatrix}$.

14. 利用初等行变换求下列矩阵的列向量组的一个极大无关组，并把其余列向量用极大无关组线性表示：

(1) $\boldsymbol{A}=\begin{pmatrix}1&1&2&2&1\\0&2&1&5&-1\\2&0&3&-1&3\\1&1&0&4&-1\end{pmatrix}$；　(2) $\boldsymbol{A}=\begin{pmatrix}1&1&-2&1&4\\2&-1&-1&1&2\\4&-6&2&-2&4\\3&6&-9&7&9\end{pmatrix}$.

15. 设三阶矩阵 $\boldsymbol{A}=\begin{pmatrix}a&1&1\\1&a&1\\1&1&a\end{pmatrix}$，试求矩阵 $\boldsymbol{A}$ 的秩 .

16. 设 $\boldsymbol{A}=\begin{pmatrix}5&7&6&23\\2&3&3&9\\1&2&3&4\end{pmatrix}$，求一个可逆矩阵 $\boldsymbol{P}$，使 $\boldsymbol{PA}$ 为行最简形 .

17. 设 $\boldsymbol{A}$ 为 $n$ 阶方阵，$\boldsymbol{A}^2=\boldsymbol{E}$，$\boldsymbol{E}$ 为 $n$ 阶单位矩阵，证明：

$$R(\boldsymbol{A}+\boldsymbol{E})+R(\boldsymbol{A}-\boldsymbol{E})=n.$$

18. 证明下列矩阵秩的性质：

(1) $R(\boldsymbol{A})=R(\boldsymbol{A}^{\mathrm{T}})$；

(2) $R(k\boldsymbol{A})=R(\boldsymbol{A})$，$k\neq 0$；

(3) $R(\boldsymbol{A}+\boldsymbol{B})\leqslant R(\boldsymbol{A})+R(\boldsymbol{B})$；

(4) $R(\boldsymbol{AB})\leqslant \min\{R(\boldsymbol{A}),\ R(\boldsymbol{B})\}$；

(5) 设 $\boldsymbol{A}$ 为 $m\times n$ 矩阵，$\boldsymbol{B}$ 为 $n\times p$ 矩阵，则 $R(\boldsymbol{AB})\geqslant R(\boldsymbol{A})+R(\boldsymbol{B})-n$.

# 第四章　线性方程组

在第二章中，利用行列式这个工具，得到了当方程个数与未知数个数相等，且方程组的系数行列式不为零时的线性方程组的求解方法——克拉默法则．至于一般的线性方程组，情形是比较复杂的．本章利用矩阵、行列式、向量等工具讨论一般线性方程组的解法，内容涉及线性方程组解的存在性和线性方程组解的结构等基本理论．此外，本章最后一节介绍了线性方程组的应用实例——投入产出数学模型．

## 第一节　线性方程组的相容性

设有 $n$ 个未知数 $m$ 个方程的线性方程组

$$\begin{cases} a_{11}x_1+a_{12}x_2+\cdots+a_{1n}x_n=b_1, \\ a_{21}x_1+a_{22}x_2+\cdots+a_{2n}x_n=b_2, \\ \cdots\cdots\cdots\cdots\cdots\cdots\cdots\cdots \\ a_{m1}x_1+a_{m2}x_2+\cdots+a_{mn}x_n=b_m, \end{cases} \tag{4-1}$$

若记

$$\boldsymbol{A}=\begin{pmatrix} a_{11} & a_{12} & \cdots & a_{1n} \\ a_{21} & a_{22} & \cdots & a_{2n} \\ \vdots & \vdots & & \vdots \\ a_{m1} & a_{m2} & \cdots & a_{mn} \end{pmatrix}, \ \boldsymbol{x}=\begin{pmatrix} x_1 \\ x_2 \\ \vdots \\ x_n \end{pmatrix}, \ \boldsymbol{b}=\begin{pmatrix} b_1 \\ b_2 \\ \vdots \\ b_m \end{pmatrix},$$

则方程组(4-1)可以表示为矩阵形式

$$\boldsymbol{Ax}=\boldsymbol{b}, \tag{4-2}$$

其中矩阵 $\boldsymbol{A}$ 称为方程组的**系数矩阵**，$\boldsymbol{b}$ 称为方程组的**常数项矩阵**，而矩阵

$$\begin{pmatrix} a_{11} & a_{12} & \cdots & a_{1n} & b_1 \\ a_{21} & a_{22} & \cdots & a_{2n} & b_2 \\ \vdots & \vdots & & \vdots & \vdots \\ a_{m1} & a_{m2} & \cdots & a_{mn} & b_m \end{pmatrix}$$

称为方程组的**增广矩阵**，记为$(\boldsymbol{A}, \boldsymbol{b})$，有时也简记为 $\widetilde{\boldsymbol{A}}$. 实际上，增广矩阵 $\widetilde{\boldsymbol{A}}$ 也是方程组(4-1)的一种表示方式．

在方程组(4-1)中，若 $\boldsymbol{b}=\boldsymbol{0}$，则对应的线性方程组

$$\begin{cases} a_{11}x_1+a_{12}x_2+\cdots+a_{1n}x_n=0, \\ a_{21}x_1+a_{22}x_2+\cdots+a_{2n}x_n=0, \\ \cdots\cdots\cdots\cdots\cdots\cdots\cdots\cdots \\ a_{m1}x_1+a_{m2}x_2+\cdots+a_{mn}x_n=0, \end{cases} \tag{4-3}$$

或

$$\boldsymbol{Ax}=\boldsymbol{0} \tag{4-4}$$

称为**齐次线性方程组**；若 $\boldsymbol{b}\neq\boldsymbol{0}$，则线性方程组 $\boldsymbol{Ax}=\boldsymbol{b}$ 称为**非齐次线性方程组**. $\boldsymbol{Ax}=\boldsymbol{0}$ 称为由 $\boldsymbol{Ax}=\boldsymbol{b}$ 导出的齐次线性方程组，简称为 $\boldsymbol{Ax}=\boldsymbol{b}$ 的**导出组**.

若记

$$\boldsymbol{\alpha}_1=\begin{pmatrix} a_{11} \\ a_{21} \\ \vdots \\ a_{m1} \end{pmatrix}, \boldsymbol{\alpha}_2=\begin{pmatrix} a_{12} \\ a_{22} \\ \vdots \\ a_{m2} \end{pmatrix}, \cdots, \boldsymbol{\alpha}_n=\begin{pmatrix} a_{1n} \\ a_{2n} \\ \vdots \\ a_{mn} \end{pmatrix},$$

则方程组(4-1)有下面的向量形式

$$x_1\boldsymbol{\alpha}_1+x_2\boldsymbol{\alpha}_2+\cdots+x_n\boldsymbol{\alpha}_n=\boldsymbol{b}. \tag{4-5}$$

此时对应的导出组 $\boldsymbol{Ax}=\boldsymbol{0}$ 的向量形式为

$$x_1\boldsymbol{\alpha}_1+x_2\boldsymbol{\alpha}_2+\cdots+x_n\boldsymbol{\alpha}_n=\boldsymbol{0}. \tag{4-6}$$

若 $x_1=\xi_{11}$，$x_2=\xi_{21}$，…，$x_n=\xi_{n1}$ 为方程组(4-1)的解，则

$$\boldsymbol{x}=\boldsymbol{\xi}_1=(\xi_{11}, \xi_{21}, \cdots, \xi_{n1})^{\mathrm{T}}$$

称为方程组(4-1)的**解向量**，也简称为**解**.

线性方程组 $\boldsymbol{Ax}=\boldsymbol{b}$ 如果有解，就称它是**相容的**，如果无解，就称它**不相容**. 显然，齐次线性方程组 $\boldsymbol{Ax}=\boldsymbol{0}$ 始终有解：$x_1=x_2=\cdots=x_n=0$ 称为 $\boldsymbol{Ax}=\boldsymbol{0}$ 的**零解**.

关于一般的线性方程组有三个基本问题：第一，方程组是否有解，即方程组是否相容？第二，如果方程组有解，它的解是否唯一？第三，如果方程组有解但不唯一，如何求出并表示它的全部解？

下面就来回答这里提出的第一个与第二个问题.

由方程组(4-1)的向量形式易知，方程组(4-1)有解的充分必要条件是向量 $\boldsymbol{b}$ 可由向量组 $\boldsymbol{\alpha}_1$，$\boldsymbol{\alpha}_2$，…，$\boldsymbol{\alpha}_n$ 线性表示.

将这一结论转化为方程组(4-1)的系数矩阵与其增广矩阵之间的关系，可得如下定理.

**定理 4.1** **线性方程组(4-1)有解的充要条件是其系数矩阵的秩与增广矩阵**

**的秩相等，即 $R(\boldsymbol{A})=R(\widetilde{\boldsymbol{A}})$ 或 $R(\boldsymbol{\alpha}_1, \boldsymbol{\alpha}_2, \cdots, \boldsymbol{\alpha}_n)=R(\boldsymbol{\alpha}_1, \boldsymbol{\alpha}_2, \cdots, \boldsymbol{\alpha}_n, \boldsymbol{b})$.**

**证**　充分性：设 $R(\boldsymbol{A})=R(\widetilde{\boldsymbol{A}})=r$，即向量组 $\boldsymbol{\alpha}_1$，$\boldsymbol{\alpha}_2$，…，$\boldsymbol{\alpha}_n$ 与向量组 $\boldsymbol{\alpha}_1$，$\boldsymbol{\alpha}_2$，…，$\boldsymbol{\alpha}_n$，$\boldsymbol{b}$ 有相同的秩 $r$，因此，若 $\boldsymbol{\beta}_1$，$\boldsymbol{\beta}_2$，…，$\boldsymbol{\beta}_r$ 是 $\boldsymbol{\alpha}_1$，$\boldsymbol{\alpha}_2$，…，$\boldsymbol{\alpha}_n$ 的一个极大无关组，则 $\boldsymbol{\beta}_1$，$\boldsymbol{\beta}_2$，…，$\boldsymbol{\beta}_r$，$\boldsymbol{b}$ 一定线性相关(否则，有 $R(\widetilde{\boldsymbol{A}})\geqslant r$)．于是据定理 3.3 可知，$\boldsymbol{b}$ 能由 $\boldsymbol{\beta}_1$，$\boldsymbol{\beta}_2$，…，$\boldsymbol{\beta}_r$ 线性表示，也就能由 $\boldsymbol{\alpha}_1$，$\boldsymbol{\alpha}_2$，…，$\boldsymbol{\alpha}_n$ 线性表示，从而方程组(4-1)有解．

必要性：反之，若方程组(4-1)有解 $\boldsymbol{x}=(x_1^*, x_2^*, \cdots, x_n^*)^{\mathrm{T}}$，则 $\boldsymbol{b}$ 能由 $\boldsymbol{\alpha}_1$，$\boldsymbol{\alpha}_2$，…，$\boldsymbol{\alpha}_n$ 线性表示，于是向量组 $\boldsymbol{\alpha}_1$，$\boldsymbol{\alpha}_2$，…，$\boldsymbol{\alpha}_n$ 与 $\boldsymbol{\alpha}_1$，$\boldsymbol{\alpha}_2$，…，$\boldsymbol{\alpha}_n$，$\boldsymbol{b}$ 等价，而据定理 3.6，等价的向量组有相同的秩，即有 $R(\boldsymbol{\alpha}_1, \boldsymbol{\alpha}_2, \cdots, \boldsymbol{\alpha}_n)=R(\boldsymbol{\alpha}_1, \boldsymbol{\alpha}_2, \cdots, \boldsymbol{\alpha}_n, \boldsymbol{b})$，也即 $R(\boldsymbol{A})=R(\widetilde{\boldsymbol{A}})$.

**定理 4.2**　**线性方程组(4-1)有唯一解的充要条件是其系数矩阵的秩与增广矩阵的秩都等于 $n$，即 $R(\boldsymbol{A})=R(\widetilde{\boldsymbol{A}})=n$.**

**证**　充分性：已知 $R(\boldsymbol{A})=R(\widetilde{\boldsymbol{A}})=n$，即向量组 $\boldsymbol{\alpha}_1$，$\boldsymbol{\alpha}_2$，…，$\boldsymbol{\alpha}_n$ 与向量组 $\boldsymbol{\alpha}_1$，$\boldsymbol{\alpha}_2$，…，$\boldsymbol{\alpha}_n$，$\boldsymbol{b}$ 有相同的秩 $n$．这表明 $\boldsymbol{\alpha}_1$，$\boldsymbol{\alpha}_2$，…，$\boldsymbol{\alpha}_n$ 线性无关，而 $\boldsymbol{\alpha}_1$，$\boldsymbol{\alpha}_2$，…，$\boldsymbol{\alpha}_n$，$\boldsymbol{b}$ 线性相关．于是据定理 3.3，$\boldsymbol{b}$ 可由 $\boldsymbol{\alpha}_1$，$\boldsymbol{\alpha}_2$，…，$\boldsymbol{\alpha}_n$ 线性表示，且表达式唯一．因而方程组(4-1)有解，且解唯一．

必要性：反之，若方程组(4-1)有唯一解，即 $\boldsymbol{b}$ 可由向量组 $\boldsymbol{\alpha}_1$，$\boldsymbol{\alpha}_2$，…，$\boldsymbol{\alpha}_n$ 线性表示，且表达式唯一．于是据定理 3.3 的推论，$\boldsymbol{\alpha}_1$，$\boldsymbol{\alpha}_2$，…，$\boldsymbol{\alpha}_n$ 线性无关．由于 $\boldsymbol{b}$ 可由向量组 $\boldsymbol{\alpha}_1$，$\boldsymbol{\alpha}_2$，…，$\boldsymbol{\alpha}_n$ 线性表示，因此向量组 $\boldsymbol{\alpha}_1$，$\boldsymbol{\alpha}_2$，…，$\boldsymbol{\alpha}_n$ 与向量组 $\boldsymbol{\alpha}_1$，$\boldsymbol{\alpha}_2$，…，$\boldsymbol{\alpha}_n$，$\boldsymbol{b}$ 等价，从而 $R(\boldsymbol{\alpha}_1, \boldsymbol{\alpha}_2, \cdots, \boldsymbol{\alpha}_n)=R(\boldsymbol{\alpha}_1, \boldsymbol{\alpha}_2, \cdots, \boldsymbol{\alpha}_n, \boldsymbol{b})$，即有 $R(\boldsymbol{A})=R(\widetilde{\boldsymbol{A}})=n$.

对于齐次线性方程组(4-3)，其增广矩阵的最后一列元素全为 0，因此总有 $R(\boldsymbol{A})=R(\widetilde{\boldsymbol{A}})$，于是有：

**推论 1**　**齐次线性方程组(4-3)有唯一零解的充要条件是其系数矩阵 $\boldsymbol{A}$ 的秩 $R(\boldsymbol{A})=n$. 或者说，齐次线性方程组(4-3)有非零解的充要条件是其系数矩阵 $\boldsymbol{A}$ 的秩 $R(\boldsymbol{A})<n$.**

**推论 2**　**若 $\boldsymbol{A}$ 为 $n$ 阶方阵，则齐次线性方程组(4-3)有非零解的充要条件是 $|\boldsymbol{A}|=0$.**

此推论正是第二章的定理 2.8，这里很容易得到它．

例 **4.1**　判定下列方程组的相容性：

(1) $\begin{cases} x_1-x_2-x_3-3x_4=-2, \\ x_1-x_2+x_3+5x_4=4, \\ -4x_1+4x_2+x_3=-1; \end{cases}$　　(2) $\begin{cases} x_1+3x_2-3x_3=2, \\ 3x_1-x_2+2x_3=3, \\ 4x_1+2x_2-x_3=2. \end{cases}$

**解**　(1) 对增广矩阵 $\widetilde{\boldsymbol{A}}$ 施行初等行变换，化为行阶梯形：

$$\widetilde{\boldsymbol{A}}=(\boldsymbol{A},\boldsymbol{b})=\left(\begin{array}{cccc:c}1&-1&-1&-3&-2\\1&-1&1&5&4\\-4&4&1&0&-1\end{array}\right)\xrightarrow[r_3+4r_1]{r_2-r_1}\left(\begin{array}{cccc:c}1&-1&-1&-3&-2\\0&0&2&8&6\\0&0&-3&-12&-9\end{array}\right)$$

$$\xrightarrow{r_2\div 2}\left(\begin{array}{cccc:c}1&-1&-1&-3&-2\\0&0&1&4&3\\0&0&-3&-12&-9\end{array}\right)\xrightarrow{r_3+3r_2}\left(\begin{array}{cccc:c}1&-1&-1&-3&-2\\0&0&1&4&3\\0&0&0&0&0\end{array}\right).$$

上述变换各矩阵中，虚线左边部分为系数矩阵 $\boldsymbol{A}$ 的变换过程，可以看出 $R(\boldsymbol{A})=R(\widetilde{\boldsymbol{A}})=2$，故方程组有解，即相容．

（2）因为

$$\widetilde{\boldsymbol{A}}=\left(\begin{array}{ccc:c}1&3&-3&2\\3&-1&2&3\\4&2&-1&2\end{array}\right)\xrightarrow[r_2-3r_1]{r_3-4r_1}\left(\begin{array}{ccc:c}1&3&-3&2\\0&-10&11&-3\\0&-10&11&-6\end{array}\right)$$

$$\xrightarrow{r_3-r_2}\left(\begin{array}{ccc:c}1&3&-3&2\\0&-10&11&-3\\0&0&0&-3\end{array}\right),$$

有 $R(\boldsymbol{A})=2$，$R(\widetilde{\boldsymbol{A}})=3$，因此方程组无解，即不相容．

**例 4.2** 当 $\lambda$ 取何值时，线性方程组

$$\begin{cases}x_1+x_2+\lambda x_3=1,\\-x_1+\lambda x_2+x_3=\lambda,\\x_1-x_2+3x_3=1,\\2x_1+(3+\lambda)x_3=2\end{cases}$$

（1）无解？（2）有唯一解？（3）有解但不唯一？

**解** 对增广矩阵 $\widetilde{\boldsymbol{A}}$ 施行初等行变换：

$$\widetilde{\boldsymbol{A}}=\left(\begin{array}{ccc:c}1&1&\lambda&1\\-1&\lambda&1&\lambda\\1&-1&3&1\\2&0&3+\lambda&2\end{array}\right)\xrightarrow[r_4-2r_1]{\substack{r_2+r_1\\r_3-r_1}}\left(\begin{array}{ccc:c}1&1&\lambda&1\\0&\lambda+1&\lambda+1&\lambda+1\\0&-2&3-\lambda&0\\0&-2&3-\lambda&0\end{array}\right)=\widetilde{\boldsymbol{B}}.$$

如果 $\lambda\neq-1$，即 $\lambda+1\neq 0$ 时，有

$$\widetilde{\boldsymbol{A}}\to\widetilde{\boldsymbol{B}}\xrightarrow[r_4-r_3]{r_2\div(\lambda+1)}\left(\begin{array}{ccc:c}1&1&\lambda&1\\0&1&1&1\\0&-2&3-\lambda&0\\0&0&0&0\end{array}\right)\xrightarrow{r_3+2r_2}\left(\begin{array}{ccc:c}1&1&\lambda&1\\0&1&1&1\\0&0&5-\lambda&2\\0&0&0&0\end{array}\right).$$

（1）当 $\lambda=5$ 时，这时 $R(\boldsymbol{A})=2$，$R(\widetilde{\boldsymbol{A}})=3$，因而方程组无解．

（2）当 $\lambda\neq-1$ 且 $\lambda\neq 5$ 时，$R(\boldsymbol{A})=R(\widetilde{\boldsymbol{A}})=3$，这时方程组有唯一解．

(3) 当$\lambda=-1$时，有

$$\widetilde{\boldsymbol{A}}\to\boldsymbol{B}=\left(\begin{array}{ccc:c}1&1&-1&1\\0&0&0&0\\0&-2&4&0\\0&-2&4&0\end{array}\right)\xrightarrow{r_4-r_3}\left(\begin{array}{ccc:c}1&1&-1&1\\0&0&0&0\\0&-2&4&0\\0&0&0&0\end{array}\right),$$

这时$R(\boldsymbol{A})=R(\widetilde{\boldsymbol{A}})=2<3$，方程组有解但不唯一.

**注意**：本例对增广矩阵$\widetilde{\boldsymbol{A}}$作$r_2\div(\lambda+1)$这样的初等变换时，由于$\lambda+1$可能等于0，故需对$\lambda+1=0$的情形另作讨论.

定理4.1与定理4.2利用矩阵的秩简单地刻画了一般线性方程组是否有解及是否有唯一解的情形．至于线性方程组有解但不唯一时，解的表示或解的结构问题，在后两节分两种情形分别进行讨论．它实际上是在回答前面提出的第三个问题.

# 第二节　齐次线性方程组

非齐次线性方程组与其导出组两者的解之间有密切的关系，它反映出解向量的性质：

**性质1　若$\boldsymbol{\eta}_1$、$\boldsymbol{\eta}_2$是方程组(4-1)的两个解，则$\boldsymbol{\eta}_1-\boldsymbol{\eta}_2$是其导出组(4-3)的解.**

事实上，如果$\boldsymbol{A\eta}_1=\boldsymbol{b}$，$\boldsymbol{A\eta}_2=\boldsymbol{b}$，则$\boldsymbol{A}(\boldsymbol{\eta}_1-\boldsymbol{\eta}_2)=\boldsymbol{A\eta}_1-\boldsymbol{A\eta}_2=\boldsymbol{b}-\boldsymbol{b}=\boldsymbol{0}$.

**性质2　若$\boldsymbol{\eta}$、$\boldsymbol{\xi}$分别是方程组(4-1)及其导出组(4-3)的解，则$\boldsymbol{\eta}+\boldsymbol{\xi}$是方程组(4-1)的解.**

事实上，如果$\boldsymbol{A\eta}=\boldsymbol{b}$，$\boldsymbol{A\xi}=\boldsymbol{0}$，则$\boldsymbol{A}(\boldsymbol{\eta}+\boldsymbol{\xi})=\boldsymbol{A\eta}+\boldsymbol{A\xi}=\boldsymbol{b}+\boldsymbol{0}=\boldsymbol{b}$.

性质1、2表明非齐次线性方程组(4-1)的解可由其导出组的解和本身的一个解之和来表示，因此本节先研究齐次线性方程组的情形.

一般齐次线性方程组(4-3)除了零解外，还可能有非零的解向量即非零解，因此它的解往往不唯一，并且不难验证它的解向量之间具有性质：

**性质3　若$\boldsymbol{\xi}_1$、$\boldsymbol{\xi}_2$是方程组(4-3)的两个解，则$\boldsymbol{\xi}_1+\boldsymbol{\xi}_2$也是该方程组的解.**

**性质4　若$\boldsymbol{\xi}$是方程组(4-3)的解，$k$为实数，则$k\boldsymbol{\xi}$也是该方程组的解.**

由上述两个性质可得更一般的结论：若

$$\boldsymbol{x}=\boldsymbol{\xi}_1,\ \boldsymbol{x}=\boldsymbol{\xi}_2,\ \cdots,\ \boldsymbol{x}=\boldsymbol{\xi}_m$$

是方程组(4-3)的$m$个解，则对于任意$m$个实数$k_1$，$k_2$，…，$k_m$，

$$\boldsymbol{x}=k_1\boldsymbol{\xi}_1+k_2\boldsymbol{\xi}_2+\cdots+k_m\boldsymbol{\xi}_m$$

仍然是方程组(4-3)的解.

由性质 3 和性质 4 还可知，若齐次线性方程组(4-3)有非零解，则必有无穷多非零解．记该方程组的所有解构成的集合为 $S$，称 $S$ 为该方程组的**解集合**，简称**解集**，它实际上是一个 $n$ 维向量组．由第三章有关向量组的结论知，若能求出齐次线性方程组(4-3)的解集 $S$ 的极大无关组，便可以求出该方程组的所有解．为此引入基础解系的概念．

**定义 4.1** 若 $\boldsymbol{x}=\boldsymbol{\xi}_1$，$\boldsymbol{x}=\boldsymbol{\xi}_2$，…，$\boldsymbol{x}=\boldsymbol{\xi}_r$ 为齐次线性方程组(4-3)的解集 $S$ 的一个极大无关组，则称 $\boldsymbol{x}=\boldsymbol{\xi}_1$，$\boldsymbol{x}=\boldsymbol{\xi}_2$，…，$\boldsymbol{x}=\boldsymbol{\xi}_r$ 为该齐次线性方程组的**基础解系**．

由极大无关组的概念可知，齐次线性方程组(4-3)的一组解 $\boldsymbol{x}=\boldsymbol{\xi}_1$，$\boldsymbol{x}=\boldsymbol{\xi}_2$，…，$\boldsymbol{x}=\boldsymbol{\xi}_r$ 构成基础解系的充分必要条件是：

(1) $\boldsymbol{\xi}_1$，$\boldsymbol{\xi}_2$，…，$\boldsymbol{\xi}_r$ 线性无关；

(2) $\forall\boldsymbol{\xi}\in S$，存在 $k_1$，$k_2$，…，$k_r\in\mathbf{R}$，使 $\boldsymbol{\xi}=k_1\boldsymbol{\xi}_1+k_2\boldsymbol{\xi}_2+\cdots+k_r\boldsymbol{\xi}_r$．

这样，齐次线性方程组(4-3)的解可以通过它的基础解系来表示．

**注意**：由定理 4.2 的推论 1 知，当 $R(\mathbf{A})=n$ 时，齐次线性方程组(4-3)仅有零解，即其解集 $S=\{\mathbf{0}\}$，不存在极大无关组，也就是说这时齐次线性方程组没有基础解系．因此并非每一个齐次线性方程组都有基础解系．

关于基础解系有如下的存在定理．

**定理 4.3** **若齐次线性方程组(4-3)的系数矩阵 $\mathbf{A}$ 的秩 $r=R(\mathbf{A})<n$，则它的基础解系一定存在，且基础解系所含解向量的个数恰好等于 $n-r$．**

**证** 已知 $r=R(\mathbf{A})<n$，不妨设 $\mathbf{A}$ 中一个不为 0 的 $r$ 阶子式位于左上角，即

$$D=\begin{vmatrix} a_{11} & \cdots & a_{1r} \\ \vdots & & \vdots \\ a_{r1} & \cdots & a_{rr} \end{vmatrix}\neq 0,$$

则齐次线性方程组(4-3)的系数矩阵 $\mathbf{A}$ 通过初等行变换可化为行最简形 $\boldsymbol{B}$，即

$$\mathbf{A}\xrightarrow{\text{初等行变换}}\begin{bmatrix} 1 & 0 & \cdots & 0 & b_{11} & \cdots & b_{1,n-r} \\ 0 & 1 & \cdots & 0 & b_{21} & \cdots & b_{2,n-r} \\ \vdots & \vdots & & \vdots & \vdots & & \vdots \\ 0 & 0 & \cdots & 1 & b_{r1} & \cdots & b_{r,n-r} \\ 0 & 0 & \cdots & 0 & 0 & \cdots & 0 \\ \vdots & \vdots & & \vdots & \vdots & & \vdots \\ 0 & 0 & \cdots & 0 & 0 & \cdots & 0 \end{bmatrix}=\boldsymbol{B},$$

于是由第三章第四节的引理 1 可知，齐次线性方程组(4-3)与方程组 $\boldsymbol{BX}=\mathbf{0}$，即

$$\begin{cases} x_1=-b_{11}x_{r+1}-b_{12}x_{r+2}-\cdots-b_{1,n-r}x_n, \\ x_2=-b_{21}x_{r+1}-b_{22}x_{r+2}-\cdots-b_{2,n-r}x_n, \\ \cdots\cdots\cdots\cdots\cdots\cdots\cdots\cdots\cdots \\ x_r=-b_{r1}x_{r+1}-b_{r2}x_{r+2}-\cdots-b_{r,n-r}x_n \end{cases} \tag{4-7}$$

同解．由于对 $x_{r+1}$，…，$x_n$ 的任意一组值，都可得到方程组(4－7)的一个解，因此 $x_{r+1}$，…，$x_n$ 称为**自由未知量**．令自由未知量 $x_{r+1}$，…，$x_n$ 依次等于 $c_1$，…，$c_{n-r}$，即得方程组(4－7)的含有 $n-r$ 个参数的解

$$\begin{pmatrix} x_1 \\ \vdots \\ x_r \\ x_{r+1} \\ \vdots \\ x_n \end{pmatrix}=\begin{pmatrix} -b_{11}c_1-\cdots-b_{1,n-r}c_{n-r} \\ \vdots \\ -b_{r1}c_1-\cdots-b_{r,n-r}c_{n-r} \\ c_1 \\ \vdots \\ c_{n-r} \end{pmatrix} \text{或} \begin{pmatrix} x_1 \\ \vdots \\ x_r \\ x_{r+1} \\ \vdots \\ x_n \end{pmatrix}=c_1\begin{pmatrix} -b_{11} \\ \vdots \\ -b_{r1} \\ 1 \\ \vdots \\ 0 \end{pmatrix}+\cdots+c_{n-r}\begin{pmatrix} -b_{1,n-r} \\ \vdots \\ -b_{r,n-r} \\ 0 \\ \vdots \\ 1 \end{pmatrix},$$

把上式记作

$$\boldsymbol{x}=c_1\boldsymbol{\xi}_1+c_2\boldsymbol{\xi}_2+\cdots+c_{n-r}\boldsymbol{\xi}_{n-r},$$

可知解集 $S$ 中的任一向量 $\boldsymbol{x}$ 都能由 $\boldsymbol{\xi}_1$，$\boldsymbol{\xi}_2$，…，$\boldsymbol{\xi}_{n-r}$ 线性表示．又因为矩阵

$$(\boldsymbol{\xi}_1, \boldsymbol{\xi}_2, \cdots, \boldsymbol{\xi}_{n-r})=\begin{pmatrix} -b_{11} & -b_{12} & \cdots & -b_{1,n-r} \\ \vdots & \vdots & & \vdots \\ -b_{r1} & -b_{r2} & \cdots & -b_{r,n-r} \\ 1 & 0 & \cdots & 0 \\ 0 & 1 & \cdots & 0 \\ \vdots & \vdots & & \vdots \\ 0 & 0 & \cdots & 1 \end{pmatrix}$$

中有 $n-r$ 阶子式 $|\boldsymbol{E}_{n-r}|=1\neq 0$，故 $R(\boldsymbol{\xi}_1, \boldsymbol{\xi}_2, \cdots, \boldsymbol{\xi}_{n-r})=n-r$，所以 $\boldsymbol{\xi}_1$，$\boldsymbol{\xi}_2$，…，$\boldsymbol{\xi}_{n-r}$ 线性无关．根据极大无关组的定义即知，$\boldsymbol{\xi}_1$，$\boldsymbol{\xi}_2$，…，$\boldsymbol{\xi}_{n-r}$ 是解集 $S$ 的极大无关组，因此 $\boldsymbol{\xi}_1$，$\boldsymbol{\xi}_2$，…，$\boldsymbol{\xi}_{n-r}$ 是齐次线性方程组(4－7)或(4－3)的基础解系，并且基础解系所含解向量的个数恰好等于 $n-r$.

**推论**　**设** $m\times n$ **矩阵** $\boldsymbol{A}$ **的秩** $R(\boldsymbol{A})=r$，**则** $n$ **元齐次线性方程组** $\boldsymbol{Ax}=\boldsymbol{0}$ **的解集** $S$ **的秩** $R_S=n-r$.

如果 $\boldsymbol{\xi}_1$，$\boldsymbol{\xi}_2$，…，$\boldsymbol{\xi}_{n-r}$ 是齐次线性方程组(4－3)的一个基础解系，则

$$\boldsymbol{x}=c_1\boldsymbol{\xi}_1+c_2\boldsymbol{\xi}_2+\cdots+c_{n-r}\boldsymbol{\xi}_{n-r} \quad (c_1, c_2, \cdots, c_{n-r}\in\mathbf{R})$$

包含了它的所有的解，称为方程组(4－3)的**通解**或**一般解**．

求齐次线性方程组的解或通解，关键在于求出它的一个基础解系，其具体的解法步骤可归纳如下：

(1) 对系数矩阵 $\boldsymbol{A}$ 施行初等行变换，将 $\boldsymbol{A}$ 化简为矩阵 $\boldsymbol{B}$(一般为行阶梯形

矩阵或行最简形矩阵)，求出秩 $r=R(\boldsymbol{A})=R(\boldsymbol{B})$(若 $r=n$，则仅有零解)及同解方程组 $\boldsymbol{BX}=\boldsymbol{0}$.

(2) 找出 $\boldsymbol{B}$ 的一个非零 $r$ 阶子式 $D$，取下标异于 $D$ 所处列号的未知量为自由未知量.

(3) 将 $n-r$ 个自由未知量按单位坐标向量取值，并由方程组 $\boldsymbol{BX}=\boldsymbol{0}$ 确定出其他未知量的值，从而求得一个基础解系 $\boldsymbol{\xi}_1$，$\boldsymbol{\xi}_2$，…，$\boldsymbol{\xi}_{n-r}$.

(4) 写出通解：$(x_1, x_2, \cdots, x_n)^{\mathrm{T}}=c_1\boldsymbol{\xi}_1+c_2\boldsymbol{\xi}_2+\cdots+c_{n-r}\boldsymbol{\xi}_{n-r}$ $(c_1, c_2, \cdots, c_{n-r}\in\mathbf{R})$.

**例 4.3** 求齐次线性方程组

$$\begin{cases} x_1+x_2+x_3+x_4=0, \\ 2x_1-x_2+3x_3-3x_4=0, \\ 5x_1-x_2+7x_3-5x_4=0 \end{cases}$$

的基础解系与通解.

**解** 对系数矩阵 $\boldsymbol{A}$ 作初等行变换，化为行最简形矩阵 $\boldsymbol{B}$，有

$$\boldsymbol{A}=\begin{pmatrix} 1 & 1 & 1 & 1 \\ 2 & -1 & 3 & -3 \\ 5 & -1 & 7 & -5 \end{pmatrix} \xrightarrow[r_3-5r_1]{r_2-2r_1} \begin{pmatrix} 1 & 1 & 1 & 1 \\ 0 & -3 & 1 & -5 \\ 0 & -6 & 2 & -10 \end{pmatrix}$$

$$\xrightarrow{r_3-2r_2} \begin{pmatrix} 1 & 1 & 1 & 1 \\ 0 & -3 & 1 & -5 \\ 0 & 0 & 0 & 0 \end{pmatrix} \xrightarrow[r_1-r_2]{r_2\div(-3)} \begin{pmatrix} 1 & 0 & \frac{4}{3} & -\frac{2}{3} \\ 0 & 1 & -\frac{1}{3} & \frac{5}{3} \\ 0 & 0 & 0 & 0 \end{pmatrix}=\boldsymbol{B},$$

于是 $r=R(\boldsymbol{A})=R(\boldsymbol{B})=2<n=4$，$\boldsymbol{B}$ 中左上角的 $r=2$ 阶子式不等于 0，故取 $x_3$，$x_4$ 为自由未知量，同解方程组 $\boldsymbol{BX}=\boldsymbol{0}$ 为

$$\begin{cases} x_1=-\frac{4}{3}x_3+\frac{2}{3}x_4, \\ x_2=\frac{1}{3}x_3-\frac{5}{3}x_4. \end{cases} \tag{4-8}$$

令 $\begin{pmatrix} x_3 \\ x_4 \end{pmatrix}=\begin{pmatrix} 1 \\ 0 \end{pmatrix}$，$\begin{pmatrix} 0 \\ 1 \end{pmatrix}$，则对应有 $\begin{pmatrix} x_1 \\ x_2 \end{pmatrix}=\begin{pmatrix} -\frac{4}{3} \\ \frac{1}{3} \end{pmatrix}$，$\begin{pmatrix} \frac{2}{3} \\ -\frac{5}{3} \end{pmatrix}$，因而得基础解系

$$\boldsymbol{\xi}_1=\left(-\frac{4}{3}, \frac{1}{3}, 1, 0\right)^{\mathrm{T}}, \boldsymbol{\xi}_2=\left(\frac{2}{3}, -\frac{5}{3}, 0, 1\right)^{\mathrm{T}},$$

所求通解为

$$(x_1, x_2, x_3, x_4)^{\mathrm{T}}=c_1\left(-\frac{4}{3}, \frac{1}{3}, 1, 0\right)^{\mathrm{T}}+c_2\left(\frac{2}{3}, -\frac{5}{3}, 0, 1\right)^{\mathrm{T}} (c_1, c_2\in\mathbf{R}).$$

另外，为使基础解系形式比较简单，各分量均为整数，根据同解方程组(4-8)，可取 $\begin{pmatrix} x_3 \\ x_4 \end{pmatrix}=\begin{pmatrix} 3 \\ 0 \end{pmatrix}$，$\begin{pmatrix} 0 \\ 3 \end{pmatrix}$，则对应有 $\begin{pmatrix} x_1 \\ x_2 \end{pmatrix}=\begin{pmatrix} -4 \\ 1 \end{pmatrix}$，$\begin{pmatrix} 2 \\ -5 \end{pmatrix}$，即得不同的基础解系

$$\boldsymbol{\eta}_1=(-4,\ 1,\ 3,\ 0)^{\mathrm{T}},\ \boldsymbol{\eta}_2=(2,\ -5,\ 0,\ 3)^{\mathrm{T}},$$

从而得通解

$$(x_1,\ x_2,\ x_3,\ x_4)^{\mathrm{T}}=k_1(-4,\ 1,\ 3,\ 0)^{\mathrm{T}}+k_2(2,\ -5,\ 0,\ 3)^{\mathrm{T}}\quad (k_1,\ k_2\in\mathbf{R}).$$

显然 $\boldsymbol{\xi}_1$，$\boldsymbol{\xi}_2$ 与 $\boldsymbol{\eta}_1$，$\boldsymbol{\eta}_2$ 是等价的，两个通解虽然形式不一样，但都含两个任意常数，且都可表示方程组的任一解．

上面的解法是先求基础解系，再写通解．也可以像定理 4.3 的证明过程那样，先求出通解，再取基础解系．如例 4.3，据同解方程组(4-8)，取 $x_3=c_1$，$x_4=c_2$，则得通解

$$(x_1,\ x_2,\ x_3,\ x_4)^{\mathrm{T}}=\left(-\frac{4}{3}c_1+\frac{2}{3}c_2,\ \frac{1}{3}c_1-\frac{5}{3}c_2,\ c_1,\ c_2\right)^{\mathrm{T}}(c_1,\ c_2\in\mathbf{R}),$$

即

$$(x_1,\ x_2,\ x_3,\ x_4)^{\mathrm{T}}=c_1\left(-\frac{4}{3},\ \frac{1}{3},\ 1,\ 0\right)^{\mathrm{T}}+c_2\left(\frac{2}{3},\ -\frac{5}{3},\ 0,\ 1\right)^{\mathrm{T}}(c_1,\ c_2\in\mathbf{R}),$$

从中可得基础解系

$$\boldsymbol{\xi}_1=\left(-\frac{4}{3},\ \frac{1}{3},\ 1,\ 0\right)^{\mathrm{T}},\ \boldsymbol{\xi}_2=\left(\frac{2}{3},\ -\frac{5}{3},\ 0,\ 1\right)^{\mathrm{T}}.$$

**例 4.4**　解齐次线性方程组

$$\begin{cases} x_1+2x_2+x_3+4x_4-x_5=0, \\ x_1+2x_2+3x_3-x_4+2x_5=0, \\ 3x_1+6x_2+5x_3+7x_4=0, \\ 3x_1+6x_2+7x_3+2x_4+3x_5=0. \end{cases}$$

**解**　对系数矩阵 $\boldsymbol{A}$ 施行初等行变换，化为行阶梯形矩阵 $\boldsymbol{B}$，即

$$\boldsymbol{A}=\begin{pmatrix} 1 & 2 & 1 & 4 & -1 \\ 1 & 2 & 3 & -1 & 2 \\ 3 & 6 & 5 & 7 & 0 \\ 3 & 6 & 7 & 2 & 3 \end{pmatrix}\xrightarrow[r_4-3r_1]{\substack{r_2-r_1 \\ r_3-3r_1}}\begin{pmatrix} 1 & 2 & 1 & 4 & -1 \\ 0 & 0 & 2 & -5 & 3 \\ 0 & 0 & 2 & -5 & 3 \\ 0 & 0 & 4 & -10 & 6 \end{pmatrix}$$

$$\xrightarrow[r_4-2r_2]{r_3-r_2}\begin{pmatrix} 1 & 2 & 1 & 4 & -1 \\ 0 & 0 & 2 & -5 & 3 \\ 0 & 0 & 0 & 0 & 0 \\ 0 & 0 & 0 & 0 & 0 \end{pmatrix}=\boldsymbol{B},$$

可见 $r=R(\boldsymbol{A})=R(\boldsymbol{B})=2<n=5$，自由未知量有 $n-r=3$ 个，$\boldsymbol{B}$ 中处在第1、3列的一个二阶子式不等于0，故可取 $x_2$，$x_4$，$x_5$ 为自由未知量，同解方程组 $\boldsymbol{BX}=\boldsymbol{0}$ 可化为

$$\begin{cases}x_1+x_3=-2x_2-4x_4+x_5,\\2x_3=5x_4-3x_5.\end{cases}$$

令 $\begin{pmatrix}x_2\\x_4\\x_5\end{pmatrix}=\begin{pmatrix}1\\0\\0\end{pmatrix}$，$\begin{pmatrix}0\\1\\0\end{pmatrix}$，$\begin{pmatrix}0\\0\\1\end{pmatrix}$，得 $\begin{pmatrix}x_1\\x_3\end{pmatrix}=\begin{pmatrix}-2\\0\end{pmatrix}$，$\begin{pmatrix}-\frac{13}{2}\\\frac{5}{2}\end{pmatrix}$，$\begin{pmatrix}\frac{5}{2}\\-\frac{3}{2}\end{pmatrix}$，于是得基础解系

$$\boldsymbol{\xi}_1=(-2,1,0,0,0)^{\mathrm{T}},\ \boldsymbol{\xi}_2=\left(-\frac{13}{2},0,\frac{5}{2},1,0\right)^{\mathrm{T}},$$

$$\boldsymbol{\xi}_3=\left(\frac{5}{2},0,-\frac{3}{2},0,1\right)^{\mathrm{T}},\qquad(4-9)$$

通解即为

$$(x_1,x_2,x_3,x_4,x_5)^{\mathrm{T}}=k_1\boldsymbol{\xi}_1+k_2\boldsymbol{\xi}_2+k_3\boldsymbol{\xi}_3\ (k_1,k_2,k_3\in\mathbf{R}).$$

**注意**：本例中，如果继续对行阶梯形矩阵 $\boldsymbol{B}$ 施行初等行变换，化为行最简形矩阵：

$$\boldsymbol{B}=\begin{pmatrix}1&2&1&4&-1\\0&0&2&-5&3\\0&0&0&0&0\\0&0&0&0&0\end{pmatrix}\xrightarrow{r_2\times\frac{1}{2}}\begin{pmatrix}1&2&1&4&-1\\0&0&1&-\frac{5}{2}&\frac{3}{2}\\0&0&0&0&0\\0&0&0&0&0\end{pmatrix}$$

$$\xrightarrow{r_1-r_2}\begin{pmatrix}1&2&0&\frac{13}{2}&-\frac{5}{2}\\0&0&1&-\frac{5}{2}&\frac{3}{2}\\0&0&0&0&0\\0&0&0&0&0\end{pmatrix},$$

则不难从中直接读出上述基础解系(4-9).

**例 4.5** 设 $\boldsymbol{A}_{m\times n}\boldsymbol{B}_{n\times l}=\boldsymbol{O}$，证明：$R(\boldsymbol{A})+R(\boldsymbol{B})\leqslant n$.

**证** 记 $\boldsymbol{B}=(\boldsymbol{b}_1,\boldsymbol{b}_2,\cdots,\boldsymbol{b}_l)$，则

$$\boldsymbol{A}(\boldsymbol{b}_1,\boldsymbol{b}_2,\cdots,\boldsymbol{b}_l)=(\boldsymbol{0},\boldsymbol{0},\cdots,\boldsymbol{0}),$$

即

$$\boldsymbol{Ab}_i=\boldsymbol{0}\ (i=1,2,\cdots,l),$$

这表明矩阵 $\boldsymbol{B}$ 的 $l$ 个列向量都是齐次线性方程组 $\boldsymbol{Ax}=\boldsymbol{0}$ 的解．记 $\boldsymbol{Ax}=\boldsymbol{0}$ 的解集为 $S$，由 $\boldsymbol{b}_i\in S$ 知，有 $R(\boldsymbol{b}_1,\boldsymbol{b}_2,\cdots,\boldsymbol{b}_l)\leqslant R_S$，即 $R(\boldsymbol{B})\leqslant R_S$. 而由定

理 4.3 的推论，有 $R_S=n-R(\boldsymbol{A})$，故 $R(\boldsymbol{A})+R(\boldsymbol{B})\leqslant R(\boldsymbol{A})+R_S=n$.

**例 4.6** 设 $\boldsymbol{A}^*$ 为 $n$ 阶方阵 $\boldsymbol{A}$ 的伴随矩阵，证明：

$$R(\boldsymbol{A}^*)=\begin{cases} n, & R(\boldsymbol{A})=n, \\ 1, & R(\boldsymbol{A})=n-1, \\ 0, & R(\boldsymbol{A})<n-1. \end{cases}$$

**证** (1) 若 $R(\boldsymbol{A})=n$，则 $|\boldsymbol{A}|\neq 0$. 由于 $\boldsymbol{A}\boldsymbol{A}^*=|\boldsymbol{A}|\boldsymbol{E}$，因此 $\boldsymbol{A}^*$ 可逆，从而 $R(\boldsymbol{A}^*)=n$.

(2) 若 $R(\boldsymbol{A})=n-1$，则 $|\boldsymbol{A}|=0$，有 $\boldsymbol{A}\boldsymbol{A}^*=|\boldsymbol{A}|\boldsymbol{E}=\boldsymbol{O}$. 于是由例 4.5 知，$R(\boldsymbol{A})+R(\boldsymbol{A}^*)\leqslant n$，从而 $R(\boldsymbol{A}^*)\leqslant 1$. 又由 $R(\boldsymbol{A})=n-1$ 知，$\boldsymbol{A}$ 至少有一个 $n-1$阶子式不等于零，从而 $\boldsymbol{A}^*$ 至少有一个非零元素，即知 $R(\boldsymbol{A}^*)\geqslant 1$，所以 $R(\boldsymbol{A}^*)=1$.

(3) 若 $R(\boldsymbol{A})<n-1$，则 $\boldsymbol{A}$ 的任一 $n-1$ 阶子式都等于零，从而 $\boldsymbol{A}^*$ 为零矩阵，有 $R(\boldsymbol{A}^*)=0$.

## 第三节 非齐次线性方程组

对于一般的非齐次线性方程组，同齐次线性方程组一样，当它有解时可能有无穷多解．这时借助于它的导出组，可以弄清它的解的结构，对此有下面的定理及其推论．

**定理 4.4** **如果 $\boldsymbol{\eta}^*$ 是 $n$ 元非齐次线性方程组 $\boldsymbol{A}\boldsymbol{x}=\boldsymbol{b}$ 的一个特解，$\boldsymbol{\xi}_1$，$\boldsymbol{\xi}_2$，…，$\boldsymbol{\xi}_{n-r}$ 是其导出组 $\boldsymbol{A}\boldsymbol{x}=\boldsymbol{0}$ 的一个基础解系，则**

$$\boldsymbol{x}=\boldsymbol{\eta}^*+k_1\boldsymbol{\xi}_1+k_2\boldsymbol{\xi}_2+\cdots+k_{n-r}\boldsymbol{\xi}_{n-r} \quad (k_1, k_2, \cdots, k_{n-r}\in\mathbf{R})$$

**是方程组 $\boldsymbol{A}\boldsymbol{x}=\boldsymbol{b}$ 的通解或一般解，其中 $r=R(\boldsymbol{A})$.**

**证** 显然，对于任意的 $k_1$，$k_2$，…，$k_{n-r}\in\mathbf{R}$，由第二节的性质 2 可知

$$\boldsymbol{\eta}^*+k_1\boldsymbol{\xi}_1+k_2\boldsymbol{\xi}_2+\cdots+k_{n-r}\boldsymbol{\xi}_{n-r}$$

是方程组 $\boldsymbol{A}\boldsymbol{x}=\boldsymbol{b}$ 的解．

反之，设 $\boldsymbol{\eta}$ 是方程组 $\boldsymbol{A}\boldsymbol{x}=\boldsymbol{b}$ 的任一解，令 $\boldsymbol{\xi}=\boldsymbol{\eta}-\boldsymbol{\eta}^*$，则由第二节的性质 1 可知，$\boldsymbol{\xi}$ 是导出组 $\boldsymbol{A}\boldsymbol{x}=\boldsymbol{0}$ 的解，它可由基础解系 $\boldsymbol{\xi}_1$，$\boldsymbol{\xi}_2$，…，$\boldsymbol{\xi}_{n-r}$ 表示为

$$\boldsymbol{\xi}=k_1\boldsymbol{\xi}_1+k_2\boldsymbol{\xi}_2+\cdots+k_{n-r}\boldsymbol{\xi}_{n-r}\ (k_1, k_2, \cdots, k_{n-r}\in\mathbf{R}),$$

即有

$$\boldsymbol{\eta}=\boldsymbol{\eta}^*+k_1\boldsymbol{\xi}_1+k_2\boldsymbol{\xi}_2+\cdots+k_{n-r}\boldsymbol{\xi}_{n-r}(k_1, k_2, \cdots, k_{n-r}\in\mathbf{R}).$$

**推论** **$n$ 元非齐次线性方程组 $\boldsymbol{A}\boldsymbol{x}=\boldsymbol{b}$ 有无穷多解的充要条件是** $R(\widetilde{\boldsymbol{A}})=$

$R(\mathbf{A})<n$.

至此，第一节里对于线性方程组提出的三个基本问题都得以圆满解决.

**例 4.7** 解线性方程组

$$\begin{cases}x_1+2x_2+2x_3 \quad\quad =5,\\ x_1+3x_2+4x_3-2x_4=6,\\ x_1+\ x_2 \quad\quad +2x_4=4.\end{cases}$$

**解** 对增广矩阵施行初等行变换：

$$\widetilde{\mathbf{A}}=\left(\begin{array}{cccc:c}1&2&2&0&5\\1&3&4&-2&6\\1&1&0&2&4\end{array}\right)\xrightarrow[r_2-r_1]{r_3-r_1}\left(\begin{array}{cccc:c}1&2&2&0&5\\0&1&2&-2&1\\0&-1&-2&2&-1\end{array}\right)$$

$$\xrightarrow{r_3+r_2}\left(\begin{array}{cccc:c}1&2&2&0&5\\0&1&2&-2&1\\0&0&0&0&0\end{array}\right)\xrightarrow{r_1-2r_2}\left(\begin{array}{cccc:c}1&0&-2&4&3\\0&1&2&-2&1\\0&0&0&0&0\end{array}\right),$$

可见 $R(\widetilde{\mathbf{A}})=R(\mathbf{A})=2<4$，因此原方程组有无穷多解. 可取 $x_3$，$x_4$ 为自由未知量，与原方程组对应的同解方程组为

$$\begin{cases}x_1=2x_3-4x_4+3,\\ x_2=-2x_3+2x_4+1.\end{cases}$$

令 $x_3=x_4=0$，得方程组的一个特解 $\boldsymbol{\eta}^*=(3,1,0,0)^{\mathrm{T}}$. 在对应的齐次方程组

$$\begin{cases}x_1=2x_3-4x_4,\\ x_2=-2x_3+2x_4\end{cases}$$

中，取 $\begin{pmatrix}x_3\\x_4\end{pmatrix}=\begin{pmatrix}1\\0\end{pmatrix}$，$\begin{pmatrix}0\\1\end{pmatrix}$，则 $\begin{pmatrix}x_1\\x_2\end{pmatrix}=\begin{pmatrix}2\\-2\end{pmatrix}$，$\begin{pmatrix}-4\\2\end{pmatrix}$，即得基础解系

$$\boldsymbol{\xi}_1=(2,-2,1,0)^{\mathrm{T}},\ \boldsymbol{\xi}_2=(-4,2,0,1)^{\mathrm{T}},$$

于是原方程组的通解为

$$\begin{pmatrix}x_1\\x_2\\x_3\\x_4\end{pmatrix}=c_1\boldsymbol{\xi}_1+c_2\boldsymbol{\xi}_2+\boldsymbol{\eta}^*=c_1\begin{pmatrix}2\\-2\\1\\0\end{pmatrix}+c_2\begin{pmatrix}-4\\2\\0\\1\end{pmatrix}+\begin{pmatrix}3\\1\\0\\0\end{pmatrix}\quad(c_1,c_2\in\mathbf{R}).$$

**例 4.8** 当 $\lambda$ 取何值时，线性方程组

$$\begin{cases}\lambda x_1+x_2+x_3=1,\\ x_1+\lambda x_2+x_3=\lambda,\\ x_1+x_2+\lambda x_3=\lambda^2\end{cases}$$

(1) 有唯一解？(2) 无解？(3) 有无穷多解？并在有无穷多解时求其通解.

**解法一** 由于系数矩阵 $\mathbf{A}$ 为方阵，故方程组有唯一解的充分必要条件是

系数行列式$|\boldsymbol{A}|\neq 0$. 因为

$$|\boldsymbol{A}|=\begin{vmatrix}\lambda & 1 & 1\\ 1 & \lambda & 1\\ 1 & 1 & \lambda\end{vmatrix}=(\lambda-1)^2(\lambda+2).$$

当$\lambda\neq 1$且$\lambda\neq -2$时，$|\boldsymbol{A}|\neq 0$，这时方程组有唯一解．

当$\lambda=-2$时，对增广矩阵$\widetilde{\boldsymbol{A}}$施行初等行变换：

$$\widetilde{\boldsymbol{A}}=\left(\begin{array}{ccc:c}-2 & 1 & 1 & 1\\ 1 & -2 & 1 & -2\\ 1 & 1 & -2 & 4\end{array}\right)\xrightarrow{r_1\leftrightarrow r_3}\left(\begin{array}{ccc:c}1 & 1 & -2 & 4\\ 1 & -2 & 1 & -2\\ -2 & 1 & 1 & 1\end{array}\right)$$

$$\xrightarrow[r_3+2r_1]{r_2-r_1}\left(\begin{array}{ccc:c}1 & 1 & -2 & 4\\ 0 & -3 & 3 & -6\\ 0 & 3 & -3 & 9\end{array}\right)\xrightarrow{r_3+r_2}\left(\begin{array}{ccc:c}1 & 1 & -2 & 4\\ 0 & -3 & 3 & -6\\ 0 & 0 & 0 & 3\end{array}\right),$$

可见$R(\widetilde{\boldsymbol{A}})=3$，$R(\boldsymbol{A})=2$，方程组无解．

当$\lambda=1$时，对增广矩阵$\widetilde{\boldsymbol{A}}$施行初等行变换：

$$\widetilde{\boldsymbol{A}}=\left(\begin{array}{ccc:c}1 & 1 & 1 & 1\\ 1 & 1 & 1 & 1\\ 1 & 1 & 1 & 1\end{array}\right)\xrightarrow[r_3-r_1]{r_2-r_1}\left(\begin{array}{ccc:c}1 & 1 & 1 & 1\\ 0 & 0 & 0 & 0\\ 0 & 0 & 0 & 0\end{array}\right),$$

可见$R(\widetilde{\boldsymbol{A}})=R(\boldsymbol{A})=1<3$，方程组有无穷多解，可求得基础解系

$$\boldsymbol{\xi}_1=(-1,\ 1,\ 0)^{\mathrm{T}},\ \boldsymbol{\xi}_2=(-1,\ 0,\ 1)^{\mathrm{T}}$$

和一个特解

$$\boldsymbol{\eta}^*=(1,\ 0,\ 0)^{\mathrm{T}},$$

于是得通解

$$\begin{pmatrix}x_1\\ x_2\\ x_3\end{pmatrix}=c_1\boldsymbol{\xi}_1+c_2\boldsymbol{\xi}_2+\boldsymbol{\eta}^*=c_1\begin{pmatrix}-1\\ 1\\ 0\end{pmatrix}+c_2\begin{pmatrix}-1\\ 0\\ 1\end{pmatrix}+\begin{pmatrix}1\\ 0\\ 0\end{pmatrix}\quad(c_1,\ c_2\in\mathbf{R}).$$

**解法二**　直接对增广矩阵$\widetilde{\boldsymbol{A}}$施行初等行变换：

$$\widetilde{\boldsymbol{A}}=\left(\begin{array}{ccc:c}\lambda & 1 & 1 & 1\\ 1 & \lambda & 1 & \lambda\\ 1 & 1 & \lambda & \lambda^2\end{array}\right)\xrightarrow{r_1\leftrightarrow r_3}\left(\begin{array}{ccc:c}1 & 1 & \lambda & \lambda^2\\ 1 & \lambda & 1 & \lambda\\ \lambda & 1 & 1 & 1\end{array}\right)\xrightarrow[r_3-\lambda r_1]{r_2-r_1}\left(\begin{array}{ccc:c}1 & 1 & \lambda & \lambda^2\\ 0 & \lambda-1 & 1-\lambda & \lambda-\lambda^2\\ 0 & 1-\lambda & 1-\lambda^2 & 1-\lambda^3\end{array}\right)$$

$$\xrightarrow{r_3+r_2}\left(\begin{array}{ccc:c}1 & 1 & \lambda & \lambda^2\\ 0 & \lambda-1 & 1-\lambda & \lambda(1-\lambda)\\ 0 & 0 & (2+\lambda)(1-\lambda) & (1-\lambda)(1+\lambda)^2\end{array}\right)=\widetilde{\boldsymbol{B}}.$$

（1）当$\lambda\neq 1$且$\lambda\neq -2$时，$R(\boldsymbol{A})=R(\widetilde{\boldsymbol{A}})=3$，这时方程组有唯一解．

（2）当$\lambda=-2$时，这时$R(\boldsymbol{A})=2$，$R(\widetilde{\boldsymbol{A}})=3$，因而方程组无解．

（3）当$\lambda=1$时，有

$$\widetilde{\mathbf{A}} \to \widetilde{\mathbf{B}} = \left(\begin{array}{ccc:c} 1 & 1 & 1 & 1 \\ 0 & 0 & 0 & 0 \\ 0 & 0 & 0 & 0 \end{array}\right),$$

这时 $R(\mathbf{A}) = R(\widetilde{\mathbf{A}}) = 1 < 3$，方程组有无穷多解，其通解为

$$\begin{pmatrix} x_1 \\ x_2 \\ x_3 \end{pmatrix} = c_1 \begin{pmatrix} -1 \\ 1 \\ 0 \end{pmatrix} + c_2 \begin{pmatrix} -1 \\ 0 \\ 1 \end{pmatrix} + \begin{pmatrix} 1 \\ 0 \\ 0 \end{pmatrix} \quad (c_1, c_2 \in \mathbf{R}).$$

显然解法一比解法二简单，但解法一只适用于系数矩阵为方阵的情形．

**注意**：在本例的解法二中，对矩阵 $\widetilde{\mathbf{A}}$ 作初等变换时，为避免另作讨论，没有作 $r_2 \div (\lambda - 1)$，$r_3 \div (\lambda - 1)$ 这样的化简变换．请读者将这里的解法与例 4.2 的解法作一比较，认真体会其中的差异，做到融会贯通．

**例 4.9** 设 $\mathbf{A}$ 为三阶方阵，$R(\mathbf{A}) = 2$，且方程组 $\mathbf{A}\boldsymbol{x} = \boldsymbol{b}$ 的 3 个解 $\boldsymbol{\eta}_1$，$\boldsymbol{\eta}_2$，$\boldsymbol{\eta}_3$ 满足

$$\boldsymbol{\eta}_1 + \boldsymbol{\eta}_2 = \begin{pmatrix} 2 \\ 0 \\ -2 \end{pmatrix}, \quad \boldsymbol{\eta}_1 + \boldsymbol{\eta}_3 = \begin{pmatrix} 3 \\ 1 \\ -1 \end{pmatrix},$$

求 $\mathbf{A}\boldsymbol{x} = \boldsymbol{b}$ 的通解．

**解** 因为 $R(\mathbf{A}) = 2$，所以 $\mathbf{A}\boldsymbol{x} = \mathbf{0}$ 的基础解系中含有 $3 - R(\mathbf{A}) = 1$ 个解向量．又因为

$$\mathbf{A}[(\boldsymbol{\eta}_1 + \boldsymbol{\eta}_2) - (\boldsymbol{\eta}_1 + \boldsymbol{\eta}_3)] = \mathbf{A}(\boldsymbol{\eta}_2 - \boldsymbol{\eta}_3) = \mathbf{0},$$

所以

$$\boldsymbol{\xi} = (\boldsymbol{\eta}_1 + \boldsymbol{\eta}_2) - (\boldsymbol{\eta}_1 + \boldsymbol{\eta}_3) = \begin{pmatrix} -1 \\ -1 \\ -1 \end{pmatrix}$$

是 $\mathbf{A}\boldsymbol{x} = \mathbf{0}$ 的基础解系．

又由 $\mathbf{A}\left[\frac{1}{2}(\boldsymbol{\eta}_1 + \boldsymbol{\eta}_2)\right] = \boldsymbol{b}$ 知，$\boldsymbol{\eta}^* = \frac{1}{2}(\boldsymbol{\eta}_1 + \boldsymbol{\eta}_2) = \begin{pmatrix} 1 \\ 0 \\ -1 \end{pmatrix}$ 是 $\mathbf{A}\boldsymbol{x} = \boldsymbol{b}$ 的一个特解，故 $\mathbf{A}\boldsymbol{x} = \boldsymbol{b}$ 的通解为

$$\boldsymbol{x} = c\boldsymbol{\xi} + \boldsymbol{\eta}^* = c\begin{pmatrix} -1 \\ -1 \\ -1 \end{pmatrix} + \begin{pmatrix} 1 \\ 0 \\ -1 \end{pmatrix} \quad (c \in \mathbf{R}).$$

## *第四节　应用实例——投入产出数学模型

本节介绍投入产出综合平衡数学模型．这是一种用来全面分析某个经济系

统内各部门的消耗(即投入)及产品的生产(即产出)之间的数量依存关系的数学模型．这一模型是1973年诺贝尔经济学奖获得者列昂捷夫(W. Leontief)于20世纪30年代创立，并于50～60年代开始风行于世界．迄今投入产出技术已成为世界各国、各地区乃至各企业研究经济、规划经济的常规手段．

投入产出模型主要通过投入产出表及平衡方程组来描述．投入产出表依其适用范围可分为世界型、国家型、地区型及企业型等，依其经济分析的时期可有静态型和动态型的区别，依其计量单位的不同又有实物型与价值型的分类．下面仅介绍适用于国家(或地区)的静态价值型投入产出表．

## 一、投入产出表

一个国家(或地区)的经济系统由各个不同的生产部门组成，每个部门的生产需消耗其他部门的产品，同时又以自己的产品提供给其他部门作为生产资料或提供给社会作为非生产性消费，其间的物质流动可通过下面的投入产出表(表4－1)完全展现出来：

**表4－1　价值型投入产出表**

| 产出 / 投入 | | | 中间产品 | | | | 最终产品 | | | | 总产出 |
|---|---|---|---|---|---|---|---|---|---|---|---|
| | | | 1 | 2 | … | $n$ | 消费 | 积累 | 其他 | 合计 | |
| 生产资料补偿价值 | 生产部门 | 1 | $x_{11}$ | $x_{12}$ | … | $x_{1n}$ | | | | $y_1$ | $x_1$ |
| | | 2 | $x_{21}$ | $x_{22}$ | … | $x_{2n}$ | | | | $y_2$ | $x_2$ |
| | | ⋮ | ⋮ | ⋮ | | ⋮ | | | | ⋮ | ⋮ |
| | | $n$ | $x_{n1}$ | $x_{n2}$ | … | $x_{nn}$ | | | | $y_n$ | $x_n$ |
| | 固定资产折旧 | | $d_1$ | $d_2$ | … | $d_n$ | | | | | |
| 新创造价值 | 劳动报酬 | | $v_1$ | $v_2$ | … | $v_n$ | | | | | |
| | 纯收入 | | $m_1$ | $m_2$ | … | $m_n$ | | | | | |
| | 总计 | | $z_1$ | $z_2$ | … | $z_n$ | | | | | |
| 总投入 | | | $x_1$ | $x_2$ | … | $x_n$ | | | | | |

**注**：(1) 表中诸产品的数量均是其货币价值量．诸变量的定义如下：

$x_i$——第 $i$ 部门的总产品量；

$y_i$——第 $i$ 部门的最终产品量；

$x_{ij}$——第 $i$ 部门分配给第 $j$ 部门的产品量，即第 $j$ 部门消耗第 $i$ 部门的产品量；

$d_j$，$v_j$，$m_j$——分别表示第 $j$ 部门的固定资产折旧、劳动报酬、纯收入；

$z_j$——第 $j$ 部门新创造价值：$z_j=v_j+m_j$．

(2) 表中以双线分隔开的四个部分依次称为第Ⅰ、Ⅱ、Ⅲ、Ⅳ象限．其中第Ⅰ象限反映了各部门的技术经济联系；第Ⅱ象限反映了各部门可供社会最终消费和使用的产品量；第Ⅲ象限反映了各部门的新创造价值，体现了国民收入的初次分配以及必要劳动与剩余劳动的比例；第Ⅳ象限用于体现国民收入的再分配，因其复杂性常被略去．

## 二、平衡方程组

**1. 分配平衡方程组**

投入产出表4-1的第Ⅰ、Ⅱ象限中的行反映了各部门产品的去向即分配情况：一部分作为中间产品提供给其他部门作原材料；另一部分作为最终产品提供给社会(包括消费、积累、出口等). 即有

总产出＝中间产品＋最终产品，

用公式可表示为

$$\begin{cases} x_1=x_{11}+x_{12}+\cdots+x_{1n}+y_1, \\ x_2=x_{21}+x_{22}+\cdots+x_{2n}+y_2, \\ \cdots\cdots \\ x_n=x_{n1}+x_{n2}+\cdots+x_{nn}+y_n, \end{cases}$$

即
$$x_i=\sum_{j=1}^{n}x_{ij}+y_i \quad (i=1, 2, \cdots, n), \qquad (4-10)$$

通常称式(4-10)为分配平衡方程组.

**2. 生产平衡方程组**

投入产出表4-1的第Ⅰ、Ⅲ象限中的列反映了各部门产品的价值形成过程，即有

总投入＝生产资料补偿价值＋新创造价值，

用公式可表示为

$$\begin{cases} x_1=x_{11}+x_{21}+\cdots+x_{n1}+d_1+z_1, \\ x_2=x_{12}+x_{22}+\cdots+x_{n2}+d_2+z_2, \\ \cdots\cdots \\ x_n=x_{1n}+x_{2n}+\cdots+x_{nn}+d_n+z_n, \end{cases}$$

即
$$x_j=\sum_{i=1}^{n}x_{ij}+d_j+z_j \quad (j=1, 2, \cdots, n). \qquad (4-11)$$

通常称式(4-11)为生产平衡方程组.

## 三、直接消耗系数

为了反映部门之间在生产与技术上的相互依存关系，下面引入直接消耗系数.

**定义 4.2** 第$j$部门生产单位产品所直接消耗第$i$部门的产品数量称为第$j$部门对第$i$部门的**直接消耗系数**，记为

$$a_{ij}=\frac{x_{ij}}{x_j} \quad (i, j=1, 2, \cdots, n), \qquad (4-12)$$

并称矩阵

$$\boldsymbol{A}=\begin{pmatrix} a_{11} & a_{12} & \cdots & a_{1n} \\ a_{21} & a_{22} & \cdots & a_{2n} \\ \vdots & \vdots & & \vdots \\ a_{n1} & a_{n2} & \cdots & a_{nn} \end{pmatrix}$$

**为直接消耗系数矩阵．**

一般而言，直接消耗系数与报告期的生产技术水平有关，具有一定的稳定性．但在生产技术水平有较大变化时它亦会发生相应的变动．

由式(4－12)有

$$x_{ij}=a_{ij}x_j \quad (i,\ j=1,\ 2,\ \cdots,\ n), \tag{4-13}$$

将其代入分配平衡方程组(4－10)得

$$\begin{cases} x_1=a_{11}x_1+a_{12}x_2+\cdots+a_{1n}x_n+y_1, \\ x_2=a_{21}x_1+a_{22}x_2+\cdots+a_{2n}x_n+y_2, \\ \cdots\cdots\cdots\cdots\cdots\cdots\cdots\cdots \\ x_n=a_{n1}x_1+a_{n2}x_2+\cdots+a_{nn}x_n+y_n. \end{cases} \tag{4-14}$$

若记 $\boldsymbol{X}=(x_1,\ x_2,\ \cdots,\ x_n)^{\mathrm{T}}$，$\boldsymbol{Y}=(y_1,\ y_2,\ \cdots,\ y_n)^{\mathrm{T}}$，则方程组(4－14)可写成矩阵形式

$$\boldsymbol{X}=\boldsymbol{A}\boldsymbol{X}+\boldsymbol{Y},$$

从而有

$$\boldsymbol{Y}=(\boldsymbol{E}-\boldsymbol{A})\boldsymbol{X}, \tag{4-15}$$

其中，$\boldsymbol{E}$ 为 $n$ 阶单位阵．

公式(4－15)揭示了最终产品 $\boldsymbol{Y}$ 与总产品 $\boldsymbol{X}$ 之间的数量依存关系．由于直接消耗系数矩阵 $\boldsymbol{A}$ 在一定时期内具有稳定性，所以常可以利用上一报告期的直接消耗系数来估计本报告期的直接消耗系数．在 $\boldsymbol{A}$ 已知的条件下，最终产品 $\boldsymbol{Y}$ 可由总产品 $\boldsymbol{X}$ 唯一确定；反之，总产品 $\boldsymbol{X}$ 亦可由最终产品 $\boldsymbol{Y}$ 唯一确定：

$$\boldsymbol{X}=(\boldsymbol{E}-\boldsymbol{A})^{-1}\boldsymbol{Y}. \tag{4-16}$$

将式(4－13)代入生产平衡方程组(4－11)，得

$$x_j=\sum_{i=1}^{n} a_{ij}x_j+d_j+z_j \quad (j=1,\ 2,\ \cdots,\ n), \tag{4-17}$$

或

$$\left(1-\sum_{i=1}^{n} a_{ij}\right)x_j=d_j+z_j \quad (j=1,\ 2,\ \cdots,\ n). \tag{4-18}$$

利用方程组(4－18)，在已知各部门的折旧的前提下(各部门的折旧可利用折旧系数算得)，各部门的总投入与新创造价值可以互相唯一确定．

若记

$$\boldsymbol{X}=\begin{pmatrix}x_1\\x_2\\\vdots\\x_n\end{pmatrix},\ \boldsymbol{Z}=\begin{pmatrix}z_1\\z_2\\\vdots\\z_n\end{pmatrix},\ \boldsymbol{D}=\begin{pmatrix}d_1\\d_2\\\vdots\\d_n\end{pmatrix},\ \boldsymbol{C}=\begin{pmatrix}\sum_{i=1}^{n}a_{i1} & 0 & \cdots & 0\\ 0 & \sum_{i=1}^{n}a_{i2} & \cdots & 0\\ \vdots & \vdots & & \vdots\\ 0 & 0 & \cdots & \sum_{i=1}^{n}a_{in}\end{pmatrix},$$

则方程组(4－17)有如下的矩阵形式

$$\boldsymbol{X}=\boldsymbol{CX}+\boldsymbol{D}+\boldsymbol{Z}.$$

## 四、完全消耗系数

直接消耗系数 $a_{ij}$ 反映了第 $j$ 部门对第 $i$ 部门产品的直接消耗量．但是第 $j$ 部门还有可能通过第 $k$ 部门的产品(第 $k$ 部门要消耗第 $i$ 部门的产品)而间接消耗第 $i$ 部门的产品．例如，汽车生产部门除了直接消耗钢铁之外还会通过使用机床而间接消耗钢铁，所以有必要引进刻画部门之间的完全联系的量——完全消耗系数．

**定义 4.3** 称第 $j$ 部门生产单位产品对第 $i$ 部门的完全消耗量为第 $j$ 部门对第 $i$ 部门的**完全消耗系数**，记为 $b_{ij}$ ($i$，$j=1$，2，…，$n$)，并称

$$\boldsymbol{B}=\begin{pmatrix}b_{11} & b_{12} & \cdots & b_{1n}\\ b_{21} & b_{22} & \cdots & b_{2n}\\ \vdots & \vdots & & \vdots\\ b_{n1} & b_{n2} & \cdots & b_{nn}\end{pmatrix}$$

为**完全消耗系数矩阵**．

显然，$b_{ij}$ 应包括两部分：

(1) 对第 $i$ 部门的直接消耗量 $a_{ij}$；

(2) 通过第 $k$ 部门而间接消耗第 $i$ 部门的量 $b_{ik}a_{kj}$ ($k=1$，2，…，$n$)，于是有

$$b_{ij}=a_{ij}+\sum_{k=1}^{n}b_{ik}a_{kj}\quad(i,\ j=1,\ 2,\ \cdots,\ n),$$

写成矩阵形式，就是

$$\boldsymbol{B}=\boldsymbol{A}+\boldsymbol{BA},$$

于是

$$\boldsymbol{B}=\boldsymbol{A}(\boldsymbol{E}-\boldsymbol{A})^{-1}.$$

又因为

$$\boldsymbol{A}=\boldsymbol{E}-(\boldsymbol{E}-\boldsymbol{A}),$$

所以
$$\boldsymbol{B}=(\boldsymbol{E}-\boldsymbol{A})^{-1}-\boldsymbol{E}, \tag{4-19}$$
式(4-19)表明，完全消耗系数可由直接消耗系数求得．

完全消耗系数是一个国家的经济结构分析及经济预测的重要参数，完全消耗系数的求得是投入产出模型的最显著的特点．

**例 4.10**　由 4 个部门组成的某经济系统上一报告期的价值型投入产出表见表 4-2.

**表 4-2　价值型投入产出表**

| 产出<br>投入 | | 中间产品 1 | 中间产品 2 | 中间产品 3 | 中间产品 4 | 最终产品 | 总产出 |
|---|---|---|---|---|---|---|---|
| 生产部门 | 1 | 10 | 30 | 10 | 40 | 110 | 200 |
| | 2 | 20 | 15 | 8 | 40 | 217 | 300 |
| | 3 | 20 | 30 | 7 | 20 | 23 | 100 |
| | 4 | 30 | 30 | 10 | 20 | 310 | 400 |
| 新创造价值 | | 120 | 195 | 65 | 280 | | |
| 总投入 | | 200 | 300 | 100 | 400 | | |

(1) 计算上一报告期的直接消耗系数和完全消耗系数；

(2) 若预计本报告期(即计划期)4 个部门的最终产品分别为 140，250，35，380，试利用直接消耗系数估计本报告期的总产出．

**解**　由式(4-12)可算得直接消耗系数矩阵

$$\boldsymbol{A}=\begin{pmatrix} 0.05 & 0.1 & 0.1 & 0.1 \\ 0.1 & 0.05 & 0.08 & 0.1 \\ 0.1 & 0.1 & 0.07 & 0.05 \\ 0.15 & 0.1 & 0.1 & 0.05 \end{pmatrix},$$

从而可得

$$(\boldsymbol{E}-\boldsymbol{A})^{-1}=\begin{pmatrix} 1.105 & 0.147 & 0.147 & 0.140 \\ 0.150 & 1.096 & 0.125 & 0.138 \\ 0.146 & 0.142 & 1.113 & 0.089 \\ 0.206 & 0.153 & 0.153 & 1.098 \end{pmatrix},$$

进而可得完全消耗系数矩阵

$$\boldsymbol{B}=(\boldsymbol{E}-\boldsymbol{A})^{-1}-\boldsymbol{E}=\begin{pmatrix} 0.105 & 0.147 & 0.147 & 0.140 \\ 0.150 & 0.096 & 0.125 & 0.138 \\ 0.146 & 0.142 & 0.113 & 0.089 \\ 0.206 & 0.153 & 0.153 & 0.098 \end{pmatrix},$$

借助于上一报告期的直接消耗系数矩阵，利用式(4-16)，计划期的总产出为

$$\boldsymbol{X}=(\boldsymbol{E}-\boldsymbol{A})^{-1}\boldsymbol{Y}=\begin{pmatrix}1.105 & 0.147 & 0.147 & 0.140\\0.150 & 1.096 & 0.125 & 0.138\\0.146 & 0.142 & 1.113 & 0.089\\0.206 & 0.153 & 0.153 & 1.098\end{pmatrix}\begin{pmatrix}140\\250\\35\\380\end{pmatrix}=\begin{pmatrix}250\\352\\129\\490\end{pmatrix},$$

即计划期 4 个部门的总产出分别为 250，352，129，490.

## 习 题 四

1. 选择题：

(1) 设 $\boldsymbol{A}$ 为 $m\times n$ 矩阵，齐次线性方程组 $\boldsymbol{Ax}=\boldsymbol{0}$ 仅有零解的充分必要条件是系数矩阵的秩 $R(\boldsymbol{A})$(　　).

A. 小于 $m$；　B. 小于 $n$；　C. 等于 $m$；　D. 等于 $n$.

(2) 设非齐次线性方程组 $\boldsymbol{Ax}=\boldsymbol{b}$ 的导出组为 $\boldsymbol{Ax}=\boldsymbol{0}$，如果 $\boldsymbol{Ax}=\boldsymbol{0}$ 仅有零解，则 $\boldsymbol{Ax}=\boldsymbol{b}$(　　).

A. 必有无穷多解；　B. 必有唯一解；

C. 必定无解；　D. 选项 A，B，C 均不对.

(3) 设 $\boldsymbol{A}$ 为 $m\times n$ 矩阵，非齐次线性方程组 $\boldsymbol{Ax}=\boldsymbol{b}$ 的导出组为 $\boldsymbol{Ax}=\boldsymbol{0}$. 如果 $m<n$，则(　　).

A. $\boldsymbol{Ax}=\boldsymbol{b}$ 必有无穷多解；　B. $\boldsymbol{Ax}=\boldsymbol{b}$ 必有唯一解；

C. $\boldsymbol{Ax}=\boldsymbol{0}$ 必有非零解；　D. $\boldsymbol{Ax}=\boldsymbol{0}$ 必有唯一解.

2. 求下列齐次线性方程组的基础解系和通解：

(1) $\begin{cases}x_1+2x_2+2x_3+x_4=0,\\2x_1+x_2-2x_3-2x_4=0,\\x_1-x_2-4x_3-3x_4=0;\end{cases}$　(2) $\begin{cases}x_1-2x_2+3x_3-x_4=0,\\3x_1+5x_3-4x_4=0,\\4x_1-2x_2+8x_3-5x_4=0;\end{cases}$

(3) $\begin{cases}2x_1+3x_2-x_3-7x_4=0,\\3x_1+x_2+2x_3-7x_4=0,\\4x_1+x_2-3x_3+6x_4=0,\\x_1-2x_2+5x_3-5x_4=0;\end{cases}$　(4) $\begin{cases}3x_1-x_2+2x_3-5x_4=0,\\x_1+3x_2-5x_3-4x_4=0,\\5x_1-5x_2+9x_3-6x_4=0,\\2x_1-4x_2+7x_3-x_4=0.\end{cases}$

3. 求解下列非齐次线性方程组：

(1) $\begin{cases}4x_1+2x_2-x_3=2,\\3x_1-x_2+2x_3=10,\\11x_1+3x_2=8;\end{cases}$　(2) $\begin{cases}3x+8y-2z=13,\\x+y+z=1,\\5x+11y-z=17,\\9x+20y-2z=31;\end{cases}$

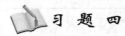

(3) $\begin{cases}2x+y-z+w=1,\\4x+2y-2z+w=2,\\2x+y-z-w=1;\end{cases}$　　(4) $\begin{cases}3x-y+2z+2w=3,\\4x+3y-z-w=1,\\x+4y-3z-3w=-2.\end{cases}$

4. 求一个齐次线性方程组，使它的通解为

(1) $\boldsymbol{x}=c_1\begin{pmatrix}2\\-1\\1\\0\end{pmatrix}+c_2\begin{pmatrix}3\\5\\0\\-1\end{pmatrix}$；　　(2) $\boldsymbol{x}=c_1\begin{pmatrix}0\\1\\2\\3\end{pmatrix}+c_2\begin{pmatrix}3\\2\\1\\0\end{pmatrix}$.

5. 非齐次线性方程组

$$\begin{cases}-2x_1+x_2+x_3=-2,\\x_1-2x_2+x_3=\lambda,\\x_1+x_2-2x_3=\lambda^2\end{cases}$$

当$\lambda$取何值时有解？并求其通解.

6. 当$\lambda$取何值时，非齐次线性方程组

$$\begin{cases}(2-\lambda)x_1+2x_2-2x_3=1,\\2x_1+(5-\lambda)x_2-4x_3=2,\\-2x_1-4x_2+(5-\lambda)x_3=-\lambda-1\end{cases}$$

(1) 有唯一解；(2) 无解；(3) 有无穷多解？并在有无穷多解时求其通解.

7. 设$\boldsymbol{A}=\begin{pmatrix}2&-2&1&3\\9&-5&2&8\end{pmatrix}$，求一个$4\times2$矩阵$\boldsymbol{B}$，使$\boldsymbol{AB}=\boldsymbol{O}$，且$R(\boldsymbol{B})=2$.

8. 设四元齐次线性方程组

$$\text{Ⅰ}:\begin{cases}x_1+x_2=0,\\x_2-x_4=0;\end{cases}\qquad\text{Ⅱ}:\begin{cases}x_1-x_2+x_3=0,\\x_2-x_3+x_4=0,\end{cases}$$

求：(1) 方程组Ⅰ与方程组Ⅱ的基础解系；(2) Ⅰ与Ⅱ的公共解.

9. 设四元非齐次线性方程组的系数矩阵的秩为3，已知$\boldsymbol{\eta}_1$，$\boldsymbol{\eta}_2$，$\boldsymbol{\eta}_3$是它的三个解向量，且

$$\boldsymbol{\eta}_1=\begin{pmatrix}2\\3\\4\\5\end{pmatrix},\ \boldsymbol{\eta}_2+\boldsymbol{\eta}_3=\begin{pmatrix}1\\2\\3\\4\end{pmatrix},$$

求该方程组的通解.

10. 设矩阵$\boldsymbol{A}=(\boldsymbol{a}_1,\boldsymbol{a}_2,\boldsymbol{a}_3,\boldsymbol{a}_4)$，其中$\boldsymbol{a}_2$，$\boldsymbol{a}_3$，$\boldsymbol{a}_4$线性无关，$\boldsymbol{a}_1=2\boldsymbol{a}_2-\boldsymbol{a}_3$，向量$\boldsymbol{b}=\boldsymbol{a}_1+\boldsymbol{a}_2+\boldsymbol{a}_3+\boldsymbol{a}_4$，求方程组$\boldsymbol{Ax}=\boldsymbol{b}$的通解.

11. 设$\boldsymbol{A}$、$\boldsymbol{B}$都是$n$阶方阵，且$\boldsymbol{AB}=\boldsymbol{O}$，证明：$R(\boldsymbol{A})+R(\boldsymbol{B})\leqslant n$.

12. 设 $\boldsymbol{\eta}^*$ 是非齐次线性方程组 $\boldsymbol{Ax}=\boldsymbol{b}$ 的一个解，$\boldsymbol{\xi}_1$，$\boldsymbol{\xi}_2$，…，$\boldsymbol{\xi}_{n-r}$ 是对应的齐次线性方程组的一个基础解系，证明：

(1) $\boldsymbol{\eta}^*$，$\boldsymbol{\xi}_1$，$\boldsymbol{\xi}_2$，…，$\boldsymbol{\xi}_{n-r}$ 线性无关；

(2) $\boldsymbol{\eta}^*$，$\boldsymbol{\eta}^*+\boldsymbol{\xi}_1$，$\boldsymbol{\eta}^*+\boldsymbol{\xi}_2$，…，$\boldsymbol{\eta}^*+\boldsymbol{\xi}_{n-r}$ 线性无关.

13. 设 $\boldsymbol{\eta}_1$，$\boldsymbol{\eta}_2$，…，$\boldsymbol{\eta}_s$ 是非齐次线性方程组 $\boldsymbol{Ax}=\boldsymbol{b}$ 的 $s$ 个解，$k_1$，$k_2$，…，$k_s$ 为实数，满足 $k_1+k_2+\cdots+k_s=1$，证明：$\boldsymbol{x}=k_1\boldsymbol{\eta}_1+k_2\boldsymbol{\eta}_2+\cdots+k_s\boldsymbol{\eta}_s$ 也是它的解.

14. 设有向量组 $A$：$\boldsymbol{\alpha}_1=(a,\ 2,\ 10)^{\mathrm{T}}$，$\boldsymbol{\alpha}_2=(-2,\ 1,\ 5)^{\mathrm{T}}$，$\boldsymbol{\alpha}_3=(-1,\ 1,\ 4)^{\mathrm{T}}$ 及向量 $\boldsymbol{\beta}=(1,\ b,\ -1)^{\mathrm{T}}$，问当 $a$，$b$ 为何值时：

(1) 向量 $\boldsymbol{\beta}$ 不能由向量组 $A$ 线性表示；

(2) 向量 $\boldsymbol{\beta}$ 能由向量组 $A$ 线性表示，且表示式唯一；

(3) 向量 $\boldsymbol{\beta}$ 能由向量组 $A$ 线性表示，且表示式不唯一，并求一般表示式.

*15. 假设某地区经济系统只分为 3 个部门：农业、工业和服务业，这三个部门间上一报告期的生产分配关系可列成表 4-3：

**表 4-3　投入产出表**

单位：万元

| 产出＼投入 | 中间产品 | | | 最终产品 | 总产出 |
|---|---|---|---|---|---|
| | 农业 | 工业 | 服务业 | | |
| 农业 | 27 | 44 | 2 | 120 | 193 |
| 工业 | 58 | 11010 | 182 | 13716 | 24966 |
| 服务业 | 23 | 284 | 153 | 960 | 1420 |
| 新创造价值 | 85 | 13628 | 1083 | | |
| 总投入 | 193 | 24966 | 1420 | | |

(1) 计算上一报告期的直接消耗系数和完全消耗系数；

(2) 若预计本报告期(即计划期)3 个部门的最终产品分别为 135，13820，1023，试利用直接消耗系数估计本报告期的总产出.

# 第五章　向量空间

本章实际上是第三章 $n$ 维向量的继续．为了能够将 $n$ 维向量的概念运用于更多实际问题，在这一章里引入向量空间的概念，讨论了向量空间的基与维数、内积及标准正交基、向量空间的子空间等基本概念，并简要介绍了欧氏空间及其性质．本章最后举了一个应用实例——火箭发射点的推算．

## 第一节　向量空间的基本概念

数学中将那些可以定义出加法和数乘运算，并且加法和数乘运算满足第三章所述的线性运算八条基本运算规律的集合看成同一类的代数系统，即线性空间．一般的线性空间比较抽象，留待第九章再讨论．这里介绍的 $n$ 维向量空间是典型的线性空间，它比较直观．

### 一、向量空间的定义

**定义 5.1**　设 $V$ 是一个非空 $n$ 维向量集合，如果在 $V$ 中对于 $n$ 维向量的加法与数乘两种运算封闭，即

（1）对任意 $\boldsymbol{\alpha}$、$\boldsymbol{\beta}\in V$，有唯一的元素 $\boldsymbol{\gamma}\in V$ 与之对应，记为 $\boldsymbol{\gamma}=\boldsymbol{\alpha}+\boldsymbol{\beta}$；

（2）对任意 $k\in\mathbf{R}$ 及 $\boldsymbol{\alpha}\in V$，有唯一的元素 $\boldsymbol{\delta}\in V$ 与之对应，记为 $\boldsymbol{\delta}=k\boldsymbol{\alpha}$，

则称 $V$ 为**向量空间**．

显然对于向量空间而言，加法和数乘运算满足第三章第一节中所述的线性运算八条基本运算规律．要注意的是：（1）若向量 $\boldsymbol{\alpha}\in V$，则一定有负向量 $-\boldsymbol{\alpha}\in V$，这是因为 $-\boldsymbol{\alpha}=(-1)\boldsymbol{\alpha}$.（2）任何向量空间都应包含零向量 $\mathbf{0}$. 这是因为任何向量空间都至少有一个向量 $\boldsymbol{\alpha}$，于是就有 $-\boldsymbol{\alpha}$，从而有向量 $\boldsymbol{\alpha}+(-\boldsymbol{\alpha})=\mathbf{0}$.

**例 5.1**　实数集 $\mathbf{R}$ 上的全体 $n$ 维向量集合 $\{(a_1,a_2,\cdots,a_n)^{\mathrm{T}}\mid a_i\in\mathbf{R},i=1,2,\cdots,n\}$ 就构成一个向量空间，记为 $\mathbf{R}^n$，即

$$\mathbf{R}^n=\{(a_1,a_2,\cdots,a_n)^{\mathrm{T}}\mid a_i\in\mathbf{R},\ i=1,2,\cdots,n\}.$$

这是因为 $\mathbf{R}^n$ 至少包含一个零向量 $\mathbf{0}=(0,0,\cdots,0)^{\mathrm{T}}$，故 $\mathbf{R}^n$ 非空，又因为两个 $n$ 维向量的和还是 $n$ 维向量，实数 $k$ 乘 $n$ 维向量也仍然是 $n$ 维向量，故 $\mathbf{R}^n$ 对加法与数乘运算封闭．因此，全体 $n$ 维向量的集合 $\mathbf{R}^n$ 就是一个向量空

间，称为 $n$ **维向量空间**.

在通常的几何空间中，引入笛卡儿直角坐标系后，以坐标原点 $O$ 为起点，以点 $M(x, y, z)$ 为终点的有向线段所表示的向量为 $\overrightarrow{OM}$. 这样，空间的点 $M$ 便与向量 $\overrightarrow{OM}$ 一一对应，它们一起都用 $(x, y, z)$ 表示. 因此通常的几何空间就是三维向量空间.

**例 5.2** 验证 $\mathbf{R}^2$ 的向量集合 $V_1=\{(x, y)^{\mathrm{T}} \mid x+y=0\}$ 构成向量空间，而 $V_2=\{(x, y)^{\mathrm{T}} \mid x+y=1\}$ 不是向量空间.

**解** $V_1$ 显然是非空的，又对任意的 $\boldsymbol{\alpha}=(x_1, x_2)^{\mathrm{T}} \in V_1$，$\boldsymbol{\beta}=(y_1, y_2)^{\mathrm{T}} \in V_1$，有

$$\boldsymbol{\alpha}+\boldsymbol{\beta}=(x_1, x_2)^{\mathrm{T}}+(y_1, y_2)^{\mathrm{T}}=(x_1+y_1, x_2+y_2)^{\mathrm{T}},$$

由 $x_1+x_2=0$，$y_1+y_2=0$，得

$$(x_1+y_1)+(x_2+y_2)=(x_1+x_2)+(y_1+y_2)=0,$$

所以 $\boldsymbol{\alpha}+\boldsymbol{\beta} \in V_1$. 又

$$k\boldsymbol{\alpha}=k(x_1, x_2)^{\mathrm{T}}=(kx_1, kx_2)^{\mathrm{T}} \quad (k \in \mathbf{R}),$$

因为 $kx_1+kx_2=k(x_1+x_2)=0$，所以 $k\boldsymbol{\alpha} \in V_1$.

综上所述，$V_1$ 是向量空间.

对于 $V_2$，任意给定 $\boldsymbol{\alpha}=(x_1, x_2)^{\mathrm{T}} \in V_2$，$\boldsymbol{\beta}=(y_1, y_2)^{\mathrm{T}} \in V_2$，有

$$\boldsymbol{\alpha}+\boldsymbol{\beta}=(x_1, x_2)^{\mathrm{T}}+(y_1, y_2)^{\mathrm{T}}=(x_1+y_1, x_2+y_2)^{\mathrm{T}},$$

由 $x_1+x_2=1$，$y_1+y_2=1$，得

$$(x_1+y_1)+(x_2+y_2)=(x_1+x_2)+(y_1+y_2)=2 \neq 1,$$

即

$$\boldsymbol{\alpha}+\boldsymbol{\beta} \notin V_2,$$

因此 $V_2$ 对加法运算不封闭，所以它不是向量空间.

**例 5.3** 齐次线性方程组 $\boldsymbol{A}\boldsymbol{x}=\mathbf{0}$ 的解的集合 $S=\{\boldsymbol{x} \mid \boldsymbol{A}\boldsymbol{x}=\mathbf{0}\}$，由齐次线性方程组解的性质知：$S=\{\boldsymbol{x} \mid \boldsymbol{A}\boldsymbol{x}=\mathbf{0}\}$ 是一个向量空间，简称为**解空间**；但容易知道，非齐次线性方程组 $\boldsymbol{A}\boldsymbol{x}=\boldsymbol{b} \neq \mathbf{0}$ 解的全体就不是向量空间.

## 二、子 空 间

两个向量空间 $V_1$ 和 $V_2$ 之间，就集合而言，可能存在包含关系，因此有：

**定义 5.2** 设有向量空间 $V_1$ 和 $V_2$，若 $V_1 \subseteq V_2$，则称 $V_1$ 是 $V_2$ 的一个**子空间**.

只含一个零向量的集合 $\{\mathbf{0}\}$ 也是一个向量空间，称为**零空间**. 特别地，零空间是任何向量空间的子空间.

**例 5.4** 设 $S=\{(x, y, z) \mid ax+by+cz=d$，$a$，$b$，$c$，$d$ 是常数且不全为 $0\}$，则 $S$ 是通常几何空间的一个平面，试证：过原点的平面 $S$(即当 $d=0$

时)是 $\mathbf{R}^3$ 的子空间．

**证**　因为 $d=0$，若 $\boldsymbol{\alpha}=(x_1, y_1, z_1)$，$\boldsymbol{\beta}=(x_2, y_2, z_2)\in S$，$\lambda\in\mathbf{R}$，则

$$ax_1+by_1+cz_1=0，ax_2+by_2+cz_2=0，$$

于是

$$a(x_1+x_2)+b(y_1+y_2)+c(z_1+z_2)=0，a(\lambda x_1)+b(\lambda y_1)+c(\lambda z_1)=0，$$

即有 $\boldsymbol{\alpha}+\boldsymbol{\beta}=(x_1+x_2, y_1+y_2, z_1+z_2)\in S$，$\lambda\boldsymbol{\alpha}=(\lambda x_1, \lambda y_1, \lambda z_1)\in S$，故当 $d=0$ 时，$S$ 是 $\mathbf{R}^3$ 的子空间．

一般 $\mathbf{R}^n$ 的子集 $S=\{(x_1, x_2, \cdots, x_n)\mid a_1x_1+a_2x_2+\cdots+a_nx_n=d, \sum\limits_{i=1}^{n}a_i^2\neq 0\}$称为 $\mathbf{R}^n$ **的超平面**．仿照上例不难证明，$\mathbf{R}^n$ 中过原点的超平面 $S$(即当 $d=0$ 时)是 $\mathbf{R}^n$ 的子空间．由于任何向量空间都应包含零向量 $\mathbf{0}$，因此当 $d\neq 0$时，超平面 $S$ 不是 $\mathbf{R}^n$ 的子空间．

**例 5.5**　设 $L=\left\{(x, y, z)\,\middle|\,\dfrac{x}{a}=\dfrac{y}{b}=\dfrac{z}{c}, a, b, c\text{ 是常数且不全为 }0\right\}$，则 $L$ 是通常几何空间的一条过原点的直线，试证：$L$ 是 $\mathbf{R}^3$ 的子空间．

**证**　当 $abc\neq 0$ 时，若 $\boldsymbol{\alpha}=(x_1, y_1, z_1)$，$\boldsymbol{\beta}=(x_2, y_2, z_2)\in L$，$\lambda\in\mathbf{R}$，则

$$\frac{x_1}{a}=\frac{y_1}{b}=\frac{z_1}{c}，\frac{x_2}{a}=\frac{y_2}{b}=\frac{z_2}{c}，$$

于是

$$\frac{x_1+x_2}{a}=\frac{y_1+y_2}{b}=\frac{z_1+z_2}{c}，\frac{\lambda x_1}{a}=\frac{\lambda y_1}{b}=\frac{\lambda z_1}{c}，$$

即有 $\boldsymbol{\alpha}+\boldsymbol{\beta}=(x_1+x_2, y_1+y_2, z_1+z_2)\in L$，$\lambda\boldsymbol{\alpha}=(\lambda x_1, \lambda y_1, \lambda z_1)\in L$，故 $L$ 是 $\mathbf{R}^3$ 的子空间．

当 $ab\neq 0$，而 $c=0$ 时，按照解析几何的约定：$z\equiv 0$，即 $L=\left\{(x, y, 0)\,\middle|\,\dfrac{x}{a}=\dfrac{y}{b}\right\}$；当 $a\neq 0$，而 $b=0$，$c=0$ 时：$L=\{(x, 0, 0)\mid x\in\mathbf{R}\}$．在这两种情形时易证 $L$ 也是 $\mathbf{R}^3$ 的子空间．至于 $a$，$b$，$c$ 中有等于 0 的其他情形，读者可以作类似的讨论．

## 三、向量空间的基和维数

下面讨论一下向量空间的结构．首先应明确，第三章里有关线性相关性的基本概念，诸如线性组合，线性相关，线性无关，极大无关组、向量组的秩等，以及相应的性质、定理，在一般的向量空间里可照样引用．

向量空间中的一个重要概念是维数，它决定了一个向量空间中至多能有多

少个线性无关的向量．

**定义 5.3** 设 $V$ 为向量空间，如果

(1) $V$ 中存在 $r$ 个向量 $\boldsymbol{\alpha}_1$，$\boldsymbol{\alpha}_2$，…，$\boldsymbol{\alpha}_r$ 线性无关；

(2) $V$ 中的任何向量都可由 $\boldsymbol{\alpha}_1$，$\boldsymbol{\alpha}_2$，…，$\boldsymbol{\alpha}_r$ 线性表示，

则称 $\boldsymbol{\alpha}_1$，$\boldsymbol{\alpha}_2$，…，$\boldsymbol{\alpha}_r$ 是向量空间 $V$ 的一组**基**，数 $r$ 称为向量空间 $V$ 的**维数**，记为 $\dim(V)=r$，并称 $V$ 为 $r$ **维向量空间**．

显然，零空间是没有基的，它的维数约定为 0，并称零空间为**零维向量空间**．

向量空间 $V$ 可以看作一个向量组，按照定义 3.5 可知，向量空间 $V$ 的基就是它的一个极大无关组．但一般的向量组未必是一个向量空间，因此一般极大无关组不叫作基．

当一个向量空间有任意多个线性无关向量时，称其是无限维向量空间．在线性代数中，主要讨论有限维向量空间．

与定义 5.3 等价，有：

**定义 5.3′** 设 $V$ 是向量空间，如果 $V$ 中有 $r$ 个线性无关的向量，而任意 $r+1$ 个向量都线性相关，则称 $V$ 是 $r$ 维向量空间，记为 $\dim(V)=r$. 称这 $r$ 个线性无关的向量是 $V$ 的一组基．

例如，在 $n$ 维向量空间 $\mathbf{R}^n$ 中，由于 $n$ 维单位坐标向量组 $\boldsymbol{\varepsilon}_1$，$\boldsymbol{\varepsilon}_2$，…，$\boldsymbol{\varepsilon}_n$ 线性无关，且任何 $n$ 维向量都可由 $\boldsymbol{\varepsilon}_1$，$\boldsymbol{\varepsilon}_2$，…，$\boldsymbol{\varepsilon}_n$ 线性表示，所以 $\mathbf{R}^n$ 的维数为 $n$，而 $\boldsymbol{\varepsilon}_1$，$\boldsymbol{\varepsilon}_2$，…，$\boldsymbol{\varepsilon}_n$ 就是它的一组基，称为 $\mathbf{R}^n$ 的**自然基**．

显然，$\boldsymbol{\eta}_1=(1, 0, \cdots, 0)^{\mathrm{T}}$，$\boldsymbol{\eta}_2=(1, 1, \cdots, 0)^{\mathrm{T}}$，…，$\boldsymbol{\eta}_n=(1, 1, \cdots, 1)^{\mathrm{T}}$ 也是 $n$ 维向量空间 $\mathbf{R}^n$ 的一组基，这是因为

$$\begin{vmatrix} 1 & 1 & \cdots & 1 \\ 0 & 1 & \cdots & 1 \\ \vdots & \vdots & & \vdots \\ 0 & 0 & \cdots & 1 \end{vmatrix}=1\neq 0,$$

从而 $\boldsymbol{\eta}_1$，$\boldsymbol{\eta}_2$，…，$\boldsymbol{\eta}_n$ 线性无关，而且任何 $n+1$ 个 $n$ 维向量都线性相关．

由此可见，一个向量空间的基不是唯一的．

又如，向量空间

$$V=\{(0, x_2, \cdots, x_n) \mid x_2, \cdots, x_n \in \mathbf{R}\}$$

的一组基可取为 $\boldsymbol{\varepsilon}_2$，$\boldsymbol{\varepsilon}_3$，…，$\boldsymbol{\varepsilon}_n$，因为 $\forall \boldsymbol{\alpha}\in V$，$\boldsymbol{\alpha}=(0, x_2, \cdots, x_n)$，有

$$\boldsymbol{\alpha}=x_2\boldsymbol{\varepsilon}_2+x_3\boldsymbol{\varepsilon}_3+\cdots+x_n\boldsymbol{\varepsilon}_n,$$

故该向量空间 $V$ 的维数是 $n-1$.

**注意**：这里构成 $V$ 的每一个向量的维数是 $n$，与向量空间 $V$ 的维数是不一致的．

**例 5.6**　设 $n$ 元线性方程组$\boldsymbol{Ax}=\boldsymbol{0}$的系数矩阵的秩 $R(\boldsymbol{A})=r$. 由齐次线性方程组基础解系的定义，$\boldsymbol{Ax}=\boldsymbol{0}$ 的一个基础解系是解空间 $S=\{\boldsymbol{x}\mid\boldsymbol{Ax}=\boldsymbol{0}\}$的一组基，且 $\dim(S)=n-r$.

**例 5.7**　试求超平面

$S=\{(x_1, x_2, \cdots, x_n)\mid a_1x_1+a_2x_2+\cdots+a_nx_n=0, a_i\in\mathbf{R}$ 且 $a_i\neq0, i=1, 2, \cdots, n\}$

的维数 .

**解**　因为 $a_i\neq0$，$a_1x_1+a_2x_2+\cdots+a_nx_n=0$，若取 $x_i=k_i$，$k_i\in\mathbf{R}(i=2, 3, \cdots, n)$，则

$$x_1=-\frac{a_2}{a_1}k_2-\frac{a_3}{a_1}k_3-\cdots-\frac{a_n}{a_1}k_n,$$

于是

$$\begin{pmatrix}x_1\\x_2\\x_3\\\vdots\\x_n\end{pmatrix}=\begin{pmatrix}-\frac{a_2}{a_1}k_2-\frac{a_3}{a_1}k_3-\cdots-\frac{a_n}{a_1}k_n\\k_2\\k_3\\\vdots\\k_n\end{pmatrix}=k_2\begin{pmatrix}-\frac{a_2}{a_1}\\1\\0\\\vdots\\0\end{pmatrix}+k_3\begin{pmatrix}-\frac{a_3}{a_1}\\0\\1\\\vdots\\0\end{pmatrix}+\cdots+k_n\begin{pmatrix}-\frac{a_n}{a_1}\\0\\0\\\vdots\\1\end{pmatrix}$$

$$(k_2, k_3, \cdots, k_n\in\mathbf{R}),$$

易见向量组

$$\begin{pmatrix}-\frac{a_2}{a_1}\\1\\0\\\vdots\\0\end{pmatrix}, \begin{pmatrix}-\frac{a_3}{a_1}\\0\\1\\\vdots\\0\end{pmatrix}, \cdots, \begin{pmatrix}-\frac{a_n}{a_1}\\0\\0\\\vdots\\1\end{pmatrix}$$

是线性无关的，故它是 $S$ 的一组基，从而超平面 $S$ 的维数为 $n-1$.

**例 5.8**　试求 $\mathbf{R}^3$ 的子空间

$$L=\left\{(x, y, z)\left|\frac{x}{a}=\frac{y}{b}=\frac{z}{c}, a, b, c\text{ 是常数且不全为 }0\right.\right\}$$

的维数.

**解**　显然，非零向量 $\boldsymbol{\alpha}=(a, b, c)\in L$，因为对任意的向量$(x, y, z)\in L$，有

$$\frac{x}{a}=\frac{y}{b}=\frac{z}{c}=k(k\in\mathbf{R}),$$

即
$$(x, y, z)=k(a, b, c)=k\boldsymbol{\alpha},$$

故 $\boldsymbol{\alpha}=(a, b, c)$是 $L$ 的一组基，从而子空间 $L$ 的维数为 1.

对照例 5.4 及例 5.5，就直观而言，$\mathbf{R}^3$ 空间的子空间只有四种类型：①$\mathbf{R}^3$空间本身；②过原点的平面，它是二维的；③过原点的直线，它是一维的；④零空间$\{0\}$.

有了向量空间的基的概念，向量空间的构造就十分清楚：若向量组 $\boldsymbol{\alpha}_1$，$\boldsymbol{\alpha}_2$，…，$\boldsymbol{\alpha}_r$ 是向量空间 $V$ 的一组基，则 $r$ 维向量空间 $V$ 可表示为

$$V=\{\boldsymbol{x}=k_1\boldsymbol{\alpha}_1+k_2\boldsymbol{\alpha}_2+\cdots+k_r\boldsymbol{\alpha}_r \mid k_1, k_2, \cdots, k_r\in\mathbf{R}\}.$$

对于一般的 $m$ 个 $n$ 维向量 $\boldsymbol{\alpha}_1$，$\boldsymbol{\alpha}_2$，…，$\boldsymbol{\alpha}_m$，不难验证集合

$$L=\{\boldsymbol{x}=k_1\boldsymbol{\alpha}_1+k_2\boldsymbol{\alpha}_2+\cdots+k_m\boldsymbol{\alpha}_m \mid k_1, k_2, \cdots, k_m\in\mathbf{R}\}$$

关于向量的加法和数乘运算是封闭的，即 $L$ 也是一个向量空间．一般称这个向量空间为由**向量 $\boldsymbol{\alpha}_1$，$\boldsymbol{\alpha}_2$，…，$\boldsymbol{\alpha}_m$ 生成的向量空间**，并简记作 $L(\boldsymbol{\alpha}_1, \boldsymbol{\alpha}_2, \cdots, \boldsymbol{\alpha}_m)$. 显然，向量组 $\boldsymbol{\alpha}_1$，$\boldsymbol{\alpha}_2$，…，$\boldsymbol{\alpha}_m$ 的一个极大无关组就是这个向量空间的一组基．

**例 5.9** 试求由向量组

$$\boldsymbol{\alpha}_1=(1, 0, 2, 1)^{\mathrm{T}}, \boldsymbol{\alpha}_2=(1, 2, 0, 1)^{\mathrm{T}},$$
$$\boldsymbol{\alpha}_3=(2, 1, 3, 2)^{\mathrm{T}}, \boldsymbol{\alpha}_4=(2, 5, -1, 4)^{\mathrm{T}}$$

所生成的向量空间 $L(\boldsymbol{\alpha}_1, \boldsymbol{\alpha}_2, \boldsymbol{\alpha}_3, \boldsymbol{\alpha}_4)$的一组基．

**解** 因为

$$(\boldsymbol{\alpha}_1, \boldsymbol{\alpha}_2, \boldsymbol{\alpha}_3, \boldsymbol{\alpha}_4)=\begin{pmatrix}1&1&2&2\\0&2&1&5\\2&0&3&-1\\1&1&2&4\end{pmatrix}\xrightarrow[r_4-r_1]{r_3-2r_1}\begin{pmatrix}1&1&2&2\\0&2&1&5\\0&-2&-1&-5\\0&0&0&2\end{pmatrix}$$

$$\xrightarrow{r_3+r_2}\begin{pmatrix}1&1&2&2\\0&2&1&5\\0&0&0&0\\0&0&0&2\end{pmatrix},$$

由此可知，$\boldsymbol{\alpha}_1$，$\boldsymbol{\alpha}_2$，$\boldsymbol{\alpha}_4$ 为向量组 $\boldsymbol{\alpha}_1$，$\boldsymbol{\alpha}_2$，$\boldsymbol{\alpha}_3$，$\boldsymbol{\alpha}_4$ 的一个极大无关组，因此 $\boldsymbol{\alpha}_1$，$\boldsymbol{\alpha}_2$，$\boldsymbol{\alpha}_4$ 是向量空间 $L(\boldsymbol{\alpha}_1, \boldsymbol{\alpha}_2, \boldsymbol{\alpha}_3, \boldsymbol{\alpha}_4)$的一组基，且 $L(\boldsymbol{\alpha}_1, \boldsymbol{\alpha}_2, \boldsymbol{\alpha}_3, \boldsymbol{\alpha}_4)$的维数为 3.

**定义 5.4** 对于 $r$ 维向量空间 $V$，若向量组 $\boldsymbol{\alpha}_1$，$\boldsymbol{\alpha}_2$，…，$\boldsymbol{\alpha}_r$ 是它的一组基，则对于任意的向量 $\boldsymbol{\alpha}\in V$，$\boldsymbol{\alpha}$ 由 $\boldsymbol{\alpha}_1$，$\boldsymbol{\alpha}_2$，…，$\boldsymbol{\alpha}_r$ 的表示式

$$\boldsymbol{\alpha}=a_1\boldsymbol{\alpha}_1+a_2\boldsymbol{\alpha}_2+\cdots+a_r\boldsymbol{\alpha}_r$$

是唯一的，称有序数组$(a_1, a_2, \cdots, a_r)^{\mathrm{T}}$ 为向量 $\boldsymbol{\alpha}$ 在基 $\boldsymbol{\alpha}_1$，$\boldsymbol{\alpha}_2$，…，$\boldsymbol{\alpha}_r$ 下的**坐标**．

必须强调，向量空间 $V$ 的一组基 $\boldsymbol{\alpha}_1$，$\boldsymbol{\alpha}_2$，…，$\boldsymbol{\alpha}_r$ 的不同排列仍然是它的基，但是不同的基，因此在提到 $V$ 的一组基时，实际上指的是有序基．只有

这样，才能保证 $V$ 中的向量 $\boldsymbol{\alpha}$ 在基 $\boldsymbol{\alpha}_1$，$\boldsymbol{\alpha}_2$，…，$\boldsymbol{\alpha}_r$ 下坐标表示的唯一性．特别地，在空间 $\mathbf{R}^n$ 中，当取单位坐标向量组：

$$\boldsymbol{\varepsilon}_1=(1,\ 0,\ \cdots,\ 0)^{\mathrm{T}},\ \boldsymbol{\varepsilon}_2=(0,\ 1,\ \cdots,\ 0)^{\mathrm{T}},\ \cdots,\ \boldsymbol{\varepsilon}_n=(0,\ 0,\ \cdots,\ 1)^{\mathrm{T}}$$

为基(**自然基**)时，则任一向量的坐标与其分量是一致的，而对于一般的基两者并非一致．

显然，在基取定的情况下，$n$ 维向量空间中的向量与它的坐标之间一一对应．

**例 5.10**　设向量 $\boldsymbol{\alpha}=(a_1,\ a_2,\ \cdots,\ a_n)^{\mathrm{T}}$，试求向量 $\boldsymbol{\alpha}$ 在基

$$\boldsymbol{\eta}_1=(1,\ 0,\ \cdots,\ 0)^{\mathrm{T}},\ \boldsymbol{\eta}_2=(1,\ 1,\ \cdots,\ 0)^{\mathrm{T}},\ \cdots,\ \boldsymbol{\eta}_n=(1,\ 1,\ \cdots,\ 1)^{\mathrm{T}}$$

下的坐标．

**解**　设 $\boldsymbol{\alpha}$ 在基 $\boldsymbol{\eta}_1$，$\boldsymbol{\eta}_2$，…，$\boldsymbol{\eta}_n$ 下的坐标为$(x_1,\ x_2,\ \cdots,\ x_n)^{\mathrm{T}}$，即

$$\boldsymbol{\alpha}=x_1\boldsymbol{\eta}_1+x_2\boldsymbol{\eta}_2+\cdots+x_n\boldsymbol{\eta}_n,$$

则有
$$\begin{pmatrix}1 & 1 & \cdots & 1\\ 0 & 1 & \cdots & 1\\ \vdots & \vdots & & \vdots\\ 0 & 0 & \cdots & 1\end{pmatrix}\begin{pmatrix}x_1\\ x_2\\ \vdots\\ x_n\end{pmatrix}=\begin{pmatrix}a_1\\ a_2\\ \vdots\\ a_n\end{pmatrix},$$

解此方程组得

$$x_1=a_1-a_2,\ x_2=a_2-a_3,\ \cdots,\ x_{n-1}=a_{n-1}-a_n,\ x_n=a_n,$$

于是得 $\boldsymbol{\alpha}$ 关于基 $\boldsymbol{\eta}_1$，$\boldsymbol{\eta}_2$，…，$\boldsymbol{\eta}_n$ 的坐标为

$$(a_1-a_2,\ a_2-a_3,\ \cdots,\ a_{n-1}-a_n,\ a_n)^{\mathrm{T}}.$$

**例 5.11**　验证 $\boldsymbol{\alpha}_1=(1,\ 0,\ 0)^{\mathrm{T}}$，$\boldsymbol{\alpha}_2=(1,\ 1,\ 0)^{\mathrm{T}}$，$\boldsymbol{\alpha}_3=(1,\ 1,\ 1)^{\mathrm{T}}$ 是向量空间 $\mathbf{R}^3$ 的一组基，并求向量 $\boldsymbol{\alpha}=(1,\ 2,\ 5)^{\mathrm{T}}$ 在基 $\boldsymbol{\alpha}_1$，$\boldsymbol{\alpha}_2$，$\boldsymbol{\alpha}_3$ 下的坐标．

**解**　因为向量空间 $\mathbf{R}^3$ 的维数 $\dim(\mathbf{R}^3)=3$，且

$$(\boldsymbol{\alpha}_1,\ \boldsymbol{\alpha}_2,\ \boldsymbol{\alpha}_3)=\begin{pmatrix}1 & 1 & 1\\ 0 & 1 & 1\\ 0 & 0 & 1\end{pmatrix},\ 有\ R(\boldsymbol{\alpha}_1,\ \boldsymbol{\alpha}_2,\ \boldsymbol{\alpha}_3)=3,$$

所以 $\boldsymbol{\alpha}_1$，$\boldsymbol{\alpha}_2$，$\boldsymbol{\alpha}_3$ 线性无关，因此 $\boldsymbol{\alpha}_1$，$\boldsymbol{\alpha}_2$，$\boldsymbol{\alpha}_3$ 是向量空间 $\mathbf{R}^3$ 的一组基．

设向量 $\boldsymbol{\alpha}=(1,\ 2,\ 5)^{\mathrm{T}}$ 在基 $\boldsymbol{\alpha}_1$，$\boldsymbol{\alpha}_2$，$\boldsymbol{\alpha}_3$ 下的坐标为$(x_1,\ x_2,\ x_3)^{\mathrm{T}}$，则

$$\boldsymbol{\alpha}=(1,\ 2,\ 5)^{\mathrm{T}}=x_1\boldsymbol{\alpha}_1+x_2\boldsymbol{\alpha}_2+x_3\boldsymbol{\alpha}_3=(\boldsymbol{\alpha}_1,\ \boldsymbol{\alpha}_2,\ \boldsymbol{\alpha}_3)\begin{pmatrix}x_1\\ x_2\\ x_3\end{pmatrix},$$

即
$$\begin{pmatrix}1 & 1 & 1\\ 0 & 1 & 1\\ 0 & 0 & 1\end{pmatrix}\begin{pmatrix}x_1\\ x_2\\ x_3\end{pmatrix}=\begin{pmatrix}1\\ 2\\ 5\end{pmatrix},$$

解此线性方程组得

$$(x_1,\ x_2,\ x_3)^{\mathrm{T}}=(-1,\ -3,\ 5)^{\mathrm{T}},$$

此即为向量 $\boldsymbol{\alpha}=(1,\ 2,\ 5)^{\mathrm{T}}$ 在基 $\boldsymbol{\alpha}_1$，$\boldsymbol{\alpha}_2$，$\boldsymbol{\alpha}_3$ 下的坐标．

# 第二节　向量的内积与标准正交基

通常，向量既有大小又有方向，这样的向量称为几何向量；几何向量在解决几何问题和物理问题时起着重要作用．那么在 $n$ 维向量空间中，是否也存在着像几何向量这样的度量性质呢？下面就来讨论这个问题．

## 一、向量的内积

本章第一节里曾经指出，通常的几何空间中，三维向量 $(x,\ y,\ z)$ 表示从原点 $O(0,\ 0,\ 0)$ 到点 $M(x,\ y,\ z)$ 的有向线段 $\overrightarrow{OM}$，其长度为 $\|\overrightarrow{OM}\|=\sqrt{x^2+y^2+z^2}$．

设三维向量 $\boldsymbol{\alpha}=(a_1,\ a_2,\ a_3)$，$\boldsymbol{\beta}=(b_1,\ b_2,\ b_3)$，从 $\boldsymbol{\alpha}$ 的终点到 $\boldsymbol{\beta}$ 的终点的向量为 $\boldsymbol{\gamma}$，用坐标表示则有 $\boldsymbol{\gamma}=(b_1-a_1,\ b_2-a_2,\ b_3-a_3)$．如图 5－1 所示，若 $\boldsymbol{\alpha}$，$\boldsymbol{\beta}$，$\boldsymbol{\gamma}$ 的长度分别为 $a$，$b$，$c$；$\boldsymbol{\alpha}$，$\boldsymbol{\beta}$ 之间的夹角为 $\theta$，当 $\boldsymbol{\alpha}\neq\mathbf{0}$，$\boldsymbol{\beta}\neq\mathbf{0}$ 时，由三角形的余弦定理可得

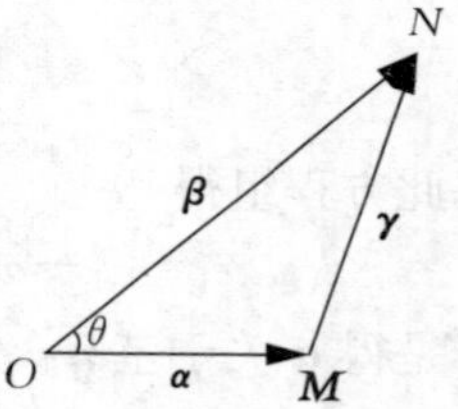


图 5－1

$$\cos\theta=\frac{a^2+b^2-c^2}{2ab}=\frac{\sum\limits_{i=1}^{3}a_i^2+\sum\limits_{i=1}^{3}b_i^2-\sum\limits_{i=1}^{3}(b_i-a_i)^2}{2\sqrt{a_1^2+a_2^2+a_3^2}\sqrt{b_1^2+b_2^2+b_3^2}}.$$

引入记号：$[\boldsymbol{\alpha},\ \boldsymbol{\beta}]=a_1b_1+a_2b_2+a_3b_3$，$\|\boldsymbol{\alpha}\|=\sqrt{a_1^2+a_2^2+a_3^2}$，则有

$$\cos\theta=\frac{a_1b_1+a_2b_2+a_3b_3}{\sqrt{a_1^2+a_2^2+a_3^2}\sqrt{b_1^2+b_2^2+b_3^2}}=\frac{[\boldsymbol{\alpha},\ \boldsymbol{\beta}]}{\|\boldsymbol{\alpha}\|\cdot\|\boldsymbol{\beta}\|}.\qquad(5-1)$$

将这一结果推广到任意 $n$ 维向量，就有 $n$ 维向量的长度、夹角等度量的概念，这在许多问题中有着重要的作用．

**定义 5.5**　设 $V$ 为 $n$ 维向量空间，对于 $V$ 中任意的向量 $\boldsymbol{\alpha}$，$\boldsymbol{\beta}$:

$$\boldsymbol{\alpha}=(a_1,\ a_2,\ \cdots,\ a_n)^{\mathrm{T}},\ \boldsymbol{\beta}=(b_1,\ b_2,\ \cdots,\ b_n)^{\mathrm{T}},$$

令

$$[\boldsymbol{\alpha},\ \boldsymbol{\beta}]=a_1b_1+a_2b_2+\cdots+a_nb_n=\sum_{i=1}^{n}a_ib_i,$$

称 $[\boldsymbol{\alpha},\ \boldsymbol{\beta}]$ 为**向量 $\boldsymbol{\alpha}$，$\boldsymbol{\beta}$ 的内积**．

若用矩阵表示，则有

$$[\boldsymbol{\alpha},\ \boldsymbol{\beta}]=(a_1,\ a_2,\ \cdots,\ a_n)\begin{pmatrix}b_1\\b_2\\\vdots\\b_n\end{pmatrix}=\boldsymbol{\alpha}^{\mathrm{T}}\boldsymbol{\beta},$$

通常定义了内积的向量空间称为**欧氏空间**．容易验证，在欧氏空间中，内积具有下述性质：

① $[\boldsymbol{\alpha},\ \boldsymbol{\beta}]=[\boldsymbol{\beta},\ \boldsymbol{\alpha}]$；

② $[\boldsymbol{\alpha},\ \boldsymbol{\alpha}]\geqslant 0$，**当且仅当** $\boldsymbol{\alpha}=\mathbf{0}$**时**，$[\boldsymbol{\alpha},\ \boldsymbol{\alpha}]=0$；

③ $[k\boldsymbol{\alpha},\ \boldsymbol{\beta}]=k[\boldsymbol{\alpha},\ \boldsymbol{\beta}]$；

④ $[\boldsymbol{\alpha}+\boldsymbol{\beta},\ \boldsymbol{\gamma}]=[\boldsymbol{\alpha},\ \boldsymbol{\gamma}]+[\boldsymbol{\beta}+\boldsymbol{\gamma}]$，

这里 $\boldsymbol{\alpha}$，$\boldsymbol{\beta}$，$\boldsymbol{\gamma}$ 是任意的 $n$ 维向量，$k$ 是数．

这几条性质读者容易由内积的定义直接加以验证．

**例 5.12**　设 $V$ 为 $n$ 维欧氏空间，$\forall\boldsymbol{\alpha}$，$\boldsymbol{\beta}\in V$，证明：施瓦茨(Schwarz)不等式

$$[\boldsymbol{\alpha},\ \boldsymbol{\beta}]^2\leqslant[\boldsymbol{\alpha},\ \boldsymbol{\alpha}][\boldsymbol{\beta},\ \boldsymbol{\beta}].\qquad(5-2)$$

**证**　事实上，当 $\boldsymbol{\beta}=\mathbf{0}$ 时，不等式显然成立．现设 $\boldsymbol{\beta}\neq\mathbf{0}$，令 $\boldsymbol{\gamma}=\boldsymbol{\alpha}+t\boldsymbol{\beta}$，其中 $t$ 是一个实变数．由内积的性质②可知，不论 $t$ 取何值，必有

$$[\boldsymbol{\gamma},\ \boldsymbol{\gamma}]=[\boldsymbol{\alpha}+t\boldsymbol{\beta},\ \boldsymbol{\alpha}+t\boldsymbol{\beta}]\geqslant 0,$$

即

$$[\boldsymbol{\beta},\ \boldsymbol{\beta}]t^2+2[\boldsymbol{\alpha},\ \boldsymbol{\beta}]t+[\boldsymbol{\alpha},\ \boldsymbol{\alpha}]\geqslant 0.$$

因为此不等式的左边是 $t$ 的二次多项式，故其判别式

$$(2[\boldsymbol{\alpha},\ \boldsymbol{\beta}])^2-4[\boldsymbol{\beta},\ \boldsymbol{\beta}][\boldsymbol{\alpha},\ \boldsymbol{\alpha}]\leqslant 0,$$

即有

$$[\boldsymbol{\alpha},\ \boldsymbol{\beta}]^2\leqslant[\boldsymbol{\alpha},\ \boldsymbol{\alpha}][\boldsymbol{\beta},\ \boldsymbol{\beta}].$$

**定义 5.6**　设 $\boldsymbol{\alpha}=(a_1,\ a_2,\ \cdots,\ a_n)^{\mathrm{T}}$，令

$$\|\boldsymbol{\alpha}\|=\sqrt{[\boldsymbol{\alpha},\ \boldsymbol{\alpha}]}=\sqrt{a_1^2+a_2^2+\cdots+a_n^2},$$

称 $\|\boldsymbol{\alpha}\|$ 为向量 $\boldsymbol{\alpha}$ 的**长度**(**或范数**)．

长度为 1 的向量称为**单位向量**．如果 $\boldsymbol{\alpha}\neq\mathbf{0}$，向量 $\dfrac{1}{\|\boldsymbol{\alpha}\|}\boldsymbol{\alpha}$ 就是一个与 $\boldsymbol{\alpha}$ 方向相同的单位向量，把它记作 $\boldsymbol{\alpha}^0$．由向量 $\boldsymbol{\alpha}\neq\mathbf{0}$ 得到单位向量 $\boldsymbol{\alpha}^0$，通常称为把 $\boldsymbol{\alpha}$ **单位化**(**或标准化**)．

向量的长度具有下列性质：

① **非负性**：$\|\boldsymbol{\alpha}\|\geqslant 0$，**当且仅当** $\boldsymbol{\alpha}=\mathbf{0}$ **时**，$\|\boldsymbol{\alpha}\|=0$；

② **齐次性**：$\|k\boldsymbol{\alpha}\|=|k|\,\|\boldsymbol{\alpha}\|$；

③ **三角不等式**：$\|\boldsymbol{\alpha}+\boldsymbol{\beta}\|\leqslant\|\boldsymbol{\alpha}\|+\|\boldsymbol{\beta}\|$(**闵可夫斯基**(Minkowski)**不等式**)．

非负性和齐次性可由定义直接得到，下面证明三角不等式．

事实上，由施瓦茨不等式(5－2)可得不等式：

$$|[\boldsymbol{\alpha}, \boldsymbol{\beta}]| \leqslant \|\boldsymbol{\alpha}\| \cdot \|\boldsymbol{\beta}\|, \qquad (5-3)$$

于是

$$\begin{aligned}\|\boldsymbol{\alpha}+\boldsymbol{\beta}\|^2 &= [\boldsymbol{\alpha}+\boldsymbol{\beta}, \boldsymbol{\alpha}+\boldsymbol{\beta}] = [\boldsymbol{\alpha}, \boldsymbol{\alpha}] + 2[\boldsymbol{\alpha}, \boldsymbol{\beta}] + [\boldsymbol{\beta}, \boldsymbol{\beta}] \\ &\leqslant \|\boldsymbol{\alpha}\|^2 + 2\|\boldsymbol{\alpha}\|\|\boldsymbol{\beta}\| + \|\boldsymbol{\beta}\|^2 = (\|\boldsymbol{\alpha}\| + \|\boldsymbol{\beta}\|)^2,\end{aligned}$$

两边开方便得三角不等式

$$\|\boldsymbol{\alpha}+\boldsymbol{\beta}\| \leqslant \|\boldsymbol{\alpha}\| + \|\boldsymbol{\beta}\|.$$

不等式(5－3)称为**柯西—布涅柯夫斯基**(Cauchy－Буняковский)**不等式**，如果用分量表示，则为

$$|a_1b_1+a_2b_2+\cdots+a_nb_n| \leqslant \sqrt{a_1^2+a_2^2+\cdots+a_n^2}\sqrt{b_1^2+b_2^2+\cdots+b_n^2}.$$

由此不难证明该不等式(5－3)当且仅当 $\boldsymbol{\alpha}$，$\boldsymbol{\beta}$ 线性相关时等号成立(请读者自证).

由柯西—布涅柯夫斯基不等式(5－3)又可得不等式

$$\left|\frac{[\boldsymbol{\alpha}, \boldsymbol{\beta}]}{\|\boldsymbol{\alpha}\| \cdot \|\boldsymbol{\beta}\|}\right| \leqslant 1 \quad (\boldsymbol{\alpha} \neq \mathbf{0}, \boldsymbol{\beta} \neq \mathbf{0}), \qquad (5-4)$$

这样一来，对于任意的 $n$ 维欧氏空间，利用式(5－1)可以定义两个非零向量的夹角.

**定义 5.7** 设 $\boldsymbol{\alpha}$，$\boldsymbol{\beta}$ 均为 $n$ 维非零向量，称

$$\theta = \arccos \frac{[\boldsymbol{\alpha}, \boldsymbol{\beta}]}{\|\boldsymbol{\alpha}\| \cdot \|\boldsymbol{\beta}\|}\left(\text{或 } \cos\theta = \frac{[\boldsymbol{\alpha}, \boldsymbol{\beta}]}{\|\boldsymbol{\alpha}\| \cdot \|\boldsymbol{\beta}\|}\right)$$

为向量 $\boldsymbol{\alpha}$，$\boldsymbol{\beta}$ 的**夹角**，记为 $\langle\boldsymbol{\alpha}, \boldsymbol{\beta}\rangle$，即

$$\langle\boldsymbol{\alpha}, \boldsymbol{\beta}\rangle = \theta = \arccos \frac{[\boldsymbol{\alpha}, \boldsymbol{\beta}]}{\|\boldsymbol{\alpha}\| \cdot \|\boldsymbol{\beta}\|}, \ 0 \leqslant \langle\boldsymbol{\alpha}, \boldsymbol{\beta}\rangle \leqslant \pi.$$

**例 5.13** 设 $\boldsymbol{\alpha}=(3, 2, 2, 1)^{\mathrm{T}}$，$\boldsymbol{\beta}=(1, 5, 1, 3)^{\mathrm{T}}$，求 $\boldsymbol{\alpha}$ 与 $\boldsymbol{\beta}$ 的夹角 $\langle\boldsymbol{\alpha}, \boldsymbol{\beta}\rangle$.

**解** 因为 $\|\boldsymbol{\alpha}\| = \sqrt{3^2+2^2+2^2+1^2} = 3\sqrt{2}$，$\|\boldsymbol{\beta}\| = \sqrt{1^2+5^2+1^2+3^2} = 6$，且

$$[\boldsymbol{\alpha}, \boldsymbol{\beta}] = 3\times1+2\times5+2\times1+1\times3 = 18,$$

所以

$$\langle\boldsymbol{\alpha}, \boldsymbol{\beta}\rangle = \arccos \frac{[\boldsymbol{\alpha}, \boldsymbol{\beta}]}{\|\boldsymbol{\alpha}\| \cdot \|\boldsymbol{\beta}\|} = \arccos \frac{18}{3\sqrt{2}\times6} = \arccos \frac{\sqrt{2}}{2} = \frac{\pi}{4}.$$

## 二、欧氏空间的标准正交基

如果向量 $\boldsymbol{\alpha}$，$\boldsymbol{\beta}$ 的内积为零，即 $[\boldsymbol{\alpha}, \boldsymbol{\beta}]=0$，则称 $\boldsymbol{\alpha}$，$\boldsymbol{\beta}$ **正交**或**互相垂直**，并记为 $\boldsymbol{\alpha} \perp \boldsymbol{\beta}$. 显然，两个非零向量正交的充分必要条件是它们的夹角为 $\frac{\pi}{2}$. 当 $\boldsymbol{\alpha}=\mathbf{0}$ 时，$\boldsymbol{\alpha}$ 与任何向量都正交；同时，只有零向量才与自身正交.

在欧氏空间中同样有勾股定理，即当 $\boldsymbol{\alpha}$，$\boldsymbol{\beta}$ 正交时，有

$$\|\boldsymbol{\alpha}+\boldsymbol{\beta}\|^2=\|\boldsymbol{\alpha}\|^2+\|\boldsymbol{\beta}\|^2,$$

这是因为$[\boldsymbol{\alpha},\ \boldsymbol{\beta}]=0$，从而有

$$\|\boldsymbol{\alpha}+\boldsymbol{\beta}\|^2=[\boldsymbol{\alpha}+\boldsymbol{\beta},\ \boldsymbol{\alpha}+\boldsymbol{\beta}]=[\boldsymbol{\alpha},\ \boldsymbol{\alpha}]+[\boldsymbol{\beta},\ \boldsymbol{\beta}]=\|\boldsymbol{\alpha}\|^2+\|\boldsymbol{\beta}\|^2.$$

同解析几何一样，在欧氏空间中还可以引进投影向量的概念：

**定义 5.8**　对于向量 $\boldsymbol{\alpha}$，$\boldsymbol{\beta}$，若有与 $\boldsymbol{\alpha}$ 共线的向量 $\boldsymbol{\beta}_1=\lambda\boldsymbol{\alpha}$（$\lambda$ 为常数），使 $\boldsymbol{\beta}-\boldsymbol{\beta}_1$ 与 $\boldsymbol{\alpha}$ 正交，则称 $\boldsymbol{\beta}_1$ 为 $\boldsymbol{\beta}$ 在 $\boldsymbol{\alpha}$ 上的**投影向量**.

**定理 5.1　如果 $\boldsymbol{\alpha}$ 是非零向量，则任意的向量 $\boldsymbol{\beta}$ 在 $\boldsymbol{\alpha}$ 上的投影向量 $\boldsymbol{\beta}_1$ 是存在的，并且**

$$\boldsymbol{\beta}_1=\frac{[\boldsymbol{\alpha},\ \boldsymbol{\beta}]}{[\boldsymbol{\alpha},\ \boldsymbol{\alpha}]}\boldsymbol{\alpha}=\cos\langle\boldsymbol{\alpha},\ \boldsymbol{\beta}\rangle\|\boldsymbol{\beta}\|\boldsymbol{\alpha}^0. \tag{5-5}$$

**证**　设 $\boldsymbol{\beta}_1=\lambda\boldsymbol{\alpha}$，$\lambda$ 待定. 因为

$$[\boldsymbol{\beta}-\boldsymbol{\beta}_1,\ \boldsymbol{\alpha}]=0,$$

有$[\boldsymbol{\beta},\ \boldsymbol{\alpha}]=[\boldsymbol{\beta}_1,\ \boldsymbol{\alpha}]$，再由

$$[\boldsymbol{\beta}_1,\ \boldsymbol{\alpha}]=[\lambda\boldsymbol{\alpha},\ \boldsymbol{\alpha}]=\lambda[\boldsymbol{\alpha},\ \boldsymbol{\alpha}],$$

且已知 $\boldsymbol{\alpha}\neq\boldsymbol{0}$，便得

$$\lambda=\frac{[\boldsymbol{\beta},\ \boldsymbol{\alpha}]}{[\boldsymbol{\alpha},\ \boldsymbol{\alpha}]}=\frac{[\boldsymbol{\beta},\ \boldsymbol{\alpha}]}{\|\boldsymbol{\alpha}\|\cdot\|\boldsymbol{\beta}\|}\cdot\frac{\|\boldsymbol{\beta}\|}{\|\boldsymbol{\alpha}\|}=\cos\langle\boldsymbol{\alpha},\ \boldsymbol{\beta}\rangle\cdot\frac{\|\boldsymbol{\beta}\|}{\|\boldsymbol{\alpha}\|},$$

所以

$$\boldsymbol{\beta}_1=\lambda\boldsymbol{\alpha}=\frac{[\boldsymbol{\alpha},\ \boldsymbol{\beta}]}{[\boldsymbol{\alpha},\ \boldsymbol{\alpha}]}\boldsymbol{\alpha}=\cos\langle\boldsymbol{\alpha},\ \boldsymbol{\beta}\rangle\|\boldsymbol{\beta}\|\boldsymbol{\alpha}^0,$$

当 $0\leqslant\langle\boldsymbol{\alpha},\ \boldsymbol{\beta}\rangle<\frac{\pi}{2}$ 时，$\boldsymbol{\beta}_1$ 与 $\boldsymbol{\alpha}$ 的方向相同；当 $\frac{\pi}{2}<\langle\boldsymbol{\alpha},\ \boldsymbol{\beta}\rangle\leqslant\pi$ 时，$\boldsymbol{\beta}_1$ 与 $\boldsymbol{\alpha}$ 的方向相反，并且 $\boldsymbol{\beta}_1$ 的长度

$$\|\boldsymbol{\beta}_1\|=|\cos\langle\boldsymbol{\alpha},\ \boldsymbol{\beta}\rangle|\,\|\boldsymbol{\beta}\|,$$

这一结果的几何意义如图 5－2 所示.

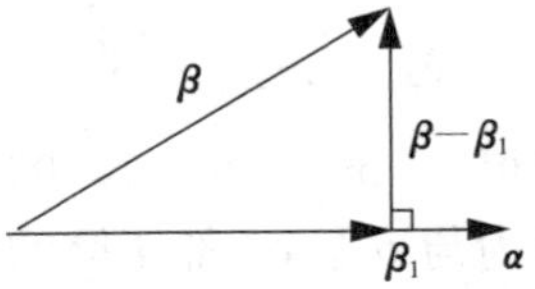

图 5－2

**定义 5.9**　设向量组 $\boldsymbol{\alpha}_1$，$\boldsymbol{\alpha}_2$，…，$\boldsymbol{\alpha}_r$ 为两两正交的非零向量，即

$$(\boldsymbol{\alpha}_i,\ \boldsymbol{\alpha}_j)=0(i\neq j,\ i、j=1,\ 2,\ \cdots,\ r),$$

则称该向量组为**正交向量组**. 如果正交向量组中每个向量还是单位向量，则称其为**标准正交向量组**或**正交规范向量组**.

**定理 5.2　如果非零向量 $\boldsymbol{\alpha}_1$，$\boldsymbol{\alpha}_2$，…，$\boldsymbol{\alpha}_m$ 构成一个正交向量组，则 $\boldsymbol{\alpha}_1$，$\boldsymbol{\alpha}_2$，…，$\boldsymbol{\alpha}_m$ 线性无关.**

**证**　事实上，设有实数 $k_1$，$k_2$，…，$k_m$ 适合

$$k_1\boldsymbol{\alpha}_1+k_2\boldsymbol{\alpha}_2+\cdots+k_m\boldsymbol{\alpha}_m=\boldsymbol{0},$$

以 $\boldsymbol{\alpha}_i$ 与此等式两边作内积，得

$$k_i[\boldsymbol{\alpha}_i, \boldsymbol{\alpha}_i]=0.$$

由于$\boldsymbol{\alpha}_i\neq\mathbf{0}$，有$[\boldsymbol{\alpha}_i, \boldsymbol{\alpha}_i]>0$，从而$k_i=0(i=1, 2, \cdots, m)$，即$\boldsymbol{\alpha}_1, \boldsymbol{\alpha}_2, \cdots, \boldsymbol{\alpha}_m$线性无关．

这里要注意两点：

(1) 该定理的逆定理不成立．

(2) 该定理说明，在$n$维欧氏空间中，两两正交的非零向量不会超过$n$个．这个事实的几何意义是清楚的．例如，平面上找不到三个两两垂直的非零向量；空间中找不到四个两两垂直的非零向量．

**例 5.14** 已知三维向量空间$\mathbf{R}^3$中两个向量$\boldsymbol{\alpha}_1=(1, 1, 1)^{\mathrm{T}}$，$\boldsymbol{\alpha}_2=(1, -2, 1)^{\mathrm{T}}$正交，试求一个非零向量$\boldsymbol{\alpha}_3$，使$\boldsymbol{\alpha}_1, \boldsymbol{\alpha}_2, \boldsymbol{\alpha}_3$两两正交．

**解** 记$\boldsymbol{A}=\begin{pmatrix}\boldsymbol{\alpha}_1^{\mathrm{T}}\\ \boldsymbol{\alpha}_2^{\mathrm{T}}\end{pmatrix}=\begin{pmatrix}1 & 1 & 1\\ 1 & -2 & 1\end{pmatrix}$，$\boldsymbol{\alpha}_3=(x_1, x_2, x_3)^{\mathrm{T}}$应满足齐次线性方程组$\boldsymbol{Ax}=\mathbf{0}$，即

$$\begin{pmatrix}1 & 1 & 1\\ 1 & -2 & 1\end{pmatrix}\begin{pmatrix}x_1\\ x_2\\ x_3\end{pmatrix}=\begin{pmatrix}0\\ 0\end{pmatrix}.$$

由
$$\boldsymbol{A}\xrightarrow{r_2-r_1}\begin{pmatrix}1 & 1 & 1\\ 0 & -3 & 0\end{pmatrix}\xrightarrow{r_2\div(-3)}\begin{pmatrix}1 & 1 & 1\\ 0 & 1 & 0\end{pmatrix}\xrightarrow{r_1-r_2}\begin{pmatrix}1 & 0 & 1\\ 0 & 1 & 0\end{pmatrix},$$

可得基础解系$(1, 0, -1)^{\mathrm{T}}$，取$\boldsymbol{\alpha}_3=(1, 0, -1)^{\mathrm{T}}$即为所求．

**例 5.15** 求与向量$\boldsymbol{\alpha}_1=(1, 1, 1, 1)^{\mathrm{T}}$，$\boldsymbol{\alpha}_2=(1, 0, 1, 0)^{\mathrm{T}}$都正交的向量．

**解** 设与$\boldsymbol{\alpha}_1, \boldsymbol{\alpha}_2$都正交的向量为$\boldsymbol{x}=(x_1, x_2, x_3, x_4)^{\mathrm{T}}$，由$\boldsymbol{\alpha}_1^{\mathrm{T}}\boldsymbol{x}=0$，$\boldsymbol{\alpha}_2^{\mathrm{T}}\boldsymbol{x}=0$，得齐次线性方程组

$$\begin{cases}x_1+x_2+x_3+x_4=0,\\ x_1+x_3=0,\end{cases}$$

解得 $\boldsymbol{x}=k_1(-1, 0, 1, 0)^{\mathrm{T}}+k_2(0, -1, 0, 1)^{\mathrm{T}}\quad(k_1, k_2\in\mathbf{R})$，

即为与$\boldsymbol{\alpha}_1, \boldsymbol{\alpha}_2$都正交的向量．

类似于解析几何的直角坐标系，可以选取恰当的正交向量组作为标准正交基，使得欧氏空间的向量在这组基下有规范的表示．

**定义 5.10** 在$n$维欧氏空间中，由$n$个向量组成的正交向量组称为**正交基**；如果正交基中的每一个向量都是单位向量，则称为**标准正交基**(或**规范正交基**)．

由定义可知，$n$维欧氏空间中，$n$个向量$\boldsymbol{e}_1, \boldsymbol{e}_2, \cdots, \boldsymbol{e}_n$为标准正交基的充要条件是

$$[\boldsymbol{e}_i, \boldsymbol{e}_j]=\delta_{ij}=\begin{cases}1, & i=j,\\ 0, & i\neq j.\end{cases}$$

例如，空间 $\mathbf{R}^n$ 中的单位坐标向量组

$$\boldsymbol{\varepsilon}_1=(1, 0, \cdots, 0)^{\mathrm{T}}, \boldsymbol{\varepsilon}_2=(0, 1, \cdots, 0)^{\mathrm{T}}, \cdots, \boldsymbol{\varepsilon}_n=(0, 0, \cdots, 1)^{\mathrm{T}}$$

就是它的一组标准正交基．一般欧氏空间中的标准正交基也是不唯一的．

如四维向量空间 $\mathbf{R}^4$ 中的向量组：

$$\boldsymbol{e}_1=\begin{pmatrix}1/\sqrt{2}\\1/\sqrt{2}\\0\\0\end{pmatrix}, \boldsymbol{e}_2=\begin{pmatrix}1/\sqrt{2}\\-1/\sqrt{2}\\0\\0\end{pmatrix}, \boldsymbol{e}_3=\begin{pmatrix}0\\0\\1/\sqrt{2}\\1/\sqrt{2}\end{pmatrix}, \boldsymbol{e}_4=\begin{pmatrix}0\\0\\1/\sqrt{2}\\-1/\sqrt{2}\end{pmatrix}.$$

由于
$$(\boldsymbol{e}_i, \boldsymbol{e}_j)=\begin{cases}0, & i\neq j \text{ 且 } i, j=1, 2, 3, 4,\\ 1, & i=j, i=1, 2, 3, 4,\end{cases}$$

所以 $\boldsymbol{e}_1$，$\boldsymbol{e}_2$，$\boldsymbol{e}_3$，$\boldsymbol{e}_4$ 为 $\mathbf{R}^4$ 的一组标准正交基．

在标准正交基 $\boldsymbol{e}_1$，$\boldsymbol{e}_2$，…，$\boldsymbol{e}_n$ 下，向量 $\boldsymbol{\alpha}$ 可以通过内积由这组基简单地表示出来，即

$$\boldsymbol{\alpha}=[\boldsymbol{e}_1, \boldsymbol{\alpha}]\boldsymbol{e}_1+[\boldsymbol{e}_2, \boldsymbol{\alpha}]\boldsymbol{e}_2+\cdots+[\boldsymbol{e}_n, \boldsymbol{\alpha}]\boldsymbol{e}_n. \tag{5-6}$$

事实上，设

$$\boldsymbol{\alpha}=x_1\boldsymbol{e}_1+x_2\boldsymbol{e}_2+\cdots+x_n\boldsymbol{e}_n,$$

用 $\boldsymbol{e}_i$ 与上式作内积，即得

$$x_i=[\boldsymbol{e}_i, \boldsymbol{\alpha}] \quad (i=1, 2, \cdots, n),$$

这也表明，向量 $\boldsymbol{\alpha}$ 在这组标准正交基下的坐标 $x_i$ 为 $\boldsymbol{e}_i$ 与 $\boldsymbol{\alpha}$ 的内积 $[\boldsymbol{e}_i, \boldsymbol{\alpha}]$.

利用 $(\boldsymbol{e}_i, \boldsymbol{e}_j)=\delta_{ij}$ 及内积的性质容易证明，任意两个向量 $\boldsymbol{\alpha}$，$\boldsymbol{\beta}$ 的内积为它们对应的坐标乘积之和，即若 $\boldsymbol{e}_1$，$\boldsymbol{e}_2$，…，$\boldsymbol{e}_n$ 为标准正交基，且

$$\boldsymbol{\alpha}=x_1\boldsymbol{e}_1+x_2\boldsymbol{e}_2+\cdots+x_n\boldsymbol{e}_n, \boldsymbol{\beta}=y_1\boldsymbol{e}_1+y_2\boldsymbol{e}_2+\cdots+y_n\boldsymbol{e}_n,$$

则

$$[\boldsymbol{\alpha}, \boldsymbol{\beta}]=x_1y_1+x_2y_2+\cdots+x_ny_n. \tag{5-7}$$

**例 5.16** 求空间 $\mathbf{R}^3$ 中的向量 $\boldsymbol{\alpha}=(3, -2, 1)^{\mathrm{T}}$ 及 $\boldsymbol{\beta}=(2, 1, 0)^{\mathrm{T}}$ 在标准正交基

$$\boldsymbol{e}_1=\left(\frac{1}{3}, \frac{2}{3}, \frac{2}{3}\right)^{\mathrm{T}}, \boldsymbol{e}_2=\left(-\frac{2}{3}, -\frac{1}{3}, \frac{2}{3}\right)^{\mathrm{T}}, \boldsymbol{e}_3=\left(\frac{2}{3}, -\frac{2}{3}, \frac{1}{3}\right)^{\mathrm{T}}$$

下的坐标表示，并求 $\boldsymbol{\alpha}$，$\boldsymbol{\beta}$ 的内积．

**解** 因为

$$\begin{pmatrix}\boldsymbol{\alpha}^{\mathrm{T}}\\ \boldsymbol{\beta}^{\mathrm{T}}\end{pmatrix}(\boldsymbol{e}_1, \boldsymbol{e}_2, \boldsymbol{e}_3)=\begin{pmatrix}3 & -2 & 1\\ 2 & 1 & 0\end{pmatrix}\cdot\frac{1}{3}\begin{pmatrix}1 & -2 & 2\\ 2 & -1 & -2\\ 2 & 2 & 1\end{pmatrix}=\begin{pmatrix}\frac{1}{3} & -\frac{2}{3} & \frac{11}{3}\\ \frac{4}{3} & -\frac{5}{3} & \frac{2}{3}\end{pmatrix},$$

所以 $$\boldsymbol{\alpha}=\frac{1}{3}\boldsymbol{e}_1-\frac{2}{3}\boldsymbol{e}_2+\frac{11}{3}\boldsymbol{e}_3,\ \boldsymbol{\beta}=\frac{4}{3}\boldsymbol{e}_1-\frac{5}{3}\boldsymbol{e}_2+\frac{2}{3}\boldsymbol{e}_3.$$

对于 $\boldsymbol{\alpha}$，$\boldsymbol{\beta}$ 的内积，既可以按定义由 $\boldsymbol{\alpha}$，$\boldsymbol{\beta}$ 的分量直接计算：

$$[\boldsymbol{\alpha},\ \boldsymbol{\beta}]=[(3,\ -2,\ 1)^{\mathrm{T}},\ (2,\ 1,\ 0)^{\mathrm{T}}]=3\times2+(-2)\times1+1\times0=4;$$

也可以用在标准正交基 $\boldsymbol{e}_1$，$\boldsymbol{e}_2$，$\boldsymbol{e}_3$ 下的坐标按式(5-7)来计算：

$$[\boldsymbol{\alpha},\ \boldsymbol{\beta}]=\frac{1}{3}\times\frac{4}{3}+\left(-\frac{2}{3}\right)\times\left(-\frac{5}{3}\right)+\frac{11}{3}\times\frac{2}{3}=4.$$

两者结果都一样．

## 三、施密特正交化方法

前面说过，定理 5.2 的逆定理不成立．也就是说，一组线性无关的向量不一定是正交向量组．能否由向量空间的一组线性无关的向量作出与之等价的正交向量组，甚至标准正交向量组呢？这是所谓正交规范化的问题．

**定理 5.3**（施密特(Schmidt)定理） **由 $\mathbf{R}^n$ 中的任意一组线性无关的向量 $\boldsymbol{\alpha}_1$，$\boldsymbol{\alpha}_2$，…，$\boldsymbol{\alpha}_r$ 可作出与之等价的正交向量组 $\boldsymbol{e}_1$，$\boldsymbol{e}_2$，…，$\boldsymbol{e}_r$，并且其中每一个 $\boldsymbol{e}_i$ 都是单位向量．**

**证** 令 $\boldsymbol{\beta}_1=\boldsymbol{\alpha}_1$，将 $\boldsymbol{\alpha}_2$ 分解为

$$\boldsymbol{\alpha}_2=\boldsymbol{\beta}_{21}+\boldsymbol{\beta}_2,$$

其中 $\boldsymbol{\beta}_{21}$ 是 $\boldsymbol{\alpha}_2$ 在 $\boldsymbol{\beta}_1$ 上的投影，$\boldsymbol{\beta}_2$(待定)与 $\boldsymbol{\beta}_1$ 正交，其几何意义如图 5-3 所示．由于 $\boldsymbol{\beta}_1=\boldsymbol{\alpha}_1\neq\mathbf{0}$，$\boldsymbol{\alpha}_2$ 在 $\boldsymbol{\beta}_1$ 上的投影 $\boldsymbol{\beta}_{21}$ 存在，且据定理 5.1，有

$$\boldsymbol{\beta}_{21}=\frac{[\boldsymbol{\alpha}_2,\ \boldsymbol{\beta}_1]}{[\boldsymbol{\beta}_1,\ \boldsymbol{\beta}_1]}\boldsymbol{\beta}_1.$$

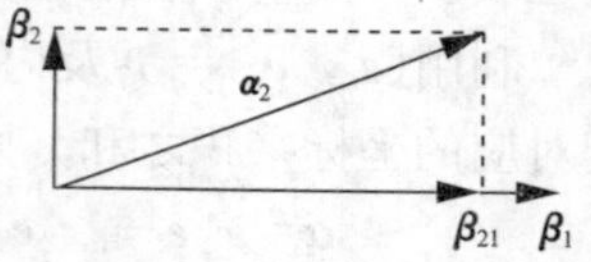


图 5-3

参照图 5-3，取

$$\boldsymbol{\beta}_2=\boldsymbol{\alpha}_2-\boldsymbol{\beta}_{21}=\boldsymbol{\alpha}_2-\frac{[\boldsymbol{\alpha}_2,\ \boldsymbol{\beta}_1]}{[\boldsymbol{\beta}_1,\ \boldsymbol{\beta}_1]}\boldsymbol{\beta}_1,$$

则 $$[\boldsymbol{\beta}_2,\ \boldsymbol{\beta}_1]=[\boldsymbol{\alpha}_2,\ \boldsymbol{\beta}_1]-\frac{[\boldsymbol{\alpha}_2,\ \boldsymbol{\beta}_1]}{[\boldsymbol{\beta}_1,\ \boldsymbol{\beta}_1]}[\boldsymbol{\beta}_1,\ \boldsymbol{\beta}_1]=0,$$

于是 $\boldsymbol{\beta}_1$、$\boldsymbol{\beta}_2$ 正交，且 $\boldsymbol{\beta}_1$、$\boldsymbol{\beta}_2$ 与 $\boldsymbol{\alpha}_1$、$\boldsymbol{\alpha}_2$ 等价．

假定对于任意的 $k(1\leqslant k\leqslant r)$，由 $\boldsymbol{\alpha}_1$，$\boldsymbol{\alpha}_2$，…，$\boldsymbol{\alpha}_{k-1}$ 作出与之等价的正交向量组 $\boldsymbol{\beta}_1$，$\boldsymbol{\beta}_2$，…，$\boldsymbol{\beta}_{k-1}$，将 $\boldsymbol{\alpha}_k$ 分解为

$$\boldsymbol{\alpha}_k=\boldsymbol{\beta}_{k1}+\boldsymbol{\beta}_{k2}+\cdots+\boldsymbol{\beta}_{k,k-1}+\boldsymbol{\beta}_k,$$

其中 $\boldsymbol{\beta}_{kj}(1\leqslant j<k)$ 是 $\boldsymbol{\alpha}_k$ 在 $\boldsymbol{\beta}_j$ 上的投影(其几何意义如图 5-4 所示)．注意到 $\boldsymbol{\beta}_j\neq\mathbf{0}$，有

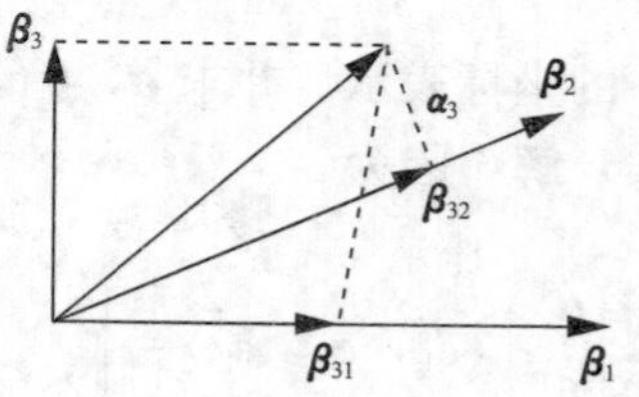


图 5-4

$$\boldsymbol{\beta}_{kj}=\frac{[\boldsymbol{\alpha}_k,\ \boldsymbol{\beta}_j]}{[\boldsymbol{\beta}_j,\ \boldsymbol{\beta}_j]}\boldsymbol{\beta}_j \qquad (j=1,\ 2,\ \cdots,\ k-1).$$

再取

$$\begin{aligned}\boldsymbol{\beta}_k &=\boldsymbol{\alpha}_k-\boldsymbol{\beta}_{k1}-\boldsymbol{\beta}_{k2}-\cdots-\boldsymbol{\beta}_{k,k-1}\\ &=\boldsymbol{\alpha}_k-\frac{[\boldsymbol{\alpha}_k,\ \boldsymbol{\beta}_1]}{[\boldsymbol{\beta}_1,\ \boldsymbol{\beta}_1]}\boldsymbol{\beta}_1-\frac{[\boldsymbol{\alpha}_k,\ \boldsymbol{\beta}_2]}{[\boldsymbol{\beta}_2,\ \boldsymbol{\beta}_2]}\boldsymbol{\beta}_2-\cdots-\frac{[\boldsymbol{\alpha}_k,\ \boldsymbol{\beta}_{k-1}]}{[\boldsymbol{\beta}_{k-1},\ \boldsymbol{\beta}_{k-1}]}\boldsymbol{\beta}_{k-1}. \quad (5-8)\end{aligned}$$

根据假定$\boldsymbol{\beta}_1$，$\boldsymbol{\beta}_2$，…，$\boldsymbol{\beta}_{k-1}$两两正交，即$[\boldsymbol{\beta}_i,\ \boldsymbol{\beta}_j]=0(1\leqslant i,\ j\leqslant k-1,\ i\neq j)$，

于是　$$[\boldsymbol{\beta}_k,\ \boldsymbol{\beta}_l]=[\boldsymbol{\alpha}_k,\ \boldsymbol{\beta}_l]-\frac{[\boldsymbol{\alpha}_k,\ \boldsymbol{\beta}_l]}{[\boldsymbol{\beta}_l,\ \boldsymbol{\beta}_l]}[\boldsymbol{\beta}_l,\ \boldsymbol{\beta}_l]=0 \quad (l=1,\ 2,\ \cdots,\ k-1),$$

即$\boldsymbol{\beta}_k$与$\boldsymbol{\beta}_1$，$\boldsymbol{\beta}_2$，…，$\boldsymbol{\beta}_{k-1}$都正交，从而$\boldsymbol{\beta}_1$，$\boldsymbol{\beta}_2$，…，$\boldsymbol{\beta}_k$也为正交向量组，并且与$\boldsymbol{\alpha}_1$，$\boldsymbol{\alpha}_2$，…，$\boldsymbol{\alpha}_k$等价.

最后令　$$\boldsymbol{e}_i=\frac{\boldsymbol{\beta}_i}{\|\boldsymbol{\beta}_i\|}(i=1,\ 2,\ \cdots,\ r),$$

则有　$$(\boldsymbol{e}_i,\ \boldsymbol{e}_j)=\delta_{ij}=\begin{cases}1, & i=j,\\ 0, & i\neq j,\end{cases}$$

于是$\boldsymbol{e}_1$，$\boldsymbol{e}_2$，…，$\boldsymbol{e}_r$即为所求的与$\boldsymbol{\alpha}_1$，$\boldsymbol{\alpha}_2$，…，$\boldsymbol{\alpha}_r$等价的单位正交向量组.

由上述证明过程得到，从任何一组线性无关的向量$\boldsymbol{\alpha}_1$，$\boldsymbol{\alpha}_2$，…，$\boldsymbol{\alpha}_r$构造出正交向量组$\boldsymbol{\beta}_1$，$\boldsymbol{\beta}_2$，…，$\boldsymbol{\beta}_r$的方法，称为**施密特正交化法**. 而从$n$维向量空间$V$的一组基$\boldsymbol{\alpha}_1$，$\boldsymbol{\alpha}_2$，…，$\boldsymbol{\alpha}_n$构造出与之等价的一组标准正交基的过程，称为把$\boldsymbol{\alpha}_1$，$\boldsymbol{\alpha}_2$，…，$\boldsymbol{\alpha}_n$**正交规范化**. 由定理5.3，应用施密特正交化法，这是不难做到的. 实际计算时只要反复应用公式(5-8)就能得到所要结果.

**例 5.17**　已知空间$\mathbf{R}^3$中的一组基：$\boldsymbol{\alpha}_1=(1,\ 0,\ 1)^{\mathrm{T}}$，$\boldsymbol{\alpha}_2=(1,\ 1,\ 0)^{\mathrm{T}}$，$\boldsymbol{\alpha}_3=(0,\ 1,\ 1)^{\mathrm{T}}$，试将这组基正交规范化.

**解**　取　$\boldsymbol{\beta}_1=\boldsymbol{\alpha}_1=(1,\ 0,\ 1)^{\mathrm{T}}$，

$$\begin{aligned}\boldsymbol{\beta}_2 &=\boldsymbol{\alpha}_2-\frac{[\boldsymbol{\alpha}_2,\ \boldsymbol{\beta}_1]}{[\boldsymbol{\beta}_1,\ \boldsymbol{\beta}_1]}\boldsymbol{\beta}_1=(1,\ 1,\ 0)^{\mathrm{T}}-\frac{1}{2}(1,\ 0,\ 1)^{\mathrm{T}}\\ &=\frac{1}{2}(1,\ 2,\ -1)^{\mathrm{T}},\end{aligned}$$

$$\begin{aligned}\boldsymbol{\beta}_3 &=\boldsymbol{\alpha}_3-\frac{[\boldsymbol{\alpha}_3,\ \boldsymbol{\beta}_1]}{[\boldsymbol{\beta}_1,\ \boldsymbol{\beta}_1]}\boldsymbol{\beta}_1-\frac{[\boldsymbol{\alpha}_3,\ \boldsymbol{\beta}_2]}{[\boldsymbol{\beta}_2,\ \boldsymbol{\beta}_2]}\boldsymbol{\beta}_2\\ &=(0,\ 1,\ 1)^{\mathrm{T}}-\frac{1}{2}(1,\ 0,\ 1)^{\mathrm{T}}-\frac{1}{3}\times\frac{1}{2}(1,\ 2,\ -1)^{\mathrm{T}}\\ &=\frac{2}{3}(-1,\ 1,\ 1)^{\mathrm{T}},\end{aligned}$$

再单位化，得

$$e_1=\frac{1}{\|\boldsymbol{\beta}_1\|}\boldsymbol{\beta}_1=\frac{1}{\sqrt{2}}(1,\ 0,\ 1)^{\mathrm{T}},\ e_2=\frac{1}{\|\boldsymbol{\beta}_2\|}\boldsymbol{\beta}_2=\frac{1}{\sqrt{6}}(1,\ 2,\ -1)^{\mathrm{T}},$$

$$e_3=\frac{1}{\|\boldsymbol{\beta}_3\|}\boldsymbol{\beta}_3=\frac{1}{\sqrt{3}}(-1,\ 1,\ 1),$$

则 $e_1$，$e_2$，$e_3$ 即为所求的标准正交基．

## *第三节　应用实例——火箭发射点的推算

$n$ 维向量空间在科学与工程技术领域、乃至经济领域都有着广泛的应用．在此仅引用华罗庚在《高等数学引论》中提出的一个未予解答的问题作为例子，并用前几章所学的线性代数知识予以解答，以飨读者．

**例 5.18**　1961 年 9 月 1 日人民日报上登载的一则消息说，苏联不久将发射一枚强大的多级火箭，火箭的最后一级将落在下列地理坐标范围以内的地区：

| | | | | |
|---|---|---|---|---|
| 北纬： | 10°20′； | 11°30′； | 9°10′； | 8°5′ |
| 西经： | 170°30′； | 167°55′； | 166°45′； | 169°20′ |
| | ($P_1$) | ($P_3$) | ($P_4$) | ($P_2$) |

同月 16 日人民日报又报导这支火箭发射成功，射程达 12000 km.

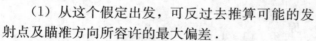

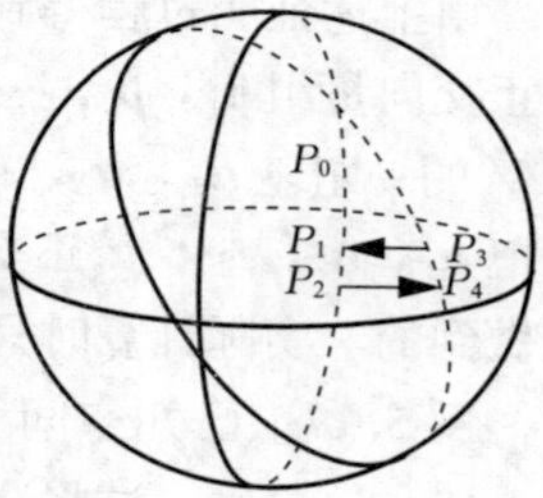

图 5－5

将上述四点描在地球仪上，可发现这四个点乃是太平洋中部赤道偏北一个小四边形的四个顶点(图 5－5)．显然，苏联发表的通告中所指的降落地区，是根据火箭发射时瞄准的精确程度来确定的．

瞄准方向在发射点与 $P_1$，$P_2$ 及 $P_3$，$P_4$ 两平面所成的二面角之内．

(1) 从这个假定出发，可反过去推算可能的发射点及瞄准方向所容许的最大偏差．

(2) 算出可能的发射点之后，计算该点到落弹地区的距离，以与 9 月 16 日消息相印证(地球半径＝6300 km)．

(华罗庚：《高等数学引论》(第一卷第一分册)第 57 页，科学出版社，1965)

**解**　以地球球心为原点，建立空间直角坐标系，则球面上点的直角坐标 $(x,\ y,\ z)$ 与地理坐标即经度 $\varphi$，纬度 $\psi$ 之间的关系为

$$\begin{cases}x=r\cos\psi\cos\varphi,\\ y=r\cos\psi\sin\varphi,\\ z=r\sin\psi,\end{cases}\qquad(5-9)$$

其中 $r=6300$ km 为地球半径，并且

$$-180°\leqslant\varphi\leqslant180°,\quad -90°\leqslant\psi\leqslant90°,$$

这里约定 $\varphi>0$ 表示西经，$\varphi<0$ 表示东经，$\psi>0$ 表示北纬，$\psi<0$ 表示南纬(应用公式(5-9)，球面上点的直角坐标$(x, y, z)$与地理坐标$(\varphi, \psi)$之间可以相互转换，后面经常用到)．于是由已知各点的地理坐标可得它们的直角坐标

$$P_1=r(-0.97028889,\ 0.16237067,\ 0.17937459),$$
$$P_2=r(-0.97295693,\ 0.18325593,\ 0.14061324),$$
$$P_3=r(-0.95821366,\ 0.20513168,\ 0.19936793),$$
$$P_4=r(-0.96094834,\ 0.22627330,\ 0.15930687).$$

设 $P_0$ 为发射点，则发射点 $P_0$ 与 $P_1$，$P_2$ 所在平面就是它们所在大圆的平面，记作 $\pi_1$；而 $P_0$ 与 $P_3$，$P_4$ 所在平面记作 $\pi_2$，而且两平面 $\pi_1$，$\pi_2$ 都经过球心．

平面 $\pi_1$ 的法向量可取

$$\boldsymbol{n}_1=\overrightarrow{OP_1}\times\overrightarrow{OP_2}=\begin{vmatrix} \boldsymbol{i} & \boldsymbol{j} & \boldsymbol{k} \\ -0.97028889 & 0.16237067 & 0.17937459 \\ -0.97295693 & 0.18325593 & 0.14061324 \end{vmatrix}$$
$$=(-0.01003999,\ -0.03808828,\ -0.01983152).$$

同理平面 $\pi_2$ 的法向量可取

$$\boldsymbol{n}_2=\overrightarrow{OP_3}\times\overrightarrow{OP_4}=\begin{vmatrix} \boldsymbol{i} & \boldsymbol{j} & \boldsymbol{k} \\ -0.95821366 & 0.20513168 & 0.19936793 \\ -0.96094834 & 0.22627330 & 0.16930687 \end{vmatrix}$$
$$=(-0.01243275,\ -0.03893227,\ -0.01969722).$$

于是两平面 $\pi_1$，$\pi_2$ 的方程可表示为

$$\pi_1:\ 10039.990x+38088.282y+19831.522z=0,$$
$$\pi_2:\ 12432.754x+38932.268y+19697.216z=0.$$

发射点 $P_0$ 在这两平面的交线上，因此 $P_0$ 的坐标$(x_0, y_0, z_0)$是该方程组的解，而方程组的一个基础解系为

$$\boldsymbol{\xi}=(0.26436376,\ -0.59035825,\ 1),$$

方程组的通解则为

$$\boldsymbol{\eta}=k\boldsymbol{\xi}=k(0.26436376,\ -0.59035825,\ 1)\ (k\in\mathbf{R}).$$

因为$(x_0, y_0, z_0)$满足 $x_0^2+y_0^2+z_0^2=r^2$，故有

$$k^2(0.26436376^2+0.59035825^2+1^2)=6300^2,$$

得 $k=\pm5289.80295$(取正号)，便得

$$(x_0,\ y_0,\ z_0)=5289.80295(0.26436376,\ -0.59035825,\ 1)$$
$$=r(0.22197337,\ -0.49569505,\ 0.83965126).$$

应用直角坐标与地理坐标的关系式(5-9)可算出点 $P_0$ 的经纬度：

$$\varphi_0=-65.87705673°=-65°53',\quad \psi_0=57.10331208°=57°6',$$

而两平面 $\pi_1$，$\pi_2$ 所张二面角 $\theta$ 的余弦为

$$\cos\theta=\frac{[\boldsymbol{n}_1,\ \boldsymbol{n}_2]}{\|\boldsymbol{n}_1\|\cdot\|\boldsymbol{n}_2\|}=0.99878864,$$

从而 $\theta=2.8204488^\circ=2^\circ49'$.

上述解答回答了问题(1)，即可能的发射点为位于东经 $65^\circ53'$，北纬 $57^\circ6'$ 的点 $P_0$，而瞄准方向所容许的最大偏差为两平面 $\pi_1$，$\pi_2$ 所张的二面角：$\theta=2^\circ49'$.

下面就来解答问题(2)：

设预定落弹地点为 $P_l$，其地理坐标为 $(\varphi_l,\ \psi_l)$，直角坐标为 $(x_l,\ y_l,\ z_l)$，取 $(\varphi_l,\ \psi_l)$ 为 $P_1$、$P_2$、$P_3$、$P_4$ 四点地理坐标的平均值，得

$$\varphi_l=168^\circ37.5'=168.625^\circ,\ \psi_l=9^\circ46.25'=9.77083333^\circ,$$

换算为直角坐标，有

$$x_l=-0.96613667r,\ y_l=0.19436867r,\ z_l=0.16970785r.$$

预定射程则为圆弧 $\overset{\frown}{P_0P_l}$ 的长度，为此需先求矢径 $\overrightarrow{OP_0}$ 与 $\overrightarrow{OP_l}$ 的夹角 $\gamma$. 因为

$$\cos\gamma=\frac{[\overrightarrow{OP_0},\ \overrightarrow{OP_l}]}{\|\overrightarrow{OP_0}\|\cdot\|\overrightarrow{OP_l}\|}=\frac{1}{r^2}(x_0x_l+y_0y_l+z_0z_l)=-0.16830878,$$

有 $\gamma=99^\circ41'=1.73991005$ rad. 预定射程即为

$$l=\gamma r=1.73991005\times6300=10961.4(\text{km}).$$

但这一结果与 16 日人民日报报导的实际射程达 12000 km 有比较大的偏差. 据此可以认为实际发射点有可能在圆弧 $\overset{\frown}{P_lP_0}$ 的延长线上的某一点 $P_0^*$.

设点 $P_0^*$ 的地理坐标为 $(\varphi_0^*,\ \psi_0^*)$，直角坐标为 $(x_0^*,\ y_0^*,\ z_0^*)$. 点 $P_0^*$ 在矢径 $\overrightarrow{OP_0}$ 与 $\overrightarrow{OP_l}$ 确定的平面 $\pi$ 上，由点 $P_0$ 和点 $P_l$ 的直角坐标可求得平面 $\pi$ 的方程：

$$\pi:\ 24732.524x+84888.850y+43576.450z=0,$$

因此坐标 $(x_0^*,\ y_0^*,\ z_0^*)$ 满足上述平面 $\pi$ 的方程，即有

$$24732.524x_0^*+84888.850y_0^*+43576.450z_0^*=0.\qquad(5-10)$$

实际射程应为圆弧 $\overset{\frown}{P_0^*P_l}$ 的长度，据此可确定坐标 $(x_0^*,\ y_0^*,\ z_0^*)$ 需满足的另一个方程. 设矢径 $\overrightarrow{OP_0^*}$ 与 $\overrightarrow{OP_l}$ 的夹角为 $\gamma^*$，则实际射程为 $\gamma^*r=12000$，由此得

$$\gamma^*=\frac{12000}{r}=\frac{12000}{6300}=1.90476(\text{rad})=109^\circ8',$$

代入余弦公式

$$\cos\gamma^*=\frac{[\overrightarrow{OP_0^*},\ \overrightarrow{OP_l}]}{\|\overrightarrow{OP_0^*}\|\cdot\|\overrightarrow{OP_l}\|}\ \text{或}\ [\overrightarrow{OP_0^*},\ \overrightarrow{OP_l}]=\|\overrightarrow{OP_0^*}\|\cdot\|\overrightarrow{OP_l}\|\cos\gamma^*,\qquad(5-11)$$

注意到 $\cos\gamma^*=\cos109^\circ8'=-0.32776759$

及　　$[\overrightarrow{OP_0^*}, \overrightarrow{OP_l}]=x_0^* x_l+y_0^* y_l+z_0^* z_l$，$\|\overrightarrow{OP_0^*}\| \cdot \|\overrightarrow{OP_l}\|=r \cdot r$，

由式(5-11)可得方程(注意：$r=6300$)

$$-0.96613667x_0^*+0.19436867y_0^*+0.16970785z_0^*=-2064.93583,$$

或为
$$96613.667x_0^*-19436.867y_0^*-16970.785z_0^*=206493583, \tag{5-12}$$

于是联立式(5-10)、(5-12)，得方程组(注意：$x_0^{*2}+y_0^{*2}+z_0^{*2}=r^2$)

$$\begin{cases}24732.524x_0^*+84888.850y_0^*+43576.450z_0^*=0,\\96613.667x_0^*-19436.867y_0^*-16970.785z_0^*=206493583,\\x_0^{*2}+y_0^{*2}+z_0^{*2}=6300^2,\end{cases}$$

解之(可先求出其中前两个方程的通解，再代入第三个方程，即得)，得 $P_0^*$ 的直角坐标

$$(x_0^*, y_0^*, z_0^*)=(2353.45738, -3196.89223, 4891.94424)$$
$$=r(0.37356466, -0.50744321, 0.77649909),$$

转换为地理坐标则为

$$\varphi_0^*=-53.64°=-53°38', \psi_0^*=50.94°=50°56',$$

因此可能的实际发射点应在东经 53°38′，北纬 50°56′附近．

**说明**：(1) 华罗庚在《高等数学引论》(第一卷第一分册)中介绍了球面三角学的基本知识，有兴趣的读者可参考该书，用球面三角学的知识解答这一问题，以与这里的解答相印证．

(2) 如果例题中通告的地理坐标范围，即小四边形四个顶点的经纬度不是按火箭发射的方向进行公布，而只是取四点用来界定发射目标的范围，则不可能按上述方法推算出可能的发射点．

## 习　题　五

1. 判断下列向量集合对于线性运算是否构成向量空间，为什么？

(1) $V=\{\boldsymbol{x}=(0, x_2, \cdots, x_n)^{\mathrm{T}} \mid x_2, \cdots, x_n \in \mathbf{R}\}$；

(2) $V=\{\boldsymbol{x}=(1, x_2, \cdots, x_n)^{\mathrm{T}} \mid x_2, \cdots, x_n \in \mathbf{R}\}$；

(3) 设 $\boldsymbol{a}$，$\boldsymbol{b}$ 为两个已知的 $n$ 维向量，集合 $V=\{\boldsymbol{x}=\lambda\boldsymbol{a}+\mu\boldsymbol{b} \mid \lambda, \mu \in \mathbf{R}\}$；

(4) $V=\{\boldsymbol{x}=(x_1, x_2, \cdots, x_n)^{\mathrm{T}} \mid x_1+x_2+\cdots+x_n=1, x_1, x_2, \cdots, x_n \in \mathbf{R}\}$.

2. 设矩阵 $\mathbf{A}=(\boldsymbol{a}_1, \boldsymbol{a}_2, \boldsymbol{a}_3)=\begin{pmatrix}2&2&-1\\2&-1&2\\-1&2&2\end{pmatrix}$，$\boldsymbol{B}=(\boldsymbol{b}_1, \boldsymbol{b}_2)=\begin{pmatrix}1&4\\0&3\\-4&2\end{pmatrix}$，

验证 $\boldsymbol{a}_1$，$\boldsymbol{a}_2$，$\boldsymbol{a}_3$ 是 $\mathbf{R}^3$ 的一组基，并把 $\boldsymbol{b}_1$，$\boldsymbol{b}_2$ 用这组基线性表示．

3. 检验下列集合是否为 $\mathbf{R}^3$ 的子空间：

(1) $W=\{\boldsymbol{x}=(x_1, x_2, x_3)^{\mathrm{T}}\in\mathbf{R}^3 \mid x_1=x_2\}$；

(2) $W=\{\boldsymbol{x}=(x_1, x_2, x_3)^{\mathrm{T}}\in\mathbf{R}^3 \mid x_1+x_2+x_3=0\}$；

(3) $W=\{\boldsymbol{x}=(x_1, x_2, x_3)^{\mathrm{T}}\in\mathbf{R}^3 \mid x_1+x_2+x_3=1\}$；

(4) $W=\{\boldsymbol{x}=(x_1, x_2, x_3)^{\mathrm{T}}\in\mathbf{R}^3 \mid x_1^2+x_2^2+x_3^2=0\}$.

4. 由向量组 $\boldsymbol{\alpha}_1=(1, 1, 0, 0)^{\mathrm{T}}$，$\boldsymbol{\alpha}_2=(1, 0, 1, 1)^{\mathrm{T}}$ 所生成的向量空间记为 $V_1$，由向量组 $\boldsymbol{\beta}_1=(2, -1, 3, 3)^{\mathrm{T}}$，$\boldsymbol{\beta}_2=(0, 1, -1, -1)^{\mathrm{T}}$ 所生成的向量空间记为 $V_2$，试证：$V_1=V_2$.

5. 设向量组 $\boldsymbol{a}_1$，$\boldsymbol{a}_2$，…，$\boldsymbol{a}_m$ 与向量组 $\boldsymbol{b}_1$，$\boldsymbol{b}_2$，…，$\boldsymbol{b}_s$ 等价，记

$$V_1=\{\boldsymbol{x}=\lambda_1\boldsymbol{a}_1+\lambda_2\boldsymbol{a}_2+\cdots+\lambda_m\boldsymbol{a}_m \mid \lambda_1, \lambda_2, \cdots, \lambda_m\in\mathbf{R}\},$$
$$V_2=\{\boldsymbol{x}=\mu_1\boldsymbol{b}_1+\mu_2\boldsymbol{b}_2+\cdots+\mu_s\boldsymbol{b}_s \mid \mu_1, \mu_2, \cdots, \mu_s\in\mathbf{R}\},$$

试证：$V_1=V_2$.

6. 求由向量组

$$\boldsymbol{\alpha}_1=\begin{pmatrix}1\\2\\1\\0\end{pmatrix}, \boldsymbol{\alpha}_2=\begin{pmatrix}1\\1\\1\\2\end{pmatrix}, \boldsymbol{\alpha}_3=\begin{pmatrix}3\\4\\3\\4\end{pmatrix}, \boldsymbol{\alpha}_4=\begin{pmatrix}1\\1\\2\\1\end{pmatrix}, \boldsymbol{\alpha}_5=\begin{pmatrix}4\\5\\6\\4\end{pmatrix}$$

所生成的向量空间的一组基与维数．

7. 设向量组

$$\boldsymbol{\alpha}=(1, -1, 0)^{\mathrm{T}}, \boldsymbol{\alpha}_2=(2, 1, 3)^{\mathrm{T}}, \boldsymbol{\alpha}_3=(3, 1, 2)^{\mathrm{T}}, \boldsymbol{\beta}=(5, 0, 7)^{\mathrm{T}},$$

试证向量组 $\boldsymbol{\alpha}_1$，$\boldsymbol{\alpha}_2$，$\boldsymbol{\alpha}_3$ 是三维向量空间 $\mathbf{R}^3$ 的一组基，并求出向量 $\boldsymbol{\beta}$ 在此基下的坐标．

8. 证明向量组

$$\boldsymbol{\alpha}_1=(1, 2, 3, 2)^{\mathrm{T}}, \boldsymbol{\alpha}_2=(2, -1, 2, -3),$$
$$\boldsymbol{\alpha}_3=(3, -2, -1, 2)^{\mathrm{T}}, \boldsymbol{\alpha}_4=(-2, -3, 2, 1)^{\mathrm{T}}$$

是 $\mathbf{R}^4$ 的一组基，并求向量 $\boldsymbol{\beta}=(6, 8, 4, -8)^{\mathrm{T}}$ 在此基下的坐标．

9. 已知

$$\boldsymbol{\alpha}_1=(1, 2, -1, 1)^{\mathrm{T}}, \boldsymbol{\alpha}_2=(2, 3, 1, -1)^{\mathrm{T}}, \boldsymbol{\alpha}_3=(-1, -1, -2, 2)^{\mathrm{T}},$$

(1) 求 $\boldsymbol{\alpha}_1$，$\boldsymbol{\alpha}_2$，$\boldsymbol{\alpha}_3$ 的长度及 $\boldsymbol{\alpha}_2$ 与 $\boldsymbol{\alpha}_3$ 的夹角；

(2) 求 $\boldsymbol{\alpha}_1$ 在 $\boldsymbol{\alpha}_2$ 上的投影向量；

(3) 求与 $\boldsymbol{\alpha}_1$，$\boldsymbol{\alpha}_2$，$\boldsymbol{\alpha}_3$ 都正交的向量．

10. 甲烷分子 $CH_4$ 排列成如下形式：碳原子位于一个正四面体的中心，而四个氢原子位于顶点上，求甲烷分子的键角，即碳原子与任意两个氢原子所

张成的角．

11. 证明向量

$$\boldsymbol{\alpha}_1=\left(\frac{1}{\sqrt{2}},\ \frac{1}{\sqrt{2}},\ 0\right)^{\mathrm{T}},\ \boldsymbol{\alpha}_2=\left(\frac{1}{\sqrt{2}},\ -\frac{1}{\sqrt{2}},\ 0\right)^{\mathrm{T}},\ \boldsymbol{\alpha}_3=(0,\ 0,\ 1)^{\mathrm{T}}$$

是 $\mathbf{R}^3$ 的一组标准正交基．

12. 设有向量组

(1) $\boldsymbol{\alpha}_1=(1,\ 2,\ -1)^{\mathrm{T}}$，$\boldsymbol{\alpha}_2=(-1,\ 3,\ 1)^{\mathrm{T}}$，$\boldsymbol{\alpha}_3=(4,\ -1,\ 0)^{\mathrm{T}}$；

(2) $\boldsymbol{\alpha}_1=(1,\ 1,\ 1)^{\mathrm{T}}$，$\boldsymbol{\alpha}_2=(3,\ 4,\ 2)^{\mathrm{T}}$，$\boldsymbol{\alpha}_3=(-4,\ 0,\ -2)^{\mathrm{T}}$，

试用施密特正交化法把向量组正交规范化．

13. 设 $\mathbf{R}^4$ 的一组基

$$\boldsymbol{\alpha}_1=(1,\ 1,\ 0,\ 0)^{\mathrm{T}},\ \boldsymbol{\alpha}_2=(1,\ 0,\ 1,\ 0)^{\mathrm{T}},$$
$$\boldsymbol{\alpha}_3=(-1,\ 0,\ 0,\ 1)^{\mathrm{T}},\ \boldsymbol{\alpha}_4=(1,\ -1,\ -1,\ 1)^{\mathrm{T}},$$

求与 $\boldsymbol{\alpha}_1$，$\boldsymbol{\alpha}_2$，$\boldsymbol{\alpha}_3$，$\boldsymbol{\alpha}_4$ 等价的标准正交基．

14. 已知 $\boldsymbol{\alpha}_1=(1,\ 1,\ 1)^{\mathrm{T}}$，求非零向量 $\boldsymbol{\alpha}_2$ 和 $\boldsymbol{\alpha}_3$，使 $\boldsymbol{\alpha}_1$，$\boldsymbol{\alpha}_2$，$\boldsymbol{\alpha}_3$ 构成 $\mathbf{R}^3$ 空间的一组正交基．

*15. 证明：如果 $\boldsymbol{\alpha}_1$，$\boldsymbol{\alpha}_2$，…，$\boldsymbol{\alpha}_m$ 是空间 $\mathbf{R}^n$ 的一组正交组，且 $m<n$，则 $\mathbf{R}^n$ 中存在 $n-m$ 个向量 $\boldsymbol{\alpha}_{m+1}$，…，$\boldsymbol{\alpha}_n$，使得 $\boldsymbol{\alpha}_1$，$\boldsymbol{\alpha}_2$，…，$\boldsymbol{\alpha}_m$，$\boldsymbol{\alpha}_{m+1}$，…，$\boldsymbol{\alpha}_n$ 构成 $\mathbf{R}^n$ 空间的一组正交基．

# 第六章　矩阵的特征值与特征向量

矩阵的特征值和特征向量理论是线性代数的重要组成部分，而且是计算数学的有力工具，它在工程技术、经济分析、生命科学、人口理论与环境保护等领域都有着广泛而重要的应用．本章从介绍矩阵的特征值和特征向量出发，引入矩阵相似变换的概念，阐明矩阵相似对角化的原理和方法，并介绍了一些相关的应用模型．

## 第一节　矩阵的特征值与特征向量

本节主要介绍矩阵的特征值与特征向量的概念、计算方法和基本性质．

### 一、特征值与特征向量的概念

矩阵 $\boldsymbol{A}$ 与向量 $\boldsymbol{\alpha}$ 在可乘的条件下，得到另一个向量 $\boldsymbol{\beta}$，即有 $\boldsymbol{A\alpha}=\boldsymbol{\beta}$. 当 $\boldsymbol{A}$ 是方阵，且 $\boldsymbol{\beta}=\lambda\boldsymbol{\alpha}$（$\lambda$ 是数）时，矩阵 $\boldsymbol{A}$ 与向量 $\boldsymbol{\alpha}$ 之间就存在着某种特殊关系，一般有：

**定义 6.1**　对于 $n$ 阶方阵 $\boldsymbol{A}$，若有数 $\lambda$ 和向量 $\boldsymbol{x}\neq\boldsymbol{0}$ 满足

$$\boldsymbol{Ax}=\lambda\boldsymbol{x}, \tag{6-1}$$

则称数 $\lambda$ 为方阵 $\boldsymbol{A}$ 的**特征值**，称非零向量 $\boldsymbol{x}$ 为方阵 $\boldsymbol{A}$ 的属于特征值 $\lambda$ 的**特征向量**．

例如，设 $\boldsymbol{A}=\begin{pmatrix}4 & -2\\ 1 & 1\end{pmatrix}$，$\boldsymbol{\xi}=(2,\ 1)^{\mathrm{T}}$，则 $\boldsymbol{A}$ 和 $\boldsymbol{\xi}$ 满足

$$\boldsymbol{A\xi}=\begin{pmatrix}4 & -2\\ 1 & 1\end{pmatrix}\begin{pmatrix}2\\ 1\end{pmatrix}=\begin{pmatrix}6\\ 3\end{pmatrix}=3\begin{pmatrix}2\\ 1\end{pmatrix}=3\boldsymbol{\xi},$$

所以 $\lambda=3$ 是 $\boldsymbol{A}$ 的一个特征值，而 $\boldsymbol{\xi}=(2,\ 1)^{\mathrm{T}}$ 是 $\boldsymbol{A}$ 的属于特征值 $\lambda=3$ 的一个特征向量．并且不难验证 $k\boldsymbol{\xi}=k(2,\ 1)^{\mathrm{T}}(k\neq0)$ 都是 $\boldsymbol{A}$ 的属于特征值 $\lambda=3$ 的特征向量．

**注意**：(1) 属于特征值 $\lambda$ 的非零特征向量有无穷多个．

(2) 一个非零特征向量只能属于一个特征值．

这是因为若有一个非零特征向量 $\boldsymbol{\xi}$ 属于两个特征值 $\lambda_1$、$\lambda_2$，则有 $\boldsymbol{A\xi}=\lambda_1\boldsymbol{\xi}$，$\boldsymbol{A\xi}=\lambda_2\boldsymbol{\xi}$，于是 $\lambda_1\boldsymbol{\xi}=\lambda_2\boldsymbol{\xi}$，或 $(\lambda_1-\lambda_2)\boldsymbol{\xi}=\boldsymbol{0}$. 因为 $\boldsymbol{\xi}\neq\boldsymbol{0}$，所以 $\lambda_1-$

$\lambda_2=0$，即有 $\lambda_1=\lambda_2$.

## 二、特征值与特征向量的求法

定义 6.1 中的式(6－1)也可写成

$$(\lambda \boldsymbol{E}-\boldsymbol{A})\boldsymbol{x}=\boldsymbol{0}, \tag{6-2}$$

这是 $n$ 个未知数 $n$ 个方程的齐次线性方程组，它有非零解的充分必要条件是系数行列式

$$|\lambda \boldsymbol{E}-\boldsymbol{A}|=0,$$

即

$$\begin{vmatrix} \lambda-a_{11} & -a_{12} & \cdots & -a_{1n} \\ -a_{21} & \lambda-a_{22} & \cdots & -a_{2n} \\ \vdots & \vdots & & \vdots \\ -a_{n1} & -a_{n2} & \cdots & \lambda-a_{nn} \end{vmatrix}=0,$$

此式是以 $\lambda$ 为未知数的一元 $n$ 次方程，称为方阵 $\boldsymbol{A}$ 的**特征方程**，其左端 $|\lambda \boldsymbol{E}-\boldsymbol{A}|$ 是 $\lambda$ 的 $n$ 次多项式，记作 $f(\lambda)$，即 $f(\lambda)=|\lambda \boldsymbol{E}-\boldsymbol{A}|$，称为方阵 $\boldsymbol{A}$ 的**特征多项式**．相应地，矩阵 $\lambda \boldsymbol{E}-\boldsymbol{A}$ 称为 $\boldsymbol{A}$ 的**特征矩阵**；齐次线性方程组 $(\lambda \boldsymbol{E}-\boldsymbol{A})\boldsymbol{x}=\boldsymbol{0}$ 称为 $\boldsymbol{A}$ 的**特征方程组**．显然，$\boldsymbol{A}$ 的特征值就是特征方程的解．根据代数学基本知识，特征方程在复数范围内恒有解，其个数为方程的次数(重根按重数计算)．因此，$n$ 阶方阵 $\boldsymbol{A}$ 有 $n$ 个特征值．

通过简单的计算可以知道，$n$ 阶矩阵 $\boldsymbol{A}$ 的特征多项式是如下形式的 $n$ 次多项式：

$$f(\lambda)=\lambda^n-(a_{11}+a_{22}+\cdots+a_{nn})\lambda^{n-1}+\cdots+(-1)^n|\boldsymbol{A}|. \tag{6-3}$$

在这个多项式中，数 $a_{11}+a_{22}+\cdots+a_{nn}$ 是方阵 $\boldsymbol{A}$ 的对角线上的元素之和，称为**矩阵 $\boldsymbol{A}$ 的迹**，记为 $\operatorname{tr}(\boldsymbol{A})$，即

$$\operatorname{tr}(\boldsymbol{A})=a_{11}+a_{22}+\cdots+a_{nn}.$$

如果 $\boldsymbol{A}$ 是 $n$ 阶矩阵，$\lambda_1$，$\lambda_2$，…，$\lambda_n$ 是矩阵 $\boldsymbol{A}$ 的特征值，则有

$$\begin{aligned} f(\lambda)&=(\lambda-\lambda_1)(\lambda-\lambda_2)\cdots(\lambda-\lambda_n) \\ &=\lambda^n-(\lambda_1+\lambda_2+\cdots+\lambda_n)\lambda^{n-1}+\cdots+(-1)^n(\lambda_1\lambda_2\cdots\lambda_n). \end{aligned} \tag{6-4}$$

比较式(6－3)与式(6－4)，不难发现矩阵 $\boldsymbol{A}$ 的特征值具有下述简单的性质：

(1) $|\boldsymbol{A}|=\lambda_1\lambda_2\cdots\lambda_n$；

(2) $\operatorname{tr}(\boldsymbol{A})=\lambda_1+\lambda_2+\cdots+\lambda_n$.

设 $\boldsymbol{A}$ 是 $n$ 阶矩阵，$\lambda_0$ 是 $\boldsymbol{A}$ 的任一特征值，则 $\boldsymbol{A}$ 的属于特征值 $\lambda_0$ 的特征向量是方程组 $(\lambda_0\boldsymbol{E}-\boldsymbol{A})\boldsymbol{x}=\boldsymbol{0}$ 的非零解，于是方程组 $(\lambda_0\boldsymbol{E}-\boldsymbol{A})\boldsymbol{x}=\boldsymbol{0}$ 的基础解系 $\boldsymbol{\xi}_1$，$\boldsymbol{\xi}_2$，…，$\boldsymbol{\xi}_{n-r}$ 就构成了 $\boldsymbol{A}$ 的属于特征值 $\lambda_0$ 的 $n-r$ 个线性无关的特征向量．由方程组解的一般理论，形如 $k_1\boldsymbol{\xi}_1+k_2\boldsymbol{\xi}_2+\cdots+k_{n-r}\boldsymbol{\xi}_{n-r}$($k_1$，$k_2$，…，$k_{n-r}$ 不

全为0)的向量即为 $\boldsymbol{A}$ 的属于特征值 $\lambda_0$ 的全部特征向量.

**例 6.1** 求三阶方阵 $\boldsymbol{A}=\begin{pmatrix}-3 & 1 & -1\\ -7 & 5 & -1\\ -6 & 6 & -2\end{pmatrix}$ 的特征值和对应的特征向量.

**解** 因为

$$|\lambda\boldsymbol{E}-\boldsymbol{A}|=\begin{vmatrix}\lambda+3 & -1 & 1\\ 7 & \lambda-5 & 1\\ 6 & -6 & \lambda+2\end{vmatrix}=(\lambda-4)(\lambda+2)^2,$$

由 $|\lambda\boldsymbol{E}-\boldsymbol{A}|=0$，得 $\boldsymbol{A}$ 的特征值：$\lambda_1=4$，$\lambda_2=\lambda_3=-2$.

(1) 对于 $\lambda_1=4$，解方程组 $(4\boldsymbol{E}-\boldsymbol{A})\boldsymbol{x}=\boldsymbol{0}$，为此对系数矩阵作行初等变换，有

$$4\boldsymbol{E}-\boldsymbol{A}=\begin{pmatrix}7 & -1 & 1\\ 7 & -1 & 1\\ 6 & -6 & 6\end{pmatrix}\xrightarrow{\text{行初等变换}}\begin{pmatrix}1 & 0 & 0\\ 0 & 1 & -1\\ 0 & 0 & 0\end{pmatrix},$$

得方程组的一个基础解系 $\boldsymbol{\xi}_1=(0,1,1)^{\mathrm{T}}$，也即 $\boldsymbol{A}$ 的属于 $\lambda_1$ 的一个特征向量，而

$$k_1\boldsymbol{\xi}_1=k_1(0,1,1)^{\mathrm{T}}(k_1\neq 0)$$

是 $\boldsymbol{A}$ 的属于特征值 $\lambda_1=4$ 的全部特征向量.

(2) 对于 $\lambda_2=\lambda_3=-2$，解方程组 $(-2\boldsymbol{E}-\boldsymbol{A})\boldsymbol{x}=\boldsymbol{0}$，为此对系数矩阵作行初等变换，有

$$-2\boldsymbol{E}-\boldsymbol{A}=\begin{pmatrix}1 & -1 & 1\\ 7 & -7 & 1\\ 6 & -6 & 0\end{pmatrix}\xrightarrow{\text{行初等变换}}\begin{pmatrix}1 & -1 & 0\\ 0 & 0 & 1\\ 0 & 0 & 0\end{pmatrix},$$

得方程组的一个基础解系 $\boldsymbol{\xi}_2=(1,1,0)^{\mathrm{T}}$，也即 $\boldsymbol{A}$ 的属于 $\lambda_2=\lambda_3$ 的一个特征向量. 而

$$k_2\boldsymbol{\xi}_2=k_2(1,1,0)^{\mathrm{T}}(k_2\neq 0)$$

是 $\boldsymbol{A}$ 的属于特征值 $\lambda_2=\lambda_3=-2$ 的全部特征向量.

**例 6.2** 求三阶矩阵 $\boldsymbol{A}=\begin{pmatrix}1 & 2 & 2\\ 2 & 1 & 2\\ 2 & 2 & 1\end{pmatrix}$ 的特征值与特征向量.

**解** 因为

$$|\lambda\boldsymbol{E}-\boldsymbol{A}|=\begin{vmatrix}\lambda-1 & -2 & -2\\ -2 & \lambda-1 & -2\\ -2 & -2 & \lambda-1\end{vmatrix}=(\lambda-5)(\lambda+1)^2,$$

由 $|\lambda\boldsymbol{E}-\boldsymbol{A}|=0$，得 $\boldsymbol{A}$ 的特征值：$\lambda_1=5$，$\lambda_2=\lambda_3=-1$.

(1) 当 $\lambda_1=5$ 时，解方程组 $(5\boldsymbol{E}-\boldsymbol{A})\boldsymbol{x}=\boldsymbol{0}$，因为

$$5\boldsymbol{E}-\boldsymbol{A}=\begin{pmatrix}4&-2&-2\\-2&4&-2\\-2&-2&4\end{pmatrix}\xrightarrow{\text{行初等变换}}\begin{pmatrix}1&0&-1\\0&1&-1\\0&0&0\end{pmatrix},$$

得方程组的一个基础解系 $\boldsymbol{p}_1=(1,\ 1,\ 1)^{\mathrm{T}}$，也即 $\boldsymbol{A}$ 的属于 $\lambda_1$ 的一个特征向量，而

$$k_1\boldsymbol{p}_1=k_1(1,\ 1,\ 1)^{\mathrm{T}}(k_1\neq 0)$$

是 $\boldsymbol{A}$ 的属于特征值 $\lambda_1=5$ 的全部特征向量．

(2) 当 $\lambda_2=\lambda_3=-1$ 时，解方程组 $(-\boldsymbol{E}-\boldsymbol{A})\boldsymbol{x}=\boldsymbol{0}$，因为

$$-\boldsymbol{E}-\boldsymbol{A}=\begin{pmatrix}-2&-2&-2\\-2&-2&-2\\-2&-2&-2\end{pmatrix}\xrightarrow{\text{行初等变换}}\begin{pmatrix}1&1&1\\0&0&0\\0&0&0\end{pmatrix},$$

得方程组的一个基础解系

$$\boldsymbol{p}_2=(-1,\ 1,\ 0)^{\mathrm{T}},\ \boldsymbol{p}_3=(-1,\ 0,\ 1)^{\mathrm{T}},$$

也即 $\boldsymbol{A}$ 的属于 $\lambda_2=\lambda_3=-1$ 的特征向量，而

$$k_2\boldsymbol{p}_2+k_3\boldsymbol{p}_3(k_2,\ k_3\ \text{不同时为}\ 0)$$

是 $\boldsymbol{A}$ 的属于特征值 $\lambda_2=\lambda_3=-1$ 的全部特征向量．

**值得注意的是**：在例 6.1 中，对应二重特征值 $\lambda=-2$ 只有一个线性无关的特征向量；在例 6.2 中，对应二重特征值 $\lambda=-1$ 有两个线性无关的特征向量．可见属于某一特征值的线性无关的特征向量可能不止一个．

**一般结论：对应 $r$ 重特征值 $\lambda$ 的线性无关的特征向量的个数 $\leqslant r$.**

在求矩阵的特征值即解特征方程时，经常会遇到解高次代数方程的问题．一般五次及五次以上的代数方程或多项式是没有求根公式的，而三、四次方程的求根公式又复杂难记，一般教材大多不介绍．因此有的读者一遇到三次及三次以上的方程往往束手无策．这里介绍一个定理，借助它可以求出整系数多项式的全部有理根，从而有可能使方程的次数降低，变得易于求解．

**定理 6.1**　**设** $f(x)=a_nx^n+a_{n-1}x^{n-1}+\cdots+a_1x+a_0$ **是一个整系数多项式，而** $\dfrac{r}{s}$ **是它的一个有理根，且** $r$，$s$ **互素，那么必定** $s$ **是** $a_n$ **的因子，而** $r$ **是** $a_0$ **的因子．特别地，如果** $f(x)$ **的首项系数** $a_n=1$，**那么** $f(x)$ **的有理根都是整数，而且是** $a_0$ **的因子．**

这个定理的证明可在一般的高等代数教材里找到，这里略去．

**例 6.3**　求解方程 $3x^3-9x^2-2x+6=0$.

**解** 若这个方程有有理根$\frac{r}{s}$的话，则根据定理 6.1，$r$ 只可能是 $a_0=6$ 的因子：$\pm1$，$\pm2$，$\pm3$，$\pm6$，而 $s$ 只可能是 $a_3=3$ 的因子：$\pm1$，$\pm3$，于是$\frac{r}{s}$只可能是$\pm1$，$\pm2$，$\pm3$，$\pm6$，$\pm\frac{1}{3}$，$\pm\frac{2}{3}$. 容易验证其中的数 3 适合方程，即 3 是方程的一个根，并且除 3 以外其余各数都不是它的根．这样，对应的多项式含有 $x-3$ 的因式，于是易得

$$3x^3-9x^2-2x+6=(x-3)(3x^2-2),$$

因而方程的另外两个根是$\pm\frac{\sqrt{6}}{3}$.

## 三、特征值与特征向量的性质

**性质 1　矩阵 $\boldsymbol{A}$ 与它的转置 $\boldsymbol{A}^{\mathrm{T}}$ 有相同的特征值．**

**证** 因为$|\lambda\boldsymbol{E}-\boldsymbol{A}^{\mathrm{T}}|=|(\lambda\boldsymbol{E}-\boldsymbol{A})^{\mathrm{T}}|=|\lambda\boldsymbol{E}-\boldsymbol{A}|$，说明 $\boldsymbol{A}$ 与 $\boldsymbol{A}^{\mathrm{T}}$ 有相同的特征多项式，从而有相同的特征值．

注意：尽管 $\boldsymbol{A}$ 和 $\boldsymbol{A}^{\mathrm{T}}$ 的特征值相同，但一般它们的特征向量是不同的．

**性质 2　如果 $\lambda$ 是 $\boldsymbol{A}$ 的任一特征值，非零向量 $\boldsymbol{\xi}$ 为 $\boldsymbol{A}$ 的属于特征值 $\lambda$ 的特征向量，那么**

**(1) $\lambda^m$ 是 $\boldsymbol{A}^m$ 的特征值（$m$ 为正整数），$\boldsymbol{\xi}$ 是矩阵 $\boldsymbol{A}^m$ 的属于特征值 $\lambda^m$ 的特征向量；**

**(2) 当 $\boldsymbol{A}$ 可逆时，且 $\lambda\neq0$，则 $\lambda^{-1}$ 是 $\boldsymbol{A}^{-1}$ 的特征值，$\boldsymbol{\xi}$ 是矩阵 $\boldsymbol{A}^{-1}$ 的属于特征值 $\lambda^{-1}$ 的特征向量．**

**证** (1) 因为 $\boldsymbol{A}\boldsymbol{\xi}=\lambda\boldsymbol{\xi}$，则

$$\boldsymbol{A}^2\boldsymbol{\xi}=\boldsymbol{A}(\boldsymbol{A}\boldsymbol{\xi})=\boldsymbol{A}(\lambda\boldsymbol{\xi})=\lambda(\boldsymbol{A}\boldsymbol{\xi})=\lambda(\lambda\boldsymbol{\xi})=\lambda^2\boldsymbol{\xi}，即 \boldsymbol{A}^2\boldsymbol{\xi}=\lambda^2\boldsymbol{\xi}.$$

依此类推，有 $\boldsymbol{A}^m\boldsymbol{\xi}=\lambda^m\boldsymbol{\xi}$，即知 $\lambda^m$ 是矩阵 $\boldsymbol{A}^m$ 的特征值，而 $\boldsymbol{\xi}$ 是矩阵 $\boldsymbol{A}^m$ 的属于特征值 $\lambda^m$ 的特征向量．

(2) 若矩阵 $\boldsymbol{A}$ 可逆，由于$|\lambda\boldsymbol{E}-\boldsymbol{A}|=0$，所以 $\lambda\neq0$. 由 $\boldsymbol{A}\boldsymbol{\xi}=\lambda\boldsymbol{\xi}$，可得

$$\boldsymbol{A}^{-1}(\boldsymbol{A}\boldsymbol{\xi})=\boldsymbol{A}^{-1}(\lambda\boldsymbol{\xi})=\lambda(\boldsymbol{A}^{-1}\boldsymbol{\xi}),$$

从而有 $\boldsymbol{A}^{-1}\boldsymbol{\xi}=\lambda^{-1}\boldsymbol{\xi}$，即 $\lambda^{-1}$ 是 $\boldsymbol{A}^{-1}$ 的特征值．同时也说明了 $\boldsymbol{\xi}$ 也是矩阵 $\boldsymbol{A}^{-1}$ 的属于特征值 $\lambda^{-1}$ 的特征向量．

**推论　若 $\lambda$ 是 $\boldsymbol{A}$ 的特征值，非零向量 $\boldsymbol{\xi}$ 为 $\boldsymbol{A}$ 的属于特征值 $\lambda$ 的特征向量，则 $\varphi(\lambda)$ 是 $\varphi(\boldsymbol{A})$ 的特征值，且 $\boldsymbol{\xi}$ 也是矩阵 $\varphi(\boldsymbol{A})$ 的属于特征值 $\varphi(\lambda)$ 的特征向量，其中**

$$\varphi(\lambda)=a_0+a_1\lambda+\cdots+a_m\lambda^m，\varphi(\boldsymbol{A})=a_0\boldsymbol{E}+a_1\boldsymbol{A}+\cdots+a_m\boldsymbol{A}^m.$$

**例 6.4**　若三阶方阵 $\boldsymbol{A}$ 的三个特征值是 $-2$，5，$-1$，求 $\boldsymbol{A}^3$，$\boldsymbol{A}^{-1}$，$2\boldsymbol{A}^2+\boldsymbol{E}$ 的特征值．

**解**　由特征值与特征向量的性质 2 可得：$\boldsymbol{A}^3$ 的特征值为 $\lambda^3$，即分别为：$-8$，125，$-1$；$\boldsymbol{A}^{-1}$的特征值为$\dfrac{1}{\lambda}$，即分别为：$-\dfrac{1}{2}$，$\dfrac{1}{5}$，$-1$.

而由性质 2 的推论知道，$2\boldsymbol{A}^2+\boldsymbol{E}$ 的特征值为 $2\lambda^2+1$，即分别为：9，51，3.

**例 6.5**　已知 $\boldsymbol{A}^2=\boldsymbol{A}$，证明：$\boldsymbol{A}$ 的特征值为 0 或 1.

**证**　设 $\lambda$ 是 $\boldsymbol{A}$ 的任一个特征根，则 $\lambda^2-\lambda$ 是 $\boldsymbol{A}^2-\boldsymbol{A}$ 的特征根．因为 $\boldsymbol{A}^2-\boldsymbol{A}=\boldsymbol{O}$，而零矩阵的特征值只能为 0，从而有 $\lambda^2-\lambda=0$，即 $\lambda=0$ 或 $\lambda=1$.

**例 6.6**　设 $\boldsymbol{A}$ 为三阶方阵，其特征值为 $\lambda_1=1$，$\lambda_2=2$，$\lambda_3=-3$，求 $|\boldsymbol{A}^3-3\boldsymbol{A}+\boldsymbol{E}|$.

**解**　设 $\varphi(x)=x^3-3x+1$，则 $\varphi(\boldsymbol{A})=\boldsymbol{A}^3-3\boldsymbol{A}+\boldsymbol{E}$ 的特征值为

$$\mu_1=\varphi(\lambda_1)=-1,\ \mu_2=\varphi(\lambda_2)=3,\ \mu_3=\varphi(\lambda_3)=-17,$$

故

$$|\boldsymbol{A}^3-3\boldsymbol{A}+\boldsymbol{E}|=\mu_1\cdot\mu_2\cdot\mu_3=(-1)\times3\times(-17)=51.$$

**例 6.7**　设 $\boldsymbol{A}$ 为三阶方阵，$\mathrm{tr}(\boldsymbol{A})=7$，特征值 $\lambda_1=1$，$\lambda_2=3$，求另一特征值 $\lambda_3$ 及行列式 $|\boldsymbol{A}|$，$|\boldsymbol{A}^2|$，$|\boldsymbol{A}^{-1}|$，$|\boldsymbol{A}^{\mathrm{T}}|$.

**解**　因为 $\lambda_1+\lambda_2+\lambda_3=\mathrm{tr}(\boldsymbol{A})=7$，所以 $\lambda_3=3$，于是

$$|\boldsymbol{A}|=\lambda_1\lambda_2\lambda_3=9;\quad |\boldsymbol{A}^2|=|\boldsymbol{A}|^2=81;$$

$$|\boldsymbol{A}^{-1}|=\frac{1}{|\boldsymbol{A}|}=\frac{1}{9};\quad |\boldsymbol{A}^{\mathrm{T}}|=|\boldsymbol{A}|=9.$$

本节最后介绍一条后面经常用到的性质，因为其重要，故以定理的形式给出．

**定理 6.2　属于不同特征值的特征向量是线性无关的．**

**证**　采用数学归纳法．设 $\lambda_1$，$\lambda_2$，…，$\lambda_k$ 是方阵 $\boldsymbol{A}$ 的 $k$ 个特征值，$\boldsymbol{p}_1$，$\boldsymbol{p}_2$，…，$\boldsymbol{p}_k$ 依次是与之对应的特征向量．

当 $k=1$ 时，因为任一非零向量都是线性无关的，定理成立．

假定对 $k-1$ 个不同的特征值，定理成立．下面证对 $k$ 个不同的特征值，定理也成立．

设有常数 $x_1$，$x_2$，…，$x_k$ 使

$$x_1\boldsymbol{p}_1+x_2\boldsymbol{p}_2+\cdots+x_k\boldsymbol{p}_k=\boldsymbol{0}. \qquad ①$$

因为 $\boldsymbol{A}\boldsymbol{p}_i=\lambda_i\boldsymbol{p}_i\,(i=1,2,\cdots,k)$，用 $\boldsymbol{A}$ 左乘式①得

$$\boldsymbol{A}(x_1\boldsymbol{p}_1)+\boldsymbol{A}(x_2\boldsymbol{p}_2)+\cdots+\boldsymbol{A}(x_k\boldsymbol{p}_k)=\boldsymbol{0},$$

即

$$x_1\boldsymbol{A}\boldsymbol{p}_1+x_2\boldsymbol{A}\boldsymbol{p}_2+\cdots+x_k\boldsymbol{A}\boldsymbol{p}_k=\boldsymbol{0},$$

亦即

$$x_1\lambda_1\boldsymbol{p}_1+x_2\lambda_2\boldsymbol{p}_2+\cdots+x_k\lambda_k\boldsymbol{p}_k=\boldsymbol{0}. \qquad ②$$

由式①与式②消去$\boldsymbol{p}_k$，得

$$x_1(\lambda_1-\lambda_k)\boldsymbol{p}_1+x_2(\lambda_2-\lambda_k)\boldsymbol{p}_2+\cdots+x_{k-1}(\lambda_{k-1}-\lambda_k)\boldsymbol{p}_{k-1}=\boldsymbol{0},$$

根据归纳法假设，$\boldsymbol{p}_1$，$\boldsymbol{p}_2$，…，$\boldsymbol{p}_{k-1}$线性无关，因而有

$$x_i(\lambda_i-\lambda_k)=0(i=1,\ 2,\ \cdots,\ k-1).$$

又因$\lambda_i-\lambda_k\neq 0$，于是$x_1=x_2=\cdots=x_{k-1}=0$，从而$x_k=0$，故$\boldsymbol{p}_1$，$\boldsymbol{p}_2$，…，$\boldsymbol{p}_k$线性无关.

# 第二节　矩阵的相似变换

本节介绍矩阵相似的概念，并且讨论相似矩阵的性质以及矩阵与对角矩阵相似的条件，最后介绍矩阵相似对角化的方法.

## 一、矩阵的相似变换与正交变换

**定义 6.2**　设$\boldsymbol{A}$、$\boldsymbol{B}$都是$n$阶方阵，若有可逆方阵$\boldsymbol{P}$，使

$$\boldsymbol{P}^{-1}\boldsymbol{A}\boldsymbol{P}=\boldsymbol{B},$$

则称对$\boldsymbol{A}$进行运算$\boldsymbol{P}^{-1}\boldsymbol{A}\boldsymbol{P}$为对$\boldsymbol{A}$进行**相似变换**，并称$\boldsymbol{B}$是$\boldsymbol{A}$的**相似矩阵**，或说**矩阵$\boldsymbol{A}$与$\boldsymbol{B}$相似**，记作$\boldsymbol{A}\sim\boldsymbol{B}$. 同时称可逆矩阵$\boldsymbol{P}$为把$\boldsymbol{A}$变成$\boldsymbol{B}$的**相似变换矩阵**.

方阵之间的这种相似关系，与矩阵的等价关系有共同之处，即有性质：

① **反身性**：$\boldsymbol{A}\sim\boldsymbol{A}$.

② **对称性**：若$\boldsymbol{A}\sim\boldsymbol{B}$，则$\boldsymbol{B}\sim\boldsymbol{A}$.

③ **传递性**：若$\boldsymbol{A}\sim\boldsymbol{B}$，$\boldsymbol{B}\sim\boldsymbol{C}$，则$\boldsymbol{A}\sim\boldsymbol{C}$.

矩阵的相似关系也是等价关系(但反之未必)，这只要注意一下第一章第五节中的定理 1.3 的推论 2 即可明了.

同矩阵的等价关系一样，矩阵相似关系的一个作用在于矩阵(方阵)的化简. 例如，对于矩阵$\boldsymbol{A}=\begin{pmatrix}6&-3\\4&-1\end{pmatrix}$，若取$\boldsymbol{P}=\begin{pmatrix}3&1\\4&1\end{pmatrix}$，则有$\boldsymbol{P}^{-1}=\begin{pmatrix}-1&1\\4&-3\end{pmatrix}$，且

$$\boldsymbol{P}^{-1}\boldsymbol{A}\boldsymbol{P}=\begin{pmatrix}-1&1\\4&-3\end{pmatrix}\begin{pmatrix}6&-3\\4&-1\end{pmatrix}\begin{pmatrix}3&1\\4&1\end{pmatrix}=\begin{pmatrix}2&0\\0&3\end{pmatrix}=\boldsymbol{\Lambda},$$

所以有

$$\begin{pmatrix}6&-3\\4&-1\end{pmatrix}\sim\begin{pmatrix}2&0\\0&3\end{pmatrix},$$

即矩阵$\boldsymbol{A}$在相似变换下化简为对角阵，而对角阵就是一种形式比较简单的矩阵.

若矩阵$\boldsymbol{A}$能通过相似变换化为对角阵$\boldsymbol{\Lambda}$，则将方便$\boldsymbol{A}$的$k$次幂$\boldsymbol{A}^k$的计算. 这是因为若$\boldsymbol{P}^{-1}\boldsymbol{A}\boldsymbol{P}=\boldsymbol{\Lambda}$，则$\boldsymbol{A}=\boldsymbol{P}\boldsymbol{\Lambda}\boldsymbol{P}^{-1}$，于是$\boldsymbol{A}^k=\boldsymbol{P}\boldsymbol{\Lambda}^k\boldsymbol{P}^{-1}$，而对于对角阵

$$\boldsymbol{\Lambda}=\begin{pmatrix}\lambda_1 & & & \\ & \lambda_2 & & \\ & & \ddots & \\ & & & \lambda_n\end{pmatrix}，有 \boldsymbol{\Lambda}^k=\begin{pmatrix}\lambda_1^k & & & \\ & \lambda_2^k & & \\ & & \ddots & \\ & & & \lambda_n^k\end{pmatrix}.$$

对 $n$ 阶方阵 $\boldsymbol{A}$，若有相似变换矩阵 $\boldsymbol{P}$，使 $\boldsymbol{P}^{-1}\boldsymbol{A}\boldsymbol{P}=\boldsymbol{\Lambda}$ 为对角阵，就称为把方阵 $\boldsymbol{A}$ 对角化，简称 $\boldsymbol{A}$ **可对角化**．现在的问题是，方阵 $\boldsymbol{A}$ 具备什么样的条件才能对角化？如果能够对角化，对角化的步骤又怎样？后面将就这一问题展开讨论．

**定理 6.3　若 $\boldsymbol{A}\sim\boldsymbol{B}$，则 $\boldsymbol{A}$ 与 $\boldsymbol{B}$ 有相同的特征多项式，从而有相同的特征值．**

**证**　若 $\boldsymbol{A}\sim\boldsymbol{B}$，则存在可逆矩阵 $\boldsymbol{P}$，使得 $\boldsymbol{B}=\boldsymbol{P}^{-1}\boldsymbol{A}\boldsymbol{P}$，于是

$$\begin{aligned}|\boldsymbol{B}-\lambda\boldsymbol{E}|&=|\boldsymbol{P}^{-1}\boldsymbol{A}\boldsymbol{P}-\lambda\boldsymbol{E}|=|\boldsymbol{P}^{-1}(\boldsymbol{A}-\lambda\boldsymbol{E})\boldsymbol{P}|=|\boldsymbol{P}^{-1}|\cdot|\boldsymbol{A}-\lambda\boldsymbol{E}|\cdot|\boldsymbol{P}|\\&=|\boldsymbol{P}|^{-1}\cdot|\boldsymbol{A}-\lambda\boldsymbol{E}|\cdot|\boldsymbol{P}|=|\boldsymbol{A}-\lambda\boldsymbol{E}|,\end{aligned}$$

所以 $\boldsymbol{A}$ 与 $\boldsymbol{B}$ 的特征多项式相同，从而 $\boldsymbol{A}$ 与 $\boldsymbol{B}$ 有相同的特征值．

**推论　若 $n$ 阶矩阵 $\boldsymbol{A}$ 与对角矩阵**

$$\boldsymbol{\Lambda}=\begin{pmatrix}\lambda_1 & & & \\ & \lambda_2 & & \\ & & \ddots & \\ & & & \lambda_n\end{pmatrix} \text{或 } \boldsymbol{\Lambda}=\mathrm{diag}(\lambda_1, \lambda_2, \cdots, \lambda_n)$$

**相似，则对角元 $\lambda_1$，$\lambda_2$，…，$\lambda_n$ 是 $\boldsymbol{A}$ 的 $n$ 个特征值．**

**证**　易知 $\lambda_1$，$\lambda_2$，…，$\lambda_n$ 是 $\boldsymbol{\Lambda}$ 的 $n$ 个特征值，而 $\boldsymbol{A}$ 与 $\boldsymbol{\Lambda}$ 相似，由定理 6.3即知，$\lambda_1$，$\lambda_2$，…，$\lambda_n$也就是 $\boldsymbol{A}$ 的 $n$ 个特征值．

**注意**：两矩阵相似，它们虽然有相同的特征值，但未必有相同的特征向量．请看下例：

**例 6.8**　设 $\boldsymbol{\xi}$ 是矩阵 $\boldsymbol{A}$ 的属于特征值 $\lambda_0$ 的特征向量，且 $\boldsymbol{A}\sim\boldsymbol{B}$，即存在可逆(满秩)矩阵 $\boldsymbol{P}$ 使 $\boldsymbol{B}=\boldsymbol{P}^{-1}\boldsymbol{A}\boldsymbol{P}$，则 $\boldsymbol{\eta}=\boldsymbol{P}^{-1}\boldsymbol{\xi}$ 是矩阵 $\boldsymbol{B}$ 的属于 $\lambda_0$ 的特征向量．

**证**　因 $\boldsymbol{\xi}$ 是矩阵 $\boldsymbol{A}$ 的属于特征值 $\lambda_0$ 的特征向量，则有

$$\boldsymbol{A}\boldsymbol{\xi}=\lambda_0\boldsymbol{\xi},$$

于是

$$\boldsymbol{B}\boldsymbol{\eta}=(\boldsymbol{P}^{-1}\boldsymbol{A}\boldsymbol{P})(\boldsymbol{P}^{-1}\boldsymbol{\xi})=\boldsymbol{P}^{-1}\boldsymbol{A}\boldsymbol{\xi}=\boldsymbol{P}^{-1}\lambda_0\boldsymbol{\xi}=\lambda_0\boldsymbol{P}^{-1}\boldsymbol{\xi}=\lambda_0\boldsymbol{\eta},$$

所以 $\boldsymbol{\eta}=\boldsymbol{P}^{-1}\boldsymbol{\xi}$ 是矩阵 $\boldsymbol{B}$ 的属于 $\lambda_0$ 的特征向量．

相似变换的一种特殊情形是所谓的正交变换，为此先给出正交矩阵的概念．

**定义 6.3**　如果 $n$ 阶方阵 $\boldsymbol{A}$ 满足

$$\boldsymbol{A}^{\mathrm{T}}\boldsymbol{A}=\boldsymbol{E}(\text{即 } \boldsymbol{A}^{-1}=\boldsymbol{A}^{\mathrm{T}}),$$

则称 $\boldsymbol{A}$ 为**正交矩阵**，简称为**正交阵**．

设 $\boldsymbol{\alpha}_1$，$\boldsymbol{\alpha}_2$，…，$\boldsymbol{\alpha}_n$ 是 $\boldsymbol{A}$ 的列向量，即 $\boldsymbol{A}=(\boldsymbol{\alpha}_1, \boldsymbol{\alpha}_2, \cdots, \boldsymbol{\alpha}_n)$，则 $\boldsymbol{A}^{\mathrm{T}}\boldsymbol{A}=\boldsymbol{E}$ 可表示为

$$\begin{pmatrix}\boldsymbol{\alpha}_1^{\mathrm{T}}\\ \boldsymbol{\alpha}_2^{\mathrm{T}}\\ \vdots\\ \boldsymbol{\alpha}_n^{\mathrm{T}}\end{pmatrix}(\boldsymbol{\alpha}_1,\ \boldsymbol{\alpha}_2,\ \cdots,\ \boldsymbol{\alpha}_n)=\boldsymbol{E} \text{ 或 } \boldsymbol{\alpha}_i^{\mathrm{T}}\boldsymbol{\alpha}_j=\begin{cases}1, & i=j,\\ 0, & i\neq j\end{cases}\quad (i,\ j=1,\ 2,\ \cdots,\ n).$$

这就表明：**方阵 $\boldsymbol{A}$ 为正交阵的充分必要条件是 $\boldsymbol{A}$ 的列向量都是单位向量，且它们两两正交．**

考虑到 $\boldsymbol{A}^{\mathrm{T}}\boldsymbol{A}=\boldsymbol{E}$ 成立时，$\boldsymbol{A}\boldsymbol{A}^{\mathrm{T}}=\boldsymbol{E}$ 也成立，反之亦然．所以上述结论对 $\boldsymbol{A}$ 的行向量亦成立．

由此还可见，正交阵的 $n$ 个列(行)向量构成向量空间 $\mathbf{R}^n$ 的一个规范正交基．

**例 6.9** 判别下列矩阵是否为正交阵．

(1) $\begin{pmatrix}1 & -\frac{1}{2} & \frac{1}{3}\\ -\frac{1}{2} & 1 & \frac{1}{2}\\ \frac{1}{3} & \frac{1}{2} & -1\end{pmatrix}$； (2) $\begin{pmatrix}\frac{1}{9} & -\frac{8}{9} & -\frac{4}{9}\\ -\frac{8}{9} & \frac{1}{9} & -\frac{4}{9}\\ -\frac{4}{9} & -\frac{4}{9} & \frac{7}{9}\end{pmatrix}$．

**解** 应用定义式 $\boldsymbol{A}^{\mathrm{T}}\boldsymbol{A}=\boldsymbol{E}$ 进行判断，计算较烦琐．如果应用上述充分必要条件进行判断，则通过观察即可得出结论：

(1) 矩阵的每个行向量都不是单位向量，所以该矩阵不是正交阵．

(2) 矩阵的每个行向量都是单位向量，且两两正交，所以该矩阵是正交阵．

**定义 6.4** 若 $\boldsymbol{A}$ 为 $n$ 阶方阵，$\boldsymbol{P}$ 是正交阵，则相似变换 $\boldsymbol{P}^{-1}\boldsymbol{A}\boldsymbol{P}=\boldsymbol{P}^{\mathrm{T}}\boldsymbol{A}\boldsymbol{P}$ 称为**正交变换**．

正交变换的一个特点是，求 $\boldsymbol{P}^{-1}$ 可以转化为求 $\boldsymbol{P}^{\mathrm{T}}$，运算较为方便．

## 二、矩阵相似对角化的原理和方法

矩阵 $\boldsymbol{A}$ 对角化的关键是：寻求相似变换矩阵 $\boldsymbol{P}$，使

$$\boldsymbol{P}^{-1}\boldsymbol{A}\boldsymbol{P}=\boldsymbol{\Lambda}=\mathrm{diag}(\lambda_1,\ \lambda_2,\ \cdots,\ \lambda_n)$$

为对角矩阵．

假设这样的相似变换矩阵 $\boldsymbol{P}$ 已经找到，需要讨论 $\boldsymbol{P}$ 应满足什么关系．

事实上，把 $\boldsymbol{P}$ 用其列向量表示为 $\boldsymbol{P}=(\boldsymbol{p}_1,\ \boldsymbol{p}_2,\ \cdots,\ \boldsymbol{p}_n)$，由 $\boldsymbol{P}^{-1}\boldsymbol{A}\boldsymbol{P}=\boldsymbol{\Lambda}$，得 $\boldsymbol{A}\boldsymbol{P}=\boldsymbol{P}\boldsymbol{\Lambda}$，即

$$\boldsymbol{A}(\boldsymbol{p}_1,\ \boldsymbol{p}_2,\ \cdots,\ \boldsymbol{p}_n)=(\boldsymbol{p}_1,\ \boldsymbol{p}_2,\ \cdots,\ \boldsymbol{p}_n)\begin{pmatrix}\lambda_1 & & & \\ & \lambda_2 & & \\ & & \ddots & \\ & & & \lambda_n\end{pmatrix},$$

或 $$A(\boldsymbol{p}_1, \boldsymbol{p}_2, \cdots, \boldsymbol{p}_n)=(\lambda_1\boldsymbol{p}_1, \lambda_2\boldsymbol{p}_2, \cdots, \lambda_n\boldsymbol{p}_n),$$
于是有 $$A\boldsymbol{p}_i=\lambda_i\boldsymbol{p}_i(i=1, 2, \cdots, n).$$

可见 $\lambda_i$ 是 $A$ 的特征值，而 $P$ 的列向量 $\boldsymbol{p}_i$ 就是 $A$ 的对应于特征值 $\lambda_i$ 的特征向量.

反之，若 $A$ 有 $n$ 个特征值，并可对应地求得 $n$ 个特征向量，使得
$$A\boldsymbol{p}_i=\lambda_i\boldsymbol{p}_i(i=1, 2, \cdots, n),$$
则这 $n$ 个特征向量即可构成矩阵 $P$，使 $AP=P\Lambda$（因特征向量不是唯一的，所以矩阵 $P$ 也不是唯一的，并且 $P$ 可能是复矩阵）.

但这时 $P$ 不一定可逆，原因在于 $\boldsymbol{p}_1, \boldsymbol{p}_2, \cdots, \boldsymbol{p}_n$ 不一定线性无关. 而如果 $\boldsymbol{p}_1, \boldsymbol{p}_2, \cdots, \boldsymbol{p}_n$ 线性无关，则 $P$ 可逆，那么便有 $P^{-1}AP=\Lambda$，即 $A$ 与对角阵相似.

由上面的讨论即有

**定理 6.4　$n$ 阶矩阵 $A$ 与对角矩阵**
$$\Lambda=\mathrm{diag}(\lambda_1, \lambda_2, \cdots, \lambda_n)$$
**相似的充分必要条件是：矩阵 $A$ 有 $n$ 个线性无关的分别属于特征值 $\lambda_1, \lambda_2, \cdots, \lambda_n$ 的特征向量.**

**注意**：$\lambda_1, \lambda_2, \cdots, \lambda_n$ 中可以有相同的值.

由此可得到下面两个推论.

**推论 1　如果 $n$ 阶矩阵 $A$ 的 $n$ 个特征值互不相同，则 $A$ 必可对角化.**

事实上根据定理 6.2，属于不同特征值的特征向量是线性无关的.

**注意**：这个条件是充分的但不是必要的. 如果 $A$ 的特征方程有重根，此时不一定有 $n$ 个线性无关的特征向量，从而矩阵 $A$ 不一定能对角化，但如果能找到 $n$ 个线性无关的特征向量，$A$ 还是能对角化.

**推论 2　$n$ 阶方阵 $A$ 可对角化的充分必要条件是对每一个 $n_i$ 重的特征值 $\lambda_i$，矩阵 $\lambda_i E-A$ 的秩为 $n-n_i$，即 $\lambda_i$ 对应有 $n_i$ 个线性无关的特征向量.**

证明留给读者.

总结上述讨论，可以得到将 $n$ 阶矩阵 $A$ 对角化的步骤：

(1) 求出 $n$ 阶矩阵 $A$ 的全部特征值 $\lambda_1, \lambda_2, \cdots, \lambda_n$ 及其对应的特征向量；

(2) 判断 $A$ 能否对角化：

① 若 $A$ 的 $n$ 个特征值全部为单根，则 $A$ 可对角化.

② 若 $A$ 的特征值有重根，则对于每个重根，计算其几何重数，也就是这个重根所对应的线性无关特征向量的最大个数. 如果几何重数与重根的重数都相等，则 $A$ 能对角化，否则 $A$ 不能对角化.

(3) 当 $A$ 能对角化时，写出相应的对角化的过程：这时 $A$ 有 $n$ 个线性无关的特征向量 $\boldsymbol{p}_1, \boldsymbol{p}_2, \cdots, \boldsymbol{p}_n$，它们分别属于 $\lambda_1, \lambda_2, \cdots, \lambda_n$，取 $P=(\boldsymbol{p}_1,$

$p_2$，…，$p_n$)，则有

$$P^{-1}AP=\begin{pmatrix}\lambda_1 & & & \\ & \lambda_2 & & \\ & & \ddots & \\ & & & \lambda_n\end{pmatrix}.$$

**例 6.10** 设 $A=\begin{pmatrix}2&0&0\\0&a&2\\0&2&3\end{pmatrix}$，$B=\begin{pmatrix}1&0&0\\0&2&0\\0&0&b\end{pmatrix}$，且 $A\sim B$，求 $a$，$b$.

**解** 由定理 6.3 知，$A$ 与 $B$ 的特征值相同，故有 $|A|=|B|$ 和 $\operatorname{tr}(A)=\operatorname{tr}(B)$，得

$$2(3a-4)=2b \text{ 和 } 5+a=3+b,$$

联立两式解得 $a=3$，$b=5$.

**例 6.11** 判断下列矩阵可否对角化？

(1) $A=\begin{pmatrix}0&1&0\\0&0&1\\-6&-11&-6\end{pmatrix}$；(2) $A=\begin{pmatrix}1&2&2\\2&1&2\\2&2&1\end{pmatrix}$；(3) $A=\begin{pmatrix}-1&1&0\\-4&3&0\\1&0&2\end{pmatrix}$.

**解** (1) 因为

$$|\lambda E-A|=\begin{vmatrix}\lambda&-1&0\\0&\lambda&-1\\6&11&\lambda+6\end{vmatrix}=(\lambda+1)(\lambda+2)(\lambda+3),$$

由 $|\lambda E-A|=0$，得

$$\lambda_1=-1,\ \lambda_2=-2,\ \lambda_3=-3,$$

于是 $A$ 有 3 个互异的特征值，所以 $A$ 可对角化.

(2) 因为

$$|\lambda E-A|=\begin{vmatrix}\lambda-1&-2&-2\\-2&\lambda-1&-2\\-2&-2&\lambda-1\end{vmatrix}\xlongequal{r_1+r_2+r_3}(\lambda-5)\begin{vmatrix}1&1&1\\-2&\lambda-1&-2\\-2&-2&\lambda-1\end{vmatrix}$$

$$\xlongequal[r_3+2r_1]{r_2+2r_1}(\lambda-5)\begin{vmatrix}1&1&1\\0&\lambda+1&0\\0&0&\lambda+1\end{vmatrix}=(\lambda-5)(\lambda+1)^2,$$

由 $|\lambda E-A|=0$，得

$$\lambda_1=5,\ \lambda_2=\lambda_3=-1.$$

对应于二重特征值 $\lambda_2=\lambda_3=-1$，解齐次线性方程组 $(\lambda E-A)\boldsymbol{x}=\mathbf{0}$，即 $(-E-A)\boldsymbol{x}=\mathbf{0}$，得基础解系

$$\boldsymbol{p}_2=\begin{pmatrix}-1\\1\\0\end{pmatrix},\ \boldsymbol{p}_3=\begin{pmatrix}-1\\0\\1\end{pmatrix},$$

有两个线性无关的特征向量，于是 $\boldsymbol{A}$ 有 3 个线性无关的特征向量，所以 $\boldsymbol{A}$ 可对角化．

（3）因为

$$|\lambda\boldsymbol{E}-\boldsymbol{A}|=\begin{vmatrix}\lambda+1 & -1 & 0\\4 & \lambda-3 & 0\\-1 & 0 & \lambda-2\end{vmatrix}=(\lambda-2)(\lambda-1)^2,$$

由 $|\lambda\boldsymbol{E}-\boldsymbol{A}|=0$，得

$$\lambda_1=2,\ \lambda_2=\lambda_3=1.$$

对应于二重特征值 $\lambda_2=\lambda_3=1$，解线性方程组 $(\boldsymbol{E}-\boldsymbol{A})\boldsymbol{x}=\boldsymbol{0}$，得基础解系 $\boldsymbol{p}=(1,\ 2,\ -1)^{\mathrm{T}}$，只有 1 个线性无关的特征向量．这样 $\boldsymbol{A}$ 只有 2 个线性无关的特征向量，所以 $\boldsymbol{A}$ 不可对角化．

**例 6.12**　判断 $\boldsymbol{A}=\begin{pmatrix}7 & -12 & 6\\10 & -19 & 10\\12 & -24 & 13\end{pmatrix}$ 是否可对角化，如能对角化，则写出可逆矩阵 $\boldsymbol{P}$ 和对角矩阵 $\boldsymbol{\Lambda}$，使得 $\boldsymbol{P}^{-1}\boldsymbol{A}\boldsymbol{P}=\boldsymbol{\Lambda}$ 为对角矩阵．

**解**　因为

$$|\lambda\boldsymbol{E}-\boldsymbol{A}|=\begin{vmatrix}\lambda-7 & 12 & -6\\-10 & \lambda+19 & -10\\-12 & 24 & \lambda-13\end{vmatrix}\xlongequal{c_1+c_2+c_3}(\lambda-1)\begin{vmatrix}1 & 12 & -6\\1 & \lambda+19 & -10\\1 & 24 & \lambda-13\end{vmatrix}$$

$$\xlongequal[r_3-r_1]{r_2-r_1}(\lambda-1)\begin{vmatrix}1 & 12 & -6\\0 & \lambda+7 & -4\\0 & 12 & \lambda-7\end{vmatrix}=(\lambda-1)^2(\lambda+1),$$

由 $|\lambda\boldsymbol{E}-\boldsymbol{A}|=0$，得 $\boldsymbol{A}$ 的特征值 $\lambda_1=\lambda_2=1$，$\lambda_3=-1$．

对于二重特征值 $\lambda_1=\lambda_2=1$，解齐次线性方程组 $(\boldsymbol{E}-\boldsymbol{A})\boldsymbol{x}=\boldsymbol{0}$，因其系数矩阵：

$$\boldsymbol{E}-\boldsymbol{A}=\begin{pmatrix}-6 & 12 & -6\\-10 & 20 & -10\\-12 & 24 & -12\end{pmatrix}\xrightarrow{\text{行初等变换}}\begin{pmatrix}1 & -2 & 1\\0 & 0 & 0\\0 & 0 & 0\end{pmatrix},$$

相应的基础解系为 $\boldsymbol{\xi}_1=(2,\ 1,\ 0)^{\mathrm{T}}$，$\boldsymbol{\xi}_2=(-1,\ 0,\ 1)^{\mathrm{T}}$．

对于 $\lambda_3=-1$，解齐次线性方程组 $(-\boldsymbol{E}-\boldsymbol{A})\boldsymbol{x}=\boldsymbol{0}$，因其系数矩阵：

$$-\boldsymbol{E}-\boldsymbol{A}=\begin{pmatrix}-8 & 12 & -6\\-10 & 18 & -10\\-12 & 24 & -14\end{pmatrix}\xrightarrow{\text{行初等变换}}\begin{pmatrix}2 & 0 & -1\\0 & 6 & -5\\0 & 0 & 0\end{pmatrix},$$

相应的基础解系为$\boldsymbol{\xi}_3=(3, 5, 6)^{\mathrm{T}}$.

由定理 6.2 可知，$\boldsymbol{\xi}_1$，$\boldsymbol{\xi}_2$，$\boldsymbol{\xi}_3$线性无关，三阶方阵$\boldsymbol{A}$有 3 个线性无关的特征向量，于是$\boldsymbol{A}$能与对角矩阵相似，即$\boldsymbol{A}$可以对角化．令

$$\boldsymbol{P}=(\boldsymbol{\xi}_1, \boldsymbol{\xi}_2, \boldsymbol{\xi}_3)=\begin{pmatrix}2 & -1 & 3\\ 1 & 0 & 5\\ 0 & 1 & 6\end{pmatrix},$$

则可得
$$\boldsymbol{P}^{-1}\boldsymbol{A}\boldsymbol{P}=\boldsymbol{\Lambda}=\begin{pmatrix}1 & & \\ & 1 & \\ & & -1\end{pmatrix}.$$

**注意**：可逆矩阵$\boldsymbol{P}$与对角矩阵$\boldsymbol{\Lambda}$必须对应，即$\boldsymbol{P}$的列位置与$\boldsymbol{\Lambda}$中特征值的位置相对应，也就是$\boldsymbol{\Lambda}$的第$i$列的特征值为$\lambda_i$，则$\boldsymbol{P}$中的第$i$列必须是$\lambda_i$所对应的特征向量．

**例 6.13** 设$\boldsymbol{A}=\begin{pmatrix}1 & 2 & -3\\ 0 & -1 & 1\\ 0 & 0 & 0\end{pmatrix}$，求$\boldsymbol{A}^{1000}$．

**解** 直接计算显然不可能，下面利用对角化来计算．由于$\boldsymbol{A}$是上三角阵，其特征值就是主对角元 1、−1、0，求得所属的特征向量分别为

$$\boldsymbol{p}_1=\begin{pmatrix}1\\0\\0\end{pmatrix},\ \boldsymbol{p}_2=\begin{pmatrix}-1\\1\\0\end{pmatrix},\ \boldsymbol{p}_3=\begin{pmatrix}1\\1\\1\end{pmatrix},$$

因 3 个特征值互不相同，则 3 个特征向量必线性无关，故$\boldsymbol{A}$可对角化，相似变换矩阵为

$$\boldsymbol{P}=(\boldsymbol{p}_1, \boldsymbol{p}_2, \boldsymbol{p}_3)=\begin{pmatrix}1 & -1 & 1\\ 0 & 1 & 1\\ 0 & 0 & 1\end{pmatrix},$$

其逆阵为$\boldsymbol{P}^{-1}=\begin{pmatrix}1 & 1 & -2\\ 0 & 1 & -1\\ 0 & 0 & 1\end{pmatrix}$，于是有

$$\boldsymbol{P}^{-1}\boldsymbol{A}\boldsymbol{P}=\boldsymbol{\Lambda}=\begin{pmatrix}1 & 0 & 0\\ 0 & -1 & 0\\ 0 & 0 & 0\end{pmatrix},$$

从而有$\boldsymbol{P}^{-1}\boldsymbol{A}^k\boldsymbol{P}=\boldsymbol{\Lambda}^k$，故$\boldsymbol{A}^k=\boldsymbol{P}\boldsymbol{\Lambda}^k\boldsymbol{P}^{-1}$，最终求得

$$\boldsymbol{A}^{1000}=\boldsymbol{P}\boldsymbol{\Lambda}^{1000}\boldsymbol{P}^{-1}=\boldsymbol{P}\begin{pmatrix}1^{1000} & & \\ & (-1)^{1000} & \\ & & 0^{1000}\end{pmatrix}\boldsymbol{P}^{-1}$$

$$=\boldsymbol{P}\begin{pmatrix}1&&\\&1&\\&&0\end{pmatrix}\boldsymbol{P}^{-1}=\begin{pmatrix}1&0&-1\\0&1&-1\\0&0&0\end{pmatrix}.$$

## 三、实对称矩阵的相似对角化

从上面的讨论知道，一般的方阵不一定能对角化．但对于应用上较为广泛的实对称矩阵，是一定可以对角化的，下面就来专门讨论它的对角化问题．

**定理 6.5　实对称阵的特征值全为实数．**

**证**　设复数 $\lambda$ 为实对称阵 $\boldsymbol{A}$ 的特征值，复向量 $\boldsymbol{x}=(x_1, x_2, \cdots, x_n)^{\mathrm{T}}$ 为对应的特征向量，即

$$\boldsymbol{A}\boldsymbol{x}=\lambda\boldsymbol{x},\ \boldsymbol{x}\neq\boldsymbol{0}.$$

用 $\bar{\lambda}$ 表示 $\lambda$ 的共轭复数，$\bar{\boldsymbol{x}}$ 表示 $\boldsymbol{x}$ **的共轭复向量**，则(注意：$\boldsymbol{A}$ 为实对称阵，有 $\boldsymbol{A}^{\mathrm{T}}=\boldsymbol{A}$，$\bar{\boldsymbol{A}}=\boldsymbol{A}$)

$$\boldsymbol{A}\bar{\boldsymbol{x}}=\bar{\boldsymbol{A}}\bar{\boldsymbol{x}}=\overline{\boldsymbol{A}\boldsymbol{x}}=\overline{\lambda\boldsymbol{x}}=\bar{\lambda}\bar{\boldsymbol{x}},$$

于是有
$$\bar{\boldsymbol{x}}^{\mathrm{T}}\boldsymbol{A}\boldsymbol{x}=\bar{\boldsymbol{x}}^{\mathrm{T}}(\boldsymbol{A}\boldsymbol{x})=\bar{\boldsymbol{x}}^{\mathrm{T}}\lambda\boldsymbol{x}=\lambda\bar{\boldsymbol{x}}^{\mathrm{T}}\boldsymbol{x},$$
及
$$\bar{\boldsymbol{x}}^{\mathrm{T}}\boldsymbol{A}\boldsymbol{x}=(\bar{\boldsymbol{x}}^{\mathrm{T}}\boldsymbol{A}^{\mathrm{T}})\boldsymbol{x}=(\boldsymbol{A}\bar{\boldsymbol{x}})^{\mathrm{T}}\boldsymbol{x}=(\bar{\lambda}\bar{\boldsymbol{x}})^{\mathrm{T}}\boldsymbol{x}=\bar{\lambda}\bar{\boldsymbol{x}}^{\mathrm{T}}\boldsymbol{x}.$$
两式相减，得 $(\lambda-\bar{\lambda})\bar{\boldsymbol{x}}^{\mathrm{T}}\boldsymbol{x}=0$，但因 $\boldsymbol{x}\neq\boldsymbol{0}$，所以

$$\bar{\boldsymbol{x}}^{\mathrm{T}}\boldsymbol{x}=\sum_{i=1}^{n}\bar{x}_i x_i=\sum_{i=1}^{n}|x_i|^2\neq 0,$$

故 $\lambda-\bar{\lambda}=0$，即 $\lambda=\bar{\lambda}$，这就说明 $\lambda$ 是实数．

显然，当特征值 $\lambda_i$ 为实数时，齐次线性方程组

$$(\lambda_i\boldsymbol{E}-\boldsymbol{A})\boldsymbol{x}=\boldsymbol{0}$$

是实系数方程组，由 $|\lambda_i\boldsymbol{E}-\boldsymbol{A}|=0$ 知，必有实的基础解系，所以对应的特征向量可取实向量．

**定理 6.6　实对称矩阵 $\boldsymbol{A}$ 的属于不同特征值的特征向量是正交的．**

**证**　设 $\lambda_1$，$\lambda_2(\lambda_1\neq\lambda_2)$ 是实对称矩阵 $\boldsymbol{A}$ 的两个特征值，$\boldsymbol{p}_1$，$\boldsymbol{p}_2$ 是对应的特征向量，则有

$$\lambda_1\boldsymbol{p}_1=\boldsymbol{A}\boldsymbol{p}_1,\ \lambda_2\boldsymbol{p}_2=\boldsymbol{A}\boldsymbol{p}_2,$$

因 $\boldsymbol{A}$ 对称，故

$$\lambda_1\boldsymbol{p}_1^{\mathrm{T}}=(\lambda_1\boldsymbol{p}_1)^{\mathrm{T}}=(\boldsymbol{A}\boldsymbol{p}_1)^{\mathrm{T}}=\boldsymbol{p}_1^{\mathrm{T}}\boldsymbol{A}^{\mathrm{T}}=\boldsymbol{p}_1^{\mathrm{T}}\boldsymbol{A},$$

于是
$$\lambda_1\boldsymbol{p}_1^{\mathrm{T}}\boldsymbol{p}_2=\boldsymbol{p}_1^{\mathrm{T}}\boldsymbol{A}\boldsymbol{p}_2=\boldsymbol{p}_1^{\mathrm{T}}(\lambda_2\boldsymbol{p}_2)=\lambda_2\boldsymbol{p}_1^{\mathrm{T}}\boldsymbol{p}_2,$$
即
$$(\lambda_1-\lambda_2)\boldsymbol{p}_1^{\mathrm{T}}\boldsymbol{p}_2=0,$$
但 $\lambda_1\neq\lambda_2$，因而有 $\boldsymbol{p}_1^{\mathrm{T}}\boldsymbol{p}_2=0$，即 $\boldsymbol{p}_1$ 与 $\boldsymbol{p}_2$ 正交．

**定理 6.7　设 $\boldsymbol{A}$ 为 $n$ 阶实对称阵，$\lambda_0$ 是 $\boldsymbol{A}$ 的特征方程的 $r$ 重根，则矩阵**

**$\lambda_0 \boldsymbol{E}-\boldsymbol{A}$ 的秩 $R(\lambda_0 \boldsymbol{E}-\boldsymbol{A})=n-r$，从而对应特征值 $\lambda_0$ 恰有 $r$ 个线性无关的特征向量.**

证明留给读者.

**定理 6.8　设 $\boldsymbol{A}$ 为 $n$ 阶实对称阵，则必有正交阵 $\boldsymbol{P}$，使 $\boldsymbol{P}^{-1}\boldsymbol{A}\boldsymbol{P}=\boldsymbol{P}^{\mathrm{T}}\boldsymbol{A}\boldsymbol{P}=\boldsymbol{\Lambda}$，其中 $\boldsymbol{\Lambda}$ 是以 $\boldsymbol{A}$ 的 $n$ 个特征值为对角元素的对角阵.**

**证**　设 $\boldsymbol{A}$ 的互不相等的特征值为 $\lambda_1$，$\lambda_2$，…，$\lambda_s$，它们的重数依次为 $r_1$，$r_2$，…，$r_s(r_1+r_2+\cdots+r_s=n)$.

根据定理 6.5 及定理 6.7 知，对应特征值 $\lambda_i(i=1, 2, \cdots, s)$，恰有 $r_i$ 个线性无关的特征向量，把它们正交化并单位化，即得 $r_i$ 个单位正交的特征向量. 由 $r_1+r_2+\cdots+r_s=n$ 知，这样的特征向量共可得 $n$ 个.

再由定理 6.6 知，对应于不同特征值的特征向量正交，故这 $n$ 个单位特征向量两两正交.

现在将这 $n$ 个特征值及其对应的两两正交的单位特征向量重新编序为 $\lambda_1$，$\lambda_2$，…，$\lambda_n$ 和 $\boldsymbol{p}_1$，$\boldsymbol{p}_2$，…，$\boldsymbol{p}_n$，于是可得正交阵 $\boldsymbol{P}=(\boldsymbol{p}_1, \boldsymbol{p}_2, \cdots, \boldsymbol{p}_n)$，并有(注意：$\boldsymbol{P}^{-1}=\boldsymbol{P}^{\mathrm{T}}$，$\boldsymbol{P}^{\mathrm{T}}\boldsymbol{P}=\boldsymbol{E}$)

$$\begin{aligned}\boldsymbol{P}^{-1}\boldsymbol{A}\boldsymbol{P}&=\boldsymbol{P}^{\mathrm{T}}\boldsymbol{A}(\boldsymbol{p}_1, \boldsymbol{p}_2, \cdots, \boldsymbol{p}_n)=\boldsymbol{P}^{\mathrm{T}}(\boldsymbol{A}\boldsymbol{p}_1, \boldsymbol{A}\boldsymbol{p}_2, \cdots, \boldsymbol{A}\boldsymbol{p}_n)\\&=\boldsymbol{P}^{\mathrm{T}}(\lambda_1\boldsymbol{p}_1, \lambda_2\boldsymbol{p}_2, \cdots, \lambda_n\boldsymbol{p}_n)\\&=\boldsymbol{P}^{\mathrm{T}}(\boldsymbol{p}_1, \boldsymbol{p}_2, \cdots, \boldsymbol{p}_n)\begin{pmatrix}\lambda_1&&&\\&\lambda_2&&\\&&\ddots&\\&&&\lambda_n\end{pmatrix}\\&=\boldsymbol{P}^{\mathrm{T}}\boldsymbol{P}\begin{pmatrix}\lambda_1&&&\\&\lambda_2&&\\&&\ddots&\\&&&\lambda_n\end{pmatrix}=\begin{pmatrix}\lambda_1&&&\\&\lambda_2&&\\&&\ddots&\\&&&\lambda_n\end{pmatrix}=\boldsymbol{\Lambda},\end{aligned}$$

其中对角阵 $\boldsymbol{\Lambda}$ 的对角元素恰是 $\boldsymbol{A}$ 的 $n$ 个特征值，于是定理得证.

**例 6.14**　设 $\boldsymbol{A}=\begin{pmatrix}1&2&3\\2&1&3\\3&3&6\end{pmatrix}$，求正交矩阵 $\boldsymbol{P}$，使得 $\boldsymbol{P}^{-1}\boldsymbol{A}\boldsymbol{P}$ 为对角阵.

**解**　$\boldsymbol{A}$ 的特征多项式为

$$|\lambda\boldsymbol{E}-\boldsymbol{A}|=\begin{vmatrix}\lambda-1&-2&-3\\-2&\lambda-1&-3\\-3&-3&\lambda-6\end{vmatrix}=\lambda(\lambda+1)(\lambda-9),$$

故 $\boldsymbol{A}$ 的特征值为 $\lambda_1=0$，$\lambda_2=-1$，$\lambda_3=9$.

当 $\lambda_1=0$ 时，由 $(\lambda_1\boldsymbol{E}-\boldsymbol{A})\boldsymbol{x}=\boldsymbol{0}$，即

$$\begin{pmatrix}1&2&3\\2&1&3\\3&3&6\end{pmatrix}\begin{pmatrix}x_1\\x_2\\x_3\end{pmatrix}=\begin{pmatrix}0\\0\\0\end{pmatrix},$$

解得基础解系为 $\boldsymbol{\alpha}_1=\begin{pmatrix}-1\\-1\\1\end{pmatrix}$，单位化得 $\boldsymbol{\beta}_1=\frac{1}{\sqrt{3}}\begin{pmatrix}-1\\-1\\1\end{pmatrix}$.

当 $\lambda_2=-1$ 时，由 $(\lambda_2\boldsymbol{E}-\boldsymbol{A})\boldsymbol{x}=\boldsymbol{0}$，即

$$\begin{pmatrix}-2&-2&-3\\-2&-2&-3\\-3&-3&-7\end{pmatrix}\begin{pmatrix}x_1\\x_2\\x_3\end{pmatrix}=\begin{pmatrix}0\\0\\0\end{pmatrix},$$

解得基础解系为 $\boldsymbol{\alpha}_2=\begin{pmatrix}-1\\1\\0\end{pmatrix}$，单位化得 $\boldsymbol{\beta}_2=\frac{1}{\sqrt{2}}\begin{pmatrix}-1\\1\\0\end{pmatrix}$.

当 $\lambda_3=9$ 时，由 $(\lambda_3\boldsymbol{E}-\boldsymbol{A})\boldsymbol{x}=\boldsymbol{0}$，即

$$\begin{pmatrix}8&-2&-3\\-2&8&-3\\-3&-3&3\end{pmatrix}\begin{pmatrix}x_1\\x_2\\x_3\end{pmatrix}=\begin{pmatrix}0\\0\\0\end{pmatrix},$$

解得基础解系为 $\boldsymbol{\alpha}_3=\begin{pmatrix}1\\1\\2\end{pmatrix}$，单位化得 $\boldsymbol{\beta}_3=\frac{1}{\sqrt{6}}\begin{pmatrix}1\\1\\2\end{pmatrix}$.

于是所求正交阵为

$$\boldsymbol{P}=(\boldsymbol{\beta}_1,\ \boldsymbol{\beta}_2,\ \boldsymbol{\beta}_3)=\begin{pmatrix}-\frac{1}{\sqrt{3}}&-\frac{1}{\sqrt{2}}&\frac{1}{\sqrt{6}}\\-\frac{1}{\sqrt{3}}&\frac{1}{\sqrt{2}}&\frac{1}{\sqrt{6}}\\\frac{1}{\sqrt{3}}&0&\frac{2}{\sqrt{6}}\end{pmatrix},$$

且有

$$\boldsymbol{P}^{-1}\boldsymbol{A}\boldsymbol{P}=\boldsymbol{P}^{\mathrm{T}}\boldsymbol{A}\boldsymbol{P}=\begin{pmatrix}0&&\\&-1&\\&&9\end{pmatrix}.$$

**例 6.15**　设 $\boldsymbol{A}=\begin{pmatrix}1&-2&2\\-2&-2&4\\2&4&-2\end{pmatrix}$，求正交矩阵 $\boldsymbol{P}$，使得 $\boldsymbol{P}^{-1}\boldsymbol{A}\boldsymbol{P}$ 为对角阵.

**解** $\boldsymbol{A}$ 的特征多项式为

$$|\lambda \boldsymbol{E}-\boldsymbol{A}|=\begin{vmatrix}\lambda-1 & 2 & -2\\ 2 & \lambda+2 & -4\\ -2 & -4 & \lambda+2\end{vmatrix}=(\lambda-2)^2(\lambda+7),$$

故 $\boldsymbol{A}$ 的特征值为 $\lambda_1=\lambda_2=2$，$\lambda_3=-7$.

当 $\lambda_1=\lambda_2=2$ 时，由 $(\lambda_1\boldsymbol{E}-\boldsymbol{A})\boldsymbol{x}=\boldsymbol{0}$，即

$$\begin{pmatrix}1 & 2 & -2\\ 2 & 4 & -4\\ -2 & -4 & 4\end{pmatrix}\begin{pmatrix}x_1\\ x_2\\ x_3\end{pmatrix}=\begin{pmatrix}0\\ 0\\ 0\end{pmatrix},$$

解得基础解系为 $\boldsymbol{\alpha}_1=(2,-1,0)^{\mathrm{T}}$，$\boldsymbol{\alpha}_2=(2,0,1)^{\mathrm{T}}$. 用施密特正交化方法，先正交化，得

$$\boldsymbol{\beta}_1=\boldsymbol{\alpha}_1,$$

$$\boldsymbol{\beta}_2=\boldsymbol{\alpha}_2-\frac{(\boldsymbol{\alpha}_2,\boldsymbol{\beta}_1)}{(\boldsymbol{\beta}_1,\boldsymbol{\beta}_1)}\boldsymbol{\beta}_1=\begin{pmatrix}2\\ 0\\ 1\end{pmatrix}-\frac{4}{5}\begin{pmatrix}2\\ -1\\ 0\end{pmatrix}=\frac{1}{5}\begin{pmatrix}2\\ 4\\ 5\end{pmatrix},$$

再单位化，得

$$\boldsymbol{p}_1=\boldsymbol{\beta}_1^0=\left(\frac{2\sqrt{5}}{5},-\frac{\sqrt{5}}{5},0\right)^{\mathrm{T}},\ \boldsymbol{p}_2=\boldsymbol{\beta}_2^0=\left(\frac{2\sqrt{5}}{15},\frac{4\sqrt{5}}{15},\frac{\sqrt{5}}{3}\right)^{\mathrm{T}}.$$

当 $\lambda_3=-7$ 时，由 $(\lambda_3\boldsymbol{E}-\boldsymbol{A})\boldsymbol{x}=\boldsymbol{0}$，即

$$\begin{pmatrix}-8 & 2 & -2\\ 2 & -5 & -4\\ -2 & -4 & -5\end{pmatrix}\begin{pmatrix}x_1\\ x_2\\ x_3\end{pmatrix}=\begin{pmatrix}0\\ 0\\ 0\end{pmatrix},$$

得基础解系为 $\boldsymbol{\alpha}_3=(1,2,-2)^{\mathrm{T}}$，单位化，得 $\boldsymbol{p}_3=\boldsymbol{\alpha}_3^0=\left(\frac{1}{3},\frac{2}{3},-\frac{2}{3}\right)^{\mathrm{T}}$.

取所求正交阵为 $\boldsymbol{P}=(\boldsymbol{p}_1,\boldsymbol{p}_2,\boldsymbol{p}_3)$，则有

$$\boldsymbol{P}^{-1}\boldsymbol{A}\boldsymbol{P}=\boldsymbol{P}^{\mathrm{T}}\boldsymbol{A}\boldsymbol{P}=\mathrm{diag}(\lambda_1,\lambda_1,\lambda_2)=\mathrm{diag}(2,2,-7).$$

## *第三节 应用模型

本节介绍人口迁移模型、莱斯利(Leslie)种群模型和工业增长与污染模型(其中前两种模型在第一章里已有所介绍)，这三种模型都体现了矩阵的特征值和特征向量以及矩阵的相似变换在其数学模型的分析、建立和求解中所起的作用.

### 一、矩阵序列及其收敛性

本节介绍的应用模型涉及矩阵序列及其收敛性的概念.

**定义 6.5**　设 $\boldsymbol{A}^{(k)}$ 为实数域上的矩阵：

$$\boldsymbol{A}^{(k)}=\begin{pmatrix} a_{11}^{(k)} & a_{12}^{(k)} & \cdots & a_{1n}^{(k)} \\ a_{21}^{(k)} & a_{22}^{(k)} & \cdots & a_{2n}^{(k)} \\ \vdots & \vdots & & \vdots \\ a_{m1}^{(k)} & a_{m2}^{(k)} & \cdots & a_{mn}^{(k)} \end{pmatrix},\ k=1,\ 2,\ \cdots,$$

则称 $\boldsymbol{A}^{(1)}$，$\boldsymbol{A}^{(2)}$，…，$\boldsymbol{A}^{(k)}$，…为**矩阵序列**，简记为$\{\boldsymbol{A}^{(k)}\}$.

**定义 6.6**　如果矩阵序列$\{\boldsymbol{A}^{(k)}\}$的对应元序列$\{a_{ij}^{(k)}\}$都有极限，即

$$\lim_{k\to\infty}a_{ij}^{(k)}=a_{ij}(i=1,\ 2,\ \cdots,\ m;\ j=1,\ 2,\ \cdots,\ n),$$

则称矩阵序列$\{\boldsymbol{A}^{(k)}\}$有极限 $\boldsymbol{A}=(a_{ij})_{m\times n}$，记作

$$\lim_{k\to\infty}\boldsymbol{A}^{(k)}=\boldsymbol{A} \text{ 或 } \boldsymbol{A}^{(k)}\to\boldsymbol{A}(k\to\infty),$$

这时，也称矩阵序列$\{\boldsymbol{A}^{(k)}\}$收敛于 $\boldsymbol{A}$. 否则，称矩阵序列$\{\boldsymbol{A}^{(k)}\}$发散.

例如，对于矩阵序列

$$\boldsymbol{A}^{(k)}=\begin{pmatrix} \dfrac{\sin k}{k} & \dfrac{k+1}{k} \\ k\sin\dfrac{1}{k} & \mathrm{e}^{-k} \end{pmatrix},\ k=1,\ 2,\ \cdots,$$

就有 $\lim\limits_{k\to\infty}\boldsymbol{A}^{(k)}=\begin{pmatrix} 0 & 1 \\ 1 & 0 \end{pmatrix}$.

## 二、人口迁移模型(续第一章)

在第一章里，讨论了人口迁移模型(参见第一章第六节例 1.14). 在一个国家总人口不变的前提下，得出人口迁移规律的矩阵表示：

$$\begin{pmatrix} a_n \\ b_n \end{pmatrix}=\boldsymbol{A}^n\begin{pmatrix} a_0 \\ b_0 \end{pmatrix},\ \text{其中 } \boldsymbol{A}=\begin{pmatrix} 1-p & q \\ p & 1-q \end{pmatrix}, \tag{6-5}$$

并且 $p$ 为每年农村居民移居城镇的比例，而 $q$ 为每年城镇居民移居农村的比例；$a_0$，$b_0$ 分别为初始时刻即基年年初时，农村居民与城镇居民的人口；$a_n$，$b_n$ 分别为第 $n$ 年年初时，农村居民与城镇居民的人口.

当 $k$ 很大时，$\boldsymbol{A}^k$ 如何计算是例 1.14 留下的问题之一.

如果能求出 $\boldsymbol{A}$ 的特征值 $\lambda_1$，$\lambda_2$ 及相应的线性无关的特征向量 $\boldsymbol{\xi}_1$，$\boldsymbol{\xi}_2$，并且令 $\boldsymbol{P}=(\boldsymbol{\xi}_1,\ \boldsymbol{\xi}_2)$，则有

$$\boldsymbol{P}^{-1}\boldsymbol{A}\boldsymbol{P}=\begin{pmatrix} \lambda_1 & \\ & \lambda_2 \end{pmatrix} \text{ 或 } \boldsymbol{A}=\boldsymbol{P}\begin{pmatrix} \lambda_1 & \\ & \lambda_2 \end{pmatrix}\boldsymbol{P}^{-1},$$

从而有

$$A^k = P\begin{pmatrix} \lambda_1^k & \\ & \lambda_2^k \end{pmatrix} P^{-1}, \tag{6-6}$$

这就解决了 $A^k$ 的计算问题.

例 1.14 留下的另一个问题是：如果人口总量及人口流动的规律始终保持不变，即比例 $p$，$q$ 不变，若干年后农村居民与城镇居民两者的人口比例能否达到一种动态平衡？

为回答这一问题，需研究当 $k\to\infty$ 时 $A^k$ 的极限性质.

因为矩阵 $A$ 的特征多项式为

$$f(\lambda)=|A-\lambda E|=\begin{vmatrix} 1-p-\lambda & q \\ p & 1-q-\lambda \end{vmatrix}=\lambda^2+(p+q-2)\lambda+(1-p-q),$$

解矩阵 $A$ 的特征方程 $|A-\lambda E|=0$，得 $A$ 的两个特征值分别为

$$\lambda_1=1，\lambda_2=1-p-q.$$

对应的特征向量分别为

$$\xi_1=(q，p)^{\mathrm{T}}，\xi_2=(1，-1)^{\mathrm{T}},$$

求得 $P=(\xi_1，\xi_2)=\begin{pmatrix} q & 1 \\ p & -1 \end{pmatrix}$，$P^{-1}=\dfrac{1}{p+q}\begin{pmatrix} 1 & 1 \\ p & -q \end{pmatrix}$，于是

$$A^k = P\begin{pmatrix} \lambda_1^k & \\ & \lambda_2^k \end{pmatrix} P^{-1}=\begin{pmatrix} q & 1 \\ p & -1 \end{pmatrix}\begin{pmatrix} 1 & \\ & \lambda_2^k \end{pmatrix}\cdot\frac{1}{p+q}\begin{pmatrix} 1 & 1 \\ p & -q \end{pmatrix}$$

$$=\frac{1}{p+q}\begin{pmatrix} q & q \\ p & p \end{pmatrix}+\frac{\lambda_2^k}{p+q}\begin{pmatrix} p & -q \\ -p & q \end{pmatrix}. \tag{6-7}$$

在例 1.14 中，$p=0.05$，$q=0.01$，有 $\lambda_2=1-p-q=0.94$. 因此要预测第 $n$ 年年初时的人口分布，只需按式(6-6)计算矩阵 $A^n$，然后代入公式(6-5)即可求得. 如果要预测比较遥远的未来，因为 $0<\lambda_2<1$，有 $\lim\limits_{n\to\infty}\lambda_2^n=0$，因而由式(6-7)可得

$$\lim_{n\to\infty}A^n=\frac{1}{p+q}\begin{pmatrix} q & q \\ p & p \end{pmatrix}.$$

若以 $a_\infty$ 和 $b_\infty$ 分别表示在遥远的未来农村与城镇居民的人口数量，则

$$\begin{pmatrix} a_\infty \\ b_\infty \end{pmatrix}=\lim_{n\to\infty}\begin{pmatrix} a_n \\ b_n \end{pmatrix}=\frac{1}{p+q}\begin{pmatrix} q & q \\ p & p \end{pmatrix}\begin{pmatrix} a_0 \\ b_0 \end{pmatrix}=\frac{a_0+b_0}{p+q}\begin{pmatrix} q \\ p \end{pmatrix},$$

即

$$a_\infty=\frac{q(a_0+b_0)}{p+q}=\frac{1}{6}(a_0+b_0)，b_\infty=\frac{p(a_0+b_0)}{p+q}=\frac{5}{6}(a_0+b_0). \tag{6-8}$$

由于总人口$(a_0+b_0)$不变，式(6-8)表明最终农村与城镇居民的人口将分

别占总人口的$\frac{1}{6}$和$\frac{5}{6}$．这也说明，只要 $p$，$q$ 保持恒定，人口的最终分布与最初的农村与城镇居民的人口或两者的比例无关．最终的分布比例趋向 1∶5，达到一种动态平衡的分布状态：流向城镇的农村居民数量恰好抵消流向农村的城镇居民数量．

## 三、莱斯利种群模型(续第一章)

此模型是第一章第六节所述同一模型的继续，在那里给出了种群雌性动物在时刻 $t=t_k$ 时的年龄分布向量 $\boldsymbol{X}^{(k)}$ 与初始时刻年龄分布向量 $\boldsymbol{X}^{(0)}$ 之间的关系式

$$\boldsymbol{X}^{(k)}=\boldsymbol{L}\boldsymbol{X}^{(k-1)}=\boldsymbol{L}^k\boldsymbol{X}^{(0)}，k=0，1，2，\cdots，$$

其中 $\boldsymbol{L}$ 为莱斯利矩阵，且有

$$\boldsymbol{L}=\begin{pmatrix} a_1 & a_2 & \cdots & a_{n-1} & a_n \\ b_1 & 0 & \cdots & 0 & 0 \\ 0 & b_2 & \cdots & 0 & 0 \\ \vdots & \vdots & & \vdots & \vdots \\ 0 & 0 & \cdots & b_{n-1} & 0 \end{pmatrix}，$$

其中 $a_i$，$b_i(i=1，2，\cdots，n)$分别为第 $i$ 年龄组的生育率和存活率．

请读者回顾例 1.15 中讨论的种群，雌性动物的初始年龄分布向量和莱斯利矩阵分别为

$$\boldsymbol{X}^{(0)}=(500，300，100)^{\mathrm{T}}，\boldsymbol{L}=\begin{pmatrix} 0 & 1 & 1 \\ 0.5 & 0 & 0 \\ 0 & 0.25 & 0 \end{pmatrix}，$$

在第一章里，当 $k$ 较大时，$\boldsymbol{X}^{(k)}$ 或者说 $\boldsymbol{L}^k$ 的计算遇到困难，而现在则可以应用矩阵的相似变换加以解决．

先求矩阵 $\boldsymbol{L}$ 的特征多项式 $f(\lambda)$，

$$f(\lambda)=|\lambda\boldsymbol{E}-\boldsymbol{L}|=\begin{vmatrix} \lambda & -1 & -1 \\ -0.5 & \lambda & 0 \\ 0 & -0.25 & \lambda \end{vmatrix}=\frac{1}{8}(2\lambda+1)(4\lambda^2-2\lambda-1)，$$

令 $f(\lambda)=0$，得 $\boldsymbol{L}$ 的特征值为

$$\lambda_1=\frac{1+\sqrt{5}}{4}，\lambda_2=\frac{1-\sqrt{5}}{4}，\lambda_3=-\frac{1}{2}.$$

显然矩阵 $\boldsymbol{L}$ 可以相似对角化．设矩阵 $\boldsymbol{L}$ 属于 $\lambda_i$ 的特征向量为 $\boldsymbol{p}_i(i=1，2，3)$，并令 $\boldsymbol{P}=(\boldsymbol{p}_1，\boldsymbol{p}_2，\boldsymbol{p}_3)$，$\boldsymbol{\Lambda}=\mathrm{diag}(\lambda_1，\lambda_2，\lambda_3)$，则有 $\boldsymbol{L}=\boldsymbol{P}\boldsymbol{\Lambda}\boldsymbol{P}^{-1}$，于是

$$\boldsymbol{X}^{(k)}=\boldsymbol{L}^k\boldsymbol{X}^{(0)}=\boldsymbol{P\Lambda}^k\boldsymbol{P}^{-1}\boldsymbol{X}^{(0)}=\boldsymbol{P}\begin{pmatrix}\lambda_1^k & 0 & 0\\ 0 & \lambda_2^k & 0\\ 0 & 0 & \lambda_3^k\end{pmatrix}\boldsymbol{P}^{-1}\boldsymbol{X}^{(0)},$$

因此，只要求得特征向量$\boldsymbol{p}_i$（$i=1$，2，3），就可按照上式方便地计算$\boldsymbol{X}^{(k)}$.

现在一个更为重要的问题是，如何分析当$k\to\infty$时，该种群雌性动物的年龄分布状态．因为

$$|\lambda_1|>|\lambda_2|,\ |\lambda_1|>|\lambda_3|,$$

且仅有$\lambda_1>0$，后面的分析表明只要求出属于$\lambda_1$的特征向量就可对所提问题进行讨论．对于$\lambda_1=\frac{1+\sqrt{5}}{4}$，解方程组$(\lambda_1\boldsymbol{E}-\boldsymbol{L})\boldsymbol{X}=\boldsymbol{0}$，得特征向量

$$\boldsymbol{p}_1=(3+\sqrt{5},\ 1+\sqrt{5},\ 1)^{\mathrm{T}}\approx(5.236,\ 3.236,\ 1)^{\mathrm{T}},$$

于是

$$\begin{aligned}\boldsymbol{X}^{(k)}&=\boldsymbol{L}^k\boldsymbol{X}^{(0)}=\boldsymbol{P\Lambda}^k\boldsymbol{P}^{-1}\boldsymbol{X}^{(0)},\\ &=\lambda_1^k\boldsymbol{P}\begin{pmatrix}1 & 0 & 0\\ 0 & (\lambda_2/\lambda_1)^k & 0\\ 0 & 0 & (\lambda_3/\lambda_1)^k\end{pmatrix}\boldsymbol{P}^{-1}\boldsymbol{X}^{(0)},\end{aligned}$$

即

$$\frac{1}{\lambda_1^k}\boldsymbol{X}^{(k)}=\boldsymbol{P}\mathrm{diag}\left(1,\ \left(\frac{\lambda_2}{\lambda_1}\right)^k,\ \left(\frac{\lambda_3}{\lambda_1}\right)^k\right)\boldsymbol{P}^{-1}\boldsymbol{X}^{(0)}.$$

因为$\left|\frac{\lambda_2}{\lambda_1}\right|<1$，$\left|\frac{\lambda_3}{\lambda_1}\right|<1$，所以

$$\lim_{k\to\infty}\frac{1}{\lambda_1^k}\boldsymbol{X}^{(k)}=\boldsymbol{P}\mathrm{diag}(1,\ 0,\ 0)\boldsymbol{P}^{-1}\boldsymbol{X}^{(0)}.$$

记列向量$\boldsymbol{P}^{-1}\boldsymbol{X}^{(0)}$的第一个元素为$c$（常数），则上式可化为

$$\lim_{k\to\infty}\frac{1}{\lambda_1^k}\boldsymbol{X}^{(k)}=(\boldsymbol{p}_1,\ \boldsymbol{p}_2,\ \boldsymbol{p}_3)\begin{pmatrix}c\\ 0\\ 0\end{pmatrix}=c\boldsymbol{p}_1,$$

于是，当$k$充分大时，近似地成立

$$\boldsymbol{X}^{(k)}=c\lambda_1^k\boldsymbol{p}_1=c\left(\frac{1+\sqrt{5}}{4}\right)^k\begin{pmatrix}5.236\\ 3.236\\ 1\end{pmatrix}\quad(c\text{ 为常数}).$$

从这一结果可以说明两点：

（1）经过一段时间，这种动物雌性的年龄分布将趋于稳定，即三个年龄组的数量比为5.236：3.236：1，并由此可近似得到$t_k$时刻种群中雌性动物的总量．

（2）由于$\lambda_1=\frac{1+\sqrt{5}}{4}\approx0.809<1$，随着时间的推移，这种动物雌性的数量

将迅速减少，因此整个种群将濒临灭绝．

在分析动物的年龄分布和总量增长方面，莱斯利模型有着广泛的应用，而且人口增长和年龄分布的研究也可借助该模型，有兴趣的读者可参考相关文献．

## 四、工业增长与污染模型

工业增长与环境污染是一对矛盾，是当今世界亟待解决的一个突出问题．为研究某地区的工业增长与环境污染之间的关系，可建立如下数学模型：

设 $x_0$，$y_0$ 分别为某地区目前的环境污染水平(以空气或江湖水质的某种污染指数为测算单位)与工业增长水平(以某种工业发展指数为测算单位)，$x_1$，$y_1$ 分别为该地区若干年后的环境污染水平和工业增长水平，且有如下关系：

$$\begin{cases} x_1 = 2x_0 + y_0, \\ y_1 = x_0 + 2y_0. \end{cases}$$

令
$$\boldsymbol{\alpha}_0 = \begin{pmatrix} x_0 \\ y_0 \end{pmatrix},\ \boldsymbol{\alpha}_1 = \begin{pmatrix} x_1 \\ y_1 \end{pmatrix},\ \boldsymbol{A} = \begin{pmatrix} 2 & 1 \\ 1 & 2 \end{pmatrix},$$

则上述关系的矩阵形式为

$$\boldsymbol{\alpha}_1 = \boldsymbol{A}\boldsymbol{\alpha}_0.$$

它反映了该地区当前和若干年后的环境污染水平和工业增长水平之间的关系．

一般地，若令 $x_t$，$y_t$ 分别为该地区 $t$ 年后的环境污染水平与工业增长水平，则工业增长与环境污染的增长模型为

$$\begin{cases} x_t = 2x_{t-1} + y_{t-1}, \\ y_t = x_{t-1} + 2y_{t-1} \end{cases} (t=1,\ 2,\ \cdots,\ k).$$

令 $\boldsymbol{\alpha}_t = \begin{pmatrix} x_t \\ y_t \end{pmatrix}$，则上述关系的矩阵形式为

$$\boldsymbol{\alpha}_t = \boldsymbol{A}\boldsymbol{\alpha}_{t-1},\ t=1,\ 2,\ \cdots,\ k,$$

即有
$$\boldsymbol{\alpha}_1 = \boldsymbol{A}\boldsymbol{\alpha}_0,\ \boldsymbol{\alpha}_2 = \boldsymbol{A}\boldsymbol{\alpha}_1 = \boldsymbol{A}^2\boldsymbol{\alpha}_0,\ \cdots,\ \boldsymbol{\alpha}_k = \boldsymbol{A}^k\boldsymbol{\alpha}_0.$$

由此可预测该地区 $k$ 年后的环境污染水平和工业增长水平．同前面的模型一样，下面利用矩阵的特征值和特征向量的有关性质作进一步的分析．由矩阵 $\boldsymbol{A}$ 的特征多项式

$$|\lambda\boldsymbol{E} - \boldsymbol{A}| = \begin{vmatrix} \lambda-2 & -1 \\ -1 & \lambda-2 \end{vmatrix} = (\lambda-1)(\lambda-3),$$

得 $\boldsymbol{A}$ 的特征值为 $\lambda_1=3$，$\lambda_2=1$. 不难求得属于 $\lambda_1=3$ 的特征向量为 $\boldsymbol{\eta}_1=(1,\ 1)^{\mathrm{T}}$，属于 $\lambda_2=1$ 的特征向量为 $\boldsymbol{\eta}_2=(1,\ -1)^{\mathrm{T}}$. 显然，$\boldsymbol{\eta}_1$，$\boldsymbol{\eta}_2$ 线性无关．

如果基年($t=0$)时的水平 $\boldsymbol{\alpha}_0$ 恰好等于 $\boldsymbol{\eta}_1=(1,\ 1)^{\mathrm{T}}$，则当 $t=k$ 时，

$$\boldsymbol{\alpha}_k = \boldsymbol{A}^k\boldsymbol{\alpha}_0 = \boldsymbol{A}^k\boldsymbol{\eta}_1.$$

因为 $\lambda_1^k=3^k$ 是 $\boldsymbol{A}^k$ 的特征值，且对应的特征向量仍是 $\boldsymbol{\eta}_1=\boldsymbol{\alpha}_0$，因此有

$$\boldsymbol{\alpha}_k=\boldsymbol{A}^k\boldsymbol{\alpha}_0=\boldsymbol{A}^k\boldsymbol{\eta}_1=\lambda_1^k\boldsymbol{\eta}_1=3^k\begin{pmatrix}1\\1\end{pmatrix}.$$

这表明：在当前的环境污染水平和工业增长水平 $\boldsymbol{\alpha}_0$ 的前提下，$k$ 年后，当工业增长水平达到较高程度时，环境污染也保持着同步的恶化趋势．

由于 $\boldsymbol{A}$ 的特征向量 $\boldsymbol{\eta}_2=(1,\ -1)^{\mathrm{T}}$ 没有实际意义(因为 $\boldsymbol{\eta}_2$ 含有负的分量)，因此 $\boldsymbol{\alpha}_0$ 不可能等于 $\boldsymbol{\eta}_2=(1,\ -1)^{\mathrm{T}}$. 但由于 $\boldsymbol{\eta}_1$，$\boldsymbol{\eta}_2$ 线性无关，任意一个具有实际意义的向量 $\boldsymbol{\alpha}_0$ 都可以由 $\boldsymbol{\eta}_1$，$\boldsymbol{\eta}_2$ 的线性组合表示．

现在假定 $\boldsymbol{\alpha}_0=(1,\ 5)^{\mathrm{T}}$，不难得出

$$\boldsymbol{\alpha}_0=3\boldsymbol{\eta}_1-2\boldsymbol{\eta}_2,$$

于是由特征值与特征向量的性质知

$$\begin{aligned}\boldsymbol{\alpha}_k&=\boldsymbol{A}^k\boldsymbol{\alpha}_0=\boldsymbol{A}^k(3\boldsymbol{\eta}_1-2\boldsymbol{\eta}_2)=3\boldsymbol{A}^k\boldsymbol{\eta}_1-2\boldsymbol{A}^k\boldsymbol{\eta}_2=3\lambda_1^k\boldsymbol{\eta}_1-2\lambda_2^k\boldsymbol{\eta}_2\\&=3\cdot 3^k\begin{pmatrix}1\\1\end{pmatrix}-2\cdot 1^k\begin{pmatrix}1\\-1\end{pmatrix}=\begin{pmatrix}3^{k+1}-2\\3^{k+1}+2\end{pmatrix},\end{aligned}$$

即有

$$\begin{pmatrix}x_k\\y_k\end{pmatrix}=\begin{pmatrix}3^{k+1}-2\\3^{k+1}+2\end{pmatrix}.$$

由此可预测该地区 $k$ 年后的环境污染水平和工业增长水平．而且可以预见，当 $\boldsymbol{\alpha}_0=(1,\ 5)^{\mathrm{T}}$ 时，环境保护同样不容乐观．在上面的分析中，$\boldsymbol{\eta}_2$ 虽无实际意义，但在分析讨论中仍起到了重要作用．

在此顺便指出，$k$ 年后的环境污染水平和工业增长水平与基年时两者的水平 $\boldsymbol{\alpha}_0$ 的关系不是太大，而起决定作用的是矩阵 $\boldsymbol{A}$ 的取值．关于这方面的话题这里就不再深入讨论了．

## 习 题 六

1. 求出下列矩阵的全部特征值和特征向量．

(1) $\begin{pmatrix}8&7\\1&2\end{pmatrix}$；(2) $\begin{pmatrix}2&-1&-1\\0&-1&0\\0&2&1\end{pmatrix}$；(3) $\begin{pmatrix}-2&1&1\\0&2&0\\-4&1&3\end{pmatrix}$；(4) $\begin{pmatrix}0&0&0&1\\0&0&1&0\\0&1&0&0\\1&0&0&0\end{pmatrix}$.

2. 证明：若 $\boldsymbol{A}^2=2\boldsymbol{A}$，则 $\boldsymbol{A}$ 的特征值为 0 或 2.

3. 若矩阵 $\boldsymbol{A}$ 可逆，且特征值为 $\lambda_1$，$\lambda_2$，…，$\lambda_s$，求 $\boldsymbol{A}$ 的伴随矩阵 $\boldsymbol{A}^*$ 的特征值．

4. 设三阶矩阵 $\boldsymbol{A}$ 的特征值为 1，−1，2，求矩阵 $\boldsymbol{B}=\boldsymbol{A}^3-5\boldsymbol{A}^2$ 的特征值和行列式 $|\boldsymbol{B}|$ 的值．

5. 设三阶矩阵 $\boldsymbol{A}$ 的特征值为 −1，1，2，求下列行列式的值：

(1) $|\boldsymbol{A}^3-2\boldsymbol{A}+\boldsymbol{E}|$；　　(2) $|\boldsymbol{A}^*-\boldsymbol{A}^{-1}+\boldsymbol{A}|$．

6. 设 $\boldsymbol{A}=\begin{pmatrix}7&4&-1\\4&7&-1\\-4&-4&a\end{pmatrix}$，若 $\lambda_1=\lambda_2=3$ 是 $\boldsymbol{A}$ 的二重特征值，试求 $a$ 的值和 $\boldsymbol{A}$ 的另一个特征值 $\lambda_3$．

7. 证明相似矩阵具有下列性质：

(1) 若 $\boldsymbol{A}$ 可逆，$\boldsymbol{A}\sim\boldsymbol{B}$，则 $\boldsymbol{B}$ 也可逆，且 $\boldsymbol{A}^{-1}\sim\boldsymbol{B}^{-1}$．

(2) 若 $\boldsymbol{A}\sim\boldsymbol{B}$，则 $\boldsymbol{A}$ 与 $\boldsymbol{B}$ 的秩相等，即 $R(\boldsymbol{A})=R(\boldsymbol{B})$．

(3) 若 $\boldsymbol{A}\sim\boldsymbol{B}$，则 $|\boldsymbol{A}|=|\boldsymbol{B}|$，$\mathrm{tr}(\boldsymbol{A})=\mathrm{tr}(\boldsymbol{B})$．

(4) 若 $\boldsymbol{A}\sim\boldsymbol{B}$，则 $k\boldsymbol{A}\sim k\boldsymbol{B}$（$k$ 为任意数），$\boldsymbol{A}^m\sim\boldsymbol{B}^m$（$m$ 为正整数），从而对任意多项式 $f(x)$ 有 $f(\boldsymbol{A})\sim f(\boldsymbol{B})$．

8. 已知矩阵 $\boldsymbol{A}=\begin{pmatrix}0&0&1\\1&1&a\\1&0&0\end{pmatrix}$ 可相似对角化，求 $a$ 的值．

9. 设 $\boldsymbol{A}=\begin{pmatrix}1&-2&-4\\-2&x&-2\\-4&-2&1\end{pmatrix}$，$\boldsymbol{B}=\begin{pmatrix}5&0&0\\0&y&0\\0&0&-4\end{pmatrix}$，且 $\boldsymbol{A}$ 与 $\boldsymbol{B}$ 相似，求 $x$，$y$．

10. 已知 $\boldsymbol{\xi}=(1, 1, -1)^{\mathrm{T}}$ 是矩阵 $\boldsymbol{A}=\begin{pmatrix}2&-1&2\\5&a&3\\-1&b&-2\end{pmatrix}$ 的一个特征向量．

(1) 求参数 $a$，$b$ 及特征向量 $\boldsymbol{\xi}$ 所对应的特征值；

(2) 问 $\boldsymbol{A}$ 能否相似对角化？并说明理由．

11. 判断下列矩阵 $\boldsymbol{A}$ 可否对角化．若能对角化，则求出可逆矩阵 $\boldsymbol{P}$，使 $\boldsymbol{P}^{-1}\boldsymbol{A}\boldsymbol{P}$ 为对角阵：

(1) $\boldsymbol{A}=\begin{pmatrix}1&2&3\\2&1&3\\3&3&6\end{pmatrix}$；　　(2) $\boldsymbol{A}=\begin{pmatrix}-4&-10&0\\1&3&0\\3&6&1\end{pmatrix}$；

(3) $\boldsymbol{A}=\begin{pmatrix}4&2&1\\-2&0&-1\\1&1&0\end{pmatrix}$；　　(4) $\boldsymbol{A}=\begin{pmatrix}1&2&2\\2&1&2\\2&2&1\end{pmatrix}$．

12. 设矩阵 $\boldsymbol{A}=\begin{pmatrix}1 & 2 & -3\\ -1 & 4 & -3\\ 1 & a & 5\end{pmatrix}$ 的特征方程有一个二重根，求 $a$ 的值，并讨论 $\boldsymbol{A}$ 是否可相似对角化．

13. 设 $\boldsymbol{A}=\begin{pmatrix}1 & 2\\ 2 & 1\end{pmatrix}$，求 $\boldsymbol{A}^{100}$．

14. 证明定理 6.7．

15. 已知 $\boldsymbol{Q}=\begin{pmatrix}a & -\frac{3}{7} & \frac{2}{7}\\ b & c & -\frac{3}{7}\\ -\frac{3}{7} & \frac{2}{7} & -\frac{6}{7}\end{pmatrix}$ 是正交矩阵，求 $a$，$b$，$c$ 的值．

16. 设三阶实对称矩阵 $\boldsymbol{A}$ 的特征值是 1，2，3，矩阵 $\boldsymbol{A}$ 的对应于特征值 1，2 的特征向量分别是 $\boldsymbol{\xi}_1=(-1,\ -1,\ 1)^{\mathrm{T}}$，$\boldsymbol{\xi}_2=(1,\ -2,\ -1)^{\mathrm{T}}$，试求：

(1) 矩阵 $\boldsymbol{A}$ 对应于特征值 3 的特征向量；(2) 矩阵 $\boldsymbol{A}$.

17. 已知实对称矩阵

(1) $\boldsymbol{A}=\begin{pmatrix}1 & -2 & 0\\ -2 & 2 & -2\\ 0 & -2 & 3\end{pmatrix}$；　　(2) $\boldsymbol{A}=\begin{pmatrix}4 & 0 & 0\\ 0 & 3 & 1\\ 0 & 1 & 3\end{pmatrix}$，

求正交矩阵 $\boldsymbol{P}$，使 $\boldsymbol{P}^{-1}\boldsymbol{A}\boldsymbol{P}$ 为对角矩阵．

18. 已知 $\boldsymbol{A}=\begin{pmatrix}2 & 0 & 0\\ 0 & a & 2\\ 0 & 2 & a\end{pmatrix}$（其中 $a>0$）有一个特征值为 1，求使得 $\boldsymbol{P}^{-1}\boldsymbol{A}\boldsymbol{P}$ 为对角矩阵的正交矩阵 $\boldsymbol{P}$.

19. 设三阶矩阵 $\boldsymbol{A}$ 的各行元素之和均为 3，向量 $\boldsymbol{\alpha}_1=\begin{pmatrix}-1\\ 2\\ -1\end{pmatrix}$，$\boldsymbol{\alpha}_2=\begin{pmatrix}0\\ -1\\ 1\end{pmatrix}$ 是线性方程组 $\boldsymbol{AX}=\boldsymbol{0}$ 的两个解：

(1) 求 $\boldsymbol{A}$ 的特征值和特征向量；(2) 求正交矩阵 $\boldsymbol{Q}$ 使得 $\boldsymbol{Q}^{\mathrm{T}}\boldsymbol{A}\boldsymbol{Q}$ 为对角矩阵．

*20. 种群的相互依存生态模型(续第一章)：已知条件与第一章习题的第 22 题相同，试求当 $n\to\infty$ 时，蛇和老鼠数量的比例．

# 第七章　二 次 型

二次型是线性代数的重要内容之一，它起源于几何学中关于二次曲线和二次曲面的分类问题的研究，其理论已广泛应用于数学的某些分支以及其他科学与工程技术、经济管理等领域．本章以矩阵的特征值、特征向量以及矩阵的合同变换和正交变换等为主要工具，介绍二次型及其标准形的概念，化二次型为标准形的方法以及二次型的分类、二次型的应用等内容．

## 第一节　二次型及其标准形

### 一、二次型及其表示

**定义 7.1**　含有 $n$ 个变量的 $x_1$，$x_2$，…，$x_n$ 的**二次齐次多项式**

$$\begin{aligned}f(x_1, x_2, \cdots, x_n)=&a_{11}x_1^2+a_{12}x_1x_2+\cdots+a_{1n}x_1x_n+\\&a_{21}x_2x_1+a_{22}x_2^2+\cdots+a_{2n}x_2x_n+\cdots+\\&a_{n1}x_nx_1+a_{n2}x_nx_2+\cdots+a_{nn}x_n^2\\=&\sum_{i=1}^{n}\sum_{j=1}^{n}a_{ij}x_ix_j,\end{aligned}\tag{7-1}$$

其中 $a_{ij}=a_{ji}(i\neq j)$，称为一个 $n$ 元**二次型**，简称为二次型．二次型有时简记作 $f$.

当 $a_{ij}$ 为复数时，$f$ 称为**复二次型**；当 $a_{ij}$ 为实数时，$f$ 称为**实二次型**．本书仅讨论实二次型．

令
$$\boldsymbol{A}=\begin{pmatrix}a_{11} & a_{12} & \cdots & a_{1n}\\ a_{21} & a_{22} & \cdots & a_{2n}\\ \vdots & \vdots & & \vdots\\ a_{n1} & a_{n2} & \cdots & a_{nn}\end{pmatrix},\ \boldsymbol{x}=\begin{pmatrix}x_1\\ x_2\\ \vdots\\ x_n\end{pmatrix},$$

则二次型可用矩阵表示为下面的形式

$$f(x_1, x_2, \cdots, x_n)=\boldsymbol{x}^{\mathrm{T}}\boldsymbol{A}\boldsymbol{x},\tag{7-2}$$

其中 $\boldsymbol{A}$ 为**实对称矩阵**，它是由二次型唯一确定的．矩阵 $\boldsymbol{A}$ 称为二次型 $f(x_1, x_2, \cdots, x_n)$的矩阵，并称矩阵 $\boldsymbol{A}$ 的秩为该**二次型的秩**．显然，**$n$ 元实二次型与 $n$ 阶实对称矩阵之间是一一对应的**．

**例 7.1** 求二次型

$$f(x_1, x_2, x_3)=x_1^2+2x_2^2-x_3^2-2x_1x_2+2x_2x_3$$

的矩阵及其矩阵表达式.

**解** 二次型 $f$ 的矩阵 $\boldsymbol{A}=\begin{pmatrix}1 & -1 & 0\\ -1 & 2 & 1\\ 0 & 1 & -1\end{pmatrix}$，其矩阵表达式为

$$f(x_1, x_2, x_3)=\boldsymbol{x}^{\mathrm{T}}\boldsymbol{A}\boldsymbol{x}=(x_1, x_2, x_3)\begin{pmatrix}1 & -1 & 0\\ -1 & 2 & 1\\ 0 & 1 & -1\end{pmatrix}\begin{pmatrix}x_1\\ x_2\\ x_3\end{pmatrix}.$$

**例 7.2** 二次型 $f$ 的矩阵为 $\boldsymbol{A}=\begin{pmatrix}1 & 1 & -1\\ 1 & 0 & 3\\ -1 & 3 & 3\end{pmatrix}$，试求矩阵 $\boldsymbol{A}$ 对应的二次型 $f$.

**解** 因为矩阵 $\boldsymbol{A}$ 为三阶实对称矩阵，故对应的二次型 $f$ 是三元二次型，且

$$\begin{aligned}f(x_1, x_2, x_3)&=(x_1, x_2, x_3)\begin{pmatrix}1 & 1 & -1\\ 1 & 0 & 3\\ -1 & 3 & 3\end{pmatrix}\begin{pmatrix}x_1\\ x_2\\ x_3\end{pmatrix}\\ &=x_1^2+3x_3^2+2x_1x_2-2x_1x_3+6x_2x_3.\end{aligned}$$

## 二、二次型的标准形与矩阵的合同变换

对于二次型，要讨论的主要问题是：寻求可逆的线性变换

$$\begin{cases}x_1=c_{11}y_1+c_{12}y_2+\cdots+c_{1n}y_n,\\ x_2=c_{21}y_1+c_{22}y_2+\cdots+c_{2n}y_n,\\ \cdots\cdots\cdots\cdots\cdots\cdots\cdots\cdots\\ x_n=c_{n1}y_1+c_{n2}y_2+\cdots+c_{nn}y_n,\end{cases} \tag{7-3}$$

使二次型只含平方项，也就是把式(7-3)代入式(7-1)，能使

$$f=k_1y_1^2+k_2y_2^2+\cdots+k_ny_n^2.$$

这种只含平方项的二次型，称为二次型的**标准形**(**或法式**).

**注意**：二次型的几何意义.

(1) 对于二元二次型 $f(x_1, x_2)$，

$$f(x_1, x_2)=1，即\ a_{11}x_1^2+a_{22}x_2^2+2a_{12}x_1x_2=1$$

表示有心二次曲线：椭圆或双曲线.

(2) 对于三元二次型 $f(x_1, x_2, x_3)$，

$$f(x_1, x_2, x_3)=a_{11}x_1^2+a_{22}x_2^2+a_{33}x_3^2+2a_{12}x_1x_2+2a_{13}x_1x_3+2a_{23}x_{21}x_3=1$$

表示有心二次曲面：椭球面或双曲面(单叶或双叶).

以二元二次型 $f(x, y)=ax^2+bxy+cy^2$ 为例：

$$ax^2+bxy+cy^2=1$$

可能表示的是椭圆(图 7－1). 选择适当的坐标旋转变换

$$\begin{cases}x=x'\cos\theta-y'\sin\theta,\\ y=x'\sin\theta+y'\cos\theta,\end{cases}$$

可化为标准形

$$rx'^2+sy'^2=1,$$

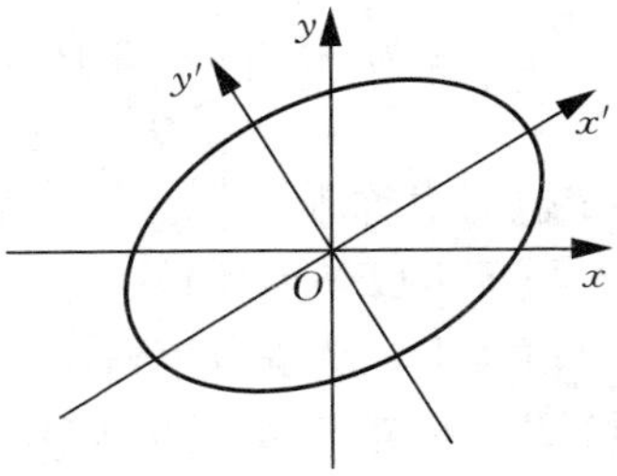


图 7－1

从而可以判别已知二次型对应的到底是椭圆(或是虚椭圆、或是圆)还是双曲线.

刚才提到的坐标旋转变换就是一个可逆的线性变换.

若记 $\boldsymbol{C}=(c_{ij})_{n\times n}$，则线性变换(7－3)可表示成 $\boldsymbol{x}=\boldsymbol{Cy}$. 如果线性变换(7－3)可逆，即矩阵 $\boldsymbol{C}=(c_{ij})_{n\times n}$ 可逆，则 $\boldsymbol{y}$ 可用 $\boldsymbol{x}$ 表示成 $\boldsymbol{y}=\boldsymbol{C}^{-1}\boldsymbol{x}$. 将线性变换(7－3)代入(7－2)，有

$$f=\boldsymbol{x}^{\mathrm{T}}\boldsymbol{A}\boldsymbol{x}=(\boldsymbol{Cy})^{\mathrm{T}}\boldsymbol{A}(\boldsymbol{Cy})=\boldsymbol{y}^{\mathrm{T}}(\boldsymbol{C}^{\mathrm{T}}\boldsymbol{AC})\boldsymbol{y},$$

因此，要使二次型 $f$ 经可逆的线性变换 $\boldsymbol{x}=\boldsymbol{Cy}$ 变成标准形，这就是要使

$$\begin{aligned}\boldsymbol{y}^{\mathrm{T}}(\boldsymbol{C}^{\mathrm{T}}\boldsymbol{AC})\boldsymbol{y}&=k_1y_1^2+k_2y_2^2+\cdots+k_ny_n^2\\&=(y_1, y_2, \cdots, y_n)\begin{pmatrix}k_1&&&\\&k_2&&\\&&\ddots&\\&&&k_n\end{pmatrix}\begin{pmatrix}y_1\\y_2\\\vdots\\y_n\end{pmatrix},\end{aligned}$$

也就是要使 $\boldsymbol{C}^{\mathrm{T}}\boldsymbol{AC}$ 成为对角阵. 这样一来，本段开始提出的主要问题就变为：对于对称阵 $\boldsymbol{A}$，寻求可逆矩阵 $\boldsymbol{C}$ 使 $\boldsymbol{C}^{\mathrm{T}}\boldsymbol{AC}$ 为对角阵. 为此

**定义 7.2**　设 $\boldsymbol{A}$、$\boldsymbol{B}$ 都是 $n$ 阶方阵，若存在一个可逆矩阵 $\boldsymbol{C}$，使得

$$\boldsymbol{B}=\boldsymbol{C}^{\mathrm{T}}\boldsymbol{AC},$$

则称对 $\boldsymbol{A}$ 进行运算 $\boldsymbol{C}^{\mathrm{T}}\boldsymbol{AC}$ 为对 $\boldsymbol{A}$ 进行**合同变换**，并称 $\boldsymbol{B}$ 是 $\boldsymbol{A}$ 的**合同矩阵**，或说**矩阵 $\boldsymbol{A}$ 与 $\boldsymbol{B}$ 合同**，记作 $\boldsymbol{A}\backsim\boldsymbol{B}$.

方阵之间的这种合同关系，与矩阵的等价关系有共同之处，即有性质：

① **反身性**：$\boldsymbol{A}\backsim\boldsymbol{A}$.

② **对称性**：若 $\boldsymbol{A}\backsim\boldsymbol{B}$，则 $\boldsymbol{B}\backsim\boldsymbol{A}$.

③ **传递性**：若 $\boldsymbol{A}\backsim\boldsymbol{B}$，且 $\boldsymbol{B}\backsim\boldsymbol{C}$，则 $\boldsymbol{A}\backsim\boldsymbol{C}$.

显然合同关系是等价关系，但等价关系不一定是合同关系.

**定理 7.1　对于任意的可逆矩阵 $\boldsymbol{C}$，令 $\boldsymbol{B}=\boldsymbol{C}^{\mathrm{T}}\boldsymbol{A}\boldsymbol{C}$，若 $\boldsymbol{A}$ 为对称阵，则 $\boldsymbol{B}$ 亦为对称阵，且 $R(\boldsymbol{B})=R(\boldsymbol{A})$.**

**证**　$\boldsymbol{A}$ 为对称阵，即有 $\boldsymbol{A}^{\mathrm{T}}=\boldsymbol{A}$，于是

$$\boldsymbol{B}^{\mathrm{T}}=(\boldsymbol{C}^{\mathrm{T}}\boldsymbol{A}\boldsymbol{C})^{\mathrm{T}}=\boldsymbol{C}^{\mathrm{T}}\boldsymbol{A}^{\mathrm{T}}\boldsymbol{C}=\boldsymbol{C}^{\mathrm{T}}\boldsymbol{A}\boldsymbol{C}=\boldsymbol{B},$$

即 $\boldsymbol{B}$ 也为对称阵.

再证 $R(\boldsymbol{B})=R(\boldsymbol{A})$.

事实上，$\boldsymbol{B}$ 是由矩阵 $\boldsymbol{A}$ 分别左乘和右乘一个可逆矩阵后得到的，换言之，矩阵 $\boldsymbol{B}$ 是由矩阵 $\boldsymbol{A}$ 经初等变换而得到的，故秩不变，即有 $R(\boldsymbol{B})=R(\boldsymbol{A})$.

此定理表明，合同变换不改变矩阵的秩和矩阵的对称性. 同时也说明，经可逆的线性变换 $\boldsymbol{x}=\boldsymbol{C}\boldsymbol{y}$ 后，二次型 $f$ 的矩阵由 $\boldsymbol{A}$ 变为 $\boldsymbol{C}^{\mathrm{T}}\boldsymbol{A}\boldsymbol{C}$，且其秩不变.

## 三、化二次型为标准形的方法

本段要讨论的问题是如何通过可逆线性变换，把 $n$ 元二次型化为标准形. 下面介绍两种化标准形的方法，它们分别是正交变换法和配方法.

**(一)正交变换法**

在第六章第二节里，讨论了实对称矩阵的相似对角化，其中的定理 6.8 阐明：对于 $n$ 阶对称阵 $\boldsymbol{A}$，必有正交阵 $\boldsymbol{P}$，使 $\boldsymbol{P}^{-1}\boldsymbol{A}\boldsymbol{P}=\boldsymbol{P}^{\mathrm{T}}\boldsymbol{A}\boldsymbol{P}=\boldsymbol{\Lambda}$，其中 $\boldsymbol{\Lambda}$ 是以 $\boldsymbol{A}$ 的 $n$ 个特征值为对角元素的对角阵.

当 $\boldsymbol{P}$ 是正交阵时，线性变换 $\boldsymbol{x}=\boldsymbol{P}\boldsymbol{y}$ 也称为**正交变换**. 于是前面提到的化二次型成标准形的问题便迎刃而解，即有

**定理 7.2　任意 $n$ 元二次型 $f=\boldsymbol{x}^{\mathrm{T}}\boldsymbol{A}\boldsymbol{x}$，总有正交变换 $\boldsymbol{x}=\boldsymbol{P}\boldsymbol{y}$，使 $f=\boldsymbol{x}^{\mathrm{T}}\boldsymbol{A}\boldsymbol{x}$ 化成标准形**

$$f=\lambda_1 y_1^2+\lambda_2 y_2^2+\cdots+\lambda_n y_n^2,$$

**其中 $\lambda_1, \lambda_2, \cdots, \lambda_n$ 是矩阵 $\boldsymbol{A}$ 的 $n$ 个特征值.**

此外，用正交变换化二次型为标准形，具有保持几何形状不变的优良特性. 这有赖于

**定理 7.3　正交变换不改变向量的内积，从而不改变向量的长度与夹角.**

**证**　设 $\boldsymbol{P}$ 是 $n$ 阶正交矩阵，$\boldsymbol{x}_1$、$\boldsymbol{x}_2$ 都是 $n$ 维向量，且

$$\boldsymbol{y}_1=\boldsymbol{P}\boldsymbol{x}_1, \ \boldsymbol{y}_2=\boldsymbol{P}\boldsymbol{x}_2,$$

则有

$$[\boldsymbol{y}_1, \boldsymbol{y}_2]=\boldsymbol{y}_1^{\mathrm{T}}\boldsymbol{y}_2=(\boldsymbol{P}\boldsymbol{x}_1)^{\mathrm{T}}(\boldsymbol{P}\boldsymbol{x}_2)=\boldsymbol{x}_1^{\mathrm{T}}(\boldsymbol{P}^{\mathrm{T}}\boldsymbol{P})\boldsymbol{x}_2=\boldsymbol{x}_1^{\mathrm{T}}\boldsymbol{E}\boldsymbol{x}_2=[\boldsymbol{x}_1, \boldsymbol{x}_2],$$

由此可见正交变换 $\boldsymbol{x}=\boldsymbol{P}\boldsymbol{y}$ 不改变向量的内积. 由于向量的长度与夹角都是用内积表示的，因此两者在正交变换下也不改变.

用正交变换法化二次型为标准形的具体步骤如下：

(1) 求二次型矩阵 $\boldsymbol{A}$ 的所有特征值 $\lambda_1$，$\lambda_2$，…，$\lambda_n$；

(2) 对于 $\boldsymbol{A}$ 的每个不同的特征值 $\lambda_i$，求出 $\boldsymbol{A}$ 的对应于 $\lambda_i$ 的线性无关的特征向量，并分别将它们正交化、单位化，得到与 $\lambda_1$，$\lambda_2$，…，$\lambda_n$ 对应的两两正交的单位特征向量 $\boldsymbol{p}_1$，$\boldsymbol{p}_2$，…，$\boldsymbol{p}_n$；

(3) 作正交矩阵 $\boldsymbol{P}=(\boldsymbol{p}_1, \boldsymbol{p}_2, \cdots, \boldsymbol{p}_n)$，得正交变换 $\boldsymbol{x}=\boldsymbol{P}\boldsymbol{y}$；

(4) 在正交变换下，二次型的标准形为：$f=\lambda_1 y_1^2+\lambda_2 y_2^2+\cdots+\lambda_n y_n^2$.

**例 7.3**　用正交变换法化二次型 $f(x_1, x_2, x_3)=x_1^2+2x_1x_3+2x_2^2+x_3^2$ 为标准形.

**解**　二次型的矩阵为

$$\boldsymbol{A}=\begin{pmatrix}1&0&1\\0&2&0\\1&0&1\end{pmatrix},$$

由

$$|\boldsymbol{A}-\lambda\boldsymbol{E}|=\begin{vmatrix}1-\lambda&0&1\\0&2-\lambda&0\\1&0&1-\lambda\end{vmatrix}=-(2-\lambda)^2\lambda,$$

得 $\boldsymbol{A}$ 的特征值 $\lambda_1=\lambda_2=2$，$\lambda_3=0$.

当 $\lambda_1=\lambda_2=2$ 时，解方程组 $(\boldsymbol{A}-2\boldsymbol{E})\boldsymbol{x}=\boldsymbol{0}$，得基础解系

$$\boldsymbol{\xi}_1=(0, 1, 0)^{\mathrm{T}},\ \boldsymbol{\xi}_2=(1, 0, 1)^{\mathrm{T}},$$

由于 $\boldsymbol{\xi}_1$，$\boldsymbol{\xi}_2$ 已是正交向量组，故只需将它们单位化，有

$$\boldsymbol{p}_1=\boldsymbol{\xi}_1^0=(0, 1, 0)^{\mathrm{T}},\ \boldsymbol{p}_2=\boldsymbol{\xi}_2^0=\left(\frac{1}{\sqrt{2}}, 0, \frac{1}{\sqrt{2}}\right)^{\mathrm{T}}.$$

当 $\lambda_3=0$ 时，解方程组 $(\boldsymbol{A}-0\boldsymbol{E})\boldsymbol{x}=\boldsymbol{0}$，得基础解系

$$\boldsymbol{\xi}_3=(-1, 0, 1)^{\mathrm{T}},$$

将 $\boldsymbol{\xi}_3$ 单位化，得

$$\boldsymbol{p}_3=\boldsymbol{\xi}_3^0=\left(-\frac{1}{\sqrt{2}}, 0, \frac{1}{\sqrt{2}}\right)^{\mathrm{T}}.$$

令

$$\boldsymbol{P}=(\boldsymbol{p}_1, \boldsymbol{p}_2, \boldsymbol{p}_3)=\begin{pmatrix}0&\frac{1}{\sqrt{2}}&-\frac{1}{\sqrt{2}}\\1&0&0\\0&\frac{1}{\sqrt{2}}&\frac{1}{\sqrt{2}}\end{pmatrix},$$

作正交变换 $\boldsymbol{x}=\boldsymbol{P}\boldsymbol{y}$，即

$$\begin{pmatrix}x_1\\x_2\\x_3\end{pmatrix}=\begin{pmatrix}0 & \frac{1}{\sqrt{2}} & -\frac{1}{\sqrt{2}}\\ 1 & 0 & 0\\ 0 & \frac{1}{\sqrt{2}} & \frac{1}{\sqrt{2}}\end{pmatrix}\begin{pmatrix}y_1\\y_2\\y_3\end{pmatrix},$$

可将二次型化为标准形 $f=2y_1^2+2y_2^2$.

**(二)配方法**

除了正交变换法外，化二次型为标准形还有多种方法，这里只介绍拉格朗日(Lagrange)配方法，下面举例来说明这种方法，分两种情形来讨论.

**1. 二次型含平方项的情形**

**例 7.4** 用配方法将二次型

$$f(x_1, x_2, x_3)=x_1^2+2x_2^2+5x_3^2-2x_1x_2+4x_1x_3-2x_2x_3$$

化为标准形，并求所用的线性变换.

**解** 由于 $f$ 中含变量 $x_1$ 的平方项，故把含 $x_1$ 的项归并起来，配方可得

$$\begin{aligned}f(x_1, x_2, x_3)&=(x_1^2-2x_1x_2+4x_1x_3)+2x_2^2+5x_3^2-2x_2x_3\\&=(x_1-x_2+2x_3)^2-x_2^2-4x_3^2+4x_2x_3+2x_2^2+5x_3^2-2x_2x_3\\&=(x_1-x_2+2x_3)^2+x_2^2+x_3^2+2x_2x_3,\end{aligned}$$

上式右端除第一项外已不再含 $x_1$. 继续配方可得

$$f(x_1, x_2, x_3)=(x_1-x_2+2x_3)^2+(x_2+x_3)^2.$$

令 $\begin{cases}y_1=x_1-x_2+2x_3,\\y_2=x_2+x_3,\\y_3=x_3,\end{cases}$ 即 $\begin{cases}x_1=y_1+y_2-3y_3,\\x_2=y_2-y_3,\\x_3=y_3,\end{cases}$

则经过可逆线性变换 $\boldsymbol{x}=\boldsymbol{C}\boldsymbol{y}$，其中 $\boldsymbol{C}=\begin{pmatrix}1 & 1 & -3\\0 & 1 & -1\\0 & 0 & 1\end{pmatrix}$，就将二次型 $f$ 化为标准形

$$f(y_1, y_2, y_3)=y_1^2+y_2^2.$$

**2. 二次型不含平方项的情形**

**例 7.5** 用配方法将二次型

$$f(x_1, x_2, x_3)=x_1x_2+4x_1x_3-4x_2x_3$$

化为标准形，并求所用的线性变换.

**解** 在 $f$ 中不含平方项. 由于含有乘积项 $x_1x_2$，可先作下面的线性变换得到平方项

$$\begin{cases}x_1=y_1+y_2,\\x_2=y_1-y_2,\\x_3=y_3,\end{cases}$$

代入二次型可得

$$f=y_1^2-y_2^2+8y_2y_3.$$

再配方得

$$f(y_1,\ y_2,\ y_3)=y_1^2-(y_2-4y_3)^2+16y_3^2.$$

再令

$$\begin{cases}z_1=y_1,\\z_2=y_2-4y_3,\\z_3=y_3,\end{cases}\text{即}\begin{cases}y_1=z_1,\\y_2=z_2+4z_3,\\y_3=z_3,\end{cases}$$

则二次型化为标准形

$$f(z_1,\ z_2,\ z_3)=z_1^2-z_2^2+16z_3^2.$$

因为$\boldsymbol{x}=\boldsymbol{C}_1\boldsymbol{y}$，$\boldsymbol{y}=\boldsymbol{C}_2\boldsymbol{z}$，则所用的线性变换为$\boldsymbol{x}=\boldsymbol{C}\boldsymbol{z}$，其中

$$\boldsymbol{C}_1=\begin{pmatrix}1&1&0\\1&-1&0\\0&0&1\end{pmatrix},\ \boldsymbol{C}_2=\begin{pmatrix}1&0&0\\0&1&4\\0&0&1\end{pmatrix},\ \boldsymbol{C}=\boldsymbol{C}_1\boldsymbol{C}_2=\begin{pmatrix}1&1&4\\1&-1&-4\\0&0&1\end{pmatrix}.$$

如果再用可逆变换

$$z_1=t_1,\ z_2=t_2,\ z_3=4t_2,$$

则 $f$ 就化为 $f=t_1^2-t_2^2+t_3^2$，这说明二次型的标准形不是唯一的，同时也说明使二次型化为标准形的可逆变换也不是唯一的．

一般地，任何二次型都可用上面两例的配方法找到可逆变换，把二次型化成标准形．

**注意**：用配方法和正交变换法化二次型为标准形的一个最大不同之处在于：用正交变换法得到的标准形，其系数都是二次型矩阵的特征值．从这点意义上说，用正交变换法得到的标准形是唯一的．而配方法则不然，不同的配方形式，一般标准形的系数都不太一样．

## 第二节　二次型的分类

### 一、惯性定理

二次型的标准形虽然不是唯一的，但是标准形中所含项数是确定的(即是二次型的秩)．不仅如此，在限定变换为实变换时，标准形中正系数的个数是不变的(从而负系数的个数也不变)，也就是有

**定理 7.4(惯性定理)　设有实二次型 $f=\boldsymbol{x}^{\mathrm{T}}\boldsymbol{A}\boldsymbol{x}$，它的秩为 $r$，有两个实的**

**可逆变换**

$$\boldsymbol{x}=\boldsymbol{C}\boldsymbol{y} \text{ 及 } \boldsymbol{x}=\boldsymbol{P}\boldsymbol{z},$$

**使** $$f=k_1y_1^2+k_2y_2^2+\cdots+k_ry_r^2 \quad (k_i\neq 0,\ i=1,\ 2,\ \cdots,\ r), \tag{7-4}$$

**及** $$f=\lambda_1z_1^2+\lambda_2z_2^2+\cdots+\lambda_rz_r^2 \quad (\lambda_i\neq 0,\ i=1,\ 2,\ \cdots,\ r), \tag{7-5}$$

**若** $k_1$**，**$k_2$**，…，**$k_r$ **中正数的个数为** $p$**，**$\lambda_1$**，**$\lambda_2$**，…，**$\lambda_r$ **中正数的个数为** $q$**，则** $p$ **与** $q$ **相等．**

* **证** 采用反证法．设 $p>q$，不妨设 $k_1$，$k_2$，…，$k_r$ 中前 $p$ 个数为正数，而 $\lambda_1$，$\lambda_2$，…，$\lambda_r$ 中前 $q$ 个数为正数．由 $\boldsymbol{x}=\boldsymbol{C}\boldsymbol{y}$ 及 $\boldsymbol{x}=\boldsymbol{P}\boldsymbol{z}$ 中 $\boldsymbol{C}$、$\boldsymbol{P}$ 均可逆知

$$\boldsymbol{z}=\boldsymbol{P}^{-1}\boldsymbol{C}\boldsymbol{y}=\boldsymbol{T}\boldsymbol{y}\text{，其中 }\boldsymbol{T}=\boldsymbol{P}^{-1}\boldsymbol{C}=(t_{ij})_{m\times n}$$

也是可逆变换．

将上式表示成分量的形式，即

$$\begin{cases} z_1=t_{11}y_1+t_{12}y_2+\cdots+t_{1n}y_n, \\ z_2=t_{21}y_1+t_{22}y_2+\cdots+t_{2n}y_n, \\ \cdots\cdots\cdots\cdots\cdots\cdots \\ z_n=t_{n1}y_1+t_{n2}y_2+\cdots+t_{nn}y_n. \end{cases} \tag{7-6}$$

令 $z_1=z_2=\cdots=z_q=0$，$y_{p+1}=y_{p+2}=\cdots=y_n=0$，结合式(7-6)得方程组

$$\begin{cases} t_{11}y_1+t_{12}y_2+\cdots+t_{1p}y_p=0, \\ \cdots\cdots\cdots\cdots\cdots\cdots \\ t_{q1}y_1+t_{q2}y_2+\cdots+t_{qp}y_p=0, \\ \qquad\qquad\qquad y_{p+1}=0, \\ \qquad\qquad\qquad \cdots\cdots \\ \qquad\qquad\qquad y_n=0, \end{cases}$$

其方程个数为 $n-p+q=n-(p-q)<n$，故存在非零解．将它的一个非零解代入(7-4)，因为 $y_1$，$y_2$，…，$y_p$ 不全为零，所以

$$f=k_1y_1^2+k_2y_2^2+\cdots+k_py_p^2>0.$$

再将同一组解代入(7-6)得到 $z_i$，由于 $z_1=z_2=\cdots=z_q=0$ 及 $\lambda_i<0(i=q+1,\ \cdots,\ r)$，又有

$$f=\lambda_{q+1}z_{q+1}^2+\lambda_{q+2}z_{q+2}^2+\cdots+\lambda_rz_r^2\leqslant 0,$$

得出矛盾，故 $p>q$ 不能成立．同理 $p<q$ 也不能成立，因此只有 $p=q$.

此定理中的 $p$ 称为实二次型的**正惯性指标**，$r-p$ 为**负惯性指标**，它们的差 $p-(r-p)=2p-r$ 为**符号差**．

对于复二次型 $f(x_1,\ x_2,\ \cdots,\ x_n)$，如果它的秩为 $r$，而标准形为

$$f=k_1y_1^2+k_2y_2^2+\cdots+k_ry_r^2,\ k_i\neq 0(i=1,\ 2,\ \cdots,\ r),$$

因为复数总可以开方，对它再作可逆变换

$$y_1=\frac{1}{\sqrt{k_1}}z_1,\ \cdots,\ y_r=\frac{1}{\sqrt{k_r}}z_r,\ y_{r+1}=z_{r+1},\ \cdots,\ y_n=z_n,$$

则 $f$ 可化为

$$f=z_1^2+z_2^2+\cdots+z_r^2,$$

它称为复二次型 $f(x_1, x_2, \cdots, x_n)$的**规范形**．至于实二次型 $f$ 的规范形则为

$$f=z_1^2+z_2^2+\cdots+z_p^2-z_{p+1}^2-\cdots-z_r^2,$$

其中 $p$ 为 $f$ 的正惯性指标，而 $r$ 为 $f$ 的秩．

## 二、二次型的分类

**定义 7.3**　设有 $n$ 元实二次型 $f=\boldsymbol{x}^{\mathrm{T}}\boldsymbol{A}\boldsymbol{x}$，如果对任意的$\boldsymbol{x}\neq\boldsymbol{0}$，都有 $f=\boldsymbol{x}^{\mathrm{T}}\boldsymbol{A}\boldsymbol{x}>0$，则称 $f$ 为**正定二次型**，并称二次型矩阵 $\boldsymbol{A}$ 为**正定矩阵**，简称**正定的**，记作 $\boldsymbol{A}>0$；若对任意$\boldsymbol{x}\neq\boldsymbol{0}$，都有 $f=\boldsymbol{x}^{\mathrm{T}}\boldsymbol{A}\boldsymbol{x}<0$，则称 $f$ 为**负定二次型**，并称 $\boldsymbol{A}$ 为**负定矩阵**，简称**负定的**，记作 $\boldsymbol{A}<0$.

例如，二次型 $f(x_1, x_2, \cdots, x_n)=x_1^2+x_2^2+\cdots+x_n^2$ 是正定二次型，因为对任意的$\boldsymbol{x}=(x_1, x_2, \cdots, x_n)^{\mathrm{T}}\neq\boldsymbol{0}$，都有

$$f(x_1, x_2, \cdots, x_n)>0.$$

而二次型 $f(x_1, x_2, \cdots, x_n)=x_1^2+x_2^2+\cdots+x_r^2(r<n)$则不是正定二次型，因为对于$\boldsymbol{x}=(0, \cdots, 0, x_{r+1}, \cdots, x_n)^{\mathrm{T}}\neq\boldsymbol{0}$，有

$$f(x_1, x_2, \cdots, x_n)=0.$$

此例表明，如果二次型本身就是标准形或规范形则很容易判断它的正(负)定性．

对于既不是正定也不是负定的二次型，还可以进一步分类．

**定义 7.4**　设有 $n$ 元实二次型 $f=\boldsymbol{x}^{\mathrm{T}}\boldsymbol{A}\boldsymbol{x}$，

(1) 如果对任意的$\boldsymbol{x}=(x_1, x_2, \cdots, x_n)^{\mathrm{T}}$，都有

$$f=\boldsymbol{x}^{\mathrm{T}}\boldsymbol{A}\boldsymbol{x}\geqslant 0(\leqslant 0),$$

且存在$\boldsymbol{x}_0=(x_1^0, x_2^0, \cdots, x_n^0)^{\mathrm{T}}\neq\boldsymbol{0}$ 使 $f=\boldsymbol{x}_0^{\mathrm{T}}\boldsymbol{A}\boldsymbol{x}_0=0$，则称 $f$ 为**半正定(半负定)二次型**，并称二次型矩阵 $\boldsymbol{A}$ 为**半正定(半负定)矩阵**．

(2) 如果对某些$\boldsymbol{x}=(x_1, x_2, \cdots, x_n)^{\mathrm{T}}$，有 $f=\boldsymbol{x}^{\mathrm{T}}\boldsymbol{A}\boldsymbol{x}>0$，而对另一些$\boldsymbol{x}=(x_1, x_2, \cdots, x_n)^{\mathrm{T}}$，又有 $f=\boldsymbol{x}^{\mathrm{T}}\boldsymbol{A}\boldsymbol{x}<0$，则称 $f$ 为**不定二次型**，并称二次型矩阵 $\boldsymbol{A}$ 为**不定矩阵**．

读者注意，正定二次型有其几何意义：

设 $f(x, y)$是二维的正定二次型，则 $f(x, y)=c$($c>0$ 为常数)的图形是以原点为中心的椭圆．当把 $c$ 看作任意常数时则是一族椭圆．这族椭圆随着

$c \to 0$ 而收缩到原点．当 $f$ 为三维正定二次型时，$f(x, y, z)=c(c>0)$ 的图形则是一族椭球面．

## 三、正定二次型的判定

正定二次型的判定一般有如下的一些定理：

**定理 7.5　实二次型 $f=\boldsymbol{x}^{\mathrm{T}}\boldsymbol{A}\boldsymbol{x}$ 为正定的充分必要条件是其正惯性指标等于 $n$，即其标准形的 $n$ 个系数全为正．**

**证**　设可逆变换 $\boldsymbol{x}=\boldsymbol{C}\boldsymbol{y}$ 使

$$f(\boldsymbol{x})=f(\boldsymbol{C}\boldsymbol{y})=\sum_{i=1}^{n}k_i y_i^2.$$

先证充分性：设 $k_i>0(i=1, 2, \cdots, n)$. 任给 $\boldsymbol{x}\neq\boldsymbol{0}$，则 $\boldsymbol{y}=\boldsymbol{C}^{-1}\boldsymbol{x}\neq\boldsymbol{0}$，故

$$f(x)=\sum_{i=1}^{n}k_i y_i^2>0.$$

再证必要性：用反证法．假设有 $k_{i_0}\leqslant 0$，则当 $\boldsymbol{y}=\boldsymbol{\varepsilon}_{i_0}$（单位坐标向量）时，$f(\boldsymbol{C}\boldsymbol{\varepsilon}_{i_0})=k_{i_0}\leqslant 0$. 显然 $\boldsymbol{C}\boldsymbol{\varepsilon}_{i_0}\neq\boldsymbol{0}$，这与 $f$ 为正定相矛盾．这就证明了 $k_i>0(i=1, 2, \cdots, n)$.

**推论 1　正定矩阵的行列式大于零．**

**证**　设 $\boldsymbol{A}$ 是一正定矩阵，则存在可逆矩阵 $\boldsymbol{C}$ 使 $\boldsymbol{C}^{\mathrm{T}}\boldsymbol{A}\boldsymbol{C}$ 等于对角阵

$$\boldsymbol{\Lambda}=\begin{pmatrix}k_1 & & & \\ & k_2 & & \\ & & \ddots & \\ & & & k_n\end{pmatrix},$$

而 $k_i(i=1, 2, \cdots, n)$ 就是 $\boldsymbol{A}$ 的二次型的标准形的系数，由定理 7.5 有 $k_i>0$. 因为 $\boldsymbol{C}^{\mathrm{T}}\boldsymbol{A}\boldsymbol{C}=\boldsymbol{\Lambda}$，所以 $\boldsymbol{A}=(\boldsymbol{C}^{-1})^{\mathrm{T}}\boldsymbol{\Lambda}\boldsymbol{C}^{-1}$，于是

$$|\boldsymbol{A}|=|(\boldsymbol{C}^{-1})^{\mathrm{T}}|\,|\boldsymbol{\Lambda}|\,|\boldsymbol{C}^{-1}|=(k_1k_2\cdots k_n)|\boldsymbol{C}^{-1}|^2>0.$$

借助于定理 7.2，还可以得到

**推论 2　二次型矩阵为正定二次型的充分必要条件是它的特征值全为正．**

二次型的正(负)定性还可以利用行列式进行判定．

**定理 7.6　$n$ 阶实二次型 $f=\boldsymbol{x}^{\mathrm{T}}\boldsymbol{A}\boldsymbol{x}$ 正定的充分必要条件是：矩阵 $\boldsymbol{A}$ 的各阶顺序主子式都为正，即**

$$a_{11}>0,\quad \begin{vmatrix}a_{11} & a_{12}\\ a_{21} & a_{22}\end{vmatrix}>0,\ \cdots,\ \begin{vmatrix}a_{11} & \cdots & a_{1n}\\ \vdots & & \vdots\\ a_{n1} & \cdots & a_{nn}\end{vmatrix}>0.$$

**二次型 $f=\boldsymbol{x}^{\mathrm{T}}\boldsymbol{A}\boldsymbol{x}$ 为负定的充分必要条件是：矩阵 $\boldsymbol{A}$ 的奇数阶顺序主子式为负，**

**偶数阶顺序主子式为正，即**

$$(-1)^k\begin{vmatrix} a_{11} & \cdots & a_{1k} \\ \vdots & & \vdots \\ a_{k1} & \cdots & a_{kk} \end{vmatrix}>0 \quad (k=1,\ 2,\ \cdots,\ n).$$

这个定理称为**霍尔维茨定理**，下面给出正定情形的证明．

**证**　充分性：设 $\boldsymbol{A}$ 的各阶顺序主子式为正，采用归纳法证明 $f$ 正定．

当 $n=1$ 时，命题显然成立．设命题对于 $n-1$ 成立，来证明命题对于 $n$ 也成立．

将实二次型 $f(\boldsymbol{x})=\sum\limits_{i,j=1}^{n}a_{ij}x_ix_f$ 改写为

$$\begin{aligned} f(\boldsymbol{x}) &= \frac{1}{a_{11}}(a_{11}x_1+a_{12}x_2+\cdots+a_{1n}x_n)^2+\sum_{i,j=2}^{n}b_{ij}x_ix_j \\ &= \frac{1}{a_{11}}(a_{11}x_1+a_{12}x_2+\cdots+a_{1n}x_n)^2+g(x), \end{aligned}$$

其中 $b_{ij}=a_{ij}-\dfrac{a_{1i}a_{1j}}{a_{11}}=b_{ji}$．可知 $g(\boldsymbol{x})=\sum\limits_{i,j=2}^{n}b_{ij}x_ix_j$ 是 $n-1$ 阶的实二次型．对 $\boldsymbol{A}$ 的 $k$ 阶顺序主子式施行初等行变换，有

$$\begin{vmatrix} a_{11} & \cdots & a_{1k} \\ \vdots & & \vdots \\ a_{k1} & \cdots & a_{kk} \end{vmatrix} \xlongequal[i=2,\ 3,\ \cdots,\ n]{r_i-\frac{a_{i1}}{a_{11}}\times r_1} a_{11}\begin{vmatrix} b_{22} & \cdots & b_{2k} \\ \vdots & & \vdots \\ b_{k2} & \cdots & b_{kk} \end{vmatrix},\ k=2,\ 3,\ \cdots,\ n.$$

因 $\boldsymbol{A}$ 的各阶顺序主子式(包括 $a_{11}$)均大于零，故与 $g(x)$ 对应的方阵的各阶顺序主子式

$$\begin{vmatrix} b_{22} & \cdots & b_{2k} \\ \vdots & & \vdots \\ b_{k2} & \cdots & b_{kk} \end{vmatrix}>0,\ k=2,\ \cdots,\ n,$$

于是，由归纳法得知 $g(\boldsymbol{x})$ 正定．注意到 $f(\boldsymbol{x})$ 与 $g(\boldsymbol{x})$ 的关系及 $a_{11}>0$，便知 $f(\boldsymbol{x})$ 正定．

必要性：设二次型 $f(x_1,\ x_2,\ \cdots,\ x_n)=\sum\limits_{i,j=1}^{n}a_{ij}x_ix_j$．对于每个 $k(1\leqslant k\leqslant n)$，令

$$f_k(x_1,\ x_2,\ \cdots,\ x_k)=\sum_{i,j=1}^{k}a_{ij}x_ix_j,$$

因为 $f$ 是正定的，故对于任意一组不全为零的实数 $c_1,\ c_2,\ \cdots,\ c_k$，有

$$f_k(c_1,\ c_2,\ \cdots,\ c_k)=\sum_{i,j=1}^{k}a_{ij}c_ic_j=f(c_1,\ \cdots,\ c_k,\ 0,\ \cdots,\ 0)>0,$$

因此 $f_k$ 是正定的，由定理 7.5 的推论 1 知，$f_k$ 的矩阵的行列式

$$|\boldsymbol{A}_k|=\begin{vmatrix} a_{11} & a_{12} & \cdots & a_{1n} \\ a_{21} & a_{22} & \cdots & a_{2n} \\ \vdots & \vdots & & \vdots \\ a_{k1} & a_{k2} & \cdots & a_{kk} \end{vmatrix}>0,\ k=1,\ 2,\ \cdots,\ n,$$

从而 $\boldsymbol{A}$ 的各阶顺序主子式全大于零，即必要性得证．

**例 7.6** 判别二次型 $f=x_1^2+3x_2^2+9x_3^2-2x_1x_2+4x_1x_3$ 的正定性．

**解** 二次型的矩阵 $\boldsymbol{A}=\begin{pmatrix} 1 & -1 & 2 \\ -1 & 3 & 0 \\ 2 & 0 & 9 \end{pmatrix}$，因为

$$a_{11}=1>0,\ \begin{vmatrix} a_{11} & a_{12} \\ a_{21} & a_{22} \end{vmatrix}=\begin{vmatrix} 1 & -1 \\ -1 & 3 \end{vmatrix}=2>0,\ |\boldsymbol{A}|=6>0,$$

故此二次型是正定的．

**例 7.7** 判断二次型 $f=-2x_1^2-6x_2^2-4x_3^2+2x_1x_2+2x_1x_3$ 的正定性．

**解** 二次型的矩阵 $\boldsymbol{A}=\begin{pmatrix} -2 & 1 & 1 \\ 1 & -6 & 0 \\ 1 & 0 & -4 \end{pmatrix}$，因为

$$a_{11}=-2<0,\ \begin{vmatrix} a_{11} & a_{12} \\ a_{21} & a_{22} \end{vmatrix}=\begin{vmatrix} -2 & 1 \\ 1 & -6 \end{vmatrix}=11>0,\ |\boldsymbol{A}|=-38<0,$$

故此二次型是负定的．

## *第三节　二次型的应用问题

二次型在理论研究和实际问题中都有许多应用，这里仅介绍二次型的最大(小)值问题和二次曲面的化简问题．

### 一、二次型的最大(小)值问题

二次型 $f=\boldsymbol{x}^{\mathrm{T}}\boldsymbol{A}\boldsymbol{x}$ 实际上是个二次多项式或二次函数，因此存在求最大值与最小值的问题．但如果不受限制，当 $f$ 是正定或半正定型时，它有最小值 $f(\boldsymbol{0})=0$，而没有最大值；反之，当 $f$ 是负定或半负定型时，它只有最大值 $f(\boldsymbol{0})=0$，而没有最小值．至于不定的二次型 $f=\boldsymbol{x}^{\mathrm{T}}\boldsymbol{A}\boldsymbol{x}$，既没有最大值，也没有最小值．这是因为 $f(a\boldsymbol{x})=a^2f(\boldsymbol{x})$，因此只要 $f(\boldsymbol{x})$ 有正值，二次型 $f$ 就不会有最大值；而只要 $f(\boldsymbol{x})$ 有负值，$f$ 就不会有最小值．

下面讨论限制 $\|\boldsymbol{x}\|=1$，即 $\boldsymbol{x}$ 只取单位向量的情形．从几何上看，这相当

于$\boldsymbol{x}$被限制在单位球面上．在这种情形下，对于已经是标准形的二次型，很容易求得最大值和最小值．

例如，对于二次型 $f(\boldsymbol{x})=4x_1^2+3x_2^2-2x_3^2$，在限制$\|\boldsymbol{x}\|=1$的条件下，有$x_1^2+x_2^2+x_3^2=1$，于是

$$-2=-2x_1^2-2x_2^2-2x_3^2\leqslant 4x_1^2+3x_2^2-2x_3^2\leqslant 4x_1^2+4x_2^2+4x_3^2=4,$$

故二次型 $f(x)=4x_1^2+3x_2^2-2x_3^2$ 在限制$\|\boldsymbol{x}\|=1$的条件下的最大值和最小值分别为 4 和$-2$.

上述例子结论中的最大值 4 和最小值$-2$分别是二次型矩阵

$$\begin{pmatrix}4&0&0\\0&3&0\\0&0&-2\end{pmatrix}$$

特征值的最大值和最小值．这个结果不是偶然的，对于一般的二次型也是如此.

**定理 7.7**　**在$\|\boldsymbol{x}\|=1$的限制条件下：**

**(1) 二次型 $f=\boldsymbol{x}^{\mathrm{T}}\boldsymbol{A}\boldsymbol{x}$ 的最大值是矩阵$\boldsymbol{A}$的最大特征值，而最小值是$\boldsymbol{A}$的最小特征值；**

**(2) 当$\boldsymbol{x}$取最大特征值对应的单位特征向量时，二次型取到最大值；当$\boldsymbol{x}$取最小特征值对应的单位特征向量时，二次型取到最小值．**

**证**　(1) 设$\boldsymbol{A}$是$n$阶对称阵，其特征值为$\lambda_1$，$\lambda_2$，…，$\lambda_n$，其中最大值和最小值分别记作

$$\lambda_{\max}=\max\{\lambda_1,\ \lambda_2,\ \cdots,\ \lambda_n\},\ \lambda_{\min}=\min\{\lambda_1,\ \lambda_2,\ \cdots,\ \lambda_n\}.$$

由定理 7.2 知，存在正交变换$\boldsymbol{x}=\boldsymbol{P}\boldsymbol{y}$，使二次型 $f=\boldsymbol{x}^{\mathrm{T}}\boldsymbol{A}\boldsymbol{x}$ 化成标准形

$$f=\lambda_1y_1^2+\lambda_2y_2^2+\cdots+\lambda_ny_n^2,$$

并且由定理 7.3 知，正交变换不改变向量的模，因此有$\|\boldsymbol{y}\|=\|\boldsymbol{x}\|$，即

$$y_1^2+y_2^2+\cdots+y_n^2=x_1^2+x_2^2+\cdots+x_n^2,$$

于是 $f\leqslant\lambda_{\max}(y_1^2+y_2^2+\cdots+y_n^2)=\lambda_{\max}(x_1^2+x_2^2+\cdots+x_n^2)=\lambda_{\max}\|\boldsymbol{x}\|=\lambda_{\max}$,

及　$f\geqslant\lambda_{\min}(y_1^2+y_2^2+\cdots+y_n^2)=\lambda_{\min}(x_1^2+x_2^2+\cdots+x_n^2)=\lambda_{\min}\|\boldsymbol{x}\|=\lambda_{\min}$.

(2) 仅证取到最大值$\lambda_{\max}$的情形．设$\boldsymbol{\xi}$是$\boldsymbol{A}$的属于特征值$\lambda_{\max}$的单位特征向量，即有

$$\boldsymbol{A}\boldsymbol{\xi}=\lambda_{\max}\boldsymbol{\xi},\ \boldsymbol{\xi}^{\mathrm{T}}\boldsymbol{\xi}=\|\boldsymbol{\xi}\|^2=1,$$

于是　$f(\boldsymbol{\xi})=\boldsymbol{\xi}^{\mathrm{T}}\boldsymbol{A}\boldsymbol{\xi}=\boldsymbol{\xi}^{\mathrm{T}}(\lambda_{\max}\boldsymbol{\xi})=\lambda_{\max}(\boldsymbol{\xi}^{\mathrm{T}}\boldsymbol{\xi})=\lambda_{\max}$.

**例 7.8**　求二次型

$$f(x_1,\ x_2,\ x_3)=x_1^2+2x_1x_3+2x_2^2+x_3^2$$

在$\|\boldsymbol{x}\|=1$的限制条件下的最大值和最小值，并求一个可以取到最大值的单位

向量．

**解**　二次型 $f$ 的矩阵为 $\mathbf{A}=\begin{pmatrix}1&0&1\\0&2&0\\1&0&1\end{pmatrix}$，由

$$|\mathbf{A}-\lambda\boldsymbol{E}|=\begin{vmatrix}1-\lambda&0&1\\0&2-\lambda&0\\1&0&1-\lambda\end{vmatrix}=-(2-\lambda)^2\lambda,$$

得特征值 $\lambda_1=\lambda_2=2$，$\lambda_3=0$，故在限制条件 $\|\boldsymbol{x}\|=1$ 下，该二次型的最大值为 2，最小值为 0. 由 $(\mathbf{A}-2\boldsymbol{E})\boldsymbol{x}=\mathbf{0}$，求得单位特征向量 $\boldsymbol{\xi}_1=(0,1,0)^{\mathrm{T}}$ 与 $\boldsymbol{\xi}_2=\frac{1}{\sqrt{2}}(1,0,1)^{\mathrm{T}}$，即取到最大值 2 的单位特征向量为 $\boldsymbol{\xi}_1=(0,1,0)^{\mathrm{T}}$ 或 $\boldsymbol{\xi}_2=\frac{1}{\sqrt{2}}(1,0,1)^{\mathrm{T}}$.

实际上，这里的 $\boldsymbol{\xi}_1$、$\boldsymbol{\xi}_2$ 是正交的单位向量，从而最大特征值 $\lambda_1=\lambda_2=2$ 对应的全体单位特征向量可表示为

$$\boldsymbol{\xi}=k_1\boldsymbol{\xi}_1+k_2\boldsymbol{\xi}_2\quad(k_1^2+k_2^2=1),$$

且 $f(\boldsymbol{\xi})=2$ 为最大值．上式的空间轨迹是单位球面上的一个大圆，这意味着，二次型 $f$ 在这个大圆上都取得最大值．

## 二、二次曲面的化简问题

通常，在 $n$ 维欧氏空间 $\mathbf{R}^n$ 中，由二次方程

$$\sum_{i=1}^{n}\sum_{j=1}^{n}a_{ij}x_ix_j+2\sum_{j=1}^{n}a_jx_j+a=0$$

确定的点 $\boldsymbol{x}=(x_1,x_2,\cdots,x_n)^{\mathrm{T}}\in\mathbf{R}^n$ 的集合称为二次超曲面．如果 $a_{ij}=a_{ji}(i,j=1,2,\cdots,n)$，则二次超曲面可以改写为

$$\boldsymbol{x}^{\mathrm{T}}\mathbf{A}\boldsymbol{x}+2\boldsymbol{\alpha}^{\mathrm{T}}\boldsymbol{x}+a=0,$$

其中 $\mathbf{A}=(a_{ij})_{n\times n}$ 为实对称矩阵，$\boldsymbol{x}=(x_1,x_2,\cdots,x_n)^{\mathrm{T}}$，$\boldsymbol{\alpha}=(a_1,a_2,\cdots,a_n)^{\mathrm{T}}$.

与二次型类似，二次超曲面可由相应的二次型的矩阵 $\mathbf{A}$ 及一次项的系数和常数项构成矩阵 $\begin{pmatrix}\mathbf{A}&\boldsymbol{\alpha}\\\boldsymbol{\alpha}^{\mathrm{T}}&a\end{pmatrix}$，它也是实对称矩阵，称为**二次超曲面的矩阵**．

二次超曲面的化简、分类具有重要的理论意义和广泛应用．

大家知道，在平面解析几何中，一般的二次曲线

$$ax^2+bxy+cy^2+dx+ey+f=0$$

利用旋转、平移变换可以化简，从而划分为椭圆、双曲线和抛物线 3 种类型．而这一结论可以推广到一般的 $n$ 维欧氏空间 $\mathbf{R}^n$ 中去，得到二次超曲面的化简和分类的方法．

**定理 7.8　设 $\mathbf{R}^n$ 中的二次超曲面为**

$$f(\boldsymbol{x})=\boldsymbol{x}^{\mathrm{T}}\boldsymbol{A}\boldsymbol{x}+2\boldsymbol{\alpha}^{\mathrm{T}}\boldsymbol{x}+a=0,$$

**则在正交变换 $\boldsymbol{x}=\boldsymbol{P}\boldsymbol{y}$（$\boldsymbol{P}$ 为正交矩阵）下，二次超曲面的矩阵的对称性和秩都不变．**

**证**　此二次超曲面的矩阵为 $\begin{pmatrix}\boldsymbol{A} & \boldsymbol{\alpha}\\ \boldsymbol{\alpha}^{\mathrm{T}} & a\end{pmatrix}$．因为 $\boldsymbol{x}^{\mathrm{T}}\boldsymbol{A}\boldsymbol{x}$ 为二次型，$\boldsymbol{A}$ 为实对称矩阵，故在正交变换 $\boldsymbol{x}=\boldsymbol{P}\boldsymbol{y}$ 下，二次超曲面化为

$$f(\boldsymbol{x})=\boldsymbol{y}^{\mathrm{T}}\boldsymbol{B}\boldsymbol{y}+2\boldsymbol{\beta}^{\mathrm{T}}\boldsymbol{y}+a=0,$$

其中 $\boldsymbol{B}=\boldsymbol{P}^{\mathrm{T}}\boldsymbol{A}\boldsymbol{P}$ 为实对称矩阵，而 $\boldsymbol{\beta}^{\mathrm{T}}=\boldsymbol{\alpha}^{\mathrm{T}}\boldsymbol{P}=(b_1, b_2, \cdots, b_n)$，因此在新形式下，二次超曲面的矩阵为 $\begin{pmatrix}\boldsymbol{B} & \boldsymbol{\beta}\\ \boldsymbol{\beta}^{\mathrm{T}} & a\end{pmatrix}$，也是实对称矩阵．

令 $\boldsymbol{Q}=\begin{pmatrix}\boldsymbol{P} & \boldsymbol{0}\\ \boldsymbol{0}^{\mathrm{T}} & 1\end{pmatrix}$，其中 $\boldsymbol{0}=(0, 0, \cdots, 0)^{\mathrm{T}}$ 为 $n$ 维零向量，则 $\boldsymbol{Q}$ 显然也是正交矩阵．由于

$$\boldsymbol{Q}^{\mathrm{T}}\begin{pmatrix}\boldsymbol{A} & \boldsymbol{\alpha}\\ \boldsymbol{\alpha}^{\mathrm{T}} & a\end{pmatrix}\boldsymbol{Q}=\begin{pmatrix}\boldsymbol{P}^{\mathrm{T}} & \boldsymbol{0}\\ \boldsymbol{0}^{\mathrm{T}} & 1\end{pmatrix}\begin{pmatrix}\boldsymbol{A} & \boldsymbol{\alpha}\\ \boldsymbol{\alpha}^{\mathrm{T}} & a\end{pmatrix}\begin{pmatrix}\boldsymbol{P} & \boldsymbol{0}\\ \boldsymbol{0}^{\mathrm{T}} & 1\end{pmatrix}$$
$$=\begin{pmatrix}\boldsymbol{P}^{\mathrm{T}}\boldsymbol{A}\boldsymbol{P} & \boldsymbol{P}^{\mathrm{T}}\boldsymbol{\alpha}\\ \boldsymbol{\alpha}^{\mathrm{T}}\boldsymbol{P} & a\end{pmatrix}=\begin{pmatrix}\boldsymbol{B} & \boldsymbol{\beta}\\ \boldsymbol{\beta}^{\mathrm{T}} & a\end{pmatrix},$$

因此矩阵 $\begin{pmatrix}\boldsymbol{B} & \boldsymbol{\beta}\\ \boldsymbol{\beta}^{\mathrm{T}} & a\end{pmatrix}$ 可由矩阵 $\begin{pmatrix}\boldsymbol{A} & \boldsymbol{\alpha}\\ \boldsymbol{\alpha}^{\mathrm{T}} & a\end{pmatrix}$ 经正交变换得到，故两者的秩相同．

**定理 7.9　设 $\mathbf{R}^n$ 中的二次超曲面为**

$$f(\boldsymbol{x})=\boldsymbol{x}^{\mathrm{T}}\boldsymbol{A}\boldsymbol{x}+2\boldsymbol{\alpha}^{\mathrm{T}}\boldsymbol{x}+a=0, \tag{7-7}$$

**实对称矩阵 $\boldsymbol{A}$ 的非零特征值为 $\lambda_1, \lambda_2, \cdots, \lambda_r$，而 $r$ 为 $\boldsymbol{A}$ 的秩．设 $\tilde{r}$ 为二次超曲面的矩阵 $\begin{pmatrix}\boldsymbol{A} & \boldsymbol{\alpha}\\ \boldsymbol{\alpha}^{\mathrm{T}} & a\end{pmatrix}$ 的秩，则该曲面可经正交变换和平移变换化为下列类型之一：**

（1）**类型Ⅰ：当 $r=\tilde{r}$ 时，$f=\lambda_1 z_1^2+\lambda_2 z_2^2+\cdots+\lambda_r z_r^2=0$；**

（2）**类型Ⅱ：当 $r=\tilde{r}-1$ 时，$f=\lambda_1 z_1^2+\lambda_2 z_2^2+\cdots+\lambda_r z_r^2-C=0$；**

（3）**类型Ⅲ：当 $r=\tilde{r}-2$ 时，$f=\lambda_1 z_1^2+\lambda_2 z_2^2+\cdots+\lambda_r z_r^2+2bz_n=0$.**

**证**　因为 $\boldsymbol{x}^{\mathrm{T}}\boldsymbol{A}\boldsymbol{x}$ 为二次型，$\boldsymbol{A}$ 为实对称阵，故存在正交变换 $\boldsymbol{x}=\boldsymbol{P}\boldsymbol{y}$（$\boldsymbol{P}$ 为

正交矩阵)使

$$\boldsymbol{P}^{\mathrm{T}}\boldsymbol{A}\boldsymbol{P}=\begin{pmatrix}\lambda_1 & & & & & & \\ & \lambda_2 & & & & & \\ & & \ddots & & & & \\ & & & \lambda_r & & & \\ & & & & 0 & & \\ & & & & & \ddots & \\ & & & & & & 0\end{pmatrix}=\boldsymbol{\Lambda},$$

其中 $\lambda_i(1\leqslant i\leqslant r)$ 为 $\boldsymbol{A}$ 的非零特征值，于是二次超曲面(7－7)化为

$$f(\boldsymbol{x})=\boldsymbol{y}^{\mathrm{T}}\boldsymbol{P}^{\mathrm{T}}\boldsymbol{A}\boldsymbol{P}\boldsymbol{y}+2\boldsymbol{\alpha}^{\mathrm{T}}\boldsymbol{P}\boldsymbol{y}+a=\sum_{i=1}^{r}\lambda_i y_i^2+2\sum_{i=1}^{n}b_i y_i+a=0. \quad (7-8)$$

在新形式下，二次超曲面(7－8)的矩阵为 $\begin{pmatrix}\boldsymbol{\Lambda} & \boldsymbol{\beta}\\ \boldsymbol{\beta}^{\mathrm{T}} & a\end{pmatrix}$，其中 $\boldsymbol{\beta}^{\mathrm{T}}=\boldsymbol{\alpha}^{\mathrm{T}}\boldsymbol{P}=(b_1, b_2, \cdots, b_n)$. 由定理 7.8 知，矩阵 $\begin{pmatrix}\boldsymbol{\Lambda} & \boldsymbol{\beta}\\ \boldsymbol{\beta}^{\mathrm{T}} & a\end{pmatrix}$ 的秩也是 $\tilde{r}$.

再作平移变换

$$\boldsymbol{z}=\boldsymbol{y}+\left(\frac{b_1}{\lambda_1}, \frac{b_2}{\lambda_2}, \cdots, \frac{b_r}{\lambda_r}, 0, \cdots, 0\right)^{\mathrm{T}},$$

则超曲面(7－8)又可化为

$$f(\boldsymbol{x})=\lambda_1 z_1^2+\lambda_2 z_2^2+\cdots+\lambda_r z_r^2+2b_{r+1}z_{r+1}+\cdots+2b_n z_n+a'=0, \quad (7-9)$$

其中 $a'=a-\sum_{i=1}^{r}\frac{b_i^2}{\lambda_i}$.

(1) 当 $r=\tilde{r}$ 时，考察矩阵 $\begin{pmatrix}\boldsymbol{\Lambda} & \boldsymbol{\beta}\\ \boldsymbol{\beta}^{\mathrm{T}} & a\end{pmatrix}$. 这时对角阵 $\boldsymbol{\Lambda}$ 的秩为 $r$，矩阵 $\begin{pmatrix}\boldsymbol{\Lambda} & \boldsymbol{\beta}\\ \boldsymbol{\beta}^{\mathrm{T}} & a\end{pmatrix}$ 的秩也为 $r$，因此矩阵的前 $r$ 行构成行向量组的一个极大线性无关组，于是该矩阵的最后一行一定可由它的前 $r$ 行线性表示. 据此可得 $b_{r+1}=\cdots=b_n=0$，且有 $a=\sum_{i=1}^{r}\frac{b_i^2}{\lambda_i}$，从而，经平移变换后，有 $a'=a-\sum_{i=1}^{r}\frac{b_i^2}{\lambda_i}=0$，即超曲面方程化为类型Ⅰ.

(2) 当 $r=\tilde{r}-1$ 时，考察矩阵 $\begin{pmatrix}\boldsymbol{\Lambda} & \boldsymbol{\beta}\\ \boldsymbol{\beta}^{\mathrm{T}} & a\end{pmatrix}$. 这时对角阵 $\boldsymbol{\Lambda}$ 的秩为 $r$，而矩阵 $\begin{pmatrix}\boldsymbol{\Lambda} & \boldsymbol{\beta}\\ \boldsymbol{\beta}^{\mathrm{T}} & a\end{pmatrix}$ 的秩为 $\tilde{r}=r+1$.

若 $b_{r+1}\neq 0$，则矩阵的前 $r+1$ 行构成行向量组的一个极大线性无关组，于是该矩阵的最后一行一定可由它的前 $r+1$ 行线性表示．据此又可得 $b_{r+1}=0$，造成矛盾，因此必有 $b_{r+1}=0$. 同理，有 $b_{r+1}=\cdots=b_n=0$. 这样一来，该矩阵的第 $r+1$，$r+2$，…，$n$ 行的元素全为零，且它的最后一行不能由它的前 $r$ 行线性表示(否则，有 $\tilde{r}=r$，造成矛盾)，也就有 $a\neq\sum\limits_{i=1}^{r}\dfrac{b_i^2}{\lambda_i}$，从而，经平移变换后，有 $a'=a-\sum\limits_{i=1}^{r}\dfrac{b_i^2}{\lambda_i}\neq 0$，即超曲面方程化为类型Ⅱ.

(3) 当 $r=\tilde{r}-2$ 时，考察矩阵 $\begin{pmatrix}\boldsymbol{\Lambda} & \boldsymbol{\beta}\\ \boldsymbol{\beta}^{\mathrm{T}} & a\end{pmatrix}$. 这时对角阵 $\boldsymbol{\Lambda}$ 的秩为 $r$，而矩阵 $\begin{pmatrix}\boldsymbol{\Lambda} & \boldsymbol{\beta}\\ \boldsymbol{\beta}^{\mathrm{T}} & a\end{pmatrix}$ 的秩为 $\tilde{r}=r+2$，一定有 $(b_{r+1},\ \cdots,\ b_n)=\boldsymbol{\beta}_1^{\mathrm{T}}\neq\mathbf{0}$(否则，有 $\tilde{r}\leqslant r+1$).

取 $n$ 维单位向量组

$$\boldsymbol{e}_1=\begin{pmatrix}1\\0\\\vdots\\0\\0\\\vdots\\0\end{pmatrix},\ \boldsymbol{e}_2=\begin{pmatrix}0\\1\\\vdots\\0\\0\\\vdots\\0\end{pmatrix},\ \cdots,\ \boldsymbol{e}_r=\begin{pmatrix}0\\0\\\vdots\\1\\0\\\vdots\\0\end{pmatrix},\ \boldsymbol{e}_n=\frac{1}{\sqrt{b_{r+1}^2+\cdots+b_n^2}}\begin{pmatrix}0\\0\\\vdots\\0\\b_{r+1}\\\vdots\\b_n\end{pmatrix},$$

则 $\boldsymbol{e}_1$，$\boldsymbol{e}_2$，…，$\boldsymbol{e}_r$，$\boldsymbol{e}_n$ 是 $\mathbf{R}^n$ 空间的单位正交向量组．于是由定理 5.4 的推论可知，存在 $n-r-1$ 个向量 $\boldsymbol{e}_{r+1}$，…，$\boldsymbol{e}_{n-1}$，使得 $\boldsymbol{e}_1$，$\boldsymbol{e}_2$，…，$\boldsymbol{e}_r$，$\boldsymbol{e}_{r+1}$，…，$\boldsymbol{e}_n$ 构成 $\mathbf{R}^n$ 空间的一组标准正交基．令

$$\boldsymbol{Q}=(\boldsymbol{e}_1,\ \boldsymbol{e}_2,\ \cdots,\ \boldsymbol{e}_r,\ \boldsymbol{e}_{r+1},\ \cdots,\ \boldsymbol{e}_n),$$

则 $\boldsymbol{Q}$ 为正交矩阵．再作正交变换 $\boldsymbol{z}=\boldsymbol{Q}\boldsymbol{s}$，二次超曲面(7-9)进一步可化为

$$f=\lambda_1 s_1^2+\lambda_2 s_2^2+\cdots+\lambda_r s_r^2+2bs_n+a'=0, \tag{7-10}$$

其中 $b=\sqrt{b_{r+1}^2+\cdots+b_n^2}\neq 0$. 最后作一次平移变换

$$s_1=t_1,\ s_2=t_2,\ \cdots,\ s_{n-1}=t_{n-1},\ s_n=t_n-\frac{a'}{2b},$$

即得二次超曲面的标准形

$$f=\lambda_1 t_1^2+\lambda_2 t_2^2+\cdots+\lambda_r t_r^2+2bt_n=0,$$

再将字母 $t$ 换回 $z$，超曲面方程即化为类型Ⅲ.

在定理证明过程中，如果记

$$\boldsymbol{\beta}=\left(\frac{b_1}{\lambda_1}, \frac{b_2}{\lambda_2}, \cdots, \frac{b_r}{\lambda_r}, 0, \cdots, 0\right)^{\mathrm{T}} \in \mathbf{R}^n,$$

并注意到$\boldsymbol{y}=\boldsymbol{P}^{-1}\boldsymbol{x}=\boldsymbol{P}^{\mathrm{T}}\boldsymbol{x}$，则由二次超曲面(7-7)到二次超曲面(7-9)所作的变换为

$$\boldsymbol{z}=\boldsymbol{P}^{\mathrm{T}}\boldsymbol{x}+\boldsymbol{\beta}. \tag{7-11}$$

由定理7.3知，向量的长度经过正交变换保持不变，另外，平移变换也不改变向量的长度，因此，用正交变换和平移变换化简二次曲面，具有保持几何形状不变的优点．通常也把这类变换称为**等距变换**．

在三维欧氏空间中，利用定理7.9，一般的二次曲面方程化为标准形后，可按标准形进行分类．

**例 7.9** 在$\mathbf{R}^3$中化简二次曲面方程

$$x_1^2+x_2^2+5x_3^2-6x_1x_2-2x_1x_3+2x_2x_3-6x_1+6x_2-6x_3+10=0,$$

并判断曲面的形状．

**解** 设 $\boldsymbol{A}=\begin{pmatrix} 1 & -3 & -1 \\ -3 & 1 & 1 \\ -1 & 1 & 5 \end{pmatrix}$，$\boldsymbol{\alpha}=\begin{pmatrix} -3 \\ 3 \\ -3 \end{pmatrix}$，$\boldsymbol{x}=\begin{pmatrix} x_1 \\ x_2 \\ x_3 \end{pmatrix}$，

则该二次曲面方程可记为

$$\boldsymbol{x}^{\mathrm{T}}\boldsymbol{A}\boldsymbol{x}+2\boldsymbol{\alpha}^{\mathrm{T}}\boldsymbol{x}+10=0.$$

由$|\lambda\boldsymbol{E}-\boldsymbol{A}|=0$，可得$\boldsymbol{A}$的特征值$\lambda_1=6$，$\lambda_2=3$，$\lambda_3=-2$，它们对应的特征向量分别为

$$\boldsymbol{\xi}_1=(-1, 1, 2)^{\mathrm{T}}, \boldsymbol{\xi}_2=(1, -1, 1)^{\mathrm{T}}, \boldsymbol{\xi}_3=(1, 1, 0)^{\mathrm{T}},$$

它们两两正交，将$\boldsymbol{\xi}_1$，$\boldsymbol{\xi}_2$，$\boldsymbol{\xi}_3$单位化，得

$$\boldsymbol{p}_1=\boldsymbol{\xi}_1^0=\frac{1}{\sqrt{6}}(-1, 1, 2)^{\mathrm{T}}, \boldsymbol{p}_2=\boldsymbol{\xi}_2^0=\frac{1}{\sqrt{3}}(1, -1, 1)^{\mathrm{T}},$$

$$\boldsymbol{p}_3=\boldsymbol{\xi}_3^0=\frac{1}{\sqrt{2}}(1, 1, 0)^{\mathrm{T}}.$$

取正交矩阵

$$\boldsymbol{P}=(\boldsymbol{p}_1, \boldsymbol{p}_2, \boldsymbol{p}_3)=\begin{pmatrix} -\frac{1}{\sqrt{6}} & \frac{1}{\sqrt{3}} & \frac{1}{\sqrt{2}} \\ \frac{1}{\sqrt{6}} & -\frac{1}{\sqrt{3}} & \frac{1}{\sqrt{2}} \\ \frac{2}{\sqrt{6}} & \frac{1}{\sqrt{3}} & 0 \end{pmatrix},$$

则

$$\boldsymbol{P}^{\mathrm{T}}\boldsymbol{A}\boldsymbol{P}=\mathrm{diag}(6, 3, -2).$$

取正交变换$\boldsymbol{x}=\boldsymbol{P}\boldsymbol{y}$，其中$\boldsymbol{y}=(y_1, y_2, y_3)^{\mathrm{T}}$，得

$$\boldsymbol{B}=\boldsymbol{P}^{\mathrm{T}}\boldsymbol{A}\boldsymbol{P}=\begin{pmatrix}6&0&0\\0&3&0\\0&0&-2\end{pmatrix},\ \boldsymbol{\beta}=\boldsymbol{P}^{\mathrm{T}}\boldsymbol{\alpha}=\begin{pmatrix}0\\-3\sqrt{3}\\0\end{pmatrix},$$

于是二次曲面方程化为

$$\boldsymbol{y}^{\mathrm{T}}\boldsymbol{B}\boldsymbol{y}+2\boldsymbol{\beta}^{\mathrm{T}}\boldsymbol{y}+10=0,$$

即
$$6y_1^2+3y_2^2-2y_3^2-6\sqrt{3}y_2+10=0.$$

再作平移变换，即令

$$z_1=y_1,\ z_2=y_2-\sqrt{3},\ z_3=y_3,$$

则曲面方程进一步化简为

$$6z_1^2+3z_2^2-2z_3^2+1=0,$$

该二次曲面的标准方程为

$$\frac{z_1^2}{\frac{1}{6}}+\frac{z_2^2}{\frac{1}{3}}-\frac{z_3^2}{\frac{1}{2}}=-1,$$

这是一个双叶双曲面．

**例 7.10**　在 $\mathbf{R}^3$ 中化简二次曲面方程

$$x_1^2+4x_1+6x_2-8x_3+1=0,$$

并判断曲面的形状．

**解**　设
$$\boldsymbol{A}=\begin{pmatrix}1&0&0\\0&0&0\\0&0&0\end{pmatrix},\ \boldsymbol{\alpha}=\begin{pmatrix}2\\3\\-4\end{pmatrix},\ \boldsymbol{x}=\begin{pmatrix}x_1\\x_2\\x_3\end{pmatrix},$$

则该二次曲面方程可记为

$$\boldsymbol{x}^{\mathrm{T}}\boldsymbol{A}\boldsymbol{x}+2\boldsymbol{\alpha}^{\mathrm{T}}\boldsymbol{x}+1=0.$$

显然矩阵 $\boldsymbol{A}$ 的秩 $r=1$，而特征值 $\lambda_1=1$，$\lambda_2=\lambda_3=0$，该二次曲面的矩阵为

$$\begin{pmatrix}\boldsymbol{A}&\boldsymbol{\alpha}\\\boldsymbol{\alpha}^{\mathrm{T}}&a\end{pmatrix}=\begin{pmatrix}1&0&0&2\\0&0&0&3\\0&0&0&-4\\2&3&-4&1\end{pmatrix},\ 其秩\ \tilde{r}=3,$$

有 $r=\tilde{r}-2$，故由定理 7.9 知，该二次曲面的方程可经等距变换化简为

$$\lambda_1z_1^2+2bz_3=0,\ 即\ z_1^2+2bz_3=0$$

的形式，其中 $b$ 可通过具体化简过程求得，因此该二次曲面为抛物柱面．

下面讨论其化简过程：

该二次曲面方程对应的二次型已经是标准形，因此直接作平移变换

$$y_1=x_1+2,\ y_2=x_2,\ y_3=x_3,$$

曲面方程化简为

$$y_1^2+6y_2-8y_3-3=0.$$

为求正交变换$\boldsymbol{y}=\boldsymbol{P}\boldsymbol{t}$，令

$$\begin{cases}t_1=y_1,\\ t_2=k_1y_1+k_2y_2+k_3y_3,\\ t_3=\dfrac{3y_2-4y_3}{\sqrt{3^2+4^2}}=\dfrac{3}{5}y_2-\dfrac{4}{5}y_3,\end{cases}$$

即 $\boldsymbol{t}=\boldsymbol{P}^{-1}\boldsymbol{y}=\boldsymbol{P}^{\mathrm{T}}\boldsymbol{y}$，其中正交阵

$$\boldsymbol{P}^{\mathrm{T}}=\begin{pmatrix}1 & 0 & 0\\ k_1 & k_2 & k_3\\ 0 & \dfrac{3}{5} & -\dfrac{4}{5}\end{pmatrix},$$

而 $k_1$，$k_2$，$k_3$ 为待定值．根据正交性，矩阵 $\boldsymbol{P}^{\mathrm{T}}$ 中的每一行都是单位向量，而任意两行的内积为零，故 $k_1$，$k_2$，$k_3$ 应满足

$$\begin{cases}k_1=0,\\ \dfrac{3}{5}k_2-\dfrac{4}{5}k_3=0,\\ k_1^2+k_2^2+k_3^2=1,\end{cases}$$

解得　$(k_1,\ k_2,\ k_3)=\left(0,\ \dfrac{4}{5},\ \dfrac{3}{5}\right)$或$(k_1,\ k_2,\ k_3)=\left(0,\ -\dfrac{4}{5},\ -\dfrac{3}{5}\right)$，

于是可取

$$\boldsymbol{P}^{\mathrm{T}}=\begin{pmatrix}1 & 0 & 0\\ 0 & \dfrac{4}{5} & \dfrac{3}{5}\\ 0 & \dfrac{3}{5} & -\dfrac{4}{5}\end{pmatrix}，即有\ \boldsymbol{P}=\begin{pmatrix}1 & 0 & 0\\ 0 & \dfrac{4}{5} & \dfrac{3}{5}\\ 0 & \dfrac{3}{5} & -\dfrac{4}{5}\end{pmatrix},$$

在正交变换$\boldsymbol{y}=\boldsymbol{P}\boldsymbol{t}$下，曲面方程进一步化简为

$$t_1^2+10t_3-3=0.$$

再作一次平移变换

$$t_1=z_1,\ t_2=z_2,\ t_3=z_3+\frac{3}{10},$$

曲面方程就化简为标准形

$$z_1^2+10z_3=0,$$

这是一个抛物柱面．

## 习 题 七

1. 写出下列二次型的矩阵：

(1) $f(x_1, x_2, x_3)=2x_1^2-x_2^2-2x_1x_2+4x_1x_3-6x_2x_3$；

(2) $f(x, y, z)=x^2+2y^2+z^2-4xy+2xz-2yz$；

(3) $f(x_1, x_2, x_3, x_4)=x_1^2+3x_2^2+x_3^2+2x_4^2-2x_1x_2+4x_1x_3+6x_2x_4+6x_3x_4$.

2. 写出下列矩阵对应的二次型：

(1) $\boldsymbol{A}=\begin{pmatrix}3&0&0\\0&3&0\\0&0&3\end{pmatrix}$；　　(2) $\boldsymbol{A}=\begin{pmatrix}0&2&-1\\2&-1&4\\-1&4&3\end{pmatrix}$；

(3) $\boldsymbol{A}=\begin{pmatrix}1&\frac{1}{2}&-1&0\\\frac{1}{2}&2&-3&-1\\-1&-3&-1&2\\0&-1&2&0\end{pmatrix}$.

3. 用正交变换法化下列二次型为标准形，并求所作的线性变换：

(1) $f(x_1, x_2, x_3)=17x_1^2+14x_2^2+14x_3^2-4x_1x_2-4x_1x_3-8x_2x_3$；

(2) $f(x_1, x_2, x_3)=x_1^2-2x_2^2-2x_3^2-4x_1x_2+4x_1x_3+8x_2x_3$.

4. 用配方法化下列二次型为标准形，并求所作的线性变换：

(1) $f(x_1, x_2, x_3)=x_1^2+2x_3^2+2x_1x_2+2x_2x_3$；

(2) $f(x_1, x_2, x_3)=2x_1x_2+x_2x_3-3x_1x_3$.

5. 判断下列二次型的正定性：

(1) $f(x_1, x_2, x_3)=3x_1^2+4x_2^2+5x_3^2+4x_1x_2-4x_2x_3$；

(2) $f(x_1, x_2, x_3)=x_1^2+2x_2^2+x_3^2$；

(3) $f=x_1^2+3x_2^2+9x_3^2+19x_4^2-2x_1x_2+4x_1x_3+2x_1x_4-6x_2x_4-12x_3x_4$.

6. 当 $k$ 为何值时，下列二次型为正定二次型：

(1) $f(x_1, x_2, x_3)=x_1^2+x_2^2+kx_1x_2+x_3^2+kx_1x_3+kx_2x_3$；

(2) $f(x_1, x_2, x_3)=5x_1^2+x_2^2+kx_3^2+4x_1x_2-2x_2x_3-2x_1x_3$.

*7. 在 $\mathbf{R}^3$ 中化简下列二次曲面方程：

(1) $2x_1^2+x_2^2-4x_1x_2-4x_2x_3+6x_1-3x_3+1=0$；

(2) $2x_1^2+2x_2^2+3x_3^2+4x_1x_2+2x_1x_3+2x_2x_3-4x_1+6x_2-2x_3+3=0$，

并判断曲面的形状．

*8. 应用定理 7.9，判断下列二次曲面的方程可经正交变换和平移变换化简为哪种类型的方程(其中简化方程中二次项的系数需确定)：

(1) $x_1^2+x_2^2+x_3^2+4x_1x_2-4x_1x_3-4x_2x_3-3=0$；

(2) $4x_1^2+x_2^2+x_3^2+4x_1x_2+4x_1x_3+2x_2x_3-24x_1+32=0$.

# *第八章　线性方程组的数值解法

线性方程组的数值解法大体上可分为直接法和迭代法两大类．直接法是指经过有限次运算可求得方程组的精确解的方法，迭代法则是利用逐次逼近方程组精确解的数值计算方法．本章主要介绍解线性方程组的直接法——主元素消去法，以及雅可比、高斯—塞德尔和超松弛等迭代法，进而讨论了相关迭代法的收敛性和误差估计等内容．

通过第四章的介绍，从理论上说，线性方程组的解法已在人们掌握之中，但在具体应用时仍存在不少困难．这是因为工程技术领域里要求解的线性方程组中，未知量往往是几十个，甚至是成千上万个，无法用手工去解，只能借助于计算机求解．由于计算机字长的限制，对于工程技术中所采集到的数据或所提供的线性方程组的系数必须近似取值．同时在计算过程中舍入误差或截断误差也是不可避免的．这样，对一个线性方程组在计算机上随意地进行求解，最初的少许误差可能导致结果的极大偏差，以致所得的结果几乎毫无意义．为了有效地控制误差，保证工程计算的精度要求，有必要对算法进行研究，这就是所谓数值解法问题．

## 第一节　主元素消去法

直接法是当前计算机上求解低阶稠密矩阵的方程组的有效方法．这里介绍的主元素消去法是一种比较实用的直接法．

设有含 $n$ 个未知量 $n$ 个方程的线性方程组

$$\begin{cases} a_{11}x_1+a_{12}x_2+\cdots+a_{1n}x_n=b_1, \\ a_{21}x_2+a_{22}x_2+\cdots+a_{2n}x_n=b_2, \\ \cdots\cdots\cdots\cdots\cdots\cdots\cdots \\ a_{n1}x_1+a_{n2}x_2+\cdots+a_{nn}x_n=b_n, \end{cases} \tag{8-1}$$

通过消元化为同解的三角形方程组

$$\begin{cases} b_{11}x_1+b_{12}x_2+\cdots+b_{1n}x_n=c_1, \\ \qquad\quad b_{22}x_2+\cdots+b_{2n}x_n=c_2, \\ \qquad\qquad\qquad\cdots\cdots \\ \qquad\qquad\qquad\quad b_{nn}x_n=c_n. \end{cases} \tag{8-2}$$

再逐个求出 $x_n$，$x_{n-1}$，…，$x_1$(称为**回代**)，得到方程组的解，这一过程称为**高斯**(Gauss)**消去法**．这个方法简单，使用方便，是计算机上有效的方法．

高斯消去法的一般做法是，第一个方程保留不动，而第 $k(k\geqslant 2)$ 个方程减去第一个方程的 $a_{k1}/a_{11}$ 倍，即可消去方程组(8-1)中后面 $n-1$ 个方程的未知量 $x_1$(叫作**消去元**)，于是得到比原方程组少一个方程、少一个未知量的新方程组．对于新方程组，用同样的方法，保留其中的第一个方程，而消去后面方程中的未知量 $x_2$，得到又少一个方程、又少一个未知量的新方程组．这样继续下去，最后得到只含一个未知量的一个方程．在这一过程中，那些逐次保留不动的方程叫作**保留方程**．把所有的保留方程集中起来，就成为系数矩阵是三角形矩阵的方程组(8-2)．

**例 8.1** 用高斯消元法解线性方程组

$$\begin{cases} x_1+2x_2+3x_3=1, & ① \\ 4x_1+5x_2+7x_3=5, & ② \\ -2x_1+2x_2+5x_3=-3. & ③ \end{cases}$$

**解** 首先用方程①去消去方程②、③中的 $x_1$，即 $-4\times①+②$，$2\times①+③$，同时保留方程①得

$$\begin{cases} x_1+2x_2+3x_3=1, & ① \\ \quad -3x_2-5x_3=1, & ④ \\ \quad 6x_2+11x_3=-1, & ⑤ \end{cases}$$

再用方程④消去方程⑤的 $x_2$，即 $2\times④+⑤$，同时保留方程①和④得

$$\begin{cases} x_1+2x_2+3x_3=1, & ① \\ \quad -3x_2-5x_3=1, & ④ \\ \quad x_3=1, & ⑥ \end{cases}$$

通过回代过程可求得解为 $x_3=1$，$x_2=-2$，$x_1=2$.

其实，消元过程可以用方程组的增广矩阵的行初等变换来表示．为此将一般线性方程组(8-1)改写成

$$\begin{cases} a_{11}^{(1)}x_1+a_{12}^{(1)}x_2+\cdots+a_{1n}^{(1)}x_n=b_1^{(1)}, \\ a_{21}^{(1)}x_1+a_{22}^{(1)}x_2+\cdots+a_{2n}^{(1)}x_n=b_2^{(1)}, \\ \cdots\cdots\cdots\cdots\cdots\cdots \\ a_{n1}^{(1)}x_1+a_{n2}^{(1)}x_2+\cdots+a_{nn}^{(1)}x_n=b_n^{(1)}. \end{cases}$$

第一步，消元过程：对增广矩阵施行行初等变换．

$$\begin{pmatrix} a_{11}^{(1)} & a_{12}^{(1)} & \cdots & a_{1n}^{(1)} & b_1^{(1)} \\ a_{21}^{(1)} & a_{22}^{(1)} & \cdots & a_{2n}^{(1)} & b_2^{(1)} \\ \vdots & \vdots & & \vdots & \vdots \\ a_{n-1,1}^{(1)} & a_{n-1,2}^{(1)} & \cdots & a_{n-1,n}^{(1)} & b_{n-1}^{(1)} \\ a_{n1}^{(1)} & a_{n2}^{(1)} & \cdots & a_{nn}^{(1)} & b_n^{(1)} \end{pmatrix} \to \begin{pmatrix} a_{11}^{(1)} & a_{12}^{(1)} & \cdots & a_{1n}^{(1)} & b_1^{(1)} \\ 0 & a_{22}^{(2)} & \cdots & a_{2n}^{(2)} & b_2^{(2)} \\ \vdots & \vdots & & \vdots & \vdots \\ 0 & a_{n-1,2}^{(2)} & \cdots & a_{n-1,n}^{(2)} & b_{n-1}^{(2)} \\ 0 & a_{n2}^{(2)} & \cdots & a_{nn}^{(2)} & b_n^{(2)} \end{pmatrix}$$

$$\to \cdots \to \begin{pmatrix} a_{11}^{(1)} & a_{12}^{(1)} & \cdots & a_{1n}^{(1)} & b_1^{(1)} \\ 0 & a_{22}^{(2)} & \cdots & a_{2n}^{(2)} & b_2^{(2)} \\ \vdots & \vdots & & \vdots & \vdots \\ 0 & 0 & \cdots & a_{n-1,n}^{(n-1)} & b_{n-1}^{(n-1)} \\ 0 & 0 & \cdots & a_{nn}^{(n)} & b_n^{(n)} \end{pmatrix}.$$

一般地，有

$$a_{ij}^{(k+1)} = a_{ij}^{(k)} - l_{ik}a_{kj}^{(k)},\ b_i^{(k+1)} = b_i^{(k)} - l_{ik}b_k^{(k)},\ l_{ik} = \frac{a_{ik}^{(k)}}{a_{kk}^{(k)}}$$

$$(i,\ j = k+1,\ \cdots,\ n;\ k = 1,\ 2,\ \cdots,\ n-1).$$

第二步，回代过程：从最后一个方程起，往回逐一求出 $x_n$，$x_{n-1}$，…，$x_1$.

$$\begin{cases} a_{11}^{(1)}x_1 + a_{12}^{(1)}x_2 + \cdots + a_{1n}^{(1)}x_n = b_1^{(1)}, \\ \qquad a_{22}^{(2)}x_2 + \cdots + a_{2n}^{(2)}x_n = b_2^{(2)}, \\ \qquad \qquad \cdots\cdots \\ \qquad \qquad a_{nn}^{(n)}x_n = b_n^{(n)}, \end{cases}$$

$$\Rightarrow \begin{cases} x_n = b_n^{(n)}/a_{nn}^{(n)}, \\ x_k = \left(b_k^{(k)} - \sum\limits_{j=k+1}^{n} a_{kj}^{(k)}x_j\right)/a_{kk}^{(k)},\ k = n-1,\ \cdots,\ 2,\ 1. \end{cases}$$

上述过程是按照方程及未知数给定的排列顺序依次进行消元的，所以又称为**顺序消元法**. 在消元过程中，元素 $a_{kk}^{(k)}(k=1, 2, \cdots, n)$起到主要作用，一旦出现了 $a_{kk}^{(k)}=0$，则第 $k$ 次高斯消元就会停止. 事实上，对非奇异矩阵，通过交换行可以使每一个 $a_{kk}^{(k)}\neq 0$，即通过交换方程组中方程的顺序来重新选择元素 $a_{kk}^{(k)}$，这样高斯消元法总可以继续下去. 但如果要求对原方程组不作任何处理，却能保证 $a_{kk}^{(k)}\neq 0$，使高斯消元法得以顺利进行，则对方程组的系数矩阵有更高的要求. 一般有

**定理 8.1　如果线性方程组**(8-1)**的系数矩阵 A 的各阶顺序主子式不为零，即**

$$D_1 = |a_{11}| \neq 0,\ D_k = \begin{vmatrix} a_{11} & \cdots & a_{1k} \\ \vdots & & \vdots \\ a_{k1} & \cdots & a_{kk} \end{vmatrix} \neq 0,\ k = 2,\ 3,\ \cdots,\ n,$$

**则在高斯消元过程中元素 $a_{kk}^{(k)}\neq 0(k=1,2,\cdots,n)$.**

**证** 用归纳法证明：当 $k=1$ 时，$D_1=|a_{11}|\neq 0$，即得 $a_{11}^{(1)}\neq 0$. 设命题对 $k-1$ 成立，即设

$$D_i\neq 0\Rightarrow a_{ii}^{(i)}\neq 0(i=1,2,\cdots,k-1)$$

成立，则可利用高斯消元中的初等变换，对 $\boldsymbol{A}$ 的第 $k$ 阶主子阵 $\boldsymbol{A}_k$ 作 $k-1$ 步的高斯消元，将 $\boldsymbol{A}_k$ 化为上三角阵 $\boldsymbol{A}_k^{(k)}$，变换前后的矩阵的行列式的值不变，因而有

$$\det\boldsymbol{A}_k=\det\boldsymbol{A}_k^{(k)},$$

即
$$D_k=\begin{vmatrix} a_{11}^{(1)} & a_{12}^{(1)} & \cdots & a_{1k}^{(1)} \\ a_{21}^{(1)} & a_{22}^{(1)} & \cdots & a_{2k}^{(1)} \\ \vdots & \vdots & & \vdots \\ a_{k1}^{(1)} & a_{k2}^{(1)} & \cdots & a_{kk}^{(1)} \end{vmatrix}=\begin{vmatrix} a_{11}^{(1)} & a_{12}^{(1)} & \cdots & a_{1k}^{(1)} \\ & a_{22}^{(2)} & \cdots & a_{2k}^{(2)} \\ & & \ddots & \vdots \\ & & & a_{kk}^{(k)} \end{vmatrix}=a_{11}^{(1)}a_{22}^{(2)}\cdots a_{kk}^{(k)},$$

于是得 $a_{11}^{(1)}a_{22}^{(2)}\cdots a_{kk}^{(k)}\neq 0\Rightarrow a_{kk}^{(k)}\neq 0$. 因此命题对 $k$ 也成立，定理得证.

如果矩阵 $\boldsymbol{A}$ 是对称正定矩阵，则据第七章的定理 7.6 知，$\boldsymbol{A}$ 的各阶顺序主子式都为正．因此类似定理 8.1 的证明，可得

**定理 8.2　如果系数矩阵 $\boldsymbol{A}$ 是对称正定矩阵，则 $a_{kk}^{(k)}>0(k=1,2,\cdots,n)$.**

这样一来，只要判断出系数矩阵 $\boldsymbol{A}$ 是对称正定矩阵或 $\boldsymbol{A}$ 的各阶顺序主子式均不为零，则对原方程组不必作任何处理，可直接用高斯消去法求解方程组.

从理论上说，只要在消元过程中元素 $a_{kk}^{(k)}\neq 0$，就能求出方程组的解，但在实际求解时却发现有时无法保证计算结果的稳定性，即会产生较大的误差.

例如，对于线性方程组

$$\begin{cases} 10^{-5}x_1+2x_2=1, \\ 2x_1+3x_2=2, \end{cases}$$

若采用顺序消元法求解．先将第一个方程乘以 $10^5$，然后消去第二个方程中的 $x_1$，得

$$\begin{cases} x_1+2\cdot 10^5x_2=10^5, \\ (3-4\cdot 10^5)x_2=2(1-10^5). \end{cases}$$

设取四位浮点十进制运算规则，可得方程组的实际形式为

$$\begin{cases} x_1+2\cdot 10^5x_2=10^5, \\ x_2=0.5, \end{cases}$$

回代求解，即得 $x_2=0.5000$，$x_1=0.0000$.

实际上，这个方程组的准确解为 $x_1=0.250001\cdots$，$x_2=0.499998\cdots$. 两相

比较，发现结果严重失真．

出现结果失真的主要原因就是第一列的元素 $a_{11}^{(1)}=10^{-5}$ 的绝对值作为除数太小，在运算过程中把数据放大的倍数太大，从而产生较大的舍入误差，再经运算，使误差变得更大．

从上面这个例子得到启发：在用高斯消去法时，注意取方程组中系数绝对值最大的未知量作为消去元，绝对值最大的系数所在的方程作为保留方程．这样就不会扩大舍入误差，从而能保证计算的精确性．为方便计算，每次消元时，称方程组中保留方程之外的方程中绝对值最大的系数为**主元素**(简称**主元**)，并称保留主元素所在方程的消去法为**主元素消去法**．

**例 8.2**　用主元素消去法解线性方程组

$$\begin{cases}12x_1-3x_2+3x_3=15,\\-18x_1+3x_2-x_3=-15,\\x_1+x_2+x_3=6,\end{cases}$$

要求取四位有效数字．

**解**　首先，在方程组的系数中，选取绝对值最大者即 $-18$ 作为主元．为此，将第一个方程与第二个方程交换，并消去其余两个方程中的 $x_1$，得

$$\begin{cases}-18x_1+3x_2-x_3=-15,\\-x_2+2.333x_3=5,\\1.167x_2+0.944x_3=5.167.\end{cases}$$

其次，在这个新方程组的后面两个方程中，再选取绝对值最大者即 2.333 作为主元，其对应的未知量为 $x_3$，并且消去第三个方程中的 $x_3$，得

$$\begin{cases}-18x_1-x_3+3x_2=-15,\\2.333x_3-x_2=5,\\1.573x_2=3.144.\end{cases}$$

把上面的方程进行回代，就可逐步解出：

$$x_2=2.000,\ x_3=3.000,\ x_1=1.000,$$

如果不考虑有效数字，所得的正是准确解．

以上介绍的主元素消去法又称**全主元消去法**，是在整个系数矩阵中找绝对值最大的元素作为主元素，这对舍入误差增长的控制较为有利，但找主元和交换行列次序要花费大量的机器时间．因此有时不用全主元消去法而用**列主元消去法**，即未知量按顺序消去，但在要消去的那个未知量的系数中找绝对值最大的作为主元．用列主元消去法计算，基本上能控制舍入误差的影响，尤其是选主元较为方便．

**例 8.3**　用列主元消去法解方程组

$$\begin{cases}-x_1-2x_2+3x_3=4,\\-2x_1+10x_2-3x_3=9,\\11x_1-x_2-x_3=6.\end{cases}$$

**解** 采用增广矩阵进行消元，计算过程如下：

$$\widetilde{\boldsymbol{A}}=\left(\begin{array}{ccc:c}-1&-2&3&4\\-2&10&-3&9\\\boxed{11}&-1&-1&6\end{array}\right)\xrightarrow[r_2+\frac{2}{11}r_3]{r_1+\frac{1}{11}r_3}\left(\begin{array}{ccc:c}0&-23/11&32/11&50/11\\0&108/11&-35/11&111/11\\11&-1&-1&6\end{array}\right)$$

$$\xrightarrow{r_1\leftrightarrow r_3}\left(\begin{array}{ccc:c}11&-1&-1&6\\0&\boxed{108/11}&-35/11&111/11\\0&-23/11&32/11&50/11\end{array}\right)\xrightarrow{r_3+\frac{23}{108}r_2}\left(\begin{array}{ccc:c}11&-1&-1&6\\0&108/11&-35/11&111/11\\0&0&241/108&241/36\end{array}\right),$$

其中方框内的数字为逐次得到的主元素，于是可得与原方程组同解的方程组

$$\begin{cases}11x_1-x_2-x_3=6,\\\dfrac{108}{11}x_2-\dfrac{35}{11}x_3=\dfrac{111}{11},\\\dfrac{241}{108}x_3=\dfrac{241}{36}.\end{cases}$$

由回代可得解为

$$x_3=3,\ x_2=2,\ x_1=1,$$

这是方程组的精确解．因此，运用列主元消去法计算的数值比较稳定．

# 第二节 迭代法

迭代法是解线性方程组的另一类方法．由于它具有保持迭代矩阵不变的特点，因此迭代法特别适用于求解大型稀疏矩阵的方程组．

## 一、基本迭代法及其收敛性

将线性方程组(8-1)化成等价形式

$$\boldsymbol{x}=\boldsymbol{B}\boldsymbol{x}+\boldsymbol{c},\tag{8-3}$$

其中 $\boldsymbol{x}=\begin{pmatrix}x_1\\x_2\\\vdots\\x_n\end{pmatrix}$，$\boldsymbol{B}=\begin{pmatrix}b_{11}&b_{12}&\cdots&b_{1n}\\b_{21}&b_{22}&\cdots&b_{2n}\\\vdots&\vdots&&\vdots\\b_{n1}&b_{n2}&\cdots&b_{nn}\end{pmatrix}$，$\boldsymbol{c}=\begin{pmatrix}c_1\\c_2\\\vdots\\c_n\end{pmatrix}$．

对方程组(8-3)，由一个初始向量$\boldsymbol{x}^{(0)}$出发，构造相应的迭代公式

$$\boldsymbol{x}^{(k+1)}=\boldsymbol{B}\boldsymbol{x}^{(k)}+\boldsymbol{c}, \tag{8-4}$$

按此迭代公式可得到向量序列$\{\boldsymbol{x}^{(k)}\}(k=0, 1, \cdots)$.

现在给出向量序列收敛的定义：

**定义 8.1**　设$\{\boldsymbol{x}^{(k)}\}(k=0, 1, \cdots)$是 $\mathbf{R}^n$ 中的一个向量序列，$\boldsymbol{x}^* \in \mathbf{R}^n$ 是一个常向量，如果

$$\lim_{k\to\infty}\|\boldsymbol{x}^{(k)}-\boldsymbol{x}^*\|=0,$$

则称向量序列$\{\boldsymbol{x}^{(k)}\}$收敛于$\boldsymbol{x}^*$，并记为$\lim\limits_{k\to\infty}\boldsymbol{x}^{(k)}=\boldsymbol{x}^*$.

因为 $\|\boldsymbol{x}^{(k)}-\boldsymbol{x}^*\|=\sqrt{\sum\limits_{i=1}^{\infty}(x_i^{(k)}-x_i^*)^2}$（其中 $x_i^{(k)}$ 和 $x_i^*$ 分别是$\boldsymbol{x}^{(k)}$和$\boldsymbol{x}^*$中的第 $i$ 个分量)，因此不难证明，向量序列$\{\boldsymbol{x}^{(k)}\}$收敛于向量$\boldsymbol{x}^*$的充分必要条件是

$$\lim_{k\to\infty}x_i^{(k)}=x_i^*, \quad i=1, 2, \cdots, n.$$

如果由迭代公式(8－4)得到的向量序列$\{\boldsymbol{x}^{(k)}\}$收敛于$\boldsymbol{x}^*$，则对该式两边取极限，得

$$\boldsymbol{x}^*=\boldsymbol{B}\boldsymbol{x}^*+\boldsymbol{c},$$

即$\boldsymbol{x}^*$是方程组(8－3)的解，从而也是方程组(8－1)的解．这种通过构造公式(8－4)，得到向量序列$\{\boldsymbol{x}^{(k)}\}$，从而求得方程组解的方法称为**基本迭代法**．

矩阵 $\boldsymbol{B}$ 称为迭代矩阵，由公式(8－4)得到的向量序列$\{\boldsymbol{x}^{(k)}\}$称为迭代序列．如果迭代序列收敛，则称迭代法收敛，否则，称迭代法发散．

下面先介绍简单、实用的雅可比(Jacobi)迭代公式和高斯—塞德尔(Gauss-Seidel)迭代公式的构造，最后介绍较复杂的超松弛迭代法(SOR).

## 二、雅可比迭代法

考虑非奇异线性方程组(8－1)，设 $a_{ii}\neq 0(i=1, 2, \cdots, n)$，将其等价地改写成

$$\begin{cases}x_1=(-a_{12}x_2-a_{13}x_3-\cdots-a_{1n}x_n+b_1)/a_{11},\\ x_2=(-a_{21}x_1-a_{23}x_3-\cdots-a_{2n}x_n+b_2)/a_{22},\\ \cdots\cdots\cdots\cdots\cdots\cdots\\ x_n=(-a_{n1}x_1-a_{n2}x_2-\cdots-a_{n,n-1}x_{n-1}+b_n)/a_{nn},\end{cases} \tag{8-5}$$

并构造相应的迭代公式

$$\begin{cases}x_1^{(k+1)}=(-a_{12}x_2^{(k)}-a_{13}x_3^{(k)}-\cdots-a_{1n}x_n^{(k)}+b_1)/a_{11},\\ x_2^{(k+1)}=(-a_{21}x_1^{(k)}-a_{23}x_3^{(k)}-\cdots-a_{2n}x_n^{(k)}+b_2)/a_{22},\\ \cdots\cdots\cdots\cdots\cdots\cdots\\ x_n^{(k+1)}=(-a_{n1}x_1^{(k)}-a_{n2}x_2^{(k)}-\cdots-a_{n,n-1}x_{n-1}^{(k)}+b_n)/a_{nn}.\end{cases} \tag{8-6}$$

取初始向量$\boldsymbol{x}^{(0)}=(x_1^{(0)}, x_2^{(0)}, \cdots, x_n^{(0)})^{\mathrm{T}}$，利用公式(8-6)反复迭代，则会得到一个向量序列$\{\boldsymbol{x}^{(k)}\}$. 称式(8-6)为**雅可比迭代公式**，按此公式求解方程组的方法称为**雅可比迭代法**.

下面先用一个简单的例子来说明雅可比迭代法的计算方法和步骤.

**例 8.4** 解线性方程组

$$\begin{cases}8x_1-3x_2+2x_3=20,\\4x_1+11x_2-x_3=33,\\2x_1+x_2+4x_3=12,\end{cases}$$

要求近似解的误差不超过0.005.

**解** (1) 将方程组改写成迭代形式：

$$\begin{cases}x_1^{(k+1)}=(3x_2^{(k)}-2x_3^{(k)}+20)/8,\\x_2^{(k+1)}=(-4x_1^{(k)}+x_3^{(k)}+33)/11,\\x_3^{(k+1)}=(-2x_1^{(k)}-x_2^{(k)}+12)/4,\end{cases}$$

用矩阵表示即为

$$\boldsymbol{x}^{(k+1)}=\boldsymbol{B}_{\mathrm{J}}\boldsymbol{x}^{(k)}+\boldsymbol{c},$$

其中
$$\boldsymbol{B}_{\mathrm{J}}=\begin{pmatrix}0 & \frac{3}{8} & -\frac{1}{4}\\ -\frac{4}{11} & 0 & \frac{1}{11}\\ -\frac{1}{2} & -\frac{1}{4} & 0\end{pmatrix},\ \boldsymbol{c}=\begin{pmatrix}2.5\\3\\3\end{pmatrix}.$$

任意选取初始向量$\boldsymbol{x}^{(0)}=(x_1^{(0)}, x_2^{(0)}, x_3^{(0)})^{\mathrm{T}}$，代入上式右端，就可以得到一个新向量$\boldsymbol{x}^{(1)}=(x_1^{(1)}, x_2^{(1)}, x_3^{(1)})^{\mathrm{T}}$；再把$\boldsymbol{x}^{(1)}$代入上式右端，又可以得到$\boldsymbol{x}^{(2)}$，如此反复迭代计算，继续下去，直到一定程度为止.

(2) 求近似解：

一般可取零向量为初始向量，即取$x_1^{(0)}=x_2^{(0)}=x_3^{(0)}=0$，计算结果见表8-1. 从计算结果看出，近似解向量序列收敛，并以准确解：$x_1=3$，$x_2=2$，$x_3=1$为其极限.

**表 8-1**

| $k$ | $x_1^{(k)}$ | $x_2^{(k)}$ | $x_3^{(k)}$ |
|---|---|---|---|
| 0 | 0.0000 | 0.0000 | 0.0000 |
| 1 | 2.5 | 3 | 3 |
| 2 | 2.875 | 2.3636 | 1 |

（续）

| $k$ | $x_1^{(k)}$ | $x_2^{(k)}$ | $x_3^{(k)}$ |
|---|---|---|---|
| 3 | 3.1364 | 2.0455 | 0.9716 |
| 4 | 3.0241 | 1.9478 | 0.9205 |
| 5 | 3.0003 | 1.9840 | 1.0010 |
| 6 | 2.9938 | 2.0000 | 1.0038 |
| 7 | 2.9990 | 2.0026 | 1.0031 |
| 8 | 3.0002 | 2.0006 | 0.9998 |
| 9 | 3.0003 | 1.9999 | 0.9997 |
| 10 | 3.0000 | 1.9999 | 0.9999 |

（3）估计误差：

虽然上述迭代过程以准确解为其极限，但仅经有限次的计算却未必能达到这一极限，因此必须由已经计算出的结果来估计误差，求得所需要的近似解．由表 8－1 看出

$$|x_1^{(8)}-x_1^{(7)}|=0.0012,\quad |x_2^{(8)}-x_2^{(7)}|=0.0020,\quad |x_3^{(8)}-x_3^{(7)}|=0.0033,$$

它们均小于所要求的误差 0.005，因此只要取$\boldsymbol{x}^{(8)}=(x_1^{(8)},\ x_2^{(8)},\ x_3^{(8)})^{\mathrm{T}}$ 为方程组的近似解就达到了要求，而后面的计算已无必要．

至于一般情形的求解，则要对方程组的系数矩阵 $\boldsymbol{A}$ 作适当的分解，可令

$$\boldsymbol{A}=\boldsymbol{D}-\boldsymbol{L}-\boldsymbol{U}, \tag{8-7}$$

其中 $\boldsymbol{D}$、$\boldsymbol{L}$、$\boldsymbol{U}$ 分别为对角阵、下三角阵和上三角阵，且

$$\boldsymbol{D}=\mathrm{diag}(a_{11},\ a_{22},\ \cdots,\ a_{nn}),$$

$$\boldsymbol{L}=\begin{pmatrix} 0 & & & & & \\ -a_{21} & 0 & & & & \\ -a_{31} & -a_{32} & \ddots & & & \\ \vdots & \vdots & & 0 & & \\ -a_{n-1,1} & -a_{n-1,2} & \cdots & -a_{n-1,n-2} & 0 & \\ -a_{n1} & -a_{n2} & \cdots & -a_{n,n-2} & -a_{n,n-1} & 0 \end{pmatrix},$$

$$\boldsymbol{U}=\begin{pmatrix} 0 & -a_{12} & -a_{13} & \cdots & -a_{1,n-1} & -a_{1n} \\ & 0 & -a_{23} & \cdots & -a_{2,n-1} & -a_{2n} \\ & & 0 & & \vdots & \vdots \\ & & & \ddots & -a_{n-2,n-1} & -a_{n-2,n} \\ & & & & 0 & -a_{n-1,n} \\ & & & & & 0 \end{pmatrix},$$

那么方程组(8-1)可以化为

$$\boldsymbol{x}=\boldsymbol{B}_{\mathrm{J}}\boldsymbol{x}+\boldsymbol{c}, \tag{8-8}$$

其中$\boldsymbol{B}_{\mathrm{J}}=\boldsymbol{D}^{-1}(\boldsymbol{L}+\boldsymbol{U})$，$\boldsymbol{c}=\boldsymbol{D}^{-1}\boldsymbol{b}$，于是雅可比迭代格式的矩阵表示形式为

$$\boldsymbol{x}^{(k+1)}=\boldsymbol{B}_{\mathrm{J}}\boldsymbol{x}^{(k)}+\boldsymbol{c},\ k=0,\ 1,\ 2,\ \cdots, \tag{8-9}$$

$\boldsymbol{B}_{\mathrm{J}}$ 称为**雅可比迭代矩阵**，$\boldsymbol{c}$ 称为**常数列**.

实际求解时，如例 8.4 那样，首先任给初始近似解向量$\boldsymbol{x}^{(0)}=(x_1^{(0)},x_2^{(0)},\cdots,x_n^{(0)})^{\mathrm{T}}$，将其代入式(8-9)右端，得到第一次近似解$\boldsymbol{x}^{(1)}=(x_1^{(1)},x_2^{(1)},\cdots,x_n^{(1)})^{\mathrm{T}}$；再把$\boldsymbol{x}^{(1)}$代入，得到第二次近似解$\boldsymbol{x}^{(2)}$，如此继续下去，可得到第 $k+1$ 次近似解$\boldsymbol{x}^{(k+1)}$. 在迭代过程中，随时注意比较近似解$\boldsymbol{x}^{(k+1)}$与$\boldsymbol{x}^{(k)}$，如果 $r$ 为预先要求的误差，当发现有

$$|x_1^{(k+1)}-x_1^{(k)}|\leqslant r,\ |x_2^{(k+1)}-x_2^{(k)}|\leqslant r,\ \cdots,\ |x_n^{(k+1)}-x_n^{(k)}|\leqslant r,$$

则停止迭代，并取$\boldsymbol{x}^{(k+1)}$为方程组的近似解，即

$$x_1\approx x_1^{(k+1)},\ x_2\approx x_2^{(k+1)},\ \cdots,\ x_n\approx x_n^{(k+1)}.$$

## 三、高斯—塞德尔迭代法

根据雅可比迭代法，可将第 $k$ 次的迭代结果

$$\boldsymbol{x}^{(k)}=(x_1^{(k)},\ x_2^{(k)},\ \cdots,\ x_n^{(k)})^{\mathrm{T}}$$

整体代入迭代公式(8-6)或(8-8)，随即得出第 $k+1$ 次的迭代结果

$$\boldsymbol{x}^{(k+1)}=(x_1^{(k+1)},\ x_2^{(k+1)},\ \cdots,\ x_n^{(k+1)})^{\mathrm{T}}.$$

现在对这一迭代方式稍作改变，采取逐个计算 $x_1^{(k+1)}$，$x_2^{(k+1)}$，…，$x_m^{(k+1)}$，…，$x_n^{(k+1)}$ 的方式进行，并且在计算 $x_m^{(k+1)}(m\geqslant 2)$时，及时地引用新得到的 $x_1^{(k+1)}$，$x_2^{(k+1)}$，…，$x_{m-1}^{(k+1)}$，依次代替 $x_1^{(k)}$，$x_2^{(k)}$，…，$x_{m-1}^{(k)}$. 这样一来，式(8-6)的分量形式就变为

$$\begin{cases}
x_1^{(k+1)}=(-a_{12}x_2^{(k)}-a_{13}x_3^{(k)}-\cdots-a_{1n}x_n^{(k)}+b_1)/a_{11},\\
x_2^{(k+1)}=(-a_{21}x_1^{(k+1)}-a_{23}x_3^{(k)}-\cdots-a_{2n}x_n^{(k)}+b_2)/a_{22},\\
\qquad\cdots\cdots\cdots\cdots\cdots\cdots\\
x_m^{(k+1)}=(-a_{m1}x_1^{(k+1)}-\cdots-a_{m,m-1}x_{m-1}^{(k+1)}-a_{m,m+1}x_{m+1}^{(k)}-\cdots-a_{mn}x_n^{(k)}+b_m)/a_{mm},\\
\qquad\cdots\cdots\cdots\cdots\cdots\cdots\\
x_n^{(k+1)}=(-a_{n1}x_1^{(k+1)}-a_{n2}x_2^{(k+1)}-\cdots-a_{n,n-1}x_{n-1}^{(k+1)}+b_n)/a_{nn},
\end{cases} \tag{8-10}$$

式(8-10)称为高斯—赛德尔(**Gauss—Seidel**)**迭代公式**，简写为 G—S **迭代**. 这种迭代法也称为**逐个迭代法**，而把雅可比迭代法称为**简单迭代法**.

一般说来，在迭代过程中及时地引用新值，计算的结果要比用旧值更接近

准确解，即逐个迭代法要比简单迭代法更快接近准确解．同时，这种改变还可以节省存储单元，给编制程序带来方便．因此逐个迭代法是计算机上更为常用的迭代方法．

由式(8－10)不难得到 G—S 迭代公式的矩阵形式

$$\boldsymbol{x}^{(k+1)}=\boldsymbol{D}^{-1}\boldsymbol{L}\boldsymbol{x}^{(k+1)}+\boldsymbol{D}^{-1}\boldsymbol{U}\boldsymbol{x}^{(k)}+\boldsymbol{D}^{-1}\boldsymbol{b},$$

由于这一式子的右端既有$\boldsymbol{x}^{(k)}$又有$\boldsymbol{x}^{(k+1)}$，用于计算机编程很不方便，但它可以改写成

$$\boldsymbol{x}^{(k+1)}=\boldsymbol{B}_{G-S}\boldsymbol{x}^{(k)}+\boldsymbol{c},\ k=0,\ 1,\ 2,\ \cdots, \qquad (8-11)$$

其中 $\boldsymbol{B}_{G-S}=(\boldsymbol{D}-\boldsymbol{L})^{-1}\boldsymbol{U}$ 称为 G—S **迭代矩阵**，$\boldsymbol{c}=(\boldsymbol{D}-\boldsymbol{L})^{-1}\boldsymbol{b}$ 称为**常数列**．

G—S 迭代公式(8－11)从形式上看与雅可比公式(8－8)非常一致，在计算机上应用很方便．

高斯—塞德尔迭代的一个明显优点是在编写程序时存储量减少了，但用此法计算时，不能改变计算分量的次序．

**例 8.5**　用高斯—塞德尔迭代法解例 8.4 的方程组，要求近似解的误差不超过 0.001.

**解**　该方程组的高斯—塞德尔迭代公式为

$$\begin{cases} x_1^{(k+1)}=(3x_2^{(k)}-2x_3^{(k)}+20)/8, \\ x_2^{(k+1)}=(-4x_1^{(k+1)}+x_3^{(k)}+33)/11, \\ x_3^{(k+1)}=(-2x_1^{(k+1)}-x_2^{(k+1)}+12)/4, \end{cases}$$

仍取迭代初始值 $x_1^{(0)}=0$，$x_2^{(0)}=0$，$x_3^{(0)}=0$，代入该公式进行迭代，结果见表 8－2.

**表 8－2**

| $k$ | $x_1^{(k)}$ | $x_2^{(k)}$ | $x_3^{(k)}$ |
|---|---|---|---|
| 0 | 0.0000 | 0.0000 | 0.0000 |
| 1 | 2.5000 | 2.0909 | 1.2273 |
| 2 | 2.9773 | 2.0289 | 1.0041 |
| 3 | 3.0098 | 1.9968 | 0.9959 |
| 4 | 2.9998 | 1.9997 | 1.0002 |
| 5 | 2.9998 | 2.0001 | 1.0001 |

由表 8－2 可以看出，随着迭代的次数的增加，高斯—塞德尔迭代的结果以比雅可比迭代更快的速度接近精确解．从计算结果看，只要迭代 5 次就可达到要求，且误差还更小，

$$x_1^{(5)}=2.9998,\ x_2^{(5)}=2.0001,\ x_3^{(5)}=1.0001$$

即为所给方程组的近似解．

## 四、超松弛迭代法

下面介绍一种新的迭代方法，它是高斯—塞德尔迭代的深入推广，也可作为高斯—塞德尔迭代的加速．

前面已阐述高斯—塞德尔迭代公式，现取迭代公式

$$\boldsymbol{x}^{(k+1)}=\boldsymbol{D}^{-1}\boldsymbol{L}\boldsymbol{x}^{(k+1)}+\boldsymbol{D}^{-1}\boldsymbol{U}\boldsymbol{x}^{(k)}+\boldsymbol{D}^{-1}\boldsymbol{b},$$

令 $\Delta\boldsymbol{x}=\boldsymbol{x}^{(k+1)}-\boldsymbol{x}^{(k)}$，应用上式可得

$$\Delta\boldsymbol{x}=\boldsymbol{D}^{-1}\boldsymbol{L}\boldsymbol{x}^{(k+1)}+\boldsymbol{D}^{-1}\boldsymbol{U}\boldsymbol{x}^{(k)}-\boldsymbol{x}^{(k)}+\boldsymbol{D}^{-1}\boldsymbol{b}. \tag{8-12}$$

又有

$$\boldsymbol{x}^{(k+1)}=\boldsymbol{x}^{(k)}+\Delta\boldsymbol{x},$$

从高斯—塞德尔迭代法方面来说，向量 $\boldsymbol{x}^{(k)}$ 加上校正项 $\Delta\boldsymbol{x}$ 便得到 $\boldsymbol{x}^{(k+1)}$．为了加快迭代结果，在校正项前面乘以一个参数 $\omega$，即有

$$\boldsymbol{x}^{(k+1)}=\boldsymbol{x}^{(k)}+\omega\Delta\boldsymbol{x},$$

再将式(8-12)代入上式，得到迭代公式

$$\boldsymbol{x}^{(k+1)}=(1-\omega)\boldsymbol{x}^{(k)}+\omega(\boldsymbol{D}^{-1}\boldsymbol{L}\boldsymbol{x}^{(k+1)}+\boldsymbol{D}^{-1}\boldsymbol{U}\boldsymbol{x}^{(k)}+\boldsymbol{D}^{-1}\boldsymbol{b}), \tag{8-13}$$

其分量形式表示为

$$x_i^{(k+1)}=(1-\omega)x_i^{(k)}+\frac{\omega}{a_{ii}}\left(b_i-\sum_{j=1}^{i-1}a_{ij}x_j^{(k+1)}-\sum_{j=i+1}^{n}a_{ij}x_j^{(k)}\right)$$
$$(i=1,\ 2,\ \cdots,\ n), \tag{8-14}$$

其矩阵形式则为

$$\boldsymbol{x}^{(k+1)}=\boldsymbol{B}_\omega\boldsymbol{x}^{(k)}+\boldsymbol{c},\ k=0,\ 1,\ 2,\ \cdots,$$

这一迭代方法称为逐次超松弛迭代法，简称为**超松弛迭代法**，其中

$$\boldsymbol{B}_\omega=(\boldsymbol{D}-\omega\boldsymbol{L})^{-1}[(1-\omega)\boldsymbol{D}+\omega\boldsymbol{U}]$$

称为松弛迭代矩阵，参数 $\omega$ 称为松弛因子，$\boldsymbol{c}=\omega(\boldsymbol{D}-\omega\boldsymbol{L})^{-1}\boldsymbol{b}$ 称为常数列．而且 $\omega$ 一般在(0，2)上取值，当 $\omega<1$ 时称为低松弛，也称为亚松弛；当 $\omega=1$ 时就是高斯—赛德尔迭代；当 $\omega>1$ 时称为超松弛，并把超松弛简记为SOR.

**例 8.6** 用雅可比迭代法、高斯—赛德尔迭代法及超松弛迭代法解方程组

$$\begin{pmatrix}4&1&0\\1&4&2\\0&2&4\end{pmatrix}\begin{pmatrix}x_1\\x_2\\x_3\end{pmatrix}=\begin{pmatrix}11\\12\\13\end{pmatrix},$$

取解的初始值为零向量，取松弛因子 $\omega=1.1$.

**解** 容易求得所给方程组的精确解为 $x_1=2.5$，$x_2=1$，$x_3=2.75$. 三种迭

代法的迭代公式分别为

雅可比迭代法（应用迭代公式(8 - 6)）

$$\begin{cases} x_1^{(k+1)}=(-x_2^{(k)}+11)/4, \\ x_2^{(k+1)}=(-x_1^{(k)}-2x_3^{(k)}+12)/4, \\ x_3^{(k+1)}=(-2x_2^{(k)}+13)/4. \end{cases}$$

高斯—赛德尔迭代法（应用迭代公式(8 - 10)）

$$\begin{cases} x_1^{(k+1)}=(-x_2^{(k)}+11)/4, \\ x_2^{(k+1)}=(-x_1^{(k+1)}-2x_3^{(k)}+12)/4, \\ x_3^{(k+1)}=(-2x_2^{(k+1)}+13)/4. \end{cases}$$

超松弛迭代法（应用迭代公式(8 - 14)）

$$\begin{cases} x_1^{(k+1)}=-0.1x_1^{(k)}+\dfrac{1.1}{4}(-x_2^{(k)}+11), \\ x_2^{(k+1)}=-0.1x_2^{(k)}+\dfrac{1.1}{4}(-x_1^{(k+1)}-2x_3^{(k)}+12), \\ x_3^{(k+1)}=-0.1x_3^{(k)}+\dfrac{1.1}{4}(-2x_2^{(k+1)}+13). \end{cases}$$

取 $x_1^{(0)}=0$，$x_2^{(0)}=0$，$x_3^{(0)}=0$，计算结果见表 8 - 3.

**表 8 - 3**

| $k$ | 雅可比迭代法 | | | 高斯—塞德尔迭代法 | | | 超松弛迭代法 | | |
|---|---|---|---|---|---|---|---|---|---|
| | $x_1^{(k)}$ | $x_2^{(k)}$ | $x_3^{(k)}$ | $x_1^{(k)}$ | $x_2^{(k)}$ | $x_3^{(k)}$ | $x_1^{(k)}$ | $x_2^{(k)}$ | $x_3^{(k)}$ |
| 0 | 0.0000 | 0.0000 | 0.0000 | 0.0000 | 0.0000 | 0.0000 | 0.0000 | 0.0000 | 0.0000 |
| 1 | 2.7500 | 3.0000 | 3.2500 | 2.7500 | 2.3125 | 2.0938 | 3.0250 | 2.4681 | 2.2175 |
| 2 | 2.0000 | 0.6875 | 1.7500 | 2.0000 | 1.4531 | 2.5235 | 2.0438 | 1.2715 | 2.6539 |
| 3 | 2.5781 | 1.6250 | 2.9063 | 2.3867 | 1.1416 | 2.6792 | 2.4710 | 0.8954 | 2.8171 |
| 4 | 2.3438 | 0.9023 | 2.4375 | 2.4646 | 1.0443 | 2.7279 | 2.5317 | 0.9648 | 2.7627 |
| 5 | 2.5244 | 1.1953 | 2.7989 | 2.4889 | 1.0138 | 2.7431 | 2.5065 | 0.9948 | 2.7516 |
| 6 | 2.4512 | 0.9695 | 2.6524 | 2.4966 | 1.0043 | 2.7479 | 2.5008 | 0.9994 | 2.7502 |
| 7 | 2.5077 | 1.0610 | 2.7653 | 2.4989 | 1.0013 | 2.7494 | 2.5001 | 0.9999 | 2.7500 |

由表 8 - 3 可见，此时三种迭代法中超松弛迭代法接近结果的速度最快.

## 第三节　迭代法的收敛性及误差估计

对于一个给定的线性方程组，它化为迭代的形式不是唯一的，然而根据任

意一个迭代形式进行计算，却不一定能得到收敛于准确解的近似解．譬如，对于线性方程组

$$\begin{cases}10x_1-x_2-2x_3=7.2,\\-x_1+10x_2-2x_3=8.3,\\-x_1-x_2+5x_3=4.2,\end{cases}$$

将其中的第三个方程调到最前面，并改写成迭代形式：

$$\begin{cases}x_1=-x_2+5x_3-4.2,\\x_2=10x_1-2x_3-7.2,\\x_3=-0.5x_1+5x_2-4.15,\end{cases}$$

用简单迭代法进行迭代，不管取什么初始值 $x_1^{(0)}$，$x_2^{(0)}$，$x_3^{(0)}$，只要迭代几次，就会发现不可能得到收敛于准确解 $x_1=1.1$，$x_2=1.2$，$x_3=1.3$ 的近似解．

这个例子说明，迭代序列收敛，或者更准确地说，迭代公式收敛是有条件的，下面介绍几个迭代法收敛的充分判定定理．

**定理 8.3　如果方程组(8－3)中每个方程右端系数绝对值之和都不大于某个正数 $\rho$，即**

$$\sum_{j=1}^{n}|b_{ij}|\leqslant\rho,\ i=1,\ 2,\ \cdots,\ n,$$

**且 $\rho<1$，则简单迭代公式(8－4)对任意的初始向量都是收敛的．**

**证**　设 $\boldsymbol{x}^*=(x_1^*,\ x_2^*,\ \cdots,\ x_n^*)^{\mathrm{T}}$ 是方程组(8－3)的准确解，需要证明

$$\lim_{k\to\infty}x_i^{(k)}=x_i^*\ \text{或}\lim_{k\to\infty}|x_i^{(k)}-x_i^*|=0,\ i=1,\ 2,\ \cdots,\ n.$$

若令 $\delta_k=\max\limits_{1\leqslant i\leqslant n}|x_i^{(k)}-x_i^*|$，则只需证明：当 $k\to\infty$ 时，$\delta_k\to0$.

因为 $\boldsymbol{x}^*=(x_1^*,\ x_2^*,\ \cdots,\ x_n^*)^{\mathrm{T}}$ 满足(8－3)，而 $\boldsymbol{x}^{(k)}=(x_1^{(k)},\ x_2^{(k)},\ \cdots,\ x_n^{(k)})^{\mathrm{T}}$ 是由式(8－4)迭代第 $k$ 次的结果，于是有

$$x_i^{(k)}-x_i^*=b_{i1}(x_1^{(k-1)}-x_1^*)+\cdots+b_{in}(x_n^{(k-1)}-x_n^*),\ i=1,\ 2,\ \cdots,\ n,$$

从而

$$|x_i^{(k)}-x_i^*|\leqslant|b_{i1}||x_1^{(k-1)}-x_1^*|+\cdots+|b_{in}||x_n^{(k-1)}-x_n^*|,\ i=1,\ 2,\ \cdots,\ n,$$

所以　$|x_i^{(k)}-x_i^*|\leqslant(|b_{i1}|+\cdots+|b_{in}|)\delta_{k-1}\leqslant\rho\delta_{k-1},\ i=1,\ 2,\ \cdots,\ n,$

因此有 $\delta_k\leqslant\rho\delta_{k-1}$，进而

$$\delta_k\leqslant\rho\delta_{k-1}\leqslant\rho^2\delta_{k-2}\leqslant\cdots\leqslant\rho^k\delta_0.$$

由于 $\delta_0$ 是一个常数，而 $\rho<1$，故当 $k\to\infty$ 时，$\delta_k\to0$，定理得证．

与定理 8.3 的判别法则对称的是以下定理．

**定理 8.4　如果方程组(8－3)右端同一个未知量的系数绝对值之和都不大于某个正数 $\rho$，即**

$$\sum_{i=1}^{n}|b_{ij}|\leqslant\rho,\ j=1,\ 2,\ \cdots,\ n,$$

**且 $\rho<1$，则简单迭代公式(8-4)对任意的初始向量都是收敛的.**

**证**　令
$$\varepsilon_k=|x_1^{(k)}-x_1^*|+\cdots+|x_n^{(k)}-x_n^*|,$$
在定理 8.3 的证明中，曾得到不等式
$$|x_i^{(k)}-x_i^*|\leqslant|b_{i1}||x_1^{(k-1)}-x_1^*|+\cdots+|b_{in}||x_n^{(k-1)}-x_n^*|,\ i=1,\ 2,\ \cdots,\ n,$$
将这 $n$ 个不等式相加，就得到
$$\begin{aligned}\varepsilon_k&\leqslant(|b_{11}|+\cdots+|b_{n1}|)|x_1^{(k-1)}-x_1^*|+\cdots+\\&\quad(|b_{1n}|+\cdots+|b_{nn}|)|x_n^{(k-1)}-x_n^*|\\&\leqslant\rho(|x_1^{(k-1)}-x_1^*|+\cdots+|x_n^{(k-1)}-x_n^*|)=\rho\varepsilon_{k-1},\end{aligned}$$
于是 $\varepsilon_k\leqslant\rho^k\varepsilon_0$，从而当 $k\to\infty$ 时，$\varepsilon_k\to0$.

由于 $|x_i^{(k)}-x_i^*|\leqslant\varepsilon_k(i=1,\ 2,\ \cdots,\ n)$，所以有
$$\lim_{k\to\infty}|x_i^{(k)}-x_i^*|=0,\ i=1,\ 2,\ \cdots,\ n,$$
因此定理得证.

**定义 8.2**　设矩阵 $\boldsymbol{A}=(a_{ij})_{n\times n}$ 中任一行(列)除对角线元素外的其余元素的绝对值之和小于同行(列)主对角线元素的绝对值，即
$$\sum_{\substack{j=1\\j\neq i}}^{n}|a_{ij}|<|a_{ii}|(i=1,\ 2,\ \cdots,\ n)\left(\text{或}\sum_{\substack{i=1\\i\neq j}}^{n}|a_{ij}|<|a_{jj}|(j=1,\ 2,\ \cdots,\ n)\right),$$
则称矩阵 $\boldsymbol{A}$ 为**严格对角占优矩阵**.

**定理 8.5　如果线性方程组(8-1)的系数矩阵 $\boldsymbol{A}$ 为严格对角占优矩阵，则**

**(1) 雅可比迭代法与高斯—塞德尔迭代法对任意的初始向量都是收敛的；**

**(2) 当 $0<\omega\leqslant1$ 时，超松弛迭代法收敛.**

**说明**：如果系数矩阵 $\boldsymbol{A}$ 为行严格对角占优矩阵，即满足条件
$$\sum_{\substack{j=1\\j\neq i}}^{n}|a_{ij}|<|a_{ii}|(i=1,\ 2,\ \cdots,\ n),$$
则有
$$\sum_{\substack{j=1\\j\neq i}}^{n}\left|\frac{a_{ij}}{a_{ii}}\right|<1(i=1,\ 2,\ \cdots,\ n),$$
于是由定理 8.3 推知，雅可比迭代法是收敛的. 其他情形的证明都比较麻烦，在此从略.

**定理 8.6　若线性方程组(8-1)的系数矩阵 $\boldsymbol{A}$ 是对称正定矩阵，则**

**(1) 高斯—塞德尔迭代法对任意的初始向量都是收敛的；**

**(2) 当 $0<\omega<2$ 时，超松弛迭代法收敛.**

证明略去.

**注意**：上述四个定理仅是迭代公式收敛的充分判定定理，并不是必要的．例如，线性方程组

$$\begin{cases}x_1+2x_2-2x_3=1,\\x_1+x_2+x_3=2,\\2x_1+2x_2+x_3=3,\end{cases}$$

其系数矩阵显然不是严格对角占优矩阵．通过实际计算，不难发现该方程的雅可比迭代法收敛，而高斯—塞德尔迭代法发散．

**例 8.7** 已知线性方程组

$$\begin{cases}5x_1+2x_2-2x_3=1,\\x_1+4x_2+x_3=2,\\2x_1+2x_2+6x_3=3,\end{cases}$$

判断雅可比迭代法、高斯—塞德尔迭代法及超松弛迭代法的收敛性．

**解** 该方程组的系数矩阵为严格对角占优矩阵．由定理 8.5 知，雅可比迭代法和高斯—塞德尔迭代法都是收敛的，且当 $0<\omega\leqslant 1$ 时，超松弛迭代法也是收敛的．

**例 8.8** 设线性方程组 $\boldsymbol{A}\boldsymbol{x}=\boldsymbol{b}$ 的系数矩阵为

$$\boldsymbol{A}=\begin{pmatrix}4&-1&2\\-1&3&0\\2&0&7\end{pmatrix},$$

判断雅可比迭代法、高斯—塞德尔迭代法及超松弛迭代法的收敛性．

**解** 因为 $\boldsymbol{A}$ 是严格对角占优矩阵，从而由定理 8.5 可知，雅可比迭代法和高斯—塞德尔迭代法都收敛．又由于 $\boldsymbol{A}$ 是对称的，且矩阵 $\boldsymbol{A}$ 的各阶顺序主子式

$$D_1=4>0,\ D_2=\begin{vmatrix}4&-1\\-1&3\end{vmatrix}=11>0,\ D_3=\begin{vmatrix}4&-1&2\\-1&3&0\\2&0&7\end{vmatrix}=65>0,$$

因此 $\boldsymbol{A}$ 是对称正定矩阵，从而由定理 8.6 可知，当 $0<\omega<2$ 时，超松弛迭代法是收敛的．

**例 8.9** 已知方程组

$$\begin{cases}x_1+\lambda x_2+\lambda x_3=1,\\\lambda x_1+x_2+\lambda x_3=2,\\\lambda x_1+\lambda x_2+x_3=3,\end{cases}$$

试问：(1) 当 $\lambda$ 为何值时，雅可比迭代法是收敛的；

(2) 当 $\lambda$ 为何值时，高斯—塞德尔迭代法是收敛的；

(3) 当 $\lambda$ 为何值时，超松弛迭代法是收敛的．

**解**　(1) 容易得知，当 $-0.5<\lambda<0.5$ 时，方程组的系数矩阵 $\boldsymbol{A}$ 为严格对角占优矩阵，故雅可比迭代法收敛．

(2) 系数矩阵 $\boldsymbol{A}$ 是对称的，且矩阵 $\boldsymbol{A}$ 的各阶顺序主子式：

$$D_1=1>0,\ D_2=1-\lambda^2>0,\ D_3=1+2\lambda^3-3\lambda^2>0,$$

解得 $-0.5<\lambda<1$，这时矩阵 $\boldsymbol{A}$ 是对称正定的，故由定理 8.6 知，高斯—塞德尔迭代法是收敛的．

(3) 因为当 $-0.5<\lambda<1$ 时，矩阵 $\boldsymbol{A}$ 是对称正定的，故由定理 8.6 知，当 $0<\omega<2$ 时，超松弛迭代法是收敛的．

在介绍雅可比迭代法时，估计迭代法近似解的误差，根据的是相邻两次近似解之差的绝对值来做判断的，现在就来解释这其中的道理．这里假定雅可比迭代公式(8-9)满足定理 8.4 的条件．

首先证明不等式

$$\max_{1\leqslant j\leqslant n}|x_j^{(k)}-x_j^*|\leqslant\frac{1}{1-\rho}\max_{1\leqslant j\leqslant n}|x_j^{(k)}-x_j^{(k+1)}|,\qquad(8-15)$$

事实上，将 $x_i^{(p)}$ 表示为

$$x_i^{(p)}=x_i^{(k)}+\sum_{q=k}^{p-1}(x_i^{(q+1)}-x_i^{(q)}),\ i=1,2,\cdots,n,$$

有

$$x_i^*=\lim_{p\to\infty}x_i^{(p)}=x_i^{(k)}+\sum_{q=k}^{\infty}(x_i^{(q+1)}-x_i^{(q)}),\ i=1,2,\cdots,n,$$

即准确解可以表示成近似解所构成的无穷级数的和的形式，于是

$$|x_i^*-x_i^{(k)}|=\left|\sum_{q=k}^{\infty}(x_i^{(q+1)}-x_i^{(q)})\right|\leqslant\sum_{q=k}^{\infty}|x_i^{(q+1)}-x_i^{(q)}|,\ i=1,2,\cdots,n.\qquad(8-16)$$

因为

$$|x_i^{(k)}-x_i^{(k+1)}|\leqslant\max_{1\leqslant j\leqslant n}|x_j^{(k)}-x_j^{(k+1)}|,$$

由迭代公式(8-9)可得

$$\begin{aligned}|x_i^{(k+1)}-x_i^{(k+2)}|&=|b_{i1}(x_1^{(k)}-x_1^{(k+1)})+\cdots+b_{in}(x_n^{(k)}-x_n^{(k+1)})|\\&\leqslant|b_{i1}||x_1^{(k)}-x_1^{(k+1)}|+\cdots+|b_{in}||x_n^{(k)}-x_n^{(k+1)}|\\&\leqslant(|b_{i1}|+\cdots+|b_{in}|)\max_{1\leqslant j\leqslant n}|x_j^{(k)}-x_j^{(k+1)}|\\&\leqslant\rho\max_{1\leqslant j\leqslant n}|x_j^{(k)}-x_j^{(k+1)}|.\end{aligned}$$

通过递推，一般有

$$|x_i^{(k+l)}-x_i^{(k+l+1)}|\leqslant\rho^l\max_{1\leqslant j\leqslant n}|x_j^{(k)}-x_j^{(k+1)}|,$$

代入式(8-16)，注意到 $\rho<1$，即有

$$|x_i^{(k)}-x_i^*|\leqslant(1+\rho+\rho^2+\cdots+\rho^l+\cdots)\max_{1\leqslant j\leqslant n}|x_j^{(k)}-x_j^{(k+1)}|$$

$$=\frac{1}{1-\rho}\max_{1\leqslant j\leqslant n}|x_j^{(k)}-x_j^{(k+1)}|,\ i=1,\ 2,\ \cdots,\ n,$$

于是不等式(8-15)得证．

因为式(8-15)成立，只要

$$\max_{1\leqslant j\leqslant n}|x_j^{(k)}-x_j^{(k+1)}|\leqslant(1-\rho)r,$$

就得
$$\max_{1\leqslant j\leqslant n}|x_j^{(k)}-x_j^*|\leqslant\frac{1}{1-\rho}(1-\rho)r=r,$$

因此可以用相邻两次近似解的误差来确定所需要的近似解．

在一般情况下，当取小于 $r$ 的数时，这数也几乎是小于 $(1-\rho)r$ 的，因此通常也采用一种粗略的、但极为简单的误差估计方法，即前面所说的：只要

$$|x_i^{(k)}-x_i^{(k+1)}|\leqslant r,\ i=1,\ 2,\ \cdots,\ n,$$

就认为近似解 $(x_1^{(k+1)},\ \cdots,\ x_n^{(k+1)})^{\mathrm{T}}$ 满足误差要求．

譬如例 8.4 中，$\rho=0.75$，$r=0.005$，$(1-\rho)r=0.00125$，由

$$|x_1^{(8)}-x_1^{(7)}|=0.0012,\ |x_2^{(8)}-x_2^{(7)}|=0.0020,\ |x_3^{(8)}-x_3^{(7)}|=0.0033$$

就大致可以肯定

$$|x_1^{(8)}-x_1^*|\leqslant0.005,\ |x_2^{(8)}-x_2^*|\leqslant0.005,\ |x_3^{(8)}-x_3^*|\leqslant0.005,$$

(事实上也是如此)因此，$\boldsymbol{x}^{(8)}=(x_1^{(8)},\ x_2^{(8)},\ x_3^{(8)})^{\mathrm{T}}$ 就是满足要求的近似解．通常的做法是，前后相邻两次迭代的结果，当小数点后若干位数都相同时，便认为后一个近似解已精确到若干位小数了．

## 习 题 八

1. 分别用高斯消元法和列主元消去法解方程组．

$$\begin{cases}1.133x_1+5.281x_2=6.414,\\24.14x_1-1.210x_2=22.93.\end{cases}$$

2. 求分别用雅克比迭代法、高斯—塞德尔迭代法及超松弛迭代法($\omega=1.1$)解如下线性方程组的两次迭代解(取初始向量 $\boldsymbol{x}^{(0)}=\boldsymbol{0}$)．

$$\begin{cases}3x_1-x_2+x_3=1,\\3x_1+6x_2+2x_3=0,\\3x_1+3x_2+7x_3=4.\end{cases}$$

3. 写出求解方程组 $\begin{cases}x_1+1.6x_2=1,\\-0.4x_1+x_2=2\end{cases}$ 的高斯—塞德尔迭代公式为________，迭代矩阵为____________，此迭代法是否收敛____________．

4. 已知方程组 $\boldsymbol{Ax}=\boldsymbol{b}$，其中 $\boldsymbol{A}=\begin{pmatrix}1 & 2 & -2\\ 1 & 1 & 1\\ 2 & 2 & 1\end{pmatrix}$，$\boldsymbol{b}=\begin{pmatrix}1\\ 2\\ 3\end{pmatrix}$，

(1) 写出该方程组的雅可比迭代法和高斯—塞德尔迭代法的分量形式；

(2) 写出该方程组的雅可比迭代法和高斯—塞德尔迭代法的迭代矩阵.

5. 设线性方程组 $\boldsymbol{Ax}=\boldsymbol{b}$ 的系数矩阵为

$$\boldsymbol{A}=\begin{pmatrix}5 & 2 & 1\\ 2 & 10 & -2\\ 1 & -2 & 15\end{pmatrix},$$

判断 $\boldsymbol{Ax}=\boldsymbol{b}$ 的雅可比迭代法和高斯—塞德尔迭代法的收敛性.

6. 设线性方程组 $\boldsymbol{Ax}=\boldsymbol{b}$ 的系数矩阵

$$\boldsymbol{A}=\begin{pmatrix}1 & \lambda & 0\\ \lambda & 1 & \lambda\\ 0 & \lambda & 1\end{pmatrix},$$

其中 $\lambda$ 为参数，问当 $\lambda$ 为何值时，雅可比迭代法收敛？

## 上　机　习　题

1. 用顺序消元法和列主元素消去法解线性方程组

$$\begin{pmatrix}10 & 1 & 2 & 9\\ 1 & 11 & 1 & 2\\ 2 & 1 & 9 & 1\\ 9 & 2 & 1 & 12\end{pmatrix}\begin{pmatrix}x_1\\ x_2\\ x_3\\ x_4\end{pmatrix}=\begin{pmatrix}22\\ 15\\ 13\\ 24\end{pmatrix},$$

并比较计算结果的精度(方程组的精确解为 $x_1=x_2=x_3=x_4=1$).

2. 分析用下列迭代法解线性方程组

$$\begin{pmatrix}4 & -1 & 0 & -1 & 0 & 0\\ -1 & 4 & -1 & 0 & -1 & 0\\ 0 & -1 & 4 & -1 & 0 & -1\\ -1 & 0 & -1 & 4 & -1 & 0\\ 0 & -1 & 0 & -1 & 4 & -1\\ 0 & 0 & -1 & 0 & -1 & 4\end{pmatrix}\begin{pmatrix}x_1\\ x_2\\ x_3\\ x_4\\ x_5\\ x_6\end{pmatrix}=\begin{pmatrix}0\\ 5\\ -2\\ 5\\ -2\\ 6\end{pmatrix}$$

的收敛性，并求出使 $\|\boldsymbol{x}^{(k+1)}-\boldsymbol{x}^{(k)}\|\leqslant 0.0001$ 的近似解及相应的迭代次数.

(1) 雅可比迭代法；

(2) 高斯—塞德尔迭代法；

(3) 超松弛迭代法($\omega=1.334$，1.95，0.95).

# *第九章　线性空间与线性变换

线性空间是向量空间的推广．同向量空间一样，线性空间里元素间最基本的关系是线性关系，与其紧密相关的是线性变换的理论．由于线性空间比向量空间所反映的客观事物更普遍，因此对线性空间的研究更深入、更抽象，所得到的结果也就有更广泛的应用．

本章主要介绍线性空间与线性变换的基本概念、基本性质与基本运算．

## 第一节　线性空间的概念

### 一、线性空间的定义

第五章中介绍的 $n$ 维向量空间具有良好的结构．在自然科学和工程技术领域里，像这样具有良好结构的空间还有许多，它们的元素不一定都是 $n$ 维向量，但却具有 $n$ 维向量的基本运算性质．这一类空间是 $n$ 维向量空间的推广，统称为线性空间．

由于线性空间中的许多问题，在不同的数集范围内讨论，可能得到的结论不一定相同．为此，先引入数域的概念．

**定义 9.1**　设 $F$ 是一个包含 0 与 1 的非空数集，如果其中任意两个数的和、差、积、商(除数不为零)仍属于 $F$，就称 $F$ 为一个**数域**．

根据这一定义，由全体有理数组成的集合 $\mathbf{Q}$、全体实数组成的集合 $\mathbf{R}$ 以及全体复数组成的集合 $\mathbf{C}$ 都是数域，分别称为有理数域、实数域和复数域．本章中主要涉及的数域是实数域 $\mathbf{R}$，因此若无特别说明，所涉及的数都是实数．若是指任意数域，则用 $F$ 表示．

**定义 9.2**　设 $V$ 是一个非空集合，其中的元素称为**向量**，$F$ 是一个数域．如果 $V$ 中有叫作加法的运算，即若 $\boldsymbol{\alpha}$，$\boldsymbol{\beta}$，$\boldsymbol{\gamma}\in V$，则 $\boldsymbol{\alpha}+\boldsymbol{\beta}\in V$，并且满足：

① 交换律：$\boldsymbol{\alpha}+\boldsymbol{\beta}=\boldsymbol{\beta}+\boldsymbol{\alpha}$；

② 结合律：$(\boldsymbol{\alpha}+\boldsymbol{\beta})+\boldsymbol{\gamma}=\boldsymbol{\alpha}+(\boldsymbol{\beta}+\boldsymbol{\gamma})$；

③ 零向量：$V$ 中存在**零向量** $\mathbf{0}$ 满足 $\boldsymbol{\alpha}+\mathbf{0}=\mathbf{0}+\boldsymbol{\alpha}=\boldsymbol{\alpha}$；

④ 负向量：对任何 $\boldsymbol{\alpha}\in V$，都有 $\boldsymbol{\alpha}$ 的**负向量** $\boldsymbol{\beta}$ 满足 $\boldsymbol{\alpha}+\boldsymbol{\beta}=\mathbf{0}$(并记 $\boldsymbol{\beta}=-\boldsymbol{\alpha}$).

同时 $V$ 中还有一个叫作数乘的运算，即若 $\boldsymbol{\alpha}$，$\boldsymbol{\beta}\in V$，$k$，$l\in F$，则 $k\boldsymbol{\alpha}\in V$，并且满足：

⑤ 数 1 与向量适合：$1\boldsymbol{\alpha}=\boldsymbol{\alpha}$；

⑥ 数与向量的结合律：$k(l\boldsymbol{\alpha})=(kl)\boldsymbol{\alpha}$；

⑦ 数对向量的分配律：$k(\boldsymbol{\alpha}+\boldsymbol{\beta})=k\boldsymbol{\alpha}+k\boldsymbol{\beta}$；

⑧ 向量对数的分配律：$(k+l)\boldsymbol{\alpha}=k\boldsymbol{\alpha}+l\boldsymbol{\alpha}$.

那么称 $V$ 为数域 $F$ 上的**线性空间**，简称为线性空间，有时也称线性空间为**向量空间**.

如果 $F$ 是实数域，就称 $V$ 为**实(线性)空间**；如果 $F$ 是复数域，就称 $V$ 为**复(线性)空间**. 定义中的加法及数乘两种运算对于 $V$ 来说是封闭的，因其满足上述八条运算规律而称为**线性运算**.

按照这一定义，$n$ 维向量空间 $\mathbf{R}^n$ 及其子空间都是线性空间，但比较起来线性空间却有很大的推广，同时也更加抽象. 线性空间及其相应的线性运算是形形色色的，范围非常广泛，然而有一点是非常明确的，即判断一个集合连同定义其上的运算两者一起为线性空间，所定义的两种运算必须是封闭的，且一定要满足上述八条运算规律. 以下是一些线性空间的例子.

**例 9.1**　分量属于数域 $F$ 的所有 $n$ 维向量的集合，对于向量加法和数量乘法，满足八条线性运算规律，因此构成数域 $F$ 上的一个线性空间. 一般将这个线性空间记作 $F^n$.

**例 9.2**　元素属于数域 $F$ 的 $m\times n$ 矩阵的集合，记作 $F^{m\times n}$，按矩阵的加法和数与矩阵的数量乘法构成数域 $F$ 上的一个线性空间. 这是因为 $F^{m\times n}$ 对矩阵的加法及数乘运算是封闭的，而且满足八条线性运算规律.

**例 9.3**　所有实系数多项式的集合 $R[x]$，对于通常的多项式加法及数乘多项式的运算构成线性空间. 因为若 $f(x)$，$g(x)\in R[x]$，$k\in\mathbf{R}$，则 $f(x)+g(x)\in R[x]$，$kf(x)\in R[x]$，并且多项式加法及数乘多项式的运算也满足上述八条线性运算规律.

**例 9.4**　限于次数不超过 $n$ 的实系数多项式的集合记作 $R[x]_n$，不难验证 $R[x]_n$ 对于多项式加法及数乘多项式的运算也构成线性空间.

但若只限于次数为 $n(n\geqslant 1)$ 的多项式的集合

$$\overline{R}[x]_n=\{f(x)=a_nx^n+\cdots+a_1x+a_0\,|\,a_0,\ a_1,\ \cdots,\ a_n\in\mathbf{R},\ \text{且}\ a_n\neq 0\},$$

则 $\overline{R}[x]_n$ 对于多项式加法及数乘多项式的运算不构成线性空间. 这是因为

$$0f(x)=0x^n+\cdots+0x+0\notin\overline{R}[x]_n,$$

即 $\overline{R}[x]_n$ 对运算不是封闭的.

**例 9.5** 属于矩阵 $\mathbf{A}$ 的特征值 $\lambda_0$ 的所有特征向量及零向量的集合 $T$，对于通常的向量加法及数乘运算构成线性空间．这是因为任意两个 $\lambda_0$ 的特征向量的和及任意数与 $\lambda_0$ 的特征向量的乘积都仍然是 $\mathbf{A}$ 的特征值 $\lambda_0$ 的特征向量，且加法及数乘都满足线性运算规律．

一般线性空间的元素虽然也可称为向量，但实际上是抽象的向量．下面的例子表明，即使是非空的普通数集也可能成为线性空间，因此数也可能成为向量．同时，通过这一例子可以加深对线性空间及其线性运算的理解．

**例 9.6** 设 $\mathbf{R}^+$ 为正实数集，$\mathbf{R}$ 是实数域，定义加法 $\oplus$ 和数乘 $\circ$ 两种运算：

$$a \oplus b = ab,\ k \circ a = a^k \quad (a,\ b \in \mathbf{R}^+,\ k \in \mathbf{R}),$$

试验证 $\mathbf{R}^+$ 是实数域 $\mathbf{R}$ 上的线性空间．

**证** 首先验证运算的封闭性：对任意的 $a$，$b \in \mathbf{R}^+$，$k \in \mathbf{R}$，有

$$a \oplus b = ab \in \mathbf{R}^+,\ k \circ a = a^k \in \mathbf{R}^+,$$

其次，设 $a$，$b$，$c \in \mathbf{R}^+$，$k$，$l \in \mathbf{R}$，验证线性运算八条规律：

① $a \oplus b = ab = ba = b \oplus a$；

② $(a \oplus b) \oplus c = (ab) \oplus c = (ab)c = a(bc) = a \oplus (bc) = a \oplus (b \oplus c)$；

③ $\mathbf{R}^+$ 中存在零向量即数 1，对任意 $a \in \mathbf{R}^+$，有 $a \oplus 1 = a \cdot 1 = a$；

④ 对任意 $a \in \mathbf{R}^+$，都有 $a$ 的负向量 $a^{-1} \in \mathbf{R}^+$，使 $a \oplus a^{-1} = aa^{-1} = 1$；

⑤ $\mathbf{R}$ 中的数 1，对任意 $a \in \mathbf{R}^+$，都有 $1 \circ a = a^1 = a \in \mathbf{R}^+$；

⑥ $k \circ (l \circ a) = k \circ a^l = (a^k)^l = a^{kl} = (kl) \circ a$；

⑦ $k \circ (a \oplus b) = k \circ (ab) = (ab)^k = a^k b^k = a^k \oplus b^k = (k \circ a) \oplus (k \circ b)$；

⑧ $(k+l) \circ a = a^{k+l} = a^k a^l = a^k \oplus a^l = (k \circ a) \oplus (l \circ a)$，

所以，$\mathbf{R}^+$ 是实数域 $\mathbf{R}$ 上的线性空间．

线性空间是集合与运算二者的结合．同一个集合上可以有多种运算，有的某两种运算虽然是封闭的，因其结合在一起不满足八条线性运算规律而不构成线性空间．譬如任一数域 $F$ 按照本身的加法和乘法构成一个自身上的线性空间，而按照本身的减法和乘法(把减法看成加法，而把乘法看成数乘)就不构成线性空间，因为减法首先不适合交换律．至于同一个集合上不同的线性运算构成的线性空间则应视为不同的，请看例子：

**例 9.7** 设 $S$ 为所有有序实数对的集合，即 $S = \{(a,\ b) \mid a,\ b \in \mathbf{R}\}$，定义 $S$ 上的运算：

$$(a_1,\ b_1) \oplus (a_2,\ b_2) = (a_1 + a_2,\ b_1 + b_2 + a_1 a_2),$$

$$k \circ (a_1,\ b_1) = \left(ka_1,\ kb_1 + \frac{k(k-1)}{2} a_1^2\right),\ k \in \mathbf{R},$$

作为练习，请读者自行验证 $S$ 是实数域 $\mathbf{R}$ 上的线性空间 .

就集合而言，$S$ 与 $\mathbf{R}^2$ 是一样的，但作为线性空间，$S$ 与 $\mathbf{R}^2$ 却是不同的，这是因为定义于两者的线性运算是不相同的 .

## 二、线性空间的性质

下面是线性空间的一些基本性质：

**性质 1　零向量是唯一的 .**

**证**　设 $\mathbf{0}_1$，$\mathbf{0}_2$ 都是线性空间 $V$ 中的零向量，即对任何 $\boldsymbol{\alpha}\in V$，有 $\boldsymbol{\alpha}+\mathbf{0}_1=\boldsymbol{\alpha}$，$\boldsymbol{\alpha}+\mathbf{0}_2=\boldsymbol{\alpha}$，则分别视 $\mathbf{0}_1$，$\mathbf{0}_2$ 为零向量，得

$$\mathbf{0}_2+\mathbf{0}_1=\mathbf{0}_2,\ \mathbf{0}_1+\mathbf{0}_2=\mathbf{0}_1,$$

所以有

$$\mathbf{0}_1=\mathbf{0}_1+\mathbf{0}_2=\mathbf{0}_2+\mathbf{0}_1=\mathbf{0}_2.$$

**性质 2　任一向量的负向量是唯一的 .**

**证**　设 $\boldsymbol{\beta}$，$\boldsymbol{\gamma}$ 都是向量 $\boldsymbol{\alpha}$ 的负向量，即 $\boldsymbol{\alpha}+\boldsymbol{\beta}=\mathbf{0}$，$\boldsymbol{\alpha}+\boldsymbol{\gamma}=\mathbf{0}$，则

$$\boldsymbol{\beta}=\boldsymbol{\beta}+\mathbf{0}=\boldsymbol{\beta}+(\boldsymbol{\alpha}+\boldsymbol{\gamma})=(\boldsymbol{\alpha}+\boldsymbol{\beta})+\boldsymbol{\gamma}=\mathbf{0}+\boldsymbol{\gamma}=\boldsymbol{\gamma}.$$

**性质 3**　① $0\boldsymbol{\alpha}=\mathbf{0}$；② $k\mathbf{0}=\mathbf{0}$；③ $(-1)\boldsymbol{\alpha}=-\boldsymbol{\alpha}$.

**证**　① 因为

$$\boldsymbol{\alpha}+0\boldsymbol{\alpha}=1\boldsymbol{\alpha}+0\boldsymbol{\alpha}=(1+0)\boldsymbol{\alpha}=1\boldsymbol{\alpha}=\boldsymbol{\alpha},$$

由零向量的唯一性即知 $0\boldsymbol{\alpha}=\mathbf{0}$.

② $k\mathbf{0}=k[\boldsymbol{\alpha}+(-\boldsymbol{\alpha})]=k\boldsymbol{\alpha}+(-k)\boldsymbol{\alpha}=[k+(-k)]\boldsymbol{\alpha}=0\boldsymbol{\alpha}=\mathbf{0}.$

③ 因为

$$\boldsymbol{\alpha}+(-1)\boldsymbol{\alpha}=1\boldsymbol{\alpha}+(-1)\boldsymbol{\alpha}=[1+(-1)]\boldsymbol{\alpha}=0\boldsymbol{\alpha}=\mathbf{0},$$

由负向量的唯一性即知 $(-1)\boldsymbol{\alpha}=-\boldsymbol{\alpha}$.

**性质 4　若 $k\boldsymbol{\alpha}=\mathbf{0}$，则 $k=0$ 或 $\boldsymbol{\alpha}=\mathbf{0}$.**

**证**　若 $k\neq0$，则根据数乘结合律有

$$\boldsymbol{\alpha}=1\boldsymbol{\alpha}=\left(\frac{1}{k}k\right)\boldsymbol{\alpha}=\frac{1}{k}(k\boldsymbol{\alpha})=\frac{1}{k}\mathbf{0}=\mathbf{0}.$$

在第五章学习向量空间时，没有特别强调这四条性质，这是因为向量空间里的向量是以数为分量构成的，这些性质是明显的，不必从线性运算的基本规律推出 .

譬如对于性质 4，若 $\boldsymbol{\alpha}$ 是 $n$ 维向量，即 $\boldsymbol{\alpha}=(a_1, a_2, \cdots, a_n)$，当 $k\boldsymbol{\alpha}=\mathbf{0}$ 时，则有 $ka_i=0(i=1, 2, \cdots, n)$，若 $k\neq0$，必有 $a_i=0(i=1, 2, \cdots, n)$，于是有 $\boldsymbol{\alpha}=\mathbf{0}$.

读者从中可以进一步体会到一般线性空间的抽象性 .

# 第二节 线性空间的表示

关于线性空间有三个基本问题：第一，一般的线性空间都有无穷多个向量(除只由一个零向量构成的零空间外)，向量之间的关系如何，能否用有限的形式把它们全部表示出来？换句话说，一般线性空间的构造是怎样的？第二，一般的线性空间的元素即向量是抽象的，如何用比较具体的数学形式来表示，并使之运算方便？第三，线性空间是各式各样的，能否用一个统一的形式表示它们？本节将讨论这些问题，并给出回答．

## 一、基、维数与坐标

由第三章得知，$n$ 维向量之间关系的最基本概念是线性相关与线性无关，同时相应地还有一些有关的性质与定理．因为在讲这些基本概念与性质时，只是牵涉到某些线性运算规律，而没有用到向量的具体表达形式，因此这些基本概念的定义与性质(或定理)在一般线性空间里照样成立．换句话说，第三章里有关线性相关性的基本概念与性质、定理，对于一般的线性空间仍然适用，以后将直接引用．只不过其中提到的向量不再仅仅是 $n$ 维数组向量，而应理解为一般的向量或元素．

在线性空间里，基(或基底)、维数与坐标等概念有着更普遍的意义．这些概念的定义与第五章向量空间中给出的定义是相仿的，读者从那里已经了解到它们的重要性．为明确起见，在此不妨再做一番叙述．

**定义 9.3** 设 $V$ 为线性空间，如果 $V$ 中存在 $n$ 个向量 $\boldsymbol{\alpha}_1, \boldsymbol{\alpha}_2, \cdots, \boldsymbol{\alpha}_n$ 线性无关，且 $V$ 中的任一向量都可由 $\boldsymbol{\alpha}_1, \boldsymbol{\alpha}_2, \cdots, \boldsymbol{\alpha}_n$ 线性表示，则称 $\boldsymbol{\alpha}_1, \boldsymbol{\alpha}_2, \cdots, \boldsymbol{\alpha}_n$ 是线性空间 $V$ 的一个**基底**，简称为**基**，数 $n$ 称为线性空间 $V$ 的**维数**，记作 $\dim(V)=n$. 并称 $V$ 为 **$n$ 维线性空间**．

在定义 9.3 中，如果那样的 $n$ 个向量不存在，即对于任意正整数 $n$，在 $V$ 中总有 $n$ 个线性无关的向量，则称 $V$ 为**无限维空间**．不是无限维的空间称为**有限维空间**，维数为 $n$ 的有限维线性空间记作 $V_n$. 而只含零元素的线性空间即**零空间**是没有基的，规定其维数为 0.

**定理 9.1** **$n$ 维线性空间 $V_n$ 中任意 $n$ 个线性无关的向量都是 $V_n$ 的一组基.**

**证** 设 $\boldsymbol{\alpha}_1, \boldsymbol{\alpha}_2, \cdots, \boldsymbol{\alpha}_n$ 为 $V_n$ 中的任意 $n$ 个线性无关的向量，对于 $\forall \boldsymbol{\alpha} \in V$，则 $\boldsymbol{\alpha}_1, \boldsymbol{\alpha}_2, \cdots, \boldsymbol{\alpha}_n, \boldsymbol{\alpha}$ 线性相关(否则，要么 $V_n$ 是无限维的，要么 $V_n$ 的维数大于 $n$，导致矛盾)，于是据定理 3.3，$\boldsymbol{\alpha}$ 可由 $\boldsymbol{\alpha}_1, \boldsymbol{\alpha}_2, \cdots, \boldsymbol{\alpha}_n$ 线性表示．

由定义 9.3 即知，$\boldsymbol{\alpha}_1$，$\boldsymbol{\alpha}_2$，…，$\boldsymbol{\alpha}_n$ 为 $V_n$ 的一组基．

假定 $\boldsymbol{\alpha}_1$，$\boldsymbol{\alpha}_2$，…，$\boldsymbol{\alpha}_n$ 是线性空间 $V_n$ 的一组基，那么 $V_n$ 中任一元 $\boldsymbol{\alpha}$ 是 $\boldsymbol{\alpha}_1$，$\boldsymbol{\alpha}_2$，…，$\boldsymbol{\alpha}_n$ 的线性组合，即 $\boldsymbol{\alpha}$ 可以表示成

$$\boldsymbol{\alpha}=x_1\boldsymbol{\alpha}_1+x_2\boldsymbol{\alpha}_2+\cdots+x_n\boldsymbol{\alpha}_n.$$

由于 $\boldsymbol{\alpha}_1$，$\boldsymbol{\alpha}_2$，…，$\boldsymbol{\alpha}_n$ 线性无关，这表示是唯一的，因此可以用 $n$ 元有序数组 $(x_1, x_2, \cdots, x_n)^{\mathrm{T}}$ 来表示 $V_n$ 中的元素 $\boldsymbol{\alpha}$，于是有

**定义 9.4**　设 $\boldsymbol{\alpha}_1$，$\boldsymbol{\alpha}_2$，…，$\boldsymbol{\alpha}_n$ 是线性空间 $V_n$ 的一组基，则对于任一 $\boldsymbol{\alpha}\in V_n$，总存在唯一的一组有序数 $x_1$，$x_2$，…，$x_n$，使

$$\boldsymbol{\alpha}=x_1\boldsymbol{\alpha}_1+x_2\boldsymbol{\alpha}_2+\cdots+x_n\boldsymbol{\alpha}_n,$$

称有序数组 $(x_1, x_2, \cdots, x_n)^{\mathrm{T}}$ 为 $\boldsymbol{\alpha}$ 在 $\boldsymbol{\alpha}_1$，$\boldsymbol{\alpha}_2$，…，$\boldsymbol{\alpha}_n$ 这组基下的**坐标**．

**例 9.8**　对于线性空间 $\mathbf{R}^{n\times n}$（即元素是实数的所有 $n$ 阶矩阵的集合），令 $\boldsymbol{C}_{ij}$ 是位于第 $i$ 行第 $j$ 列处元素为 1，其余元素为零的 $n$ 阶矩阵．按照线性无关的定义，不难证明这 $n^2$ 个矩阵 $\boldsymbol{C}_{ij}$ $(i, j=1, 2, \cdots, n)$ 线性无关，且任意 $n$ 阶矩阵 $(a_{ij})$ 可以表示为 $(a_{ij})=\sum a_{ij}\boldsymbol{C}_{ij}$，即 $(a_{ij})$ 是 $n^2$ 个矩阵 $\boldsymbol{C}_{ij}$ 的线性组合．因此，$\boldsymbol{C}_{ij}$ $(i, j=1, 2, \cdots, n)$ 是线性空间 $\mathbf{R}^{n\times n}$ 的一组基，且 $\mathbf{R}^{n\times n}$ 是 $n^2$ 维线性空间．

**例 9.9**　在线性空间 $R[x]_n$ 中，1，$x$，$x^2$，…，$x^{n-1}$ 是 $n$ 个线性无关的向量，而且每一个次数小于 $n$ 的实数域 $\mathbf{R}$ 上的多项式都可以由它们线性表示，所以 $R[x]_n$ 是 $n$ 维的，而 1，$x$，$x^2$，…，$x^{n-1}$ 就是它的一组基．

**注意**：例 9.3 中的多项式线性空间 $R[x]$ 是无限维的，这是因为对于任意正整数 $n$，$R[x]$ 中的 $n$ 个元素：1，$x$，$x^2$，…，$x^{n-1}$ 是线性无关的．

无限维空间有任意多个线性无关的向量，与有限维空间相比有比较大的差别，它不是线性代数的研究对象，因此以后讨论的线性空间都是有限维的．

**例 9.10**　如果把复数域 $\mathbf{C}$ 看作是自身上的线性空间，那么它是一维的，数 1 就是一组基；但如果把它看作是实数域 $\mathbf{R}$ 上的线性空间，那么就是二维的，数 1 与 i 就是一组基．

这个例子说明，维数与所考虑的数域有关．

设 $\boldsymbol{\alpha}_1$，$\boldsymbol{\alpha}_2$，…，$\boldsymbol{\alpha}_n$ 是 $V_n$ 的一组基，则对于任意给定的一组有序数 $x_1$，$x_2$，…，$x_n$，可以由 $\boldsymbol{\alpha}_1$，$\boldsymbol{\alpha}_2$，…，$\boldsymbol{\alpha}_n$ 唯一地确定 $V_n$ 中的一个元

$$\boldsymbol{\alpha}=x_1\boldsymbol{\alpha}_1+x_2\boldsymbol{\alpha}_2+\cdots+x_n\boldsymbol{\alpha}_n,$$

因此结合定义 9.4，$V_n$ 可表示为

$$V_n=\{\boldsymbol{\alpha}=x_1\boldsymbol{\alpha}_1+x_2\boldsymbol{\alpha}_2+\cdots+x_n\boldsymbol{\alpha}_n \mid x_1, x_2, \cdots, x_n\in\mathbf{R}\},$$

这样线性空间 $V_n$ 的构造就很清楚了．因为维数有限的线性空间除零空间外，

基是存在的，因此本节开始提出的第一个问题已经得到较好的解决．

## 二、基变换与坐标变换

在线性空间中，基是不唯一的．同一个向量在不同的基下，它的坐标一般也是不同的．在不同的基下，坐标应如何转换呢？为此，先求基的变换公式．

设已知线性空间 $V_n$ 的两组基：$\boldsymbol{e}_1$，$\boldsymbol{e}_2$，…，$\boldsymbol{e}_n$ 与 $\boldsymbol{e}_1'$，$\boldsymbol{e}_2'$，…，$\boldsymbol{e}_n'$，且后者由前者表示为

$$\begin{cases} \boldsymbol{e}_1' = p_{11}\boldsymbol{e}_1 + p_{21}\boldsymbol{e}_2 + \cdots + p_{n1}\boldsymbol{e}_n, \\ \boldsymbol{e}_2' = p_{12}\boldsymbol{e}_1 + p_{22}\boldsymbol{e}_2 + \cdots + p_{n2}\boldsymbol{e}_n, \\ \cdots\cdots\cdots\cdots\cdots\cdots \\ \boldsymbol{e}_n' = p_{1n}\boldsymbol{e}_1 + p_{2n}\boldsymbol{e}_2 + \cdots + p_{nn}\boldsymbol{e}_n, \end{cases} \tag{9-1}$$

将上式用矩阵形式表示，并将右边的系数矩阵的转置记作 $\boldsymbol{P}=(p_{ij})$，即

$$\boldsymbol{P}=\begin{pmatrix} p_{11} & p_{12} & \cdots & p_{1n} \\ p_{21} & p_{22} & \cdots & p_{2n} \\ \vdots & \vdots & & \vdots \\ p_{n1} & p_{n2} & \cdots & p_{nn} \end{pmatrix},$$

则得基变换公式

$$\begin{pmatrix} \boldsymbol{e}_1' \\ \boldsymbol{e}_2' \\ \vdots \\ \boldsymbol{e}_n' \end{pmatrix} = \boldsymbol{P}^{\mathrm{T}} \begin{pmatrix} \boldsymbol{e}_1 \\ \boldsymbol{e}_2 \\ \vdots \\ \boldsymbol{e}_n \end{pmatrix},$$

在不致引起误解的情况下，更为方便的是将上式写成

$$(\boldsymbol{e}_1', \boldsymbol{e}_2', \cdots, \boldsymbol{e}_n') = (\boldsymbol{e}_1, \boldsymbol{e}_2, \cdots, \boldsymbol{e}_n)\boldsymbol{P}, \tag{9-2}$$

矩阵 $\boldsymbol{P}$ 称为由基 $\boldsymbol{e}_1$，$\boldsymbol{e}_2$，…，$\boldsymbol{e}_n$ 到基 $\boldsymbol{e}_1'$，$\boldsymbol{e}_2'$，…，$\boldsymbol{e}_n'$的**基变换矩阵**或**过渡矩阵**，它是可逆的．

现设向量 $\boldsymbol{\alpha}$ 在两组基：$\boldsymbol{e}_1$，$\boldsymbol{e}_2$，…，$\boldsymbol{e}_n$ 与 $\boldsymbol{e}_1'$，$\boldsymbol{e}_2'$，…，$\boldsymbol{e}_n'$下的坐标分别为 $(x_1, x_2, \cdots, x_n)^{\mathrm{T}}$ 与 $(x_1', x_2', \cdots, x_n')^{\mathrm{T}}$，则有

$$\boldsymbol{\alpha} = x_1\boldsymbol{e}_1 + x_2\boldsymbol{e}_2 + \cdots + x_n\boldsymbol{e}_n = x_1'\boldsymbol{e}_1' + x_2'\boldsymbol{e}_2' + \cdots + x_n'\boldsymbol{e}_n',$$

或用矩阵形式表示为

$$\boldsymbol{\alpha} = (\boldsymbol{e}_1, \boldsymbol{e}_2, \cdots, \boldsymbol{e}_n)\begin{pmatrix} x_1 \\ x_2 \\ \vdots \\ x_n \end{pmatrix} = (\boldsymbol{e}_1', \boldsymbol{e}_2', \cdots, \boldsymbol{e}_n')\begin{pmatrix} x_1' \\ x_2' \\ \vdots \\ x_n' \end{pmatrix}.$$

引用式(9-2)，即得

$$\boldsymbol{\alpha}=(\boldsymbol{e}_1,\ \boldsymbol{e}_2,\ \cdots,\ \boldsymbol{e}_n)\begin{pmatrix}x_1\\x_2\\\vdots\\x_n\end{pmatrix}=(\boldsymbol{e}_1,\ \boldsymbol{e}_2,\ \cdots,\ \boldsymbol{e}_n)\boldsymbol{P}\begin{pmatrix}x_1'\\x_2'\\\vdots\\x_n'\end{pmatrix}.$$

比较 $\boldsymbol{\alpha}$ 在基 $\boldsymbol{e}_1$，$\boldsymbol{e}_2$，…，$\boldsymbol{e}_n$ 下的坐标，便得**坐标变换公式**

$$\begin{pmatrix}x_1\\x_2\\\vdots\\x_n\end{pmatrix}=\boldsymbol{P}\begin{pmatrix}x_1'\\x_2'\\\vdots\\x_n'\end{pmatrix} 或 \begin{pmatrix}x_1'\\x_2'\\\vdots\\x_n'\end{pmatrix}=\boldsymbol{P}^{-1}\begin{pmatrix}x_1\\x_2\\\vdots\\x_n\end{pmatrix}. \tag{9-3}$$

**例 9.11**　$\mathbf{R}^3$ 中的两组基为

$$\boldsymbol{\alpha}_1=(1,\ 1,\ 1)^{\mathrm{T}},\ \boldsymbol{\alpha}_2=(1,\ 0,\ -1)^{\mathrm{T}},\ \boldsymbol{\alpha}_3=(1,\ 0,\ 1)^{\mathrm{T}};$$

$$\boldsymbol{\beta}_1=(1,\ 2,\ 1)^{\mathrm{T}},\ \boldsymbol{\beta}_2=(2,\ 3,\ 4)^{\mathrm{T}},\ \boldsymbol{\beta}_3=(3,\ 4,\ 5)^{\mathrm{T}},$$

求由基 $\boldsymbol{\alpha}_1$，$\boldsymbol{\alpha}_2$，$\boldsymbol{\alpha}_3$ 到基 $\boldsymbol{\beta}_1$，$\boldsymbol{\beta}_2$，$\boldsymbol{\beta}_3$ 的过渡矩阵.

**解**　设 $(\boldsymbol{\beta}_1,\ \boldsymbol{\beta}_2,\ \boldsymbol{\beta}_3)=(\boldsymbol{\alpha}_1,\ \boldsymbol{\alpha}_2,\ \boldsymbol{\alpha}_3)\boldsymbol{P}$，则所求过渡矩阵为

$$\begin{aligned}\boldsymbol{P}&=(\boldsymbol{\alpha}_1,\ \boldsymbol{\alpha}_2,\ \boldsymbol{\alpha}_3)^{-1}(\boldsymbol{\beta}_1,\ \boldsymbol{\beta}_2,\ \boldsymbol{\beta}_3)\\&=\begin{pmatrix}1&1&1\\1&0&0\\1&-1&1\end{pmatrix}^{-1}\begin{pmatrix}1&2&3\\2&3&4\\1&4&5\end{pmatrix}=\begin{pmatrix}2&3&4\\0&-1&-1\\-1&0&0\end{pmatrix}.\end{aligned}$$

**例 9.12**　在 $\mathbf{R}^3$ 中，取两组基

$$\boldsymbol{e}_1=(1,\ 0,\ 0)^{\mathrm{T}},\ \boldsymbol{e}_2=(0,\ 1,\ 0)^{\mathrm{T}},\ \boldsymbol{e}_3=(0,\ 0,\ 1)^{\mathrm{T}};$$

$$\boldsymbol{\alpha}_1=(1,\ 0,\ 0)^{\mathrm{T}},\ \boldsymbol{\alpha}_2=(1,\ 1,\ 0)^{\mathrm{T}},\ \boldsymbol{\alpha}_3=(1,\ 1,\ 1)^{\mathrm{T}},$$

(1) 求由基 $\boldsymbol{e}_1$，$\boldsymbol{e}_2$，$\boldsymbol{e}_3$ 到基 $\boldsymbol{\alpha}_1$，$\boldsymbol{\alpha}_2$，$\boldsymbol{\alpha}_3$ 的过渡矩阵；

(2) 已知由基 $\boldsymbol{\alpha}_1$，$\boldsymbol{\alpha}_2$，$\boldsymbol{\alpha}_3$ 到基 $\boldsymbol{\beta}_1$，$\boldsymbol{\beta}_2$，$\boldsymbol{\beta}_3$ 的过渡矩阵为

$$\boldsymbol{A}=\begin{pmatrix}1&-1&0\\0&1&-1\\0&0&1\end{pmatrix},$$

求 $\boldsymbol{\beta}_1$，$\boldsymbol{\beta}_2$，$\boldsymbol{\beta}_3$；

(3) 已知 $\boldsymbol{\alpha}$ 在基 $\boldsymbol{\beta}_1$，$\boldsymbol{\beta}_2$，$\boldsymbol{\beta}_3$ 下的坐标为 $(1,\ 2,\ 3)^{\mathrm{T}}$，求 $\boldsymbol{\alpha}$ 在基 $\boldsymbol{\alpha}_1$，$\boldsymbol{\alpha}_2$，$\boldsymbol{\alpha}_3$ 下的坐标.

**解**　(1) 因为 $e_1$，$e_2$，$e_3$ 为自然基，易知

$$(\boldsymbol{\alpha}_1,\ \boldsymbol{\alpha}_2,\ \boldsymbol{\alpha}_3)=(\boldsymbol{e}_1,\ \boldsymbol{e}_2,\ \boldsymbol{e}_3)\begin{pmatrix}1&1&1\\0&1&1\\0&0&1\end{pmatrix},$$

所以由基 $\boldsymbol{e}_1$，$\boldsymbol{e}_2$，$\boldsymbol{e}_3$ 到基 $\boldsymbol{\alpha}_1$，$\boldsymbol{\alpha}_2$，$\boldsymbol{\alpha}_3$ 的过渡矩阵为

$$\boldsymbol{P}=\begin{pmatrix}1&1&1\\0&1&1\\0&0&1\end{pmatrix}.$$

（2）据已知，有

$$(\boldsymbol{\beta}_1,\ \boldsymbol{\beta}_2,\ \boldsymbol{\beta}_3)=(\boldsymbol{\alpha}_1,\ \boldsymbol{\alpha}_2,\ \boldsymbol{\alpha}_3)\boldsymbol{A}=\begin{pmatrix}1&1&1\\0&1&1\\0&0&1\end{pmatrix}\begin{pmatrix}1&-1&0\\0&1&-1\\0&0&1\end{pmatrix}=\begin{pmatrix}1&0&0\\0&1&0\\0&0&1\end{pmatrix},$$

故 $\qquad \boldsymbol{\beta}_1=(1,\ 0,\ 0)^{\mathrm{T}}$，$\boldsymbol{\beta}_2=(0,\ 1,\ 0)^{\mathrm{T}}$，$\boldsymbol{\beta}_3=(0,\ 0,\ 1)^{\mathrm{T}}$.

（3）设 $\boldsymbol{\alpha}$ 在基 $\boldsymbol{\alpha}_1$，$\boldsymbol{\alpha}_2$，$\boldsymbol{\alpha}_3$ 下的坐标为 $(x_1,\ x_2,\ x_3)^{\mathrm{T}}$，则有

$$\boldsymbol{\alpha}=(\boldsymbol{\alpha}_1,\ \boldsymbol{\alpha}_2,\ \boldsymbol{\alpha}_3)\begin{pmatrix}x_1\\x_2\\x_3\end{pmatrix},$$

又
$$\boldsymbol{\alpha}=(\boldsymbol{\beta}_1,\ \boldsymbol{\beta}_2,\ \boldsymbol{\beta}_3)\begin{pmatrix}1\\2\\3\end{pmatrix}=(\boldsymbol{\alpha}_1,\ \boldsymbol{\alpha}_2,\ \boldsymbol{\alpha}_3)\boldsymbol{A}\begin{pmatrix}1\\2\\3\end{pmatrix},$$

从而
$$\begin{pmatrix}x_1\\x_2\\x_3\end{pmatrix}=\boldsymbol{A}\begin{pmatrix}1\\2\\3\end{pmatrix}=\begin{pmatrix}1&-1&0\\0&1&-1\\0&0&1\end{pmatrix}\begin{pmatrix}1\\2\\3\end{pmatrix}=\begin{pmatrix}-1\\-1\\3\end{pmatrix}.$$

**例 9.13** 在线性空间 $R[x]_3$ 中，下面两组多项式都是基：

（1）$\boldsymbol{p}_1=1$，$\boldsymbol{p}_2=x$，$\boldsymbol{p}_3=x^2$，$\boldsymbol{p}_4=x^3$；

（2）$\boldsymbol{q}_1=1$，$\boldsymbol{q}_2=x$，$\boldsymbol{q}_3=x+x^2$，$\boldsymbol{q}_4=3x^3$，

求任一不超过 3 次的多项式 $\boldsymbol{p}(x)=a_0+a_1x+a_2x^2+a_3x^3$ 在这两组基下的坐标.

**解** （1）因为 $\boldsymbol{p}(x)$ 可由基 $\boldsymbol{p}_1=1$，$\boldsymbol{p}_2=x$，$\boldsymbol{p}_3=x^2$，$\boldsymbol{p}_4=x^3$ 表示为

$$\boldsymbol{p}(x)=a_0\boldsymbol{p}_1+a_1\boldsymbol{p}_2+a_2\boldsymbol{p}_3+a_3\boldsymbol{p}_4,$$

因此 $\boldsymbol{p}(x)$ 在 $\boldsymbol{p}_1$，$\boldsymbol{p}_2$，$\boldsymbol{p}_3$，$\boldsymbol{p}_4$ 下的坐标为 $(a_0,\ a_1,\ a_2,\ a_3)^{\mathrm{T}}$.

（2）设 $\boldsymbol{p}(x)$ 在基 $\boldsymbol{q}_1$，$\boldsymbol{q}_2$，$\boldsymbol{q}_3$，$\boldsymbol{q}_4$ 下的坐标为 $(x_1',\ x_2',\ x_3',\ x_4')^{\mathrm{T}}$. 由（1）知，$\boldsymbol{p}(x)$ 在基 $\boldsymbol{p}_1$，$\boldsymbol{p}_2$，$\boldsymbol{p}_3$，$\boldsymbol{p}_4$ 下的坐标为 $(a_0,\ a_1,\ a_2,\ a_3)^{\mathrm{T}}$. 因为 $\boldsymbol{q}_1$，$\boldsymbol{q}_2$，$\boldsymbol{q}_3$，$\boldsymbol{q}_4$ 可由 $\boldsymbol{p}_1$，$\boldsymbol{p}_2$，$\boldsymbol{p}_3$，$\boldsymbol{p}_4$ 表示为

$$(\boldsymbol{q}_1,\ \boldsymbol{q}_2,\ \boldsymbol{q}_3,\ \boldsymbol{q}_4)=(\boldsymbol{p}_1,\ \boldsymbol{p}_2,\ \boldsymbol{p}_3,\ \boldsymbol{p}_4)\boldsymbol{P},$$

其中，过渡矩阵

$$\boldsymbol{P}=\begin{pmatrix}1&0&0&0\\0&1&1&0\\0&0&1&0\\0&0&0&3\end{pmatrix}，且\ \boldsymbol{P}^{-1}=\begin{pmatrix}1&0&0&0\\0&1&-1&0\\0&0&1&0\\0&0&0&\frac{1}{3}\end{pmatrix},$$

于是由坐标变换公式(9－3)可得

$$\begin{pmatrix}x_1'\\x_2'\\\vdots\\x_n'\end{pmatrix}=\boldsymbol{P}^{-1}\begin{pmatrix}a_0\\a_1\\a_2\\a_3\end{pmatrix}=\begin{pmatrix}1&0&0&0\\0&1&-1&0\\0&0&1&0\\0&0&0&\frac{1}{3}\end{pmatrix}\begin{pmatrix}a_0\\a_1\\a_2\\a_3\end{pmatrix}=\begin{pmatrix}a_0\\a_1-a_2\\a_2\\\frac{1}{3}a_3\end{pmatrix},$$

所以$\boldsymbol{p}(x)$在基 $\boldsymbol{q}_1$，$\boldsymbol{q}_2$，$\boldsymbol{q}_3$，$\boldsymbol{q}_4$ 下的坐标为$\left(a_0, a_1-a_2, a_2, \frac{1}{3}a_3\right)^{\mathrm{T}}$.

**注意**：本题中的基$\boldsymbol{p}_1=1$，$\boldsymbol{p}_2=x$，$\boldsymbol{p}_3=x^2$，$\boldsymbol{p}_4=x^3$ 比较简单，类似于 $n$ 维向量空间中的自然基，因而由基$\boldsymbol{p}_1$，$\boldsymbol{p}_2$，$\boldsymbol{p}_3$，$\boldsymbol{p}_4$到基 $\boldsymbol{q}_1$，$\boldsymbol{q}_2$，$\boldsymbol{q}_3$，$\boldsymbol{q}_4$ 的过渡矩阵 $\boldsymbol{P}$ 很好求，再利用坐标变换公式便容易求得所要的结果．此外，本题也可以采用待定的方法求，即令

$$\boldsymbol{p}(x)=x_1'\boldsymbol{q}_1+x_2'\boldsymbol{q}_2+x_2'\boldsymbol{q}_3+x_3'\boldsymbol{q}_4,$$

然后将$\boldsymbol{p}(x)$及 $\boldsymbol{q}_1$，$\boldsymbol{q}_2$，$\boldsymbol{q}_3$，$\boldsymbol{q}_4$ 具体表示的多项式分别代入上式的左右，整理可得

$$a_0+a_1x+a_2x^2+a_3x^3=x_1'+(x_2'+x_3')x+x_3'x^2+3x_4'x^3,$$

通过比较两端 $x$ 幂次的系数，即得所求坐标为

$$(x_1', x_2', x_3', x_4')^{\mathrm{T}}=\left(a_0, a_1-a_2, a_2, \frac{1}{3}a_3\right)^{\mathrm{T}}.$$

## 三、同　　构

在给出同构定义之前，先来介绍一下映射的一些概念．

**定义 9.5**　设 $X$、$Y$ 是两个非空集合，若对于 $X$ 中的任意一个元素$\boldsymbol{x}$，按照某种法则 $\sigma$，在 $Y$ 中总有一个确定的元素$\boldsymbol{y}$ 与之对应，则称 $\sigma$ 为一个从 $X$ 到 $Y$ 的**映射**，记作 $\sigma$：$X\to Y$，并称$\boldsymbol{y}$ 为$\boldsymbol{x}$ 在映射 $\sigma$ 下的**像**，记作$\boldsymbol{y}=\sigma(\boldsymbol{x})$，而称$\boldsymbol{x}$ 为$\boldsymbol{y}$ 在映射 $\sigma$ 下的一个**原像**．若 $\sigma$ 是 $X$ 到 $X$ 自身的映射，则称为 $X$ 到其自身的**变换**．

映射其实是一般函数概念在集合上的推广．在映射 $\sigma$ 下，像的全体所成的集合称为 $\sigma$ 的**像集**，记作 $\sigma(X)$，即

$$\sigma(X)=\{\boldsymbol{y}=\sigma(\boldsymbol{x})\mid \boldsymbol{x}\in X\},$$

显然$\sigma(X)\subseteq Y$. 若$\sigma(X)=Y$，即$Y$中的任一元在$X$中都至少有一个原像，则称$\sigma$为**满射**；若对于任意的$\boldsymbol{x}_1$，$\boldsymbol{x}_2\in X$，且$\boldsymbol{x}_1\neq\boldsymbol{x}_2$时，有$\sigma(\boldsymbol{x}_1)\neq\sigma(\boldsymbol{x}_2)$，则称$\sigma$为**单射**；若$\sigma$既是满射又是单射，则称$\sigma$为**双射**或**一一映射**. 若$\sigma$是把$X$中的每个元映到元自身的映射，即对任意的$\boldsymbol{x}\in X$，有$\sigma(\boldsymbol{x})=\boldsymbol{x}$，则称$\sigma$为$X$的**恒等映射**或**单位映射**，恒等映射一般用$I_X$或$I$来表示.

**定义 9.6** 设$V$与$V'$是数域$F$上的两个线性空间，$\sigma$是$V$到$V'$的一个映射，若满足

(1) $\sigma(\boldsymbol{\alpha}+\boldsymbol{\beta})=\sigma(\boldsymbol{\alpha})+\sigma(\boldsymbol{\beta})$，$\forall\,\boldsymbol{\alpha}$，$\boldsymbol{\beta}\in V$；

(2) $\sigma(k\boldsymbol{\alpha})=k\sigma(\boldsymbol{\alpha})$，$\forall\,\boldsymbol{\alpha}\in V$，$\forall\,k\in F$，

则称$\sigma$为$V$到$V'$的**线性映射**.

由此定义可知，在线性映射下：两个向量的和映射所得的向量是这两个向量映射所得的向量的和，数$k$与向量的数积映射所得的向量是$k$与该向量映射所得的向量的数积. 这就是说，线性变换与线性空间的运算相适应，它能够保持两个线性空间的线性运算而使向量之间的加法与数乘关系都不受影响，因而能够反映线性空间之间向量的内在联系.

在线性映射中，一一映射有着特殊的作用和性质.

**定义 9.7** 数域$F$上的两个线性空间$V$与$V'$称为**同构**的，如果存在一个从$V$到$V'$的一一线性映射$\sigma$，而这样的映射$\sigma$称为**同构映射**.

同构映射具有下列基本性质：

**性质 1** $\sigma(\mathbf{0})=\mathbf{0}$，$\sigma(-\boldsymbol{\alpha})=-\sigma(\boldsymbol{\alpha})$.

因为同构映射是线性映射，只要在定义 9.6 的条件(2)中分别取$k=0$，$-1$即得.

**性质 2** $\sigma(k_1\boldsymbol{\alpha}_1+k_2\boldsymbol{\alpha}_2+\cdots+k_r\boldsymbol{\alpha}_r)=k_1\sigma(\boldsymbol{\alpha}_1)+k_2\sigma(\boldsymbol{\alpha}_2)+\cdots+k_r\sigma(\boldsymbol{\alpha}_r)$.

这是定义 9.6 中条件(1)与(2)结合的结果.

**性质 3** **$V$中向量组$\boldsymbol{\alpha}_1$，$\boldsymbol{\alpha}_2$，…，$\boldsymbol{\alpha}_r$线性相关的充分必要条件是，它们的像$\sigma(\boldsymbol{\alpha}_1)$，$\sigma(\boldsymbol{\alpha}_2)$，…，$\sigma(\boldsymbol{\alpha}_r)$线性相关.**

**证** 事实上，由

$$k_1\boldsymbol{\alpha}_1+k_2\boldsymbol{\alpha}_2+\cdots+k_r\boldsymbol{\alpha}_r=\mathbf{0},$$

可得

$$k_1\sigma(\boldsymbol{\alpha}_1)+k_2\sigma(\boldsymbol{\alpha}_2)+\cdots+k_r\sigma(\boldsymbol{\alpha}_r)=\mathbf{0},$$

因此若$\boldsymbol{\alpha}_1$，$\boldsymbol{\alpha}_2$，…，$\boldsymbol{\alpha}_r$线性相关，必定有$\sigma(\boldsymbol{\alpha}_1)$，$\sigma(\boldsymbol{\alpha}_2)$，…，$\sigma(\boldsymbol{\alpha}_r)$也线性相关.

反之，由

$$k_1\sigma(\boldsymbol{\alpha}_1)+k_2\sigma(\boldsymbol{\alpha}_2)+\cdots+k_r\sigma(\boldsymbol{\alpha}_r)=\mathbf{0},$$

有

$$\sigma(k_1\boldsymbol{\alpha}_1+k_2\boldsymbol{\alpha}_2+\cdots+k_r\boldsymbol{\alpha}_r)=\mathbf{0}.$$

由于 $\sigma$ 是一一映射，只有 $\sigma(\mathbf{0})=\mathbf{0}$，所以

$$k_1\boldsymbol{\alpha}_1+k_2\boldsymbol{\alpha}_2+\cdots+k_r\boldsymbol{\alpha}_r=\mathbf{0},$$

因此若 $\sigma(\boldsymbol{\alpha}_1)$，$\sigma(\boldsymbol{\alpha}_2)$，…，$\sigma(\boldsymbol{\alpha}_r)$ 线性相关，必定有 $\boldsymbol{\alpha}_1$，$\boldsymbol{\alpha}_2$，…，$\boldsymbol{\alpha}_r$ 也线性相关.

**定理 9.2　数域 $F$ 上两个有限维线性空间同构的充分必要条件是它们有相同的维数.**

**证**　先证必要性：设 $V_n$ 与 $V'_m$ 同构，于是存在同构映射 $\sigma$，且若 $\boldsymbol{e}_1$，$\boldsymbol{e}_2$，…，$\boldsymbol{e}_n$ 是 $V_n$ 的一组基，则由性质 3，必有 $\sigma(\boldsymbol{e}_1)$，$\sigma(\boldsymbol{e}_2)$，…，$\sigma(\boldsymbol{e}_n)$ 线性无关.

任取 $\boldsymbol{\alpha}'\in V'_m$，则存在 $\boldsymbol{\alpha}\in V_n$，有 $\sigma(\boldsymbol{\alpha})=\boldsymbol{\alpha}'$，若

$$\boldsymbol{\alpha}=k_1\boldsymbol{e}_1+k_2\boldsymbol{e}_2+\cdots+k_n\boldsymbol{e}_n,$$

则有

$$\boldsymbol{\alpha}'=\sigma(\boldsymbol{\alpha})=k_1\sigma(\boldsymbol{e}_1)+k_2\sigma(\boldsymbol{e}_2)+\cdots+k_n\sigma(\boldsymbol{e}_n),$$

因而 $\sigma(\boldsymbol{e}_1)$，$\sigma(\boldsymbol{e}_2)$，…，$\sigma(\boldsymbol{e}_n)$ 是 $V'_m$ 的一组基，应有 $m=n$.

再证充分性：设 $V_n$ 与 $V'_n$ 是两个维数同为 $n$ 的线性空间，$\boldsymbol{e}_1$，$\boldsymbol{e}_2$，…，$\boldsymbol{e}_n$ 与 $\boldsymbol{e}'_1$，$\boldsymbol{e}'_2$，…，$\boldsymbol{e}'_n$ 分别是它们的基，令 $\sigma$：$V_n\to V'_n$，使得对于 $\boldsymbol{\alpha}\in V_n$ 且 $\boldsymbol{\alpha}=x_1\boldsymbol{e}_1+x_2\boldsymbol{e}_2+\cdots+x_n\boldsymbol{e}_n$，有

$$\sigma(\boldsymbol{\alpha})=x_1\boldsymbol{e}'_1+x_2\boldsymbol{e}'_2+\cdots+x_n\boldsymbol{e}'_n,$$

则不难证明 $\sigma$ 是 $V_n$ 到 $V'_n$ 的同构映射，因而 $V_n$ 与 $V'_n$ 同构.

**推论　任何数域 $F$ 上的 $n$ 维线性空间都与 $F^n$ 空间同构.**

所谓两个线性空间同构，换句话说，就是从数学的形式看，它们有相同的结构. 这样，线性空间的结构完全被它们的维数所决定.

当数域 $F$ 上的 $n$ 维线性空间 $V_n$ 中选定一组基 $\boldsymbol{\alpha}_1$，$\boldsymbol{\alpha}_2$，…，$\boldsymbol{\alpha}_n$ 后，令 $\sigma$：$V_n\to F^n$，当 $\boldsymbol{\alpha}\in V_n$，且

$$\boldsymbol{\alpha}=x_1\boldsymbol{\alpha}_1+x_2\boldsymbol{\alpha}_2+\cdots+x_n\boldsymbol{\alpha}_n$$

时，使 $\sigma(\boldsymbol{\alpha})=(x_1,\ x_2,\ \cdots,\ x_n)^{\mathrm{T}}\in F^n$，则 $\sigma$ 就是 $V_n$ 到 $F^n$ 的同构映射. 若再有 $\boldsymbol{\beta}\in V_n$，且

$$\boldsymbol{\beta}=y_1\boldsymbol{\alpha}_1+y_2\boldsymbol{\alpha}_2+\cdots+y_n\boldsymbol{\alpha}_n,$$

则有

$$\sigma(\boldsymbol{\alpha}+\boldsymbol{\beta})=(x_1+y_1,\ x_2+y_2,\ \cdots,\ x_n+y_n)^{\mathrm{T}},$$

$$\sigma(k\boldsymbol{\alpha})=(kx_1,\ kx_2,\ \cdots,\ kx_n)^{\mathrm{T}}(k\in F),$$

于是 $V_n$ 中元素之间的运算就可以变为 $F^n$ 中向量的运算. 应用上更为方便的是，直接将 $\boldsymbol{\alpha}$ 用它在基 $\boldsymbol{\alpha}_1$，$\boldsymbol{\alpha}_2$，…，$\boldsymbol{\alpha}_n$ 下的坐标 $(x_1,\ x_2,\ \cdots,\ x_n)^{\mathrm{T}}$ 来表示，记作 $\boldsymbol{\alpha}=(x_1,\ x_2,\ \cdots,\ x_n)^{\mathrm{T}}$. 这样，$F^n$ 空间就成为 $n$ 维线性空间的统一形式，$V_n$ 中的线性运算也就与 $F^n$ 中的无异，即可通过坐标来进行，有

$$\boldsymbol{\alpha}+\boldsymbol{\beta}=(x_1+y_1,\ x_2+y_2,\ \cdots,\ x_n+y_n)^{\mathrm{T}},$$

$$k\boldsymbol{\alpha}=(kx_1,\ kx_2,\ \cdots,\ kx_n)^{\mathrm{T}},\ k\in F,$$

这也就是将线性空间称作向量空间的缘由.

至此，本节开始提出的第二、第三个问题也得到圆满的解决.

# 第三节　线性子空间

在第五章里，讨论了向量空间的子空间.现在要将这一概念推广到一般的线性空间里去，并利用它来表达线性空间的一些性质.读者将会看到，研究线性空间时常常要牵涉到子空间.

## 一、线性子空间的概念

**定义 9.8**　设 $W$ 是数域 $F$ 上的线性空间 $V$ 的一个非空子集，若 $W$ 对于 $V$ 的加法和数乘两种运算也构成一个线性空间，则称 $W$ 为 $V$ 的**线性子空间**，简称为**子空间**.

由定义可知，$V$ 本身是 $V$ 的子空间，而只含一个零元的空间 $\{\mathbf{0}\}$ 也是 $V$ 的子空间，称为零子空间.这两个子空间称为**平凡子空间**，除此之外的 $V$ 的子空间称为**非平凡子空间**.

根据定义，假如 $W$ 是 $V$ 的子空间，那么 $W$ 的零元就是 $V$ 的零元，并且 $W$ 对于 $V$ 的两种线性运算是封闭的，即

(1) 若 $\boldsymbol{\alpha}, \boldsymbol{\beta} \in W$，则 $\boldsymbol{\alpha}+\boldsymbol{\beta} \in W$；

(2) 若 $\boldsymbol{\alpha} \in W$，$k \in F$，则 $k\boldsymbol{\alpha} \in W$.

实际上，这也是 $W$ 为 $V$ 的子空间的充分条件.

事实上，如果 $W$ 满足上面两个条件，由于 $W \subseteq V$，$W$ 中的两种运算就是 $V$ 中的两种运算，因此定义 9.2 中的八条运算规律除第④条外都是显然成立的.至于第④条，当 $\boldsymbol{\alpha} \in W$ 时，有 $(-1)\boldsymbol{\alpha}=-\boldsymbol{\alpha} \in W$，且有 $\boldsymbol{\alpha}+(-\boldsymbol{\alpha})=\mathbf{0}$，即 $W$ 中元 $\boldsymbol{\alpha}$ 的负元就是 $\boldsymbol{\alpha}$ 在 $V$ 中的负元，故在 $W$ 中第④条运算规律也成立.于是 $W$ 为 $V$ 的子空间.因此得到

**定理 9.3　线性空间 $V$ 的子集 $W$ 是 $V$ 的子空间的充分必要条件是，$W$ 对于 $V$ 的两种运算是封闭的，也就是满足上面的条件**(1)、(2).

因为向量空间也是线性空间，因此按照这一定理，读者容易验证第五章第一节中所举的一些向量空间的子空间就是线性子空间.下面再来看几个子空间的例子.

**例 9.14**　由例 9.2 知，对于数域 $F$ 上的线性空间 $F^{2\times 2}$（即全部二阶矩阵形成的线性空间），所有形如 $\begin{pmatrix} a & b \\ 0 & 0 \end{pmatrix}$ 的矩阵构成它的子空间，同样所有形如

$\begin{pmatrix} a & 0 \\ b & 0 \end{pmatrix}$的矩阵也构成子空间．

**例 9.15**　由例 9.3 和例 9.4 知，$R[x]_n$ 是线性空间 $R[x]$的子空间．

**例 9.16**　由例 5.3 知，齐次线性方程组

$$\begin{cases} a_{11}x_1+a_{12}x_2+\cdots+a_{1n}x_n=0, \\ a_{21}x_1+a_{22}x_2+\cdots+a_{2n}x_n=0, \\ \cdots\cdots\cdots\cdots\cdots\cdots \\ a_{m1}x_1+a_{m2}x_2+\cdots+a_{mn}x_n=0 \end{cases}$$

的全部解向量构成的解空间 $S$ 是线性空间 $\mathbf{R}^n$ 的一个子空间．

**例 9.17**　全体实函数，按函数加法和数与函数的数量乘法，构成一个实数域 $\mathbf{R}$ 上的线性空间 $R[f]$，而所有的实系数多项式的集合 $R[x]$是 $R[f]$的一个子空间．

## 二、生成子空间

关于生成子空间的概念，在第五章向量空间里已经出现过，现在就一般的线性空间来讨论这一概念，借以解决子空间的构成问题，并导出基的扩充定理.

设 $\boldsymbol{\alpha}_1$，$\boldsymbol{\alpha}_2$，…，$\boldsymbol{\alpha}_m$ 是线性空间 $V$ 中一组向量，则这组向量所有可能的线性组合

$$k_1\boldsymbol{\alpha}_1+k_2\boldsymbol{\alpha}_2+\cdots+k_m\boldsymbol{\alpha}_m$$

所成的集合是非空的，而且对两种运算封闭，因而是 $V$ 的一个子空间．这个子空间称为由 $\boldsymbol{\alpha}_1$，$\boldsymbol{\alpha}_2$，…，$\boldsymbol{\alpha}_m$ **生成的子空间**，记作 $L(\boldsymbol{\alpha}_1, \boldsymbol{\alpha}_2, \cdots, \boldsymbol{\alpha}_m)$，即

$$L(\boldsymbol{\alpha}_1, \boldsymbol{\alpha}_2, \cdots, \boldsymbol{\alpha}_m)=\{k_1\boldsymbol{\alpha}_1+k_2\boldsymbol{\alpha}_2+\cdots+k_m\boldsymbol{\alpha}_m \mid k_1, k_2, \cdots, k_m\in F\},$$

在有限维线性空间中，任何一个子空间 $W$ 都可由它的一组基 $\boldsymbol{\alpha}_1$，$\boldsymbol{\alpha}_2$，…，$\boldsymbol{\alpha}_r$ 表示为 $W=L(\boldsymbol{\alpha}_1, \boldsymbol{\alpha}_2, \cdots, \boldsymbol{\alpha}_r)$．注意，这里的 $\boldsymbol{\alpha}_1$，$\boldsymbol{\alpha}_2$，…，$\boldsymbol{\alpha}_r$ 是子空间 $W$ 的基，因此一定线性无关．而对于一般的生成子空间 $L(\boldsymbol{\alpha}_1, \boldsymbol{\alpha}_2, \cdots, \boldsymbol{\alpha}_m)$，其中的 $\boldsymbol{\alpha}_1$，$\boldsymbol{\alpha}_2$，…，$\boldsymbol{\alpha}_m$ 并不一定线性无关．

由子空间的定义可知，如果 $V$ 的一个子空间 $W$ 包含向量 $\boldsymbol{\alpha}_1$，$\boldsymbol{\alpha}_2$，…，$\boldsymbol{\alpha}_m$，那么就一定包含它们所有的线性组合，也就是说 $W$ 一定包含 $L(\boldsymbol{\alpha}_1, \boldsymbol{\alpha}_2, \cdots, \boldsymbol{\alpha}_m)$，因此 $L(\boldsymbol{\alpha}_1, \boldsymbol{\alpha}_2, \cdots, \boldsymbol{\alpha}_m)$就是**包含 $\boldsymbol{\alpha}_1$，$\boldsymbol{\alpha}_2$，…，$\boldsymbol{\alpha}_m$ 的最小子空间**．现在的问题是如何确定 $L(\boldsymbol{\alpha}_1, \boldsymbol{\alpha}_2, \cdots, \boldsymbol{\alpha}_m)$的维数与基？在第五章里曾指出，$\mathbf{R}^n$ 空间的向量组 $\boldsymbol{\alpha}_1$，$\boldsymbol{\alpha}_2$，…，$\boldsymbol{\alpha}_m$，它的一个极大无关组就是由它生成的子空间 $L(\boldsymbol{\alpha}_1, \boldsymbol{\alpha}_2, \cdots, \boldsymbol{\alpha}_m)$的一组基．这一结论对于一般的线性空间也是对的，因为有

**定理 9.4**　(1) **两个向量组生成相同的子空间的充分必要条件是这两个向**

**量组等价；**

**(2) $L(\boldsymbol{\alpha}_1, \boldsymbol{\alpha}_2, \cdots, \boldsymbol{\alpha}_m)$的维数等于向量组 $\boldsymbol{\alpha}_1, \boldsymbol{\alpha}_2, \cdots, \boldsymbol{\alpha}_m$ 的秩．**

**证** (1)设有向量组 $\boldsymbol{\alpha}_1, \boldsymbol{\alpha}_2, \cdots, \boldsymbol{\alpha}_s$ 与 $\boldsymbol{\beta}_1, \boldsymbol{\beta}_2, \cdots, \boldsymbol{\beta}_t$，如果这两个向量组等价，即它们可以互相线性表示，则任何一方的线性组合也可以由另一方线性表示，因而 $L(\boldsymbol{\alpha}_1, \boldsymbol{\alpha}_2, \cdots, \boldsymbol{\alpha}_s)=L(\boldsymbol{\beta}_1, \boldsymbol{\beta}_2, \cdots, \boldsymbol{\beta}_t)$.

反之，如果

$$L(\boldsymbol{\alpha}_1, \boldsymbol{\alpha}_2, \cdots, \boldsymbol{\alpha}_s)=L(\boldsymbol{\beta}_1, \boldsymbol{\beta}_2, \cdots, \boldsymbol{\beta}_t),$$

则每个向量 $\boldsymbol{\alpha}_i(i=1, 2, \cdots, s)$都是 $L(\boldsymbol{\beta}_1, \boldsymbol{\beta}_2, \cdots, \boldsymbol{\beta}_t)$中的元，从而 $\boldsymbol{\alpha}_i$ 可由 $\boldsymbol{\beta}_1, \boldsymbol{\beta}_2, \cdots, \boldsymbol{\beta}_t$ 线性表示；同样每个向量 $\boldsymbol{\beta}_i(i=1, 2, \cdots, t)$都是 $L(\boldsymbol{\alpha}_1, \boldsymbol{\alpha}_2, \cdots, \boldsymbol{\alpha}_s)$中的元，$\boldsymbol{\beta}_i$ 也可由 $\boldsymbol{\alpha}_1, \boldsymbol{\alpha}_2, \cdots, \boldsymbol{\alpha}_s$ 线性表示，因此向量组 $\boldsymbol{\alpha}_1, \boldsymbol{\alpha}_2, \cdots, \boldsymbol{\alpha}_s$ 与 $\boldsymbol{\beta}_1, \boldsymbol{\beta}_2, \cdots, \boldsymbol{\beta}_t$ 等价．

(2) 设向量组 $\boldsymbol{\alpha}_1, \boldsymbol{\alpha}_2, \cdots, \boldsymbol{\alpha}_m$ 的秩为 $r$，而 $\boldsymbol{\alpha}_1', \boldsymbol{\alpha}_2', \cdots, \boldsymbol{\alpha}_r'(r\leqslant m)$是它的一个极大无关组，则 $\boldsymbol{\alpha}_1, \boldsymbol{\alpha}_2, \cdots, \boldsymbol{\alpha}_m$ 与 $\boldsymbol{\alpha}_1', \boldsymbol{\alpha}_2', \cdots, \boldsymbol{\alpha}_r'$等价，于是 $L(\boldsymbol{\alpha}_1, \boldsymbol{\alpha}_2, \cdots, \boldsymbol{\alpha}_m)=L(\boldsymbol{\alpha}_1', \boldsymbol{\alpha}_2', \cdots, \boldsymbol{\alpha}_r')$，所以 $\boldsymbol{\alpha}_1', \boldsymbol{\alpha}_2', \cdots, \boldsymbol{\alpha}_r'$就是 $L(\boldsymbol{\alpha}_1, \boldsymbol{\alpha}_2, \cdots, \boldsymbol{\alpha}_m)$的一组基，而 $r$ 就是 $L(\boldsymbol{\alpha}_1, \boldsymbol{\alpha}_2, \cdots, \boldsymbol{\alpha}_m)$的维数．

**例 9.18** 在 $R[x]_3$ 中，求由向量组 $\boldsymbol{p}_i(i=1, 2, 3, 4)$生成的子空间的基与维数，其中

$$\boldsymbol{p}_1=2x^3+x^2+3x-1, \boldsymbol{p}_2=-x^3+x^2-3x+1,$$
$$\boldsymbol{p}_3=4x^3+5x^2+3x-1, \boldsymbol{p}_4=x^3+5x^2-2x+1.$$

**解** 作同构映射 $\sigma$：$R[x]_3\to\mathbf{R}^4$，使 $\sigma(a_0x^3+a_1x^2+a_2x+a_3)=(a_0, a_1, a_2, a_3)^{\mathrm{T}}$，则

$$\sigma(\boldsymbol{p}_1)=(2, 1, 3, -1)^{\mathrm{T}}, \sigma(\boldsymbol{p}_2)=(-1, 1, -3, 1)^{\mathrm{T}},$$
$$\sigma(\boldsymbol{p}_3)=(4, 5, 3, -1)^{\mathrm{T}}, \sigma(\boldsymbol{p}_4)=(1, 5, -2, 1)^{\mathrm{T}}.$$

容易验证 $\sigma(\boldsymbol{p}_1), \sigma(\boldsymbol{p}_2), \sigma(\boldsymbol{p}_4)$是向量组 $\sigma(\boldsymbol{p}_1), \sigma(\boldsymbol{p}_2), \sigma(\boldsymbol{p}_3), \sigma(\boldsymbol{p}_4)$的一个极大无关组．因此由同构性质知，$\boldsymbol{p}_1, \boldsymbol{p}_2, \boldsymbol{p}_4$ 是 $\boldsymbol{p}_1, \boldsymbol{p}_2, \boldsymbol{p}_3, \boldsymbol{p}_4$ 的一个极大无关组，故 $\boldsymbol{p}_1, \boldsymbol{p}_2, \boldsymbol{p}_4$ 是子空间 $L(\boldsymbol{p}_1, \boldsymbol{p}_2, \boldsymbol{p}_3, \boldsymbol{p}_4)$的一组基，而其维数为 3，且有 $L(\boldsymbol{p}_1, \boldsymbol{p}_2, \boldsymbol{p}_3, \boldsymbol{p}_4)=L(\boldsymbol{p}_1, \boldsymbol{p}_2, \boldsymbol{p}_4)$.

线性空间的基与其子空间的基之间存在着重要关系：

**定理 9.5（基的扩充定理） 设 $W$ 是数域 $F$ 上的 $n$ 维线性空间 $V$ 的一个 $m$ 维子空间，$\boldsymbol{\alpha}_1, \boldsymbol{\alpha}_2, \cdots, \boldsymbol{\alpha}_m$ 是 $W$ 的一组基，则在 $V$ 中必定存在 $n-m$ 个向量 $\boldsymbol{\alpha}_{m+1}, \boldsymbol{\alpha}_{m+2}, \cdots, \boldsymbol{\alpha}_n$，使得 $\boldsymbol{\alpha}_1, \boldsymbol{\alpha}_2, \cdots, \boldsymbol{\alpha}_n$ 是 $V$ 的一组基．**

**证** 对维数差 $n-m$ 施行数学归纳法．当 $n-m=0$，即 $n=m$ 时，$\boldsymbol{\alpha}_1, \boldsymbol{\alpha}_2, \cdots, \boldsymbol{\alpha}_m$ 已经是 $V$ 的一组基，定理成立．

假定 $n-m=k(k>0)$时定理成立，则当 $n-m=k+1$ 时，$\boldsymbol{\alpha}_1, \boldsymbol{\alpha}_2, \cdots, \boldsymbol{\alpha}_m$

不是 $V$ 的基，故在 $V$ 中至少存在一个向量 $\boldsymbol{\alpha}_{m+1}$ 不能用 $\boldsymbol{\alpha}_1$，$\boldsymbol{\alpha}_2$，…，$\boldsymbol{\alpha}_m$ 线性表示，于是 $\boldsymbol{\alpha}_1$，$\boldsymbol{\alpha}_2$，…，$\boldsymbol{\alpha}_m$，$\boldsymbol{\alpha}_{m+1}$ 必定线性无关，由定理 9.4 知，子空间 $L(\boldsymbol{\alpha}_1, \boldsymbol{\alpha}_2, \cdots, \boldsymbol{\alpha}_m, \boldsymbol{\alpha}_{m+1})$ 是 $m+1$ 维的．这时 $n-(m+1)=(n-m)-1=k$，由归纳法假设，$L(\boldsymbol{\alpha}_1, \boldsymbol{\alpha}_2, \cdots, \boldsymbol{\alpha}_m, \boldsymbol{\alpha}_{m+1})$ 的基 $\boldsymbol{\alpha}_1$，$\boldsymbol{\alpha}_2$，…，$\boldsymbol{\alpha}_m$，$\boldsymbol{\alpha}_{m+1}$ 可扩充为 $V$ 的基，即存在 $\boldsymbol{\alpha}_{m+2}$，$\boldsymbol{\alpha}_{m+3}$，…，$\boldsymbol{\alpha}_n$ 使得 $\boldsymbol{\alpha}_1$，$\boldsymbol{\alpha}_2$，…，$\boldsymbol{\alpha}_n$ 是 $V$ 的基．

由归纳法原理即知，$W$ 的基 $\boldsymbol{\alpha}_1$，$\boldsymbol{\alpha}_2$，…，$\boldsymbol{\alpha}_m$ 可以扩充为 $V$ 的基．

# 第四节　线性变换及其矩阵表示

## 一、线性变换的概念

所谓**线性变换**，就是线性空间 $V$ 到自身的线性映射．因此，由定义 9.6 可知，数域 $F$ 上的线性空间 $V$ 中的变换 $\sigma$ 是线性变换，当且仅当

(1) $\sigma(\boldsymbol{\alpha}+\boldsymbol{\beta})=\sigma(\boldsymbol{\alpha})+\sigma(\boldsymbol{\beta})$，$\forall\, \boldsymbol{\alpha}, \boldsymbol{\beta}\in V$；

(2) $\sigma(k\boldsymbol{\alpha})=k\sigma(\boldsymbol{\alpha})$，$\forall\, \boldsymbol{\alpha}\in V$，$\forall\, k\in F$.

**例 9.19**　设 $V$ 是数域 $F$ 上的线性空间，$k$ 是 $F$ 中的某个数，定义 $V$ 的变换如下：

$$\sigma(\boldsymbol{\alpha})=k\boldsymbol{\alpha},\ \boldsymbol{\alpha}\in V,$$

这是一个线性变换，称为**数乘变换**．当 $k=1$ 时称为**恒等变换**或**单位变换**，当 $k=0$ 时称为**零变换**，分别记作

$$I:\ I(\boldsymbol{\alpha})=\boldsymbol{\alpha}(\boldsymbol{\alpha}\in V) \text{ 和 } \theta:\ \theta(\boldsymbol{\alpha})=\boldsymbol{0}(\boldsymbol{\alpha}\in V).$$

**例 9.20**　平面上的向量构成实数域上的二维线性空间 $\mathbf{R}^2$，若设向量 $\boldsymbol{\alpha}=(x, y)^{\mathrm{T}}$ 绕坐标原点逆时针方向旋转 $\theta$ 角($\theta>0$)，得到 $\boldsymbol{\alpha}'=(x', y')^{\mathrm{T}}$．由解析几何知

$$\begin{cases} x'=x\cos\theta-y\sin\theta, \\ y'=x\sin\theta+y\cos\theta, \end{cases} \text{或} \begin{pmatrix} x' \\ y' \end{pmatrix}=\begin{pmatrix} \cos\theta & -\sin\theta \\ \sin\theta & \cos\theta \end{pmatrix}\begin{pmatrix} x \\ y \end{pmatrix}.$$

若记 $\boldsymbol{A}=\begin{pmatrix} \cos\theta & -\sin\theta \\ \sin\theta & \cos\theta \end{pmatrix}$，并记 $I_\theta(\boldsymbol{\alpha})=\boldsymbol{A}\boldsymbol{\alpha}$，则有

$$I_\theta(\boldsymbol{\alpha}+\boldsymbol{\beta})=\boldsymbol{A}(\boldsymbol{\alpha}+\boldsymbol{\beta})=\boldsymbol{A}\boldsymbol{\alpha}+\boldsymbol{A}\boldsymbol{\beta}=I_\theta(\boldsymbol{\alpha})+I_\theta(\boldsymbol{\beta}),\ \forall\, \boldsymbol{\alpha}, \boldsymbol{\beta}\in\mathbf{R}^2,$$

$$I_\theta(k\boldsymbol{\alpha})=\boldsymbol{A}(k\boldsymbol{\alpha})=k(\boldsymbol{A}\boldsymbol{\alpha})=kI_\theta(\boldsymbol{\alpha}),\ \forall\, \boldsymbol{\alpha}\in\mathbf{R}^2,\ \forall\, k\in\mathbf{R},$$

因此 $I_\theta$ 是一个线性变换，称为 $\mathbf{R}^2$ 中的旋转变换．

**例 9.21**　在 $\mathbf{R}^3$ 中，对任意 $\boldsymbol{\alpha}=(x, y, z)\in\mathbf{R}^3$，定义

$$\sigma(\boldsymbol{\alpha})=\sigma(x, y, z)^{\mathrm{T}}=(x, y, 0)^{\mathrm{T}},$$

$$\tau(\boldsymbol{\alpha})=\tau(x, y, z)^{\mathrm{T}}=(x, y, -z)^{\mathrm{T}},$$

不难验证，$\sigma$ 和 $\tau$ 都是线性变换，$\sigma$ 的几何意义是将向量 $\boldsymbol{\alpha}$ 投影到 $xOy$ 平面

上，因此称 $\sigma$ 为**投影变换**；而 $\tau$ 的几何意义是将 $xOy$ 平面作为一面镜子，$\tau(\boldsymbol{\alpha})$就是 $\boldsymbol{\alpha}$ 对于这面镜子反射所成的像，因此称 $\tau$ 为**镜面变换**或**反射变换**.

**例 9.22** 定义在闭区间$[a, b]$上的全体连续函数组成实数域 $\mathbf{R}$ 上的线性空间，记作 $C_{[a,b]}$. 在这个空间中，积分运算

$$\mathrm{J}(f(x))=\int_a^x f(t)\mathrm{d}t,\ x\in[a,b]$$

是一个线性变换. 这是因为

$$\begin{aligned}\mathrm{J}(f(x)+g(x))&=\int_a^x(f(t)+g(t))\mathrm{d}t=\int_a^x f(t)\mathrm{d}t+\int_a^x g(t)\mathrm{d}t\\&=\mathrm{J}(f(x))+\mathrm{J}(g(x)),\end{aligned}$$

$$\mathrm{J}(kf(x))=\int_a^x kf(t)\mathrm{d}t=k\int_a^x f(t)\mathrm{d}t=k\mathrm{J}(f(x)).$$

**例 9.23** 在线性空间 $R[x]$或 $R[x]_n$ 中，不难证明微商运算 D，即

$$\mathrm{D}(f(x))=f'(x)$$

是一个线性变换. 而变换 $\sigma(f(x))=a_0$ ($a_0$ 为 $f(x)$的常数项)也是一个线性变换. 但变换 $\sigma_1(f(x))=1$ 就不是一个线性变换，这是因为

$$\sigma_1(f(x)+g(x))=1,\ 而\ \sigma_1(f(x))+\sigma_1(g(x))=2,$$

有

$$\sigma_1(f(x)+g(x))\neq\sigma_1(f(x))+\sigma_1(g(x)).$$

## 二、线性变换的性质

线性变换有以下一些基本性质(任意的 $\boldsymbol{\alpha}\in V$，$\boldsymbol{\alpha}$ 在变换 $\sigma$ 下的像 $\sigma(\boldsymbol{\alpha})$有时简记作 $\sigma\boldsymbol{\alpha}$)：

**性质 1** $\sigma(\mathbf{0})=\mathbf{0}$，$\sigma(-\boldsymbol{\alpha})=-\sigma(\boldsymbol{\alpha})$.

**性质 2** **线性变换保持线性组合与线性关系式不变，即**

$$\sigma(k_1\boldsymbol{\alpha}_1+k_2\boldsymbol{\alpha}_2+\cdots+k_r\boldsymbol{\alpha}_r)=k_1\sigma(\boldsymbol{\alpha}_1)+k_2\sigma(\boldsymbol{\alpha}_2)+\cdots+k_r\sigma(\boldsymbol{\alpha}_r).$$

**性质 3** **若 $\boldsymbol{\alpha}_1$，$\boldsymbol{\alpha}_2$，…，$\boldsymbol{\alpha}_r$ 线性相关，则 $\sigma\boldsymbol{\alpha}_1$，$\sigma\boldsymbol{\alpha}_2$，…，$\sigma\boldsymbol{\alpha}_r$ 也线性相关.**

以上三条性质不难证明，请读者自己完成. 在本章第三节介绍线性空间的同构映射时，也讲到类似的三条性质，请读者细加比较. 特别要注意的是，这里的性质 3 的逆命题是不成立的，即若 $\boldsymbol{\alpha}_1$，$\boldsymbol{\alpha}_2$，…，$\boldsymbol{\alpha}_r$ 线性无关，则 $\sigma\boldsymbol{\alpha}_1$，$\sigma\boldsymbol{\alpha}_2$，…，$\sigma\boldsymbol{\alpha}_r$ 不一定线性无关，这是因为同构的映射要求必须是一一的映射，而线性变换的映射则不一定是一一的映射.

**性质 4** **如果 $\sigma$ 是线性空间 $V$ 的线性变换，那么像集 $\sigma(V)$是 $V$ 的子空间，称为线性变换 $\sigma$ 的值域或像空间.**

**证** $\sigma(V)\subseteq V$，若设 $\boldsymbol{\alpha}'$，$\boldsymbol{\beta}'\in\sigma(V)$，则有 $\boldsymbol{\alpha}$，$\boldsymbol{\beta}\in V$，使 $\sigma\boldsymbol{\alpha}=\boldsymbol{\alpha}'$，$\sigma\boldsymbol{\beta}=\boldsymbol{\beta}'$，

于是

$$\boldsymbol{\alpha}'+\boldsymbol{\beta}'=\sigma\boldsymbol{\alpha}+\sigma\boldsymbol{\beta}=\sigma(\boldsymbol{\alpha}+\boldsymbol{\beta})\in\sigma(V),$$
$$k\boldsymbol{\alpha}'=k\sigma\boldsymbol{\alpha}=\sigma(k\boldsymbol{\alpha})\in\sigma(V),$$

故 $\sigma(V)$ 对 $V$ 中的线性运算封闭，因此是 $V$ 的子空间．

**性质 5　如果 $\sigma$ 是线性空间 $V$ 的线性变换，那么 $V$ 中零元的所有原像的全体**

$$K_\sigma=\{\boldsymbol{\alpha}\,|\,\sigma\boldsymbol{\alpha}=\mathbf{0},\ \boldsymbol{\alpha}\in V\}$$

**是 $V$ 的子空间，称为线性变换 $\sigma$ 的核，记作 $\ker(\sigma)$.**

**证**　$K_\sigma\subseteq V$，若设 $\boldsymbol{\alpha}$，$\boldsymbol{\beta}\in K_\sigma$，则 $\sigma\boldsymbol{\alpha}=\mathbf{0}$，$\sigma\boldsymbol{\beta}=\mathbf{0}$，于是

$$\sigma(\boldsymbol{\alpha}+\boldsymbol{\beta})=\sigma\boldsymbol{\alpha}+\sigma\boldsymbol{\beta}=\mathbf{0};\ \sigma(k\boldsymbol{\alpha})=k\sigma\boldsymbol{\alpha}=\mathbf{0},$$

故 $\boldsymbol{\alpha}+\boldsymbol{\beta}\in K_\sigma$，$k\boldsymbol{\alpha}\in K_\sigma$，即 $K_\sigma$ 对 $V$ 中的线性运算封闭，因此是 $V$ 的子空间．

## 三、线性变换的矩阵表示

下面讨论线性变换的表示问题．

对于线性空间 $V$ 上的一个给定的线性变换 $\sigma$，如何用具体的形式表示出来？换句话说，当 $\boldsymbol{x}\in V$ 时，用什么方式表示它的像 $\sigma(\boldsymbol{x})$，或者说如何用统一的形式计算 $\sigma(\boldsymbol{x})$？这里的目的当然是希望线性变换与数发生联系，把抽象的线性变换问题化为具体的数学形式来处理．

在例 9.20 中，旋转变换 $I_\theta$ 可以用矩阵的形式表示为

$$I_\theta(\boldsymbol{\alpha})=\boldsymbol{A}\boldsymbol{\alpha},$$

稍后的讨论表明，一般的线性变换也可以得到这种表示．

设 $\sigma$ 是线性空间 $V$ 上的一个线性变换，$\boldsymbol{\alpha}_1$，$\boldsymbol{\alpha}_2$，…，$\boldsymbol{\alpha}_n$ 是 $V$ 的一组基，任意的 $\boldsymbol{\alpha}\in V$，由 $\boldsymbol{\alpha}=a_1\boldsymbol{\alpha}_1+a_2\boldsymbol{\alpha}_2+\cdots+a_n\boldsymbol{\alpha}_n$，有

$$\sigma\boldsymbol{\alpha}=\sigma(a_1\boldsymbol{\alpha}_1+a_2\boldsymbol{\alpha}_2+\cdots+a_n\boldsymbol{\alpha}_n)=a_1(\sigma\boldsymbol{\alpha}_1)+a_2(\sigma\boldsymbol{\alpha}_2)+\cdots+a_n(\sigma\boldsymbol{\alpha}_n),$$

这就是说 $V$ 中任意元的像由基的像 $\sigma\boldsymbol{\alpha}_1$，$\sigma\boldsymbol{\alpha}_2$，…，$\sigma\boldsymbol{\alpha}_n$ 唯一决定，或者说 $\sigma$ 完全由 $\sigma\boldsymbol{\alpha}_1$，$\sigma\boldsymbol{\alpha}_2$，…，$\sigma\boldsymbol{\alpha}_n$ 唯一决定．

反之，设 $\boldsymbol{\alpha}_1$，$\boldsymbol{\alpha}_2$，…，$\boldsymbol{\alpha}_n$ 是线性空间 $V$ 的一组基，$\boldsymbol{\beta}_1$，$\boldsymbol{\beta}_2$，…，$\boldsymbol{\beta}_n$ 是 $V$ 的任意 $n$ 个元，则一定有唯一的线性变换把 $\boldsymbol{\alpha}_i$ 变成 $\boldsymbol{\beta}_i(i=1,\ 2,\ \cdots,\ n)$.

事实上，对于任意的 $\boldsymbol{\alpha}\in V$，$\boldsymbol{\alpha}=\sum\limits_{i=1}^{n}a_i\boldsymbol{\alpha}_i$，作变换 $\sigma$，使 $\sigma\boldsymbol{\alpha}=\sum\limits_{i=1}^{n}a_i\boldsymbol{\beta}_i$，则满足 $\sigma\boldsymbol{\alpha}_i=\boldsymbol{\beta}_i(i=1,\ 2,\ \cdots,\ n)$. 因为线性变换由基的像唯一决定，因此只要证明 $\sigma$ 是线性变换，那么 $\sigma$ 就是把 $\boldsymbol{\alpha}_i$ 变成 $\boldsymbol{\beta}_i$ 的唯一线性变换．实际上，只要证明变换 $\sigma$ 是线性的．为此，在 $V$ 中任取两个向量 $\boldsymbol{\alpha}=\sum\limits_{i=1}^{n}a_i\boldsymbol{\alpha}_i$，$\boldsymbol{\beta}=\sum\limits_{i=1}^{n}b_i\boldsymbol{\alpha}_i$，有

$$\sigma(\boldsymbol{\alpha}+\boldsymbol{\beta})=\sigma\Big[\sum_{i=1}^{n}(a_i+b_i)\boldsymbol{\alpha}_i\Big]=\sum_{i=1}^{n}(a_i+b_i)\boldsymbol{\beta}_i$$
$$=\sum_{i=1}^{n}a_i\boldsymbol{\beta}_i+\sum_{i=1}^{n}b_i\boldsymbol{\beta}_i=\sigma\boldsymbol{\alpha}+\sigma\boldsymbol{\beta},$$
$$\sigma(k\boldsymbol{\alpha})=\sigma\Big[\sum_{i=1}^{n}(ka_i)\boldsymbol{\alpha}_i\Big]=\sum_{i=1}^{n}(ka_i)\boldsymbol{\beta}_i=k\sum_{i=1}^{n}a_i\boldsymbol{\beta}_i=k(\sigma\boldsymbol{\alpha}),$$

所以 $\sigma$ 是线性变换.

综合以上的讨论，得到

**定理 9.6** **设 $\boldsymbol{\alpha}_1$，$\boldsymbol{\alpha}_2$，…，$\boldsymbol{\alpha}_n$ 是线性空间 $V$ 的一组基，$\boldsymbol{\beta}_1$，$\boldsymbol{\beta}_2$，…，$\boldsymbol{\beta}_n$ 是 $V$ 的任意 $n$ 个元，则存在唯一的线性变换 $\sigma$ 使**

$$\sigma\boldsymbol{\alpha}_i=\boldsymbol{\beta}_i\ (i=1,\ 2,\ \cdots,\ n).$$

有了这一定理，就可以建立起线性变换与矩阵之间的联系.

**定义 9.9** 设 $\boldsymbol{\alpha}_1$，$\boldsymbol{\alpha}_2$，…，$\boldsymbol{\alpha}_n$ 是线性空间 $V$ 的一组基，$\sigma$ 是 $V$ 中的一个线性变换，如果这组基在变换 $\sigma$ 下的像用基表示为

$$\begin{cases}\sigma\boldsymbol{\alpha}_1=a_{11}\boldsymbol{\alpha}_1+a_{21}\boldsymbol{\alpha}_2+\cdots+a_{n1}\boldsymbol{\alpha}_n,\\ \sigma\boldsymbol{\alpha}_2=a_{12}\boldsymbol{\alpha}_1+a_{22}\boldsymbol{\alpha}_2+\cdots+a_{n2}\boldsymbol{\alpha}_n,\\ \cdots\cdots\cdots\cdots\cdots\cdots\cdots\cdots\\ \sigma\boldsymbol{\alpha}_n=a_{1n}\boldsymbol{\alpha}_1+a_{2n}\boldsymbol{\alpha}_2+\cdots+a_{nn}\boldsymbol{\alpha}_n.\end{cases}$$

用矩阵表示就是

$$\sigma(\boldsymbol{\alpha}_1,\ \boldsymbol{\alpha}_2,\ \cdots,\ \boldsymbol{\alpha}_n)=(\sigma\boldsymbol{\alpha}_1,\ \sigma\boldsymbol{\alpha}_2,\ \cdots,\ \sigma\boldsymbol{\alpha}_n)=(\boldsymbol{\alpha}_1,\ \boldsymbol{\alpha}_2,\ \cdots,\ \boldsymbol{\alpha}_n)\boldsymbol{A},$$

其中
$$\boldsymbol{A}=\begin{pmatrix}a_{11} & a_{12} & \cdots & a_{1n}\\ a_{21} & a_{22} & \cdots & a_{2n}\\ \vdots & \vdots & & \vdots\\ a_{n1} & a_{n2} & \cdots & a_{nn}\end{pmatrix},$$

那么，$\boldsymbol{A}$ 称为**线性变换 $\sigma$ 在基 $\boldsymbol{\alpha}_1$，$\boldsymbol{\alpha}_2$，…，$\boldsymbol{\alpha}_n$ 下的矩阵**.

这样，矩阵 $\boldsymbol{A}$ 由基的像 $\sigma\boldsymbol{\alpha}_1$，$\sigma\boldsymbol{\alpha}_2$，…，$\sigma\boldsymbol{\alpha}_n$ 唯一确定. 反之，如果给出一个矩阵 $\boldsymbol{A}$ 作为线性变换 $\sigma$ 在基 $\boldsymbol{\alpha}_1$，$\boldsymbol{\alpha}_2$，…，$\boldsymbol{\alpha}_n$ 下的矩阵，也就是给出了这组基在变换 $\sigma$ 下的像. 因此，线性空间 $V$ 在选定的一组基 $\boldsymbol{\alpha}_1$，$\boldsymbol{\alpha}_2$，…，$\boldsymbol{\alpha}_n$ 下，$V$ 中的线性变换与矩阵之间就存在一一对应的关系. 但要注意，同一个线性变换在不同基下的矩阵是不同的.

利用线性变换的矩阵表示可以直接计算一个向量的像：

假定线性变换 $\sigma$ 在基 $\boldsymbol{\alpha}_1$，$\boldsymbol{\alpha}_2$，…，$\boldsymbol{\alpha}_n$ 下的矩阵为 $\boldsymbol{A}$，向量 $\boldsymbol{\alpha}$ 在基 $\boldsymbol{\alpha}_1$，$\boldsymbol{\alpha}_2$，…，$\boldsymbol{\alpha}_n$ 下的坐标是 $(x_1,\ x_2,\ \cdots,\ x_n)^{\mathrm{T}}$，现在来求 $\sigma\boldsymbol{\alpha}$ 在基 $\boldsymbol{\alpha}_1$，$\boldsymbol{\alpha}_2$，…，$\boldsymbol{\alpha}_n$ 下的坐标 $(y_1,\ y_2,\ \cdots,\ y_n)^{\mathrm{T}}$.

因为 $$\boldsymbol{\alpha}=x_1\boldsymbol{\alpha}_1+x_2\boldsymbol{\alpha}_2+\cdots+x_n\boldsymbol{\alpha}_n=(\boldsymbol{\alpha}_1,\ \boldsymbol{\alpha}_2,\ \cdots,\ \boldsymbol{\alpha}_n)\begin{pmatrix}x_1\\x_2\\\vdots\\x_n\end{pmatrix},$$

于是 $$\sigma\boldsymbol{\alpha}=(\sigma\boldsymbol{\alpha}_1,\ \sigma\boldsymbol{\alpha}_2,\ \cdots,\ \sigma\boldsymbol{\alpha}_n)\begin{pmatrix}x_1\\x_2\\\vdots\\x_n\end{pmatrix}=(\boldsymbol{\alpha}_1,\ \boldsymbol{\alpha}_2,\ \cdots,\ \boldsymbol{\alpha}_n)\boldsymbol{A}\begin{pmatrix}x_1\\x_2\\\vdots\\x_n\end{pmatrix}.$$

又由假设

$$\sigma\boldsymbol{\alpha}=(\boldsymbol{\alpha}_1,\ \boldsymbol{\alpha}_2,\ \cdots,\ \boldsymbol{\alpha}_n)\begin{pmatrix}y_1\\y_2\\\vdots\\y_n\end{pmatrix},$$

由于 $\boldsymbol{\alpha}_1$，$\boldsymbol{\alpha}_2$，$\cdots$，$\boldsymbol{\alpha}_n$ 线性无关，所以

$$\begin{pmatrix}y_1\\y_2\\\vdots\\y_n\end{pmatrix}=\boldsymbol{A}\begin{pmatrix}x_1\\x_2\\\vdots\\x_n\end{pmatrix}.$$

如果把向量按坐标表示，即把向量与它在一组基下的坐标等同看待，根据上式就得

$$\sigma\boldsymbol{\alpha}=\boldsymbol{A}\boldsymbol{\alpha}.$$

**例 9.24**　在 $R[x]_3$ 中，取基 $\boldsymbol{p}_0=1$，$\boldsymbol{p}_1=x$，$\boldsymbol{p}_2=x^2$，$\boldsymbol{p}_3=x^3$，求微分运算 D 的矩阵．

**解**　因为

$$\begin{cases}\mathrm{D}\boldsymbol{p}_0=0=0\boldsymbol{p}_0+0\boldsymbol{p}_1+0\boldsymbol{p}_2+0\boldsymbol{p}_3,\\\mathrm{D}\boldsymbol{p}_1=1=1\boldsymbol{p}_0+0\boldsymbol{p}_1+0\boldsymbol{p}_2+0\boldsymbol{p}_3,\\\mathrm{D}\boldsymbol{p}_2=2x=0\boldsymbol{p}_0+2\boldsymbol{p}_1+0\boldsymbol{p}_2+0\boldsymbol{p}_3,\\\mathrm{D}\boldsymbol{p}_3=3x^2=0\boldsymbol{p}_0+0\boldsymbol{p}_1+3\boldsymbol{p}_2+0\boldsymbol{p}_3,\end{cases}$$

所以 D 在给定基下的矩阵为

$$\boldsymbol{A}=\begin{pmatrix}0&1&0&0\\0&0&2&0\\0&0&0&3\\0&0&0&0\end{pmatrix}.$$

**例 9.25**　在 $V=R[x]_1$ 中，取基 $\boldsymbol{p}_0=1$，$\boldsymbol{p}_1=x$，求微分运算 D 的像空间

D(V)与核 ker(D).

**解** 因为

$$\begin{cases} \mathrm{D}\boldsymbol{p}_0 = 0 = 0\,\boldsymbol{p}_0 + 0\,\boldsymbol{p}_1, \\ \mathrm{D}\boldsymbol{p}_1 = 1 = 1\,\boldsymbol{p}_0 + 0\,\boldsymbol{p}_1, \end{cases}$$

所以 D 在给定基下的矩阵为

$$\boldsymbol{A} = \begin{pmatrix} 0 & 1 \\ 0 & 0 \end{pmatrix},$$

于是 D(V)由向量$(\boldsymbol{p}_0, \boldsymbol{p}_1)\begin{pmatrix} 1 \\ 0 \end{pmatrix} = \boldsymbol{p}_0 = 1$生成，即 $\mathrm{D}(V) = \mathbf{R}$. 而 ker(D)与方程组 $\boldsymbol{Ax} = \boldsymbol{0}$ 的解空间是同构的，由于基础解系为$\begin{pmatrix} 1 \\ 0 \end{pmatrix}$，所以也有 $\ker(\mathrm{D}) = \mathbf{R}$.

**例 9.26** 在平面 $\mathbf{R}^2$ 中，求旋转变换 $I_\theta$ 的矩阵，并求 $\boldsymbol{\alpha} = (1, 1)^{\mathrm{T}}$ 的像 $I_\theta \boldsymbol{\alpha}$：

（1）取基为 $\boldsymbol{i} = (1, 0)^{\mathrm{T}}$，$\boldsymbol{j} = (0, 1)^{\mathrm{T}}$；

（2）取基为 $\boldsymbol{\alpha}_1 = \boldsymbol{i} + \boldsymbol{j}$，$\boldsymbol{\alpha}_2 = \boldsymbol{i} - \boldsymbol{j}$.

**解** （1）$\boldsymbol{i}$，$\boldsymbol{j}$ 分别是 $\mathbf{R}^2$ 中直角坐标系横轴和纵轴上的单位向量，由解析几何知

$$I_\theta \boldsymbol{i} = \boldsymbol{i}\cos\theta + \boldsymbol{j}\sin\theta,\ I_\theta \boldsymbol{j} = \boldsymbol{i}(-\sin\theta) + \boldsymbol{j}\cos\theta,$$

因此 $I_\theta$ 在基 $\boldsymbol{i}$，$\boldsymbol{j}$ 下的矩阵为

$$\boldsymbol{A} = \begin{pmatrix} \cos\theta & -\sin\theta \\ \sin\theta & \cos\theta \end{pmatrix},$$

这正是例 9.20 的结果．而 $\boldsymbol{\alpha} = (1, 1)^{\mathrm{T}} = \boldsymbol{i} + \boldsymbol{j}$，即 $\boldsymbol{\alpha}$ 在基 $\boldsymbol{i}$，$\boldsymbol{j}$ 下的坐标为$(1, 1)^{\mathrm{T}}$，于是

$$\begin{aligned} I_\theta \boldsymbol{\alpha} = \boldsymbol{A\alpha} &= \begin{pmatrix} \cos\theta & -\sin\theta \\ \sin\theta & \cos\theta \end{pmatrix}\begin{pmatrix} 1 \\ 1 \end{pmatrix} = \begin{pmatrix} \cos\theta - \sin\theta \\ \sin\theta + \cos\theta \end{pmatrix} \\ &= \boldsymbol{i}(\cos\theta - \sin\theta) + \boldsymbol{j}(\sin\theta + \cos\theta). \end{aligned}$$

（2）$\boldsymbol{\alpha}_1$，$\boldsymbol{\alpha}_2$ 分别在第一象限和第四象限的角平分线上，由解析几何不难得知

$$I_\theta \boldsymbol{\alpha}_1 = \boldsymbol{\alpha}_1\cos\theta - \boldsymbol{\alpha}_2\sin\theta,\ I_\theta \boldsymbol{\alpha}_2 = \boldsymbol{\alpha}_1\sin\theta + \boldsymbol{\alpha}_2\cos\theta,$$

因此 $I_\theta$ 在基 $\boldsymbol{\alpha}_1$，$\boldsymbol{\alpha}_2$ 下的矩阵为

$$\boldsymbol{B} = \begin{pmatrix} \cos\theta & \sin\theta \\ -\sin\theta & \cos\theta \end{pmatrix},$$

而 $\boldsymbol{\alpha} = (1, 1)^{\mathrm{T}} = \boldsymbol{\alpha}_1$，即 $\boldsymbol{\alpha}$ 在基 $\boldsymbol{\alpha}_1$，$\boldsymbol{\alpha}_2$ 下的坐标为$(1, 0)^{\mathrm{T}}$，于是

$$I_\theta \boldsymbol{\alpha}=B\boldsymbol{\alpha}=\begin{pmatrix}\cos\theta & \sin\theta\\ -\sin\theta & \cos\theta\end{pmatrix}\begin{pmatrix}1\\0\end{pmatrix}=\begin{pmatrix}\cos\theta\\ -\sin\theta\end{pmatrix}=\boldsymbol{\alpha}_1\cos\theta+\boldsymbol{\alpha}_2(-\sin\theta).$$

将 $\boldsymbol{\alpha}_1=\boldsymbol{i}+\boldsymbol{j}$，$\boldsymbol{\alpha}_2=\boldsymbol{i}-\boldsymbol{j}$ 代入上式右端，可知这里算出的结果 $I_\theta\boldsymbol{\alpha}$ 与(1)是一样的.

这个例子再次表明线性变换的矩阵依赖于所取的基．至于同一个线性变换在不同基底下的矩阵之间则是相似的，一般有

**定理 9.7　设 $\boldsymbol{\alpha}_1$，$\boldsymbol{\alpha}_2$，…，$\boldsymbol{\alpha}_n$ 和 $\boldsymbol{\beta}_1$，$\boldsymbol{\beta}_2$，…，$\boldsymbol{\beta}_n$ 是线性空间 $V$ 的两组基，$V$ 中的线性变换 $\sigma$ 在这两组基下的矩阵分别为 $\boldsymbol{A}$ 和 $\boldsymbol{B}$，如果由基 $\boldsymbol{\alpha}_1$，$\boldsymbol{\alpha}_2$，…，$\boldsymbol{\alpha}_n$ 到基 $\boldsymbol{\beta}_1$，$\boldsymbol{\beta}_2$，…，$\boldsymbol{\beta}_n$ 的过渡矩阵为 $\boldsymbol{P}$，那么 $\boldsymbol{B}=\boldsymbol{P}^{-1}\boldsymbol{AP}$.**

**证**　已知

$$\sigma(\boldsymbol{\alpha}_1,\ \boldsymbol{\alpha}_2,\ \cdots,\ \boldsymbol{\alpha}_n)=(\boldsymbol{\alpha}_1,\ \boldsymbol{\alpha}_2,\ \cdots,\ \boldsymbol{\alpha}_n)\boldsymbol{A},$$

$$\sigma(\boldsymbol{\beta}_1,\ \boldsymbol{\beta}_2,\ \cdots,\ \boldsymbol{\beta}_n)=(\boldsymbol{\beta}_1,\ \boldsymbol{\beta}_2,\ \cdots,\ \boldsymbol{\beta}_n)\boldsymbol{B}$$

及
$$(\boldsymbol{\beta}_1,\ \boldsymbol{\beta}_2,\ \cdots,\ \boldsymbol{\beta}_n)=(\boldsymbol{\alpha}_1,\ \boldsymbol{\alpha}_2,\ \cdots,\ \boldsymbol{\alpha}_n)\boldsymbol{P},$$

于是
$$\begin{aligned}(\boldsymbol{\beta}_1,\ \boldsymbol{\beta}_2,\ \cdots,\ \boldsymbol{\beta}_n)\boldsymbol{B}&=\sigma(\boldsymbol{\beta}_1,\ \boldsymbol{\beta}_2,\ \cdots,\ \boldsymbol{\beta}_n)=\sigma[(\boldsymbol{\alpha}_1,\ \boldsymbol{\alpha}_2,\ \cdots,\ \boldsymbol{\alpha}_n)\boldsymbol{P}]\\&=[\sigma(\boldsymbol{\alpha}_1,\ \boldsymbol{\alpha}_2,\ \cdots,\ \boldsymbol{\alpha}_n)]\boldsymbol{P}=(\boldsymbol{\alpha}_1,\ \boldsymbol{\alpha}_2,\ \cdots,\ \boldsymbol{\alpha}_n)\boldsymbol{AP}\\&=(\boldsymbol{\beta}_1,\ \boldsymbol{\beta}_2,\ \cdots,\ \boldsymbol{\beta}_n)\boldsymbol{P}^{-1}\boldsymbol{AP}.\end{aligned}$$

由此可得
$$\boldsymbol{B}=\boldsymbol{P}^{-1}\boldsymbol{AP},$$

即 $\boldsymbol{A}$ 和 $\boldsymbol{B}$ 相似，且过渡矩阵 $\boldsymbol{P}$ 为相似变换矩阵．

**例 9.27**　给定 $\mathbf{R}^3$ 的两组基

$$\boldsymbol{\varepsilon}_1=(1,\ 0,\ 1)^{\mathrm{T}},\ \boldsymbol{\varepsilon}_2=(2,\ 1,\ 0)^{\mathrm{T}},\ \boldsymbol{\varepsilon}_3=(1,\ 1,\ 1)^{\mathrm{T}},$$

$$\boldsymbol{\eta}_1=(1,\ 2,\ -1)^{\mathrm{T}},\ \boldsymbol{\eta}_2=(2,\ 2,\ -1)^{\mathrm{T}},\ \boldsymbol{\eta}_3=(2,\ -1,\ -1)^{\mathrm{T}},$$

定义线性变换 $\sigma$：

$$\sigma\boldsymbol{\varepsilon}_i=\boldsymbol{\eta}_i(i=1,\ 2,\ 3),$$

(1) 写出由基 $\boldsymbol{\varepsilon}_1$，$\boldsymbol{\varepsilon}_2$，$\boldsymbol{\varepsilon}_3$ 到基 $\boldsymbol{\eta}_1$，$\boldsymbol{\eta}_2$，$\boldsymbol{\eta}_3$ 的过渡矩阵；

(2) 写出 $\sigma$ 在基 $\boldsymbol{\varepsilon}_1$，$\boldsymbol{\varepsilon}_2$，$\boldsymbol{\varepsilon}_3$ 下的矩阵；

(3) 写出 $\sigma$ 在基 $\boldsymbol{\eta}_1$，$\boldsymbol{\eta}_2$，$\boldsymbol{\eta}_3$ 下的矩阵．

**解**　(1)由 $(\boldsymbol{\eta}_1,\ \boldsymbol{\eta}_2,\ \boldsymbol{\eta}_3)=(\boldsymbol{\varepsilon}_1,\ \boldsymbol{\varepsilon}_2,\ \boldsymbol{\varepsilon}_3)\boldsymbol{P}$，引入 $\mathbf{R}^3$ 的自然基 $\boldsymbol{e}_1=(1,\ 0,\ 0)^{\mathrm{T}}$，$\boldsymbol{e}_2=(0,\ 1,\ 0)^{\mathrm{T}}$，$\boldsymbol{e}_3=(0,\ 0,\ 1)^{\mathrm{T}}$，则

$$(\boldsymbol{\varepsilon}_1,\ \boldsymbol{\varepsilon}_2,\ \boldsymbol{\varepsilon}_3)=(\boldsymbol{e}_1,\ \boldsymbol{e}_2,\ \boldsymbol{e}_3)\begin{pmatrix}1 & 2 & 1\\0 & 1 & 1\\1 & 0 & 1\end{pmatrix}=(\boldsymbol{e}_1,\ \boldsymbol{e}_2,\ \boldsymbol{e}_3)\boldsymbol{A},$$

所以
$$\begin{aligned}(\boldsymbol{\eta}_1,\ \boldsymbol{\eta}_2,\ \boldsymbol{\eta}_3)&=(\boldsymbol{e}_1,\ \boldsymbol{e}_2,\ \boldsymbol{e}_3)\begin{pmatrix}1 & 2 & 2\\2 & 2 & -1\\-1 & -1 & -1\end{pmatrix}\\&=(\boldsymbol{e}_1,\ \boldsymbol{e}_2,\ \boldsymbol{e}_3)\boldsymbol{B}=(\boldsymbol{\varepsilon}_1,\ \boldsymbol{\varepsilon}_2,\ \boldsymbol{\varepsilon}_3)\boldsymbol{A}^{-1}\boldsymbol{B},\end{aligned}$$

故由基$\boldsymbol{\varepsilon}_1$，$\boldsymbol{\varepsilon}_2$，$\boldsymbol{\varepsilon}_3$到基$\boldsymbol{\eta}_1$，$\boldsymbol{\eta}_2$，$\boldsymbol{\eta}_3$的过渡矩阵为

$$\boldsymbol{P}=\boldsymbol{A}^{-1}\boldsymbol{B}=\begin{pmatrix}1&2&1\\0&1&1\\1&0&1\end{pmatrix}^{-1}\begin{pmatrix}1&2&2\\2&2&-1\\-1&-1&-1\end{pmatrix}=\begin{pmatrix}-2&-\frac{3}{2}&\frac{3}{2}\\1&\frac{3}{2}&\frac{3}{2}\\1&\frac{1}{2}&-\frac{5}{2}\end{pmatrix}.$$

(2) 因

$$\sigma(\boldsymbol{\varepsilon}_1,\ \boldsymbol{\varepsilon}_2,\ \boldsymbol{\varepsilon}_3)=(\boldsymbol{\eta}_1,\ \boldsymbol{\eta}_2,\ \boldsymbol{\eta}_3)=(\boldsymbol{\varepsilon}_1,\ \boldsymbol{\varepsilon}_2,\ \boldsymbol{\varepsilon}_3)\begin{pmatrix}-2&-\frac{3}{2}&\frac{3}{2}\\1&\frac{3}{2}&\frac{3}{2}\\1&\frac{1}{2}&-\frac{5}{2}\end{pmatrix},$$

故$\sigma$在基$\boldsymbol{\varepsilon}_1$，$\boldsymbol{\varepsilon}_2$，$\boldsymbol{\varepsilon}_3$下的矩阵为

$$\boldsymbol{P}=\begin{pmatrix}-2&-\frac{3}{2}&\frac{3}{2}\\1&\frac{3}{2}&\frac{3}{2}\\1&\frac{1}{2}&-\frac{5}{2}\end{pmatrix}.$$

(3) 因 $\sigma(\boldsymbol{\eta}_1,\ \boldsymbol{\eta}_2,\ \boldsymbol{\eta}_3)=\sigma(\boldsymbol{\varepsilon}_1,\ \boldsymbol{\varepsilon}_2,\ \boldsymbol{\varepsilon}_3)\boldsymbol{P}=(\boldsymbol{\eta}_1,\ \boldsymbol{\eta}_2,\ \boldsymbol{\eta}_3)\boldsymbol{P}$，
故$\sigma$在基$\boldsymbol{\eta}_1$，$\boldsymbol{\eta}_2$，$\boldsymbol{\eta}_3$下的矩阵仍为$\boldsymbol{P}$.

# 第五节　线性变换的运算

本节介绍线性变换的运算及其性质．

## 一、线性变换的加法与数量乘法

**定义 9.10**　设$\sigma$、$\tau$是线性空间$V$的两个线性变换，定义它们的和$\sigma+\tau$为

$$(\sigma+\tau)\boldsymbol{\alpha}=\sigma\boldsymbol{\alpha}+\tau\boldsymbol{\alpha}\qquad(\boldsymbol{\alpha}\in V).$$

易证，线性变换的和还是线性变换．事实上，

$$\begin{aligned}(\sigma+\tau)(\boldsymbol{\alpha}+\boldsymbol{\beta})&=\sigma(\boldsymbol{\alpha}+\boldsymbol{\beta})+\tau(\boldsymbol{\alpha}+\boldsymbol{\beta})=\sigma(\boldsymbol{\alpha})+\sigma(\boldsymbol{\beta})+\tau(\boldsymbol{\alpha})+\tau(\boldsymbol{\beta})\\&=(\sigma(\boldsymbol{\alpha})+\tau(\boldsymbol{\alpha}))+(\sigma(\boldsymbol{\beta})+\tau(\boldsymbol{\beta}))\\&=(\sigma+\tau)(\boldsymbol{\alpha})+(\sigma+\tau)(\boldsymbol{\beta}),\end{aligned}$$

$$(\sigma+\tau)(k\boldsymbol{\alpha})=\sigma(k\boldsymbol{\alpha})+\tau(k\boldsymbol{\alpha})=k\sigma(\boldsymbol{\alpha})+k\tau(\boldsymbol{\alpha})$$
$$=k(\sigma(\boldsymbol{\alpha})+\tau(\boldsymbol{\alpha}))=k(\sigma+\tau)(\boldsymbol{\alpha}).$$

**定义 9.11**　对于每个线性变换 $\sigma$，定义它的**负变换**

$$(-\sigma)\boldsymbol{\alpha}=-\sigma\boldsymbol{\alpha}\quad(\boldsymbol{\alpha}\in V).$$

容易知道，负变换 $(-\sigma)$ 也是线性变换.

线性变换的加法满足下列性质：

① **交换律**：$\boldsymbol{\alpha}+\boldsymbol{\beta}=\boldsymbol{\beta}+\boldsymbol{\alpha}$；

② **结合律**：$(\boldsymbol{\alpha}+\boldsymbol{\beta})+\boldsymbol{\gamma}=\boldsymbol{\alpha}+(\boldsymbol{\beta}+\boldsymbol{\gamma})$；

③ **零变换满足**：$\sigma+\theta=\theta+\sigma$；

④ **负变换满足**：$\sigma+(-\sigma)=\theta$.

**定义 9.12**　设 $k\in F$，$\sigma$ 是 $V$ 的线性变换，定义 $k$ 与 $\sigma$ 的**数乘**为

$$(k\sigma)\boldsymbol{\alpha}=k(\sigma\boldsymbol{\alpha})\quad(\boldsymbol{\alpha}\in V).$$

当然，$k\sigma$ 还是线性变换，并且满足性质：

⑤ **数 1 与变换适合**：$1\sigma=\sigma$；

⑥ **数与变换的结合律**：$(kl)\sigma=k(l\sigma)$；

⑦ **数对变换的分配律**：$k(\sigma+\tau)=k\sigma+k\tau$；

⑧ **变换对数的分配律**：$(k+l)\sigma=k\sigma+l\sigma$.

由加法与数乘的性质可知，数域 $F$ 上的线性空间 $V$ 中的全体线性变换，对于如上定义的加法与数乘运算，也构成数域 $F$ 上的一个线性空间.

## 二、线性变换的乘法

对于线性变换还可以定义乘法.

**定义 9.13**　设 $\sigma$、$\tau$ 是线性空间 $V$ 的两个线性变换，定义它们的**乘积** $\sigma\tau$ 为

$$(\sigma\tau)\boldsymbol{\alpha}=\sigma(\tau\boldsymbol{\alpha})\quad(\boldsymbol{\alpha}\in V).$$

易证，线性变换的乘积也是线性变换. 事实上，

$$(\sigma\tau)(\boldsymbol{\alpha}+\boldsymbol{\beta})=\sigma(\tau(\boldsymbol{\alpha}+\boldsymbol{\beta}))=\sigma(\tau(\boldsymbol{\alpha})+\tau(\boldsymbol{\beta}))$$
$$=\sigma(\tau(\boldsymbol{\alpha}))+\sigma(\tau(\boldsymbol{\beta}))=(\sigma\tau)\boldsymbol{\alpha}+(\sigma\tau)\boldsymbol{\beta},$$
$$(\sigma\tau)(k\boldsymbol{\alpha})=\sigma(\tau(k\boldsymbol{\alpha}))=\sigma(k\tau(\boldsymbol{\alpha}))=k\sigma(\tau(\boldsymbol{\alpha}))=k(\sigma\tau)\boldsymbol{\alpha}.$$

同线性变换的数乘一样，线性变换的乘法也适合结合律、分配律：

$$k(\sigma\tau)=(k\sigma)\tau,\ (\sigma\tau)\nu=\sigma(\tau\nu),$$
$$\sigma(\tau+\nu)=\sigma\tau+\sigma\nu,\ (\tau+\nu)\sigma=\tau\sigma+\nu\sigma.$$

对于乘法，单位变换 $I$ 有特殊的地位，对于任意变换 $\sigma$ 都有

$$I\sigma=\sigma I=\sigma.$$

**定义 9.14**　线性空间 $V$ 的线性变换 $\sigma$ 称为可逆的，如果有 $V$ 的变换 $\tau$ 存

在，使

$$\sigma\tau=\tau\sigma=I,$$

这时，变换 $\tau$ 称为 $\sigma$ 的**逆变换**，记作 $\sigma^{-1}$.

不难证明，如果线性变换 $\sigma$ 是可逆的，那么它的逆变换 $\sigma^{-1}$ 也是线性变换.

**定义 9.15** 设 $\sigma$ 为线性空间 $V$ 的线性变换，$k$ 为正整数，$k$ 个线性变换 $\sigma$ 的乘积称为 $\sigma$ 的 $k$ **次幂**，记作 $\sigma^k$. 作为定义，规定：$\sigma^0=I$.

线性变换的幂具有如下的性质：

(1) $\sigma^{m+n}=\sigma^m\sigma^n$，$(\sigma^m)^n=\sigma^{mn}(m，n\geqslant 0)$，但 $(\sigma\tau)^n\neq\sigma^n\tau^n$；

(2) 当线性变换 $\sigma$ 可逆时，$\sigma^{-k}=(\sigma^{-1})^k$($k$ 是正整数).

## 三、线性变换的运算与矩阵的关系

由于线性变换在取定一组基之后与矩阵之间有一一对应的关系，因此对于线性变换的运算有如下的重要定理：

**定理 9.8** **设** $\boldsymbol{\alpha}_1$，$\boldsymbol{\alpha}_2$，…，$\boldsymbol{\alpha}_n$ **是** $n$ **维线性空间** $V$ **的一组基，在这组基下，**

**(1) 两个线性变换和的矩阵等于两个线性变换矩阵的和；**

**(2) 两个线性变换乘积的矩阵等于两个线性变换矩阵的乘积；**

**(3) 数与线性变换乘积的矩阵等于数与线性变换矩阵的乘积；**

**(4) 可逆线性变换的逆变换的矩阵等于该线性变换矩阵的逆矩阵.**

下面给出(2)的证明，其余留给读者.

**证** 设在基 $\boldsymbol{\alpha}_1$，$\boldsymbol{\alpha}_2$，…，$\boldsymbol{\alpha}_n$ 下，线性变换 $\sigma$、$\tau$ 的矩阵分别是 $\boldsymbol{A}=(a_{ij})$，$\boldsymbol{B}=(b_{ij})$，为了得到线性变换 $\sigma\tau$ 的矩阵，应求得基像 $(\sigma\tau)\boldsymbol{\alpha}_i$ 在基 $\boldsymbol{\alpha}_1$，$\boldsymbol{\alpha}_2$，…，$\boldsymbol{\alpha}_n$ 下的表示. 因为

$$\begin{aligned}(\sigma\tau)\boldsymbol{\alpha}_i&=\sigma(\tau\boldsymbol{\alpha}_i)=\sigma\Big(\sum_{j=1}^{n}b_{ji}\boldsymbol{\alpha}_j\Big)=\sum_{j=1}^{n}b_{ji}(\sigma\boldsymbol{\alpha}_j)\\&=\sum_{j=1}^{n}b_{ji}\sum_{t=1}^{n}a_{tj}\boldsymbol{\alpha}_t=\sum_{t=1}^{n}\Big(\sum_{j=1}^{n}a_{tj}b_{ji}\Big)\boldsymbol{\alpha}_t\qquad(i=1,\ 2,\ \cdots,\ n),\end{aligned}$$

于是，在基 $\boldsymbol{\alpha}_1$，$\boldsymbol{\alpha}_2$，…，$\boldsymbol{\alpha}_n$ 下，$\sigma\tau$ 的矩阵的第 $t$ 行、第 $i$ 列的元素是 $\sum\limits_{j=1}^{n}a_{tj}b_{ji}$，它正是乘积矩阵 $\boldsymbol{AB}$ 的第 $t$ 行、第 $i$ 列的元素，从而 $\sigma\tau$ 的矩阵就是

$$\boldsymbol{AB}=\Big(\sum_{j=1}^{n}a_{tj}b_{ji}\Big).$$

顺便说一下，第一章矩阵乘法的规则就是根据这个结果建立的.

**例 9.28** 设 $\sigma$、$\tau$ 是平面绕坐标原点按逆时针方向旋转 $\theta_1$、$\theta_2$ 的变换，试求 $\sigma\tau$ 及 $\tau\sigma$ 的矩阵.

**解**　由例 9.26 知，$\sigma$、$\tau$ 对基 $\boldsymbol{i}$，$\boldsymbol{j}$ 的矩阵分别是

$$\boldsymbol{A}=\begin{pmatrix}\cos\theta_1 & -\sin\theta_1\\ \sin\theta_1 & \cos\theta_1\end{pmatrix},\ \boldsymbol{B}=\begin{pmatrix}\cos\theta_2 & -\sin\theta_2\\ \sin\theta_2 & \cos\theta_2\end{pmatrix},$$

故 $\sigma\tau$、$\tau\sigma$ 对基 $\boldsymbol{i}$，$\boldsymbol{j}$ 的矩阵是

$$\boldsymbol{AB}=\boldsymbol{BA}=\begin{pmatrix}\cos(\theta_1+\theta_2) & -\sin(\theta_1+\theta_2)\\ \sin(\theta_1+\theta_2) & \cos(\theta_1+\theta_2)\end{pmatrix}.$$

由此也说明 $\sigma\tau$ 及 $\tau\sigma$ 都是绕坐标原点按逆时针方向旋转 $\theta_1+\theta_2$ 的旋转变换．

**例 9.29**　设 $\sigma$ 是平面绕坐标原点按逆时针方向旋转 $\frac{\pi}{2}$ 的旋转变换，$\tau$ 是向横轴上的投影变换，试求 $\sigma\tau$ 及 $\tau\sigma$ 的矩阵，并问 $\sigma$、$\tau$ 的逆变换是否存在？

**解**　设 $\boldsymbol{i}$，$\boldsymbol{j}$ 分别是横轴上及纵轴上的单位向量，则

$$\sigma\boldsymbol{i}=\boldsymbol{j},\ \sigma\boldsymbol{j}=-\boldsymbol{i};\ \tau\boldsymbol{i}=\boldsymbol{i},\ \tau\boldsymbol{j}=\boldsymbol{0},$$

于是 $\sigma$、$\tau$ 对基 $\boldsymbol{i}$，$\boldsymbol{j}$ 的矩阵分别是

$$\boldsymbol{A}=\begin{pmatrix}0 & -1\\ 1 & 0\end{pmatrix},\ \boldsymbol{B}=\begin{pmatrix}1 & 0\\ 0 & 0\end{pmatrix},$$

所以 $\sigma\tau$ 对基 $\boldsymbol{i}$，$\boldsymbol{j}$ 的矩阵是 $\boldsymbol{AB}=\begin{pmatrix}0 & 0\\ 1 & 0\end{pmatrix}$，而 $\tau\sigma$ 对基 $\boldsymbol{i}$，$\boldsymbol{j}$ 的矩阵是 $\boldsymbol{BA}=\begin{pmatrix}0 & -1\\ 0 & 0\end{pmatrix}$.

由于矩阵 $\boldsymbol{B}$ 不可逆，因此 $\tau$ 的逆变换不存在，而

$$\boldsymbol{A}^{-1}=\begin{pmatrix}0 & -1\\ 1 & 0\end{pmatrix}^{-1}=\begin{pmatrix}0 & 1\\ -1 & 0\end{pmatrix},$$

因此 $\sigma$ 的逆变换是存在的，并由 $\boldsymbol{A}^{-1}$ 可知

$$\sigma^{-1}\boldsymbol{i}=-\boldsymbol{j},\ \sigma^{-1}\boldsymbol{j}=\boldsymbol{i}.$$

此例中 $\sigma\tau\neq\tau\sigma$，这说明线性变换的乘法与矩阵的乘法一样不满足交换律．

# 第六节　应用实例——Dürer 魔方

下面是一个由数字 1，2，…，16 组成的方块，称之为 Dürer 魔方：

| | | | |
|---|---|---|---|
| 16 | 3 | 2 | 13 |
| 5 | 10 | 11 | 8 |
| 9 | 6 | 7 | 12 |
| 4 | 15 | 14 | 1 |

| | | | |
|---|---|---|---|
| 16 | 3 | 2 | 13 |
| 5 | 10 | 11 | 8 |
| 9 | 6 | 7 | 12 |
| 4 | 15 | 14 | 1 |

这是 1514 年德国著名艺术家 Albrecht Dürer(1471—1521)铸造的铜币右上角

的几何图形．为什么称之为魔方？方块中数字的排列有什么性质？它反映的是怎样的数学问题？

从方块中数字的排列可以看出：

每行、每列数字之和均为 34；每条对角线上的数字之和也是 34；四个角上的数字相加，其和还是 34；若用水平线和垂直线把它分成四个小方块，每个小方块的数字之和也是 34．

一般地，如果一个 $4\times4$ 数字方块，它的每一行、每一列、每一条对角线及每一小方块上的数字和均相等且为一确定数，就称这个数字方块为 Dürer 魔方．

以下两个魔方分别称为 0-魔方和 1-魔方：

$$\boldsymbol{O}=\begin{array}{|cccc|}\hline 0&0&0&0\\0&0&0&0\\0&0&0&0\\0&0&0&0\\\hline\end{array}\qquad \boldsymbol{E}=\begin{array}{|cccc|}\hline 1&1&1&1\\1&1&1&1\\1&1&1&1\\1&1&1&1\\\hline\end{array}$$

$$R=C=D=S=0 \qquad R=C=D=S=4$$

其中 $R$ 为行和，$C$ 为列和，$D$ 为对角线和，$S$ 为小方块和．

现在，读者可能会问：符合上述定义的魔方究竟有多少？是否有构成所有魔方的方法？这个问题，乍看给人变幻莫测的感觉，但如果将思维扩展到线性空间，这个问题就不难回答．

假设把一个 Dürer 魔方看成一个矩阵，那么根据矩阵运算规则，对 Dürer 魔方可施行数乘和加法运算．

记 $D=\{\boldsymbol{A}=(a_{ij})_{4\times4}\,|\,\boldsymbol{A}\text{ 为 Dürer 魔方}\}$，易验证：$D$ 对矩阵的数乘和加法运算封闭，即

$$\forall r\in\mathbf{R},\ \forall\boldsymbol{A}\in D,\ r\boldsymbol{A}=(ra_{ij})\in D,$$

$$\forall\boldsymbol{A},\boldsymbol{B}\in D,\ \boldsymbol{A}+\boldsymbol{B}=(a_{ij}+b_{ij})\in D.$$

$D$ 中元素的线性组合构成新的魔方，因此 $D$ 构成线性空间或向量空间，称为 Dürer 魔方空间，简称为 D-空间．

$D$ 是向量空间，现在每一个魔方就是一个向量或元素．向量空间存在基向量，基向量是线性无关的，并且 $D$ 中任何一个元素都可以用基向量的线性组合表示．因此只要找到 D-空间的一组基向量，则前面所提的魔方有多少及魔方的构成方法问题就迎刃而解．

下面先来确定 D-空间的维数：设

$$X=\begin{array}{|cccc|}\hline x_{11} & x_{12} & x_{13} & x_{14} \\ x_{21} & x_{22} & x_{23} & x_{24} \\ x_{31} & x_{32} & x_{33} & x_{34} \\ x_{41} & x_{42} & x_{43} & x_{44} \\ \hline\end{array}$$

是任意一个魔方，则依 Dürer 魔方的定义，其行和、列和、对角线和及小方块和都等于第 1 行的行和，因此 $x_{ij}(i, j=1, 2, 3, 4)$适合方程：

$$\begin{cases}\sum_{j=1}^{4} x_{1j}-\sum_{j=1}^{4} x_{ij}=0(i=2, 3, 4), \\ \sum_{j=1}^{4} x_{1j}-\sum_{i=1}^{4} x_{ij}=0(j=1, 2, 3, 4), \\ \sum_{j=1}^{4} x_{1j}-\sum_{i=1}^{4} x_{ii}=0, \\ \sum_{j=1}^{4} x_{1j}-(x_{14}+x_{23}+x_{32}+x_{41})=0, \\ \sum_{j=1}^{4} x_{1j}-(x_{11}+x_{12}+x_{21}+x_{22})=0, \\ \sum_{j=1}^{4} x_{1j}-(x_{13}+x_{14}+x_{23}+x_{24})=0, \\ \sum_{j=1}^{4} x_{1j}-(x_{31}+x_{32}+x_{41}+x_{42})=0, \\ \sum_{j=1}^{4} x_{1j}-(x_{33}+x_{34}+x_{43}+x_{44})=0.\end{cases}$$

这是含 $n=16$ 个未知量、$m=13$ 个方程的齐次线性方程组，这个方程的每一个解就对应一个 Dürer 魔方．以 $\boldsymbol{A}$ 表示这一方程的系数矩阵，可以求得其秩 $r=R(\boldsymbol{A})=9$(利用 MATLAB 指令 rank(A)求，非常方便)，因此该方程组的基础解系含有 $n-r=7$ 个解向量．这相当于 D-空间的维数为 7，而它的一组基含有 7 个向量或魔方．

如果通过上述方程组去求 D-空间的一组基，是相当麻烦的，而且即便求出来，其样子也未必美观．下面通过用 0，1 两个数字组合的方法构成 $R=C=D=S=1$ 的所有魔方，称之为基本魔方：

$$\boldsymbol{Q}_1=\begin{bmatrix}1&0&0&0\\0&0&1&0\\0&0&0&1\\0&1&0&0\end{bmatrix},\ \boldsymbol{Q}_2=\begin{bmatrix}1&0&0&0\\0&0&0&1\\0&1&0&0\\0&0&1&0\end{bmatrix},\ \boldsymbol{Q}_3=\begin{bmatrix}0&0&0&1\\1&0&0&0\\0&0&1&0\\0&1&0&0\end{bmatrix},\ \boldsymbol{Q}_4=\begin{bmatrix}0&0&0&1\\0&1&0&0\\1&0&0&0\\0&0&1&0\end{bmatrix}$$

$$\boldsymbol{Q}_5=\begin{bmatrix}0&0&1&0\\1&0&0&0\\0&1&0&0\\0&0&0&1\end{bmatrix},\ \boldsymbol{Q}_6=\begin{bmatrix}0&1&0&0\\0&0&1&0\\1&0&0&0\\0&0&0&1\end{bmatrix},\ \boldsymbol{Q}_7=\begin{bmatrix}0&0&1&0\\0&1&0&0\\0&0&0&1\\1&0&0&0\end{bmatrix},\ \boldsymbol{Q}_8=\begin{bmatrix}0&1&0&0\\0&0&0&1\\0&0&1&0\\1&0&0&0\end{bmatrix}$$

可以验证$\boldsymbol{Q}_1$，$\boldsymbol{Q}_2$，…，$\boldsymbol{Q}_7$是线性无关的．事实上，若$\sum\limits_{i=1}^{7}r_i\boldsymbol{Q}_i=\boldsymbol{O}$，即

$$\begin{bmatrix}r_1+r_2&r_6&r_5+r_7&r_3+r_4\\r_3+r_5&r_4+r_7&r_1+r_6&r_2\\r_4+r_6&r_2+r_5&r_3&r_1+r_7\\r_7&r_1+r_3&r_2+r_4&r_5+r_6\end{bmatrix}=\begin{bmatrix}0&0&0&0\\0&0&0&0\\0&0&0&0\\0&0&0&0\end{bmatrix},$$

等号两边对应比较得唯一解：$r_1=r_2=r_3=\cdots=r_7=0$，所以$\boldsymbol{Q}_1$，$\boldsymbol{Q}_2$，…，$\boldsymbol{Q}_7$是线性无关的．于是$\boldsymbol{Q}_1$，$\boldsymbol{Q}_2$，…，$\boldsymbol{Q}_7$是D-空间的一组基，$D$中任何元素都可由$\boldsymbol{Q}_1$，$\boldsymbol{Q}_2$，…，$\boldsymbol{Q}_7$的线性组合生成．

可以说：$\{\boldsymbol{Q}_1,\boldsymbol{Q}_2,\cdots,\boldsymbol{Q}_7,\boldsymbol{Q}_8\}$是$D$的生成集，但不是最小生成集，这是因为$\boldsymbol{Q}_1$，$\boldsymbol{Q}_2$，…，$\boldsymbol{Q}_8$是线性相关的．而$\{\boldsymbol{Q}_1,\boldsymbol{Q}_2,\cdots,\boldsymbol{Q}_7\}$是$D$的最小生成集．

现在，回到 Albrecht Dürer 铸造的铜币，以$\boldsymbol{Q}_1$，$\boldsymbol{Q}_2$，…，$\boldsymbol{Q}_7$的线性组合表示铜币上的魔方，令

$$D=d_1\boldsymbol{Q}_1+d_2\boldsymbol{Q}_2+\cdots+d_7\boldsymbol{Q}_7,$$

即解方程组

$$\begin{bmatrix}16&3&2&13\\5&10&11&8\\9&6&7&12\\4&15&14&1\end{bmatrix}=\begin{bmatrix}d_1+d_2&d_6&d_5+d_7&d_3+d_4\\d_3+d_5&d_4+d_7&d_1+d_6&d_2\\d_4+d_6&d_2+d_5&d_3&d_1+d_7\\d_7&d_1+d_3&d_2+d_4&d_5+d_6\end{bmatrix}$$

得 $\quad d_1=8，d_2=8，d_3=7，d_4=6，d_5=-2，d_6=3，d_7=4$，

于是有 $\quad D=8\boldsymbol{Q}_1+8\boldsymbol{Q}_2+7\boldsymbol{Q}_3+6\boldsymbol{Q}_4-2\boldsymbol{Q}_5+3\boldsymbol{Q}_6+4\boldsymbol{Q}_7.$

如果对 Dürer 魔方数字和的要求加强或放宽，可以利用线性子空间的定义，构造D-空间的子空间或者构造新的空间包含D-空间，例如：

(1) 要求数字方的所有数都相等，得一维数为 1 的子空间 $G$；

(2) 要求行和、列和、每条对角线和及每一个由 4 个元素组成的小方块上数字和都相等，得一维数为 5 的子空间 $B$；

(3) 要求行和、列和及两条对角线上数字和都相等，得一维数为 8 的子空间 $Q$；

(4) 仅要求行和与列和相等，得一维数为 10 的空间 $T$.

上述这些空间之间有相互包含关系：

$$\{0\}\subset G\subset B\subset D\subset Q\subset T.$$

对这方面有兴趣的读者可以参看本书参考文献第二条.

## 习 题 九

1. 验证下列集合对于所指的线性运算是否构成实数域 $\mathbf{R}$ 上的线性空间：

(1) 主对角线上元素之和等于 0 的二阶矩阵的全体 $S_1$，对于矩阵的加法和数乘运算；

(2) 二阶对称矩阵的全体 $S_2$，对于矩阵的加法和数乘运算；

(3) 平面上全体向量，对于通常的加法和如下定义的数量乘法：$k\circ\boldsymbol{\alpha}=\mathbf{0}$；

(4) 集合与加法同(3)，数量乘法定义为 $k\circ\boldsymbol{\alpha}=\boldsymbol{\alpha}$.

2. 在 $\mathbf{R}^4$ 中，求向量 $\boldsymbol{\xi}=(1,2,1,1)^{\mathrm{T}}$ 在基 $\boldsymbol{\varepsilon}_1$，$\boldsymbol{\varepsilon}_2$，$\boldsymbol{\varepsilon}_3$，$\boldsymbol{\varepsilon}_4$ 下的坐标，其中

$$\boldsymbol{\varepsilon}_1=(1,1,1,1)^{\mathrm{T}},\ \boldsymbol{\varepsilon}_2=(1,1,-1,-1)^{\mathrm{T}},$$
$$\boldsymbol{\varepsilon}_3=(1,-1,1-1)^{\mathrm{T}},\ \boldsymbol{\varepsilon}_4=(1,-1,-1,1)^{\mathrm{T}}.$$

3. 在 $\mathbf{R}^3$ 中取两组基

$$\boldsymbol{\varepsilon}_1=(1,0,0)^{\mathrm{T}},\ \boldsymbol{\varepsilon}_2=(0,1,0)^{\mathrm{T}},\ \boldsymbol{\varepsilon}_3=(0,0,1)^{\mathrm{T}}$$

及

$$\boldsymbol{\eta}_1=(3,1,0)^{\mathrm{T}},\ \boldsymbol{\eta}_2=(3,2,1)^{\mathrm{T}},\ \boldsymbol{\eta}_3=(5,2,2)^{\mathrm{T}},$$

(1) 求由基 $\boldsymbol{\varepsilon}_1$，$\boldsymbol{\varepsilon}_2$，$\boldsymbol{\varepsilon}_3$ 到基 $\boldsymbol{\eta}_1$，$\boldsymbol{\eta}_2$，$\boldsymbol{\eta}_3$ 的过渡矩阵；

(2) 求向量 $\boldsymbol{\xi}=(x_1,x_2,x_3)^{\mathrm{T}}$ 在基 $\boldsymbol{\eta}_1$，$\boldsymbol{\eta}_2$，$\boldsymbol{\eta}_3$ 下的坐标；

(3) 求在两组基下有相同坐标的向量.

4. 在 $R[x]_3$ 中求由基 $\boldsymbol{p}_1$，$\boldsymbol{p}_2$，$\boldsymbol{p}_3$，$\boldsymbol{p}_4$ 到基 $\boldsymbol{q}_1$，$\boldsymbol{q}_2$，$\boldsymbol{q}_3$，$\boldsymbol{q}_4$ 的过渡矩阵，其中：

$$\begin{cases}\boldsymbol{p}_1=x^3+2x^2-x,\\ \boldsymbol{p}_2=x^3-x^2+x+1,\\ \boldsymbol{p}_3=-x^3+2x^2+x+1,\\ \boldsymbol{p}_4=-x^3-x^2+1\end{cases} \text{及} \begin{cases}\boldsymbol{q}_1=2x^3+x^2+1,\\ \boldsymbol{q}_2=x^2+2x+2,\\ \boldsymbol{q}_3=-2x^3+x^2+x+2,\\ \boldsymbol{q}_4=x^3+3x^2+x+2.\end{cases}$$

5. 判断 $\mathbf{R}^{2\times 3}$ 的下列子集是否构成 $\mathbf{R}^{2\times 3}$ 的子空间，并请说明理由：

(1) $W_1=\left\{\begin{pmatrix}1 & a & 0\\ 0 & b & c\end{pmatrix}\middle| a, b, c\in\mathbf{R}\right\}$;

(2) $W_2=\left\{\begin{pmatrix}a & b & 0\\ 0 & c & 0\end{pmatrix}\middle| a+b+c=0, a, b, c\in\mathbf{R}\right\}$.

6. 设 $U$ 是线性空间 $V$ 的一个子空间，证明：若 $U$ 与 $V$ 的维数相等，则 $U=V$.

7. 在 $\mathbf{R}^4$ 中，求由下列向量组生成的子空间的基与维数：

(1) $\boldsymbol{\alpha}_1=(2, 1, 3, 1)^{\mathrm{T}}$，$\boldsymbol{\alpha}_2=(1, 2, 0, 1)^{\mathrm{T}}$，$\boldsymbol{\alpha}_3=(-1, 1, -3, 0)^{\mathrm{T}}$，$\boldsymbol{\alpha}_4=(1, 1, 1, 1)^{\mathrm{T}}$；

(2) $\boldsymbol{\alpha}_1=(2, 1, 3, -1)^{\mathrm{T}}$，$\boldsymbol{\alpha}_2=(-1, 1, -3, 1)^{\mathrm{T}}$，$\boldsymbol{\alpha}_3=(4, 5, 3, -1)^{\mathrm{T}}$，$\boldsymbol{\alpha}_4=(1, 5, -3, 1)^{\mathrm{T}}$.

8. 在 $\mathbf{R}^4$ 中，求由齐次线性方程组

$$\begin{cases}3x_1+2x_2-5x_3+4x_4=0,\\ 3x_1-x_2+3x_3-3x_4=0,\\ 3x_1+5x_2-13x_3+11x_4=0\end{cases}$$

确定的解空间的基与维数.

9. 判别下列所定义的变换哪些是线性的，哪些不是：

(1) 在线性空间 $V$ 中，$\sigma\boldsymbol{\xi}=\boldsymbol{\xi}+\boldsymbol{\alpha}$，其中 $\boldsymbol{\alpha}\in V$ 是一个固定的向量；

(2) 在线性空间 $V$ 中，$\sigma\boldsymbol{\xi}=\boldsymbol{\alpha}$，其中 $\boldsymbol{\alpha}\in V$ 是一个固定的向量；

(3) 在 $\mathbf{R}^3$ 中，$\sigma(x_1, x_2, x_3)=(2x_1-x_2, x_2+x_3, x_1)$；

(4) 在 $R[x]$中，$\sigma f(x)=f(x+1)$；

(5) 在 $R[x]$中，$\sigma f(x)=f(x_0)$，其中 $x_0\in\mathbf{R}$ 是一个固定的数；

(6) 在 $\mathbf{R}^{n\times n}$中，$\sigma\boldsymbol{X}=\boldsymbol{BXC}$，其中 $\boldsymbol{B}$，$\boldsymbol{C}\in\mathbf{R}^{n\times n}$ 是两个固定的矩阵.

10. 说明 $xOy$ 平面上变换$\sigma\begin{pmatrix}x\\ y\end{pmatrix}=\boldsymbol{A}\begin{pmatrix}x\\ y\end{pmatrix}$的几何意义，其中

(1) $\boldsymbol{A}=\begin{pmatrix}-1 & 0\\ 0 & 1\end{pmatrix}$；　　(2) $\boldsymbol{A}=\begin{pmatrix}0 & 0\\ 0 & 1\end{pmatrix}$；

(3) $\boldsymbol{A}=\begin{pmatrix}0 & 1\\ 1 & 0\end{pmatrix}$；　　(4) $\boldsymbol{A}=\begin{pmatrix}0 & 1\\ -1 & 0\end{pmatrix}$.

11. 二阶对称矩阵的全体

$$V_3=\left\{\boldsymbol{A}=\begin{pmatrix}x_1 & x_2\\ x_2 & x_3\end{pmatrix}\middle| x_1, x_2, x_3\in\mathbf{R}\right\}$$

对于矩阵的线性运算构成三维线性空间．在 $V_3$ 中取一组基：

$$\boldsymbol{\alpha}_1=\begin{pmatrix}1&0\\0&0\end{pmatrix},\ \boldsymbol{\alpha}_2=\begin{pmatrix}0&1\\1&0\end{pmatrix},\ \boldsymbol{\alpha}_3=\begin{pmatrix}0&0\\0&1\end{pmatrix},$$

在 $V_3$ 中定义合同变换

$$\sigma(\boldsymbol{A})=\begin{pmatrix}1&0\\1&1\end{pmatrix}\boldsymbol{A}\begin{pmatrix}1&1\\0&1\end{pmatrix},\ \boldsymbol{A}\in V_3,$$

求 $\sigma$ 在基 $\boldsymbol{\alpha}_1$，$\boldsymbol{\alpha}_2$，$\boldsymbol{\alpha}_3$ 下的矩阵．

12. 设 $\boldsymbol{\alpha}_1$，$\boldsymbol{\alpha}_2$，$\boldsymbol{\alpha}_3$ 是 $\mathbf{R}^3$ 中的一组基，且线性变换 $\sigma$ 在 $\boldsymbol{\alpha}_1$，$\boldsymbol{\alpha}_2$，$\boldsymbol{\alpha}_3$ 下的矩阵为

$$\boldsymbol{A}=\begin{pmatrix}4&6&0\\-3&-5&0\\-3&-6&1\end{pmatrix},$$

(1) 证明 $-\boldsymbol{\alpha}_1+\boldsymbol{\alpha}_2+\boldsymbol{\alpha}_3$，$\boldsymbol{\alpha}_3$，$-2\boldsymbol{\alpha}_1+\boldsymbol{\alpha}_2$ 也是 $\mathbf{R}^3$ 的一组基；

(2) 求线性变换 $\sigma$ 在 $-\boldsymbol{\alpha}_1+\boldsymbol{\alpha}_2+\boldsymbol{\alpha}_3$，$\boldsymbol{\alpha}_3$，$-2\boldsymbol{\alpha}_1+\boldsymbol{\alpha}_2$ 下的矩阵．

13. 在 $\mathbf{R}^3$ 空间中，设 $\boldsymbol{i}$，$\boldsymbol{j}$，$\boldsymbol{k}$ 分别是 $x$ 轴、$y$ 轴及 $z$ 轴上的单位向量，而 $\sigma$ 是将向量投影到 $xOy$ 平面的线性变换，即

$$\sigma(x\boldsymbol{i}+y\boldsymbol{j}+z\boldsymbol{k})=x\boldsymbol{i}+y\boldsymbol{j},$$

(1) 取基为 $\boldsymbol{i}$，$\boldsymbol{j}$，$\boldsymbol{k}$，求 $\sigma$ 的矩阵；

(2) 取基为 $\boldsymbol{\alpha}=\boldsymbol{i}$，$\boldsymbol{\beta}=\boldsymbol{j}$，$\boldsymbol{\gamma}=\boldsymbol{i}+\boldsymbol{j}+\boldsymbol{k}$，求 $\sigma$ 的矩阵．

14. 函数集合

$$V_3=\{\boldsymbol{\alpha}=(a_2x^2+a_1x+a_0)\mathrm{e}^x\,|\,a_2,\ a_1,\ a_0\in\mathbf{R}\}$$

对于函数的线性运算构成三维线性空间．在 $V_3$ 中取一组基

$$\boldsymbol{\alpha}_1=x^2\mathrm{e}^x,\ \boldsymbol{\alpha}_2=x\mathrm{e}^x,\ \boldsymbol{\alpha}_3=\mathrm{e}^x,$$

求微分运算 D 在这组基下的矩阵．

15. 设 $\mathbf{R}^2$ 的线性变换 $\sigma$ 在基 $\boldsymbol{\alpha}_1=(1,\ 2)^{\mathrm{T}}$，$\boldsymbol{\alpha}_2=(2,\ 3)^{\mathrm{T}}$ 下的矩阵是 $\begin{pmatrix}3&5\\4&3\end{pmatrix}$，线性变换 $\tau$ 在基 $\boldsymbol{\beta}_1=(3,\ 1)^{\mathrm{T}}$，$\boldsymbol{\beta}_2=(4,\ 2)^{\mathrm{T}}$ 下的矩阵是 $\begin{pmatrix}4&6\\6&9\end{pmatrix}$，求变换 $\sigma+\tau$ 在基 $\boldsymbol{\beta}_1$，$\boldsymbol{\beta}_2$ 下的矩阵及 $\sigma\tau$ 在基 $\boldsymbol{\alpha}_1$，$\boldsymbol{\alpha}_2$ 下的矩阵．

16. 在 $\mathbf{R}[x]$ 中，$\sigma f(x)=f'(x)$，$\tau f(x)=xf(x)$，证明：$\sigma\tau-\tau\sigma=I$.

17. 设 $\sigma$ 是线性空间 $V$ 上的线性变换，如果 $\sigma^k\boldsymbol{\alpha}=\boldsymbol{0}(\boldsymbol{\alpha}\in V,\ k>0)$，但 $\sigma^{k-1}\boldsymbol{\alpha}\neq\boldsymbol{0}$，证明：$\boldsymbol{\alpha}$，$\sigma\boldsymbol{\alpha}$，$\sigma^2\boldsymbol{\alpha}$，…，$\sigma^{k-1}\boldsymbol{\alpha}$ 线性无关．

# *第十章　层次分析法

## ——线性代数在数学建模上的应用

层次分析法是系统分析的一种方法，能有效处理多目标决策问题．本章应用线性代数的理论知识介绍层次分析法的基本原理及其在数学建模上的应用．

## 第一节　层次分析法的一般步骤

人们在政治、经济、工程技术和日常生活中普遍存在着一种选择方案的行为，称之为**决策**．简言之，决策就是一种选择行为．只有一种方案的决策是最简单的，它只要判断好与坏，回答是与否．较为复杂的决策是要对多个目标的方案(计划或设计)进行好坏的比较，从中选一，即**多目标决策**．在多目标决策问题中，有一类问题可以把它所涉及的各种因素进行分类或分层，然后按照因素之间的相互关系构造成层次结构模型．

对于这类模型的决策问题，美国的运筹学家萨蒂(T. L. Saaty)等人于 20 世纪 70 年代提出了一种能有效地处理的实用方法，称为**层次分析法**(Analytic Hierarchy Process，简记 AHP)．它将半定性、半定量问题转化为定量问题，将各种因素层次化，并逐层比较多种关联因素，为分析和预测事物的发展提供可比较的定量依据．层次分析法在决策工作中有广泛的应用，主要用于确定综合评价的权系数．

例如，**选址问题**：假定要在某条江河的某段流域内新建一个大型水电站，可供选择的建站地点有 $A_1$，$A_2$，$A_3$ 三个地方．有关部门在决策时，一要考虑建站资金投入；二要考虑所选站址对流域内的防洪安全；三要考虑对流域内的生态影响；四要考虑电站建成后的发电量(实际决策时考虑的因素远不止这些)．因此需对不同选址方案的优劣性进行综合评估，排序后，再作出决定．

通过分析，这一决策问题的各种因素可以这样来分类：一为目标层，选择合适的建站地址；二为准则层，这是实现目标的一些衡量标准，如建站资金投入少，对流域内的防洪和生态安全的影响少，发电量则要尽量大；三为方案层，一般是指实现目标的方案、计划或方法，而这里就是 $A_1$、$A_2$、$A_3$ 三个站址．按照以上的层次分类，可构成层次结构图，如图 10－1 所示．

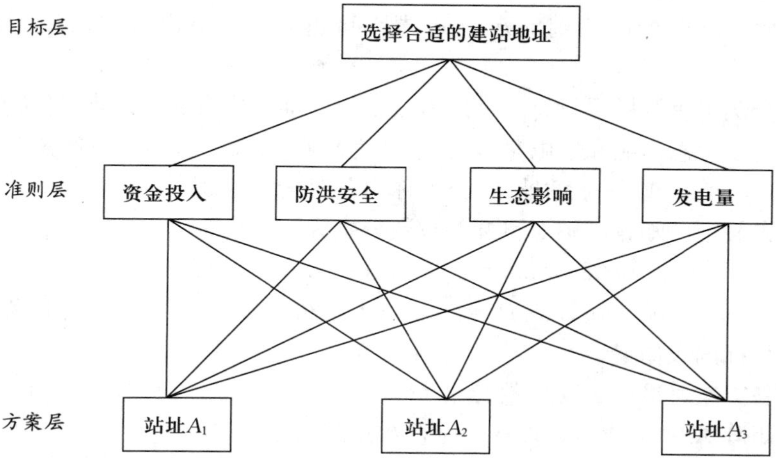


图 10－1　水电站选址的层次结构

现在的问题是，如何给出各方案的优劣次序，以供决策．这可以应用层次分析法的原理，根据层次结构图确定出每一层的各因素的相对重要性的权数(或权重)，直到最后计算出方案层各方案的相对权数．有了各方案的相对权数，其优劣次序也就一目了然了．

通过上述介绍，可以归纳出层次分析法的一般步骤：

① 将决策问题分解为三个层次，最上层为目标层，最下层为方案层，中间层为准则层．

② 通过相互比较确定各准则层对于目标的权数，以及各方案对于每一准则层的权数．

③ 将方案层对准则层的权数及准则层对目标层的权数进行综合，最终确定方案层对目标层的权数．

这里先解释一下权数的概念：在决策问题中，有时要求把某个变量 $y$ 表示成另外一些变量 $x_1$，$x_2$，…，$x_n$ 的线性组合

$$y=w_1x_1+w_2x_2+\cdots+w_nx_n,$$

其中系数满足

$$w_i\geqslant 0,\quad \sum_{i=1}^{n}w_i=1.$$

这 $n$ 个常数 $w_1$，$w_2$，…，$w_n$ 分别称为属于变量 $x_1$，$x_2$，…，$x_n$ 的相对于变量 $y$ 的权数．显然，其中权数 $w_j$ 大的变量 $x_j$ 的重要性相对要大些．如果变量 $y$ 和变量 $x_1$，$x_2$，…，$x_n$ 不是基数变量(比方说是序数变量，如质量等级、影

响程度之类)，则可以通过量化把它们转化为基数变量.

下面不妨以上面谈到的水电站选址问题为例，给出该层次模型的计算方式：

这个例子里目标层只有一个因素或目标；准则层有四个因素(即资金投入、防洪安全、生态影响和发电量)，分别称为准则 1、2、3、4；方案层有三个因素(即 $A_1$，$A_2$，$A_3$ 三个站址)，分别称为方案 1、2、3.

首先假定已知各准则对目标的权数分别为

$$w_1=0.086,\ w_2=0.264,\ w_3=0.143,\ w_4=0.507,$$

并记 $\boldsymbol{w}=(w_1,\ w_2,\ w_3,\ w_4)^{\mathrm{T}}=(0.086,\ 0.264,\ 0.143,\ 0.507)^{\mathrm{T}}$，称之为各准则对目标的**权向量**.

而各方案对准则 $j$ 的权数分别为 $x_{1j}$，$x_{2j}$，$x_{3j}$ $(j=1,\ 2,\ 3,\ 4)$，这些权数构成矩阵 $\boldsymbol{X}=(x_{ij})_{3\times4}$，现在假定权数矩阵 $\boldsymbol{X}$ 也已知，且为

$$\boldsymbol{X}=\begin{bmatrix}0.540 & 0.286 & 0.122 & 0.634\\ 0.163 & 0.571 & 0.648 & 0.192\\ 0.297 & 0.143 & 0.230 & 0.174\end{bmatrix},$$

至于如何确定这些权数，后两节要深入讨论.

现在要由各准则对目标的权向量 $\boldsymbol{w}=(w_1,\ w_2,\ w_3,\ w_4)^{\mathrm{T}}$ 和各方案对每一准则的权向量 $\boldsymbol{x}_j=(x_{1j},\ x_{2j},\ x_{3j})^{\mathrm{T}}(j=1,\ 2,\ 3,\ 4)$ 计算各方案对目标的权向量，称为组合权向量，记作 $\boldsymbol{y}=(y_1,\ y_2,\ y_3)^{\mathrm{T}}$.

譬如，对于方案 1，它在资金投入等 4 个准则中的权数用 $\boldsymbol{x}_j$ 的第 1 个分量(即矩阵 $\boldsymbol{X}$ 中的第一行)表示，而 4 个准则对于目标的权数为权向量

$$\boldsymbol{w}=(w_1,\ w_2,\ w_3,\ w_4)^{\mathrm{T}}=(0.086,\ 0.264,\ 0.143,\ 0.507)^{\mathrm{T}},$$

因此方案 1 对目标的组合权数为它们相应项的两两乘积之和，即

$$\begin{aligned}y_1 &= \sum_{j=1}^{4}x_{1j}w_j\\ &= 0.540\times0.086+0.286\times0.264+0.122\times0.143+0.634\times0.507\\ &= 0.461.\end{aligned}$$

类似地，可以得到方案 2、3 分别对目标的组合权数：

$$\begin{aligned}y_2 &= \sum_{j=1}^{4}x_{2j}w_j\\ &= 0.163\times0.086+0.571\times0.264+0.648\times0.143+0.192\times0.507\\ &= 0.355,\end{aligned}$$

$$y_3 = \sum_{j=1}^{4}x_{3j}w_j$$

$$= 0.297\times 0.086+0.143\times 0.264+0.230\times 0.143+0.174\times 0.507$$
$$= 0.184.$$

将上述结果用矩阵表示，则为

$$\boldsymbol{y}=\boldsymbol{X}\boldsymbol{w}=\begin{pmatrix}0.540 & 0.286 & 0.122 & 0.634\\ 0.163 & 0.571 & 0.648 & 0.192\\ 0.297 & 0.143 & 0.230 & 0.174\end{pmatrix}\begin{pmatrix}0.086\\ 0.264\\ 0.143\\ 0.507\end{pmatrix}=\begin{pmatrix}0.461\\ 0.355\\ 0.184\end{pmatrix},$$

这一结果表明方案 1 即 $A_1$ 在建站地点选择中的权数最大，应作为站址的第一选择．

## 第二节 层次分析法的基本原理

由上一节的介绍可知，权数的确定与计算是层次分析法的核心．这里有两方面的问题：其一，如何比较同一层各因素对上层因素的影响，从而确定它们在上层因素中占的权数；其二，当层次较多时，如何计算各方案对目标的组合权向量．下面就来介绍这方面的一些原理和方法．

### 一、成对比较原理与相对比较尺度

一般决策问题中遇到的各种因素常常涉及社会、经济、人文等各个方面，决策的主要困难在于这些因素的相互重要性通常不易定量地测定．但如果只是定性的结果，又常常不容易被别人所接受．为了能够得到各个因素相互之间重要性的定量结果，决策者只能凭自己的经验和知识进行判断，这样当因素较多时得出的结果又往往是不全面和不准确的．对此，萨蒂等人提出两点解决办法：一是比较时，不要把所有因素放在一起，而是两两相互对比；二是对比时，为了尽量减少性质不同的诸因素相互比较的困难，提高准确度，引入**相对比较尺度**，加以控制．

假定比较某一层 $n$ 个因素 $P_1$，$P_2$，…，$P_n$ 对上一层的一个因素 $O$ 的影响，例如，选址决策问题中比较资金投入等 4 个准则在选择建站地址这一目标中的重要性．每次只取两个因素 $P_i$ 和 $P_j$，用 $a_{ij}$ 表示 $P_i$ 和 $P_j$ 对 $O$ 的影响之比，全部比较结果可用成对比较矩阵

$$\mathbf{A}=(a_{ij})_{n\times n},\quad a_{ij}>0,\quad a_{ji}=\frac{1}{a_{ij}}$$

表示，显然必有 $a_{ii}=1$. 对于 $n\times n$ 成对比较矩阵，只需要作 $C_n^2=\dfrac{n(n-1)}{2}$次比

较．由于 $a_{ij}>0$ 及 $a_{ji}=\frac{1}{a_{ij}}$ 这两个特点，这样得到的矩阵 $\boldsymbol{A}$ 称为**正互反矩阵**．

当比较两个具有不同性质的因素 $P_i$ 和 $P_j$ 对于上一层的因素 $O$ 的影响时，$a_{ij}$ 的取值即相对尺度的选择要有一个标准．萨蒂等人提出 1—9 尺度的标准(见表 10－1)，即 $a_{ij}$ 的取值范围是 1，2，…，9 及其互反数 1，$\frac{1}{2}$，…，$\frac{1}{9}$. 这是因为：

(1) 人们在进行两个因素的比较时，通常有 5 种明显的等级意识，引入 1—9 尺度可以很方便地表示这种等级关系．

(2) 心理学家认为，人们区分信息等级的极限能力为 $7\pm2$，即最多等级以 9 个为限，因此用 1—9 尺度表示两个因素之间的差别正合适．

**表 10－1　1—9 尺度 $a_{ij}$ 的含义**

| 尺度 $a_{ij}$ | 含　义 |
|---|---|
| 1 | 因素 $i$ 相比因素 $j$ 同样重要 |
| 3 | 因素 $i$ 相比因素 $j$ 略微重要 |
| 5 | 因素 $i$ 相比因素 $j$ 比较重要 |
| 7 | 因素 $i$ 相比因素 $j$ 非常重要 |
| 9 | 因素 $i$ 相比因素 $j$ 绝对重要 |
| 2，4，6，8 | 因素 $i$ 相比因素 $j$ 的重要程度在上述两个相邻等级之间 |
| 1，$\frac{1}{2}$，…，$\frac{1}{9}$ | 因素 $j$ 相比因素 $i$ 的重要程度为上述 $a_{ij}$ 的互反数 |

例如，用 $P_1$，$P_2$，$P_3$，$P_4$ 依次表示资金投入、防洪安全、生态影响和发电量 4 个准则，设某决策者用成对比较法得到的成对比较矩阵(即正互反矩阵)为

$$\boldsymbol{A}=\begin{pmatrix} 1 & \frac{1}{3} & \frac{1}{2} & \frac{1}{5} \\ 3 & 1 & 2 & \frac{1}{2} \\ 2 & \frac{1}{2} & 1 & \frac{1}{4} \\ 5 & 2 & 4 & 1 \end{pmatrix}, \tag{10-1}$$

其中 $a_{12}=\frac{1}{3}$ 表示资金投入 $P_1$ 与防洪安全 $P_2$ 对选择建站地点这一目标 $O$ 的重要性之比为 1∶3；$a_{13}=\frac{1}{2}$ 表示资金投入 $P_1$ 与生态影响 $P_3$ 之比为 1∶2；$a_{14}=\frac{1}{5}$ 表示资金投入 $P_1$ 与发电量 $P_4$ 之比为 1∶5；$a_{23}=2$ 表示防洪安全 $P_2$ 与生态

影响 $P_3$ 之比为 2∶1；$a_{24}=\frac{1}{2}$表示防洪安全 $P_2$ 与发电量 $P_4$ 之比为 1∶2；$a_{34}=\frac{1}{4}$表示生态影响 $P_3$ 与发电量 $P_4$ 之比为 1∶4. 可以看出该决策者在选择建站地点时，发电量因素最重，防洪安全的因素次之，再其次是生态影响的因素，而资金投入的因素最轻.

## 二、一致性矩阵及其性质

在得到成对比较矩阵之后，怎样由它确定诸因素 $P_1$，$P_2$，…，$P_n$ 对上一层因素 $O$ 的权数呢？对由式(10-1)给出的成对比较矩阵 $\boldsymbol{A}$ 进行仔细分析不难发现，既然 $P_1$ 与 $P_2$ 之比为 1∶3，$P_1$ 与 $P_3$ 之比为 1∶2，那么 $P_2$ 与 $P_3$ 之比应为 3∶2，而不是 2∶1 才对. 只有这样才能说明这 3 个因素的两两成对比较是一致的.

一般 $n$ 个因素两两成对比较，若要达到全部一致，成对比较矩阵 $\boldsymbol{A}=(a_{ij})_{n\times n}$必需满足

$$a_{ij}=\frac{a_{ik}}{a_{jk}} \text{ 或 } a_{ij}\cdot a_{jk}=a_{ik}，\ i，j，k=1，2，\cdots，n， \qquad (10-2)$$

然而，$n$ 个因素要作$\frac{n(n-1)}{2}$次成对比较，当 $n$ 比较大时，全部一致的要求实在太苛刻了.

为了探究成对比较不一致的情况下，计算各因素 $P_1$，$P_2$，…，$P_n$ 对因素 $O$ 的权数的方法，先讨论成对比较完全一致的情况. 设想一块大石头 $O$ 被砸成 $n$ 块小石头 $P_1$，$P_2$，…，$P_n$，这些小石头的重量分别为 $w_1$，$w_2$，…，$w_n$，现在对它们的重量作成对比较，自然可取 $a_{ij}=\frac{w_i}{w_j}$，于是得到成对比较矩阵

$$\boldsymbol{A}=\begin{pmatrix} \frac{w_1}{w_1} & \frac{w_1}{w_2} & \cdots & \frac{w_1}{w_n} \\ \frac{w_2}{w_1} & \frac{w_2}{w_2} & \cdots & \frac{w_2}{w_n} \\ \vdots & \vdots & & \vdots \\ \frac{w_n}{w_1} & \frac{w_n}{w_2} & \cdots & \frac{w_n}{w_n} \end{pmatrix}， \qquad (10-3)$$

这些比较显然是完全一致的，因为这里的 $\boldsymbol{A}$ 不但是正互反阵，而且满足式(10-2).

**定义 10.1**　如果一个正互反阵 $\boldsymbol{A}$ 满足式(10-2)，则 $\boldsymbol{A}$ 称为**一致性矩阵**，简称**一致阵**.

式(10－3)给出的矩阵 **A** 显然是一致阵，它具有如下性质：若用重量向量

$$\boldsymbol{w}=(w_1, w_2, \cdots, w_n)^{\mathrm{T}}$$

右乘矩阵 **A**，得到

$$\boldsymbol{A}\boldsymbol{w}=\begin{pmatrix} \frac{w_1}{w_1} & \frac{w_1}{w_2} & \cdots & \frac{w_1}{w_n} \\ \frac{w_2}{w_1} & \frac{w_2}{w_2} & \cdots & \frac{w_2}{w_n} \\ \vdots & \vdots & & \vdots \\ \frac{w_n}{w_1} & \frac{w_n}{w_2} & \cdots & \frac{w_n}{w_n} \end{pmatrix} \cdot \begin{pmatrix} w_1 \\ w_2 \\ \vdots \\ w_n \end{pmatrix} = n \begin{pmatrix} w_1 \\ w_2 \\ \vdots \\ w_n \end{pmatrix} = n\boldsymbol{w},$$

因此 $n$ 为矩阵 **A** 的特征值，而 $\boldsymbol{w}$ 为对应的特征向量．显然 **A** 的各个列向量与 $\boldsymbol{w}$ 仅相差一个比例因子．

对于一般的 $n$ 阶一致阵 **A**，不难证明有下列性质：

(1) **A** 的秩为 1，**A** 的唯一非零特征值为 $n$；

(2) **A** 的任一列向量都是对应于特征值 $n$ 的特征向量．

其证明作为习题留给读者．

## 三、求权向量的特征值法与一致性检验指标

前面介绍的一致阵及其性质启发人们，如果得到的成对比较阵是一致阵，像式(10－3)的 **A**，自然应取与特征值 $n$ 对应的、归一化的特征向量(即分量之和为 1)的各个分量作为诸因素 $P_1$，$P_2$，…，$P_n$ 对上一层因素 $O$ 的权数，该特征向量即为相应的权向量．

如果成对比较阵是不一致阵，萨蒂等人则提出用与 **A** 的最大特征值(记作 $\lambda$)对应的、归一化的特征向量作为权向量 $\boldsymbol{w}$，即有

$$\boldsymbol{A}\boldsymbol{w}=\lambda\boldsymbol{w}. \tag{10-4}$$

这是因为，矩阵 **A** 的特征值和特征向量连续地依赖于矩阵的元素 $a_{ij}$，因此 $a_{ij}$ 离一致性的要求不太远时，**A** 的特征值和特征向量也与一致阵的相差很小．这种由成对比较阵的最大特征值求权向量的方法称为**特征值法**．

成对比较阵 **A** 通常不是一致阵，因此用特征值法求得的权向量与实际是有误差的．为了避免误差太大，矩阵 **A** 的不一致程度应在一定容许范围内．如何确定这个范围，或者说用什么作标准来衡量矩阵 **A** 的一致性呢?

考虑到 $n$ 阶一致阵的最大特征值是 $n$，而一般 $n$ 阶正互反阵 **A** 的最大特征值 $\lambda \geqslant n$，并且当 $\lambda=n$ 时 **A** 是一致阵(见本章下一节定理 10.2)．再根据 $\lambda$ 连续地依赖于 $a_{ij}$ 变化的情形可知，$\lambda$ 与 $n$ 相差越大，**A** 的不一致程度越严重，用特

征值法求得的权向量引起的判断误差也越大．因而可以初步设想用 $\lambda-n$ 数值的大小来衡量矩阵 $\boldsymbol{A}$ 的一致性程度．

注意到一般矩阵 $\boldsymbol{A}$ 的特征值与其迹的关系，即 $\boldsymbol{A}$ 的 $n$ 个特征值之和等于 $\boldsymbol{A}$ 的对角元素之和，而 $n$ 阶正互反阵 $\boldsymbol{A}$ 的对角元素均为 1，所以特征值之和 $\sum_{i=1}^{n}\lambda_i=n$．这样一来，$\lambda-n$ 就相当于除 $\lambda$ 外其余 $n-1$ 个特征值的和．因此更加合适的是取这 $n-1$ 个特征值的平均值

$$CI=\frac{\lambda-n}{n-1} \tag{10-5}$$

作为**一致性指标**．由一致性指标不难看出，$CI=0$ 时 $\boldsymbol{A}$ 为一致阵；$CI$ 越大 $\boldsymbol{A}$ 的一致性程度越低．

有了一致性指标 $CI$，还要确定 $CI$ 在多大范围内 $\boldsymbol{A}$ 的一致性才算达到要求．为此，需要引入所谓**随机一致性指标** $RI$. 这里需要应用统计学的知识，随机构造正互反阵 $\bar{\boldsymbol{A}}$：$\bar{\boldsymbol{A}}$ 的元素 $\bar{a}_{ij}(i<j)$ 从 1～9 及 1～$\frac{1}{9}$ 中随机取值，而 $\bar{a}_{ji}$ 为 $\bar{a}_{ij}$ 的互反数，$\bar{a}_{ii}=1$. 而 $RI$ 的具体计算方法步骤如下：

(1) 对于每一个固定的 $n$，如此构造相当多的 $\bar{\boldsymbol{A}}$；

(2) 计算每一个得到的 $\bar{\boldsymbol{A}}$ 的一致性指标 $CI$(可以想见，不同的 $\bar{\boldsymbol{A}}$ 的 $CI$ 差别很大)；

(3) 取所有得到的 $\bar{\boldsymbol{A}}$ 的一致性指标 $CI$ 的平均值作为随机一致性指标 $RI$.

因为一、二阶的正互反阵总是一致阵，因此当 $n=1$，2 时，$RI=0$. 对于其他不同的 $n(3\leqslant n\leqslant 11)$，萨蒂用上述方法算出样本容量多达 100～500 个的 $\bar{\boldsymbol{A}}$ 的随机一致性指标 $RI$ 的数值见表 10-2. 这里要指出，由于随机性，不同的人用不同的样本得到的 $RI$ 的数值与表 10-2 会稍有差异．

**表 10-2　随机一致性指标 $RI$ 的数值**

| $n$ | 1 | 2 | 3 | 4 | 5 | 6 | 7 | 8 | 9 | 10 | 11 |
|---|---|---|---|---|---|---|---|---|---|---|---|
| $RI$ | 0 | 0 | 0.58 | 0.90 | 1.12 | 1.24 | 1.32 | 1.41 | 1.45 | 1.49 | 1.51 |

对于 $n\geqslant 3$ 的成对比较阵 $\boldsymbol{A}$，将它的一致性指标 $CI$ 与同阶(指 $n$ 相同)的随机一致性指标 $RI$ 之比定义为一致性比率 $CR$，即

$$CR=\frac{CI}{RI}, \tag{10-6}$$

于是取一致性比率 $CR$ 作为衡量矩阵 $\boldsymbol{A}$ 的一致性指标更为合理．当 $\lambda=n$，$CR=0$，$\boldsymbol{A}$ 为完全一致；而 $CR$ 的值越大，$\boldsymbol{A}$ 的一致性越差．一般只要 $CR\leqslant 0.1$，就认为 $\boldsymbol{A}$ 的一致性可以接受，否则，要重新进行两两成对比较，对 $\boldsymbol{A}$ 作

适当调整. 对成对比较阵 $\boldsymbol{A}$ 利用式(10-5)、(10-6)和表 10-2 以及 $CR\leqslant 0.1$ 的约定进行检验，称为**一致性检验**. 不过有人指出，$CR\leqslant 0.1$ 的约定是带有一定主观性的.

**例 10.1** 应用特征值法求式(10-1)给出的成对比较阵 $\boldsymbol{A}$ 的权向量，并对 $\boldsymbol{A}$ 作一致性检验.

**解** 矩阵 $\boldsymbol{A}$ 的特征多项式为

$$|\boldsymbol{A}-\lambda\boldsymbol{E}|=\begin{vmatrix}1-\lambda & \frac{1}{3} & \frac{1}{2} & \frac{1}{5}\\ 3 & 1-\lambda & 2 & \frac{1}{2}\\ 2 & \frac{1}{2} & 1-\lambda & \frac{1}{4}\\ 5 & 2 & 4 & 1-\lambda\end{vmatrix}=\frac{1}{240}\lambda(120\lambda^3-480\lambda^2-41),$$

于是可求得最大特征值 $\lambda$ 精确到小数点后第 3 位的值为 $\lambda=4.021$. 为了求得与 $\lambda$ 对应的特征向量 $\boldsymbol{x}=(x_1, x_2, x_3, x_4)^{\mathrm{T}}$，需解方程组 $(\boldsymbol{A}-\lambda\boldsymbol{E})\boldsymbol{x}=\boldsymbol{0}$，即

$$\begin{cases}-3.021x_1+\frac{1}{3}x_2+\frac{1}{2}x_3+\frac{1}{5}x_4=0,\\ 3x_1-3.021x_2+2x_3+\frac{1}{2}x_4=0,\\ 2x_1+\frac{1}{2}x_2-3.021x_3+\frac{1}{4}x_4=0,\\ 5x_1+2x_2+4x_3-3.021x_4=0.\end{cases}$$

因为系数矩阵 $\boldsymbol{A}-\lambda\boldsymbol{E}$ 的秩为 3，取一个自由未知量 $x_4=1$，可得一组解

$$x_1=0.170,\ x_2=0.521,\ x_3=0.282,\ x_4=1,$$

将其归一化，即令 $w_i=\dfrac{x_i}{\sum\limits_{i=1}^{4}x_i}(i=1, 2, 3, 4)$，使得 $\sum\limits_{i=1}^{4}w_i=1$，于是得 $\boldsymbol{A}$ 的权向量

$$\boldsymbol{w}=(w_1, w_2, w_3, w_4)^{\mathrm{T}}=(0.086, 0.264, 0.143, 0.507)^{\mathrm{T}}. \tag{10-7}$$

因为

$$CI=\frac{\lambda-n}{n-1}=\frac{4.021-4}{4-1}=0.007,$$

查表 10-2，当 $n=4$ 时有 $RI=0.90$，故

$$CR=\frac{CI}{RI}=\frac{0.007}{0.90}=0.008<0.1,$$

因此通过一致性检验.

回到选址决策问题，式(10－7)给出的$\boldsymbol{w}=(w_1, w_2, w_3, w_4)^{\mathrm{T}}$就是第2层(准则层)对第1层(目标层)的权向量，为后面讨论方便，将其记作$\boldsymbol{w}^{(2)}=(w_1^{(2)}, w_2^{(2)}, w_3^{(2)}, w_4^{(2)})^{\mathrm{T}}$. 假定决策者用两两比较的方法构造了第3层(方案层，见图10－1)对第2层的每个准则的成对比较阵为

$$\boldsymbol{B}_1=\begin{pmatrix}1 & 3 & 2\\ \frac{1}{3} & 1 & \frac{1}{2}\\ \frac{1}{2} & 2 & 1\end{pmatrix},\ \boldsymbol{B}_2=\begin{pmatrix}1 & \frac{1}{2} & 2\\ 2 & 1 & 4\\ \frac{1}{2} & \frac{1}{4} & 1\end{pmatrix},\ \boldsymbol{B}_3=\begin{pmatrix}1 & \frac{1}{5} & \frac{1}{2}\\ 5 & 1 & 3\\ 2 & \frac{1}{3} & 1\end{pmatrix},\ \boldsymbol{B}_4=\begin{pmatrix}1 & 3 & 4\\ \frac{1}{3} & 1 & 1\\ \frac{1}{4} & 1 & 1\end{pmatrix},$$

这里矩阵$\boldsymbol{B}_k(k=1, 2, 3, 4)$中的元素$b_{ij}^{(k)}$是方案(站址)$P_i$与$P_j$对于准则$C_k$(资金投入等)的优越性的比较尺度．应用特征值法对第3层的成对比较阵$\boldsymbol{B}_k$计算出最大特征值$\lambda_k$，权向量$\boldsymbol{w}_k^{(3)}$和一致性指标$CI_k$，结果列入表10－3.

**表10－3　选址决策问题第3层的计算结果**

| $k$ | 1 | 2 | 3 | 4 |
|---|---|---|---|---|
| $\boldsymbol{w}_k^{(3)}$ | 0.540<br>0.163<br>0.297 | 0.286<br>0.571<br>0.143 | 0.122<br>0.648<br>0.230 | 0.634<br>0.192<br>0.174 |
| $\lambda_k$ | 3.009 | 3 | 3.004 | 3.009 |
| $CI_k$ | 0.005 | 0 | 0.002 | 0.005 |

由于$n=3$时，随机一致性指标$RI=0.58$(见表10－2)，所以不难看出上面的$CI_k$均可通过一致性检验．

这里要特别指出，本章第一节选址决策问题中给出的各准则对目标的权向量以及各方案对准则层的权数矩阵就分别来自式(10－7)和表10－3.

## 四、组合权向量与组合一致性检验

前面谈到的选址决策问题是只有3个层次的决策问题，其组合权向量的计算并不复杂．为了把这种计算方法推广到层次更多的决策问题，需要对3个层次决策问题的组合权向量的计算进行梳理．假定第1层只有1个因素，第2、3层分别有$n$、$m$个因素，记第2层对第1层、第3层对第2层的权向量分别为

$$\boldsymbol{w}^{(2)}=(w_1^{(2)}, w_2^{(2)}, \cdots, w_n^{(2)})^{\mathrm{T}},$$

$$\boldsymbol{w}_k^{(3)}=(w_{k1}^{(3)}, w_{k2}^{(3)}, \cdots, w_{km}^{(3)})^{\mathrm{T}},\ k=1, 2, \cdots, n.$$

以$\boldsymbol{w}_k^{(3)}$为列向量构成矩阵

$$\boldsymbol{W}^{(3)}=(\boldsymbol{w}_1^{(3)}, \boldsymbol{w}_2^{(3)}, \cdots, \boldsymbol{w}_n^{(3)}),$$

则第 3 层对第 1 层的组合权向量为

$$\boldsymbol{w}^{(3)}=\boldsymbol{W}^{(3)}\boldsymbol{w}^{(2)}, \tag{10-8}$$

这在第一节电站地点选址模型中求方案对目标的组合权数时已经用到过．

一般地，如果一共有 $s$ 层，则第 $l$ 层对第 1 层(设只有 1 个因素)的组合权向量为

$$\boldsymbol{w}^{(l)}=\boldsymbol{W}^{(l)}\boldsymbol{w}^{(l-1)},\ l=3,\ 4,\ \cdots,\ s, \tag{10-9}$$

其中 $\boldsymbol{W}^{(l)}$ 是以第 $l$ 层对第 $l-1$ 层的权向量为列向量构成的矩阵，于是最下层(第 $s$ 层)对第 1 层的组合权向量为

$$\boldsymbol{w}^{(s)}=\boldsymbol{W}^{(s)}\boldsymbol{W}^{(s-1)}\cdots\boldsymbol{W}^{(3)}\boldsymbol{w}^{(2)}. \tag{10-10}$$

对成对比较阵 $\boldsymbol{A}$ 进行一致性检验的目的是，判断由矩阵 $\boldsymbol{A}$ 得到的权向量是否可以应用于决策问题．而对于逐层确定的组合权向量是否可以作为决策依据，还必须逐层进行所谓**组合一致性检验**．为此，给出组合一致性比率的定义：

**定义 10.2** 设第 $l$ 层的一致性指标为 $CI_1^{(l)}$，…，$CI_n^{(l)}$（$n$ 是第 $l-1$ 层因素的个数），随机一致性指标为 $RI_1^{(l)}$，…，$RI_n^{(l)}$．定义

$$CI^{(l)}=(CI_1^{(l)},\ \cdots,\ CI_n^{(l)})\boldsymbol{w}^{(l-1)}, \tag{10-11}$$

$$RI^{(l)}=(RI_1^{(l)},\ \cdots,\ RI_n^{(l)})\boldsymbol{w}^{(l-1)}, \tag{10-12}$$

则第 $l$ 层对第 1 层的**组合一致性比率**为

$$CR^{(l)}=CR^{(l-1)}+\frac{CI^{(l)}}{RI^{(l)}},\ l=3,\ 4,\ \cdots,\ s, \tag{10-13}$$

其中 $CR^{(2)}$ 为由式(10-6)计算的一致性比率．

当最下层对最上层的组合一致性比率

$$CR^{(s)}\leqslant 0.1$$

时，可以认为各个层次的比较判断通过一致性检验(当层次较多时，临界值 0.1 可适当放宽)．

在水电站寻址决策问题中已经算出 $CR^{(2)}=0.008$，且 $\boldsymbol{w}^{(2)}$ 已由例 10.1 算出，即 $\boldsymbol{w}^{(2)}=(0.086,\ 0.264,\ 0.143,\ 0.507)^{\mathrm{T}}$，而表 10-3 的最后一行数据就是 $CI_k^{(3)}$（$k=1$，…，4），于是据式(10-11)可得 $CI^{(3)}=0.00325$．因为 $RI_k^{(3)}=0.58(k=1,\ \cdots,\ 4)$，据式(10-12)可得 $RI^{(3)}=0.58$．再据式(10-13)，即得

$$CR^{(3)}=0.008+\frac{0.00325}{0.58}=0.014<0.1,$$

组合一致性得以通过．因此本章第一节求得的组合权向量 $\boldsymbol{w}^{(3)}=(0.461,\ 0.355,\ 0.185)^{\mathrm{T}}$，从层次分析法的角度考虑，它可以作为最终决策的依据．

# 第三节　特征值法的理论依据与实用算法

## 一、特征值法的理论依据

上一节介绍的特征值法，采用成对比较阵的最大特征值的特征向量作为权向量，并用最大特征值定义一致性检验指标．有人或许要问：一般成对比较阵是否存在正的最大特征值和正的特征向量？而一致性指标的大小能否反映它接近一致阵的程度？由于成对比较阵是正互反阵，因此下面的两个定理就回答了上述问题．

**定理 10.1　对于正矩阵 $\boldsymbol{A}$($\boldsymbol{A}$ 的所有元素均为正数)，**

**(1) $\boldsymbol{A}$ 的最大特征值 $\lambda$ 是 $\boldsymbol{A}$ 的特征方程的正单根；**

**(2) $\lambda$ 可以对应正的特征向量 $\boldsymbol{w}$ ($\boldsymbol{w}$ 的所有分量均为正数，记作 $\boldsymbol{w}>0$)；**

**(3) $\lim\limits_{k\to\infty}\dfrac{\boldsymbol{A}^k\boldsymbol{e}}{\boldsymbol{e}^{\mathrm{T}}\boldsymbol{A}^k\boldsymbol{e}}=\boldsymbol{w}$，**

**其中 $\boldsymbol{e}=(1,1,\cdots,1)^{\mathrm{T}}$，而 $\boldsymbol{w}$ 是对应 $\lambda$ 的归一化特征向量．**

定理的(1)、(2)是著名的皮亚诺(G. Peano，1858—1932 年)定理的一部分(定理证明略去)．

**定理 10.2　(1) $n$ 阶正互反阵 $\boldsymbol{A}$ 的最大特征值 $\lambda\geqslant n$；**

**(2) $n$ 阶正互反阵 $\boldsymbol{A}$ 为一致阵的充要条件是，$\boldsymbol{A}$ 的最大特征值 $\lambda=n$.**

**证**　(1) 设 $\boldsymbol{A}=(a_{ij})$的与 $\lambda$ 对应的特征向量为 $\boldsymbol{w}=(w_1,w_2,\cdots,w_n)^{\mathrm{T}}$，即有 $\boldsymbol{A}\boldsymbol{w}=\lambda\boldsymbol{w}$，用分量表示则有

$$\lambda w_i=\sum_{j=1}^{n}a_{ij}w_j,\ i=1,2,\cdots,n. \tag{10-14}$$

若令 $\varepsilon_{ij}=a_{ij}\dfrac{w_j}{w_i}$，可由式(10-14)得

$$\lambda=\sum_{j=1}^{n}a_{ij}\frac{w_j}{w_i}=\sum_{j=1}^{n}\varepsilon_{ij},\ i=1,2,\cdots,n, \tag{10-15}$$

并且

$$a_{ij}=\frac{w_i}{w_j}\varepsilon_{ij},\ i,j=1,2,\cdots,n. \tag{10-16}$$

由 $\boldsymbol{A}$ 的正互反性及 $w_i>0(i=1,2,\cdots,n)$，知

$$\varepsilon_{ij}>0,\ \varepsilon_{ji}=\frac{1}{\varepsilon_{ij}}, \tag{10-17}$$

将式(10-15)对 $i$ 求和得

$$\lambda=\frac{1}{n}\sum_{i=1}^{n}\sum_{j=1}^{n}\varepsilon_{ij}, \tag{10-18}$$

并注意到式(10－17)及$\varepsilon_{ii}=1$，式(10－18)可化为

$$\lambda=\frac{1}{n}\sum_{i=1}^{n-1}\sum_{j=i+1}^{n}\left(\varepsilon_{ij}+\frac{1}{\varepsilon_{ij}}\right)+1. \qquad (10-19)$$

因为恒有$\varepsilon_{ij}+\frac{1}{\varepsilon_{ij}}\geqslant 2$，且式(10－19)中和号内共有$\frac{n^2-n}{2}$项，所以由式(10－19)可得

$$\lambda\geqslant n. \qquad (10-20)$$

(2) 当$\lambda=n$时，由$\varepsilon_{ij}+\frac{1}{\varepsilon_{ij}}\geqslant 2$及式(10－19)可知，必有

$$\varepsilon_{ij}+\frac{1}{\varepsilon_{ij}}=2,$$

于是$\varepsilon_{ij}=1$，由式(10－16)即知

$$a_{ij}=\frac{w_i}{w_j},\ i,\ j=1,\ 2,\ \cdots,\ n,$$

满足一致性条件式(10－2)，据一致阵的定义 10.1，$\boldsymbol{A}$为一致阵．

反之，$\boldsymbol{A}$为一致阵时，由本章第二节所述的一致阵的性质知，$\boldsymbol{A}$的唯一非零特征值为$n$，因此$\boldsymbol{A}$的最大特征值为$n$，即有$\lambda=n$.

定理 10.1 与定理 10.2 是特征值法用于层次分析法的理论依据．

## 二、特征值法的实用算法

利用特征值法求权向量时，牵涉到矩阵的特征值和特征向量的计算问题，精确的计算相当困难，特别是对于阶数较高的矩阵．考虑到成对比较阵基本上来自定性比较量化的结果，对它们作非常精确的计算没有多大必要．因此对于实际应用问题，往往采用简便的近似计算的方法进行．下面介绍成对比较阵求特征值和特征向量的三种近似算法．

(1) **迭代法**：计算步骤：

① 取初始值：任取$n$维归一化的初始向量$\boldsymbol{w}^{(0)}$.

② 迭代计算：$\widetilde{\boldsymbol{w}}^{(k+1)}=\boldsymbol{A}\boldsymbol{w}^{(k)}\quad (k=0,\ 1,\ 2,\ \cdots)$.

③ 归一化：令$\boldsymbol{w}^{(k+1)}=\dfrac{\widetilde{\boldsymbol{w}}^{(k+1)}}{\sum\limits_{i=1}^{n}\widetilde{w}_i^{(k+1)}}$.

④ 判断：对于预先给定的精度$r$，当$|w_i^{(k+1)}-w_i^{(k)}|<r(i=1,\ 2,\ \cdots,\ n)$时，停止迭代计算；否则返回②.

⑤ 计算最大特征值：$\lambda=\dfrac{1}{n}\sum\limits_{i=1}^{n}\dfrac{\widetilde{w}_i^{(k+1)}}{w_i^{(k)}}$.

所求$\boldsymbol{w}^{(k+1)}$就是与最大特征值$\lambda$对应的归一化的特征向量．此迭代法的理论依据是定理 10.1，该定理的(3)保证了迭代法的收敛性，$\boldsymbol{w}^{(0)}$可任取或取下面方法得到的结果．

(2) **和法**：计算步骤：

① 逐列归一化：将矩阵$\mathbf{A}=(a_{ij})$的每一列向量归一化，得$\widetilde{\mathbf{A}}=(\tilde{a}_{ij})$，其中$\tilde{a}_{ij}=\dfrac{a_{ij}}{\sum\limits_{i=1}^{n}a_{ij}}$.

② 按行求和：将矩阵$\widetilde{\mathbf{A}}=(\tilde{a}_{ij})$按行求和，得一列向量$\widetilde{w}_i=\sum\limits_{j=1}^{n}\tilde{a}_{ij}\ (i=1,2,\cdots,n)$.

③ 列向量归一化：$w_i=\widetilde{w}_i/\sum\limits_{i=1}^{n}\widetilde{w}_i=\dfrac{1}{n}\widetilde{w}_i$，$\boldsymbol{w}=(w_1,w_2,\cdots,w_n)$即为矩阵$\mathbf{A}$的近似特征向量．

**说明**：由于归一化，矩阵$\widetilde{\mathbf{A}}=(\tilde{a}_{ij})$的每一列的分量之和均为 1，从而$\widetilde{\mathbf{A}}$的所有元素之和为$n$，故有$\sum\limits_{i=1}^{n}\widetilde{w}_i=\sum\limits_{i=1}^{n}\sum\limits_{j=1}^{n}\tilde{a}_{ij}=\sum\limits_{j=1}^{n}\sum\limits_{i=1}^{n}\tilde{a}_{ij}=n$.

④ 计算最大特征值：$\lambda=\dfrac{1}{n}\sum\limits_{i=1}^{n}\dfrac{(\mathbf{A}\boldsymbol{w})_i}{w_i}$，$\lambda$即是矩阵$\mathbf{A}$的最大特征值的近似值．

这一方法的实质是将矩阵$\mathbf{A}$的列向量归一化后，取各列对应分量的平均值作为分量得到归一化的向量$\boldsymbol{w}=(w_1,w_2,\cdots,w_n)$，再以它作为矩阵$\mathbf{A}$的最大特征值的近似特征向量．因为当$\mathbf{A}$为一致阵时，它的每一列都是对应于特征值$n$($\mathbf{A}$的最大特征值)的特征向量，因此如果$\mathbf{A}$的不一致性不是很严重的话，这样的做法是合理的．

(3) **根法**：计算步骤与和法大体相同，只是将步骤②对$\tilde{a}_{ij}$按行求和改为求积并开$n$次方，即$\widetilde{w}_i=\sqrt[n]{\prod\limits_{j=1}^{n}\tilde{a}_{ij}}\quad(i=1,2,\cdots,n)$. 而且步骤③列向量的归一化$w_i=\widetilde{w}_i/\sum\limits_{i=1}^{n}\widetilde{w}_i$不能转化成$w_i=\dfrac{1}{n}\widetilde{w}_i$，这是读者要注意的．

和法与根法的区别关键在于，前者是求列向量的算术平均值，而后者则是求列向量的几何平均值．显然和法要比根法简便．

**例 10.2**　应用和法求式(10-1)给出的成对比较阵$\mathbf{A}$的权向量及对应的最大特征值．

**解**　按和法步骤对矩阵$\mathbf{A}$进行运算：

$$A=\begin{pmatrix}1&\frac{1}{3}&\frac{1}{2}&\frac{1}{5}\\3&1&2&\frac{1}{2}\\2&\frac{1}{2}&1&\frac{1}{4}\\5&2&4&1\end{pmatrix}\xrightarrow{\text{列向量归一化}}\begin{pmatrix}0.091&0.087&0.067&0.103\\0.273&0.261&0.267&0.256\\0.182&0.130&0.133&0.128\\0.454&0.522&0.533&0.513\end{pmatrix}$$

$$\xrightarrow{\text{按行求和}}\begin{pmatrix}0.348\\1.057\\0.573\\2.022\end{pmatrix}\xrightarrow{\text{归一化}}\begin{pmatrix}0.087\\0.264\\0.143\\0.506\end{pmatrix}=\boldsymbol{w},\ \boldsymbol{A}\boldsymbol{w}=\begin{pmatrix}0.348\\1.064\\0.576\\2.041\end{pmatrix},$$

$$\lambda=\frac{1}{4}\left(\frac{0.348}{0.087}+\frac{1.064}{0.264}+\frac{0.576}{0.143}+\frac{2.041}{0.506}\right)=4.023.$$

这与例 10.1 中精确计算出的结果 $\lambda=4.021$，$\boldsymbol{w}=(0.086, 0.264, 0.143, 0.507)^{\mathrm{T}}$ 相比，误差十分微小．

由例 10.2 看出，和法尽管简便，手工计算仍很麻烦．为了能够应用 MATLAB数学软件计算，需将计算过程用矩阵表示，为此给出矩阵 $\boldsymbol{A}$ 与 $\boldsymbol{B}$ 的对应元素的相乘和相除的定义．

**定义 10.3**　设 $\boldsymbol{A}=(a_{ij})$ 和 $\boldsymbol{B}=(b_{ij})$ 是同型矩阵，定义：

(1) $\boldsymbol{A}\otimes\boldsymbol{B}=(a_{ij}\cdot b_{ij})$，其结果是与 $\boldsymbol{A}$、$\boldsymbol{B}$ 同型的矩阵；

(2) $\boldsymbol{A}\div\boldsymbol{B}=(a_{ij}\div b_{ij})$，其中矩阵 $\boldsymbol{B}$ 的元素 $b_{ij}$ 均非零．

有了上述定义，应用和法求成对比较阵的权向量及对应的最大特征值的过程就可以用矩阵的形式表示．以例 10.2 为例，求权向量的计算过程可表示如下：

令
$$\boldsymbol{L}=\begin{pmatrix}1&1&1&1\\1&1&1&1\\1&1&1&1\\1&1&1&1\end{pmatrix},$$

则有
$$\boldsymbol{B}=\boldsymbol{L}\boldsymbol{A}=\begin{pmatrix}1&1&1&1\\1&1&1&1\\1&1&1&1\\1&1&1&1\end{pmatrix}\begin{pmatrix}1&\frac{1}{3}&\frac{1}{2}&\frac{1}{5}\\3&1&2&\frac{1}{2}\\2&\frac{1}{2}&1&\frac{1}{4}\\5&2&4&1\end{pmatrix}=\begin{pmatrix}11&3.8333&7.5&1.95\\11&3.8333&7.5&1.95\\11&3.8333&7.5&1.95\\11&3.8333&7.5&1.95\end{pmatrix},$$

即 $\boldsymbol{B}$ 中每一列的元素都是 $\boldsymbol{A}$ 中对应列的元素之和．于是应用定义 10.3，可得

**A** 的列向量归一化的矩阵计算方式：

$$\widetilde{\boldsymbol{A}}=\boldsymbol{A}\div\boldsymbol{B}=\begin{pmatrix}1&\frac{1}{3}&\frac{1}{2}&\frac{1}{5}\\3&1&2&\frac{1}{2}\\2&\frac{1}{2}&1&\frac{1}{4}\\5&2&4&1\end{pmatrix}\div\begin{pmatrix}11&3.8333&7.5&1.95\\11&3.8333&7.5&1.95\\11&3.8333&7.5&1.95\\11&3.8333&7.5&1.95\end{pmatrix}$$

$$=\begin{pmatrix}0.091&0.087&0.067&0.103\\0.273&0.261&0.267&0.256\\0.182&0.130&0.133&0.128\\0.454&0.522&0.533&0.513\end{pmatrix}.$$

再令列向量 $\boldsymbol{e}=(1,\ 1,\ 1,\ 1)^{\mathrm{T}}$，用 $\boldsymbol{e}$ 右乘 $\widetilde{\boldsymbol{A}}$，则得对矩阵 $\widetilde{\boldsymbol{A}}$ 按行求和的列向量：

$$\widetilde{\boldsymbol{w}}=\widetilde{\boldsymbol{A}}\boldsymbol{e}=\begin{pmatrix}0.091&0.087&0.067&0.103\\0.273&0.261&0.267&0.256\\0.182&0.130&0.133&0.128\\0.454&0.522&0.533&0.513\end{pmatrix}\begin{pmatrix}1\\1\\1\\1\end{pmatrix}=\begin{pmatrix}0.348\\1.057\\0.573\\2.022\end{pmatrix}.$$

对列向量 $\widetilde{\boldsymbol{w}}$ 归一化，即得所求的权向量

$$\boldsymbol{w}=\frac{1}{4}\widetilde{\boldsymbol{w}}=\frac{1}{4}\begin{pmatrix}0.348\\1.057\\0.573\\2.022\end{pmatrix}=\begin{pmatrix}0.087\\0.264\\0.143\\0.506\end{pmatrix}.$$

本书的附录一介绍了线性代数的 MATLAB 常用指令，其中的例 6 就是应用 MATLAB 指令按“和法”计算上述成对比较阵权向量的例子，读者不妨一试．

## 第四节　应用模型举例

前面介绍了层次分析法的基本原理和方法，实际应用时仍有一些变化，下面略举几例．

**例 10.3（人才招聘对象的综合评价）**　某地区招聘工作人员，由此建立了招聘对象综合评价得分的层次结构模型，如图 10－2 所示．

这里与前面介绍的水电站寻址的层次结构不同的是：那里的结构模型中，上一层的每个因素都支配着下一层的所有因素，或被下一层的所有因素影响，其层次结构称为**完全**的．而现在的结构模型中，第二层的准则 $C_1$ 仅支配第三

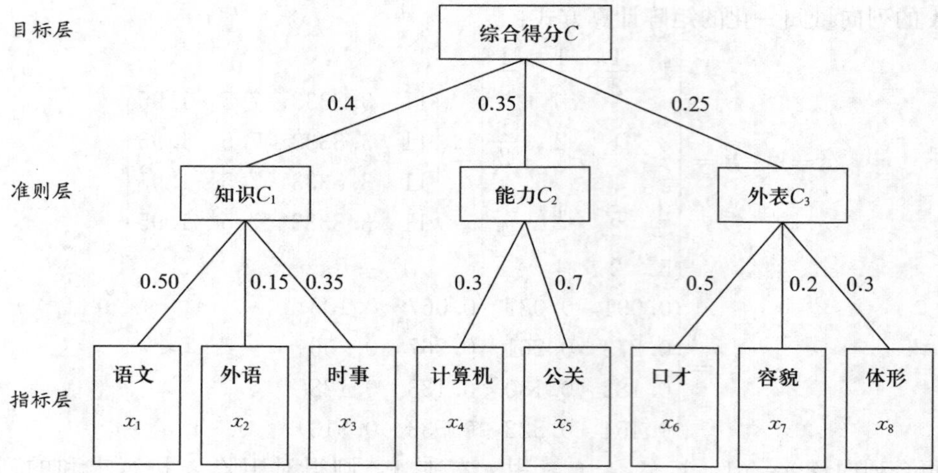


图 10－2　人才招聘对象综合评价的层次结构

层的 3 个指标 $x_1$、$x_2$、$x_3$（或者说，有 3 个指标属于 $C_1$），而 $C_2$ 仅支配指标 $x_4$、$x_5$，$C_3$ 仅支配指标 $x_6$、$x_7$、$x_8$. 这种层次结构称为**不完全**的.

对不完全层次结构的处理应根据不同的具体问题采用不同的方式，其中最简单的一种方式是不考虑支配因素数目不等的影响，像完全的层次结构一样，采用式(10－8)计算组合权向量，即

$$\boldsymbol{w}^{(3)}=\boldsymbol{W}^{(3)}\boldsymbol{w}^{(2)},$$

其中$\boldsymbol{w}^{(2)}$是第 2 层（准则层）对第 1 层（目标层）的权向量，相应的权数标示在图 10－2 上，即有

$$\boldsymbol{w}^{(2)}=(0.4,\ 0.35,\ 0.25)^{\mathrm{T}}.$$

而矩阵$\boldsymbol{W}^{(3)}$是以第 3 层（各指标）对第 2 层（各准则）的权向量为列向量构成的矩阵. 如$\boldsymbol{W}^{(3)}$的第 1 列是各指标对知识这一准则的权向量，对于不受知识这一准则支配的各指标，相应的权数记为 0，至于其他准则也作如此约定，于是由图 10－2 的标示知

$$\boldsymbol{W}^{(3)}=\begin{pmatrix}0.5 & 0 & 0\\ 0.15 & 0 & 0\\ 0.35 & 0 & 0\\ 0 & 0.3 & 0\\ 0 & 0.7 & 0\\ 0 & 0 & 0.5\\ 0 & 0 & 0.2\\ 0 & 0 & 0.3\end{pmatrix},$$

从而可得组合权向量

$$\boldsymbol{w}^{(3)}=\boldsymbol{W}^{(3)}\boldsymbol{w}^{(2)}=(0.2,\ 0.06,\ 0.14,\ 0.105,\ 0.245,\ 0.125,\ 0.05,\ 0.075)^{\mathrm{T}},$$

及相应的综合评价得分公式

$$C=0.2x_1+0.06x_2+0.14x_3+0.105x_4+0.245x_5+0.125x_6+0.05x_7+0.075x_8.$$

现有甲、乙、丙三人应聘，应试各指标 $x_i$(均采用十分制)见表 10－4. 按上述公式计算的综合得分分别为：8.17，7.51，8.38.

**表 10－4　应聘人员的综合评价得分**

| 指标 | $x_1$ | $x_2$ | $x_3$ | $x_4$ | $x_5$ | $x_6$ | $x_7$ | $x_8$ |
|---|---|---|---|---|---|---|---|---|
| 甲 | 8 | 10 | 6 | 6 | 10 | 9 | 8 | 7 |
| 乙 | 6 | 4 | 7 | 10 | 7 | 9 | 9 | 10 |
| 丙 | 10 | 8 | 6 | 10 | 8 | 7 | 10 | 9 |

**例 10.4(科技成果的综合评价)**　对于可以直接应用于国民经济，并能转化为生产力、带来经济效益的科技成果，可按图 10－3 的层次结构进行评价，其中评价准则分为效益 $C_1$、水平 $C_2$、规模 $C_3$ 三个因素．

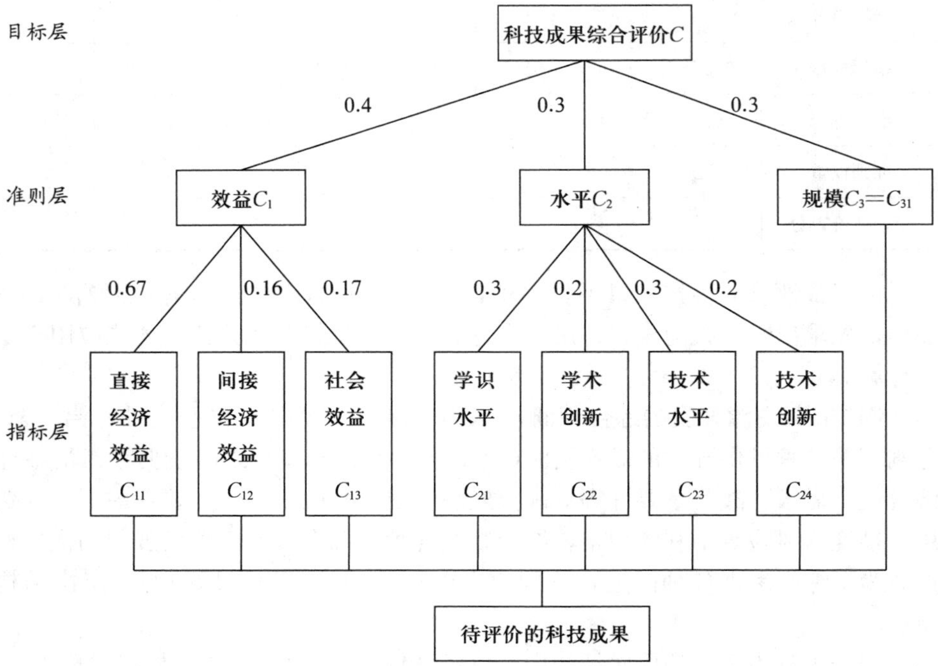


图 10－3　科技成果综合评价的层次结构

与例 10.3 类似，这也是个不完全的层次结构．其中第二层的准则 $C_1$ 仅支配第三层的 3 个指标 $C_{11}$、$C_{12}$、$C_{13}$，而 $C_2$ 支配另外的 4 个指标．与例 10.3 不同的是：准则 $C_3$ 不再划分指标，因此它同时可以视作第三层的指标，即有 $C_{31}=C_3$.

如果对所有指标均采用十分制，现有一科技成果经专家评审，各指标得分如表 10-5 第二栏所示．采用逐层计算方式，由图 10-3 所标示的权数，各准则层得分的计算式为

$$\begin{cases} C_1=0.67C_{11}+0.16C_{12}+0.17C_{13}, \\ C_2=0.3C_{21}+0.2C_{22}+0.3C_{23}+0.2C_{24}, \\ C_3=C_{31}, \end{cases}$$

而综合评价得分的计算式为

$$C=0.4C_1+0.3C_2+0.3C_3.$$

该项科技成果的综合评价得分计算结果见表 10-5.

**表 10-5　科技成果的综合评价得分**

| 指标 | $C_{11}$ | $C_{12}$ | $C_{13}$ | $C_{21}$ | $C_{22}$ | $C_{23}$ | $C_{24}$ | $C_{31}=C_3$ |
|---|---|---|---|---|---|---|---|---|
| 指标得分 | 8 | 7 | 10 | 9 | 10 | 8 | 9 | 5 |
| 指标权重 | 0.67 | 0.16 | 0.17 | 0.3 | 0.2 | 0.3 | 0.2 | 1 |
| 准则得分 | $C_1=8.18$ | | | $C_2=8.9$ | | | | $C_3=5$ |
| 准则权重 | 0.4 | | | 0.3 | | | | 0.3 |
| 综合评价得分 | $C=7.442$ | | | | | | | |

由于被评价的科技成果不仅一项，因此一般的计算方式仍然要像例 10.3 那样，先求出组合权向量，得出一个计算综合评价得分的公式，才能应用于实际计算．

**例 10.5（资源开发的综合判断）**　某国家有铁、铜、磷酸盐、铀、铝、金、金刚石等 7 种可供开发的矿产资源（记作 $P$）．制订开发计划时既要考虑潜在经济价值、需求、战略重要性等对国家经济发展有利的因素，也要考虑开采的费用、难度与风险等不利的因素，综合判断各种资源在国家经济发展中的优先地位．为了综合考虑各种因素，分别建立以贡献和代价为目标的两个层次结构模型.

确定贡献为目标的层次结构中，以经济价值 $C_1$、需求 $C_2$、战略重要性 $C_3$ 为 3 个准则；确定代价为目标的层次结构中，以费用 $D_1$、开采难度 $D_2$ 与风险

$D_3$ 为 3 个准则．而在两个层次结构中，都以 7 种矿产资源 $P$ 作为指标．两个层次结构如图 10－4 所示．

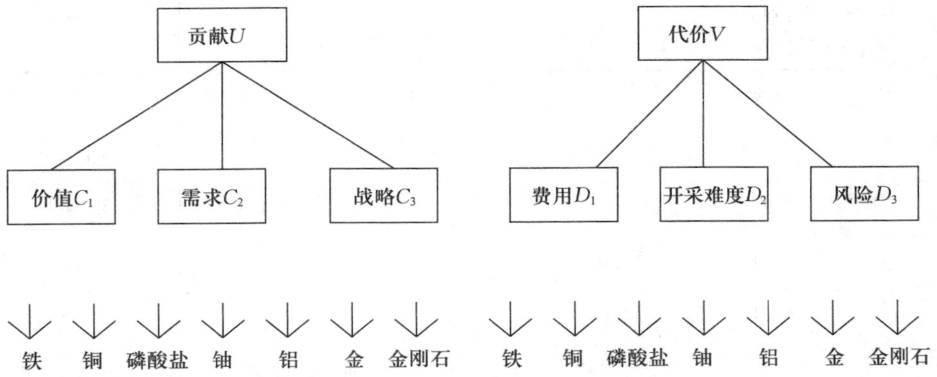


图 10－4　矿产资源开发综合判断的层次结构

假定有关部门用层次分析法得到的各种资源 $P$ 对准则 $C$ 的权向量，以及准则 $C$ 对目标 $U$ 的权向量列入表 10－6，并由此计算出资源 $P$ 对目标 $U$ 的组合权向量(表 10－6 中最后一列)．

**表 10－6　以贡献为目标的组合权向量的计算结果**

| 权向量($C$ 对 $U$) | | 0.533 | 0.304 | 0.163 | 组合权向量<br>($P$ 对 $U$) |
|---|---|---|---|---|---|
| 准则 $C$ / 指标 $P$ | | $C_1$ | $C_2$ | $C_3$ | |
| 权向量($P$ 对 $C$) | 铁 | 0.440 | 0.323 | 0.518 | 0.417 |
| | 铜 | 0.269 | 0.323 | 0.207 | 0.275 |
| | 磷酸盐 | 0.171 | 0.219 | 0.088 | 0.172 |
| | 铀 | 0.073 | 0.090 | 0.156 | 0.092 |
| | 铝 | 0.025 | 0.019 | 0.010 | 0.021 |
| | 金 | 0.017 | 0.019 | 0.005 | 0.016 |
| | 金刚石 | 0.005 | 0.007 | 0.016 | 0.007 |

同样，用层次分析法得到的各种资源 $P$ 对准则 $D$ 的权向量，以及准则 $D$ 对目标 $V$ 的权向量列入表 10－7，并由此计算出资源 $P$ 对目标 $V$ 的组合权向量(表 10－7 中最后一列)．

**表 10-7　以代价为目标的组合权向量的计算结果**

| 权向量($D$ 对 $V$) | | 0.360 | 0.320 | 0.320 | 组合权向量($P$ 对 $V$) |
|---|---|---|---|---|---|
| 指标 $P$ \ 准则 $D$ | | $D_1$ | $D_2$ | $D_3$ | |
| 权向量($P$ 对 $D$) | 铁 | 0.227 | 0.263 | 0.034 | 0.177 |
| | 铜 | 0.455 | 0.105 | 0.079 | 0.223 |
| | 磷酸盐 | 0.114 | 0.132 | 0.103 | 0.116 |
| | 铀 | 0.034 | 0.052 | 0.079 | 0.054 |
| | 铝 | 0.045 | 0.184 | 0.258 | 0.158 |
| | 金 | 0.091 | 0.132 | 0.103 | 0.108 |
| | 金刚石 | 0.034 | 0.132 | 0.344 | 0.164 |

从表 10-6 的组合权向量可知，铁、铜和磷酸盐三种矿产对经济发展的贡献率总和达到 86%，且铁的贡献最大．而从表 10-7 可知，铜的开采代价最大，其次是铁、金刚石和铝．如果简化地将综合判断的权数规定为与贡献成正比，与代价成反比，可把两个组合权向量的对应分量相除，再归一化便得综合权数为

$$(0.332, 0.173, 0.209, 0.240, 0.019, 0.021, 0.006).$$

若按这一综合权数确定矿产资源开发的先后顺序，则依次为：铁、铀、磷酸盐、铜、金、铝和金刚石．这里铀的贡献率在表 10-6 中排在第四位，而综合权数却排在第二位．究其原因，仔细分析表 10-6 和表 10-7 后不难发现，铀的开发具有较高的战略地位，而且其开发费用和难度最小，风险也不高，故综合权数排位有所提高．

**说明**：本例选自姜启源编写的《数学模型》一书第 9 章的例 3，那里采用单一的层次结构模型，如图 10-5 所示．考虑的因素 $Q$：经济价值 $Q_1$、开采费用 $Q_2$、风险 $Q_3$、需求 $Q_4$、战略重要性 $Q_5$、交通条件 $Q_6$，其中交通条件因素，本例改为开采难度．本例的部分数据就取自那里分析的结果．有兴趣的读者可以参考该书，比较两者模型分析的特点与差异．

层次分析法由萨蒂等人于 20 世纪 70 年代正式提出至今，在世界范围内得到了广泛的应用．层次分析法能处理许多复杂的决策问题，相应的模型结构也是复杂多样的，本书所介绍的仅是一些最基本的模型．

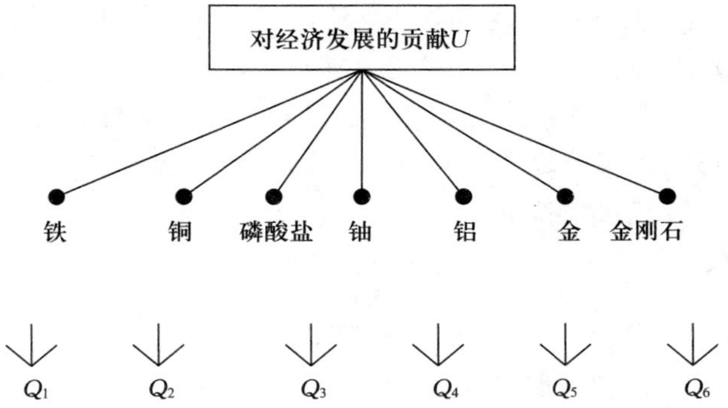


图 10-5　资源开发综合判断的层次结构

## 习 题 十

1. 证明层次分析法中定义的 $n$ 阶一致矩阵 $\boldsymbol{A}$ 有下列性质：

(1) $\boldsymbol{A}$ 的秩为 1，唯一非零特征根为 $n$；

(2) $\boldsymbol{A}$ 的任意一列向量都是对应于 $n$ 的特征向量．

2. 应用和法求成对比较阵：

(1) $\boldsymbol{A}=\begin{pmatrix} 1 & 2 & 5 \\ 1/2 & 1 & 3 \\ 1/5 & 1/3 & 1 \end{pmatrix}$；　　(2) $\boldsymbol{A}=\begin{pmatrix} 1 & 1/2 & 4 & 3 \\ 2 & 1 & 6 & 5 \\ 1/4 & 1/6 & 1 & 1/2 \\ 1/3 & 1/5 & 2 & 1 \end{pmatrix}$

的权向量及对应的最大特征值，并对 $\boldsymbol{A}$ 作一致性检验．

3. 一位刚获得学位的大学毕业生面临选择工作岗位，他考虑的主要因素有：贡献自我才能、发展前景、经济收入、单位信誉、地理位置．为此，他建立了如图 10-6 所示的层次结构，用层次分析法确定可供选择的工作的优先顺序．试给出该模型准则层对目标层的成对比较阵．

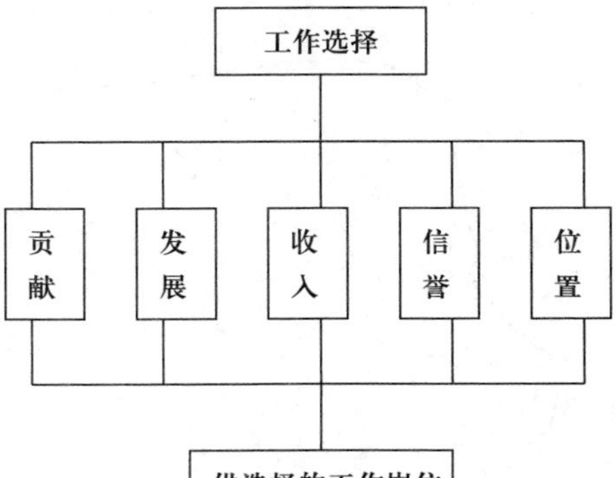


图 10-6　工作选择的层次结构

4. 应用矩阵形式计算例 10.4 的组合权向量，得出综合评价得分的计算公式．

5. 估计某运动队在一次运动会的成绩，有三种可能的情景：

$$x_1 \triangleq \text{名列第一}；\ x_2 \triangleq \text{进入前八名}；\ x_3 \triangleq \text{名落孙山}，$$

所用评价准则有三个方面：实力、斗志、环境，层次结构如图 10－7 所示，且已知的权数标明在对应的边上．指标 $x_1$、$x_2$、$x_3$ 对于最高层的权数可视为可能的概率估值，试求出该估值．

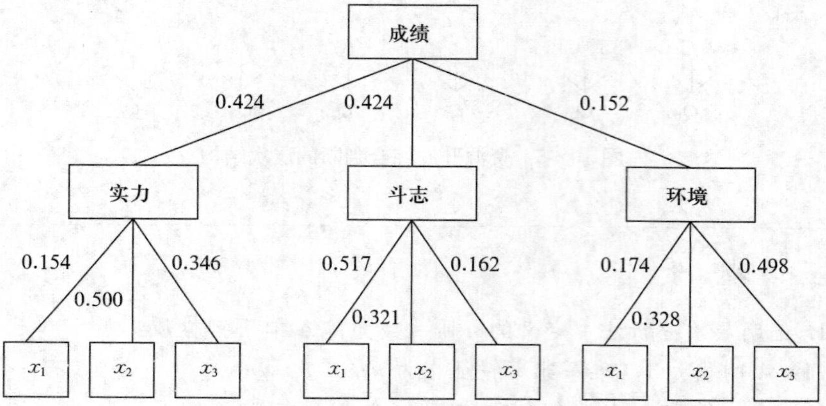


图 10－7　运动会成绩估计

6. 假如有 $A_1$，$A_2$，$A_3$，$A_4$ 四个旅游胜地供你选择，选择的准则为景色、费用和住宿、饮食、旅途条件，试用层次分析法确定选择这四个旅游胜地的先后优先顺序．

7. 调整气象观测站问题：某地区内有 12 个气象观测站(位置如图 10－8 所示)，10 年间各站测得的年降水量见表 10－8．为了节省开支，想要适当减少气象观测站，试问减少哪些观测站可以使所得到的降水量的信息仍然足够大？

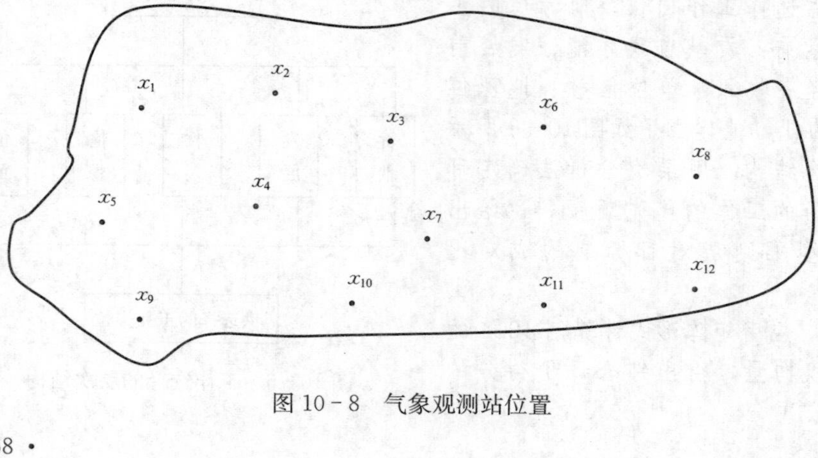


图 10－8　气象观测站位置

**表 10 - 8 年降水量**

单位：mm

| 站点<br>年份 | $x_1$ | $x_2$ | $x_3$ | $x_4$ | $x_5$ | $x_6$ | $x_7$ | $x_8$ | $x_9$ | $x_{10}$ | $x_{11}$ | $x_{12}$ |
|---|---|---|---|---|---|---|---|---|---|---|---|---|
| 1981 | 276.2 | 324.5 | 158.6 | 412.5 | 292.8 | 258.4 | 334.1 | 303.2 | 292.9 | 243.2 | 159.7 | 331.2 |
| 1982 | 251.6 | 287.3 | 349.5 | 297.4 | 227.8 | 453.6 | 321.5 | 451.0 | 466.2 | 307.5 | 421.1 | 455.1 |
| 1983 | 192.7 | 433.2 | 289.9 | 366.3 | 466.2 | 239.1 | 357.4 | 219.7 | 245.7 | 411.1 | 357.0 | 353.2 |
| 1984 | 246.2 | 232.4 | 243.7 | 372.5 | 460.4 | 158.9 | 298.7 | 314.5 | 256.6 | 327.0 | 296.5 | 423.0 |
| 1985 | 291.7 | 311.0 | 502.4 | 254.0 | 245.6 | 324.8 | 401.0 | 266.5 | 251.3 | 289.9 | 255.4 | 362.1 |
| 1986 | 466.5 | 158.9 | 223.5 | 425.1 | 251.4 | 321.0 | 315.4 | 317.4 | 246.2 | 277.5 | 304.2 | 410.7 |
| 1987 | 258.6 | 327.4 | 432.1 | 403.9 | 256.6 | 282.9 | 389.7 | 413.2 | 466.5 | 199.3 | 282.1 | 387.6 |
| 1988 | 453.4 | 365.5 | 357.6 | 258.1 | 278.8 | 467.2 | 355.2 | 228.5 | 453.6 | 315.6 | 456.3 | 407.2 |
| 1989 | 158.5 | 271.0 | 410.2 | 344.2 | 250.0 | 360.7 | 376.4 | 179.4 | 159.2 | 342.4 | 331.2 | 377.7 |
| 1990 | 324.8 | 406.5 | 235.7 | 288.8 | 192.6 | 284.9 | 290.5 | 343.7 | 283.4 | 281.2 | 243.7 | 411.1 |

# 综合练习题

ZONGHE LIANXITI

## 一、填空题

1. 在 $n$ 阶行列式 $D=\Delta(a_{ij})$ 中，当 $i<j$ 时，$a_{ij}=0(i,\ j=1,\ 2,\ \cdots,\ n)$，则 $D=$________.

2. 四阶行列式中含有因子 $a_{11}a_{23}$ 的项为________.

3. 当 $i=$________，$j=$________时，$a_{1i}a_{23}a_{35}a_{5j}a_{44}$ 是五阶行列式中带正号的一项.

4. 排列 $i_1,\ i_2,\ \cdots,\ i_n$ 可经________次对换后变为排列 $i_n,\ i_{n-1},\ \cdots,\ i_2,\ i_1$.

5. 已知矩阵方程 $\boldsymbol{X}=\boldsymbol{X}\begin{pmatrix}0&1\\2&0\end{pmatrix}+\begin{pmatrix}0&2\\1&0\end{pmatrix}$，则 $\boldsymbol{X}=$________.

6. 若矩阵 $\boldsymbol{A}$ 的伴随矩阵 $\boldsymbol{A}^*=\begin{pmatrix}1&3\\1&-1\end{pmatrix}$，则 $\boldsymbol{A}=$________.

7. 设 $\boldsymbol{A}$ 为三阶方阵，且 $|\boldsymbol{A}|=2$，则 $\left|\left(\frac{1}{2}\boldsymbol{A}\right)^2\right|=$________，$|(\boldsymbol{A}^*)^{-1}|=$________.

8. 设 $\boldsymbol{A}$ 为四阶方阵，且 $|\boldsymbol{A}|=\frac{1}{2}$，则 $\left|\left(\frac{1}{3}\boldsymbol{A}\right)^{-1}-2\boldsymbol{A}^*\right|=$________.

9. 设 $\boldsymbol{A}=\frac{1}{2}(\boldsymbol{B}+\boldsymbol{E})$，则当且仅当 $\boldsymbol{B}^2=$________时，$\boldsymbol{A}^2=\boldsymbol{A}$.

10. $n$ 阶行列式 $\begin{vmatrix}a&&1\\&\ddots&\\1&&a\end{vmatrix}=$________，$\begin{vmatrix}&&&1\\&&2&\\&\iddots&&\\n&&&\end{vmatrix}=$________.

11. 设 $\boldsymbol{A}$ 为方阵，且 $\boldsymbol{A}^{k-1}\neq\boldsymbol{O}$，$\boldsymbol{A}^k=\boldsymbol{O}$，则 $(\boldsymbol{E}-\boldsymbol{A})^{-1}=$________.

12. 设 $\boldsymbol{\alpha}_1,\ \boldsymbol{\alpha}_2,\ \boldsymbol{\alpha}_3,\ \boldsymbol{\alpha},\ \boldsymbol{\beta}$ 均为四维列向量，$\boldsymbol{A}=(\boldsymbol{\alpha}_1,\ \boldsymbol{\alpha}_2,\ \boldsymbol{\alpha}_3,\ \boldsymbol{\alpha})$，$\boldsymbol{B}=(\boldsymbol{\alpha}_1,\ \boldsymbol{\alpha}_2,\ \boldsymbol{\alpha}_3,\ \boldsymbol{\beta})$，且 $|\boldsymbol{A}|=2$，$|\boldsymbol{B}|=3$，则 $|\boldsymbol{A}-3\boldsymbol{B}|=$________.

13. 设 $\boldsymbol{A}$ 为三阶方阵，且 $\boldsymbol{x}=\begin{pmatrix}1\\2\\3\end{pmatrix}$ 适合方程 $\boldsymbol{Ax}=\boldsymbol{0}$，则 $\boldsymbol{A}^{-1}=$________.

14. 设 $\boldsymbol{A}$ 为 $n$ 阶方阵，则存在两个不相等的 $n$ 阶方阵 $\boldsymbol{B}$、$\boldsymbol{C}$，使 $\boldsymbol{AB}=\boldsymbol{AC}$ 的充要条件是________.

15. 设 $\boldsymbol{\alpha}_1=(1,\ 1,\ 1)$，$\boldsymbol{\alpha}_2=(a,\ 0,\ b)$，$\boldsymbol{\alpha}_3=(1,\ 3,\ 2)$，若 $\boldsymbol{\alpha}_1$，$\boldsymbol{\alpha}_2$，$\boldsymbol{\alpha}_3$ 线性相关，则 $a$，$b$ 满足关系式________.

16. 设 $\boldsymbol{\alpha}_1=(k,\ 1,\ 1)$，$\boldsymbol{\alpha}_2=(0,\ 2,\ 3)$，$\boldsymbol{\alpha}_3=(1,\ 2,\ 1)$，则当 $k=$______时，$\boldsymbol{\alpha}_1$，$\boldsymbol{\alpha}_2$，$\boldsymbol{\alpha}_3$ 线性无关.

17. 列向量组：$\boldsymbol{\alpha}_1=\begin{pmatrix}1\\2\\3\\4\end{pmatrix}$，$\boldsymbol{\alpha}_2=\begin{pmatrix}-1\\0\\2\\1\end{pmatrix}$，$\boldsymbol{\alpha}_3=\begin{pmatrix}0\\2\\5\\5\end{pmatrix}$，$\boldsymbol{\alpha}_4=\begin{pmatrix}1\\0\\1\\2\end{pmatrix}$ 的秩为________，它的一个极大线性无关组是________.

18. 行向量组：$\boldsymbol{\alpha}_1=(1,\ 2,\ 3,\ 4)$，$\boldsymbol{\alpha}_2=(-1,\ 0,\ 2,\ 1)$，$\boldsymbol{\alpha}_3=(0,\ 2,\ 5,\ 5)$，$\boldsymbol{\alpha}_4=(1,\ 0,\ 1,\ 2)$ 的秩为________，它的一个极大线性无关组是________.

19. 设 $\boldsymbol{\eta}_1$，$\boldsymbol{\eta}_2$，…，$\boldsymbol{\eta}_s$ 都是方程组 $\boldsymbol{Ax}=\boldsymbol{b}$ 的解，若 $k_1\boldsymbol{\eta}_1+k_2\boldsymbol{\eta}_2+\cdots+k_s\boldsymbol{\eta}_s$ 是 $\boldsymbol{Ax}=\boldsymbol{b}$ 的解，则 $k_1$，$k_2$，…，$k_s$ 应满足条件________.

20. 齐次线性方程组 $\boldsymbol{Ax}=\boldsymbol{0}$ 只有零解，其中 $\boldsymbol{A}=\begin{pmatrix}\lambda&1&1\\1&\lambda&1\\1&1&1\end{pmatrix}$，则 $\lambda$ 应满足条件________.

21. 在齐次线性方程组 $\boldsymbol{A}_{m\times n}\boldsymbol{x}=\boldsymbol{0}$ 中，若 $R(\boldsymbol{A})=k$，且 $\boldsymbol{\eta}_1$，$\boldsymbol{\eta}_2$，…，$\boldsymbol{\eta}_r$ 是它的一个基础解系，则 $r=$________；且当 $k=$________时，此方程组只有零解.

22. 方程 $x_1+x_2-x_3+2x_4=0$ 的一个基础解系是________.

23. 三阶方阵 $\boldsymbol{A}$ 的特征值为 1、−1、2，则 $\boldsymbol{B}=2\boldsymbol{A}^3-3\boldsymbol{A}^2+\boldsymbol{E}$ 的特征值为________.

24. 若三阶方阵 $\boldsymbol{A}$ 与 $\boldsymbol{\Lambda}=\begin{pmatrix}1&&\\&0&\\&&1\end{pmatrix}$ 相似，则 $\boldsymbol{A}$ 的特征值为________.

25. 设 $\boldsymbol{A}=(\boldsymbol{\alpha}_1,\ \boldsymbol{\alpha}_2,\ \cdots,\ \boldsymbol{\alpha}_n)$ 为正交矩阵，则 $\boldsymbol{\alpha}_i^{\mathrm{T}}\boldsymbol{\alpha}_j=$________，且 $|\boldsymbol{A}|=$________.

26. 若可逆矩阵 $\boldsymbol{A}$ 的特征向量 $\boldsymbol{p}$ 对应的特征值是 $\lambda(\lambda\neq0)$，则 $\boldsymbol{p}$ 也是 $\boldsymbol{A}^{-1}$ 的

特征向量，且与$\boldsymbol{p}$对应的$\boldsymbol{A}^{-1}$的特征值为________.

27. 若三阶可逆方阵$\boldsymbol{A}$的逆阵$\boldsymbol{A}^{-1}$的特征值是1、2、3，则$A_{11}+A_{22}+A_{33}=$________.

*28. 设$\mathbf{R}^2$中的线性变换$\sigma$在基$\boldsymbol{\alpha}_1$，$\boldsymbol{\alpha}_2$下的矩阵为$\begin{bmatrix} a_{11} & a_{12} \\ a_{21} & a_{22} \end{bmatrix}$，则$\sigma$在基$\boldsymbol{\alpha}_2$，$\boldsymbol{\alpha}_1$下的矩阵为________.

*29. 设$\boldsymbol{\alpha}_1$，$\boldsymbol{\alpha}_2$，$\boldsymbol{\alpha}_3$，$\boldsymbol{\alpha}_4$是四维线性空间$V$的一组基，已知线性变换$\sigma$在这组基下的矩阵为

$$\begin{bmatrix} 1 & 0 & 2 & 1 \\ -1 & 2 & 1 & 3 \\ 1 & 2 & 5 & 5 \\ 2 & -2 & 1 & -2 \end{bmatrix},$$

则$\sigma$的值域为________，核为________.

## 二、单项选择题

1. 设$\boldsymbol{A}$为$m$阶方阵，$\boldsymbol{B}$为$n$阶方阵，$\boldsymbol{C}=\begin{bmatrix} \boldsymbol{O} & \boldsymbol{A} \\ \boldsymbol{B} & \boldsymbol{O} \end{bmatrix}$，则$|\boldsymbol{C}|=$(　　).

(A) $|\boldsymbol{A}||\boldsymbol{B}|$;　　(B) $-|\boldsymbol{A}||\boldsymbol{B}|$;

(C) $(-1)^{m+n}|\boldsymbol{A}||\boldsymbol{B}|$;　　(D) $(-1)^{mn}|\boldsymbol{A}||\boldsymbol{B}|$.

2. 设$\boldsymbol{A}$、$\boldsymbol{B}$都是$n$阶可逆矩阵，则$\left|-2\begin{bmatrix} \boldsymbol{A}^{\mathrm{T}} & \boldsymbol{O} \\ \boldsymbol{O} & \boldsymbol{B}^{-1} \end{bmatrix}\right|=$(　　).

(A) $(-2)^{2n}|\boldsymbol{A}||\boldsymbol{B}|^{-1}$;　　(B) $(-2)^{n}|\boldsymbol{A}||\boldsymbol{B}|^{-1}$;

(C) $-2|\boldsymbol{A}^{\mathrm{T}}||\boldsymbol{B}|$;　　(D) $-2|\boldsymbol{A}||\boldsymbol{B}|^{-1}$.

3. 设$n$阶方阵$\boldsymbol{A}$、$\boldsymbol{B}$、$\boldsymbol{C}$满足关系式$\boldsymbol{ABC}=\boldsymbol{E}$，$\boldsymbol{E}$为$n$阶单位阵，则必有(　　).

(A) $\boldsymbol{ACB}=\boldsymbol{E}$;　　(B) $\boldsymbol{CBA}=\boldsymbol{E}$;

(C) $\boldsymbol{BAC}=\boldsymbol{E}$;　　(D) $\boldsymbol{BCA}=\boldsymbol{E}$.

4. 已知$\boldsymbol{A}$、$\boldsymbol{B}$都是$n$阶矩阵，则必有(　　).

(A) $(\boldsymbol{A}+\boldsymbol{B})^2=\boldsymbol{A}^2+2\boldsymbol{AB}+\boldsymbol{B}^2$;　　(B) $(\boldsymbol{AB})^{\mathrm{T}}=\boldsymbol{A}^{\mathrm{T}}\boldsymbol{B}^{\mathrm{T}}$;

(C) $\boldsymbol{AB}=\boldsymbol{O}$时，$\boldsymbol{A}=\boldsymbol{O}$或$\boldsymbol{B}=\boldsymbol{O}$;　　(D) 若$\boldsymbol{AX}=\boldsymbol{AY}$且$|\boldsymbol{A}|\neq 0$，则$\boldsymbol{X}=\boldsymbol{Y}$.

5. 设$\boldsymbol{A}$、$\boldsymbol{B}$都是三阶矩阵，$\boldsymbol{E}$为三阶单位阵，$|\boldsymbol{A}|=2$，$|\boldsymbol{B}|=3$，分块矩阵$\boldsymbol{C}=\begin{bmatrix} \boldsymbol{O} & \boldsymbol{O} & \boldsymbol{A} \\ \boldsymbol{O} & \boldsymbol{B} & \boldsymbol{O} \\ \boldsymbol{E} & \boldsymbol{O} & \boldsymbol{O} \end{bmatrix}$(其中$\boldsymbol{O}$为零矩阵)，则$|\boldsymbol{C}|=$(　　).

(A) 2；　　(B) 3；　　(C) 6；　　(D) $-6$.

6. 设$\boldsymbol{A}$为$n$阶方阵，$\boldsymbol{A}^*$是$\boldsymbol{A}$的伴随矩阵，则$\left||\boldsymbol{A}|\boldsymbol{A}^*\right|=($　　).

(A) $|\boldsymbol{A}|^2$；　　(B) $|\boldsymbol{A}|^n$；　　(C) $|\boldsymbol{A}|^{2n}$；　　(D) $|\boldsymbol{A}|^{2n-1}$.

7. 要使$\boldsymbol{\xi}_1=(1, 0, 1)^{\mathrm{T}}$，$\boldsymbol{\xi}_2=(-2, 0, 1)^{\mathrm{T}}$是线性方程组$\boldsymbol{Ax}=\boldsymbol{0}$的解，矩阵$\boldsymbol{A}$应为(　　).

(A) $\begin{pmatrix}1 & 2 & 3\\3 & 1 & 2\\2 & 1 & 1\end{pmatrix}$；　　(B) $\begin{pmatrix}-1 & 2 & 1\\1 & 1 & 2\end{pmatrix}$；

(C) $\begin{pmatrix}0 & 1 & 0\\0 & 2 & 0\\3 & 2 & 1\end{pmatrix}$；　　(D) $\begin{pmatrix}0 & -1 & 0\\0 & 2 & 0\end{pmatrix}$.

8. 设$\boldsymbol{A}$、$\boldsymbol{B}$都是$n$阶方阵，下面结论正确的是(　　).

(A) 若$\boldsymbol{A}$、$\boldsymbol{B}$均可逆，则$\boldsymbol{A}+\boldsymbol{B}$可逆；

(B) 若$\boldsymbol{A}$、$\boldsymbol{B}$均可逆，则$\boldsymbol{AB}$可逆；

(C) 若$\boldsymbol{A}+\boldsymbol{B}$可逆，则$\boldsymbol{A}-\boldsymbol{B}$可逆；

(D) 若$\boldsymbol{A}+\boldsymbol{B}$可逆，则$\boldsymbol{A}$、$\boldsymbol{B}$均可逆.

9. $n$维向量组$\boldsymbol{\alpha}_1$，$\boldsymbol{\alpha}_2$，…，$\boldsymbol{\alpha}_s(3\leqslant s\leqslant n)$线性无关的充要条件是(　　).

(A) 存在一组不全为0的数$k_1$，$k_2$，…，$k_s$使得$k_1\boldsymbol{\alpha}_1+k_2\boldsymbol{\alpha}_2+\cdots+k_s\boldsymbol{\alpha}_s\neq\boldsymbol{0}$；

(B) $\boldsymbol{\alpha}_1$，$\boldsymbol{\alpha}_2$，…，$\boldsymbol{\alpha}_s$中任意两个向量线性无关；

(C) $\boldsymbol{\alpha}_1$，$\boldsymbol{\alpha}_2$，…，$\boldsymbol{\alpha}_s$中任意一个向量不能用其余向量线性表示；

(D) $\boldsymbol{\alpha}_1$，$\boldsymbol{\alpha}_2$，…，$\boldsymbol{\alpha}_s$中存在一个向量不能用其余向量线性表示.

10. 设$\boldsymbol{A}$是$n$阶方阵，其秩$r<n$，则$\boldsymbol{A}$的$n$个行向量中(　　).

(A) 必有$r$个行向量线性无关；

(B) 任意$r$个行向量线性无关；

(C) 任意$r$个行向量都构成极大线性无关组；

(D) 任意一个行向量都可由其他$r$个行向量线性表示.

11. 设$\boldsymbol{A}$是$n$阶方阵，且$|\boldsymbol{A}|=0$，则$\boldsymbol{A}$中(　　).

(A) 必有一列元素全为0；

(B) 必有两列元素对应成比例；

(C) 必有一列向量是其余列向量的线性组合；

(D) 任意一列向量是其余列向量的线性组合.

12. 已知向量组$\boldsymbol{\alpha}_1$，$\boldsymbol{\alpha}_2$，$\boldsymbol{\alpha}_3$线性无关，$\boldsymbol{\beta}_1=k\boldsymbol{\alpha}_1+\boldsymbol{\alpha}_2$，$\boldsymbol{\beta}_2=k\boldsymbol{\alpha}_2-\boldsymbol{\alpha}_3$，$\boldsymbol{\beta}_3=\boldsymbol{\alpha}_3+\boldsymbol{\alpha}_1$，且向量组$\boldsymbol{\beta}_1$，$\boldsymbol{\beta}_2$，$\boldsymbol{\beta}_3$线性相关，则$k=($　　).

(A) 0；　　(B) 1；　　(C) −1；　　(D) ±1.

13. 已知向量组 $\boldsymbol{\beta}$，$\boldsymbol{\alpha}_1$，$\boldsymbol{\alpha}_2$ 线性相关，$\boldsymbol{\beta}$，$\boldsymbol{\alpha}_2$，$\boldsymbol{\alpha}_3$ 线性无关，则(　　).

(A) $\boldsymbol{\alpha}_1$，$\boldsymbol{\alpha}_2$，$\boldsymbol{\alpha}_3$ 线性相关；　　(B) $\boldsymbol{\alpha}_1$，$\boldsymbol{\alpha}_2$，$\boldsymbol{\alpha}_3$ 线性无关；

(C) $\boldsymbol{\alpha}_1$ 可用 $\boldsymbol{\beta}$，$\boldsymbol{\alpha}_2$，$\boldsymbol{\alpha}_3$ 线性表示；(D) $\boldsymbol{\beta}$ 可用 $\boldsymbol{\alpha}_1$，$\boldsymbol{\alpha}_2$ 线性表示.

14. 设 $\boldsymbol{A}$、$\boldsymbol{B}$ 都是 $n$ 阶非零矩阵，且 $\boldsymbol{AB}=\boldsymbol{O}$，则 $\boldsymbol{A}$ 和 $\boldsymbol{B}$ 的秩(　　).

(A) 必有一个等于 0；　　(B) 都小于 $n$；

(C) 一个小于 $n$，一个等于 $n$；　　(D) 都等于 $n$.

15. 设 $n$ 阶矩阵 $\boldsymbol{A}$ 的秩为 $r$，则齐次线性方程组 $\boldsymbol{Ax}=\boldsymbol{0}$ 有非零解的充要条件是(　　).

(A) $r=n$；　　(B) $r<n$；　　(C) $r\geqslant n$；　　(D) $r>n$.

16. 已知 $\boldsymbol{\eta}_1$，$\boldsymbol{\eta}_2$ 是非齐次线性方程组 $\boldsymbol{Ax}=\boldsymbol{b}$ 的两个不同的解，而 $\boldsymbol{\xi}_1$，$\boldsymbol{\xi}_2$ 是其导出组 $\boldsymbol{Ax}=\boldsymbol{0}$ 的基础解系，$k_1$，$k_2$ 是任意常数，则 $\boldsymbol{Ax}=\boldsymbol{b}$ 的通解是(　　).

(A) $k_1\boldsymbol{\xi}_1+k_2(\boldsymbol{\xi}_1+\boldsymbol{\xi}_2)+\dfrac{\boldsymbol{\eta}_1-\boldsymbol{\eta}_2}{2}$；

(B) $k_1\boldsymbol{\xi}_1+k_2(\boldsymbol{\eta}_1+\boldsymbol{\eta}_2)+\dfrac{\boldsymbol{\eta}_1-\boldsymbol{\eta}_2}{2}$；

(C) $k_1\boldsymbol{\xi}_1+k_2(\boldsymbol{\xi}_1-\boldsymbol{\xi}_2)+\dfrac{\boldsymbol{\eta}_1+\boldsymbol{\eta}_2}{2}$；

(D) $k_1\boldsymbol{\xi}_1+k_2(\boldsymbol{\eta}_1-\boldsymbol{\eta}_2)+\dfrac{\boldsymbol{\eta}_1+\boldsymbol{\eta}_2}{2}$.

17. 设 $\boldsymbol{A}$ 是 $n$ 阶方阵，$R(\boldsymbol{A})=n-3$，且 $\boldsymbol{\alpha}_1$，$\boldsymbol{\alpha}_2$，$\boldsymbol{\alpha}_3$ 是 $\boldsymbol{Ax}=\boldsymbol{0}$ 的三个线性无关的解向量，则 $\boldsymbol{Ax}=\boldsymbol{0}$的基础解系为(　　).

(A) $\boldsymbol{\alpha}_1+\boldsymbol{\alpha}_2$，$\boldsymbol{\alpha}_2+\boldsymbol{\alpha}_3$，$\boldsymbol{\alpha}_1+\boldsymbol{\alpha}_3$；

(B) $\boldsymbol{\alpha}_2-\boldsymbol{\alpha}_1$，$\boldsymbol{\alpha}_3-\boldsymbol{\alpha}_2$，$\boldsymbol{\alpha}_1-\boldsymbol{\alpha}_3$；

(C) $2\boldsymbol{\alpha}_2-\boldsymbol{\alpha}_1$，$\dfrac{1}{2}\boldsymbol{\alpha}_3-\boldsymbol{\alpha}_2$，$\boldsymbol{\alpha}_1-\boldsymbol{\alpha}_3$；

(D) $\boldsymbol{\alpha}_1+\boldsymbol{\alpha}_2+\boldsymbol{\alpha}_3$，$\boldsymbol{\alpha}_3-\boldsymbol{\alpha}_2$，$-\boldsymbol{\alpha}_1-2\boldsymbol{\alpha}_3$.

18. 若 $R(\boldsymbol{A})=r$，则非齐次线性方程组 $\boldsymbol{Ax}=\boldsymbol{b}$ 的多于(　　)个的解向量必定线性相关.

(A) $r$；　　(B) $n-r$；　　(C) $n-r+1$；　　(D) $n-r-1$.

19. 方程组 $\begin{cases}a_1x+b_1y+c_1z+d_1=0,\\ a_2x+b_2y+c_2z+d_2=0,\\ a_3x+b_3y+c_3z+d_3=0\end{cases}$ 表示空间的三个平面，如果系数矩阵的秩为 3，则三个平面的位置关系是(　　).

(A) 重合；　　(B) 无公共交点；

(C) 交于一点；　　(D) 位置无法确定．

20. 设 $\boldsymbol{A}$ 是 $n$ 阶可逆方阵，$\lambda$ 是 $\boldsymbol{A}$ 的一个特征值，则 $\boldsymbol{A}^*$ 的特征值之一是(　　).

(A) $\lambda^{-1}|\boldsymbol{A}|^n$；　　(B) $\lambda^{-1}|\boldsymbol{A}|$；

(C) $\lambda|\boldsymbol{A}|$；　　(D) $\lambda|\boldsymbol{A}|^n$.

21. 若 $\boldsymbol{A}$、$\boldsymbol{B}$ 都是 $n$ 阶正交方阵，则 $\boldsymbol{AB}$ 必为(　　).

(A) 正交阵；　(B) 对称阵；　(C) 正定阵；　(D) 负定阵．

22. $n$ 阶方阵 $\boldsymbol{A}$ 可以化为相似对角阵的充分必要条件是(　　).

(A) $\boldsymbol{A}$ 为实对称矩阵；　　(B) $\boldsymbol{A}$ 为可逆矩阵；

(C) $\boldsymbol{A}$ 有 $n$ 个线性无关的特征向量；(D) $\boldsymbol{A}$ 的特征值两两互异．

23. 设 $\boldsymbol{A}$、$\boldsymbol{B}$ 都是 $n$ 阶方阵，且 $\boldsymbol{A}\sim\boldsymbol{B}$，则(　　).

(A) $\boldsymbol{A}$、$\boldsymbol{B}$ 的特征矩阵相同；

(B) $\boldsymbol{A}$、$\boldsymbol{B}$ 的特征方程相同；

(C) $\boldsymbol{A}$、$\boldsymbol{B}$ 相似于同一个对角阵；

(D) 存在正交矩阵 $\boldsymbol{T}$ 使得 $\boldsymbol{T}^{-1}\boldsymbol{AT}=\boldsymbol{B}$.

24. 设 $\boldsymbol{P}=(\boldsymbol{p}_1, \boldsymbol{p}_2, \boldsymbol{p}_3)$，其中 $\boldsymbol{p}_1$，$\boldsymbol{p}_2$，$\boldsymbol{p}_3$ 是三阶方阵 $\boldsymbol{A}$ 的分别属于特征值 1、0、−1 的特征向量，则必有(　　).

(A) $\boldsymbol{P}^{-1}\boldsymbol{AP}=\begin{pmatrix}1&&\\&0&\\&&-1\end{pmatrix}$；　　(B) $\boldsymbol{P}^{\mathrm{T}}\boldsymbol{AP}=\begin{pmatrix}1&&\\&0&\\&&-1\end{pmatrix}$；

(C) $\boldsymbol{PAP}^{-1}=\begin{pmatrix}1&&\\&0&\\&&-1\end{pmatrix}$；　　(D) $\boldsymbol{PAP}^{\mathrm{T}}=\begin{pmatrix}1&&\\&0&\\&&-1\end{pmatrix}$.

25. $n$ 阶矩阵 $\boldsymbol{A}$ 有 $n$ 个不同的特征值，是 $\boldsymbol{A}$ 与对角矩阵相似的(　　).

(A) 充要条件；　　(B) 充分而非必要条件；

(C) 必要而非充分条件；　　(D) 既非充分也非必要条件．

26. 下列命题正确的是(　　).

(A) 若有矩阵等式 $\boldsymbol{AB}=\boldsymbol{AC}$，且 $\boldsymbol{A}\neq\boldsymbol{O}$，则 $\boldsymbol{B}=\boldsymbol{C}$；

(B) 若只有当 $\lambda_1$，$\lambda_2$，…，$\lambda_m$ 全为 0 时，等式 $\lambda_1\boldsymbol{\alpha}_1+\lambda_2\boldsymbol{\alpha}_2+\cdots+\lambda_m\boldsymbol{\alpha}_m+\lambda_1\boldsymbol{\beta}_1+\lambda_2\boldsymbol{\beta}_2+\cdots+\lambda_m\boldsymbol{\beta}_m=\boldsymbol{0}$ 才能成立，则 $\boldsymbol{\alpha}_1$，$\boldsymbol{\alpha}_2$，…，$\boldsymbol{\alpha}_m$ 线性无关，$\boldsymbol{\beta}_1$，$\boldsymbol{\beta}_2$，…，$\boldsymbol{\beta}_m$ 也线性无关；

(C) $m$ 个方程 $n$ 个未知量的齐次线性方程组的系数矩阵的秩$<\min\{m, n\}$ 时，此方程组有非零解；

(D) 一个矩阵的不同特征值 $\lambda_1$，$\lambda_2$ 的特征向量 $\boldsymbol{\alpha}_1$，$\boldsymbol{\alpha}_2$ 必定正交.

*27. 下列方阵的集合按矩阵的加法和数乘运算构成实数域上的线性空间的是(　).

(A) 实数域上的 $n$ 阶可逆矩阵全体；

(B) 实数域上秩为 $n-1$ 的 $n$ 阶矩阵全体；

(C) 实数域上的 $n$ 阶矩阵全体；

(D) 实数域上的 $n$ 阶正定矩阵全体.

*28. 在 $\mathbf{R}^3$ 中，下列变换为线性变换的是(　).

(A) $\sigma_1(x_1, x_2, x_3)=(\cos x_1, \sin x_2, 0)$；

(B) $\sigma_2(x_1, x_2, x_3)=(x_1+x_2, x_2+x_3, x_3+x_1)$；

(C) $\sigma_3(x_1, x_2, x_3)=(x_1^2, x_2^2, x_3^2)$；

(D) $\sigma_4(x_1, x_2, x_3)=(x_1+1, x_2+1, x_3+1)$.

*29. $xOy$ 平面上线性变换 $\sigma\begin{pmatrix}x\\y\end{pmatrix}=\begin{pmatrix}0&0\\0&1\end{pmatrix}\begin{pmatrix}x\\y\end{pmatrix}$ 的几何意义是(　).

(A) 关于 $y$ 轴对称；　　(B) 关于 $x$ 轴对称；

(C) 投影到 $y$ 轴；　　(D) 投影到 $x$ 轴.

## 三、计算题

1. 设矩阵 $\boldsymbol{A}$ 的伴随矩阵 $\boldsymbol{A}^*=\begin{pmatrix}1&0&0&0\\0&1&0&0\\1&0&1&0\\0&-3&0&8\end{pmatrix}$，且 $\boldsymbol{ABA}^{-1}=\boldsymbol{BA}^{-1}+3\boldsymbol{E}$，其中 $\boldsymbol{E}$ 为四阶单位阵，求矩阵 $\boldsymbol{B}$.

2. 设 $|\boldsymbol{A}|=\begin{vmatrix}1&-5&1&3\\1&1&3&4\\1&1&2&3\\2&2&3&4\end{vmatrix}$，计算 $A_{41}+A_{42}+A_{43}+A_{44}$，其中 $A_{4j}(j=1, 2, 3, 4)$是 $|\boldsymbol{A}|$ 中元素 $a_{4j}$ 的代数余子式.

3. 已知矩阵 $\boldsymbol{A}=\boldsymbol{P\alpha}$，其中 $\boldsymbol{P}=\begin{pmatrix}1\\2\\1\end{pmatrix}$，$\boldsymbol{\alpha}=(2, -1, 2)$，求矩阵 $\boldsymbol{A}$，$\boldsymbol{A}^2$，$\boldsymbol{A}^{100}$.

4. 已知三阶矩阵 $\boldsymbol{A}$ 的逆矩阵为 $\boldsymbol{A}^{-1}=\begin{pmatrix}1&1&1\\1&2&1\\1&1&3\end{pmatrix}$，试求其伴随矩阵 $\boldsymbol{A}^*$ 的

逆矩阵．

5. 当 $k$ 取什么值时，矩阵 $\boldsymbol{A}=\begin{pmatrix}1 & 0 & 0\\0 & k & 0\\1 & -1 & 1\end{pmatrix}$ 可逆，并求其逆阵．

6. 将 $\boldsymbol{\alpha}_4=(6, -3, 3, 9)$ 表示为 $\boldsymbol{\alpha}_1=(2, -2, 1, 3)$，$\boldsymbol{\alpha}_2=(4, -5, 2, 6)$，$\boldsymbol{\alpha}_3=(4, -1, 5, 6)$ 的线性组合．

7. 利用初等变换，求矩阵 $\boldsymbol{A}$ 的秩，并求其列向量组的一个极大无关组，其中

$$\boldsymbol{A}=\begin{pmatrix}3 & 2 & -1 & -3 & -2\\2 & -1 & 3 & 1 & -3\\7 & 0 & 5 & -1 & -8\end{pmatrix}.$$

8. 已知线性方程组 $\begin{cases}ax_1+x_2+x_3=4,\\x_1+bx_2+x_3=3,\\x_1+3bx_2+x_3=9,\end{cases}$ 问方程组：(1) 什么时候无解？(2) 什么时候有唯一解？(3) 什么时候有无穷多解？并求出相应的解．

9. 已知矩阵 $\boldsymbol{A}=\begin{pmatrix}0 & 1 & 0 & 0\\1 & 0 & 0 & 0\\0 & 0 & y & 1\\0 & 0 & 1 & 2\end{pmatrix}$ 的一个特征值为 3，试求 $y$，并求矩阵 $\boldsymbol{P}$，使 $(\boldsymbol{AP})^{\mathrm{T}}(\boldsymbol{AP})$ 为对角阵．

10. 已知 $\boldsymbol{\alpha}=(1, 1, -1)^{\mathrm{T}}$ 是矩阵 $\boldsymbol{A}=\begin{pmatrix}2 & -1 & 2\\5 & a & 3\\-1 & b & -2\end{pmatrix}$ 的一个特征向量，

(1) 确定常数 $a$，$b$ 及特征向量 $\boldsymbol{\alpha}$ 对应的特征值；

(2) 问 $\boldsymbol{A}$ 是否相似于对角矩阵？说明理由．

11. 已知二次型 $f(x_1, x_2, x_3)=2x_1^2+3x_2^2+3x_3^2+2ax_2x_3\,(a>0)$，通过正交变换化为标准形 $f=y_1^2+2y_2^2+5y_3^2$，求参数 $a$ 及其所用的正交变换矩阵．

12. 设矩阵 $\boldsymbol{A}=\begin{pmatrix}2 & 2 & -2\\2 & 5 & -4\\-2 & -4 & 5\end{pmatrix}$，试问 $\boldsymbol{A}$ 是否为正定矩阵？求 $\boldsymbol{A}^k$，其中 $k$ 为某个正整数．

## 四、证明题

1. 已知 209、399 和 608 三数都能被 19 整除，试证：$\boldsymbol{A}=\begin{vmatrix}2 & 3 & 6\\0 & 9 & 0\\9 & 9 & 8\end{vmatrix}$ 必能

被 19 整除.

2. 证明：$D_n=\begin{vmatrix} a & b & 0 & \cdots & 0 & 0 \\ 0 & a & b & \cdots & 0 & 0 \\ 0 & 0 & a & \cdots & 0 & 0 \\ \vdots & \vdots & \vdots & & \vdots & \vdots \\ 0 & 0 & 0 & \cdots & a & b \\ b & 0 & 0 & \cdots & 0 & a \end{vmatrix}=a^n-(-b)^n$.

3. 设 $\boldsymbol{A}$ 为 $n$ 阶对称阵，且 $\boldsymbol{A}^2=\boldsymbol{O}$，证明：$\boldsymbol{A}=\boldsymbol{O}$.

4. 设 $\boldsymbol{A}$ 是 $n$ 阶方阵，且满足 $\boldsymbol{A}\boldsymbol{A}^{\mathrm{T}}=\boldsymbol{E}$，$|\boldsymbol{A}|=-1$，证明：$|\boldsymbol{A}+\boldsymbol{E}|=0$.

5. 设 $\boldsymbol{A}$ 是 $n$ 阶方阵，证明：如果 $\boldsymbol{A}^2=\boldsymbol{E}$，则 $R(\boldsymbol{A}+\boldsymbol{E})+R(\boldsymbol{A}-\boldsymbol{E})=n$.

6. 设向量组 $\boldsymbol{\alpha}_1$，$\boldsymbol{\alpha}_2$，…，$\boldsymbol{\alpha}_m$ 线性无关，向量 $\boldsymbol{\beta}_1$ 可用它们线性表示，向量 $\boldsymbol{\beta}_2$ 不能用它们线性表示，证明：向量组 $\boldsymbol{\alpha}_1$，$\boldsymbol{\alpha}_2$，…，$\boldsymbol{\alpha}_m$，$\lambda\boldsymbol{\beta}_1+\boldsymbol{\beta}_2$($\lambda$ 为常数)线性无关.

7. 设 $\boldsymbol{A}$ 是 $n\times m$ 矩阵，$\boldsymbol{B}$ 是 $m\times n$ 矩阵，其中 $n<m$，$\boldsymbol{E}$ 是 $n$ 阶单位矩阵，若 $\boldsymbol{A}\boldsymbol{B}=\boldsymbol{E}$，求证：$\boldsymbol{B}$ 的列向量线性无关.

8. 设三阶非零矩阵 $\boldsymbol{B}$ 的每一个列向量都是方程组 $\begin{cases} x_1+2x_2-2x_3=0, \\ 2x_1-x_2+x_3=0, \\ 3x_1+x_2-x_3=0 \end{cases}$ 的解，试证：$|\boldsymbol{B}|=0$.

9. 设 $n$ 阶方阵 $\boldsymbol{A}$ 的伴随矩阵为 $\boldsymbol{A}^*$，求证：$|\boldsymbol{A}|=0$ 的充要条件是 $|\boldsymbol{A}^*|=0$.

10. 证明：若 $\lambda_1$，$\lambda_2$ 是矩阵 $\boldsymbol{A}$ 的不同特征值，其对应的特征向量分别为 $\boldsymbol{\alpha}_1$，$\boldsymbol{\alpha}_2$，则 $\boldsymbol{\alpha}_1$，$\boldsymbol{\alpha}_2$ 线性无关，且 $\boldsymbol{\alpha}_1+\boldsymbol{\alpha}_2$ 一定不是 $\boldsymbol{A}$ 的特征向量.

*11. 证明 $R[x]_n$ 与 $\mathbf{R}^n$ 同构.

# 习题答案与提示

XITI DAAN YU TISHI

## 习　题　一

1. $\begin{pmatrix} \frac{1}{2} & -\frac{3}{2} & 2 \\ 5 & 0 & 1 \end{pmatrix}$.

2. (1) 10；(2) $\begin{pmatrix} 3 & 6 & 9 \\ 2 & 4 & 6 \\ 1 & 2 & 3 \end{pmatrix}$；(3) $\begin{pmatrix} 11 \\ 3 \\ 14 \end{pmatrix}$；(4) (4，10)；(5) $\begin{pmatrix} 10 & 16 \\ 12 & 9 \end{pmatrix}$.

3. (1) $\begin{pmatrix} -11 & 29 & -59 \\ -21 & 30 & -92 \\ 91 & 163 & -13 \end{pmatrix}$；(2) $\begin{pmatrix} -22 & -2 & 62 \\ 18 & 60 & 122 \\ 2 & 20 & -26 \end{pmatrix}$.

4. $\begin{cases} z_1 = 2x_2 - x_3, \\ z_2 = 6x_1 - 4x_2 + x_3, \\ z_3 = 19x_1 - 16x_2 + 4x_3. \end{cases}$　　5. $\begin{pmatrix} 3 & 0 & -2 \\ 0 & 3 & 0 \\ 0 & 0 & 3 \end{pmatrix}$.

7. (1) $\begin{pmatrix} a & 0 \\ b & a \end{pmatrix}$($a$，$b$ 是任意实数)；

(2) $\begin{pmatrix} x_{11} & 0 & 0 \\ x_{21} & x_{11} & 0 \\ x_{31} & x_{21} & x_{11} \end{pmatrix}$($x_{11}$，$x_{21}$，$x_{31}$是任意实数).

11. $\begin{pmatrix} 0 & -1 & 0 & 0 \\ 2 & 1 & 0 & 0 \\ -3 & -7 & -3 & 0 \\ -1 & 11 & 1 & 2 \end{pmatrix}$.

12. (1) $\boldsymbol{A}^n = \begin{pmatrix} \cos n\theta & \sin n\theta \\ -\sin n\theta & \cos n\theta \end{pmatrix}$；

(2) $\boldsymbol{A}^n = \begin{pmatrix} \lambda^n & n\lambda^{n-1} & \frac{n(n-1)}{2}\lambda^{n-2} \\ 0 & \lambda^n & n\lambda^{n-1} \\ 0 & 0 & \lambda^n \end{pmatrix}$(提示：设 $\boldsymbol{A} = \lambda\boldsymbol{E} + \boldsymbol{A}_1$，当 $k \geqslant 3$ 时，

$\boldsymbol{A}_1^k=\boldsymbol{O}$)；

(3) $\boldsymbol{A}^2=\begin{pmatrix}0&0&1&0\\0&0&0&1\\0&0&0&0\\0&0&0&0\end{pmatrix}$, $\boldsymbol{A}^3=\begin{pmatrix}0&0&0&1\\0&0&0&0\\0&0&0&0\\0&0&0&0\end{pmatrix}$, $\boldsymbol{A}^n=\boldsymbol{O}(n>3)$.

13. (2) $\boldsymbol{B}^{-1}=\begin{pmatrix}1&-1&1&-1\\0&1&-1&1\\0&0&1&-1\\0&0&0&1\end{pmatrix}$.

14. (1) $\begin{pmatrix}3&-3&1\\-3&5&-2\\1&-2&1\end{pmatrix}$；(2) $\begin{pmatrix}1&-4&-3\\1&-5&-3\\-1&6&4\end{pmatrix}$；

(3) $\begin{pmatrix}0&0&-1&1\\0&-1&1&0\\-1&1&0&0\\1&0&0&0\end{pmatrix}$；(4) $\begin{pmatrix}1&-2&0&0\\-2&5&0&0\\0&0&\frac{1}{3}&\frac{2}{3}\\0&0&-\frac{1}{3}&\frac{1}{3}\end{pmatrix}$；

(5) $\begin{pmatrix}0&0&\cdots&0&0&a_n^{-1}\\a_1^{-1}&0&\cdots&0&0&0\\0&a_2^{-1}&\cdots&0&0&0\\\vdots&\vdots&&\vdots&\vdots&\vdots\\0&0&\cdots&a_{n-2}^{-1}&0&0\\0&0&\cdots&0&a_{n-1}^{-1}&0\end{pmatrix}$.

15. $\frac{1}{3}\begin{pmatrix}1+2^{13}&4+2^{13}\\-1-2^{11}&-4-2^{11}\end{pmatrix}=\begin{pmatrix}2731&2732\\-683&-684\end{pmatrix}$.

16. $\begin{cases}x_1=-\frac{1}{2}y_1+\frac{1}{2}y_2-\frac{1}{2}y_3,\\x_2=-\frac{3}{2}y_1+\frac{1}{2}y_2-\frac{1}{2}y_3,\\x_3=\frac{5}{2}y_1-\frac{1}{2}y_2+\frac{3}{2}y_3.\end{cases}$

17. (1) $\begin{pmatrix}-19&7\\11&-3\end{pmatrix}$；(2) $\begin{pmatrix}-4&-2\\-1&-1\end{pmatrix}$；(3) $\begin{pmatrix}1&1\\\frac{1}{4}&0\end{pmatrix}$；(4) $\begin{pmatrix}1&-1\\-3&5\\-7&0\end{pmatrix}$.

18. diag(12，9，8).

19. (1) $x_1=0$，$x_2=-1$，$x_3=2$；(2) $x_1=7$，$x_2=12$，$x_3=-5$.

20. (2) $\begin{pmatrix} 0 & 0 & 2 & 1 & 1 \\ 0 & 0 & -4 & -3 & -2 \\ 0 & 0 & -3 & -2 & -1 \\ -3 & -4 & 3 & 1 & 1 \\ 1 & 1 & -5 & -3 & -2 \end{pmatrix}$.  21. $\begin{pmatrix} 0 & \lambda_2^{-1} & 0 & \cdots & 0 \\ 0 & 0 & \lambda_3^{-1} & \cdots & 0 \\ \vdots & \vdots & \vdots & & \vdots \\ 0 & 0 & 0 & \cdots & \lambda_n^{-1} \\ \lambda_1^{-1} & 0 & 0 & \cdots & 0 \end{pmatrix}$.

22. (1) $\boldsymbol{X}^{(n)}=\boldsymbol{A}\boldsymbol{X}^{(n-1)}$，其中 $\boldsymbol{X}^{(n)}=\begin{pmatrix} a_n \\ b_n \end{pmatrix}$，$\boldsymbol{A}=\begin{pmatrix} 0.8 & 0.01 \\ -6 & 1.5 \end{pmatrix}$；

(2) $\boldsymbol{X}^{(3)}=\begin{pmatrix} a_3 \\ b_3 \end{pmatrix}=\begin{pmatrix} 113 \\ 3876 \end{pmatrix}$.

## 习　题　二

1. (1) $-2$；(2) 1；(3) $-2$；(4) $-4$；(5) $3abc-a^3-b^3-c^3$；(6) $-2(x^3+y^3)$.

2. (1) 4，偶排列；(2) 9，奇排列；(3) $\frac{1}{2}n(n-1)$；(4) $\frac{1}{2}(n-1)(n-2)$；(5) $\frac{1}{2}n(n-1)$；(6) $n(n-1)$.

4. $\frac{1}{2}n(n-1)-k$.

5. $-a_{12}a_{21}a_{33}a_{44}$.

6. (1) 11；(2) $abcd+ab+ad+cd+1$；(3) $(-1)^{\frac{(n-2)(n-1)}{2}}n!$；(4) 0.

7. $-5$，10.

8. (1) 11；(2) $a^4$；(3) $[x+(n-1)a](x-a)^{n-1}$；(4) $(-1)^{n-1}n!$；(5) $a_2a_3\cdots a_n\left(a_1-\sum\limits_{i=2}^{n}\frac{b_{i-1}c_{i-1}}{a_i}\right)$，$a_i\neq 0(i=2, 3, \cdots, n)$.

9. 0 和 29.　10. $-45$.

11. (1) 0；(2) $x=a_1, a_2, \cdots, a_{n-1}$.

12. (1) $a+b+d$；(2) $a^n-a^{n-2}$；(3) $-1080$；(4) $-60$.

13. (1) 160；(2) $-2(n-2)!\ (n\geqslant 2)$；(3) $(-1)^{\frac{n(n+1)}{2}}\prod\limits_{n+1\geqslant i>j\geqslant 1}(j-i)$；(4) $\lambda_1\lambda_2\cdots\lambda_n\left(1+\sum\limits_{i=1}^{n}\frac{a_i}{\lambda_i}\right)$，$\lambda_1\lambda_2\cdots\lambda_n\neq 0(n\geqslant 2)$.

15. $|\boldsymbol{A}-\lambda\boldsymbol{E}|=\lambda^{10}-10^{10}(5\lambda^4+20\lambda^3+21\lambda^2+8\lambda+1)$.

17. (1) $\begin{pmatrix} 5 & -2 \\ -2 & 1 \end{pmatrix}$；(2) $\begin{pmatrix} \cos\theta & \sin\theta \\ -\sin\theta & \cos\theta \end{pmatrix}$；(3) $\begin{pmatrix} -2 & 1 & 0 \\ -\frac{13}{2} & 3 & -\frac{1}{2} \\ -16 & 7 & -1 \end{pmatrix}$.

18. $-\frac{16}{27}$.　19. $\begin{pmatrix} -4 & 0 & 0 \\ 0 & -2 & -4 \\ 0 & -6 & -10 \end{pmatrix}$.　20. $\begin{pmatrix} 6 & 0 & 0 & 0 \\ 0 & 6 & 0 & 0 \\ 6 & 0 & 6 & 0 \\ 0 & 3 & 0 & -1 \end{pmatrix}$.

21. (1) $x_1=-\frac{1}{11}$，$x_2=\frac{5}{11}$，$x_3=-\frac{2}{11}$；

(2) $x_1=1$，$x_2=-1$，$x_3=-1$，$x_4=1$；

(3) $x_1=\frac{1507}{665}$，$x_2=-\frac{1145}{665}$，$x_3=\frac{703}{665}$，$x_4=-\frac{395}{665}$，$x_5=\frac{212}{665}$.

22. $a\neq1$ 且 $a\neq2$.

23. (1) $\lambda=-2$，1；(2) $\lambda=0$，2，3.

24. 0.

25. $A^{-1}=\begin{pmatrix} 1 & -2 & 0 & 0 \\ -2 & 5 & 0 & 0 \\ 0 & 0 & -\frac{1}{2} & \frac{3}{2} \\ 0 & 0 & \frac{1}{2} & -\frac{1}{2} \end{pmatrix}$，$|A^{-1}|=-\frac{1}{2}$，$|A^{11}|=|A|^{11}=-2048$.

26. $A^{-1}=\frac{1}{2}(A-E)$；$(A+2E)^{-1}=\frac{1}{4}(3E-A)$.

27. $B=\frac{1}{2}(E-A)$.

## 习　题　三

1. (1) $(1, 4, -5, 3)^T$；(2) $\left(-3, 3, -2, -\frac{7}{2}\right)^T$.　2. 12.

3. (1) $\beta=e_1+2e_2+3e_3+4e_4$；(2) $\beta=\alpha_1-\alpha_3$.

4. (1) 能，且 $\beta=2\alpha_1-\alpha_2+3\alpha_3$；(2) 能，且 $\beta=\alpha_1-\alpha_2+2\alpha_3$.

5. (1) 线性无关；(2) 线性无关；(3) 线性相关.

6. (1) 当 $a\neq-2$ 且 $a\neq1$ 时，向量组 $\alpha_1$，$\alpha_2$，$\alpha_3$ 线性无关；

(2) 当 $a=-2$ 或 $a=1$ 时，向量组 $\alpha_1$，$\alpha_2$，$\alpha_3$ 线性相关.

10. (1) $R(\alpha_1, \alpha_2, \alpha_3)=3$，极大无关组为其本身；

(2) $R(\boldsymbol{\alpha}_1, \boldsymbol{\alpha}_2, \boldsymbol{\alpha}_3, \boldsymbol{\alpha}_4, \boldsymbol{\alpha}_5)=3$，极大无关组为 $\boldsymbol{\alpha}_1$，$\boldsymbol{\alpha}_2$，$\boldsymbol{\alpha}_3$ 或 $\boldsymbol{\alpha}_1$，$\boldsymbol{\alpha}_2$，$\boldsymbol{\alpha}_4$ 或 $\boldsymbol{\alpha}_1$，$\boldsymbol{\alpha}_2$，$\boldsymbol{\alpha}_5$ 等.

11. (1) 2； (2) 3； (3) 5； (4) 3.

12. $a=5$，$b=1$.

13. (1) 向量组 $\boldsymbol{\alpha}_1$，$\boldsymbol{\alpha}_2$，$\boldsymbol{\alpha}_3$，$\boldsymbol{\alpha}_4$ 的秩为 3，$\boldsymbol{\alpha}_1$，$\boldsymbol{\alpha}_2$，$\boldsymbol{\alpha}_3$ 为向量组 $\boldsymbol{\alpha}_1$，$\boldsymbol{\alpha}_2$，$\boldsymbol{\alpha}_3$，$\boldsymbol{\alpha}_4$ 的一个极大无关组，且 $\boldsymbol{\alpha}_4=3\boldsymbol{\alpha}_1-\boldsymbol{\alpha}_2-\boldsymbol{\alpha}_3$；

(2) 向量组 $\boldsymbol{\alpha}_1$，$\boldsymbol{\alpha}_2$，$\boldsymbol{\alpha}_3$，$\boldsymbol{\alpha}_4$ 的秩为 3，$\boldsymbol{\alpha}_1$，$\boldsymbol{\alpha}_2$，$\boldsymbol{\alpha}_3$ 为向量组 $\boldsymbol{\alpha}_1$，$\boldsymbol{\alpha}_2$，$\boldsymbol{\alpha}_3$，$\boldsymbol{\alpha}_4$ 的一个极大无关组，且 $\boldsymbol{\alpha}_4=-\boldsymbol{\alpha}_1-9\boldsymbol{\alpha}_2-3\boldsymbol{\alpha}_3$.

14. (1) $\boldsymbol{A}$ 的列向量组 $\boldsymbol{\alpha}_1$，$\boldsymbol{\alpha}_2$，$\boldsymbol{\alpha}_3$，$\boldsymbol{\alpha}_4$，$\boldsymbol{\alpha}_5$ 的一个极大无关组为 $\boldsymbol{\alpha}_1$，$\boldsymbol{\alpha}_2$，$\boldsymbol{\alpha}_3$，且

$$\boldsymbol{\alpha}_4=\boldsymbol{\alpha}_1+3\boldsymbol{\alpha}_2-\boldsymbol{\alpha}_3, \quad \boldsymbol{\alpha}_5=0\cdot\boldsymbol{\alpha}_1-\boldsymbol{\alpha}_2+\boldsymbol{\alpha}_3;$$

(2) $\boldsymbol{A}$ 的列向量组 $\boldsymbol{\alpha}_1$，$\boldsymbol{\alpha}_2$，$\boldsymbol{\alpha}_3$，$\boldsymbol{\alpha}_4$，$\boldsymbol{\alpha}_5$ 的一个极大无关组为 $\boldsymbol{\alpha}_1$，$\boldsymbol{\alpha}_2$，$\boldsymbol{\alpha}_4$，且

$$\boldsymbol{\alpha}_3=-\boldsymbol{\alpha}_1-\boldsymbol{\alpha}_2+0\cdot\boldsymbol{\alpha}_4, \quad \boldsymbol{\alpha}_5=4\boldsymbol{\alpha}_1+3\boldsymbol{\alpha}_2-3\boldsymbol{\alpha}_4.$$

15. 当 $a\neq-2$ 且 $a\neq1$ 时，$R(\boldsymbol{A})=3$；当 $a=1$ 时，$R(\boldsymbol{A})=1$；当 $a=-2$ 时，$R(\boldsymbol{A})=2$.

16. $\boldsymbol{P}=\begin{pmatrix}0 & 2 & -3\\0 & -1 & 2\\1 & -3 & 1\end{pmatrix}$，$\boldsymbol{PA}=\begin{pmatrix}1 & 0 & -3 & 6\\0 & 1 & 3 & -1\\0 & 0 & 0 & 0\end{pmatrix}$(所求矩阵 $\boldsymbol{P}$ 不唯一).

## 习　题　四

1. (1) D； (2) D； (3) C.

2. (1) $\begin{pmatrix}x_1\\x_2\\x_3\\x_4\end{pmatrix}=c_1\begin{pmatrix}2\\-2\\1\\0\end{pmatrix}+c_2\begin{pmatrix}\frac{5}{3}\\-\frac{4}{3}\\0\\1\end{pmatrix}(c_1, c_2\in\mathbf{R})$；

(2) $\begin{pmatrix}x_1\\x_2\\x_3\\x_4\end{pmatrix}=c_1\begin{pmatrix}8\\1\\0\\6\end{pmatrix}+c_2\begin{pmatrix}-7\\0\\1\\-4\end{pmatrix}(c_1, c_2\in\mathbf{R})$；

(3) $\begin{pmatrix}x_1\\x_2\\x_3\\x_4\end{pmatrix}=c\begin{pmatrix}-1\\7\\5\\2\end{pmatrix}(c\in\mathbf{R})$；

(4) $\begin{pmatrix} x_1 \\ x_2 \\ x_3 \\ x_4 \end{pmatrix} = c_1 \begin{pmatrix} -1 \\ 17 \\ 10 \\ 0 \end{pmatrix} + c_2 \begin{pmatrix} 19 \\ 7 \\ 0 \\ 10 \end{pmatrix}$ $(c_1, c_2 \in \mathbf{R})$.

3. (1) 无解；

(2) $\begin{pmatrix} x \\ y \\ z \end{pmatrix} = c \begin{pmatrix} -2 \\ 1 \\ 1 \end{pmatrix} + \begin{pmatrix} -1 \\ 2 \\ 0 \end{pmatrix}$ $(c \in \mathbf{R})$；

(3) $\begin{pmatrix} x \\ y \\ z \\ w \end{pmatrix} = c_1 \begin{pmatrix} -\frac{1}{2} \\ 1 \\ 0 \\ 0 \end{pmatrix} + c_2 \begin{pmatrix} \frac{1}{2} \\ 0 \\ 1 \\ 0 \end{pmatrix} + \begin{pmatrix} \frac{1}{2} \\ 0 \\ 0 \\ 0 \end{pmatrix}$ $(c_1, c_2 \in \mathbf{R})$；

(4) $\begin{pmatrix} x \\ y \\ z \\ w \end{pmatrix} = c_1 \begin{pmatrix} -\frac{5}{13} \\ \frac{11}{13} \\ 1 \\ 0 \end{pmatrix} + c_2 \begin{pmatrix} -\frac{5}{13} \\ \frac{11}{13} \\ 0 \\ 1 \end{pmatrix} + \begin{pmatrix} \frac{10}{13} \\ -\frac{9}{13} \\ 0 \\ 0 \end{pmatrix}$ $(c_1, c_2 \in \mathbf{R})$.

4. (1) $\begin{cases} x_1 - 2x_3 + 3x_4 = 0, \\ x_2 + x_3 + 5x_4 = 0; \end{cases}$

(2) $\begin{cases} x_1 - 2x_2 + x_3 = 0, \\ 2x_1 - 3x_2 + x_4 = 0. \end{cases}$

5. 当 $\lambda = 1$ 或 $\lambda = -2$ 时，方程组有解．

当 $\lambda = 1$ 时，通解为

$$\begin{pmatrix} x_1 \\ x_2 \\ x_3 \end{pmatrix} = c \begin{pmatrix} 1 \\ 1 \\ 1 \end{pmatrix} + \begin{pmatrix} 1 \\ 0 \\ 0 \end{pmatrix} \quad (c \in \mathbf{R});$$

当 $\lambda = -2$ 时，通解为

$$\begin{pmatrix} x_1 \\ x_2 \\ x_3 \end{pmatrix} = c \begin{pmatrix} 1 \\ 1 \\ 1 \end{pmatrix} + \begin{pmatrix} 2 \\ 2 \\ 0 \end{pmatrix} \quad (c \in \mathbf{R}).$$

6. (1) 当 $\lambda \neq 1$ 且 $\lambda \neq 10$ 时，$R(\mathbf{A}) = 3$，方程组有唯一解；

(2) 当 $\lambda = 10$ 时，方程组无解；

(3) 当 $\lambda = 1$ 时，方程组有无穷多解，通解为

$$\begin{pmatrix}x_1\\x_2\\x_3\end{pmatrix}=c_1\begin{pmatrix}-2\\1\\0\end{pmatrix}+c_2\begin{pmatrix}2\\0\\1\end{pmatrix}+\begin{pmatrix}1\\0\\0\end{pmatrix}(c_1,\ c_2\in\mathbf{R}).$$

7. $\boldsymbol{B}=\begin{pmatrix}1&0\\5&2\\8&1\\0&1\end{pmatrix}$.

8. (1) Ⅰ：$\boldsymbol{\xi}_1=\begin{pmatrix}0\\0\\1\\0\end{pmatrix}$，$\boldsymbol{\xi}_2=\begin{pmatrix}-1\\1\\0\\1\end{pmatrix}$；Ⅱ：$\boldsymbol{\eta}_1=\begin{pmatrix}0\\1\\1\\0\end{pmatrix}$，$\boldsymbol{\eta}_2=\begin{pmatrix}-1\\-1\\0\\1\end{pmatrix}$；

(2) $\boldsymbol{x}=c\begin{pmatrix}-1\\1\\2\\1\end{pmatrix}(c\in\mathbf{R})$.

9. $\boldsymbol{x}=c\begin{pmatrix}3\\4\\5\\6\end{pmatrix}+\begin{pmatrix}2\\3\\4\\5\end{pmatrix}(c\in\mathbf{R})$.　10. $\boldsymbol{x}=c\begin{pmatrix}1\\-2\\1\\0\end{pmatrix}+\begin{pmatrix}1\\1\\1\\1\end{pmatrix}(c\in\mathbf{R})$.

14. (1) 当 $a=-4$ 且 $\boldsymbol{\beta}\neq\mathbf{0}$ 时，向量 $\boldsymbol{b}$ 不能由向量组 $A$ 线性表示；

(2) 当 $a\neq-4$ 时，向量 $\boldsymbol{b}$ 能由向量组 $A$ 线性表示，且表示式唯一；

(3) 当 $a=-4$ 且 $\boldsymbol{\beta}=\mathbf{0}$ 时，向量 $\boldsymbol{b}$ 能由向量组 $A$ 线性表示，且表示式不唯一，

$$\boldsymbol{b}=c\boldsymbol{\alpha}_1-(2c+1)\boldsymbol{\alpha}_2+\boldsymbol{\alpha}_3,\ c\in\mathbf{R}.$$

15. 直接消耗系数矩阵：$\begin{pmatrix}0.1399&0.0018&0.0014\\0.3005&0.4410&0.1282\\0.1192&0.0114&0.1077\end{pmatrix}$；

完全消耗系数矩阵：$\begin{pmatrix}0.1643&0.0038&0.0024\\0.6635&0.7962&0.2591\\0.1640&0.0234&0.1243\end{pmatrix}$；

计划期的总产出分别为 212，25178，1496.

## 习　题　五

1. (1) 是；(2) 不是；(3) 是；(4) 不是.

2. $(\boldsymbol{b}_1, \boldsymbol{b}_2)=(\boldsymbol{a}_1, \boldsymbol{a}_2, \boldsymbol{a}_3)\begin{pmatrix} \frac{2}{3} & \frac{4}{3} \\ -\frac{2}{3} & 1 \\ -1 & \frac{2}{3} \end{pmatrix}$.

3. (1) 是；(2) 是；(3) 不是；(4) 是.

6. 该向量组所生成的向量空间的一组基是 $\boldsymbol{\alpha}_1$，$\boldsymbol{\alpha}_2$，$\boldsymbol{\alpha}_4$，维数为 3.

7. $\boldsymbol{\beta}$ 在基 $\boldsymbol{\alpha}_1$，$\boldsymbol{\alpha}_2$，$\boldsymbol{\alpha}_3$ 下的坐标为$(2, 3, -1)^{\mathrm{T}}$.

8. $(1, 2, -1, -2)^{\mathrm{T}}$.

9. (1) $\|\boldsymbol{\alpha}_1\|=\sqrt{7}$，$\|\boldsymbol{\alpha}_2\|=\sqrt{15}$，$\|\boldsymbol{\alpha}_3\|=\sqrt{10}$，$\langle\boldsymbol{\alpha}_2, \boldsymbol{\alpha}_3\rangle=\pi-\arccos\frac{9}{5\sqrt{6}}$；

(2) $\frac{2}{5}(2, 3, 1, -1)^{\mathrm{T}}$；

(3) $k_1(-5, 3, 1, 0)^{\mathrm{T}}+k_2(5, -3, 0, 1)^{\mathrm{T}}(k_1, k_2\in\mathbf{R})$.

10. 约 $109.5°$.

12. (1) $\boldsymbol{e}_1=\frac{1}{\sqrt{6}}\begin{pmatrix}1\\2\\-1\end{pmatrix}$，$\boldsymbol{e}_2=\frac{1}{\sqrt{3}}\begin{pmatrix}-1\\1\\1\end{pmatrix}$，$\boldsymbol{e}_3=\frac{1}{\sqrt{2}}\begin{pmatrix}1\\0\\1\end{pmatrix}$；

(2) $\boldsymbol{e}_1=\frac{1}{\sqrt{3}}\begin{pmatrix}1\\1\\1\end{pmatrix}$，$\boldsymbol{e}_2=\frac{1}{\sqrt{2}}\begin{pmatrix}0\\1\\-1\end{pmatrix}$，$\boldsymbol{e}_3=\frac{1}{\sqrt{6}}\begin{pmatrix}-2\\1\\1\end{pmatrix}$.

13. $\boldsymbol{\eta}_1=\left(\frac{1}{\sqrt{2}}, \frac{1}{\sqrt{2}}, 0, 0\right)^{\mathrm{T}}$，$\boldsymbol{\eta}_2=\left(\frac{1}{\sqrt{6}}, -\frac{1}{\sqrt{6}}, \frac{2}{\sqrt{6}}, 0\right)^{\mathrm{T}}$，

$\boldsymbol{\eta}_3=\left(-\frac{1}{\sqrt{12}}, \frac{1}{\sqrt{12}}, \frac{1}{\sqrt{12}}, \frac{3}{\sqrt{12}}\right)^{\mathrm{T}}$，$\boldsymbol{\eta}_4=\left(\frac{1}{2}, -\frac{1}{2}, -\frac{1}{2}, \frac{1}{2}\right)^{\mathrm{T}}$.

14. $\boldsymbol{\alpha}_2=(1, 0, -1)^{\mathrm{T}}$，$\boldsymbol{\alpha}_3=(-1, 2, -1)^{\mathrm{T}}$.

## 习　题　六

1. (1) $\lambda_1=1$，$\lambda_2=9$；属于 $\lambda_1=1$ 的全部特征向量为 $k_1(-1, 1)^{\mathrm{T}}(k_1\neq 0)$；属于 $\lambda_2=9$ 的全部特征向量为 $k_2(7, 1)^{\mathrm{T}}(k_2\neq 0)$.

(2) $\lambda_1=2$，$\lambda_2=-1$，$\lambda_3=1$；属于 $\lambda_1=2$ 的全部特征向量为 $k_1(1, 0, 0)^{\mathrm{T}}(k_1\neq 0)$；属于 $\lambda_2=-1$ 的全部特征向量为 $k_2(0, -1, 1)^{\mathrm{T}}(k_2\neq 0)$；属于 $\lambda_3=1$ 的全部特征向量为 $k_3(1, 0, 1)^{\mathrm{T}}(k_3\neq 0)$.

(3) $\lambda_1=2$(二重根)，$\lambda_2=-1$；属于 $\lambda_1=2$ 的全部特征向量为 $k_1(1, 0, 4)^T+k_2(0, 1, -1)^T$ ($k_1$，$k_2$ 不全为0)；属于 $\lambda_2=-1$ 的全部特征向量为 $k_3(1, 0, 1)^T(k_3\neq 0)$.

(4) $\lambda_1=1$(二重根)，$\lambda_2=-1$(二重根)；属于 $\lambda_1=1$ 的全部特征向量为 $k_1(1, 0, 0, 1)^T+k_2(0, 1, 1, 0)^T$ ($k_1$，$k_2$ 不全为0)；属于 $\lambda_2=-1$ 的全部特征向量为 $k_3(1, 0, 0, -1)^T+k_4(0, 1, -1, 0)^T$ ($k_3$，$k_4$ 不全为0).

3. $\dfrac{|\boldsymbol{A}|}{\lambda_i}$，$i=1, 2, \cdots, s$.

4. $\boldsymbol{B}$ 的特征值分别为 $-4$，$-6$，$-12$；$|\boldsymbol{B}|=-288$.

5. (1) 0；(2) $-2$.  6. $a=4$，$\lambda_3=12$.  8. $a=-1$.

9. $x=4$，$y=5$.  10. (1) $a=-3$，$b=0$，$\lambda=-1$；(2) 不能.

11. (1) 可对角化，$\boldsymbol{P}=\begin{pmatrix}-1 & -1 & 1\\ -1 & 1 & 1\\ 1 & 0 & 2\end{pmatrix}$，$\boldsymbol{P}^{-1}\boldsymbol{AP}=\begin{pmatrix}0 & & \\ & -1 & \\ & & 9\end{pmatrix}$；

(2) 可对角化，$\boldsymbol{P}=\begin{pmatrix}-2 & 0 & -5\\ 1 & 0 & 1\\ 0 & 1 & 3\end{pmatrix}$，$\boldsymbol{P}^{-1}\boldsymbol{AP}=\begin{pmatrix}1 & & \\ & 1 & \\ & & -2\end{pmatrix}$；

(3) 不能对角化；

(4) 可对角化 $\boldsymbol{P}=\begin{pmatrix}1 & 1 & 0\\ 1 & 0 & 1\\ 1 & -1 & -1\end{pmatrix}$，$\boldsymbol{P}^{-1}\boldsymbol{AP}=\begin{pmatrix}5 & & \\ & -1 & \\ & & -1\end{pmatrix}$.

12. 当 $a=-2$ 时，$\boldsymbol{A}$ 可对角化；当 $a=-\dfrac{2}{3}$时，$\boldsymbol{A}$ 不能对角化.

13. $\boldsymbol{A}^{100}=\dfrac{1}{2}\begin{pmatrix}3^{100}+1 & 3^{100}-1\\ 3^{100}-1 & 3^{100}+1\end{pmatrix}$.

15. $a=-\dfrac{6}{7}$，$b=\dfrac{2}{7}$，$c=-\dfrac{6}{7}$.

16. (1) $\boldsymbol{\xi}_3=k(1, 0, 1)^T$，其中 $k$ 为任意非零常数；

(2) $\boldsymbol{A}=\dfrac{1}{6}\begin{pmatrix}13 & -2 & 5\\ -2 & 10 & 2\\ 5 & 2 & 13\end{pmatrix}$.

17. (1) $\boldsymbol{P}=(\boldsymbol{p}_1, \boldsymbol{p}_2, \boldsymbol{p}_3)=\begin{pmatrix}2/3 & 2/3 & 1/3\\ 2/3 & -1/3 & -2/3\\ 1/3 & -2/3 & 2/3\end{pmatrix}$,

$$\boldsymbol{P}^{-1}\boldsymbol{A}\boldsymbol{P}=\boldsymbol{P}^{\mathrm{T}}\boldsymbol{A}\boldsymbol{P}=\begin{pmatrix}-1&0&0\\0&2&0\\0&0&5\end{pmatrix};$$

(2) $\boldsymbol{P}=(\boldsymbol{p}_1,\ \boldsymbol{p}_2,\ \boldsymbol{p}_3)=\begin{pmatrix}0&1&0\\1/\sqrt{2}&0&1/\sqrt{2}\\-1/\sqrt{2}&0&1/\sqrt{2}\end{pmatrix}$，$\boldsymbol{P}^{-1}\boldsymbol{A}\boldsymbol{P}=\begin{pmatrix}2&0&0\\0&4&0\\0&0&4\end{pmatrix}$.

18. $\boldsymbol{P}=(\boldsymbol{p}_1,\ \boldsymbol{p}_2,\ \boldsymbol{p}_3)=\begin{pmatrix}1&0&0\\0&1/\sqrt{2}&1/\sqrt{2}\\0&-1/\sqrt{2}&1/\sqrt{2}\end{pmatrix}$，$\boldsymbol{P}^{-1}\boldsymbol{A}\boldsymbol{P}=\begin{pmatrix}2&0&0\\0&1&0\\0&0&5\end{pmatrix}$.

19. (1) $\boldsymbol{A}$ 有特征值 $\lambda_1=\lambda_2=0$，$\lambda_3=3$；属于特征值 $\lambda=0$ 的特征向量为 $k_1\boldsymbol{\alpha}_1+k_2\boldsymbol{\alpha}_2$（$k_1$、$k_2$ 不同时为 0），属于 $\lambda_3=3$ 的特征向量为 $k_3\boldsymbol{\alpha}_3$（$k_3\neq0$），其中 $\boldsymbol{\alpha}_1=(-1,\ 2,\ -1)^{\mathrm{T}}$，$\boldsymbol{\alpha}_2=(0,\ -1,\ 1)^{\mathrm{T}}$，$\boldsymbol{\alpha}_3=(1,\ 1,\ 1)^{\mathrm{T}}$.

(2) $\boldsymbol{Q}=(\boldsymbol{\alpha}_1,\ \boldsymbol{\alpha}_2,\ \boldsymbol{\alpha}_3)$，$\boldsymbol{Q}^{\mathrm{T}}\boldsymbol{A}\boldsymbol{Q}=\begin{pmatrix}0&&\\&0&\\&&3\end{pmatrix}$，

其中 $\boldsymbol{\alpha}_1=\dfrac{\sqrt{6}}{6}\begin{pmatrix}-1\\2\\-1\end{pmatrix}$，$\boldsymbol{\alpha}_2=\dfrac{\sqrt{2}}{2}\begin{pmatrix}-1\\0\\1\end{pmatrix}$，$\boldsymbol{\alpha}_3=\dfrac{\sqrt{3}}{3}\begin{pmatrix}1\\1\\1\end{pmatrix}$.

20. 1∶60.

## 习　题　七

1. (1) $\boldsymbol{A}=\begin{pmatrix}2&-1&2\\-1&-1&-3\\2&-3&0\end{pmatrix}$；(2) $\boldsymbol{A}=\begin{pmatrix}1&-2&1\\-2&2&-1\\1&-1&1\end{pmatrix}$；

(3) $\boldsymbol{A}=\begin{pmatrix}1&-1&2&0\\-1&3&0&3\\2&0&1&3\\0&3&3&2\end{pmatrix}$.

2. (1) $f(x_1,\ x_2,\ x_3)=3x_1^2+3x_2^2+3x_3^2$；

(2) $f(x_1,\ x_2,\ x_3)=-x_2^2+3x_3^2+4x_1x_2-2x_1x_3+8x_2x_3$；

(3) $f(x_1,\ x_2,\ x_3,\ x_4)=x_1^2+2x_2^2-x_3^2+x_1x_2-2x_1x_3-6x_2x_3-2x_2x_4+4x_3x_4$.

3. （1）$\begin{pmatrix}x_1\\x_2\\x_3\end{pmatrix}=\begin{pmatrix}\frac{1}{3} & -\frac{2}{\sqrt{5}} & -\frac{2}{3\sqrt{5}}\\ \frac{2}{3} & \frac{1}{\sqrt{5}} & -\frac{4}{3\sqrt{5}}\\ \frac{2}{3} & 0 & \frac{5}{3\sqrt{5}}\end{pmatrix}\begin{pmatrix}y_1\\y_2\\y_3\end{pmatrix}$，$f=9y_1^2+18y_2^2+18y_3^2$；

（2）$\begin{pmatrix}x_1\\x_2\\x_3\end{pmatrix}=\begin{pmatrix}\frac{1}{3} & -\frac{2}{\sqrt{5}} & \frac{2}{3\sqrt{5}}\\ \frac{2}{3} & \frac{1}{\sqrt{5}} & \frac{4}{3\sqrt{5}}\\ -\frac{2}{3} & 0 & \frac{5}{3\sqrt{5}}\end{pmatrix}\begin{pmatrix}y_1\\y_2\\y_3\end{pmatrix}$，$f=-7y_1^2+2y_2^2+2y_3^2$.

4. （1）$f(y_1, y_2, y_3)=y_1^2-y_2^2+3y_3^2$，$\begin{pmatrix}x_1\\x_2\\x_3\end{pmatrix}=\begin{pmatrix}1 & -1 & -1\\0 & 1 & 1\\0 & 0 & 1\end{pmatrix}=\begin{pmatrix}y_1\\y_2\\y_3\end{pmatrix}$；

（2）$f(z_1, z_2, z_3)=2z_1^2-2z_2^2+\frac{3}{2}z_3^2$，$\begin{pmatrix}x_1\\x_2\\x_3\end{pmatrix}=\begin{pmatrix}1 & 1 & -\frac{1}{2}\\1 & -1 & \frac{3}{2}\\0 & 0 & 1\end{pmatrix}=\begin{pmatrix}z_1\\z_2\\z_3\end{pmatrix}$.

5. （1）正定；（2）正定；（3）负定.

6. （1）$-1<k<2$；（2）$k>2$.

7. （1）简化方程为 $z_1^2+4z_2^2-2z_3^2=\frac{25}{64}$，曲面为单叶双曲面；

（2）简化方程为 $5z_1^2+2z_2^2+5\sqrt{2}z_3=0$，曲面为椭圆抛物面.

8. （1）简化方程为 $5z_1^2-z_2^2-z_3^2-3=0$，曲面为双叶双曲面；

（2）简化方程为 $6z_1^2-8\sqrt{3}z_2=0$（或 $6z_1^2+8\sqrt{3}z_2=0$），曲面为抛物柱面.

## 习　题　八

1. 高斯消元法：

$$(\boldsymbol{A}, \boldsymbol{b})=\begin{pmatrix}1.1330 & 5.2810 & 6.4140\\24.14 & -1.210 & 22.93\end{pmatrix}\to\begin{pmatrix}1.1330 & 5.2810 & 6.4140\\0 & -113.7284 & -113.7284\end{pmatrix},$$

$\boldsymbol{x}=(1, 1)^{\mathrm{T}}$.

列主元消去法：

$$(\boldsymbol{A}, \boldsymbol{b})=\begin{pmatrix}1.1330 & 5.2810 & 6.4140\\ 24.14 & -1.210 & 22.93\end{pmatrix}\rightarrow\begin{pmatrix}24.14 & -1.210 & 22.93\\ 1.1330 & 5.2810 & 6.4140\end{pmatrix}$$

$$\rightarrow\begin{pmatrix}24.1400 & -1.2100 & 22.9300\\ 0 & 5.3378 & 5.3378\end{pmatrix},$$

$\boldsymbol{x}=(1, 1)^{\mathrm{T}}$.

2. 雅可比迭代公式为

$$\begin{cases}x_1^{(k+1)}=\dfrac{1}{3}(1+x_2^{(k)}-x_3^{(k)}),\\ x_2^{(k+1)}=\dfrac{1}{6}(-3x_1^{(k)}-2x_3^{(k)}),\\ x_3^{(k+1)}=\dfrac{1}{7}(4-3x_1^{(k)}-3x_2^{(k)}),\end{cases}$$

取$\boldsymbol{x}^{(0)}=\begin{pmatrix}0\\0\\0\end{pmatrix}$，则$\boldsymbol{x}^{(1)}=\begin{pmatrix}\frac{1}{3}\\0\\\frac{4}{7}\end{pmatrix}$，$\boldsymbol{x}^{(2)}=\begin{pmatrix}\frac{1}{7}\\-\frac{5}{14}\\\frac{3}{7}\end{pmatrix}$.

高斯—塞德尔迭代公式为

$$\begin{cases}x_1^{(k+1)}=\dfrac{1}{3}(1+x_2^{(k)}-x_3^{(k)}),\\ x_2^{(k+1)}=\dfrac{1}{6}(-3x_1^{(k+1)}-2x_3^{(k)}),\\ x_3^{(k+1)}=\dfrac{1}{7}(4-3x_1^{(k+1)}-3x_2^{(k+1)}),\end{cases}$$

取$\boldsymbol{x}^{(0)}=\begin{pmatrix}0\\0\\0\end{pmatrix}$，则$\boldsymbol{x}^{(1)}=\begin{pmatrix}\frac{1}{3}\\-\frac{1}{6}\\\frac{1}{2}\end{pmatrix}$，$\boldsymbol{x}^{(2)}=\begin{pmatrix}\frac{1}{9}\\-\frac{2}{9}\\\frac{13}{21}\end{pmatrix}$.

超松弛迭代公式为

$$\begin{cases}x_1^{(k+1)}=x_1^{(k)}+\dfrac{1.1}{3}(-3x_1^{(k)}+1+x_2^{(k)}-x_3^{(k)}),\\ x_2^{(k+1)}=x_2^{(k)}+\dfrac{1.1}{6}(-6x_2^{(k)}-x_1^{(k+1)}-2x_3^{(k)}), \qquad (k=0, 1),\\ x_3^{(k+1)}=x_3^{(k)}+\dfrac{1.1}{7}(-7x_3^{(k)}+4-3x_1^{(k+1)}-x_2^{(k+1)})\end{cases}$$

取$\boldsymbol{x}^{(0)}=\begin{pmatrix}0\\0\\0\end{pmatrix}$，则$\boldsymbol{x}^{(1)}=\begin{pmatrix}0.3333\\-0.1833\\0.5007\end{pmatrix}$，$\boldsymbol{x}^{(2)}=\begin{pmatrix}0.0492\\-0.1923\\0.5880\end{pmatrix}$.

3. $\begin{cases}x_1^{(k+1)}=1-1.6x_2^{(k)},\\x_2^{(k+1)}=2+0.4x_1^{(k+1)},\end{cases}\begin{pmatrix}0&-1.6\\0&-0.4\end{pmatrix}$，收敛.

4. (1) 雅可比迭代法的分量形式为

$$\begin{cases}x_1^{(k+1)}=1-2x_2^{(k)}+2x_3^{(k)},\\x_2^{(k+1)}=2-x_1^{(k)}-x_3^{(k)}, \quad k=0, 1, 2, \cdots.\\x_3^{(k+1)}=3-2x_1^{(k)}-2x_2^{(k)},\end{cases}$$

高斯—塞德尔迭代法的分量形式为

$$\begin{cases}x_1^{(k+1)}=1-2x_2^{(k)}+2x_3^{(k)},\\x_2^{(k+1)}=2-x_1^{(k+1)}-x_3^{(k)}, \quad k=0, 1, 2, \cdots.\\x_3^{(k+1)}=3-2x_1^{(k+1)}-2x_2^{(k+1)},\end{cases}$$

(2) 雅可比迭代法的迭代矩阵为

$$\boldsymbol{D}^{-1}(\boldsymbol{L}+\boldsymbol{U})=\begin{pmatrix}0&-2&2\\-1&0&-1\\-2&-2&0\end{pmatrix};$$

高斯—塞德尔迭代法的迭代矩阵为

$$(\boldsymbol{D}-\boldsymbol{L})^{-1}\boldsymbol{U}=\begin{pmatrix}0&-2&2\\0&2&-3\\0&0&2\end{pmatrix}.$$

5. 因为$\boldsymbol{A}$是严格对角占优矩阵，故雅可比迭代法和高斯—塞德尔迭代法都收敛.

6. 当$-\frac{\sqrt{2}}{2}<\lambda<\frac{\sqrt{2}}{2}$时雅可比迭代法收敛.

## 习　题　九

1. (1) 是；(2) 是；(3) 否；(4) 否.

2. $\left(\frac{5}{4}, \frac{1}{4}, -\frac{1}{4}, -\frac{1}{4}\right)^{\mathrm{T}}$.

3. (1) $\begin{pmatrix}3&3&5\\1&2&2\\0&1&2\end{pmatrix}$；(2) $\begin{pmatrix}3&3&5\\1&2&2\\0&1&2\end{pmatrix}^{-1}\begin{pmatrix}x_1\\x_2\\x_3\end{pmatrix}=\frac{1}{5}\begin{pmatrix}2&-1&-4\\-2&6&-1\\1&-3&3\end{pmatrix}\begin{pmatrix}x_1\\x_2\\x_3\end{pmatrix}$；

(3) $k(1, 1, -1)^{\mathrm{T}}$.

4. $\begin{pmatrix} 1 & 0 & 0 & 1 \\ 1 & 1 & 0 & 1 \\ 0 & 1 & 1 & 1 \\ 0 & 0 & 1 & 0 \end{pmatrix}$.

5. (1) 不构成；(2) 构成．

7. (1) $\boldsymbol{\alpha}_1$，$\boldsymbol{\alpha}_2$，$\boldsymbol{\alpha}_4$ 是 $L(\boldsymbol{\alpha}_1, \boldsymbol{\alpha}_2, \boldsymbol{\alpha}_3, \boldsymbol{\alpha}_4)$的一组基，维数为 3；

(2) $\boldsymbol{\alpha}_1$，$\boldsymbol{\alpha}_2$ 是 $L(\boldsymbol{\alpha}_1, \boldsymbol{\alpha}_2, \boldsymbol{\alpha}_3, \boldsymbol{\alpha}_4)$的一组基，维数为 2.

8. 解空间的维数是 2，它的一组基为

$$\boldsymbol{\alpha}_1=\left(-\frac{1}{9}, \frac{8}{3}, 1, 0\right)^{\mathrm{T}}, \boldsymbol{\alpha}_2=\left(\frac{2}{9}, \frac{7}{3}, 0, 1\right)^{\mathrm{T}}.$$

9. (1) 当 $\boldsymbol{\alpha}=\mathbf{0}$ 时，是；当 $\boldsymbol{\alpha}\neq\mathbf{0}$时，不是．(2) 当 $\boldsymbol{\alpha}=\mathbf{0}$ 时，是；当 $\boldsymbol{\alpha}\neq\mathbf{0}$时，不是．(3) 不是．(4) 是．(5) 是．(6) 是．

10. (1) 关于 $y$ 轴对称；(2) 投影到 $y$ 轴；(3) 关于直线 $y=x$ 对称；(4) 逆时针方向旋转 $90°$.

11. $\begin{pmatrix} 1 & 0 & 0 \\ 1 & 1 & 0 \\ 1 & 2 & 1 \end{pmatrix}$．12. (2) $\begin{pmatrix} -2 & 0 & 0 \\ 0 & 1 & 0 \\ 0 & 0 & 1 \end{pmatrix}$.

13. (1) $\begin{pmatrix} 1 & 0 & 0 \\ 0 & 1 & 0 \\ 0 & 0 & 0 \end{pmatrix}$；(2) $\begin{pmatrix} 1 & 0 & 0 \\ 0 & 1 & 0 \\ 1 & 1 & 0 \end{pmatrix}$．14. $\begin{pmatrix} 1 & 0 & 0 \\ 2 & 1 & 0 \\ 0 & 1 & 1 \end{pmatrix}$.

15. $\sigma+\tau$ 在基 $\boldsymbol{\beta}_1$，$\boldsymbol{\beta}_2$ 下的矩阵是 $\begin{pmatrix} 44 & 44 \\ -\frac{59}{2} & -25 \end{pmatrix}$，$\sigma\tau$ 在基 $\boldsymbol{\alpha}_1$，$\boldsymbol{\alpha}_2$ 下的矩阵是 $\begin{pmatrix} 39 & 65 \\ -102 & -170 \end{pmatrix}$.

## 习　题　十

2. (1) $\boldsymbol{w}=(0.5813, 0.3092, 0.1096)^{\mathrm{T}}$，$\lambda=3.0037$，$CR=0.0032<0.1$；

(2) $\boldsymbol{w}=(0.2926, 0.5204, 0.0722, 0.1148)^{\mathrm{T}}$，$\lambda=4.0342$，$CR=0.0127<0.1$.

4. 综合评价得分的计算公式为

$$C=0.268c_{11}+0.064c_{12}+0.068c_{13}+0.09c_{21}+0.06c_{22}+0.09c_{23}+0.06c_{24}+0.30c_{31}.$$

5. 所求估值为$(x_1, x_2, x_3)^{\mathrm{T}}=(0.330, 0.380, 0.290)^{\mathrm{T}}$.

# 综合练习题（计算题部分）

1. $\boldsymbol{B}=\begin{pmatrix}6&0&0&0\\0&6&0&0\\6&3&6&-1\\0&3&0&-1\end{pmatrix}$.　2. $A_{41}+A_{42}+A_{43}+A_{44}=\begin{vmatrix}1&-5&1&3\\1&1&3&4\\1&1&2&3\\1&1&1&1\end{vmatrix}=6$.

3. $\boldsymbol{A}=\begin{pmatrix}2&-1&2\\4&-2&4\\2&-1&2\end{pmatrix}$；$\boldsymbol{A}^2=2\begin{pmatrix}2&-1&2\\4&-2&4\\2&-1&2\end{pmatrix}$；$\boldsymbol{A}^{100}=2^{99}\begin{pmatrix}2&-1&2\\4&-2&4\\2&-1&2\end{pmatrix}$.

4. $\begin{pmatrix}5&-2&-1\\-2&2&0\\-1&0&1\end{pmatrix}$.

5. 当 $k\neq0$ 时，可逆，$\boldsymbol{A}^{-1}=\begin{pmatrix}1&0&0\\0&\frac{1}{k}&0\\-1&\frac{1}{k}&1\end{pmatrix}$.

6. $\boldsymbol{\alpha}_4=9\boldsymbol{\alpha}_1-3\boldsymbol{\alpha}_2+0\boldsymbol{\alpha}_3$.

7. $R(\boldsymbol{A})=2$，第 1，2 列构成一个极大无关组 .

8. （1）当 $a\neq1$，$b=0$ 或 $a=1$，$b\neq\frac{3}{4}$时，无解；

（2）当 $a\neq1$，$b\neq0$ 时，有唯一解；

（3）当 $a=1$，$b=\frac{3}{4}$时，有无穷多解，且

$$\begin{pmatrix}x_1\\x_2\\x_3\end{pmatrix}=k\begin{pmatrix}1\\0\\-1\end{pmatrix}+\begin{pmatrix}0\\4\\0\end{pmatrix}\text{（其中 }k\text{ 为任意实数）}.$$

9. $y=2$，$\boldsymbol{P}=\frac{1}{\sqrt{2}}\begin{pmatrix}1&1&0&0\\-1&1&0&0\\0&0&1&1\\0&0&-1&1\end{pmatrix}$.

10. （1）$a=-3$，$b=0$，$\lambda=-1$；（2）由于属于特征值 $\lambda=-1$(三重)的特征向量只有一个，故 $\boldsymbol{A}$ 不能相似于对角矩阵 .

11. $a=2$，$\boldsymbol{P}=\begin{pmatrix} 0 & 1 & 0 \\ -\frac{1}{\sqrt{2}} & 0 & \frac{1}{\sqrt{2}} \\ \frac{1}{\sqrt{2}} & 0 & \frac{1}{\sqrt{2}} \end{pmatrix}$.

12. $\boldsymbol{A}$ 是正定矩阵，$\boldsymbol{A}^k=\frac{1}{9}\begin{pmatrix} 8+10^k & -2+2\times10^k & 2-2\times10^k \\ -2+2\times10^k & 5+4\times10^k & 4-4\times10^k \\ 2-2\times10^k & 4-4\times10^k & 5+4\times10^k \end{pmatrix}$.

# 附录一　线性代数的 MATLAB 常用指令与实例

## 一、指令(函数)及其含义

- det(A)：计算方阵 **A** 的行列式；
- rank(A)：计算方阵 **A** 的秩；
- inv(A)：计算方阵 **A** 的逆阵；
- compan(A)：计算方阵 **A** 的伴随矩阵；
- A′：计算矩阵 **A** 的(共轭)转置矩阵；
- A+B：计算矩阵 **A** 与 **B** 的和；
- A−B：计算矩阵 **A** 与 **B** 的差；
- A * B：计算矩阵 **A** 与 **B** 的乘积；
- s * A：计算数 $s$ 与矩阵 **A** 的数积；
- A/B ：计算矩阵 **A** 右除矩阵 **B**；
- A \ B ：计算矩阵 **A** 左除矩阵 **B**；
- A^n ：计算矩阵 **A** 的 $n$ 次幂；
- A. * B：计算矩阵 **A** 与 **B** 的对应元素的相乘；
- A. /B：计算矩阵 **A** 与 **B** 的对应元素的相除(**A** 中的元素作被除数)；
- eig(*A*)：计算矩阵 **A** 的特征值和特征向量；
- norm(A)：计算矩阵 **A** 的范数；
- zeros(n)：生成 $n\times n$ 阶的全零矩阵；
- zeros(m，n)：生成 $m\times n$ 阶的全零矩阵；
- zeros(size(A))：生成与 **A** 同阶的全零矩阵；
- ones：产生一个元素全部为 1 的矩阵；
- eye：产生一个单位矩阵；
- ai=A(i,:)：选择 **A** 的第 $i$ 行作一个行向量；
- aj=A(:，j)：选择 **A** 的第 $j$ 列作一个列向量；
- sum(A)：计算矩阵或向量 **A** 的元素和 .

## 二、矩阵的输入

在 MATLAB 中有许多种输入矩阵的方法，最简单的直接输入的方法有以下几种．

· 矩阵中位于同一行的元素之间用空格或者逗号隔开；

· 矩阵中每一行的结尾用分号来标明；

· 整个矩阵用方括号括起来．

例如，在输入矩阵 $\boldsymbol{A}=\begin{pmatrix}16 & 3 & 2 & 13\\3 & 10 & 11 & 8\\9 & 6 & 7 & 12\\4 & 15 & 14 & 1\end{pmatrix}$ 时，只需输入：

A=[16，3，2，13；3，10，11，8；9，6，7，12；4，15，14，1]

MATLAB 就会把用户刚刚输入的矩阵显示出来：

```
A=
    16   3    2   13
    3    10   11   8
    9    6    7    12
    4    15   14   1
```

矩阵一旦输入，就会自动储存在 MATLAB 的工作空间内，以备后用，直到被重新赋值或清除为止．

## 三、例子

**例 1** 求方阵的行列式与逆阵，已知 $\boldsymbol{A}=\begin{pmatrix}1 & 1 & 1\\1 & 2 & 3\\1 & 3 & 6\end{pmatrix}$（这是所谓的帕斯卡矩阵）．

输入：

A=[1，1，1；1，2，3；1，3，6]；（当不需显示方阵 **A** 本身时，应以“;”结尾）

a=det(A)

输出结果为

a=

1(即 **A** 的行列式的值)

再输入：

B=inv(A)

输出结果为

B=

```
   3  -3   1
  -3   5  -2
   1  -2   1
```
（即 $A$ 的逆阵）

**例 2** 已知 $A=\begin{pmatrix}1&1&1\\1&2&3\\1&3&6\end{pmatrix}$，$B=\begin{pmatrix}4&3&-2&1\\2&5&3&4\\10&11&-1&6\end{pmatrix}$，求矩阵 $B$ 的秩、$B^{\mathrm{T}}$ 与 $AB$.

输入：

```
A=[1, 1, 1; 1, 2, 3; 1, 3, 6];
B=[4, 3, -2, 1; 2, 5, 3, 4; 10, 11, -1, 6];
rank(B)
ans=
2
B'
ans=
     4  2   10
     3  5   11
    -2  3   -1
     1  4    6
A*B
ans=
    16  19  0  11
    38  46  1  27
    70  84  1  49
```

**例 3** 求解线性方程组 $AX=B$，其中 $A=\begin{pmatrix}1&1&1\\1&2&3\\1&3&6\end{pmatrix}$，$B=\begin{pmatrix}2\\-1\\4\end{pmatrix}$.

输入：

```
A=[1, 1, 1; 1, 2, 3; 1, 3, 6];
B=[2; -1; 4];
X=A\B(注意：不是A/B)
X=
     13
    -19
      8
```

**例 4** 求方阵的特征值和特征向量，已知 $\boldsymbol{A}=\begin{pmatrix}0 & -6 & -1\\ 6 & 2 & -16\\ -5 & 20 & -10\end{pmatrix}$.

输入：

```
A=[0, -6, -1; 6, 2, -16; -5, 20, -10];
Lambda=eig(A)
Lambda=
        -3.0710
   -2.4645+17.6008i
   -2.4645-17.6008i
```

矩阵 $\boldsymbol{A}$ 的特征值是复数．如果函数 eig 的输出结果中包含两个变量，它就能够同时计算出矩阵 $\boldsymbol{A}$ 的特征向量，并且把矩阵 $\boldsymbol{A}$ 的特征值存放在一个对角矩阵中，例如，命令：

```
[V, D]=eig(A)
```

的输出结果为

```
V=
   -0.8326   -0.1203+0.2123i   -0.1203-0.2123i
   -0.3553    0.4691+0.4901i    0.4691-0.4901i
   -0.4248    0.6249-0.2997i    0.6249+0.2997i
D=
   -3.0710          0                  0
      0      -2.4645+17.6008i          0
      0             0           -2.4645-17.6008i
```

矩阵 $\boldsymbol{A}$ 的第一个特征向量是实向量，其他的两个特征向量互为复共轭向量．所有这三个向量的长度都是 1.

**例 5** 求实对称阵的正交变换矩阵，已知 $\boldsymbol{A}=\begin{pmatrix}2 & 2 & -2\\ 2 & 5 & -4\\ -2 & -4 & 5\end{pmatrix}$.

输入：

```
A=[2, 2, -2; 2, 5, -4; -2, -4, 5];
[V, D]=eig(A)
V=
    0.8944    0.3333   -0.2981
   -0.4472    0.6667   -0.5963
      0      -0.6667   -0.7454
```

D=

```
   1.0000        0         0
        0  10.0000         0
        0        0    1.0000
```

于是所求正交变换矩阵为

$$V=\begin{pmatrix} 0.8944 & 0.3333 & -0.2981 \\ -0.4472 & 0.6667 & -0.5963 \\ 0 & -0.6667 & -0.7454 \end{pmatrix},$$

并且有
$$V^{T}AV=\begin{pmatrix} 1.0000 & 0 & 0 \\ 0 & 10.0000 & 0 \\ 0 & 0 & 1.0000 \end{pmatrix}.$$

**例 6**　利用第十章第三节介绍的"和法"，计算成对比较矩阵 **A** 的权向量，已知

$$A=\begin{pmatrix} 1 & \frac{1}{3} & \frac{1}{2} & \frac{1}{5} \\ 3 & 1 & 2 & \frac{1}{2} \\ 2 & \frac{1}{2} & 1 & \frac{1}{4} \\ 5 & 2 & 4 & 1 \end{pmatrix}.$$

输入(**A** 中的元素是分数时要化为小数)：

A=[1，0.3333，0.5，0.2；3，1，2，0.5；2，0.5，1，0.25；5，2，4，1]；

L=ones(4)　*产生一个元素全部为 1 的四阶方阵.

输出结果为

L=

```
   1  1  1  1
   1  1  1  1
   1  1  1  1
   1  1  1  1
```

C=A*L

输出结果为

C=

11.0000　3.8333　7.5000　1.9500

11.0000　3.8333　7.5000　1.9500

11.0000　3.8333　7.5000　1.9500

11.0000　3.8333　7.5000　1.9500

$\boldsymbol{C}$ 的第 $j$ 列的元素是 $\boldsymbol{A}$ 的第 $j$ 列元素之和．

A1＝A. /C　* 矩阵 $\boldsymbol{A}$ 的元素除以矩阵 $\boldsymbol{C}$ 的对应元素．

输出结果为

A1＝

0.0909　0.0869　0.0667　0.1026

0.2727　0.2609　0.2667　0.2564

0.1818　0.1304　0.1333　0.1282

0.4545　0.5217　0.5333　0.5128

矩阵 $\boldsymbol{A}_1$ 是矩阵 $\boldsymbol{A}$ 的列向量的归一化(各列元素之和为 1).

W1＝A * ones(4，1)

输出结果为

W1＝

0.3471

1.0567

0.5738

2.0224

列向量 $\boldsymbol{W}_1$ 是矩阵 $\boldsymbol{A}_1$ 按行求和的结果．

W＝W1/sum(W1)

输出结果为

W＝

0.0868

0.2642

0.1434

0.5056

列向量 $\boldsymbol{W}$ 是列向量 $\boldsymbol{W}_1$ 归一化的结果，也即要求的成对比较矩阵 $\boldsymbol{A}$ 的权向量．

# 附录二　研究生入学考试线性代数试题及答案(2010—2014)

## 一、填空题

1. (2010 数一)设 $\boldsymbol{\alpha}_1=(1, 2, -1, 0)^{\mathrm{T}}$，$\boldsymbol{\alpha}_2=(1, 1, 0, 2)^{\mathrm{T}}$，$\boldsymbol{\alpha}_3=(2, 1, 1, a)^{\mathrm{T}}$，若由 $\boldsymbol{\alpha}_1$，$\boldsymbol{\alpha}_2$，$\boldsymbol{\alpha}_3$ 生成的向量空间的维数是 2，则 $a=$________.

2. (2010 数二/三)设 $\boldsymbol{A}$，$\boldsymbol{B}$ 为三阶矩阵，且 $|\boldsymbol{A}|=3$，$|\boldsymbol{B}|=2$，$|\boldsymbol{A}^{-1}+\boldsymbol{B}|=2$，则 $|\boldsymbol{A}+\boldsymbol{B}^{-1}|=$________.

3. (2011 数一)若二次曲面的方程 $x^2+3y^2+z^2+2axy+2xz+2yz=4$，经过正交变换化为 $y_1^2+4z_1^2=4$，则 $a=$________.

4. (2011 数二)二次型 $f(x_1, x_2, x_3)=x_1^2+3x_2^2+x_3^2+2x_1x_2+2x_1x_3+2x_2x_3$，则 $f$ 的正惯性指数为________.

5. (2011 数三)设二次型 $f(x_1, x_2, x_3)=\boldsymbol{x}^{\mathrm{T}}\boldsymbol{A}\boldsymbol{x}$ 的秩为 1，$\boldsymbol{A}$ 的行元素之和为 3，则 $f$ 在正交变换 $\boldsymbol{x}=\boldsymbol{Q}\boldsymbol{y}$ 下的标准形为________.

6. (2012 数一)设 $\boldsymbol{\alpha}$ 为三维单位向量，$\boldsymbol{E}$ 为三阶单位矩阵，则矩阵 $\boldsymbol{E}-\boldsymbol{\alpha}\boldsymbol{\alpha}^{\mathrm{T}}$ 的秩为________.

7. (2012 数二/三)设 $\boldsymbol{A}$ 为三阶矩阵，$|\boldsymbol{A}|=3$，$\boldsymbol{A}^*$ 为 $\boldsymbol{A}$ 的伴随矩阵，若交换 $\boldsymbol{A}$ 的第 1 行与第 2 行得矩阵 $\boldsymbol{B}$，则 $|\boldsymbol{B}\boldsymbol{A}^*|=$________.

8. (2012 数农)设 $\boldsymbol{A}=\begin{pmatrix} 1 & 1 \\ -1 & 2 \end{pmatrix}$，$\boldsymbol{A}^*$ 为 $\boldsymbol{A}$ 的伴随矩阵，将 $\boldsymbol{A}$ 的第二列加到第一列得矩阵 $\boldsymbol{B}$，则 $|\boldsymbol{A}^*\boldsymbol{B}|=$________.

9. (2013 数一/二/三)设 $\boldsymbol{A}=(a_{ij})$ 是三阶非零矩阵，$|\boldsymbol{A}|$ 为 $\boldsymbol{A}$ 的行列式，$A_{ij}$ 为 $a_{ij}$ 的代数余子式，若 $a_{ij}+A_{ij}=0(i, j=1, 2, 3)$，则 $|\boldsymbol{A}|=$________.

10. (2014 数一/二/三)设 $f(x_1, x_2, x_3)=x_1^2-x_2^2+2ax_1x_3+4x_2x_3$ 的负惯性指数为 1，则 $a$ 的取值范围为________.

## 二、选择题

1. (2010 数一)设 $\boldsymbol{A}$ 为 $m\times n$ 型矩阵，$\boldsymbol{B}$ 为 $n\times m$ 型矩阵，$\boldsymbol{E}$ 为 $m$ 阶单位矩阵，若 $\boldsymbol{A}\boldsymbol{B}=\boldsymbol{E}$，则(　　).

A. $R(\boldsymbol{A})=m$，$R(\boldsymbol{B})=m$；　　B. $R(\boldsymbol{A})=m$，$R(\boldsymbol{B})=n$；

C. $R(\boldsymbol{A})=n$，$R(\boldsymbol{B})=m$；　　D. $R(\boldsymbol{A})=n$，$R(\boldsymbol{B})=n$.

2. (2010 数一/二/三)设 $\boldsymbol{A}$ 为四阶对称矩阵，且 $\boldsymbol{A}^2+\boldsymbol{A}=\boldsymbol{O}$，若 $\boldsymbol{A}$ 的秩为 3，则 $\boldsymbol{A}$ 相似于(　　).

A. $\begin{pmatrix}1&0&0&0\\0&1&0&0\\0&0&1&0\\0&0&0&0\end{pmatrix}$；　　B. $\begin{pmatrix}1&0&0&0\\0&1&0&0\\0&0&-1&0\\0&0&0&0\end{pmatrix}$；

C. $\begin{pmatrix}1&0&0&0\\0&-1&0&0\\0&0&-1&0\\0&0&0&0\end{pmatrix}$；　　D. $\begin{pmatrix}-1&0&0&0\\0&-1&0&0\\0&0&-1&0\\0&0&0&0\end{pmatrix}$.

3. (2010 数二/三)设向量组Ⅰ：$\boldsymbol{\alpha}_1, \boldsymbol{\alpha}_2, \cdots, \boldsymbol{\alpha}_r$ 可由向量组Ⅱ：$\boldsymbol{\beta}_1, \boldsymbol{\beta}_2, \cdots, \boldsymbol{\beta}_s$ 线性表示，下列命题正确的是(　　).

A. 若向量组Ⅰ线性无关，则 $r\leqslant s$；

B. 若向量组Ⅰ线性相关，则 $r>s$；

C. 若向量组Ⅱ线性无关，则 $r\leqslant s$；

D. 若向量组Ⅱ线性无关，则 $r>s$.

4. (2011 数一/二/三)设 $\boldsymbol{A}$ 为三阶矩阵，将 $\boldsymbol{A}$ 的第二列加到第一列得到矩阵 $\boldsymbol{B}$，再交换 $\boldsymbol{B}$ 的第二行与第三行得到单位矩阵，记

$$\boldsymbol{P}_1=\begin{pmatrix}1&0&0\\1&1&0\\0&0&1\end{pmatrix}, \boldsymbol{P}_2=\begin{pmatrix}1&0&0\\0&0&1\\0&1&0\end{pmatrix},$$

则 $\boldsymbol{A}=$(　　).

A. $\boldsymbol{P}_1\boldsymbol{P}_2$；　　B. $\boldsymbol{P}_1^{-1}\boldsymbol{P}_2$；

C. $\boldsymbol{P}_2\boldsymbol{P}_1$；　　D. $\boldsymbol{P}_2\boldsymbol{P}_1^{-1}$.

5. (2011 数一/二)设 $\boldsymbol{A}=(\boldsymbol{\alpha}_1, \boldsymbol{\alpha}_2, \boldsymbol{\alpha}_3, \boldsymbol{\alpha}_4)$，若 $(1, 0, 1, 0)^{\mathrm{T}}$ 是方程 $\boldsymbol{Ax}=\boldsymbol{0}$ 的一个基础解系，则 $\boldsymbol{A}^*\boldsymbol{x}=\boldsymbol{0}$ 的基础解系可为(　　).

A. $\boldsymbol{\alpha}_1, \boldsymbol{\alpha}_2$；　　B. $\boldsymbol{\alpha}_1, \boldsymbol{\alpha}_3$；

C. $\boldsymbol{\alpha}_1, \boldsymbol{\alpha}_2, \boldsymbol{\alpha}_3$；　　D. $\boldsymbol{\alpha}_2, \boldsymbol{\alpha}_3, \boldsymbol{\alpha}_4$.

6. (2011 数三)设 $\boldsymbol{A}$ 为 $4\times3$ 矩阵，$\boldsymbol{\eta}_1, \boldsymbol{\eta}_2, \boldsymbol{\eta}_3$ 是非齐次线性方程组 $\boldsymbol{Ax}=\boldsymbol{\beta}$ 的三个线性无关的解，$k_1$，$k_2$ 为任意实数，则 $\boldsymbol{Ax}=\boldsymbol{\beta}$ 的通解为(　　).

A. $\dfrac{\boldsymbol{\eta}_2+\boldsymbol{\eta}_3}{2}+k_1(\boldsymbol{\eta}_2-\boldsymbol{\eta}_1)$；

B. $\dfrac{\boldsymbol{\eta}_2-\boldsymbol{\eta}_3}{2}+k_2(\boldsymbol{\eta}_2-\boldsymbol{\eta}_1)$；

C. $\dfrac{\boldsymbol{\eta}_2+\boldsymbol{\eta}_3}{2}+k_1(\boldsymbol{\eta}_3-\boldsymbol{\eta}_1)+k_2(\boldsymbol{\eta}_2-\boldsymbol{\eta}_1)$；

D. $\dfrac{\boldsymbol{\eta}_2-\boldsymbol{\eta}_3}{2}+k_1(\boldsymbol{\eta}_3-\boldsymbol{\eta}_1)+k_2(\boldsymbol{\eta}_2-\boldsymbol{\eta}_1)$.

7. （2012 数一/二/三/农）设 $\boldsymbol{\alpha}_1=\begin{pmatrix}0\\0\\c_1\end{pmatrix}$，$\boldsymbol{\alpha}_2=\begin{pmatrix}0\\1\\c_2\end{pmatrix}$，$\boldsymbol{\alpha}_3=\begin{pmatrix}1\\-1\\c_3\end{pmatrix}$，$\boldsymbol{\alpha}_4=\begin{pmatrix}-1\\1\\c_4\end{pmatrix}$，其中 $c_1$，$c_2$，$c_3$，$c_4$ 为任意常数，则下列向量组线性相关的为(　　).

A. $\boldsymbol{\alpha}_1$，$\boldsymbol{\alpha}_2$，$\boldsymbol{\alpha}_3$；　　B. $\boldsymbol{\alpha}_1$，$\boldsymbol{\alpha}_2$，$\boldsymbol{\alpha}_4$；

C. $\boldsymbol{\alpha}_1$，$\boldsymbol{\alpha}_3$，$\boldsymbol{\alpha}_4$；　　D. $\boldsymbol{\alpha}_2$，$\boldsymbol{\alpha}_3$，$\boldsymbol{\alpha}_4$.

8. （2012 数一/二/三）设 $\boldsymbol{A}$ 为三阶矩阵，$\boldsymbol{P}$ 为三阶可逆矩阵，且 $\boldsymbol{P}^{-1}\boldsymbol{AP}=\begin{pmatrix}1&0&0\\0&1&0\\0&0&2\end{pmatrix}$. 若 $\boldsymbol{P}=(\boldsymbol{\alpha}_1,\boldsymbol{\alpha}_2,\boldsymbol{\alpha}_3)$，$\boldsymbol{Q}=(\boldsymbol{\alpha}_1+\boldsymbol{\alpha}_2,\boldsymbol{\alpha}_2,\boldsymbol{\alpha}_3)$，则 $\boldsymbol{Q}^{-1}\boldsymbol{AQ}=$(　　).

A. $\begin{pmatrix}1&0&0\\0&2&0\\0&0&1\end{pmatrix}$；　　B. $\begin{pmatrix}1&0&0\\0&1&0\\0&0&2\end{pmatrix}$；

C. $\begin{pmatrix}2&0&0\\0&1&0\\0&0&2\end{pmatrix}$；　　D. $\begin{pmatrix}2&0&0\\0&2&0\\0&0&1\end{pmatrix}$.

9. （2012 数农）下列矩阵中不能相似于对角矩阵的为(　　).

A. $\begin{pmatrix}1&1\\0&1\end{pmatrix}$；　B. $\begin{pmatrix}1&1\\0&2\end{pmatrix}$；　C. $\begin{pmatrix}1&1\\1&2\end{pmatrix}$；　D. $\begin{pmatrix}1&2\\1&2\end{pmatrix}$.

10.（2013 数一/二/三）设 $\boldsymbol{A}$，$\boldsymbol{B}$，$\boldsymbol{C}$ 均为 $n$ 阶矩阵，若 $\boldsymbol{AB}=\boldsymbol{C}$，且 $\boldsymbol{B}$ 可逆，则(　　).

A. 矩阵 $\boldsymbol{C}$ 的行向量组与 $\boldsymbol{A}$ 的行向量组等价；

B. 矩阵 $\boldsymbol{C}$ 的行向量组与 $\boldsymbol{A}$ 的列向量组等价；

C. 矩阵 $\boldsymbol{C}$ 的行向量组与 $\boldsymbol{B}$ 的行向量组等价；

D. 矩阵 $\boldsymbol{C}$ 的行向量组与 $\boldsymbol{B}$ 的列向量组等价 .

11. （2013 数一/二/三）矩阵 $\begin{pmatrix}1&a&1\\a&b&a\\1&a&1\end{pmatrix}$ 与 $\begin{pmatrix}2&0&0\\0&b&0\\0&0&0\end{pmatrix}$ 相似的充要条件是

(　　).

A. $a=0$，$b=2$；　　B. $a=0$，$b$ 为任意实数；

C. $a=2$，$b=0$；　　D. $a=2$，$b$ 为任意实数.

12. (2014 数一/二/三)四阶行列式 $\begin{vmatrix} 0 & a & b & 0 \\ a & 0 & 0 & b \\ 0 & c & d & 0 \\ c & 0 & 0 & d \end{vmatrix}=$(　　).

A. $(ad-bc)^2$；　　B. $-(ad-bc)^2$；

C. $a^2d^2-b^2c^2$；　　D. $b^2c^2-a^2d^2$.

13. (2014 数一/二/三)设 $\boldsymbol{\alpha}_1$，$\boldsymbol{\alpha}_2$，$\boldsymbol{\alpha}_3$ 均为三维向量，则任意常数 $k$，$l$，向量组 $\boldsymbol{\alpha}_1+k\boldsymbol{\alpha}_3$，$\boldsymbol{\alpha}_2+l\boldsymbol{\alpha}_3$ 线性无关是向量组 $\boldsymbol{\alpha}_1$，$\boldsymbol{\alpha}_2$，$\boldsymbol{\alpha}_3$ 线性无关的(　　).

A. 必要非充分条件；　　B. 充分非必要条件；

C. 充分必要条件；　　D. 既非充分也非必要条件.

## 三、解答题

1. (2010 数一/二/三)设 $\boldsymbol{A}=\begin{pmatrix} \lambda & 1 & 1 \\ 0 & \lambda-1 & 0 \\ 1 & 1 & \lambda \end{pmatrix}$，$\boldsymbol{b}=\begin{pmatrix} a \\ 1 \\ 1 \end{pmatrix}$，已知线性方程组 $\boldsymbol{Ax}=\boldsymbol{b}$ 存在两个不同的解，(1) 求 $\lambda$，$a$；(2) 求 $\boldsymbol{Ax}=\boldsymbol{b}$ 的通解.

2. (2010 数一)已知二次型 $f(x_1, x_2, x_3)=\boldsymbol{x}^{\mathrm{T}}\boldsymbol{Ax}$ 在正交变换 $\boldsymbol{x}=\boldsymbol{Qy}$ 下的标准形为 $y_1^2+y_2^2$，且 $\boldsymbol{Q}$ 的第三列为 $\left(\frac{\sqrt{2}}{2}, 0, \frac{\sqrt{2}}{2}\right)^{\mathrm{T}}$，(1) 求矩阵 $\boldsymbol{A}$；(2) 证明 $\boldsymbol{A}+\boldsymbol{E}$ 为正定矩阵，其中 $\boldsymbol{E}$ 为三阶单位矩阵.

3. (2010 数二/三)设 $\boldsymbol{A}=\begin{pmatrix} 0 & -1 & 4 \\ -1 & 3 & a \\ 4 & a & 0 \end{pmatrix}$，正交矩阵 $\boldsymbol{Q}$ 使得 $\boldsymbol{Q}^{\mathrm{T}}\boldsymbol{AQ}$ 为对角矩阵，若 $\boldsymbol{Q}$ 的第一列为 $\frac{1}{\sqrt{6}}(1, 2, 1)^{\mathrm{T}}$，求 $a$，$\boldsymbol{Q}$.

4. (2011 数一/二)设向量组 $\boldsymbol{\alpha}_1=(1, 0, 1)^{\mathrm{T}}$，$\boldsymbol{\alpha}_2=(0, 1, 1)^{\mathrm{T}}$，$\boldsymbol{\alpha}_3=(1, 3, 5)^{\mathrm{T}}$ 不能由向量组 $\boldsymbol{\beta}_1=(1, 1, 1)^{\mathrm{T}}$，$\boldsymbol{\beta}_2=(1, 2, 3)^{\mathrm{T}}$，$\boldsymbol{\beta}_3=(3, 4, a)^{\mathrm{T}}$ 线性表示，(1) 求 $a$ 的值；(2) 将 $\boldsymbol{\beta}_1$，$\boldsymbol{\beta}_2$，$\boldsymbol{\beta}_3$ 由 $\boldsymbol{\alpha}_1$，$\boldsymbol{\alpha}_2$，$\boldsymbol{\alpha}_3$ 线性表出.

5. (2011 数一/二/三)设 $\boldsymbol{A}$ 为三阶实对称矩阵，$R(\boldsymbol{A})=2$，且

$$\boldsymbol{A}\begin{pmatrix} 1 & 1 \\ 0 & 0 \\ -1 & 1 \end{pmatrix}=\begin{pmatrix} -1 & 1 \\ 0 & 0 \\ 1 & 1 \end{pmatrix},$$

（1）求 $\boldsymbol{A}$ 的特征值与特征向量；（2）求矩阵 $\boldsymbol{A}$.

6. （2012 数一/二/三/农）设 $\boldsymbol{A}=\begin{pmatrix}1&a&0&0\\0&1&a&0\\0&0&1&a\\a&0&0&1\end{pmatrix}$，$\boldsymbol{\beta}=\begin{pmatrix}1\\-1\\0\\0\end{pmatrix}$，

（1）计算行列式 $|\boldsymbol{A}|$；

（2）当实数 $a$ 为何值时，方程组 $\boldsymbol{Ax}=\boldsymbol{\beta}$ 有无穷多解，并求其通解.

7. （2012 数一/二/三）设 $\boldsymbol{A}=\begin{pmatrix}1&0&1\\0&1&1\\-1&0&a\\0&a&-1\end{pmatrix}$，二次型 $f(x_1, x_2, x_3)=\boldsymbol{x}^{\mathrm{T}}(\boldsymbol{A}^{\mathrm{T}}\boldsymbol{A})\boldsymbol{x}$的秩为 2，

（1）求实数 $a$ 的值；

（2）利用正交变换$\boldsymbol{x}=\boldsymbol{Qy}$ 将 $f$ 化为标准形.

8. （2012 数农）设 $\boldsymbol{A}=\begin{pmatrix}a&-1&1\\-1&0&1\\1&b&0\end{pmatrix}$，$\boldsymbol{\alpha}=\begin{pmatrix}-1\\-1\\1\end{pmatrix}$为 $\boldsymbol{A}$ 的属于特征值 $-2$ 的特征向量，

（1）求 $a$，$b$ 的值；

（2）求可逆矩阵 $\boldsymbol{P}$ 和对角矩阵$\boldsymbol{Q}$，使得 $\boldsymbol{P}^{-1}\boldsymbol{AP}=\boldsymbol{Q}$.

9. （2013 数一/二/三）设 $\boldsymbol{A}=\begin{pmatrix}1&a\\1&0\end{pmatrix}$，$\boldsymbol{B}=\begin{pmatrix}0&1\\1&b\end{pmatrix}$，当 $a$，$b$ 为何值时，存在矩阵 $\boldsymbol{C}$ 使得 $\boldsymbol{AC}-\boldsymbol{CA}=\boldsymbol{B}$，并求所有的矩阵 $\boldsymbol{C}$.

10. （2014 数一/二/三）设矩阵 $\boldsymbol{A}=\begin{pmatrix}1&-2&3&-4\\0&1&-1&1\\1&2&0&-3\end{pmatrix}$，$\boldsymbol{E}$ 为三阶单位矩阵，

（1）求 $\boldsymbol{Ax}=\boldsymbol{0}$ 的一个基础解系；

（2）求满足 $\boldsymbol{AB}=\boldsymbol{E}$ 的所有的矩阵 $\boldsymbol{B}$.

## 四、证明题

1. （2008 数一）设 $\boldsymbol{A}=\boldsymbol{\alpha\alpha}^{\mathrm{T}}+\boldsymbol{\beta\beta}^{\mathrm{T}}$，$\boldsymbol{\alpha}$，$\boldsymbol{\beta}$ 是三维列向量，$\boldsymbol{\alpha}^{\mathrm{T}}$ 为 $\boldsymbol{\alpha}$ 的转置，$\boldsymbol{\beta}^{\mathrm{T}}$ 为 $\boldsymbol{\beta}$ 的转置，证明：(1)$R(\boldsymbol{A})\leqslant 2$；(2) 若 $\boldsymbol{\alpha}$，$\boldsymbol{\beta}$ 线性相关，则 $R(\boldsymbol{A})\leqslant 1$.

2. （2013 数一/二/三）设二次型

$$f(x_1, x_2, x_3)=2(a_1x_1+a_2x_2+a_3x_3)^2+(b_1x_1+b_2x_2+b_3x_3)^2,$$

记
$$\boldsymbol{\alpha}=\begin{pmatrix}a_1\\a_2\\a_3\end{pmatrix},\ \boldsymbol{\beta}=\begin{pmatrix}b_1\\b_2\\b_3\end{pmatrix},$$

(1) 证明二次型 $f$ 对应的矩阵为 $2\boldsymbol{\alpha}\boldsymbol{\alpha}^{\mathrm{T}}+\boldsymbol{\beta}\boldsymbol{\beta}^{\mathrm{T}}$；

(2) 若 $\boldsymbol{\alpha}$，$\boldsymbol{\beta}$ 正交且为单位向量，证明 $f$ 在正交变换下的标准形为 $2y_1^2+y_2^2$.

3. (2014 数一/二/三)证明 $n$ 阶矩阵

$$\begin{pmatrix}1&1&\cdots&1\\1&1&\cdots&1\\\vdots&\vdots&&\vdots\\1&1&\cdots&1\end{pmatrix}\text{与}\begin{pmatrix}0&0&\cdots&1\\0&0&\cdots&2\\\vdots&\vdots&&\vdots\\0&0&\cdots&n\end{pmatrix}$$

相似.

## 答　案

一、填空题

1. $a=$ 6 . 2. $|\boldsymbol{A}+\boldsymbol{B}^{-1}|=$ 3 . 3. $a=$ 1 .
4. $f$ 的正惯性指数为 2 . 5. $f$ 在正交变换 $\boldsymbol{x}=\boldsymbol{Q}\boldsymbol{y}$ 下的标准形为 $3y_1^2$ .
6. 矩阵 $\boldsymbol{E}-\boldsymbol{\alpha}\boldsymbol{\alpha}^{\mathrm{T}}$ 的秩为 2 . 7. $|\boldsymbol{B}\boldsymbol{A}^*|=$ $-27$ . 8. $|\boldsymbol{A}^*\boldsymbol{B}|=$ 9 .
9. $|\boldsymbol{A}|=$ $-1$ . 10. $a$ 的取值范围为 $-2\leqslant a\leqslant 2$ .

二、选择题

1. A; 2. D; 3. A; 4. D; 5. D; 6. C; 7. C; 8. B; 9. A; 10. B; 11. B; 12. B; 13. A.

三、解答题

1. (1) $\lambda=-1$，$a=-2$；

(2) $\boldsymbol{A}\boldsymbol{x}=\boldsymbol{b}$ 的通解为 $\boldsymbol{x}=k\begin{pmatrix}1\\0\\1\end{pmatrix}+\begin{pmatrix}\frac{3}{2}\\-\frac{1}{2}\\0\end{pmatrix}$，其中 $k$ 为任意实数.

2. $\boldsymbol{A}=\begin{pmatrix}\frac{1}{2}&0&-\frac{1}{2}\\0&1&0\\-\frac{1}{2}&0&\frac{1}{2}\end{pmatrix}$.

3. $a=-1$；$\boldsymbol{Q}=(\boldsymbol{q}_1, \boldsymbol{q}_2, \boldsymbol{q}_3)=\begin{pmatrix} \frac{1}{\sqrt{6}} & \frac{1}{\sqrt{3}} & -\frac{1}{\sqrt{2}} \\ \frac{2}{\sqrt{6}} & -\frac{1}{\sqrt{3}} & 0 \\ \frac{1}{\sqrt{6}} & \frac{1}{\sqrt{3}} & \frac{1}{\sqrt{2}} \end{pmatrix}$.

4. (1) $a=5$；(2) $\boldsymbol{\beta}_1=2\boldsymbol{\alpha}_1+4\boldsymbol{\alpha}_2-\boldsymbol{\alpha}_3$，$\boldsymbol{\beta}_2=\boldsymbol{\alpha}_1+2\boldsymbol{\alpha}_2$，$\boldsymbol{\beta}_3=5\boldsymbol{\alpha}_1+10\boldsymbol{\alpha}_2-2\boldsymbol{\alpha}_3$.

5. (1) $\boldsymbol{A}$ 的 3 个特征值为 $\lambda_1=-1$，$\lambda_2=1$，$\lambda_3=0$，对应的特征向量依次为 $k_1(-1, 0, 1)^{\mathrm{T}}$，$k_2(1, 0, 1)^{\mathrm{T}}$，$k_3(0, 1, 0)^{\mathrm{T}}$，其中 $k_1$，$k_2$，$k_3$ 为任意非零实数；

(2) $\boldsymbol{A}=\begin{pmatrix} 0 & 0 & 1 \\ 0 & 0 & 0 \\ 1 & 0 & 0 \end{pmatrix}$.

6. (1) $|\boldsymbol{A}|=1-a^4$；

(2) 当 $a=-1$ 时，$\boldsymbol{Ax}=\boldsymbol{\beta}$ 的通解为 $\boldsymbol{x}=k(1, 1, 1, 1)^{\mathrm{T}}+(0, -1, 0, 0)^{\mathrm{T}}$，$k$ 为任意常数.

7. (1) $a=-1$；(2) 二次型 $f$ 的标准形为 $f(\boldsymbol{x})=\boldsymbol{x}^{\mathrm{T}}(\boldsymbol{A}^{\mathrm{T}}\boldsymbol{A})\boldsymbol{x}=\boldsymbol{y}^{\mathrm{T}}\boldsymbol{\Lambda}\boldsymbol{y}=2y_1^2+6y_2^2$.

8. (1) $a=0$，$b=1$；(2) $\boldsymbol{P}=\begin{pmatrix} 1 & 0 & -1 \\ 0 & 1 & -1 \\ 1 & 1 & 1 \end{pmatrix}$，$\boldsymbol{Q}=\begin{pmatrix} 1 & 0 & 0 \\ 0 & 1 & 0 \\ 0 & 0 & -2 \end{pmatrix}$，可使 $\boldsymbol{P}^{-1}\boldsymbol{AP}=\boldsymbol{Q}$.

9. $a=-1$，$b=0$；$\boldsymbol{C}=\begin{pmatrix} k_1+k_2+1 & -k_1 \\ k_1 & k_2 \end{pmatrix}$ （$k_1$，$k_2$ 为任意实数）.

10. (1) 方程组 $\boldsymbol{Ax}=\boldsymbol{0}$ 的一个基础解系为 $\boldsymbol{\alpha}=(-1, 2, 3, 1)^{\mathrm{T}}$；

(2) $\boldsymbol{B}=\begin{pmatrix} -k_1+2 & -k_2+6 & -k_3-1 \\ 2k_1-1 & 2k_2-3 & 2k_3+1 \\ 3k_1-1 & 3k_2-4 & 3k_3+1 \\ k_1 & k_2 & k_3 \end{pmatrix}$ $(k_1, k_2, k_3\in\mathbf{R})$.

# 附录三　研究生入学考试线性代数试题及答案(2015—2020)

## 一、选择题

1. (2015 数一/二/三)设矩阵 $\boldsymbol{A}=\begin{pmatrix}1&1&1\\1&2&a\\1&4&a^2\end{pmatrix}$，$\boldsymbol{b}=\begin{pmatrix}1\\d\\d^2\end{pmatrix}$，若集合 $\Omega=\{1,2\}$，则线性方程组 $\boldsymbol{Ax}=\boldsymbol{b}$ 有无穷多解的充分必要条件为(　　).

A. $a\notin\Omega$，$d\notin\Omega$；　　B. $a\notin\Omega$，$d\in\Omega$；

C. $a\in\Omega$，$d\notin\Omega$；　　D. $a\in\Omega$，$d\in\Omega$.

2. (2015 数一/二/三)设二次型 $f(x_1,x_2,x_3)$在正交变换$\boldsymbol{x}=\boldsymbol{Py}$ 下的标准形为 $2y_1^2+y_2^2-y_3^2$，其中 $\boldsymbol{P}=(\boldsymbol{e}_1,\boldsymbol{e}_2,\boldsymbol{e}_3)$，若$\boldsymbol{Q}=(\boldsymbol{e}_1,-\boldsymbol{e}_3,\boldsymbol{e}_2)$，则 $f(x_1,x_2,x_3)$在正交变换$\boldsymbol{x}=\boldsymbol{Qy}$ 下的标准形为(　　).

A. $2y_1^2-y_2^2+y_3^2$；　　B. $2y_1^2+y_2^2-y_3^2$；

C. $2y_1^2-y_2^2-y_3^2$；　　D. $2y_1^2+y_2^2+y_3^2$.

3. (2016 数一/二/三)设 $\boldsymbol{A}$，$\boldsymbol{B}$ 是可逆矩阵，且 $\boldsymbol{A}$ 与 $\boldsymbol{B}$ 相似，则下列结论错误的是(　　).

A. $\boldsymbol{A}^{\mathrm{T}}$ 与 $\boldsymbol{B}^{\mathrm{T}}$ 相似；　　B. $\boldsymbol{A}^{-1}$与 $\boldsymbol{B}^{-1}$相似；

C. $\boldsymbol{A}+\boldsymbol{A}^{\mathrm{T}}$ 与 $\boldsymbol{B}+\boldsymbol{B}^{\mathrm{T}}$ 相似；　　D. $\boldsymbol{A}+\boldsymbol{A}^{-1}$与 $\boldsymbol{B}+\boldsymbol{B}^{-1}$相似.

4. (2016 数一)设二次型 $f(x_1,x_2,x_3)=x_1^2+x_2^2+x_3^2+4x_1x_2+4x_1x_3+4x_2x_3$，则 $f(x_1,x_2,x_3)=2$ 在空间直角坐标下表示的二次曲面为(　　).

A. 单叶双曲面；B. 双叶双曲面；C. 椭球面；　D. 柱面.

5. (2016 数二/三)设二次型 $f(x_1,x_2,x_3)=a(x_1^2+x_2^2+x_3^2)+2x_1x_2+2x_1x_3+2x_2x_3$ 的正负惯性指数分别为 1，2，则(　　).

A. $a>1$；　B. $a<-2$；　C. $-2<a<1$；　D. $a=1$ 或 $a=-2$.

6. (2017 数一/三)设 $\boldsymbol{\alpha}$ 是 $n$ 维单位列向量，$\boldsymbol{E}$ 为 $n$ 阶单位矩阵，则(　　).

A. $\boldsymbol{E}-\boldsymbol{\alpha\alpha}^{\mathrm{T}}$ 不可逆；　　B. $\boldsymbol{E}+\boldsymbol{\alpha\alpha}^{\mathrm{T}}$ 不可逆；

C. $\boldsymbol{E}+2\boldsymbol{\alpha\alpha}^{\mathrm{T}}$ 不可逆；　　D. $\boldsymbol{E}-2\boldsymbol{\alpha\alpha}^{\mathrm{T}}$ 不可逆.

7. (2017 数一/二/三)设矩阵 $\boldsymbol{A}=\begin{pmatrix}2&0&0\\0&2&1\\0&0&1\end{pmatrix}$，$\boldsymbol{B}=\begin{pmatrix}2&1&0\\0&2&0\\0&0&1\end{pmatrix}$，$\boldsymbol{C}=$

$\begin{pmatrix}1&0&0\\0&2&0\\0&0&2\end{pmatrix}$，则(　　).

A. $\boldsymbol{A}$ 与 $\boldsymbol{C}$ 相似，$\boldsymbol{B}$ 与 $\boldsymbol{C}$ 相似；　　B. $\boldsymbol{A}$ 与 $\boldsymbol{C}$ 相似，$\boldsymbol{B}$ 与 $\boldsymbol{C}$ 不相似；

C. $\boldsymbol{A}$ 与 $\boldsymbol{C}$ 不相似，$\boldsymbol{B}$ 与 $\boldsymbol{C}$ 相似；　　D. $\boldsymbol{A}$ 与 $\boldsymbol{C}$ 不相似，$\boldsymbol{B}$ 与 $\boldsymbol{C}$ 不相似.

8. （2017 数二）设 $\boldsymbol{A}$ 为三阶矩阵，$\boldsymbol{P}=(\boldsymbol{\alpha}_1, \boldsymbol{\alpha}_2, \boldsymbol{\alpha}_3)$ 为可逆矩阵，使得 $\boldsymbol{P}^{-1}\boldsymbol{A}\boldsymbol{P}=\begin{pmatrix}0&0&0\\0&1&0\\0&0&2\end{pmatrix}$，则 $\boldsymbol{A}(\boldsymbol{\alpha}_1, \boldsymbol{\alpha}_2, \boldsymbol{\alpha}_3)=$(　　).

A. $\boldsymbol{\alpha}_1+\boldsymbol{\alpha}_2$；　　B. $\boldsymbol{\alpha}_2+2\boldsymbol{\alpha}_3$；　　C. $\boldsymbol{\alpha}_2+\boldsymbol{\alpha}_3$；　　D. $\boldsymbol{\alpha}_1+2\boldsymbol{\alpha}_2$.

9. （2018 数一/二/三）下列矩阵中，与矩阵 $\begin{pmatrix}1&1&0\\0&1&1\\0&0&1\end{pmatrix}$ 相似的为(　　).

A. $\begin{pmatrix}1&1&-1\\0&1&1\\0&0&1\end{pmatrix}$；　　B. $\begin{pmatrix}1&0&-1\\0&1&1\\0&0&1\end{pmatrix}$；

C. $\begin{pmatrix}1&1&-1\\0&1&0\\0&0&1\end{pmatrix}$；　　D. $\begin{pmatrix}1&0&-1\\0&1&0\\0&0&1\end{pmatrix}$.

10. （2018 数一/二/三）设 $\boldsymbol{A}$，$\boldsymbol{B}$ 为 $n$ 阶矩阵，记 $R(\boldsymbol{X})$ 为矩阵 $\boldsymbol{X}$ 的秩，$(\boldsymbol{X}, \boldsymbol{Y})$ 表示分块矩阵，则(　　).

A. $R(\boldsymbol{A}, \boldsymbol{AB})=R(\boldsymbol{A})$；　　B. $R(\boldsymbol{A}, \boldsymbol{BA})=R(\boldsymbol{A})$；

C. $R(\boldsymbol{A}, \boldsymbol{B})=\max\{R(\boldsymbol{A}), R(\boldsymbol{B})\}$；D. $R(\boldsymbol{A}, \boldsymbol{B})=R(\boldsymbol{A}^{\mathrm{T}}, \boldsymbol{B}^{\mathrm{T}})$.

11. （2019 数一/二/三）设 $\boldsymbol{A}$ 是三阶实对称矩阵，$\boldsymbol{E}$ 是三阶单位矩阵，若 $\boldsymbol{A}^2+\boldsymbol{A}=2\boldsymbol{E}$，且 $|\boldsymbol{A}|=4$，则二次型 $\boldsymbol{x}^{\mathrm{T}}\boldsymbol{A}\boldsymbol{x}$ 的规范形为(　　).

A. $y_1^2+y_2^2+y_3^2$；　　B. $y_1^2+y_2^2-y_3^2$；

C. $y_1^2-y_2^2-y_3^2$；　　D. $-y_1^2-y_2^2-y_3^2$.

12. （2019 数一）如图所示，有 3 张平面两两相交，交线相互平行，它们的方程 $a_{i1}x+a_{i2}y+a_{i3}z=d_i(i=1, 2, 3)$ 组成的线性方程组的系数矩阵和增广矩阵分别记为 $\boldsymbol{A}$，$\overline{\boldsymbol{A}}$，则(　　).

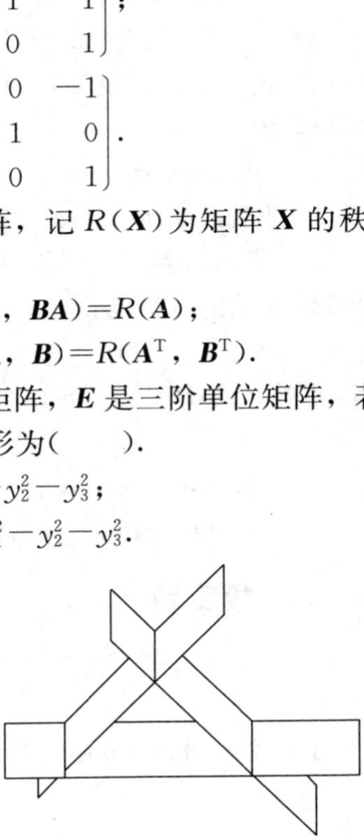

A. $R(\boldsymbol{A})=2$，$R(\overline{\boldsymbol{A}})=3$；

B. $R(\boldsymbol{A})=2$，$R(\overline{\boldsymbol{A}})=2$；

C. $R(\boldsymbol{A})=1$，$R(\bar{\boldsymbol{A}})=2$；

D. $R(\boldsymbol{A})=1$，$R(\bar{\boldsymbol{A}})=1$.

13. (2019 数二/三)设 $\boldsymbol{A}$ 是四阶矩阵，$\boldsymbol{A}^*$ 是 $\boldsymbol{A}$ 的伴随矩阵，若线性方程组 $\boldsymbol{A}\boldsymbol{x}=\boldsymbol{0}$ 的基础解系中只有 2 个向量，则 $\boldsymbol{A}^*$ 的秩是(　　).

A. 0；　　B. 1；　　C. 2；　　D. 3.

14. (2020 数一)若矩阵 $\boldsymbol{A}$ 经初等列变换化为 $\boldsymbol{B}$，则(　　).

A. 存在矩阵 $\boldsymbol{P}$，使得 $\boldsymbol{PA}=\boldsymbol{B}$；　　B. 存在矩阵 $\boldsymbol{P}$，使得 $\boldsymbol{BP}=\boldsymbol{A}$；

C. 存在矩阵 $\boldsymbol{P}$，使得 $\boldsymbol{PB}=\boldsymbol{A}$；　　D. 方程组 $\boldsymbol{A}\boldsymbol{x}=\boldsymbol{0}$ 与 $\boldsymbol{B}\boldsymbol{x}=\boldsymbol{0}$ 同解.

15. (2020 数一)已知直线 $L_1$：$\dfrac{x-a_2}{a_1}=\dfrac{y-b_2}{b_1}=\dfrac{z-c_2}{c_1}$ 与直线 $L_2$：$\dfrac{x-a_3}{a_2}=\dfrac{y-b_3}{b_2}=\dfrac{z-c_3}{c_2}$ 相交于一点，法向量 $\boldsymbol{\alpha}_i=\begin{pmatrix}a_i\\b_i\\c_i\end{pmatrix}$，$i=1,2,3$，则(　　).

A. $\boldsymbol{\alpha}_1$ 可由 $\boldsymbol{\alpha}_2$，$\boldsymbol{\alpha}_3$ 线性表示；　　B. $\boldsymbol{\alpha}_2$ 可由 $\boldsymbol{\alpha}_1$，$\boldsymbol{\alpha}_3$ 线性表示；

C. $\boldsymbol{\alpha}_3$ 可由 $\boldsymbol{\alpha}_1$，$\boldsymbol{\alpha}_2$ 线性表示；　　D. $\boldsymbol{\alpha}_1$，$\boldsymbol{\alpha}_2$，$\boldsymbol{\alpha}_3$ 线性无关.

16. (2020 数二/三)设四阶矩阵 $\boldsymbol{A}=(a_{ij})$ 不可逆，$a_{12}$ 的代数余子式 $A_{12}\neq 0$，$\boldsymbol{\alpha}_1$，$\boldsymbol{\alpha}_2$，$\boldsymbol{\alpha}_3$，$\boldsymbol{\alpha}_4$ 为矩阵 $\boldsymbol{A}$ 的列向量组，$\boldsymbol{A}^*$ 是 $\boldsymbol{A}$ 的伴随矩阵，则 $\boldsymbol{A}^*\boldsymbol{x}=\boldsymbol{0}$ 的通解为(　　).

A. $x=k_1\boldsymbol{\alpha}_1+k_2\boldsymbol{\alpha}_2+k_3\boldsymbol{\alpha}_3$；　　B. $x=k_1\boldsymbol{\alpha}_1+k_2\boldsymbol{\alpha}_2+k_3\boldsymbol{\alpha}_4$；

C. $x=k_1\boldsymbol{\alpha}_1+k_2\boldsymbol{\alpha}_3+k_3\boldsymbol{\alpha}_4$；　　D. $x=k_1\boldsymbol{\alpha}_2+k_2\boldsymbol{\alpha}_3+k_3\boldsymbol{\alpha}_4$.

17. (2020 数二/三)设 $\boldsymbol{A}$ 是三阶矩阵，$\boldsymbol{\alpha}_1$，$\boldsymbol{\alpha}_2$ 为 $\boldsymbol{A}$ 的特征值 1 对应的两个线性无关的特征向量，$\boldsymbol{\alpha}_3$ 为 $\boldsymbol{A}$ 的特征值 $-1$ 的特征向量．若存在可逆矩阵 $\boldsymbol{P}$，使得 $\boldsymbol{P}^{-1}\boldsymbol{AP}=\begin{pmatrix}1&0&0\\0&-1&0\\0&0&1\end{pmatrix}$，则 $\boldsymbol{P}$ 可为(　　).

A. $(\boldsymbol{\alpha}_1+\boldsymbol{\alpha}_3,\ \boldsymbol{\alpha}_2,\ -\boldsymbol{\alpha}_3)$；　　B. $(\boldsymbol{\alpha}_1+\boldsymbol{\alpha}_2,\ \boldsymbol{\alpha}_2,\ -\boldsymbol{\alpha}_3)$；

C. $(\boldsymbol{\alpha}_1+\boldsymbol{\alpha}_3,\ -\boldsymbol{\alpha}_3,\ \boldsymbol{\alpha}_2)$；　　D. $(\boldsymbol{\alpha}_1+\boldsymbol{\alpha}_2,\ -\boldsymbol{\alpha}_3,\ \boldsymbol{\alpha}_2)$.

## 二、填空题

1. (2015 数一)$n$ 阶行列式 $D=\begin{vmatrix}2&0&\cdots&0&2\\-1&2&\cdots&0&2\\\vdots&\vdots&&\vdots&\vdots\\0&0&\cdots&2&2\\0&0&\cdots&-1&2\end{vmatrix}=$________.

2. (2015 数二/三)若三阶矩阵 $\boldsymbol{A}$ 的特征值为 2，－2，1，$\boldsymbol{B}=\boldsymbol{A}^2-\boldsymbol{A}+\boldsymbol{E}$，其中 $\boldsymbol{E}$ 为三阶单位阵，则行列式 $|\boldsymbol{B}|=$________.

3. (2016 数一/三)行列式 $D=\begin{vmatrix} \lambda & -1 & 0 & 0 \\ 0 & \lambda & -1 & 0 \\ 0 & 0 & \lambda & -1 \\ 4 & 3 & 2 & \lambda+1 \end{vmatrix}=$________.

4. (2016 数二)设矩阵 $\begin{pmatrix} a & -1 & -1 \\ -1 & a & -1 \\ -1 & -1 & a \end{pmatrix}$ 与 $\begin{pmatrix} 1 & 1 & 0 \\ 0 & -1 & 1 \\ 1 & 0 & 1 \end{pmatrix}$ 等价，则 $a=$________.

5. (2017 数一/三)设矩阵 $\boldsymbol{A}=\begin{pmatrix} 1 & 0 & 1 \\ 1 & 1 & 2 \\ 0 & 1 & 1 \end{pmatrix}$，$\boldsymbol{\alpha}_1$，$\boldsymbol{\alpha}_2$，$\boldsymbol{\alpha}_3$ 为线性无关的三维列向量组，则向量组 $\boldsymbol{A\alpha}_1$，$\boldsymbol{A\alpha}_2$，$\boldsymbol{A\alpha}_3$ 的秩为________.

6. (2017 数二)设矩阵 $\boldsymbol{A}=\begin{pmatrix} 4 & 1 & -2 \\ 1 & 2 & a \\ 3 & 1 & -1 \end{pmatrix}$ 的一个特征向量为 $\begin{pmatrix} 1 \\ 1 \\ 2 \end{pmatrix}$，则 $a=$________.

7. (2018 数一)设二阶矩阵 $\boldsymbol{A}$ 有两个不同特征值，$\boldsymbol{\alpha}_1$，$\boldsymbol{\alpha}_2$ 是 $\boldsymbol{A}$ 的线性无关的特征向量，且满足 $\boldsymbol{A}^2(\boldsymbol{\alpha}_1+\boldsymbol{\alpha}_2)=\boldsymbol{\alpha}_1+\boldsymbol{\alpha}_2$，则 $|\boldsymbol{A}|=$________.

8. (2018 数二/三)设 $\boldsymbol{A}$ 为三阶矩阵，$\boldsymbol{\alpha}_1$，$\boldsymbol{\alpha}_2$，$\boldsymbol{\alpha}_3$ 为线性无关的向量组．若 $\boldsymbol{A\alpha}_1=2\boldsymbol{\alpha}_1+\boldsymbol{\alpha}_2+\boldsymbol{\alpha}_3$，$\boldsymbol{A\alpha}_2=\boldsymbol{\alpha}_2+2\boldsymbol{\alpha}_3$，$\boldsymbol{A\alpha}_3=-\boldsymbol{\alpha}_2+\boldsymbol{\alpha}_3$，则 $\boldsymbol{A}$ 的实特征值为________.

9. (2019 数一)设 $\boldsymbol{A}=(\boldsymbol{\alpha}_1，\boldsymbol{\alpha}_2，\boldsymbol{\alpha}_3)$为三阶矩阵，若 $\boldsymbol{\alpha}_1$，$\boldsymbol{\alpha}_2$ 线性无关，且 $\boldsymbol{\alpha}_3=-\boldsymbol{\alpha}_1+2\boldsymbol{\alpha}_2$，则线性方程组 $\boldsymbol{Ax}=\boldsymbol{0}$的通解为________.

10. (2019 数二)已知矩阵 $\boldsymbol{A}=\begin{pmatrix} 1 & -1 & 0 & 0 \\ -2 & 1 & -1 & 1 \\ 3 & -2 & 2 & -1 \\ 0 & 0 & 3 & 4 \end{pmatrix}$，$A_{ij}$ 表示 $|\boldsymbol{A}|$ 中 $(i，j)$元的代数余子式，则 $A_{11}-A_{12}=$________.

11. (2019 数三)$\boldsymbol{A}=\begin{pmatrix} 1 & 0 & -1 \\ 1 & 1 & -1 \\ 0 & 1 & a^2-1 \end{pmatrix}$，$\boldsymbol{b}=\begin{pmatrix} 0 \\ 1 \\ a \end{pmatrix}$，$\boldsymbol{AX}=\boldsymbol{b}$ 有无穷多解，则 $a=$________.

12. (2020 数一/二/三)行列式 $D=\begin{vmatrix} a & 0 & -1 & 1 \\ 0 & a & 1 & -1 \\ -1 & 1 & a & 0 \\ 1 & -1 & 0 & a \end{vmatrix}=$______.

## 三、解答题

1. (2015 数一)设向量组 $\boldsymbol{\alpha}_1$, $\boldsymbol{\alpha}_2$, $\boldsymbol{\alpha}_3$ 是三维向量空间 $\mathbf{R}^3$ 的一组基, $\boldsymbol{\beta}_1=2\boldsymbol{\alpha}_1+2k\boldsymbol{\alpha}_3$, $\boldsymbol{\beta}_2=2\boldsymbol{\alpha}_2$, $\boldsymbol{\beta}_3=\boldsymbol{\alpha}_1+(k+1)\boldsymbol{\alpha}_3$.

(1) 证明向量组 $\boldsymbol{\beta}_1$, $\boldsymbol{\beta}_2$, $\boldsymbol{\beta}_3$ 是 $\mathbf{R}^3$ 的一组基;

(2) 当 $k$ 为何值时, 存在非零向量 $\boldsymbol{\xi}$ 在基 $\boldsymbol{\alpha}_1$, $\boldsymbol{\alpha}_2$, $\boldsymbol{\alpha}_3$ 与基 $\boldsymbol{\beta}_1$, $\boldsymbol{\beta}_2$, $\boldsymbol{\beta}_3$ 下的坐标相同, 并求出所有的 $\boldsymbol{\xi}$.

2. (2015 数一/二/三) 设矩阵 $\boldsymbol{A}=\begin{pmatrix} 0 & 2 & -3 \\ -1 & 3 & -3 \\ 1 & -2 & a \end{pmatrix}$ 相似于矩阵 $\boldsymbol{B}=\begin{pmatrix} 1 & -2 & 0 \\ 0 & b & 0 \\ 0 & 3 & 1 \end{pmatrix}$.

(1) 求 $a$, $b$ 的值;

(2) 求可逆矩阵 $\boldsymbol{P}$, 使 $\boldsymbol{P}^{-1}\boldsymbol{AP}$ 为对角矩阵.

3. (2015 数二/三)设矩阵 $\boldsymbol{A}=\begin{pmatrix} a & 1 & 0 \\ 1 & a & -1 \\ 0 & 1 & a \end{pmatrix}$ 且 $\boldsymbol{A}^3=\boldsymbol{O}$.

(1) 求 $a$ 的值;

(2) 若矩阵 $\boldsymbol{X}$ 满足 $\boldsymbol{X}-\boldsymbol{XA}^2-\boldsymbol{AX}+\boldsymbol{AXA}^2=\boldsymbol{E}$, $\boldsymbol{E}$ 为三阶单位阵, 求 $\boldsymbol{X}$.

4. (2016 数一)设矩阵 $\boldsymbol{A}=\begin{pmatrix} 1 & -1 & -1 \\ 2 & a & 1 \\ -1 & 1 & a \end{pmatrix}$, $\boldsymbol{B}=\begin{pmatrix} 2 & 2 \\ 1 & a \\ -a-1 & -2 \end{pmatrix}$, 当 $a$ 为何值时, 方程 $\boldsymbol{AX}=\boldsymbol{B}$ 无解、有唯一解、有无穷多解?

5. (2016 数一/二/三)已知矩阵 $\boldsymbol{A}=\begin{pmatrix} 0 & -1 & 1 \\ 2 & -3 & 0 \\ 0 & 0 & 0 \end{pmatrix}$,

(1) 求 $\boldsymbol{A}^{99}$;

(2) 设三阶矩阵 $\boldsymbol{B}=(\boldsymbol{\alpha}_1, \boldsymbol{\alpha}_2, \boldsymbol{\alpha}_3)$ 满足 $\boldsymbol{B}^2=\boldsymbol{BA}$, 记 $\boldsymbol{B}^{100}=(\boldsymbol{\beta}_1, \boldsymbol{\beta}_2, \boldsymbol{\beta}_3)$, 将 $\boldsymbol{\beta}_1$, $\boldsymbol{\beta}_2$, $\boldsymbol{\beta}_3$ 分别表示为 $\boldsymbol{\alpha}_1$, $\boldsymbol{\alpha}_2$, $\boldsymbol{\alpha}_3$ 的线性组合.

6. （2016 数二/三）设矩阵 $\boldsymbol{A}=\begin{pmatrix}1&1&1-a\\1&0&a\\a+1&1&a+1\end{pmatrix}$，$\boldsymbol{\beta}=\begin{pmatrix}0\\1\\2a-2\end{pmatrix}$，且方程组 $\boldsymbol{Ax}=\boldsymbol{\beta}$ 无解.

（1）求 $a$ 的值；

（2）求方程组 $\boldsymbol{A}^{\mathrm{T}}\boldsymbol{Ax}=\boldsymbol{A}^{\mathrm{T}}\boldsymbol{\beta}$ 的通解.

7. （2017 数一/二/三）设三阶矩阵 $\boldsymbol{A}=(\boldsymbol{\alpha}_1,\ \boldsymbol{\alpha}_2,\ \boldsymbol{\alpha}_3)$ 有 3 个不同的特征值，且 $\boldsymbol{\alpha}_3=\boldsymbol{\alpha}_1+2\boldsymbol{\alpha}_2$.

（1）证明：$R(\boldsymbol{A})=2$；

（2）若 $\boldsymbol{\beta}=\boldsymbol{\alpha}_1+\boldsymbol{\alpha}_2+\boldsymbol{\alpha}_3$，求方程组 $\boldsymbol{Ax}=\boldsymbol{\beta}$ 的通解.

8. （2017 数一/二/三）设二次型 $f(x_1,\ x_2,\ x_3)=2x_1^2-x_2^2+ax_3^2+2x_1x_2-8x_1x_3+2x_2x_3$ 在正交变换 $\boldsymbol{x}=\boldsymbol{Qy}$ 下的标准形为 $\lambda_1y_1^2+\lambda_2y_2^2$，求 $a$ 的值及一个正交矩阵 $\boldsymbol{Q}$.

9. （2018 数一/二/三）设实二次型 $f(x_1,\ x_2,\ x_3)=(x_1-x_2+x_3)^2+(x_2+x_3)^2+(x_1+ax_3)^2$，其中 $a$ 是参数.

（1）求 $f(x_1,\ x_2,\ x_3)=0$ 的解；（2）求 $f(x_1,\ x_2,\ x_3)$ 的规范形.

10. （2018 数一/二/三）已知 $a$ 是常数，且矩阵 $\boldsymbol{A}=\begin{pmatrix}1&2&a\\1&3&0\\2&7&-a\end{pmatrix}$ 可经初等列变换化为矩阵 $\boldsymbol{B}=\begin{pmatrix}1&a&2\\0&1&1\\-1&1&1\end{pmatrix}$.

（1）求 $a$；（2）求满足 $\boldsymbol{AP}=\boldsymbol{B}$ 的可逆矩阵 $\boldsymbol{P}$.

11. （2019 数一）设向量组 $\boldsymbol{\alpha}_1=(1,\ 2,\ 1)^{\mathrm{T}}$，$\boldsymbol{\alpha}_2=(1,\ 3,\ 2)^{\mathrm{T}}$，$\boldsymbol{\alpha}_3=(1,\ a,\ 3)^{\mathrm{T}}$ 为 $\mathbf{R}^3$ 的一组基，$\boldsymbol{\beta}=(1,\ 1,\ 1)^{\mathrm{T}}$ 在这组基下的坐标为 $(b,\ c,\ 1)^{\mathrm{T}}$.

（1）求 $a$，$b$，$c$；

（2）证明：$\boldsymbol{\alpha}_2$，$\boldsymbol{\alpha}_3$，$\boldsymbol{\beta}$ 为 $\mathbf{R}^3$ 的一组基，并求 $\boldsymbol{\alpha}_2$，$\boldsymbol{\alpha}_3$，$\boldsymbol{\beta}$ 到 $\boldsymbol{\alpha}_1$，$\boldsymbol{\alpha}_2$，$\boldsymbol{\alpha}_3$ 的过渡矩阵.

12. （2019 数一/二/三）已知矩阵 $\boldsymbol{A}=\begin{pmatrix}-2&-2&1\\2&x&-2\\0&0&-2\end{pmatrix}$ 与 $\boldsymbol{B}=\begin{pmatrix}2&1&0\\0&-1&0\\0&0&y\end{pmatrix}$ 相似，

（1）求 $x$，$y$；（2）求可逆矩阵 $\boldsymbol{P}$ 使得 $\boldsymbol{P}^{-1}\boldsymbol{AP}=\boldsymbol{B}$.

13. （2019 数二/三）已知向量组（Ⅰ）$\boldsymbol{\alpha}_1=\begin{pmatrix}1\\1\\4\end{pmatrix}$，$\boldsymbol{\alpha}_2=\begin{pmatrix}1\\0\\4\end{pmatrix}$，$\boldsymbol{\alpha}_3=\begin{pmatrix}1\\2\\a^2+3\end{pmatrix}$；

（Ⅱ）$\boldsymbol{\beta}_1=\begin{pmatrix}1\\1\\a+3\end{pmatrix}$，$\boldsymbol{\beta}_2=\begin{pmatrix}0\\2\\1-a\end{pmatrix}$，$\boldsymbol{\beta}_3=\begin{pmatrix}1\\3\\a^2+3\end{pmatrix}$，若向量组（Ⅰ）和向量组（Ⅱ）等价，求 $a$ 的取值，并将 $\boldsymbol{\beta}_3$ 用 $\boldsymbol{\alpha}_1$，$\boldsymbol{\alpha}_2$，$\boldsymbol{\alpha}_3$ 线性表示．

14.（2020 数一/三）二次型 $f(x_1, x_2)=x_1^2-4x_1x_2+4x_2^2$ 经正交变换 $\begin{pmatrix}x_1\\x_2\end{pmatrix}=\boldsymbol{Q}\begin{pmatrix}y_1\\y_2\end{pmatrix}$ 化为二次型 $g(y_1, y_2)=ay_1^2+4y_1y_2+by_2^2$，$a\geqslant b$，求：

（1）$a$，$b$ 的值；（2）正交矩阵 $\boldsymbol{Q}$．

15.（2020 数一/二/三）设 $\boldsymbol{A}$ 为二阶矩阵，$\boldsymbol{P}=(\boldsymbol{\alpha}, \boldsymbol{A\alpha})$，$\boldsymbol{\alpha}$ 是非零向量且不是 $\boldsymbol{A}$ 的特征向量．

（1）证明矩阵 $\boldsymbol{P}$ 可逆；

（2）若 $\boldsymbol{A}^2\boldsymbol{\alpha}+\boldsymbol{A\alpha}-6\boldsymbol{\alpha}=\boldsymbol{0}$，求 $\boldsymbol{P}^{-1}\boldsymbol{AP}$ 并判断 $\boldsymbol{A}$ 是否相似于对角矩阵．

16.（2020 数二）设二次型 $f(x_1, x_2, x_3)=x_1^2+x_2^2+x_3^2+2ax_1x_2+2ax_1x_3+2ax_2x_3$ 经可逆线性变换 $\begin{pmatrix}x_1\\x_2\\x_3\end{pmatrix}=\boldsymbol{P}\begin{pmatrix}y_1\\y_2\\y_3\end{pmatrix}$ 得 $g(y_1, y_2, y_3)=y_1^2+y_2^2+4y_3^2+2y_1y_2$．

（1）求 $a$ 的值；（2）求可逆矩阵 $\boldsymbol{P}$．

## 答　案

一、选择题

1. D；2. A；3. C；4. B；5. C；6. A；7. B；8. B；9. A；10. A；11. C；12. A；13. A；14. B；15. C；16. C；17. D.

二、填空题

1. $D=$ __$2^{n+1}-2$__．2. $|\boldsymbol{B}|=$ __21__．3. $D=$ __$\lambda^4+\lambda^3+2\lambda^2+3\lambda+4$__．

4. $a=$ __2__．5. __2__．6. $a=$ __$-1$__．7. $|\boldsymbol{A}|=$ __$-1$__．8. __2__．

9. __$\boldsymbol{x}=k(1, -2, 1)^{\mathrm{T}}$，$k\in\mathbf{R}$__. 10. $A_{11}-A_{12}=$ __$-4$__．11. $a=$ __1__．

12. $D=$ __$a^2(a^2-4)$__.

三、解答题

1.（1）证明：$(\boldsymbol{\beta}_1, \boldsymbol{\beta}_2, \boldsymbol{\beta}_3)=(2\boldsymbol{\alpha}_1+2k\boldsymbol{\alpha}_3, 2\boldsymbol{\alpha}, \boldsymbol{\alpha}_1+(k+1)\boldsymbol{\alpha}_3)=(\boldsymbol{\alpha}_1, \boldsymbol{\alpha}_2, \boldsymbol{\alpha}_3)$ $\begin{pmatrix}2&0&1\\0&2&0\\2k&0&k+1\end{pmatrix}$，由于 $\begin{vmatrix}2&0&1\\0&2&0\\2k&0&k+1\end{vmatrix}=2\begin{vmatrix}2&1\\2k&k+1\end{vmatrix}=4\neq0$，故 $\boldsymbol{\beta}_1$，$\boldsymbol{\beta}_2$，$\boldsymbol{\beta}_3$ 为 $\mathbf{R}^3$ 的一组基．

（2）$k=0$，$\boldsymbol{\xi}=k_1\boldsymbol{\alpha}_1-k_1\boldsymbol{\alpha}_3$，$k_1\neq0$.

2. （1）$\begin{cases}a=4,\\ b=5;\end{cases}$

（2）$\boldsymbol{P}=(\boldsymbol{\xi}_1,\boldsymbol{\xi}_2,\boldsymbol{\xi}_3)=\begin{pmatrix}2&-3&-1\\1&0&-1\\0&1&1\end{pmatrix}$，所以 $\boldsymbol{P}^{-1}\boldsymbol{AP}=\begin{pmatrix}1&&\\&1&\\&&5\end{pmatrix}$.

3. （1）$a=$ __0__；

（2）$\boldsymbol{X}=\begin{pmatrix}3&1&-2\\1&1&-1\\2&1&-1\end{pmatrix}$.

4. 当 $a\neq1$ 且 $a\neq-2$ 时方程有唯一解；当 $a=-2$ 时，方程 $\boldsymbol{AX}=\boldsymbol{B}$ 无解；

当 $a=1$ 时，方程 $\boldsymbol{AX}=\boldsymbol{B}$ 有无穷多解，$\boldsymbol{X}=(\boldsymbol{\alpha}_1,\ \boldsymbol{\alpha}_2)^{\mathrm{T}}$，其中 $\boldsymbol{\alpha}_1=(1,\ -k_1-1,\ k_1)^{\mathrm{T}}$，$k_1$ 为常数，$\boldsymbol{\alpha}_2=(1,\ -k_2-1,\ k_2)^{\mathrm{T}}$，$k_2$ 为常数．

5. （1）$\boldsymbol{A}^{99}=\begin{pmatrix}2^{99}-2&1-2^{99}&-2^{98}-2\\2^{100}-2&1-2^{100}&-2^{99}-2\\0&0&0\end{pmatrix}$；

（2）$\boldsymbol{\beta}_1=(2^{99}-2)\boldsymbol{\alpha}_1+(2^{100}-2)\boldsymbol{\alpha}_2$，$\boldsymbol{\beta}_2=(1-2^{99})\boldsymbol{\alpha}_1+(1-2^{100})\boldsymbol{\alpha}_2$，$\boldsymbol{\beta}_3=(-2^{98}-2)\boldsymbol{\alpha}_1+(-2^{99}-2)\boldsymbol{\alpha}_2$.

6. （1）$a=0$；（2）通解为 $\boldsymbol{x}=k\boldsymbol{\xi}+\boldsymbol{\eta}$，其中 $k$ 为任意常数．

7. （1）证明：由 $\boldsymbol{\alpha}_3=\boldsymbol{\alpha}_1+2\boldsymbol{\alpha}_2$ 可得 $\boldsymbol{\alpha}_1+2\boldsymbol{\alpha}_2-\boldsymbol{\alpha}_3=\boldsymbol{0}$，即 $\boldsymbol{\alpha}_1$，$\boldsymbol{\alpha}_2$，$\boldsymbol{\alpha}_3$ 线性相关，因此，$|\boldsymbol{A}|=|\boldsymbol{\alpha}_1,\ \boldsymbol{\alpha}_2,\ \boldsymbol{\alpha}_3|=0$，即 $\boldsymbol{A}$ 的特征值必有 0.

又因为 $\boldsymbol{A}$ 有三个不同的特征值，则三个特征值中只有 1 个 0，另外两个非 0，且由于 $\boldsymbol{A}$ 必可相似对角化，则可设其对角矩阵为 $\boldsymbol{\Lambda}=\begin{pmatrix}\lambda_1&&\\&\lambda_2&\\&&0\end{pmatrix}$，$\lambda_1\neq\lambda_2\neq0$，所以 $R(\boldsymbol{A})=R(\boldsymbol{\Lambda})=2$.

（2）通解为 $\boldsymbol{x}=k\begin{pmatrix}1\\2\\-1\end{pmatrix}+\begin{pmatrix}1\\1\\1\end{pmatrix}$，$k\in\mathbf{R}$.

8. $a=2$；正交矩阵为 $\boldsymbol{Q}=\begin{pmatrix}\frac{1}{\sqrt{3}}&-\frac{1}{\sqrt{2}}&\frac{1}{\sqrt{6}}\\-\frac{1}{\sqrt{3}}&0&\frac{2}{\sqrt{6}}\\\frac{1}{\sqrt{3}}&\frac{1}{\sqrt{2}}&\frac{1}{\sqrt{6}}\end{pmatrix}$.

9. （1）① 当 $a=2$ 时，通解为 $\boldsymbol{x}=k\begin{pmatrix}2\\1\\-1\end{pmatrix}$，$k\in\mathbf{R}$；

② 当 $a\neq2$ 时，$f(x_1,\ x_2,\ x_3)=0$ 只有零解，即 $x_1=x_2=x_3=0$.

(2) 二次型的标准形为 $2y_1^2+\frac{3}{2}y_2^2$，二次型的规范形为 $z_1^2+z_2^2$.

10. (1) $a=2$；

(2) $\boldsymbol{P}=\begin{pmatrix}-6k_1+3 & -6k_2+4 & -6k_3+4\\ 2k_1-1 & 2k_2-1 & 2k_3-1\\ k_1 & k_2 & k_3\end{pmatrix}$，$k_1$，$k_2$，$k_3$ 为任意常数，且 $k_2\neq k_3$.

11. (1) $a=3$，$b=2$，$c=-2$；

(2) 证明：因为 $R\begin{pmatrix}1 & 1 & 1\\ 3 & 3 & 1\\ 2 & 3 & 1\end{pmatrix}=3$，故 $\boldsymbol{\alpha}_2$，$\boldsymbol{\alpha}_3$，$\boldsymbol{\beta}$ 为 $\mathbf{R}^3$ 的一组基．或者 $\begin{vmatrix}1 & 1 & 1\\ 3 & 3 & 1\\ 2 & 3 & 1\end{vmatrix}=2\neq0$，故 $\boldsymbol{\alpha}_2$，$\boldsymbol{\alpha}_3$，$\boldsymbol{\beta}$ 为 $\mathbf{R}^3$ 的一组基．过渡矩阵为 $\boldsymbol{P}^{-1}=\begin{pmatrix}1 & 1 & 0\\ -\frac{1}{2} & 0 & 1\\ \frac{1}{2} & 0 & 0\end{pmatrix}$.

12. (1) $x=3$，$y=-2$；(2) $\boldsymbol{P}=\begin{pmatrix}-1 & -1 & -1\\ 2 & 1 & 2\\ 0 & 0 & 4\end{pmatrix}$.

13. 当 $a\neq\pm1$ 时，$\boldsymbol{\beta}_3=\boldsymbol{\alpha}_1-\boldsymbol{\alpha}_2+\boldsymbol{\alpha}_3$；

当 $a=1$ 时，$\boldsymbol{\beta}_3=(-2k+3)\boldsymbol{\alpha}_1+(k-2)\boldsymbol{\alpha}_2+k\boldsymbol{\alpha}_3$.

14. (1) $\begin{cases}a=4,\\ b=1;\end{cases}$ (2) $\boldsymbol{Q}=\begin{pmatrix}\frac{4}{5} & -\frac{3}{5}\\ -\frac{3}{5} & -\frac{4}{5}\end{pmatrix}$.

15. (1)由于 $\boldsymbol{\alpha}$ 不为 $\boldsymbol{A}$ 的特征向量，可知 $\boldsymbol{\alpha}$，$\boldsymbol{A\alpha}$ 不成比例，即 $\boldsymbol{\alpha}$，$\boldsymbol{A\alpha}$ 线性无关，也即 $\boldsymbol{P}=(\boldsymbol{\alpha},\ \boldsymbol{A\alpha})$ 可逆；

(2) $\boldsymbol{P}^{-1}\boldsymbol{AP}=\begin{pmatrix}0 & 6\\ 1 & -1\end{pmatrix}$，$\boldsymbol{A}$ 可相似对角化．

16. (1) $a=1$；(2) $\boldsymbol{P}=\begin{pmatrix}1 & 2 & \frac{2}{3}\sqrt{3}\\ 0 & 1 & \frac{4}{3}\sqrt{3}\\ 0 & 1 & 0\end{pmatrix}$.

# 术语索引（汉英对照）

$n$ 阶方(矩)阵 $n$ - th - order matrix
$n$ 阶行列式 $n$ - th - order determinant
齐次线性方程组 system of homogeneous linear equations
行列式 determinant
行向量 row vector
行阶梯形矩阵 row trapezoidal matrix
行矩阵 row matrix
列矩阵 column matrix
负向量 negative vector
负定的 negative definite
负定二次型 negative definite quadratic form
负定(矩)阵 negative definite matrix
负矩阵 negative matrix
合同变换 congruent transformation
合同矩阵 congruent matrix
过渡矩阵 transition matrix
共轭矩阵 conjugate matrix
共轭复向量 conjugate complex vector
同型 same type
同构 isomorphism
向量 vector
向量的长度 length of a vector
向量的夹角 angle between two vector
向量空间 vector space
向量组 a set of a vector
向量组的秩 rank of a set of vectors
向量 $\boldsymbol{\alpha}_1$，$\boldsymbol{\alpha}_2$，…，$\boldsymbol{\alpha}_m$ 生成的向量空间 space generated by vectors $\boldsymbol{\alpha}_1$，$\boldsymbol{\alpha}_2$，…，$\boldsymbol{\alpha}_m$
自由未知量 free unknown quantity
回代 back substitution
全主元消去法 elimination method with complete pivoting

## 七 画

严格对角占优矩阵 strictly diagonally dominant matrix
余子式 complementary minor
极大线性无关 maximal linearly independence
坐标 coordinate
坐标变换 coordinate transformation
克拉默法则 Cramer's rule
克朗内克尔符号 Kronecker delta
初等方阵 elementary matrix
初等行变换 row elementary transformation
初等列变换 column elementary transformation
初等变换 elementary transformation
系数行列式 determinant of coefficients
系数矩阵 matrix of coefficients
伴随矩阵 adjoint matrix
投影向量 projective vector

## 八 画

单位向量 unit vector
单位(矩)阵 unit matrix
单射 injection
奇异方阵 singular matrix
奇排列 odd permutation
非平凡子空间 non - trivial subspace
非齐次线性方程组 system of nonhomogeneous linear equations
非奇异方阵 non - singular matrix
实向量 real vector
实矩阵 real matrix
实二次型 real quadratic form
$\mathbf{R}^n$ 空间 $\mathbf{R}^n$ - space
变换 transformation
拉普拉斯展开定理 Laplace expansion theorem
欧氏空间 Euclidean space
线性子空间 linear subspace
线性空间 linear space
线性无关 linearly independence
线性相关 linearly dependence
线性代数 linear algebra

## 九 画



## 十 画



## 十 一 画



## 十 二 画

稀疏矩阵 sparse matrix

## 十 三 画

数域　field numbers
数量矩阵 magnitude matrix
零因子 divisors of zero
零空间 null space
零向量 zero vector
零矩阵 zero matrix
解空间 solution space
满射 surjection
满秩方阵 non - singular matrix

## 十 四 画

像 image

## 十 五 画

增广矩阵 augmented matrix

## 十 六 画

霍尔维茨定理 Hurwitz theory

# 参 考 文 献

北京大学数学系几何与代数教研室代数小组，1988. 高等代数[M]. 北京：高等教育出版社.
蔡光兴，李逢高，2007. 线性代数[M]. 北京：科学出版社.
华罗庚，1963. 高等数学引论(第一卷第一分册)[M]. 北京：科学出版社.
姜启源，1993. 数学模型[M]. 北京：高等教育出版社.
卢刚，2004. 线性代数[M]. 北京：高等教育出版社.
罗桂生，2013. 线性代数[M]. 2版. 厦门：厦门大学出版社.
钱颂迪，1990. 运筹学[M]. 北京：清华大学出版社.
同济大学应用数学系，2007. 线性代数[M]. 北京：高等教育出版社.
姚慕生，2004. 线性代数[M]. 北京：清华大学出版社.
王沫然，2003. MATLAB与科学计算[M]. 北京：电子工业出版社.
王金柱，2011. 数值计算方法[M]. 西安：西北工业大学出版社.
徐翠微，孙绳武，2007. 计算方法引论[M]. 3版. 北京：高等教育出版社.
【美】G. Strang，1990. 线性代数及其应用[M]. 侯自新，等，译. 天津：南开大学出版社.

图书在版编目（CIP）数据

线性代数教程 / 罗桂生，胡桂华主编．—2 版．—北京：中国农业出版社，2022.1（2024.12 重印）
普通高等教育农业农村部“十三五”规划教材　全国高等农林院校“十三五”规划教材
ISBN 978-7-109-29056-3

Ⅰ．①线…　Ⅱ．①罗…　②胡…　Ⅲ．①线性代数－高等学校－教材　Ⅳ．①O151.2

中国版本图书馆 CIP 数据核字（2022）第 006754 号

中国农业出版社出版
地址：北京市朝阳区麦子店街 18 号楼
邮编：100125
责任编辑：魏明龙　　文字编辑：魏明龙
版式设计：杜　然　　责任校对：周丽芳
印刷：三河市国英印务有限公司
版次：2014 年 8 月第 1 版　　2022 年 1 月第 2 版
印次：2024 年 12 月第 2 版河北第 3 次印刷
发行：新华书店北京发行所
开本：720mm×960mm　1/16
印张：21
字数：385 千字
定价：39.50 元